教育部新世纪优秀人才支持计划(NCET-10-0934)
西安外国语大学学术专著出版基金
联合资助

油藏管理系统工程理论与方法创新研究

杨鹏鹏　孙丰文　侯琳娜　郭雪松
许振宇　罗　婧　关　卜　著

科学出版社
北京

内 容 简 介

本书基于中国石油企业油藏开发实际，运用系统工程理论、方法论及模型化方法对油藏管理的中国化及本土化问题做了一些有益的理论研究及实践探索。主要内容有：对油藏管理进行初步系统分析，建立了功能-结构-目标-行为分析的模型化平台；进行油藏管理系统的全面环境分析（含多重比较），提出了基于情景分析方法与KSIM仿真模型的情景预测模型；分析油藏管理的系统动力学特性，提出了中国油藏开发的宏观动力学模型，并初步设计了基于系统基模的油藏管理调控机制；梳理及诊断中国石油企业现有油藏开发的业务流程及管理结构，设计了流程-结构-团队三位一体的油藏管理组织机制；探讨油藏管理相关利益主体关系及其行为特征，建立了油藏管理激励机制及投资调控的博弈分析模型；结合现代油藏管理模式的要求和中国石油企业油藏开发管理的实际，构建了基于AHP/DEA模型的油藏管理绩效综合评价模型。

本书可供从事石油企业经营管理及油藏开发管理的相关管理人员学习参考。

图书在版编目(CIP)数据

油藏管理系统工程理论与方法创新研究/杨鹏鹏等著. —北京：科学出版社，2014.12

ISBN 978-7-03-042889-9

Ⅰ.①油… Ⅱ.①杨… Ⅲ.①油藏管理-研究 Ⅳ.①TE34

中国版本图书馆CIP数据核字(2014)第310047号

责任编辑：耿建业 陈构洪 孟素英 / 责任校对：蒋 萍

责任印制：徐晓晨 / 封面设计：陈 敬

科学出版社 出版

北京东黄城根北街16号

邮政编码：100717

http://www.sciencep.com

北京教图印刷有限公司 印刷

科学出版社发行 各地新华书店经销

*

2014年12月第 一 版 开本：720×1000 1/16

2014年12月第一次印刷 印张：30 1/4

字数：597 000

定价：168.00元

（如有印装质量问题，我社负责调换）

前　　言

作为当前及未来很长时期内的战略性能源，石油是国家政治经济安全的重要保障。立足国内能源管理实际，加强石油的勘探开发力度，并持续提升石油开发的综合管理水平，是弥补原油进口及原油储备的不足，增强我国的石油安全的重要举措。

我国多数老油田已进入开发中后期，面临油气田开发技术难度、投资额度和风险程度日益增加，而石油储量增长减缓，环境保护费用递增和油价波动性加大等宏观行业态势。在此严峻形势面前，石油企业必须把降低石油勘探开发成本、优化油气田开采过程作为重要开发战略和运行策略，注重加强以多学科协同攻关为主要特征的"现代油藏管理"，实现油藏开发的工程优化和经济效益最大化。而由于我国石油地质的复杂性和特殊性以及石油企业管理体制和运营环境的较大差异，国外成熟的现代油藏管理模式不能直接应用于我国油田实际，需要进行管理模式的二次创新和开发。因此，亟须建立和完善我国油藏管理研究的理论及方法论体系，以促进中国情境下石油企业油藏管理的理论创新和实践发展，本研究就是在这样的背景下开展的。

本研究团队以管理工程及系统工程的相关理论、方法论及模型体系为研究支撑，以现代油藏管理的理论、方法及实践为着力点，将系统工程的思想及方法与现代油藏管理的原则及要求内在统一起来，围绕我国石油企业的油藏管理问题开展研究工作。一方面，全面分析及尝试解决我国油藏管理中出现的实际问题，从整体上有效提高我国石油企业的油藏经营管理水平；另一方面，通过深化油藏管理系统的理论研究，初步建立起油藏管理系统工程的理论框架及方法论体系。

本研究的创新点和工作包括：建立了油藏管理系统的功能-结构-目标-行为分析的模型，提出了油藏管理系统的环境类-环境域-环境层三位一体的空间结构分析模型，设计了油藏管理系统的情景预测模型，构建了油藏管理系统的宏观动力学模型和基于系统基模分析的油藏管理调控机制，完善了油藏管理的流程-结构-团队三位一体的组织机制和绩效评价体系，建立了油藏管理相关利益主体的博弈分析模型，在上述成果基础上提炼并设计了油藏管理系统工程的原理及方法体系。

研究历时四年，课题组成员多次与我国石油开采企业管理人员、研究院所科研人员、采油厂一线员工进行广泛接触，并查阅大量国内外相关研究资料，反复讨论修改，形成今天的成果，以期更好地服务于中国情境下的油藏管理理论发展及实践演进。参研人员除了封面所列七位研究者之外，曾先后参研的人员还包括徐龙伟、付荣华、荣超、王姣、高宇、陈重一、刘仁兵、马妮娜和马云高，写作过程中，徐青川副教授、贾涛副教授和王能民教授以及油田方面杨勇高级工程师、邴邵献高级工程师、肖武高级工程师、范智慧高级工程师都提出了建设性意见，笔者的研究生王亮亮、张苗苗以及西北大学博士生关卜在后期的文稿及参考文献梳理中做了大量工作，在此一并致谢。个别参考文献无法查到详细信息，特此说明。

油藏管理系统工程理论及方法的本土化问题是一个新的重要的研究课题，同时也是一个涉及面广、极其复杂的系统性问题。本研究从管理学角度做了一些尝试和探索，但还有不少问题有待进一步细化、深化、完善和验证。尤其是理论分析框架与模型化体系的实际应用条件及可操作性等都需要进一步探讨和研究。因研究者对油藏资源及其开发生产等方面的知识局限，加之本研究涉及面广，内容较多，书中难免有不妥之处，谨请读者批评指正。

杨鹏鹏

2014 年 10 月于古城西安

目　　录

第 1 章　绪　　论

本书运用现代管理系统工程的原理、方法论及方法体系，结合我国管理情境下的油藏管理实际，对油藏管理进行初步系统分析、全面环境分析及多重比较研究，设计油藏管理系统的概念体系。在此基础上，进一步规范研究油藏管理系统的结构特征、环境特点和宏观系统动力学特性，着重进行油藏管理的组织机制（含油藏开发团队建设）及激励机制（含相关利益主体博弈分析）的分析与设计，并就油藏管理绩效的综合评价方法体系进行了设计，具有现实紧迫性和一定的理论与方法论意义。绪论主要包括研究背景及意义陈述、主要研究目标及内容设计、研究框架及技术路线分析等，以为后续展开具体的研究工作奠定必要基础。

1.1　研究背景和意义

作为战略性能源物资，石油安全是国家经济安全的重要领域。中国作为石油生产与消费大国，进入 20 世纪 90 年代以来，原油产量逐步提高，然而伴随着国民经济的迅速增长，石油消费增长速度远大于生产增长速度。1993 年起，中国已成为石油净进口国，石油安全问题成为中国不可回避的现实问题[1]。目前，我国多数老油田已进入开发中后期，油气开采难度日益增大、成本直线上升，不但影响石油企业效益，而且严重影响我国石油开采、石油控制和资源节约能力，成为制约我国国民经济发展、影响国家经济安全的重要因素之一。

面临油气田开发技术难度、投资额度和风险程度日益增加，而石油储量增长减缓，环境保护费用递增和油价波动性加大等形势，石油公司把降低石油勘探开发成本、优化油气田开采过程作为重要开发战略和策略。以多学科协同攻关为主要特征的“油藏经营管理”近年来已成为油气田开发研究的热点，其管理模式亦成为国外石油公司高效开发油气田的基本模式[2]。油藏经营管理是随着油气田开发变化而出现的。特别是 20 世纪 90 年代以后，随着国际油价剧烈变动和商业竞争不断加剧，建立战略联盟成为石油工业进行资产经营管理与优化的重要运作模式。战略联盟即从长远、整体发展考虑，以组织、资产为基础和纽带，包括技术、信息、工具等在内的联合，在评价开发策略、使用先进技术、减少开发风险以及资产有效管理与开发利用方面可以发挥积极作用，开辟了现代综合油藏管理的新途径。另外，油藏管理信息技术和集成化油藏管理极大地推动了石油工业发展，也成为油藏经营管理发展的重要标志。相关理论研究和油藏经营实践活动已勾画出油藏经营管理的范围、影响因素、运作方法和工作模式,并积累了许多成功经验[2]。

面对国内外石油供需的严峻形势,我国石油企业一方面结合自身生产开发实际,不断实施稳产增产措施;另一方面,则注重加强油藏经营管理,以实现油藏开发的工程优化和经济效益最大化。由于我国石油地质的复杂性和特殊性以及石油企业管理体制和运营环境的较大差距,国外成熟的油藏经营管理模式不能直接应用于我国油田实际,需要进行模式的二次开发和创新。因此,亟须建立及完善我国油藏经营管理研究的系统理论及方法论体系,以促进石油企业的油藏经营管理发展[3]。

S油田公司(以下简称S油田)作为我国东部老油田的代表,始终关注和推进现代油藏管理的开发与应用,并在近些年组织开展了相关研究工作,取得了一定成果。如何在已有工作的基础上,运用现代管理系统工程的原理、方法论及方法体系,结合发展着的油藏管理实际,对油藏管理进行初步系统分析及多重比较,应用定性及定量相结合的方法(ISM、KSIM)进行油藏管理全面环境分析,进一步规范研究油藏管理系统的结构特征、环境特点和宏观动力学特性,围绕油藏管理区进行管理机制的分析与设计,探讨对油藏管理开发团队的影响因素及具体组织机制,运用博弈的相关思想及模型探究油藏管理不同层次的相关利益主体间的关系,研究油藏管理绩效的综合评价方法体系,以上研究内容具有现实紧迫性和一定的理论与方法论意义。

油藏管理本质上就是通过以油藏为基础的人力、装备、技术、信息、资金等资源的有效运用,优化油藏开发过程与环境,创新油藏经营及组织管理,以尽可能低的综合投入,最大限度地提高从油藏中所获得的收益,实现资源经济可采储量的最大化及经济效益的最大化[3]。系统工程是从总体或整体出发,合理开发、运行和革新一个大规模复杂系统(如油藏管理系统)所需思想、理论、方法论、方法与技术的总称[3]。它以系统及其整体性观点为前提,以总(整)体优化及平衡协调为目标,以定性与定量分析有机结合及多种模型方法综合运用为基本手段,以问题导向和反馈控制为有效性保障,最终实现油藏管理等系统的合理开发和控制、科学管理及组织、协调与可持续发展。系统工程的思想及方法与油藏管理的原则及要求具有内在的统一性,将系统工程的理论、方法论及方法应用于油藏管理具有必然性和较大价值。一方面可以全面分析和有效地解决油藏管理中出现的实际问题,从整体上有效提高油藏经营管理水平;另一方面通过深化油藏管理系统的理论研究,可初步建立油藏管理系统工程(reservoir management systems engineering,RMSE)的理论框架及方法论体系,从而有效指导油藏管理实践,推进现代油藏管理的系统、持续发展[3]。

1.2 研究目标及内容

1.2.1 研究目标

(1) 运用系统工程的理论、方法论及方法,以S油田及其GD采油厂等为背景,进行规范的初步系统分析及其延伸分析,运用定性与定量相结合的方法及模型(ISM、KSIM)进行油藏管理全面环境分析,以建立油藏管理系统动力学模型,明确油藏管理系统的运行规律及作用机理,从而完善油藏管理系统的环境-功能-结构-行为等关系。

(2) 适应现代油藏管理模式及组织方式的新变化,运用系统工程的原理及分析方法,结合S油田及其GD采油厂等的实际情况,进行基于油藏管理区层面的油藏管理机制(组织机制、激励机制等)的分析与设计,重点突出油藏管理开发团队的影响因素分析及运行机制设计。

(3) 进一步梳理油藏管理理论及其方法体系的演化历程,规范分析国内外石油公司的油藏管理实践,并尝试将油藏管理与其他管理模式进行比较,从而系统地进行油藏管理的多重比较研究;在此基础上,运用博弈理论及其模型分析油藏管理不同层次相关利益主体间的关系,并建立油藏管理绩效的综合评价方法体系。

(4) 在理论与实践结合研究的过程中和基础上,初步建立油藏管理系统工程理论、方法论及方法体系,特别是构建以问题为导向的油藏管理系统工程模型体系[3]。

1.2.2 研究内容

根据研究的目标要求,本书包括七方面的主要研究内容。

1) 油藏管理系统的初步系统分析

在对油藏管理的演进过程、发展趋势及国内外研究现状分析的基础上,运用系统分析的方法对油藏管理进行初步系统分析,明确系统的问题、目标及路径,解析其功能、结构与环境,为后续专题研究提供必要的基础。

2) 油藏管理环境情景分析

从油藏管理系统的复杂性和开放性要求出发,运用定性与定量相结合的方法及模型(ISM、KSIM)对处于不同环境条件下若干油藏管理问题的差异性与共同点等进行描述性、解释性及预测性分析,以为初步建立具有中国管理情境的油藏管理系统及管理机制奠定必要的研究基础。

3) 油藏管理的多重比较研究

在油藏管理的环境分析及目标体系设计基础上,系统的多重比较研究主要通过对国内外油藏管理的纵向比较、横向比较和综合比较来实现。通过不同构面、不同层次及重点案例的演进分析揭示了对中国管理情境下油藏管理理论发展及实践推进的重要启示。将中国管理情境下的油藏管理实践与油藏管理系统目标进行比较分析,分析油藏管理中国化的理论及实践特点,为构建具有一定普适性、切实可行的中国油藏管理模式奠定基础,并提供必要参照。

4) 油藏管理的系统动力学特性分析

在对油藏管理系统各层次、各分系统划分及其作用关系一般、定性分析的基础上,运用系统动力学模型化方法对油藏管理系统及其要素进行相互关系及作用机理的规范研究,尝试建立油藏管理系统的反馈控制结构及系统动力学模拟模型,并进行仿真分析。

5) 基于油藏管理区的油藏管理机制分析与油藏管理开发团队运行设计

通过对油藏管理的业务流程、组织机制、团队作业模式及激励机制的分析与设计,建立一套适合 S 油田等东部老油田经营开发状况及未来发展趋势的管理原则及组织管理模式。

在明确油藏管理相关主体关系及其特征基础上,讨论油藏管理区与采油厂之间的博弈问题,从而构建采油厂和油藏管理区产出效益分配的完全信息动态博弈模型、采油厂与油藏管理区之间的微分博弈模型、油藏管理区之间的合作分配博弈模型和油藏管理区可持续发展策略的演化博弈等 4 个模型,讨论了效益分配、产出分配和资源利用三方面的问题,并就采油厂的技术投资问题,重点分析了相关利益方的博弈过程。

6) 油藏管理绩效综合评价方法研究与设计

以油藏管理系统的目标体系为基础,按照现代战略绩效评价的原理,结合现代油藏管理模式的要求和中国油田企业自身的运营特点,构建普遍适用于中国管理情境的油藏管理绩效综合评价模型,即基于 AHP/DEA 的油藏管理绩效综合评价模型。

7) 油藏管理系统工程理论及方法论体系研究

针对当前国内外油藏管理的现状,在以上研究及相关研究的基础上,进一步总结提出具有一定普适性的油藏管理系统工程理论、方法论及方法体系,通过理论突破带动模式创新和指导油藏管理实践。

1.3 研究方法与技术路线

本书基于已有的对油藏管理系统的分析,以 S 油田油藏管理为主要对象,将系统工程的方法论及其模型体系运用于油藏管理实际,研究油藏管理系统工程的理论、方法论及方法,建立具有一定普适性的油藏经营管理模型体系,以应用于油藏开发,指导油藏管理实践。

1) 理论与实际结合

以S油田油藏管理实践为背景,将系统工程理论及方法应用于实际,运用多重比较、系统动力学、组织理论、博弈论、激励理论等理论和分析方法尝试解决油藏管理中存在的问题,提出解决方案。

2) 定性与定量结合

定性分析与定量分析的有机结合是系统工程方法最突出的特点。研究中的几个主体部分,包括初步系统分析(含环境分析)、系统动力学特性分析、油藏管理机制(含激励机制)分析与设计等都力图体现出这种结合。

3) 规范与实证结合

在以系统分析为主的规范分析基础上,通过对S油田相关单位及人员的问卷调查,奠定研究主体部分的实证基础,以尽可能使得分析的问题及其素材来源于实际,符合实际,并能最终应用于实际。

研究的整体框架及技术路线分两个研究阶段设计,具体如图1-1和图1-2所示。

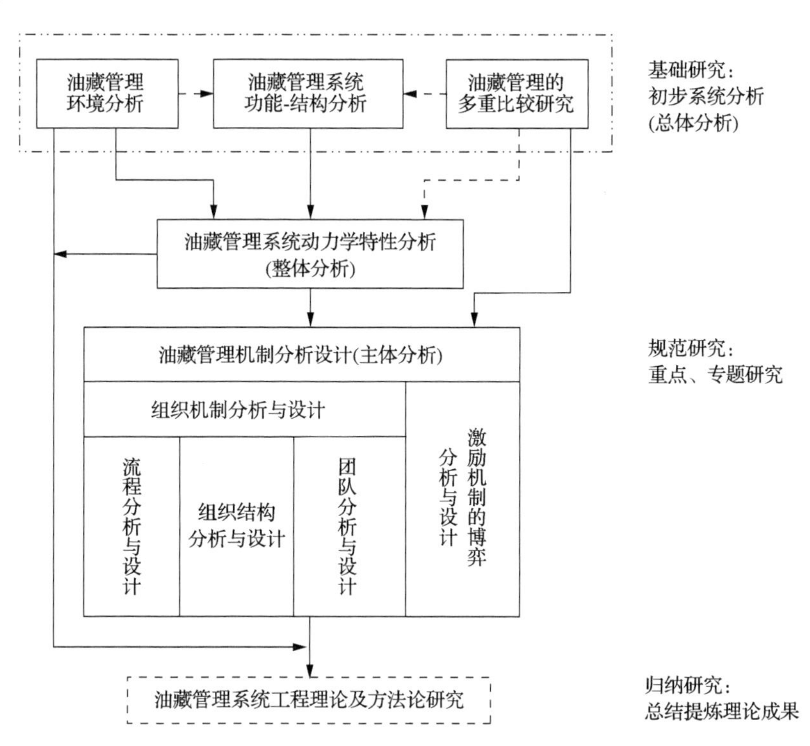

图1-1　本研究第一阶段整体框架及技术路线设计

本书按照大规模复杂系统的特点及其层次化要求，立足整体（油藏管理系统）、考虑总体（油藏管理系统及其环境超系统）、聚焦主体（基于油藏管理区的油藏组织管理分系统）；根据管理系统工程的分析过程，从初步分析到规范研究，再到归纳研究，从而形成本书在研究思路、整体框架、研究方法上的特点。

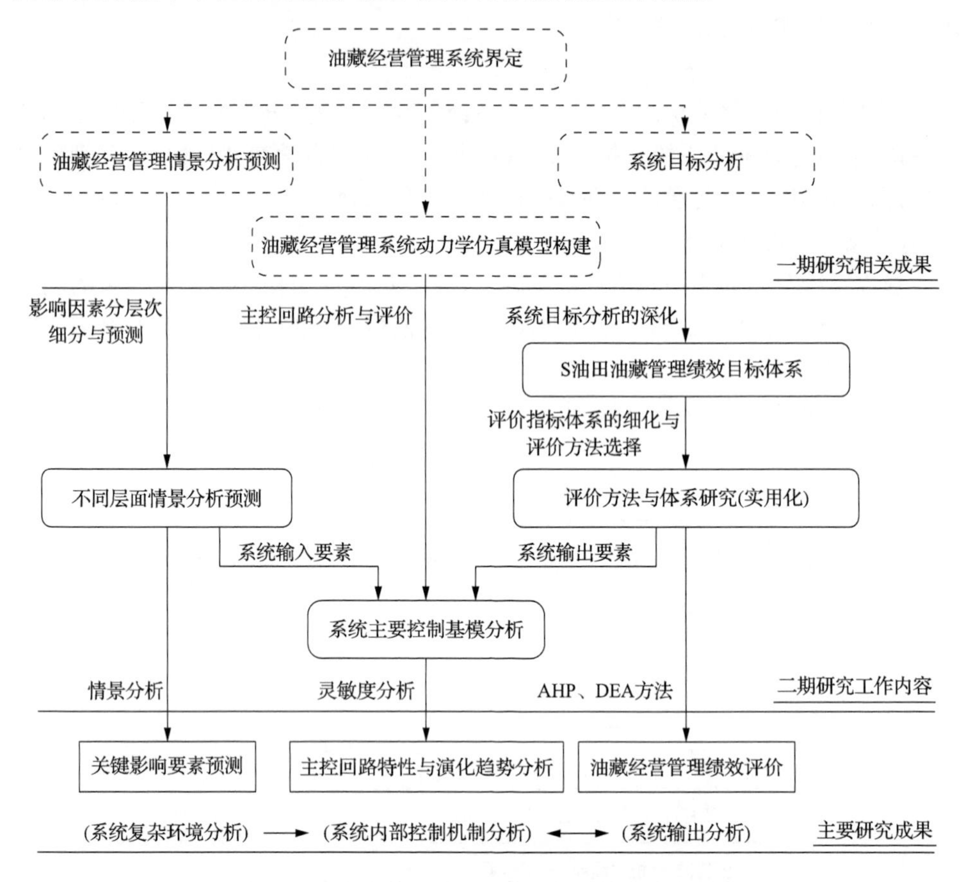

图 1-2　本研究第二阶段整体框架及技术路线设计

第 2 章　油藏管理系统的初步系统分析

初步系统分析是运用系统工程的理论和方法解决实际问题的基本前提与必备条件，是系统进行规范分析和综合分析的重要基础。油藏管理演进过程复杂、系统目标多样，包含了诸多的作用要素和复杂的层次结构，系统中的多重因素相互作用、相互制约，构成了一个典型的资源、技术和经济复合系统。对油藏管理活动的推动及发展实质上是一个对该系统运行进行调节、完善的过程，而对系统内在运行机理的充分认知是改进、完善油藏管理复杂系统的基本前提。因此，运用系统工程的理论和方法对油藏管理进行研究，必须包含初步系统分析这一基础环节。本章在对油藏、油藏管理概念进行梳理的基础上，归纳了油藏管理的主要特点及未来的主要发展趋势，对油藏管理系统进行了一般描述，对系统的功能、结构、目标及其行为进行了分析与设计。

2.1　油藏、油藏管理的概念及发展

2.1.1　油藏概念及其特点

油气藏是地壳上油气聚集的基本单元，是油气在单一圈闭中的聚集[4]。我们把油气聚集数量巨大并且具有较大开发价值的油气藏称为工业油气藏。根据S油田的特点，本书主要针对油藏问题来进行探讨，其管理研究的过程和结果理论上同样适合于气藏。

下面介绍一下油藏的几个基本属性及特征。

(1) 资源隐蔽性及偏远性。通常情况下，油藏都埋藏在地下，被岩层所覆盖，不易被发现。油藏的储藏通常分布在一片较大的区域，有些地区地处偏远的野外，这给油藏的勘探、开发带来了一定的困难。

(2) 复杂变动性。油藏在地下并不是静止不动，而是处在一个动态的变化过程中。地下的温度、压力、地质构造运动、岩浆活动等都会对油藏产生影响，破坏原有油藏，通过运移又在合适的地质条件下形成新的油藏。

(3) 不可再生性。油藏资源是在地球长期演化历史过程中，在一定阶段、一定地区、一定条件下，经历漫长的地质时期形成的。其形成过程非常复杂，并且几乎不可再生。人类对油藏资源的开发和利用，只会使其消耗，而不可能保持其原有储量或再生。

(4) 技术经济综合性。由于油藏受到其自身地质特点等因素的影响,有些油藏使用现有的技术条件无法开采,或者技术上可以实现,但勘探、开采过程中成本过高。因此,在开发油藏之前要充分考虑其技术经济的综合影响及系统可行性。

2.1.2 油藏管理的演化过程

油藏管理(reservoir management)也称油藏经营管理,是随着油气田开发的发展变化而出现的,其实际的演化过程经历了三个阶段。

(1) 20世纪70年代,在理论研究及技术实践的双重驱动下,产生了在油藏管理中占有重要地位的现代油藏描述技术,这开启了地质学家与油藏工程师大规模合作的路径,并且这种模式在油气藏开发实践中获得巨大成功。这为现代油藏经营管理迈向综合化准备了基础条件。

(2) 20世纪80年代,现代油藏管理面临全球油气资源新发现减少的外部约束及行业技术革新步伐加大的驱动,重点及难点逐步转移到难开发的地下资源及老油田的二次开发上来。在这种局面下,要实现油藏经营管理有效、持续的经济社会及生态目标,合作模式除了现有的地质学家与油藏工程师的配合外,还需要进一步扩大到钻井、采油工艺、地面工程等行业技术以及经济、法律等其他专业人员的有效配合,以实现现代油藏管理技术的多学科及跨职能化。

(3) 20世纪90年代以后,随着国际油价的剧烈波动和商业竞争的不断加剧,建立战略商业联盟成为石油石化工业进行资产经营管理与优化的运作模式。战略联盟即各种组织、数据、工具和技术的联合,在评价开发策略、使用先进技术、减少开发风险以及资产的有效管理与开发利用等方面发挥了积极作用,这无疑为现代综合油藏管理开辟了一条蹊径。另外,油藏管理信息技术和集成化油藏管理极大地推动了石油工业的发展,较大程度上解决了油气田开发的技术问题,提高了油田开发的工作效率。

2.1.3 油藏管理概念及内涵的研究分析

油藏管理的概念及理论体系最早是由西方学者提出的,并在油气藏开发实践中得到了积极应用。国内油藏管理的研究起步于20世纪90年代中期,相关研究机构及油田企业在原有油藏开发管理的基础上,借鉴、吸收国外现代油藏管理的思想、方法及管理实践,不断探索适合中国资源特性及管理实际的现代油藏管理模式。迄今,国内外关于油藏管理的概念及内涵的研究有很多,具体总结如下。

1. 国外关于油藏管理概念的研究

Thakur将油藏管理定义为精明地使用各种可能的方法来获得油藏经济利益的最大化[5]。Satter等认为油藏管理就是把油藏作为一种天然资源,正确地应用各种措施来进行认识和开发，以获得最大的经济效益和社会效益[6]。Wiggins和Startzman从操作的角度做出以下界定：从油藏的发现至枯竭和最终报废这一全过程，对油藏进行识别、测量、开发、生产、监督和评价的一整套操作和决策[7]。Halderson等则认为油藏管理是将所获取的关于油藏的知识综合成为对油田的最佳经济开发的过程[8]。Raza把油藏管理定义为一个通过各方面技术专家来组织开发的系统方法，从而使油藏价值得到最大化开发的战略[9]。Woods和Abib等将油藏管理定义为在开发利用油藏过程中形成的一个最优战略的动态过程[10]。

2. 国内关于油藏管理概念的研究

杜志敏等将油藏管理定义为有效地利用各种资源(人力、技术、财力等)，制定和实施油藏经营策略，寻求最佳经营方案，把油田开发技术和经营管理策略相结合，实现油气田开发的工程优化和经济效益最大化[11]。张朝琛、阎存章等认为油藏管理就是应用各种措施以从油藏中获得最大利润[12,13]。陈月明认为油藏管理是把油藏作为一种资本，正确地应用各种技术和方法来认识和经营，以获得最大的经济效益[14]。

3. 关于油藏管理概念的综合比较分析

油藏管理概念的演进集中反映了人们对油藏资源开发生产的思想、理念及实施模式的演化过程。随着油藏描述及认识技术的改进、生产开发工具及技术的革新、作业条件及生产经营环境的变动以及现代计算机技术的应用，油藏管理概念的内涵越来越丰富和系统化。因此，油藏管理本质上就是通过人力、技术、信息、资金等资源的有效使用，优化油藏开发过程，创新油藏组织管理，以最低的投资和成本费用，最大限度地提高从油藏中获得的收益，实现资源经济可采储量的最大化及组织经济效益的最大化[3]。

2.1.4　国内外油藏管理研究的现状分析

国外学者的主要研究贡献如下。

(1) 油藏开发生产控制。研究油藏能量开采后的注水时机、层系组合、热力采油和表面活性剂驱油过程最佳控制等问题。

(2) 油藏管理层决策支持系统的构建及完善。交互式油藏管理决策支持系统的建立为管理者提供了分析和解决问题的工具。

(3) 油藏管理的预测及评价。通过油藏管理中软运算的运用，进行与油藏相关的不确定性分析、风险评估，进行数据融合和数据挖掘，预测油藏有关特性，从而提高石油企业油藏管理的经济效益。

(4) 油藏管理的调整及优化。从不同角度、不同层次调整油藏整体开发过程，优化油藏开发效率，从而提高油藏管理的有效性。

国内学者的主要研究贡献如下。

(1) 油藏管理系统结构的设计及构建。根据油藏管理的设计原则，对系统进行讨论和划分，设计并实现油藏管理的三层分布式结构(客户系统、应用服务器、数据库服务器)。

(2) 油藏管理的优化。运用系统工程、工业工程、运筹学等的优化技术，分析油藏管理的优化问题，结合油藏管理的特点，建立优化模型，并在此基础上研究优化决策的实际运作模式。

(3) 油藏管理的评价。建立油藏管理的评价体系结构，通过对油藏开发的经济效益评价优化资源配置，降低生产成本，从而提高企业的经济效益。

(4) 油藏开发管理工程。从工程技术的角度将系统工程的思想、方法及方法论应用于油气田的开发过程，讨论油气田开发的方案设计与优化问题，对油气田进行总体规划设计与生产过程的预测及优化。

综合以上国内外研究现状可以看出，从系统工程角度或采用其方法研究油藏管理的某方面问题，已开始成为一种趋势。国外的研究主要是针对单个油藏管理问题，如开发控制、预测、优化、决策支持等，主要是从工程技术角度寻求油藏管理的变革与突破，但过分强调系统工程方法在油藏工程开发和油藏管理中的技术应用，没有从系统工程思想及方法论角度整体研究油藏管理系统。国内的研究主要是从油藏管理系统的结构设计、油藏管理的优化及评价和油藏开发管理工程这几个角度来分析和讨论的，其中油藏管理结构主要是指分布式数据结构，从信息技术角度保证油藏管理数据的安全、可靠，优化、评价和开发管理工程主要的研究对象是油田开发和生产。国内外的研究领域和研究内容基本类似，但是，国内的整体研究相对国外比较浅显和空泛，缺乏系统工程方法及方法论在油藏管理中的深层次应用和体系化成果，因而对实际开发、运行及管理的影响有限。

2.1.5　当前我国油藏管理研究的不足

由于我国油藏资源的复杂性及经营管理的特殊性，目前国内油藏管理研究及实践仍与国外存在较大差距，有待进一步改进和提高。

(1) 问题认识不够全面，研究不够规范，系统化程度有待提高。

目前我们对油藏管理的认识还不够全面、不十分到位，仍然存在一定偏差。我们往往把油藏管理简单地认为或者是纯粹的技术革新及应用问题，或者是领导层及管理者所需考量的经营管理问题，这样导致我们对油藏管理技术及模式的研究和实践没有系统观念，仅仅局限于个别环节、个别过程的孤立思考及个案研究。没有形成整体的、系统的油藏管理理论、方法及模式；具体研究工作不够规范，没有形成以模型化为基础的研究思路和定性与定量相结合的研究方法体系。因此，研究成果不能够很好地指导和规范石油企业的油藏开发及管理工作。

（2）研究成果普适性有待加强。

目前我们对油藏管理的研究工作进展较顺利，相关高校、科研院所及石油企业的科研机构结合国外油藏管理的研究和实践，对我国油藏管理进行了大量卓有成效的研究工作，S 油田、ZY 油田等石油企业参与了油藏管理模式应用及推广的主要实践工作。但是总体看来，国内研究成果的普适性不十分理想，这是因为一方面学术机构的研究局限于理论探讨及理想模式构建，与石油企业的结合不够紧密；另一方面，石油企业当前的油藏管理模式大多是在各自企业独特的内外部环境基础上形成的，在特定时间内对特定企业有效，不具有可移植性和可复制性，缺乏普遍的实用性。

（3）研究的中国特色不十分明显。

比较 20 世纪 90 年代以来国内外学者关于油藏管理的研究领域及研究成果可以看出：国内的研究工作存在跟风现象，其研究领域和研究内容与国外相似，甚至有的研究仅仅是国外相关研究的细节修改，缺乏独立创新性。国内的研究成果相对国外比较浅显和空泛，缺乏深层次应用的系统化成果，缺乏与中国油藏的地质特点、开发现状、技术装备及经营管理实际的密切结合，中国特色不明显。

2.1.6　国外油藏管理的主要做法及基本特点

1. 国外油藏管理的主要做法

尽管国外油藏经营管理的目标单元、范围和内容不同，但一般都包括以下六个步骤。

（1）确立目标或策略。在油藏经营管理的基本实践过程中首要的是设定切实可行的目标，而目标设定所涉及的关键要素包括油藏特征、总体环境和可用技术等。

（2）制定方案。在确立油藏经营管理综合目标之后，要由多个相关学科的专家及管理者共同合作制定。其内容包括开发和递减策略、环境条件分析、数据采集与分析、地质与数值模拟研究、产量与可采储量预测、设备需求分析、经济优化和管理部门的审定等[15]。

（3）方案实施。在方案制定之后，要由获得全部授权的项目经理来具体组织方案的实施。其内容包括设计、制造并安装地面、地下设备；制定钻井和完井方案；收集和分析开发井测井、取心及试井数据，以便更好地确定油藏特征；完善油藏数据库，修正产量和预测可采储量等[15]。

（4）监控和监督。要想保证油藏经营管理综合目标的实现，需要进行整体上的过程动态监控和监督，以确定实施进程是否与拟定方案一致。一般情况下需要监控和监督的范围包括：油气水产量、注水及注气量；选定井的系统和定期的静压、流压测试；生产和注入测试；注入与生产剖面；修井和结果记录以及有助于监督的其他任何工作[15]。

（5）方案评价。为了确保油藏管理目标的实现以及油藏管理方案的有效实施，必须进行定期评价。在实际操作过程中，这需要首先建立具体、科学及可操作的技术及经济标准，然后以这些标准为指导，把预测数据与实际数据经常对比。

（6）方案或策略的修正。油藏管理是一个动态变化的复杂过程，因此预先拟定的管理方案并不是一成不变的，当油藏资源特征变动或内外部管理条件有变化时，应对管理方案进行修正。

2. 国外油藏管理的基本特点

分析国外石油公司油藏经营管理的实践，主要有以下三个方面的特点。

（1）专家协同攻关。多学科工作组是专家协同攻关最有效的工作方式。工作组一般应包括地质师、地球物理师、岩石物理学家、地质统计师、油藏模拟专家、经济师、计算机专家、地面建设专家和设备工程师等方面的人才[15]。

（2）技术高度集成。现代油藏经营管理的主要特征就是各种先进技术的集成。这些技术概括起来有三个方面：一是提高采收率的配套技术，主要有稠油热采技术、注气混相和非混相技术等；二是先进的改善采收率的配套技术，包括注水、注气及水气交注综合技术、地层评价综合技术、剩余油分布描述综合技术等；三是先进的计算机和管理技术，主要有数据库技术等[15]。

（3）数据资源共享。在油藏经营管理中，涉及资源条件、生产开发过程及管理进程的诸多数据是进行科学、有效管理的先决条件。国外的油藏管理主要是利用先进的计算机技术，将历史的及实时动态的连续数据、资料等进行整合，以建立开放的综合数据库，实现了数据系统的资源共享[15]。

2.1.7 油藏管理的发展趋势

1. 油藏管理的系统化

油藏管理经过几十年的发展和完善，已经涌现出了一大批研究成果和实践经验，但是相关研究成果不够系统化，制约了油藏开发的实际进程，因此，油藏管理问题的系统化将是未来发展的重要趋势之一。现代油藏管理需要从经营管理角度出发，综合考虑开发地质、技术经济、能源政策等方面问题来实现油藏开发过程的系统优化，以取得整体经济效益最大化。因此，亟须建立专门研究油藏开发经营管理决策的一门学科——油藏管理系统工程[16]。

2. 油藏管理的特色化

在国外，油藏管理的理论、方法论及具体方法经过几十年的发展已经形成了较为完整的体系结构，但是不同国家或地区的油藏地质、技术水平、开发工艺及管理环境都存在较大的差异，因此油藏管理的研究和实践必须立足于本区域的油藏特征和开发特点，推进油藏管理的特色化，以期有效指导不同油田的生产和经营实际。

陆相成油的地质特征决定了我国的油藏管理不能照搬照抄国外的成熟模式及先进经验，必须进行油藏管理的特色化、本土化创新。另外，具体项目的开发管理也在很大程度上受制于油田的组织管理体系和开发技术水平。尤其是部分老油田，经过20世纪六七十年代的高速发展，暴露出原来开发层系划分较粗和井网部署较稀等问题，需要进行开发系统的调整；一些投产较早的油田大都进入高含水阶段，如何控制含水上升速度，提高注水采收率，成为突出的课题；在中国东部老油田新发现了许多稠油、高凝油和低渗透油藏，开发动用这些油藏的技术要求与常规油藏也有较大差别。这就需要针对中国油田的特点进行油藏管理理论和实践的研究，建立具有中国油田特色的油藏管理理论、方法论及方法体系。

3. 油藏管理的集成化及智能化

作为开发对象的油藏隐藏在地下，只能通过有限的井点直接获取信息，或依靠间接的地球物理、测井、试井等手段获取信息，所以油藏储层本身以及开发过程是一个不断变化和更新的信息源[17]。井是信息的双向通道，勘探开发过程是信息的采集、处理、分析和反馈过程[18]。随着现代计算机技术的发展，油藏信息的处理及反馈实行集成化、智能化是油藏管理的重要发展趋势，主要是通过各种可编程终端装置来实现实时响应和反馈。

4. 油藏管理的绿色化及可持续发展

油气资源是不可回收的可耗竭资源，其使用过程不可逆。虽然经济条件的变化可以对油气资源的开发施加影响，但是其作用相对来说是有限的。油藏管理的绿色化和可持续发展是减缓油气资源耗竭、满足社会经济发展的重要战略，是现代综合油藏管理的发展趋势之一。

油藏资源的开发活动往往对周围环境造成不同程度的污染和破坏，并且部分环境污染和破坏是无法恢复的，这使油藏资源的可持续开发和环境保护都面临巨大挑战。油藏管理强调了以油藏资产经营为核心，以组织经济效益为目标，在一定程度上忽略了开发过程的环境污染和资源自身的可持续发展问题。这种管理模式在短期内能够获得较大的经济收益，但从长远利益来看，将会对整个环境资源的价值和状态造成较大破坏，加剧了环境污染程度和油藏资源的耗竭速率。一般意义上讲，在一定时空条件和经济技术因素下，环境对油藏开发及管理活动的支持能力是有限的，我们应该全面衡量油藏管理的经济、社会与环境目标，根据环境资源的有限支持能力来决定油藏资源开发的方向、规模和速度，注重油藏资源生态价值与经济价值的平衡和协调，以实现油藏管理的绿色化和可持续发展。

2.2　油藏管理系统的一般描述

本节从现代油藏管理的主要特点出发，提出油藏管理系统的概念体系，并进行油藏管理系统的内涵解析和复杂性分析，以实现对油藏管理系统的一般描述。

2.2.1　现代油藏管理的主要特点

现代油藏管理具有显著特点，充分认识和了解这些特点，是进一步分析和研究该问题的必要基础。

1）整体性

这是油藏管理的最基本特征。首先，油藏资源属于深埋地下的地质资源，从形成过程和储存状态来看，单个油藏具有相对独立性和整体性。其次，油藏管理受到经济、技术、资源、组织和人力等诸多因素的综合影响，必须以具体开发区块为对象，根据不同的开发阶段，以油藏管理部门为核心，组织物探、地质、油藏工程、采油工艺、地面建设、经济分析等人员，建立多学科协同工作团队，共同管理[19]。只有从整体出发，全面认识和处理油藏管理问题，才能使各学科、各部门的工作有效衔接，充分配合，实现油藏的有效开发。

2）过程连续性

本质上看，石油的生产开发过程是由前后相连、持续不断的不同环节或阶段组成的，因此，油藏管理的诸多活动及实施是一个不可分割的连续过程。过程中各阶段的工作既相互联系又相互制约，缺一不可。因此，在油田的开发生产中，任何等相分离油藏管理诸活动的想法和做法都是不可取的，必须维护和坚持油藏管理的过程连续性。

3）多级递阶性

油藏管理的多级递阶性是其本质属性之一，主要体现在油藏管理的结构设计和组织实施过程中。一方面，油藏管理根据相应的功能和结构可以划分为油藏资源、工程开发和经营管理三个层级，不同层级间具有密切的相互作用关系，在具体实施过程中相互配合、协同管理，共同实现油藏开发的整体目标；另一方面，油藏管理根据物理边界和与环境关系的不同也可以划分为分公司、采油厂、油藏管理区等不同层次。油藏管理的多级递阶性是由社会、经济、自然资源结构的多层次性和技术发展的不平衡性所决定的，需要在实施选择中予以充分考虑。

4）后效性

油藏管理的投入比较集中，并且投资额度较大，但是其产出并不是与投入完全实时对应的，具有较长时间的延迟；同时由于油藏开发的特殊性，部分投资将成为沉没成本，根本得不到相应的产出效果。因此，我们在研究及评价油藏管理的投入产出关系过程中，必须合理考虑时间延迟，选择合适的研究时段、分析评价方法及调控手段。

2.2.2 油藏管理系统的提出及体系完善

现在的油藏管理概念是相对狭义的，人们为了应用和操作上的方便，在理论研究和实践过程中总是把它局限在石油开发领域的某一个层次或级别上。由于所关注的侧重面不同，看问题的角度和视域也不同，对油藏管理的内涵与外延、组成与结构、范围与边界以及类型的划分等，在认识上都存在一定差异[20]。

1. 油藏管理系统的概念

根据一般系统论和控制论的观点，油藏管理的概念应该加以拓展，使之适合现代的综合油气开发及生产。实际上，油藏管理问题的产生及其优化涉及许多复杂的技术、经济和社会因素，是一个“天然”和典型的开放复杂系统问题，这一特点在中国表现得尤为突出。综合国内外专家学者的研究成果及本团队对油藏管理的认识，提出油藏管理系统的概念如下：

油藏管理系统(reservoir management systems,RMS)是将不可再生的油藏资产作为基础对象，有效整合人力、物力、财力及信息等各种资源，在充分认识油藏性质和开发规律的基础上，对油藏进行科学管理及经营，以期实现经济可采储量最大化和经济效益最大化的资源、技术和经济复合系统。

2. 油藏管理系统的内涵解析

油藏管理系统是一个涉及自然资源、工程开发和经营管理的复杂资源、技术和经济系统，它的根本目标就是实现资源经济可采储量的最大化和经济效益的最大化。其内涵包括以下三点。

(1) 油藏管理系统的功能、结构和环境三位一体，是开放的复杂系统，必须统筹考虑，寻求均衡。我们所研究的油藏管理系统是功能-结构-环境三位一体的开放复杂资源、技术和经济系统，从本质上讲，油藏管理系统是以自然资源为基础的自然-人造复合系统。系统具有高度的环境适应性，系统内部要素与多层次环境因素交织在一起相互作用、相互影响；系统的功能和属性多样，由此而带来的多重目标间经常会出现相互消长或冲突的关系；系统由多维且不同质的要素所构成，由系统要素间相互作用关系所形成的系统结构日益复杂化和动态化。另外，油藏管理系统是典型的人-机交互系统，表现出固有的复杂性。

(2) 油藏管理系统涉及自然资源、工程开发和经营管理，必须全面、综合地考虑问题，将三者统一起来。只有这样，才能达到解决油藏管理问题的根本目的，即实现系统的资源经济可采储量及经济效益的最大化。针对一些具体明确的自然资源、油气工程开发和企业经营管理问题，已经存在较好的解决办法，但对于油藏管理系统，由于其结构不明确，边界不确定，单个的独立分析方法难以刻画和分析系统中不同层次的相互作用关系，所以，我们必须在已有成果的基础上，突破传统思维，探索研究此类复杂问题的新途径和新方法。

(3) 油藏管理问题不存在一般意义上的最优解决方案。油藏管理是一个涉及经济、技术、社会及生态环境的大规模复杂管理过程，标准的解析模型及系列优化方法对此几乎“束手无策”。对于这类复杂系统，有时甚至连确定一个量化的综合优化指标也有困难，特别是由于复杂系统长期行为的不可预测性，试图求解其某一最优解决方案本身就是不可行的，因此，我们应当努力寻求问题的有效解决方案。

3. 油藏管理系统的层次及类型

在已有研究成果的基础上，结合油藏管理的实际运行，本书从不同角度对油藏管理系统的类型进行探讨。

从本质上看，油藏管理系统是一个在社会经济发展过程中和油气开发生产领域内，涉及自然资源、工程开发、组织管理等不同层次目标和要求的复杂资源、技术和经济系统。

从一般系统论的角度出发，油藏管理系统以油藏资源为基础涉及生产管理、技术管理和组织管理等人为因素，因此系统属于自然(物质)-人造(概念)复合系统。

从系统与内外部环境的总体关系看，油藏管理系统及其分(子)系统都与内外界环境进行频繁的物质交换、能量交换和信息交换，系统整体表现出很强的环境依赖性。因此，油藏管理系统是一个典型的开放系统。

从系统内部输入与输出的总体关系看，油藏管理系统及其各分(子)系统与外界既有输出也有输入，以维持系统自身的稳定状态，且输出信息对输入都有显著的控制作用，因此，油藏管理系统是一个复杂的信息反馈系统。

从系统的固有属性来看，油藏管理系统是一个有序与无序的混合动态演化系统，其基本演化过程都有自己的发生发展规律和方向，有较强的抗干扰能力，然而又共同服从于系统整体的总规律和总方向，都能自动地从无序的简单系统演化为有序的复杂系统。因此，油藏管理系统是一个自组织系统[20]。

根据油藏管理系统的内涵及结构，可以将其在两个方向上进行层次划分：在横向层次上，根据油藏管理系统的内部结构，可以将其划分为组织管理、生产管理、技术管理和油藏资源四个分系统，分系统间具有密切的相互作用关系。在纵向层次上，根据系统内涵和外延的大小将其划分为地区分公司、采油厂和油藏管理区等不同层次，每个层次都具有不同的管理内容和作用权限。

4. 油藏管理系统的复杂性

油藏管理系统作为开放的复杂资源、技术和经济复合系统具有与众不同的自身特征，将其具体阐释如下。

1）系统功能、属性、目标多样，且有冲突目标

油藏管理系统是一个新兴的复杂资源、技术和经济复合系统，其系统功能具有多重性，不同于其他一般系统的有限功用。系统作为油气开发生产领域内的复杂系统，必须实现自然资源、工程开发和组织管理等的相关主体功能，并在生成过程中进行一定程度的平衡和协调，使其作为系统的整体功能得以充分发挥和展现。系统还具有属性的多样化特征，即具有经济属性、环境属性、资源属性和技术属性，其中资源属性是其他三种属性的基础，也是油藏管理的特色所在，在实施过程中必须实现四种属性一定程度的整合和优化。

系统的多目标性体现在油藏管理活动要顺应可持续发展的战略目标的要求，注重组织管理与工程运作的结合，注重对生态环境的保护和对油藏资源的节约，注重经济与生态的协调发展，追求企业经济效益、社会效益与生态环境效益三个目标的统一。从系统论的角度出发，我们可以看到，在油藏管理系统中，各个目标之间是相互作用、相互制约的，有时候甚至是相互矛盾的，一个目标的增长将以另一个或几个目标的下降作为代价。如何取得系统中多个目标之间的平衡，这正是我们所要面对的实际问题。

2）系统结构复杂，具有人-机特性且功能、结构及环境三位一体

油藏管理系统作为一个复合系统，系统内部相关主体众多、影响因素层次性较强、主体及因素间作用关系机理不明确，整体呈现出系统结构复杂且功能、结构和环境三位一体。

油藏管理系统结构的复杂表现在两个方面：一方面油藏本身的地质特征复杂，尤其是在东部老油田（以S油田为代表），油藏的储层构造、岩石特性及开发阶段都存在较大的差异和不确定性，其结构、类型多样，影响因素众多且具有不同的作用机理。另一方面油藏管理对经济及技术发展水平具有很大的依赖性，其根本目标是实现油藏管理诸多要素和组成部分的协同平衡、功能匹配及整体优化，具有多目标、多阶段、多层次的特点，在一定程度上使现代油藏管理日趋复杂。

油藏管理系统是典型的具有功能-结构同一律的自组织反馈控制系统，系统以自然资源为基础，功能、结构和环境三位一体，具有一定的开放性和物质-人造复合特征。

3）系统高度动态开放，环境依存性突出

油藏管理的结构调整及状态变化是随着时间和空间的变化而不断变化的，系统具有高度动态开放特性，并且对环境的依存性比较突出，其主要表现在以下两个

方面。

(1) 系统在时间上具有高度开放性。油藏管理活动贯穿于自然油藏或开发项目的经济生命周期的全过程,包括油藏的勘探、开发、生产及废弃的整个过程,并且在这些过程的实现中始终保持着与环境的交流,适时根据环境的信息反馈调整系统的进程和方向。

(2) 系统在空间上具有高度开放性。油藏管理策略的实施需要物探、地质、油藏工程、采油工程、地面建设、经济评价等不同层次不同学科不同部门人员的共同参与、协同配合,因此,系统在空间上具有较高的开放性和复杂性。

另外,动态开放性不仅表现在对环境的开放作用和依存方面,而且存在于油藏管理内部各要素和环节之间。实现油藏管理的社会经济目标是一个复杂的经济性、技术性任务,不是某一个个体或单位就能完成,其内部各要素、各主体之间的紧密而持续的配合与协作,才是实现整体目标的基本条件。

4) 系统是资源、技术、经济及社会系统的复合系统

油藏管理系统是一个新兴的边缘交叉系统,其研究内容和范围涉及油藏资源、工程开发管理、组织经营管理等相关问题,并且要求在研究过程中必须将这几方面的内容和要求切实统一起来。所以,油藏管理系统不是一个单纯的资源系统、社会系统、经济系统或技术系统,而是这四种系统的高度复合系统。高度的复合性决定了系统的功能和目标多样,并且在多重目标中存在一定程度的冲突和交叉,因此必须对系统的功能、结构及目标进行平衡解析,综合考虑资源、技术、经济和社会因素,以实现油藏管理系统的顺利推进和发展。

本系统研究的最终对象是自然油藏,而油藏的勘探、开发及生产又有别于一般系统,无论从作用主体上,还是从系统边界和行为过程上都具有自身特点。因此,在研究过程中必须结合油气田开发科学、管理科学、环境科学、生态经济学以及相关技术领域的原理和方法进行系统管理、控制和决策。资源、社会、经济和技术四种系统的复合性,使得油藏管理的研究方法比较复杂,研究内容十分广泛。

2.3 油藏管理系统的功能及结构分析

2.3.1 油藏管理系统的功能定位分析

1. 油藏管理系统的功能定位及描述

油藏管理系统贯穿于油藏开发的全生命周期过程中,是油田开发管理的重要组成部分。它的主要功能是在精细描述和充分认识油藏资产基础上,运用运筹学、控制论、系统论等系统工程的理论与方法,以经济、环境和社会的协同发展为目标,

通过优化油藏资源管理、生产管理、技术管理和组织管理，使油藏实现经济、高效的开发与生产，从而实现资源经济可采储量最大化和经济效益的最大化。

油藏管理系统是典型的以自然资源为基础的自然-人造复合系统，系统的功能、结构和环境三位一体、高度统一。系统的功能定位充分考虑系统内部结构、要素关系和与环境因素的交互特性，注重油藏资源管理、生产管理、技术管理和组织管理的设计及实践，以实现油藏管理系统的整体功能。针对不同的油藏对象，油藏管理系统的功能实现具有一定差异，必须立足于油藏资源实际和开发环境的变动，进行油藏管理系统功能的深度分解和剖析，以达到功能、结构和动态开发环境的高度统一，有效指导油田的具体开发工作。本研究要立足于中国油田的开发实际，进行油藏管理系统的功能分析，以建立符合中国油田实际的油藏管理功能-结构模型。

2. 油藏管理系统的功能-结构模型

油藏管理系统的功能-结构模型可参照 Hall 三维结构来表示，如图 2-1 所示。图中，过程维是油藏开发经营生命周期的全过程，包括勘探、产能建设、开发生产和废弃处理等，是油藏管理系统实施的一般程序，兼有系统时间的意义，也可以称为时间维。功能维是油藏管理系统内部的四个分系统，包括组织管理、生产管理、技术管理和油藏资源等，是系统功能的具体表现形式和管理内容。专业维是油藏管理系统中涉及的多个学科和多个部门，包括物探、地质、油藏工程、采油工艺、地面建设和经济分析等，是油藏管理多学科协同工作组的组成基础，也是油藏管理系统功能的组织基础和实施关键。在该三维空间模型中，每一维都不具有绝对的矢量意义，其坐标的先后顺序可能跳跃，也可能交叉反复[20]。

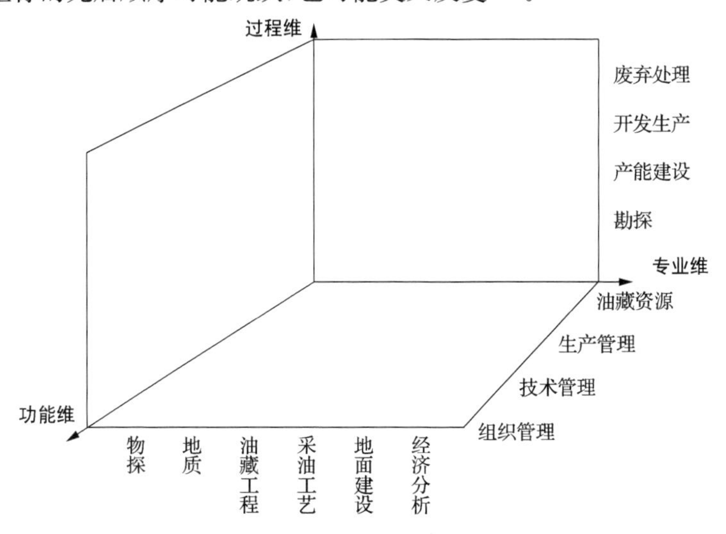

图 2-1 油藏管理系统的功能-结构三维模型图解

2.3.2 油藏管理系统的结构解析

1. 油藏管理系统的系统界定

本研究运用系统工程与工业工程的理论和方法，探讨现代油藏管理的内部结构和内在机理，为石油企业推进油藏管理模式提供决策依据和政策参考，因而须从政府规划部门或石油企业经营管理的角度划定问题的范围，对研究的系统及要素进行界定。

油藏管理系统是一个典型的反馈控制复杂系统，从石油企业经营管理角度看，其内部可简单分为组织管理、工程开发和自然资源三个层次，每个层次都具有不同的管理活动和研究内容，且三个层次间具有十分密切的作用关系，是油藏管理活动的主体。相关的人力、物力、财力及技术等作为系统的重要输入，而油藏资源经济可采储量的最大化和经济效益的最大化作为系统的重要输出。其中技术、生产及管理随着输出的变化而不断调整，进而反作用于系统的输入，从而影响油藏管理系统的运行和发展。系统的界定如图 2-2 所示。

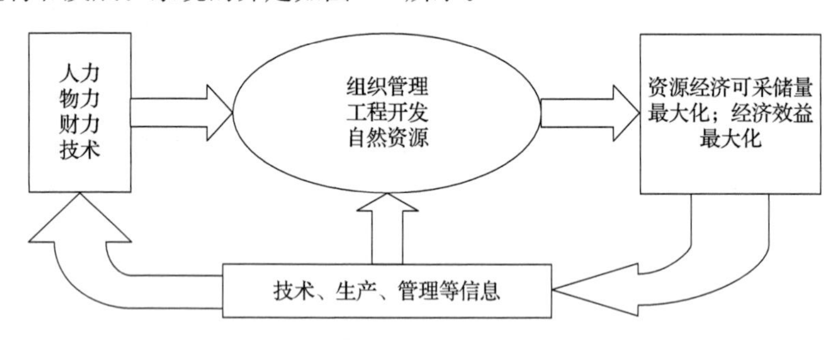

图 2-2 油藏管理系统的界定示意图

2. 油藏管理系统的三级递阶结构

在油藏管理系统界定的基础上，结合本研究团队的相关思考和认识，初步构建油藏管理系统的三级递阶结构及四个分系统。其基本结构如图 2-3 所示。

在油藏管理系统结构中，四个分系统按照作用机理构成如图 2-3 所示的三级递阶结构，其中组织管理分系统、生产管理分系统、技术管理分系统两两直接发生相互作用，生产管理分系统及技术管理分系统分别与油藏资源分系统发生直接相互作用，而油藏资源分系统及组织管理分系统则通过中间层次的生产管理分系统与技术管理分系统发生重要的间接作用。另外，油藏管理系统是一个开放的动态复杂系统，其受到体制、政策、资源、生态等环境因素的显著影响，系统与环境间具有大量的物质、能量及信息的流动和交换。

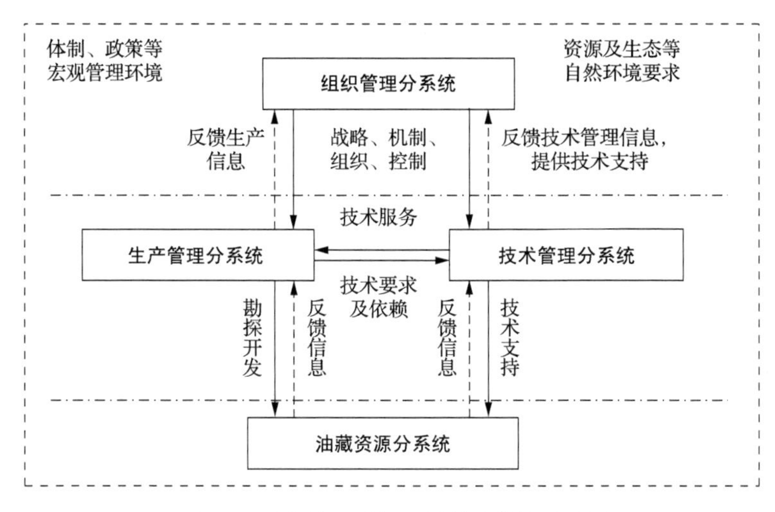

图 2-3　油藏管理系统三层递阶结构示意图

从油藏管理系统的内部结构中可以看到:系统分为自然资源、工程开发和经营管理三个层次。其中组织管理分系统从属于经营管理层次,处于系统结构的最高作用层次,主要负责油藏管理的战略规划、机制设计、组织控制等宏观管理活动,并通过其他三个分系统的信息反馈而对相关的管理项目适时做出内容调整或重新规划。其在油藏管理系统中具有提纲挈领的指导作用,是油藏管理实施的关键,也是本课题研究的重点内容所在,它最终决定着系统实施的有效程度。

生产管理分系统和技术管理分系统共同从属于工程开发层次,处于油藏管理系统的中间层次,也是系统实施的直接作用力量。其中,生产管理分系统在油藏开发的不同阶段直接作用油藏资源分系统,且通过实施过程中各种生产信息的反馈而作出生产方案或策略的调整,以有利于油藏合理、有效地开发生产;技术管理分系统主要为油藏资源的认识、描述、勘探、开发等提供技术支持,进行相关的技术创新和技术服务,提高对油藏资源分系统的认识程度,优化油藏资源的开发、开采效果,并根据相关的技术信息反馈调整技术管理的项目和攻关重点。另外,在工程开发层次上,生产管理分系统与技术管理分系统之间也发生重要的相互作用,生产管理过程对技术管理分系统有大量的技术要求和很高的技术依赖,并通过技术支持而不断改进开发生产效率;技术管理的重点之一就是对开发生产活动进行技术服务,并通过技术实施后的信息反馈不断调整技术改造和创新的重点,从而更好地为生产管理提供技术支持。

油藏资源分系统从属于自然资源层次,处于系统的最低层次,是油藏管理活动的作用对象和实施的根本保证。一般意义上讲,自然油藏是地层中构造、储层和流体等有机组合、共同作用的聚集体,是一个封闭的自然系统,这种自然油藏在开发与利用的过程中，其固有的物理结构和特性会按照一定的客观规律而有序变化。因此，油藏资源分系统既具有认识和描述上的复杂性和间接性，又具有开发过程中的客观规律性，通过其他三个分系统的相关管理活动可以提高对油藏资源的认识和描述，以确定科学有效的开发生产策略或方案，从而提高油藏的利用效率和作用效果。

3. 油藏管理系统的分系统结构解析

在前文研究基础上，我们明晰了油藏管理系统的层次关系和内部结构，其中包括油藏资源分系统、生产管理分系统、技术管理分系统和组织管理分系统四个重要部分。四个分系统具有紧密的作用关系且相对独立，必须对其分别进行系统分析和描述，以为后续研究工作准备必要的工作条件。

1) 油藏资源分系统分析

(a) 油藏资源分系统的概念及内涵

油藏资源分系统概念的提出及完善，是将系统科学应用于石油天然气地质学领域的有效尝试，其打破了一般意义上的油藏资源的概念和内涵[21]。一般意义上来说，油藏资源是地层中构造(圈闭)、储层和流体(油气水)等的有机组合、共同作用的聚集体，是一个封闭的自然系统，具有自身特有的物理结构和开发规律。根据一般系统论，系统可分为自然系统、人造系统和复合系统等三大类，具体如表 2-1 所示。

表 2-1 系统的一般类型及具体内容

分类依据	系统类型	具体内容
一般系统论、控制论等系统理论	自然系统	物质系统、能量系统、生物系统、生态系统等
	人造系统	概念系统、工具系统、管理系统、社会系统等
	复合系统	自然系统与人造系统的结合

油藏资源分系统作为进行油气资源预测、开发生产及经济评价的对象和模型，应属于自然(物质)-人造(概念)复合系统[21]。基于以上认识，我们提出油藏资源分系统的概念体系如下。

针对研究对象而言，油藏资源分系统是与自然油藏的生、排、运、聚、散有关且与周围环境密切联系着的若干相互作用、相互依赖的地质要素和过程的集合体。针对抽象模型而言，油藏资源分系统是为了描述自然油藏的生、排、运、聚、散过程(作用)而精心挑选出来的一组相关地质参数及其联系方式的集合体。而针对研究对象与抽象模型复合体而言，即本节所提倡的定义模式，油藏资源分系统是与自然油藏的生、排、运、聚、散有关且与周围环境密切联系着的若干相互作用、相互依赖的地质要素、过程(作用)及其描述参数和联系方式的集合体，是一个典型的自然

(物质)-人造(概念)复合系统[21]。

油藏资源分系统的内涵本质上就是通过先进的技术手段和开发工具,在精确描述和认识自然油藏的基础上,建立与油藏实际特征最大程度拟合的油藏模型,以指导油藏的合理有效开发,并通过生产信息、技术信息及管理信息的反馈,不断调整对自然油藏的描述和认识,进而有效控制和改进油藏开发模型、策略和方案的实施。

(b) 油藏资源分系统的结构及组成要素

根据研究目的,我们可以对油藏资源分系统的结构组成、时空范围及其边界作用进行如下归纳:对于研究对象而言,油藏资源分系统的组成包括构造、储层、流体等静态特征和渗流特征、储层流体的渗变规律等动态特征以及二者之间的相互作用机理,从油藏所处的环境及其状态分析,油藏的埋深、温度、压力等也属于系统要素。对于抽象的概念模型而言,油藏资源分系统的组成实体包含油藏的排驱与运移方式、开发模型、油水分布特征及条件。对研究对象即抽象模型复合体而言,则应包含上述两方面的内容[21]。油藏资源分系统的组成结构如图 2-4 所示。

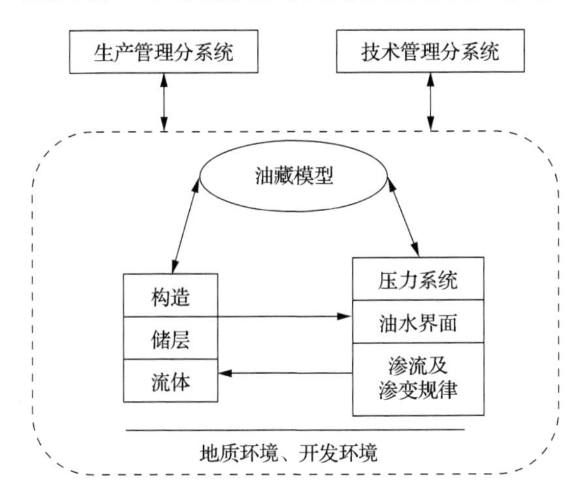

图 2-4　油藏资源分系统的结构示意图

从图 2-4 中可以看到,油藏资源分系统是一个典型的自然(物质)-人造(概念)复合系统,该系统是生产管理、技术管理及组织管理等油藏经营活动的作用对象。油藏资源分系统由基本特征、演化特征和油藏模型三部分组成,其中基本特征主要包括构造、储层、流体等组成元素和油藏的埋深、温度等环境及状态变量,其共同构成了自然油藏形成及持续过程的基本条件和物性参数,是油藏资源的基本组成部分。演化特征是指自然油藏在开发与利用的过程中,其固有的物理结构和地质特征会按照一定的客观规律而有序变化,从而形成一定的动态特征,主要包括油藏开发的压力系统、油水界面变动、渗变特征及渗变规律等,是油藏资源开发利用中需要重点认识和描述的内容。在油藏资源分系统中，基本特征与演化特征随着油藏开发过程的进行而相互作用和影响，形成良性的闭合反馈控制回路，我们需要加以共同认识和系统思考，以建立与实际地质特征拟合程度最大的油藏模型，进一步有效指导油藏的经营管理活动。另外，油藏资源分系统虽然具有一定程度的封闭性，但是其仍然受到油藏地质环境、开发环境及宏观政策环境的影响，在认识和描述过程中需要加以特别关注。

(c) 油藏资源分系统的属性及开发规律

一般来讲，油藏资源作为一种不可再生的矿产资源，其基本性质有天然性、有用性、有限性、定量性、可取性及耗竭性等六个方面，油藏资源分系统作为以自然油藏为基础的自然-人造复合系统，除具有以上不可再生矿产资源的一般性质外，还具有系统自身特有的属性，主要表现为以下四个方面。

(1) 油藏类型的多样性。

由于组成油藏资源分系统的构造、储层、流体等实体要素具体特征的不同，形成了各种各样的油藏类型，具体如表 2-2 所示。

表 2-2　油藏的类型组成

要素	分类
环境	海上、陆上、沙漠油藏
原油密度和黏度	稀油、稠油
储层的渗透特性	低、中、高渗透油藏
储层的岩石类型	特殊岩性、砂岩油藏
构造	中高渗透复杂断块、中高渗透整装油藏
沉积相	河流相、三角洲相、滨浅湖相
……	……

我国各大油田的油藏成相比较复杂，流体和地质特征差异性较大，油藏的类型多样程度比较高，尤其是以 S 油田为代表的东部老油田区域，油藏类型的多样化更具有代表性。

(2) 油藏结构的复杂性。

油藏结构是油藏描述和认识的重点内容，从总体上看，油藏结构呈现较高程度的复杂性。一般表现在：一是油藏的构造复杂，包括构造起伏大、断层多和断裂系统复杂多样；二是油藏的储层复杂，主要包括平面上渗透率分布不均匀，纵向上油层多、渗透率差异大，储层非均质性强；三是油水分布特征复杂，加上注水开发水驱不均匀等因素的影响，造成剩余油分布高度分散。

随着油气勘探工作的深入，找到大型油气田的难度越来越大，扩大已知油田的储量，延长油田开发寿命及油田稳产期限，正是以 S 油田为代表的我国东部老油田的关键任务，这比新勘探一个油田更具有经济和战略意义。就 S 油田来看，济阳拗陷勘探已进入高成熟期，探明储量的主要对象已从多层砂岩构造油藏为主转向隐蔽油藏和复杂岩性油藏为主，探明储量的品位总体上越来越差，给油藏开发带来了极大的困难。这些难开发油藏在目前的技术条件下很难形成经济产量，更难取得一定的经济效益，所以，积极研究难开发油藏资源的开发思路及技术来开发剩余油藏对中国东部老油田具有长远的战略意义。

(3) 油藏资源的资产价值性。

油藏资源由于其不可再生性、稀缺性和独占性而具有资产特性，其与其他普通资产一样具有价值，可以给油藏所有者及经营者带来经济收益。随着我国经济体制改革的不断深化，油藏资源的无偿使用制度已经完全由油藏资源的有偿使用制度所代替，因此，明确油藏的资产价值特性，并对其进行资产化计量是我国石油企业目前所必须重视的管理环节。

油藏资源的资产化计量不同于其他资源性资产评估。作为不可再生的稀缺资源，由于其本身自然禀赋条件及生产技术特点造成了油藏资源价值计量的复杂性和不确定性，特别是油藏资源的勘探开发受到地质条件、品质条件、开采难易程度及油田的经济地理条件、自然环境等的严重影响。在我国，对油藏资源资产价值的计量目前还处于探讨和研究阶段，研究成果较多，但彼此差异性也比较明显。油藏资产价值的构成主要包括两方面内容：一是油藏资源的资源性底价；二是资源的补偿价值。油藏资源资产价值化的核心是经济可采储量的价值评估，可以从勘探成本途径、收益现值途径和市场经验途径加以考虑。

(4) 油藏资源认识的动态性。

油藏资源分系统本质上看是一个以自然资源为基础的自然-人造复合系统，系统具有自身特有的物理规律和开发原则，同时受到油藏开发生产工艺、技术、装备及管理等因素的制约，因此，油藏资源的认识具有高度的动态性特征。一方面，油藏资源深埋在地层中，不能够被直接认识和感知，必须通过相应的油藏勘探开发技术应用和开发生产活动实施来进行逐步描述和认识，这个过程贯穿于油藏开发的全经济生命周期中，深受油藏开发生产活动及油藏开发工艺技术发展水平的影响和制约，具有一定的动态性和渐进性。另一方面，油藏资源本身的物理结构和地质特征也不是一成不变的，其会随着油藏开发阶段和开发方式的不同而不断演化发展，导致油藏开发规律的动态变化。随着油藏开发的深入，油藏的渗流特征、压力系统、油水界面和流体的渗变规律等都会发生变化，从而导致油藏的含水上升，自然递减率及综合递减率等开发指标不断变化。

以上两方面的变化构成了油藏资源认识的高度动态性，在油藏资源分系统中必须注意油藏资源认识的这些规律，进而科学、动态、客观地对油藏进行描述和认识，以达到对油藏资源的合理有效开发生产。

虽然油藏的类型多样,地质特征和流体物性复杂,但是在油藏的开发利用过程中,其固有的物理结构和特性会按照一定的客观规律有序变化。因此,油藏资源分系统具有一些开发规律和固有模式可以遵循。主要包括,水驱油机理等渗流规律,产量、液量、含水率变化等开采规律,储层性质、流体性质等随开发阶段的变化规律等。油藏资源分系统的客观开发规律要求我们在对油藏进行开发、利用的过程中,一定要保持油藏物理规律、经济规律和社会、资源、环境可持续发展规律的结合。

2) 生产管理分系统分析

(a) 生产管理分系统的概念及构成要素

在油藏开发与利用过程中,生产管理活动是对油藏管理系统的目标和功能实现有直接作用的行动集合。一般意义上讲,生产管理分系统是指在油藏的开发与利用过程中,利用包括人力、物力、财力和技术在内的各种资源,对油藏的勘探、产能建设、开发生产及废弃处理等作业活动进行管理和控制,将油气自然资源转换为油气可开采储量和油气产品等经济资产,以实现油藏开发的综合效益最大化的系统。

生产管理分系统的构成要素主要包括以下五个方面。

(1) 油水井、勘探及开发机械等设施、设备和必要的生产资料。这是组织生产管理活动的必备物质基础,是生产成本的主要构成项目。

(2) 生产作业及管理人员。这是生产管理活动的实施主体,作业及管理人员的能力结构和工作效率很大程度上决定了生产管理分系统功能及目标的实现程度。

(3) 生产组织方式。根据油藏的地质特性和流体物性对不同的油藏采取不同的生产组织方式,以优化油藏的经济开发效果。其主要包括单元划分、生产运行方式、生产的操作管理程序、生产的特殊规章制度等。

(4) 生产信息。由于油藏生产管理活动的作用对象是油藏资源,其是处于地层深处的相对封闭的自然系统,所以对油藏特性的认识和描述贯穿于油藏开发的整个生命周期过程,这就需要不断地进行监测,并收集大量的有效信息资料进行分析处理,以适时进行开发分析,更新开采方式,实现开采阶段的转移、开采主要对象和开采工艺的转变。

(5) 生产工艺技术。油藏的生产管理过程中需要大量的工艺技术,以实现油藏的有效开发,特别应注意所采用工艺技术的可靠性和正确性。

(b) 生产管理分系统的功能及结构

广义上讲,生产管理分系统是围绕石油企业的主营业务即保持及扩大储量和开发油气藏所进行的油藏勘探、开发建设、开发生产、废弃处理及信息预警等作业管理过程的有机集合。因此,生产管理分系统本质上就是以自然油藏为作用对象,在油藏开发与利用生命周期内所进行的一系列相互作用、相互影响的管理活动的集合体，是一个有机的人造系统。

生产管理分系统的功能本质上就是合理有效地调配及利用各种资源，以完成一定规模的产量、产能及储量生产，最终实现油藏的综合效益最大化。具体表述如下。

(1) 储量生产。简单来说就是利用各种资源和相关勘探技术，发现油藏并将之转换为经济可采储量等油气资产。随着油气勘探工作的深入，找到大型油气田的难度越来越大，扩大已知油田的储量，延长油田开发寿命及油田稳产期限，正是以 S 油田为代表的我国东部老油田的关键任务，对油田企业的长久发展具有重要的战略意义。

(2) 产能建设。就是利用各种资金、技术和设备，建设井网、集输系统等相关生产设施，将油藏的经济可开采储量转化为实际的油气生产能力。产能建设的质量和规模直接决定了后续的油藏开发生产的规模和有效性，因此，必须统筹兼顾，结合油藏的勘探情况及储量预测，以实际的资金、技术和设备水平为基础，有效整合现有资源建设油藏的开发生产能力。

(3) 油气生产。就是利用各种生产设施、资源和相关开发技术，获得油气产量，并不断采取各种措施增加油藏的经济可采储量。这是与油藏的综合效益实现直接相关的功能过程，随着油藏地质特性的复杂化和油气物性特征的多样化，油气生产越来越复杂。一方面这个过程的实现对资金、技术的依赖程度非常高，面对中国油田非常规油藏的增加，必须加大资金及技术的开发与投入力度，否则就不能实现油藏的经济采量，更不可能取得一定的经济效益。另一方面在油气生产过程中，必须注重根据油藏的不同类型和地质特性选择合理的开采方式，并时时监测，动态调整，以利于油藏的可持续发展。

根据相关理论研究及油田企业的实践情况，我们可以把生产管理分系统细分为油藏勘探子系统、开发建设子系统、开发生产子系统、废弃处理子系统等四个方面。生产管理分系统的内部结构如图 2-5 所示。

从图 2-5 中所示的生产管理分系统的内部结构可以看到，生产管理分系统受组织管理分系统的指导和约束，直接作用于油藏资源分系统，处于油藏管理系统的中间层次，并与技术管理分系统间具有大量的信息、技术交流和互动。生产管理分系统的管理权限和系统边界都比较清晰，其内部由油藏勘探子系统、开发建设子系统、开发生产子系统、废弃处理子系统等四个部分组成，四个子系统是按照油藏开发与利用的一般过程而划分的，其包含了油藏的整个经济寿命周期，具有相对完整性和连续性，四个子系统按照油藏开发进程依次实施，相互间具有密切的传承关系和作用机理。在本研究中，我们重点研究开发生产子系统，是生产管理分系统的主体组成部分，直接影响着油藏开发生产目标的实现，具有重要的战略意义和作用地位。

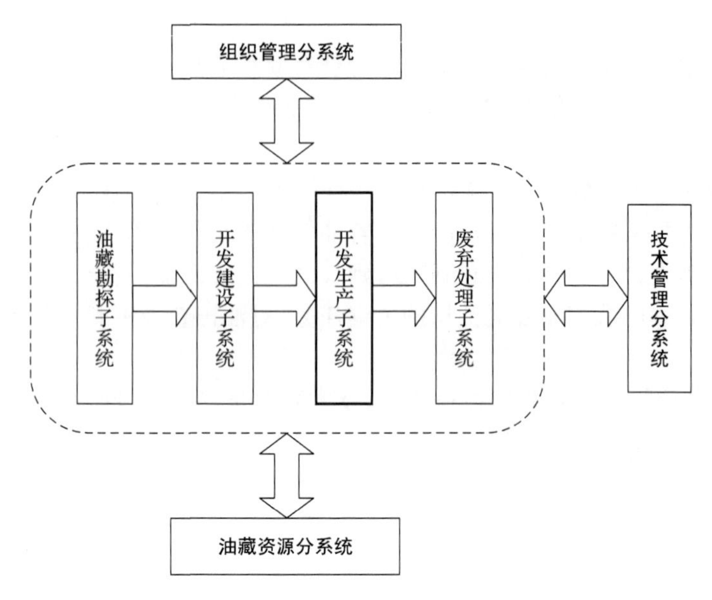

图 2-5　生产管理分系统的结构示意图

(c) 生产管理不同子系统的内容及任务分析

前文研究中我们把生产管理分系统划分为油藏勘探子系统、开发建设子系统、开发生产子系统、废弃处理子系统等四个部分，随着油藏开发与利用阶段的不同，生产管理分系统的内容和任务也各不相同，下面针对不同的子系统进行管理内容和任务的分析，并重点分析开发生产子系统的内容和任务，以为后续研究工作打下坚实的基础。

(1) 油藏勘探子系统的内容及任务。

油藏勘探阶段的主要任务是利用各种资源，发现油藏并扩大经济可采储量。其主要的管理内容包括：①重力、磁法、电法、化探以及地震勘探等的施工和相关资料的录取、处理、解释；②参数井、预探井、评价井等探井的钻井、录井、测井、试油施工以及相关资料的录取、处理、解释；③油藏地质评价及其储量的计算、升级、上报。

油藏勘探子系统的管理内容比较繁杂、琐细，有很强的技术依赖性，各管理内容之间具有紧密的联系和作用关系，必须加以统筹考虑。另外，这些管理内容是整个油藏后期开发生产的必备基础，关系着整个油藏的开发利用效果，必须加以特别重视。

(2) 开发建设子系统的内容及任务。

开发建设阶段的主要任务是利用各种资源建设油藏的相关生产设施，以实现油气可采储量到实际油气生产能力的转变。其主要的管理内容包括：①根据产能方案部署，开发准备井及其开发井的钻井、录井、测井、试油试采施工以及相关资料的录取、处理、解释；②注采系统、集输系统等配套生产设备设施的建设；③进井路、供电系统、生活设施等辅助设施的建设。

开发建设子系统的管理内容规模一般比较大，是地面建设的主体部分。建设质量和周期要求都比较高，需要一定规模的多学科多部门协同配合的团队工作组来进行。其中，产能建设的团队规模、工作方式及信息传递、反馈机制都会影响工程进度和质量，我们必须加以重视。

(3) 开发生产子系统的内容及任务。

开发生产阶段是与油藏开发效果和综合效益实现直接相关的阶段，是本研究的重点所在。这一阶段的主要任务是利用各种生产设施、设备及技术，获得一定规模的油气产量，并不断采取增产措施增加油藏的可采储量、延长油藏的经济寿命和稳产期限，实现油藏资源、经济及社会的可持续发展。其主要的管理内容如下。①生产计划管理：主要是指生产计划的制定、实施及评价工作，重点包括产量计划、储量计划、开采计划等。②方案的组织实施：主要是指油藏开发过程中，注采调配、技术改革、工艺改造等开发生产方案的组织实施工作。③生产调度：主要是指在油藏的开发生产阶段，为完成各种具体的生产作业任务而进行的生产资料、生产设备、生产人员等的动态调整和分配，是油藏开发生产活动得以完成的重要保证。④油藏动态监测：主要是指在油藏开发生产过程中，对各种具体的生产作业活动进行实时监测，以调整及完善油藏的开发生产进程。⑤生产设施及设备管理：主要是指对油田生产设备、生产设施的维护和保养工作。⑥油田环境的综合治理：主要是指对油田开发生产内外部环境的综合治理工作。⑦生产成本管理：主要是进行油藏开发生产的成本投入、成本控制及成本有效利用的管理工作，特别要改善及优化开发生产中资金的配置和流动机制，强调有限资金的合理利用。⑧生产信息管理：主要是指进行油、气、水井和生产设施及设备等的资料录取工作；进行油藏开发生产阶段相关数据及资料的管理工作。

开发生产子系统的实施质量直接影响着油气产量及油藏的可持续发展进程，具有十分重要的意义。在第一阶段要制定合理有效的作业管理制度和规章，努力提高从业人员的能力素质和职业品质，以保证按时保质保量完成各项管理作业。

(4) 废弃处理子系统的内容及任务。

随着油藏开发工作的精细化要求和环境压力的不断增大，油藏的废弃处理管理工作日益受到油田企业的重视。这一阶段的主要任务是遵循油藏开发的客观规律，实现油藏经济开采寿命的平衡终结，并处理相关的善后事宜，努力恢复油藏周围环境的生态平衡，防止造成环境污染，实现环境、资源的可持续发展。

油藏经营管理方案应该包括开发方案全部完成时最终的油藏废弃内容，其主要内容包括：①通过油藏的虚拟销售收入和经营成本进行盈亏平衡分析；②分别进行动态的技术废弃采油速度和经济废弃采油速度的计算和调整；③通过分析井及各种开采设施的经济极限界限，确定合理的废弃条件；④综合油藏自身的资源条件、技术进步水平及原油价格波动，做出废弃处理的决定；⑤执行配套的油藏废弃处理计划，并对其结果进行监控。

关井、弃井等具体作业的废弃决策过程并不复杂，但是废弃一个油藏却是一个极其复杂的决策问题，一方面油藏的废弃是一个逐步退出的过程，不是一蹴而就的，不仅要考虑整个油藏的盈亏平衡，也要考虑油藏内各生产井的产量及效率差异化程度，综合考虑、统筹兼顾，逐步实施油藏的废弃处理工作。另一方面，油藏的废弃处理涉及众多的影响因素，不仅要考虑油藏自身的资源条件，更要考虑技术进步的水平及速度、原油的市场价格波动、环境及资源的可持续发展等因素，必须做出综合判断，以决定油藏的存废问题。

3）技术管理分系统分析

(a) 技术管理分系统的概念及构成要素

一般意义上讲，技术管理分系统就是在油藏开发利用的生命周期过程中，依托一定的组织管理政策和实施体制，针对技术服务对象的不同特点和不同需求，充分利用各种人力、物力、财力及技术资源进行不同层次的技术创新、技术服务及技术分析等项目的管理系统。

基于以上认识，技术管理分系统的构成要素主要包括以下五个方面。

(1) 技术研发及管理人员：这是技术管理活动实施的主体，技术研发及管理人员的自身素质、专业技术水平及管理思维都直接影响着技术管理活动的实施效果，进而会影响整个油藏的开发利用程度。

(2) 技术基础：这是开展技术管理活动的必备条件，主要是指组织自主研发的或从外部引进的成熟技术及其应用体系。不同层次的技术创新、技术服务和技术分析都要以此为基础进行，不能凭空臆测，脱离实际地进行理想状态的研究开发及管理。

(3) 技术管理数据及信息：任何的技术研发及管理活动都不是孤立存在的，其不仅与其他的技术管理作业具有密切的联系，而且需要大量的油藏开发数据和生产信息，以便与油藏实际生产经营活动建立良性的互动发展关系，并及时调整技术攻关的重点和突破口。

(4) 技术管理的组织方式：现代的油藏技术研发及管理活动规模庞大、投资巨大，涉及的学科、部门及人员数量多、关系复杂且具有不同层次，如何通过合理有效的管理活动调动有关人员的研发积极性，协同配合，共同为同一目标而工作成为技术管理活动的关键所在。因此，技术管理的组织方式是否得当直接关系着技术研发及实施的效果。

(5) 技术管理环境：技术研发及管理活动具有很强的环境依赖性，因此，技术管理环境是系统的重要组成部分，其主要包括技术管理进行的硬环境和软环境，硬环境主要是指技术研发及管理的实验设备及水平、计算机配置及专业仪器;软环境主要是指组织提供的体制及机制环境,包括作业的规章制度、工作程序、人员激励制度等。

(b) 技术管理分系统的功能及结构

技术管理活动贯穿于油藏开发与利用的全生命周期过程,具体涉及技术管理的环节包括:油藏描述、制定开发(调整)方案、实施开采策略、油藏监测、开发动态分析、改进开采策略、编制最终开采计划等,所以,技术管理分系统在油藏管理系统中具有重要的地位和功能[18]。

技术管理分系统的功能主要包括四个方面:技术识别与选择管理、技术创新管理、技术应用管理及技术分析与评价管理,具体内容如下所述。

(1) 技术识别与选择管理。这是技术管理分系统的初级功能,主要包括油藏开发技术的甄别、选择等管理工作。在油藏开发过程中,技术的识别与选择是技术应用和技术创新的基本前提,是技术管理活动得以实施的必要条件,必须加以正确认识。

(2) 技术创新管理。这是技术管理活动的最高层次,主要包括技术引进和研发的管理工作。针对油藏管理中的理论难题及实践瓶颈问题,开展相应技术研发的组织管理工作,形成具有全部或部分自主知识产权的技术资源。另外,注重成熟技术二次创新的管理以及先进实用技术的配套引进管理工作。

(3) 技术应用管理。这是油藏技术管理分系统的主体功能,主要包括新技术的推广应用、生产工艺的创新及改进、生产设备、设施及流程的技术改造等技术管理作业。技术应用管理活动是针对油藏勘探、开发及生产过程中的实际需要,解决开发实际中的技术难题,能够有效服务于现场的开发利用进程。

(4) 技术分析与评价管理。这是油藏技术管理分系统的基础功能,主要是从技术管理角度出发,进行新技术的整体评价及应用前景分析、已用技术的实施监测及效果评价等,以便发现生产运行管理中存在的潜在技术问题,进行技术改造或创新,从而防止或减少事故的发生,保证油藏开发生产的正常进行。

就技术管理分系统的组成结构来说,从油藏技术管理活动的功能和类型两个维度进行分析得到如图 2-6 所示的结构示意图,在技术管理类型维度上,根据认识油藏、开发油藏和评价油藏的基本过程,划分为油藏描述及认识技术、油藏开发技术和油藏经济评价及优化技术三个部分,在每一个技术管理类型上都具有不同层次的技术识别与选择、技术应用、技术创新、技术分析与评价等四个方面的管理功能。

在油藏开发与利用过程中,认识油藏、开发油藏和评价油藏是三个主要的组成部分,油藏的技术管理分系统就是围绕这三个主题,不断寻求技术因素和经济因素之间的平衡关系,以取得油藏开发的综合效益,实现资源、经济及社会的可持续发展。基于以上认识,我们将技术管理分系统划分为油藏描述及认识技术管理、油藏开发技术管理和油藏技术经济评价及优化管理三个子系统,具体如图 2-7 所示。

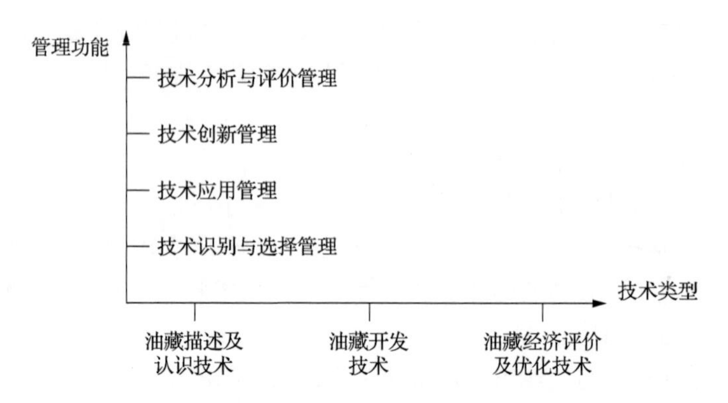

图 2-6 技术管理活动的功能-类型二维关系示意图

其中,油藏描述及认识是油藏开发利用的必要基础,贯穿于整个油藏的开发进程中,这一阶段涉及了大量的技术应用及管理;而油藏的开发生产则是油藏管理的主体活动,也是技术管理的重点组成部分。通过油藏描述及认识技术管理活动形成了合理有效的油藏模型,在多次反复及修正模型的基础上,通过大量的开发技术管理活动,形成了工程开发模型,而技术经济评价及优化管理在以上两个模型阶段起到评价、优化和控制的重要作用,从而形成了经济优化模型,三种模型相互作用,构成了技术管理分系统的内部结构,从而形成开发生产合力,最终使油藏资源得到合理开发与利用。另外,技术管理分系统与组织管理分系统、油藏资源分系统及生产管理分系统间具有大量信息、物质与能量的交流与互动。

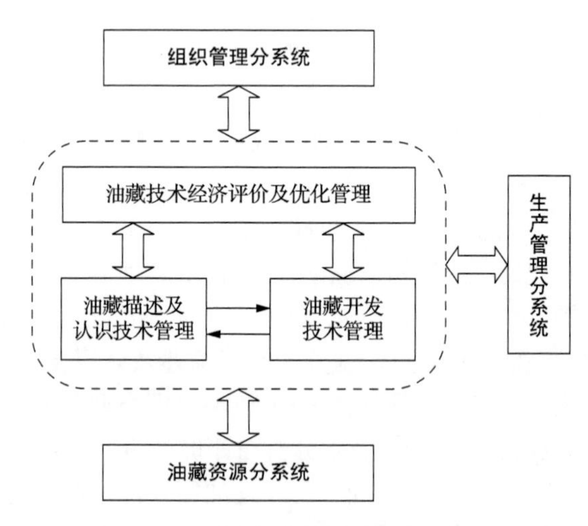

图 2-7 技术管理分系统的结构示意图

(c) 技术管理分系统的内容及任务分析

技术管理分系统主要包括油藏描述及认识技术管理、油藏开发技术管理和油藏经济评价及优化技术管理三个子系统，因此，下面将分别详细阐释三个子系统的内容及任务。

（1）油藏描述及认识技术管理的内容及任务。

油藏描述及认识是对一个油藏单元岩石物性、流体性质等微观和宏观的空间分布做出解释。该描述要求确定原油储量，预测可采储量，并计划开采作业，是油藏管理的基础工作。因此，油藏描述及认识技术管理的任务是合理组织及管理物探、钻井、测井、取心化验、地震预测、地质建模、数值模拟等技术手段，结合开发生产数据及动态监测资料等，来描述及认识油藏构造、储层等地质特征及开发特点，以建立与实际自然油藏拟合程度较高的油藏模型，指导油藏的合理开发与利用。

油藏描述及认识技术管理的内容主要包括在这一阶段所涉及的一系列油藏描述和油藏认识技术的甄别、选择、应用及管理工作，具体技术如图 2-8 所示。以下重点阐释地质建模技术的应用管理工作。

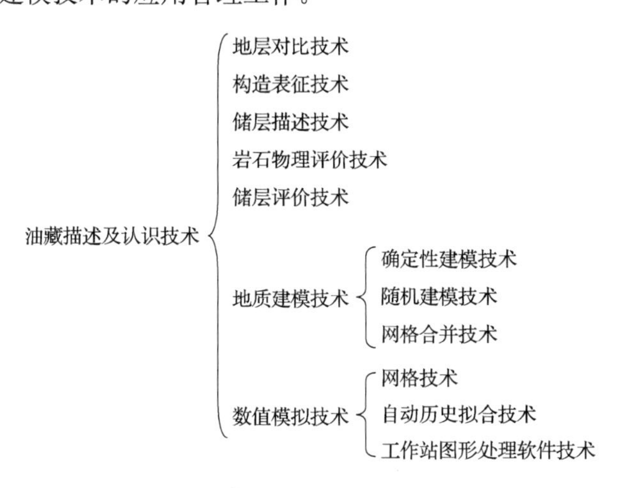

图 2-8　油藏描述及认识技术构成示意

油藏地质建模是通过计算机定量表征油藏和储层特征，亦即西方国家所称的储层表征或油藏描述。在油藏管理的不同阶段地质建模有不同的内容，具体如表 2-3 所示。

表 2-3　不同开发阶段油藏地质建模的具体内容

油藏开发阶段	油藏地质建模的具体内容
油藏初期评价阶段	初步概念模型
油藏开发设计阶段	详细概念模型和初期地质静态模型
油藏开发方案实施阶段	三维静态地质模型
油藏开发深入实施阶段	研究流体流动类型、剩余油饱和度及其分布的具有预测性的三维地质精细模型

因此，在油藏管理的不同阶段，地质建模技术的组织管理工作是不尽相同的，要结合油藏的具体开发状况和技术的应用要求适当管理。

(2) 油藏开发技术管理的内容及任务。

油藏开发是油藏管理的核心过程，所涉及的技术类型及层次众多，因此，油藏开发技术管理的任务比较繁重。简单来看，油藏开发技术管理的任务主要是在油藏精细描述及认识的基础上，合理配置、利用及管理各种技术开发手段，实现油气从储层到地面，以形成经济产量的基本过程。

油藏开发技术管理涉及的主要技术具体如表 2-4 所示。

表 2-4　油藏开发技术管理涉及技术类型及具体技术

技术类型	具体技术
采油工程	采油工艺技术、三次采油技术、垂直管流模拟、地面管流模拟、增产措施、节点分析、稠油开采技术等
钻井/完井工程	水平井技术、分支井技术、智能井技术、完井技术等
油藏工程	注水开发技术、测井分析、不稳定试井、常规岩心分析、CT 扫描、核磁共振、流体物性分析、递减曲线分析、物质平衡分析、流管模型、EOR 技术、专家系统、神经网络等
数据库技术	数据库管理、数据库应用、软件平台等

其中，具体技术的实施过程又包括许多微观的技术环节和进程，这些也是技术管理的内容项目。例如，采油工艺技术实施及管理包括酸化、堵水调剖、压裂、防砂、举升技术等不同进程和技术要求；注水开发技术管理包括分层注水技术、高压注水技术和水质精细处理技术等不同方面。

从油藏管理的一般过程来看，油藏开发技术管理涉及的环节及内容包括开发方案制定及调整、开发策略实施、油藏动态监测、开发动态分析、开发策略改进、废气处理计划制定等。具体如表 2-5 所示。

表 2-5　技术开发管理所涉及环节和具体内容

涉及环节	具体内容
开发方案制定及调整	开发方式评价、油藏动态预测等
开发策略实施	钻井、完井、射孔、测井、试井、开采工艺、地面建设、油藏地质、开发研究、生产协调等
油藏动态监测	产量监测、油水井压力监测、油井产出剖面的监测、注水井吸水剖面的监测、油水界面移动的监测、井下技术状况的监测等
开发动态分析	月(季)生产动态、年度油藏动态、阶段开发动态等
开发策略改进	采油速度变化、开采方式变化、开发效果改善、采收率提高等
废气处理计划制定	设施的经济极限界限分析、合理的废弃条件确定、技术废弃采油速度确定、经济废弃采油速度确定、盈亏平衡分析等

(3) 油藏技术经济评价及优化管理的内容及任务分析。

油藏技术经济评价及优化管理的任务是依赖先进控制模型、评价计算技术等可用技术资源的使用及管理,通过方案评价及优选、极限分析、效益分析等来优化油藏开发,以最低的投资和成本费用,最大限度地提高油藏的经济及社会效益,实现资源、经济及社会的可持续发展。

油藏技术经济评价及优化管理主要内容是通过先进技术手段的应用和管理,将油藏模型与工程开发模型综合考虑,以形成油藏的经济优化模型,进行油藏勘探、开发建设、开发生产及废气处理等进程中方案的评价及优选、开发要素的极限分析、开发措施的效益分析、开发过程的最优控制等具体内容,实现油藏技术管理的目标与功能,其中,方案主要是指勘探方案、综合规划方案、开发工程方案、措施方案及废弃处置方案等。

4) 组织管理分系统分析

(a) 组织管理分系统的概念及构成要素

组织管理分系统是油藏管理系统的重要组成部分,处于系统结构的最高层次。一般意义上讲,组织管理分系统就是在油藏开发与利用的生命周期过程中,运用各种管理策略、方法、技术及手段,合理配置各种可用资源(人力、物力、财力、油藏、技术、信息),对油藏的勘探、开发建设、开发生产及废弃处理等相关进程进行协调、组织、决策和控制,以保证油藏管理顺利有效进行的管理系统。

组织管理分系统贯穿于油藏管理的整个生命周期过程,涉及了从油藏勘探开始,一直到油藏废弃处理的整个进程,持续时间长达几十年甚至上百年。因此,为了适应外部开发环境的不断变动和油藏开发不同阶段的地质特性和经济要求,油藏的组织管理活动也处于不断地更新和变动中,其与外部环境、生产管理分系统、技术管理分系统及油藏资源分系统之间具有密切的联系和相互作用。本质上讲,组织管理分系统是一个高度开放的多层次多要素的复杂管理系统。

基于以上认识,组织管理分系统的构成要素具体如下所述。

(1) 管理体制。其是组织管理分系统的重要部分,是油藏管理系统的外部环境的内在反映,是进行各种油藏管理活动的基础和宏观条件。主要包括组织结构的设计及调整、管理权限的分配及调节等。

(2) 管理模式。其是组织管理分系统的关键要素,是油藏管理系统的内部环境和管理理念的集中体现,是油藏管理实践的重要前提。主要包括:团队作业模式的设计及完善、业务流程的重组、油藏开发方式的转换等。

(3) 管理机制及策略。其是油藏管理系统的内部运行规则,是各项油藏管理活动的依据,涉及了油藏开发的整个进程。

（4）管理资源。其是组织管理活动得以进行的物质基础，是组织管理分系统功能实现的根本保证。主要包括管理人员、资金、物资、资产及各类有用信息等。

（5）管理方法。其是组织管理活动实施的技术手段和依靠，包括各种先进的管理策略、方法及技术等，主要有目标管理、预算控制、全面质量管理、成本动因法、ABC 成本分类法等。

（b）组织管理分系统的功能及结构

组织管理分系统的管理对象复杂、管理内容多、管理的工作量大，但从本质上讲，其就是依赖先进的管理策略、方法和技术，通过有效的决策，来组织和协调油藏管理中生产管理分系统、技术管理分系统及油藏资源分系统的管理活动，从而保障油藏的有效开发和利用，以实现资源、经济和社会的可持续发展。

组织管理分系统的主要功能包括：一是设计及完善油藏管理区的组织机制和团队作业模式，以形成能够有效控制和协调的内部权力、责任、利益、资源等的分配及调整体系；二是构造油藏管理区的信息传递及反馈控制机制，以形成作为组织管理和决策过程基础的正式信息交流渠道和非正式信息交流渠道；三是建立油藏管理区的组织文化和组织激励机制，以调动人员的工作积极性和使命感。

从管理的业务流程角度来看，组织管理分系统贯穿了油藏开发的整个生命周期，主要涉及油藏的勘探、开发建设、开发生产及废弃处理等重要进程。组织管理活动的内容随着油藏开发进程的不同而不尽相同，但是从本质上看，在油藏开发的整个过程中，组织管理分系统的内部结构是相对稳定和明确的。其结构示意图如图 2-9 所示。

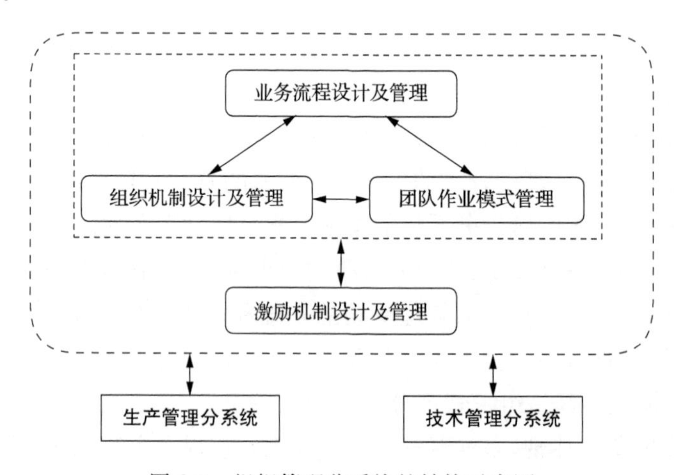

图 2-9　组织管理分系统的结构示意图

按照组织管理活动的基本要素和实施要求，组织管理分系统可以划分为组织机制设计及管理、团队作业模式管理、业务流程设计及管理和激励机制设计及管理等四个子系统。四个子系统依托人、财、物、技术等管理资源，通过油藏地质信息、生产信息、技术信息和管理信息的传递及反馈，相互之间发生作用关系，共同构成了组织管理分系统的内部结构。其中，组织机制设计及管理与团队作业模式管理作为共同基础，在同一层次上发生相互作用关系，并分别与业务流程设计及管理发生相互作用，共同形成组织管理分系统内部的主要作用机理，一方面，业务流程设计及管理的要求和内容规范和制约了其他两个子系统的设计方式和管理内容，另一方面，其他两个子系统的管理进程和实施要求也影响着业务流程设计及管理的推进和调整。另外，激励机制设计及管理是其他三个子系统实施的必要基础和重要影响因素，其与其他三个子系统所组成的整体团组发生相互的作用关系。

(c) 组织管理分系统的内容及任务分析

组织管理分系统主要包括组织机制设计及管理、团队作业模式管理、业务流程设计及管理和激励机制设计及管理等四个子系统，各子系统的内容及任务具体阐释如下。

(1) 组织机制设计及管理子系统的内容及任务。

组织机制设计及管理是在油藏开发模式设计及管理的基础上进行的，是油藏开发模式组织内容的细化和延伸，其是油藏管理活动实施的必备基础，直接影响着各类作业活动的实施质量和效果。

组织机制设计及管理的主要任务是在油藏开发的生命周期过程中，通过先进的管理策略、技术和手段，在充分描述和认识油藏资源的基础上，进行油藏开发的组织结构和组织运行的设计及管理，以保障油藏开发模式的有效实施和油藏管理区综合效益的实现。

随着油藏管理新模式的建立，油藏管理区的组织机制需要进行设计，其中包括组织结构的设计与组织运行的设计。油藏生产组织体系及其层次的变化，带来权利责任的重新配置，在此过程中相关利益主体的冲突就会不断出现，因此，需要结合实际油藏管理区的划分及组合，构建油藏管理区有效的组织机制。组织机制的内容具体包括油藏管理区的部门组织结构、不同部门的工作定位及工作职责、不同部门间的协调及配合机制等。

(2) 团队作业模式管理的内容及任务。

油藏管理新模式会引起原有油田生产工作模式及作业方式的变化，需要建立基于项目管理的多部门多学科多专业相互协作的团队作业模式。团队作业模式管理是油藏管理系统的内外部环境和管理理念的集中体现，是油藏管理活动实施的重要前提。主要内容包括油藏管理理念的转变、油藏管理一般模式的设计及完善、油藏管理不同阶段具体团队作业模式的设计及改进等。

团队作业模式管理子系统的主要任务是在油藏开发的生命周期过程中，通过先进的管理策略、技术和手段，在充分描述和认识油藏资源的基础上，进行油藏管理一般模式和不同开发阶段具体团队作业管理模式的设计及完善，以实现油藏开发的有效实施和油藏管理区综合效益的实现。

传统的油田开发管理是串行管理模式(图 2-10)，各专业部门之间界限分明，缺乏交叉协同和横向联系。现代油藏管理组织机构为扁平式(图 2-11)，多专业多学科团队的组建强调各专业间的相互作用以及与管理、地质、工程、经济、法规间的相互协同。

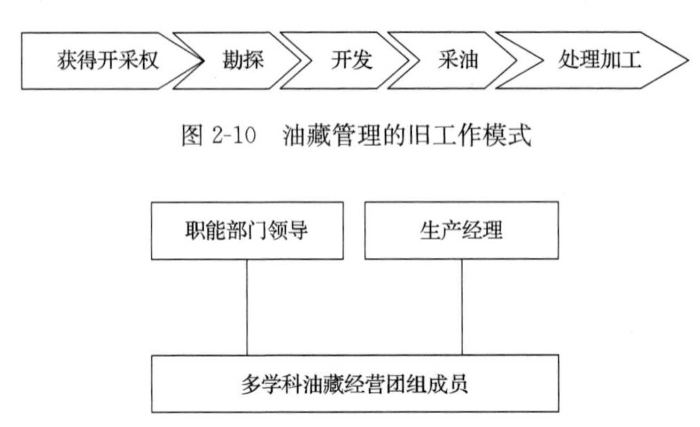

图 2-10　油藏管理的旧工作模式

图 2-11　油藏管理的新工作模式

(3) 业务流程设计及管理子系统的内容及任务。

随着油藏管理内外部环境的变化和新开发模式的建立，组织的业务流程必须进行重新设计，以适应新的开发模式和管理方式。涉及油藏开发的业务流程重组是组织管理分系统的基础内容，其影响了油藏开发的组织机制和激励机制的设计与管理，在一定程度上决定了油藏开发的力度和综合利用水平，越来越为油藏管理人员所看重。在本章研究中引入业务流程再造(business process reengineering)的思想和工作程序，以提高油藏管理的运行效率，降低开发成本。

业务流程设计及管理的主要任务是依托先进的管理技术和手段，以油藏管理的价值增值流程的再设计为中心，强调打破传统的职能部门界限，提倡组织改进、员工授权及正确地运用信息技术，建立合理的业务流程，以实现油藏开发的物流、信息流、能量流及人流的交融互动，确保油藏管理进程的有效进行。

随着油藏开发进程的变化、市场竞争的加剧以及新技术的迅猛发展，油藏管理的内涵和实际内容都发生了很大变化。油藏开发的业务流程设计及管理以业务主流程为核心，对原来业务流程进行根本反思，彻底地重新设计和构建新的业务流程,以适应现代综合油藏管理的要求,从而促使油田企业生产获得飞跃发展。其从根本上打破了传统职能分工的理论基础,通过全面考察原有油藏管理业务流程的发生、发展和终结过程,重新确定、描述、分析、分解整个油田企业运营的全过程,以此实现对油藏开发全过程的有效管理与控制。

(4) 激励机制设计及管理子系统的内容及任务。

油藏管理的成功实施关键在于多学科多专业不同部门人员的协同配合及共同管理。组织管理分系统的主要内容之一就是设计及完善有效的激励机制,以提高多学科跨专业作业团队人员的工作积极性和责任感,从而保障油藏开发的顺利实施。

激励机制设计及管理子系统的主要任务就是通过先进的管理技术和手段,对油藏开发不同阶段所涉及的多学科跨专业团队作业人员进行有效考核、评价及激励,发挥团队作业的整体功能,有效保障油藏管理进程的顺利实施和完成。

挖掘员工的潜力,发挥他们的工作积极性是管理者的目的之一,也是提高油藏管理水平的重要标志。在油藏管理新模式下,每个成员既要履行自己的工作,同时也要完成在团队中的角色,并双向互动。这就需要油藏人力资源管理在对现有考核与激励机制充分分析论证的基础上,提出合理的新激励机制的设计原则。

2.4　油藏管理系统的目标体系分析

油藏管理系统是一个动态多维且目标多样化的复杂资源、技术和经济系统,系统的目的性是其整体结构优化和功能实现的基本保障,进行详细的目标体系分析是系统选择战略、制定规划、评价效果等一系列油藏管理工作的基础。

经过数十年的发展,油藏管理的理论和实践都取得了长足进步,其实际应用效果比较显著。在当今能源市场需求紧迫、原油开发成本增加和环境压力加剧的宏观条件下,现代综合油藏管理是实现石油资源有效开发和石油行业可持续发展的先进管理理念和开发模式之一,越来越受到国内外众多油田企业的青睐。因此,油藏管理系统的总体目标可以归结为改善及优化油藏开发,合理利用人力、技术、信息、资金等有限资源,以最低的投资和成本费用从油藏资源中获取尽可能大的收益,以实现资源经济可采储量的最大化和经济效益的最大化,从而达到油藏开发综合效益的最大化。具体的目标体系结构如图2-12所示。

在以上油藏管理系统的目标体系结构的基础上,分别对提高经济效益、实现油藏可持续利用、优化组织管理效用和提高技术水平四个二级目标及其子目标进行详细的阐释和解析。

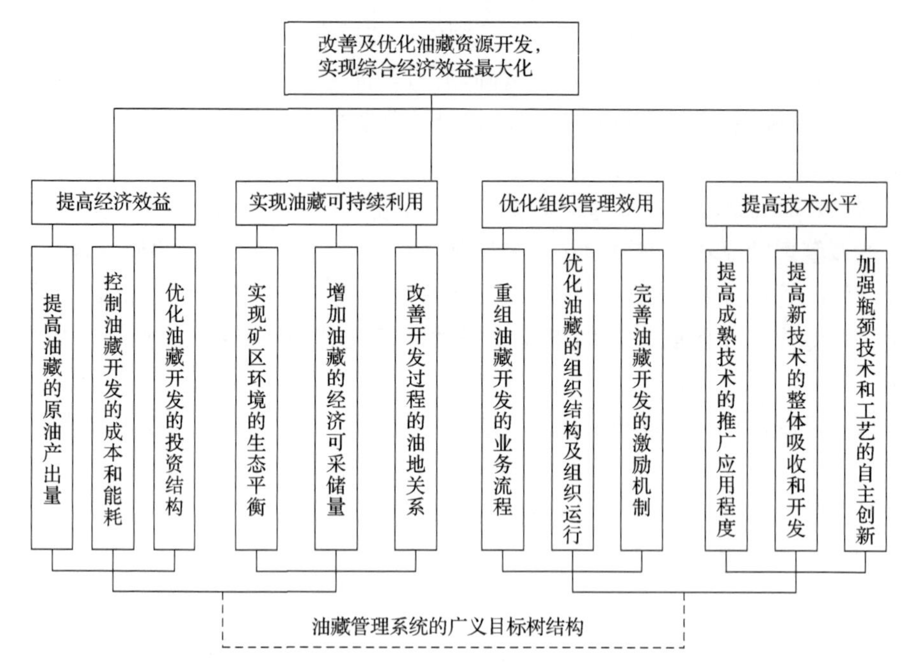

图 2-12　油藏管理系统的广义目标树结构

1）提高经济效益

油藏管理的直接目的就是要实现油藏资源开发的经济利益最大化，因此，提高经济效益是油藏管理系统的根本目标。系统经济效益目标的实现程度直接决定了油藏开发的进度和经营效果，是实现系统的可持续利用目标、组织管理目标和技术管理目标的重要基础和根本保障。其包括提高油藏的原油产出量、控制油藏开发的成本和能耗、优化油藏开发的投资结构等三个方面的子目标。具体解释如表 2-6 所示。

表 2-6　油藏管理系统经济效益目标解释

二级目标	三级目标	目标含义解释
提高油藏开发的经济效益	提高油藏的原油产出量	通过加大开发综合投资和采用先进技术措施在产能建设基础上努力提高年原油产出量水平，实现油藏开发的当期经济效益
	控制油藏开发的成本和能耗	控制原油生产的吨油成本，提高设备利用程度和万元产值能耗水平，稳定并扩大原油生产的利润空间
	优化油藏开发的投资结构	主要是指改善油藏开发的投资结构，控制资产负债水平，提高总资产利润率，从而实现资产内部关系的优化

2）实现油藏资源的可持续利用

油藏资源是一种对社会发展具有重要战略意义的可耗竭自然资源，在社会演进过程中具有十分重要的作用，因此，油藏管理不能仅仅关注于油藏开发当期的经济效益最大化，而且要兼顾油藏开发的长期综合利用效果，即实现油藏资源的可持续利用目标，从而优化资源、社会与环境的协调发展。油藏管理系统的可持续利用目标主要与油藏资源的经济可采储量、油藏开发环境的治理、油藏开发关系的优化等有直接关系，其具有广泛的经济、政治和战略意义。实现油藏资源的可持续利用主要包括增加油藏的经济可采储量、实现矿区环境的生态平衡、改善开发过程的油地关系等三个方面的内容。其具体阐释如表 2-7 所示。

表 2-7　油藏管理系统社会目标解释

二级目标	三级目标	目标含义解释
实现油藏的可持续利用	实现矿区环境的生态平衡	在油藏开发过程中，注意保护矿区环境，避免或减少对环境的污染和破坏，实现环境本身以及资源开发与环境之间的平衡
	增加油藏的经济可采储量	在油藏开发及经营过程中，以油藏资产管理为核心，综合考虑油气价格、开发成本及开发技术水平等因素，寻求有效开发方案，提高油藏资源的经济采出总量
	改善开发过程的油地关系	改善油田企业与地方政府间关于资源利用、收益分配、区域发展、城市规划等方面的利益关系，实现企业与地方的和谐互动，从而优化油藏管理的社会效果

3）优化组织管理效用

现代综合油藏管理涉及油藏资源勘探、开发直至废弃处置的整个经济生命周期过程，持续时间较长，影响因素较多，需要物探、地质、油藏工程、采油工艺、地面建设、经济分析等多学科人员的协调配合、共同管理。油藏管理系统组织管理的水平直接影响了油藏开发的实际效果，这也是国内外石油公司产出效率不同的一个重要方面，同时是我国油田企业深入挖掘潜力的关键所在。优化组织管理效用是油藏管理系统的重要目标之一，体现了过程与结果的相互影响和统一。优化组织管理效用主要包括重组油藏开发的业务流程、优化油藏的组织结构及组织运行、完善油藏开发的激励机制等三个方面的子目标。具体解释如表 2-8 所示。

表 2-8　油藏管理系统组织管理目标解释

二级目标	三级目标	目标含义解释
优化组织管理效用	重组油藏开发的业务流程	对既定的开发业务流程体系进行重组和优化，以适应油藏开发内外部环境的变动及内部新管理模式的应用
	优化油藏的组织结构与组织运行	在油藏开发环境变动及新油藏管理模式实施条件下，改善或重新设计管理组织的组成结构及其要素关系，提高组织运行的过程控制及监督水平
	完善油藏开发的激励机制	采用先进的管理理念和手段，从多方面完善油藏开发的人员考核和激励机制，以调动不同学科人员的工作积极性，实现高效率的协同作业、共同管理

4）提高技术水平

从20世纪70年代以来，油藏管理的变革和演进都离不开成熟技术的推广和新技术的应用。油藏管理的具体实施过程本质上就是相关生产开发技术的实际运用过程，技术的突破和创新为油藏管理的变革和实施提供了强有力的技术支撑，是优化油藏开发效果的直接推动力。油藏管理系统的技术管理目标就是不断提高技术水平，实现油藏的高效合理开发，其具体内容包括提高成熟技术的推广应用程度、提高新技术整体吸收和开发、加强瓶颈技术和工艺的自主创新等三个方面。具体解释如表2-9所示。

表2-9 油藏管理系统技术管理目标解释

二级目标	三级目标	目标含义解释
提高技术水平	提高成熟技术的推广应用程度	针对油藏开发过程中大量成熟技术的应用问题，加大技术服务的力度和规模，从而扩大技术应用的范围，提高技术应用的程度，改善技术的实际应用效果
	提高新技术的整体吸收和开发	加大先进技术的引进力度，并注重成套技术的整体吸收和应用；在此基础上结合技术的应用效果，进行适合油藏自身特点和组织管理水平的二次创新和研发
	加强瓶颈技术和工艺的自主创新	针对油藏开发实际中急需的瓶颈技术，在组织内部或跨组织间形成专业的科研团组，进行技术和工艺的自主研发，以提高组织的自主创新能力和科研平台建设水平

5）油藏管理系统目标体系的综合分析

分析所给出的油藏管理系统的目标体系结构可以看到：一方面，四个二级目标在结构中的地位和作用存在差异，并且相互间具有一定联系。提高经济效益和实现油藏的可持续利用这两个目标是油藏管理系统所追求的最终目标，两者的协调和匹配能够实现油藏开发综合效益的最大化；而优化组织管理效用和提高技术水平这两个目标在结构中具有组织手段和过程目标的两重属性，它们作为组织手段，其整体水平在一定程度上影响着油藏可持续利用目标及经济效益目标的实现程度，同时在油藏开发过程中，它们也是系统非常重要的过程目标，直接影响着油藏开发的实际效果和油藏管理系统的有效运行。另一方面，油藏管理系统的多重目标之间存在此消彼长的作用关系，某些目标在局部和短期内可能会有某种冲突。例如，过分强调当期和局部的经济效益，就可能影响到以整体推进和协调发展为基础的资源可持续利用目标的改善和优化；片面强调先进技术的引进和吸收，在较长时期内就可能影响到组织自主技术创新能力的提高，进而制约整体技术结构的合理化和高级化等。这就需要进行油藏管理系统整体以及各分系统间的作用关系和作用机理的研究和探讨，以明晰系统多重目标间的互动发展关系，通过系统的宏观管理和战略选择来进行目标协调，以最大限度地减少目标之间可能存在的消长作用，从而在整体上保证油藏管理系统整体功能和目标的实现。这也正是本书后续研究工作（尤其是油藏管理系统动力学研究）的重点所在。

第 3 章　油田企业油藏管理环境情景分析

油藏管理系统是一个动态开放的复杂资源、技术和经济复合系统，其与环境超系统之间存在大量的物质、能量及信息的流动和交换，有较高的环境适应性要求，同时也与其他类似系统及相关环境超系统在客观上有可比性和可参照性。本章研究针对油藏管理系统的复杂性和开放性特点，运用定性与定量相结合的方法及模型(ISM、KSIM)对处于不同环境条件下若干油藏管理问题的差异性与共同点等进行描述性、解释性及预测性分析，为各情景下的油藏管理提出政策建议。

3.1　情景分析法理论

3.1.1　情景分析法的定义

“情景分析”是基于关键环境因素假设的基础上，通过严密的推理来构想未来可能发生的各种情景。它最早被美国应用于国防防御管理工作，后来结合更多的定性分析，并充分考虑决策者的意图和愿望，已成为一种体现定性与定量相结合的新预测方法。

3.1.2　情景分析法的特点

1) 情景分析法与传统预测方法的比较

情景分析法在对现状的准确描述的基础上，根据未来可能发生的变化，构建多种情景，分析这些情景下决策者的策略选择。而传统预测方法是基于过去的发展模式的简单沿袭，没有考虑到未来的多种可能状态。

2) 情景分析法的功能与优势

情景分析法的应用功能表现在发现环境中的不确定因素，探讨未来的可能性，帮助决策者扩展思维等。

情景分析法的优势体现在两个方面：一是有利于决策者在不同的情景下做出合理的战略规划，二是加深决策者对未来的理解。情景分析的传统作用是加强决策。通过构建多重情景，决策者能够比较和分析未来可能的发展方向。通过比较不同的情景，决策者能够识别导致未来变化的关键因素并且估计每个情景的重要性来支持决策分析。因此，情景分析帮助决策者制定柔性战略来应对未来环境的变化，同时也使得组织能够自如地应对多变的经营环境。

3.1.3　情景分析的实施方法

许多的企业、咨询公司、军事组织、政府以及专业研究机构发展了独具特色的情景分析方法。总结文献中的各种方法，可归纳为两种：一类是传统情景分析法，这类方法的基础是关于未来关键的不确定事件的交互影响从而影响环境变化的逻辑假设；另一类方法强调预见一种期望的未来，并且指出达到这种期望情景的路径，或者检验不同战略及政策在不同情景中的实施效果。

本章采用传统的情景分析方法，这种情景分析方法能够有效地利用企业内部专家和领导的知识，通过专家咨询调查来估计各类情景发生的相对概率值，所以比较适合中国石油企业的管理实际。情景分析的步骤主要有五步。

(1) 找到分析主题。情景的主题必须明确，它包含着需要解决的问题，这有助于未来的情景规划。

(2) 识别环境影响因素。情景分析的第二步是识别影响组织发展的驱动力，即环境影响因素，并且深刻理解这些驱动力对企业今后发展带来的影响，可以通过专家访谈和问卷调查的方式取得这些环境因素。

(3) 确定关键事件(不确定因素)。情景分析的第三步是确定关键事件即不确定因素，可以通过综合归纳专家意见和历史资料得到。这些不确定因素的相互影响构成未来的各种可能情景，并且这种影响关系可以通过直觉逻辑、交叉影响分析和条件概率的形式建模得到。

(4) 建立情景矩阵。情景矩阵的维度由关键事件的个数决定。如果有 n 个关键事件，那么可能情景的个数是 $2n$ 。通过合理性和内在一致性的原则，选择情景作进一步分析。

(5) 描述被选择的情景。用生动的语言描述每个情景的状态。关键事件的发展趋势和状态勾勒出情景的状态。一些主要的变量，如国家政策等，应该在每个情景中都出现。

3.2　KSIM 仿真模型方法

KSIM (Kane simulation)模型是20世纪70年代初由加拿大UBC (University of British Columbia)大学教授Kane提出的。它是一种动态的仿真方法。KSIM仿真模型的主要思想是：允许制定政策者自己来确定实际系统的结构(一般这个结构用一个交叉影响矩阵表示)，然后，根据这个结构进行计算机模拟，从而得到所研究对象的行为，即决策者可以通过改变政策参数来优化政策结果。

3.2.1 KSIM 仿真模型的理论基础

KSIM 模型是建立在这样的基础上的:在用变量表示因果关系时,成对变量间的关系可用数值表示其相互影响强度。通过 KSIM 模型可得到变量间的相互影响以及外界因素对变量的影响。

3.2.2 因果关系的分析方法

KSIM 建模中的主要内容之一就是建立变量间的因果关系模型,通过建模能够发掘所有的影响因素,并能够将复杂的系统结构分解为描述成对变量因果关系的结构,即确定出一系列的因果关系链及其强度。

3.3 情景分析法与 KSIM 仿真模型相结合的研究思路

情景分析法认为面对不确定性的未来,它的一部分是可以预测的。可预测部分与不确定部分的分离将有助于找出整个系统中的规律性变化并作出预测,从而降低系统的不确定性,预测出未来的发展变化。而这种分离需要采用更科学和系统的方法,是定性与定量相结合的方法。情景分析法是在对经济、产业或技术的重要环境因素发展提出各种关键假设的基础上,通过对未来详细地、严密地推理和描述来构想未来各种可能的情景。

KSIM 仿真模型是基于系统内部成对变量间的因果关系而构建的。同时,KSIM 仿真模型又综合考虑了外部不确定变量对系统发展的影响,如政治、经济和技术等因素。通过情景分析法,影响系统发展的关键事件交互影响,构成系统未来发展的不同情景。结合多种情景 KSIM 仿真模型可以模拟出系统未来不同的发展趋势,为决策者提供科学的决策参考。

情景分析法与 KSIM 仿真模型相结合的研究方法能够帮助我们预测在未来不同的情景之下系统变量的发展趋势。如果说情景分析法为我们提供研究的横截面——情景,KSIM 仿真模型则是基于该横截面并将研究纵向延伸的有力技术。这种结合研究方法的好处在于:相比于其他传统的单一研究方法,它能够帮助我们在更深更广的程度上探索系统未来发展趋势,从而帮助决策者做出更合理和科学的管理决策。

3.4 油藏管理环境分析

企业的创建和成长离不开特定的环境背景,只有那些能够有效预测和适应环境变化并据此进行有效管理的企业,才有可能立于不败之地。油藏管理系统是一个动态开放的复杂资源、技术和经济系统，其与环境超系统之间存在大量的物质、信息及能量的流动和交换。油藏管理系统的功能、结构和环境三位一体，系统具有高度的环境适应性。因此，本书以 S 油田作为代表性油田，针对其实际情况，进行全面的动态环境分析，以期建立具有中国油田特色的油藏管理体系结构。

3.4.1　影响油藏管理的环境因素及其类型

从油藏管理系统的特点来看，油藏管理系统与外环境、媒环境和内环境之间有着极其广泛和密切的信息、物质和能量交换，受到社会政治、经济、技术、能源供需、国际和国内、自然条件和人为因素等多种环境要素的影响。通过比较和分析，将这些因素主要归结为五类：社会政治与政策环境因素、经济与经营环境因素、技术环境因素、自然环境因素和管理环境因素。这五类环境因素共同作用于油藏管理系统，起着十分重要的影响作用。

3.4.2　基于油藏管理不同层视角的情景分析

由前期的研究结果可知，油藏管理系统与外环境、媒环境和内环境之间有着极其广泛和密切的信息、物质和能量交换，受到社会政治与政策环境因素、经济与经营环境因素、技术环境因素、自然环境因素和管理环境因素等五类环境要素的影响。因而研究以“环境域-环境类”二维环境为基础，并在此之上确立了 29 个主要环境因素及其直接的因果关系。通过进一步调查研究与深化可发现，影响油藏管理环境的要素虽然众多，但由于不同层级管理者地位及管理权限的不同，对油藏管理情景关注的重点也有所不同，因而在进行油藏管理情景分析时，应针对不同层级的管理者划分不同的情景关键要素。

对于 S 油田油藏管理系统而言，根据 S 油田分公司所处 P 公司的战略地位，其应处于 S 油田分公司管理者这一层级，其上面对的是 P 公司高级管理者，其下还有各采油厂管理者及采油厂下属的油藏管理区内部管理者。因而在进行油藏管理情景分析时，将前期的“环境域-环境类”二维研究空间拓展为基于不同管理层级考虑的“环境层-环境域-环境类”三维研究空间，进而将前期研究确立的 29 个环境要素根据 P 公司/S 油田/采油厂/油藏管理区四个环境层关注点的不同划分到不同的环境层研究范围，分别得出不同层面管理者关注的情景方案，并针对其不同的关注目标进行情景预测，在对预测结果进行分析的基础上提出相应的政策建议。

1. 油藏管理不同管理层的界定

S 油田分公司按照油公司模式运作，与其上级 P 公司及其下属采油厂形成经济运行关系。采油厂作为油藏经营管理责任主体又与其下属油藏管理区形成经营承包关系,同时采油厂与分公司的辅助生产单位形成模拟市场关系,与外部的生产服务单位是市场化运作关系。

油藏管理区全面管理油气的生产,是油藏经营管理的操作主体。它与其他三级单位如地质所、工艺所等形成技术服务市场,与集输、热采、监测等辅助生产单位形成专业化服务市场。在各三级单位内部,形成以维修服务、设备安装、资料录取、技术服务等劳务形式为主的内部劳务市场。同时建立竞争机制,探索引入外部专业化队伍,建立与外部市场队伍竞争的市场机制,提高服务质量,实现经济效益的最大化。具体层级及其关联如图 3-1 所示。

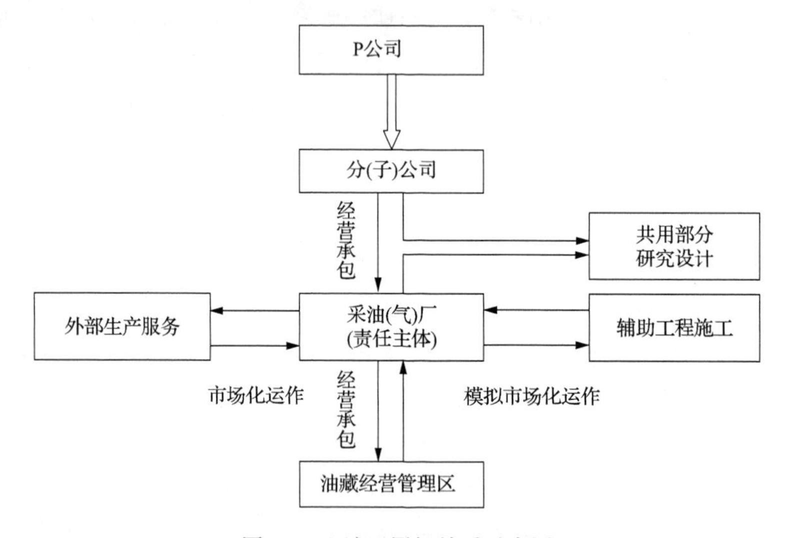

图 3-1　S 油田层级关系示意图

由于 P 公司、分公司、采油厂和油藏经营管理区所处的层级不同,因而其面对的外环境也有所不同,政策措施的制定和执行过程也会因其所处环境的不同而不同。

2. 不同层级对环境要素的关注分析

就石油生产作业而言,P 公司、分公司、采油厂和油藏经营管理区所处的层级是逐层向内的。所以其所处环境也是逐层包含的,即油藏经营管理区的外环境受采油厂层面的政策的影响,而采油厂层面所处的环境则受 S 油田分公司的政策影响,如图 3-2 所示,根据一期研究及进一步调研结果,可以将不同层面的关注点总结如表 3-1 所示。

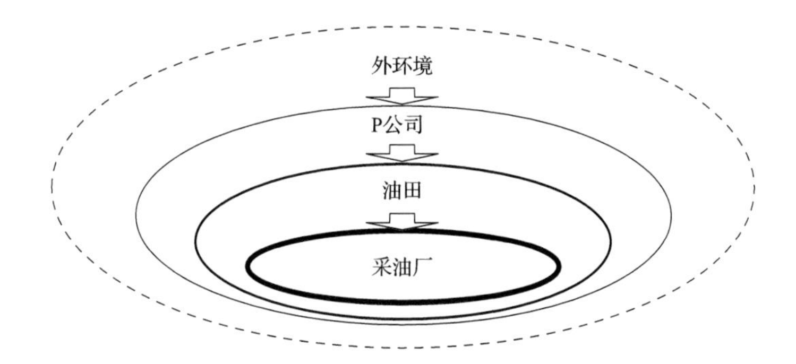

图 3-2　不同层级对环境要素的关注图

表 3-1　不同层级对环境的关注分析

层级	关注的环境层面	环境要素
P 公司	宏观	国际国内政治经济局势
S 油田	中观	P 公司政策，其他 P 公司下属油田情况，整个油田概况
采油厂	微观	S 油田政策，具体自然环境，社会环境
油藏管理区	微观	采油厂政策，具体资源状况，技术水平

3. 不同层级视角对关键环境要素的确认

针对不同的环境层级，研究采用了问卷调查的方式对事件进行重要度和不确定性判断。

根据填写问卷者的个人信息，需要对不同的受访者进行权威性的判别。建立问卷填写者权威性(即专家权重)评价结构模型，权威性的评价准则包括三个方面：工作经验、学历水平和专业贡献，如图 3-3 所示。

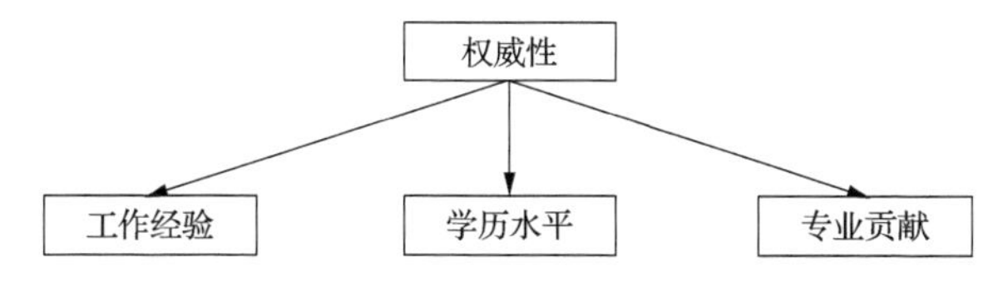

图 3-3　专家权威性判定图

通过与相关专家的讨论和对三方面的两两打分比较，得到了权威性评价指标的权重。如表 3-2 所示。

表 3-2　专家权重排序计算表

工作经验 A_1	学历水平 A_2	专业贡献 A_3
0.3255	0.0702	0.6043

接着针对每一方面的评价指标对其不同程度进行权重分析。得到的不同程度权重值见表 3-3～表 3-5。

表 3-3 工作经验内各级权重

不到 1 年(含 1 年) B_{11}	1 至 3 年(含 3 年) B_{12}	3 至 5 年(含 5 年) B_{13}	5 至 10 年(含 10 年) B_{14}	10 年以上 B_{15}
0.0455	0.1061	0.2121	0.2878	0.3485

表 3-4 学历水平各级权重

无职称 B_{21}	初级职称 B_{22}	中级职称 B_{23}	高级职称 B_{24}
0.0833	0.1667	0.2917	0.4583

表 3-5 专业贡献各级权重

3 年以下 B_{31}	3 至 5 年(含 5 年)B_{32}	5 至 10 年(含 10 年)B_{33}	10 年以上 B_{34}
0.0750	0.2000	0.3250	0.4000

由此计算得到每一个问卷填写者对于本问题权威性(权重),(工作经验的年数一定要大于专业贡献的年数)共 44 种不同的权威度,并进行归一化处理,见表 3-6。

表 3-6 专家权威性列表

个人权威性类型 $B_{1i}\cdot B_{2j}\cdot B_{3k}$	权威性权重 $\sum_{t=1}^{3}A_tB_t$	个人权威性类型 $B_{1i}\cdot B_{2j}\cdot B_{3k}$	权威性权重 $\sum_{t=1}^{3}A_tB_t$
1.1.1	0.007052	4.3.1	0.017046
1.2.1	0.007678	4.3.2	0.02512
1.3.1	0.008616	4.3.3	0.033194
1.4.1	0.009866	4.4.1	0.018296
2.1.1	0.009161	4.4.2	0.02637
2.2.1	0.009786	4.4.3	0.034444
2.3.1	0.010724	5.1.1	0.017594
2.4.1	0.011974	5.1.2	0.025668
3.1.1	0.012848	5.1.3	0.033742
3.1.2	0.020922	5.1.4	0.038586
3.2.1	0.013474	5.2.1	0.01822
3.2.2	0.021548	5.2.2	0.026294
3.3.1	0.014412	5.2.3	0.034367
3.3.2	0.022486	5.2.4	0.039212
3.4.1	0.015662	5.3.1	0.019158
3.4.2	0.023736	5.3.2	0.027232
4.1.1	0.015482	5.3.3	0.035305
4.1.2	0.023556	5.3.4	0.04015
4.1.3	0.03163	5.4.1	0.020408

续表

个人权威性类型 $B_{1i} \cdot B_{2j} \cdot B_{3k}$	权威性权重 $\sum_{t=1}^{3} A_t B_t$	个人权威性类型 $B_{1i} \cdot B_{2j} \cdot B_{3k}$	权威性权重 $\sum_{t=1}^{3} A_t B_t$
4.2.1	0.016108	5.4.2	0.028482
4.2.2	0.024182	5.4.3	0.036555
4.2.3	0.032256	5.4.4	0.0414

根据权威性权重，对问卷进行统计分析，得到的不同层级对环境因素的判断如图 3-4 所示。

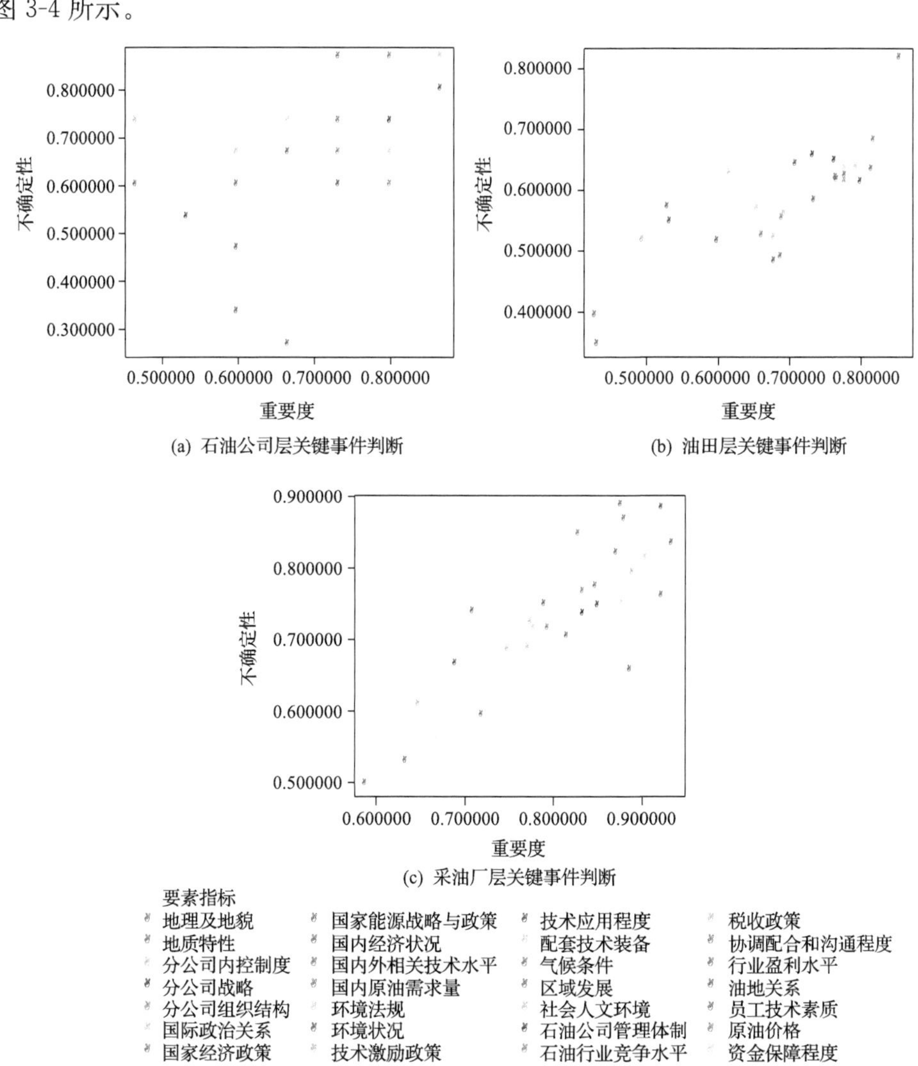

图 3-4　不同层级对环境因素的判断

根据问卷的统计结果，结合专家的相关意见进行调整，在每个层级选取 3～4 个关键事件进行分析，具体结果见表 3-7。

表 3-7　不同层级的关键事件列表

层级	关键事件
石油公司层	国家能源战略与政策；国内原油需求量；原油价格
油田层	技术应用程度；配套技术装备；资金保障程度
采油厂层	国内外相关技术水平；技术应用程度；员工技术素质

4. 油藏管理环境因素三维结构分析

1）环境类的界定

从油藏管理系统的特点来看，油藏管理系统与其所处环境之间有着极其广泛和密切的信息、物质和能量交换，受到社会政治、经济、技术、能源供需、国际和国内、自然条件和人为因素等多种环境要素的影响。通过项目一期的分析结果，将 29 个油藏管理系统的主要环境因素归结为五类：社会政治与政策环境因素、经济与经营环境因素、技术环境因素、自然环境因素和管理环境因素。

2）环境域的界定

由于影响油藏管理的环境因素可以根据其影响范围分为油藏管理系统内部的要素、油藏管理系统外部的要素，以及连接内部要素和外部要素或属于内部及外部共有的要素，因而按照这样的分类方法，可将影响油藏管理的环境要素分为 3 种不同的环境域，其中包括 8 个内环境因素、5 个媒环境因素和 16 个外环境因素。其中，要特别指明的是，媒环境要素是影响油藏管理的特殊环境因素，这些因素介于外环境域和内环境域之间或属内外共有，既不是外环境因素也不是内环境因素，它们受到外环境因素的影响，通过信息和能量的传递来影响内环境因素。

3）环境层的界定

根据上述分析，将油藏管理系统分为逐层向内的四个层级，即股份公司、分公司、采油厂和油藏经营管理区。由于油藏经营管理区层级主要受外层采油厂政策措施的影响，属于执行层面，因而在本书的情景构建及预测中就不单独讨论。

这 29 个环境要素具体如表 3-8～表 3-10 所示的分类。

表 3-8　石油公司层环境因素

环境域	管理	自然	技术	经济与经营	社会政治与政策
内环境	协调、配合和沟通程度	—	—	—	—
媒环境	公司管理体制	—	—	资金保障程度	—

续表

环境域	管理	自然	技术	经济与经营	社会政治与政策
外环境	—	—	—	国内原油需求量； 国内经济状况； 税收政策； 原油价格； 行业的盈利水平； 竞争者的状况	国际政治关系； 国际经济政策； 能源战略与政策； 环境法规

表 3-9　S 油田层环境因素

环境域	管理	自然	技术	经济与经营	社会政治与政策
内环境	协调、配合和沟通程度； 企业战略； 企业组织结构； 企业内控制度	—	技术应用程度； 员工技术素质； 配套技术装备	—	—
媒环境	公司管理体制	—	技术政策	资金保障程度	油地关系
外环境	—	区域发展； 环境状况； 气候条件； 地理地貌	国内外相关 技术水平	税收政策	社会人文环境

表 3-10　采油厂层环境因素

环境域	管理	自然	技术	经济与经营	社会政治与政策
内环境	协调、配合和沟通程度	—	员工技术素质； 技术应用程度； 配套技术装备	—	—
媒环境	公司管理体制	地质特征	—	资金保障程度	—
外环境	—	—	国内外相关技术水平	—	—

3.4.3　油藏管理环境因素的解释结构模型(ISM)的构建

运用解释结构模型化(interpretative structural modeling method，ISM)基本原理和建立递阶结构模型的实用化方法，对 S 油田油藏管理的各种类型的环境因素作结构分析。经过资料分析和课题组成员讨论，最后归纳总结可以得到如图 3-5 所示的 29 个主要环境因素及其直接的因果关系。其中因素 1～6 是社会政治与政策环境因素，因素 7～11 是自然环境因素，因素 12～16 是技术环境因素，因素

17～23 是经济与经营环境因素，24～29 是管理环境因素。

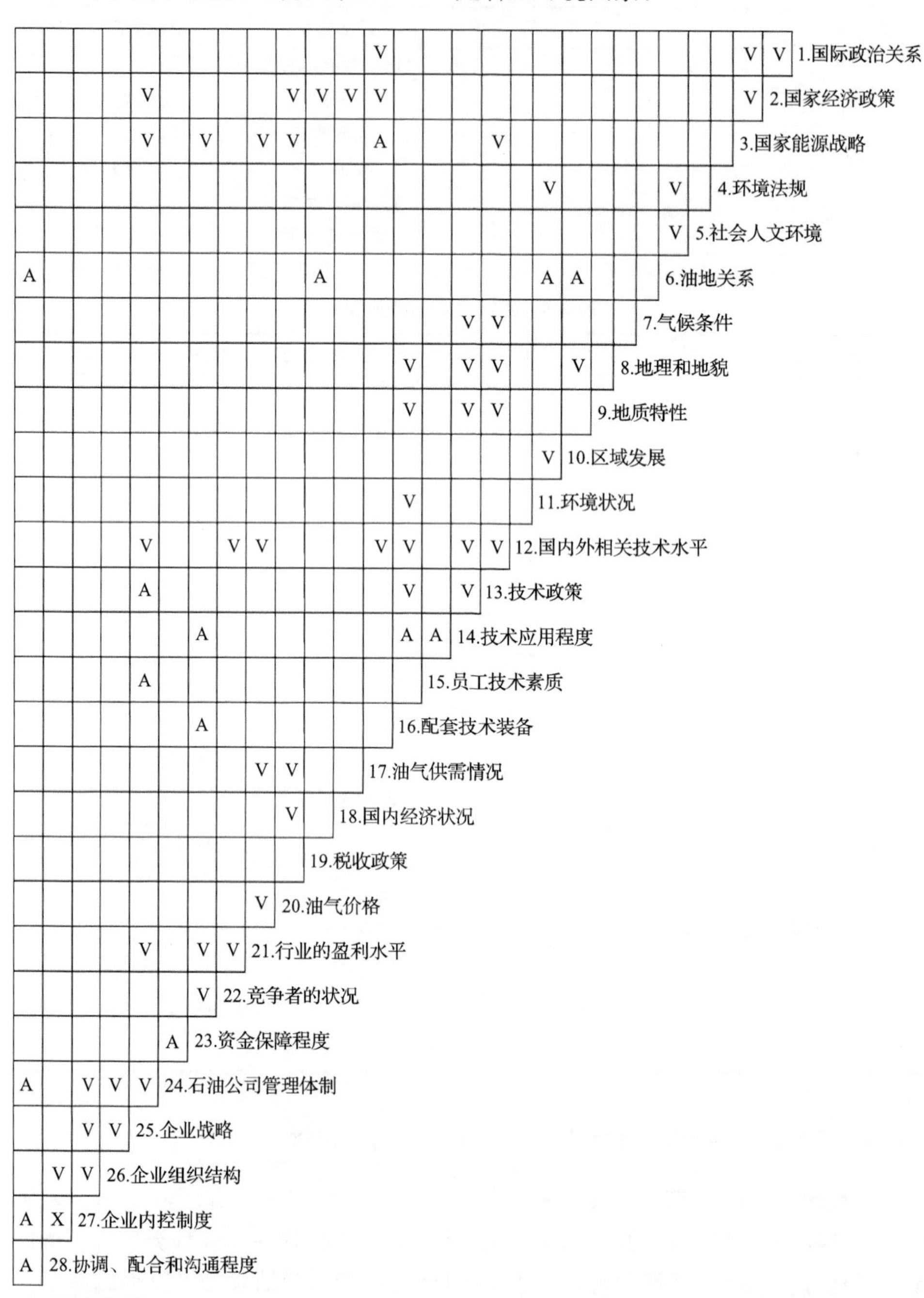

图 3-5　油藏管理环境影响因素及其关系示意图

从图 3-6 可以看出，影响油藏管理的环境因素可分为 9 层，包括 8 个内环境因素，5 个媒环境因素和 16 个外环境因素。其中，图 3-6 右上方虚线框内因素为企业的内部影响因素，也就是油藏管理的内部环境因素；虚线框以外的因素为企业的外部影响因素，也就是油藏管理的外部环境因素；油地关系、技术政策、地质特性、资金保障程度、石油公司管理体制等 5 个因素是影响油藏管理的特殊环境因素，这些因素介于外环境域和内环境域之间或属内外共有，既不是外环境因素也不是内环境因素，它们受到外环境因素的影响，通过信息和能量的传递来影响内环境因素。这种因素就是 S 油田油藏管理的媒环境因素。因此，媒环境是介于外环境和内环

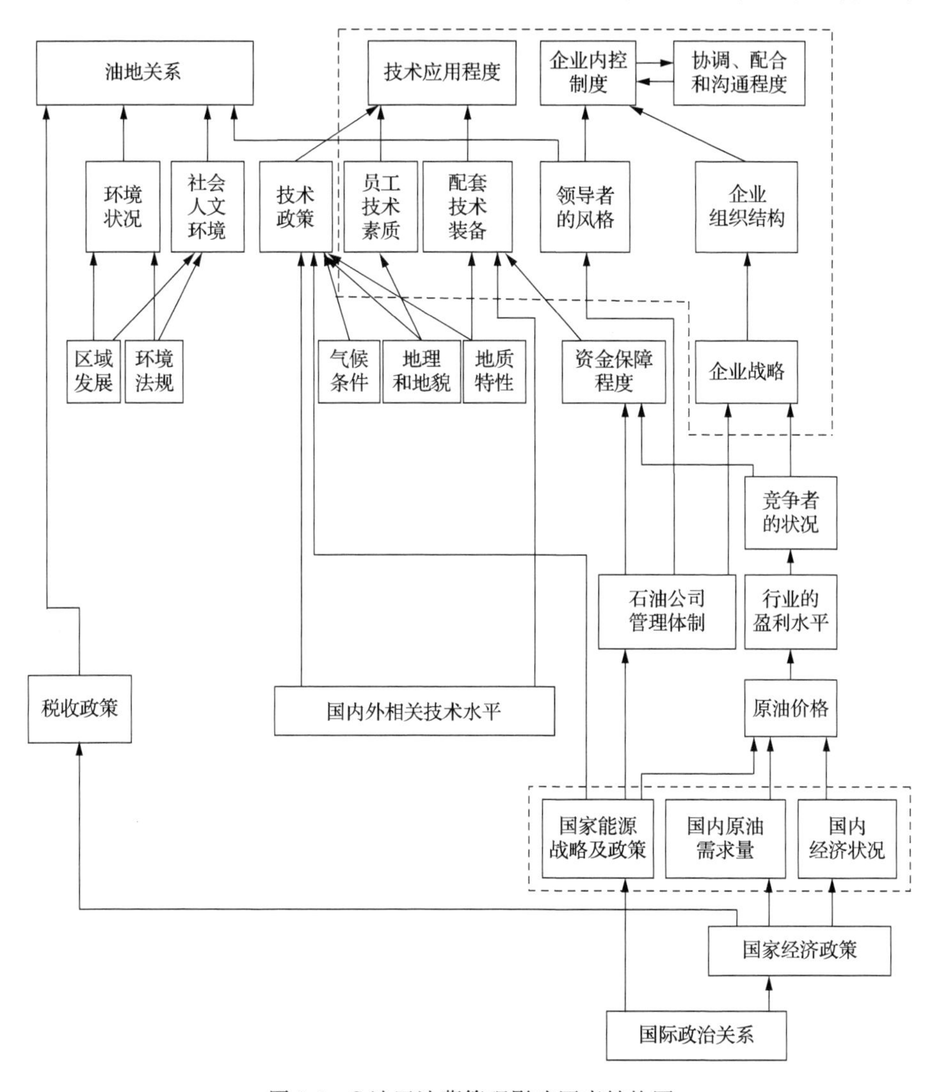

图 3-6　S 油田油藏管理影响因素结构图

境之间的环境区域，具体包括具有技术、经济、管理和资源属性的诸多环境因素。外环境、媒环境和内环境的相互关系如图 3-7 所示，下面将通过环境域的三个区域(外环境、媒环境和内环境)深入分析 S 油田的油藏管理环境。

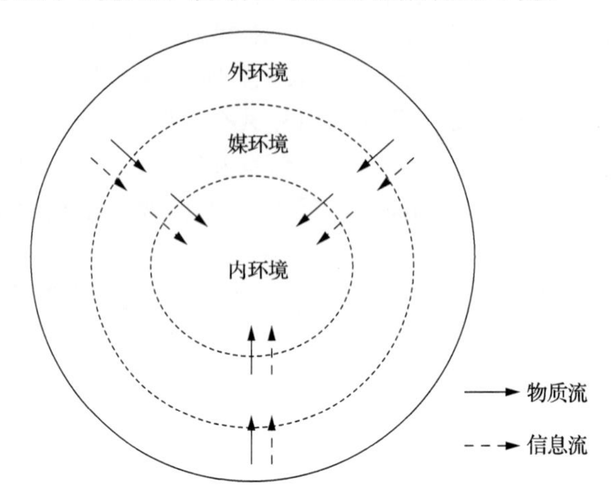

图 3-7 油藏管理环境域关系示意图

3.4.4 油藏管理系统环境层情景构建

通过前文油藏管理环境分析，对油藏管理系统不同层级关注的关键要素予以总结，其中，石油公司层关注的关键要素为国家能源战略与政策、国内原油需求量及原油价格；油田层关注的关键要素为技术应用程度、配套技术装备及资金保障程度；采油厂层关注的关键要素为国内外相关技术水平、技术应用程度以及员工素质。本节将根据情景分析方法以及相关技术对这三个层次的环境要素的相关关系进行分析，由此构建不同层次的油藏管理情景。

1. 情景分析的方法确定及计算

根据资料中对情境分析的逻辑结构的描述，可将情景分析的过程总结为以下四个步骤：①确定主题；②通过结合专家和数据信息的调查挖掘出关键事件，并描述出其发生的可能性及其相互关系；③通过对上述关系的一致性处理得到最终情景概率；④通过敏感性分析和发展路径分析，形成有决策价值的情景。

具体包括如下步骤。

1) 定义系统的情景主题

首先确定所研究的对象、主要问题及研究的边界和环境。例如，在“S 油田 2010～2025 年油藏管理不同管理层的情景分析”的研究中，情景主题是“S 油田”，研究的主要问题是 2010～2025 年油藏管理，系统边界是 S 油田的油藏管理不同管理层面对的环境。

2) 定义系统的关键事件

关键事件是指对系统的发展起重要作用的因素，在项目定义的29个环境要素的基础上，通过实地调研、专家咨询和环境分析，确定影响油藏管理不同管理层的关键事件如下。

(1) 石油公司层。

事件 e_1——国家能源战略与政策，“关键事件 e_1 发生”指有利于油田发展的国家能源战略与政策的出台，国家通过能源政策鼓励原油消费，而抑制其他替代能源(如煤炭)的消费；

事件 e_2——国内原油需求量，“关键事件 e_2 发生”指国内原油需求量增加，为油田油藏管理创造有利的市场经营环境；

事件 e_3——原油价格，“关键事件 e_3 发生”指国内市场上原油的价格上涨，从而对油藏管理创造有利的经济环境。

(2) 油田层。

事件 e_4——技术应用程度，“关键事件 e_4 发生”指技术战略、自主创新及新技术应用的机制、技术选择机制和研究与开发的管理是否向有利于油藏开发的方向发展，应用程度的提升为油藏管理创造有利的技术背景；

事件 e_5——配套技术装备，“关键事件 e_5 发生”指在油田勘探开发、生产以及评价中所需的配套设备有所改进，从而为油藏管理创造有利的技术环境；

事件 e_6——资金保障程度，“关键事件 e_6 发生”指油田的资金保障程度提高，主要指外来投资(如P公司的投资)增加，为油田的油藏管理创造有利的经济环境。

(3) 采油厂层。

事件 e_7——国内外相关技术水平，“关键事件 e_7 发生”指与油田勘探开发、生产以及评价相关的国际和国内技术水平有所提升，从而为油田技术的提升打下基础；

事件 e_4——技术应用程度，“关键事件 e_4 发生”指技术战略、自主创新及新技术应用的机制、技术选择机制和研究与开发的管理是否向有利于油藏开发的方向发展，应用程度的提升为油藏管理创造有利的技术背景(此处即油田层的事件 e_4 相同，之后不做区分)；

事件 e_8——员工技术素质，“关键事件 e_8 发生”指员工的文化水平、操作技能、学习运用和开发新技术的能力有所提升，人作为任何组织中最重要的资源，其素质的提升必然导致油藏管理系统整体水平的提升。

3) 确定关键事件发生的初始概率

初始概率即单个关键事件发生的可能性。通过座谈会等形式收集专家知识，并对这些知识通过定性描述、量化处理和知识扩充等手段，确定出关键事件的初始概率。

情景分析的专家小组由S油田的12名油藏管理专家组成，专家知识的获取采用访谈法和问卷调查法。

(1) 专家知识的定性描述。

将专家对关键事件发生的可能性的意见分成六种情况：某关键事件发生绝对可能、很可能、可能、有点可能、不太可能和不可能。对某关键事件专家意见的权威性赋予相应的权重，专家权重可以由AHP法确定。把专家对关键事件之间相互影响程度的意见分成三级七类：正影响强、中、弱，负影响强、中、弱和无影响。

(2) 专家定性知识的量化。

对关键事件发生可能性的专家知识赋予相应的概率值，如表3-11所示。通过计算，

$$P = \frac{\sum_{i=1}^{n} W_i P_i}{\sum_{i=1}^{n} W_i} \tag{3-1}$$

式中，W_i 为专家权重；n 为专家个数；P_i 为第 i 位专家认为某关键事件发生的概率值。

表3-11　关键事件发生可能性量化表

关键事件发生的可能性	不可能	不太可能	有点可能	可能	很可能	绝对可能
对应的初始发生概率	0	0.2	0.5	0.6	0.7	0.8

4) 确定关键事件的相互影响

给出事件相互影响值，如表3-12所示。得到KS值后，一般基于公式 $P(ij)=F[\mathrm{KS},P(i),P(j)]$ 并通过仿真模拟来确定 $P(ij)$。

表3-12　关键事件相互影响程度表

关键事件相互影响程度	负影响			无影响	正影响		
	强	中	弱		弱	中	强
事件相互影响值KS	−3	−2	−1	0	1	2	3

2. 情景概率的求解模型及算法

交叉影响分析法和Battelle方法可以求解情景的最终概率。交叉影响分析法是美国学者Gordon和Hayward创立的一种定性预测方法。通过交叉影响矩阵分析事件之间的相互作用，系统梳理未来可能发生的各种结果。而Battelle方法

侧重于分析事件间的相容性，从而得到逻辑上相容的情景。因为本章中的事件是相互影响的机理，所以采用交叉影响分析法。在实际应用中，交叉影响分析法比较常用的求情景概率的方法是交叉影响模拟分析。

1）交叉影响模拟分析

交叉影响模拟分析是交叉影响分析的一种常用技术。采用交叉影响模拟分析，利用各事件的初始概率和事件相互影响关系 KS 值，然后进行交叉影响模拟试验，得出事件间相互影响的各事件的模拟概率。在这个基础上进行符合概率原理的消除误差的拟和处理，以得到最终的情景概率。

（1）交叉影响模拟分析的假设前提。

本章的假设前提是：假设考察的某问题有 n 个关键事件，如果每一事件只有发生、不发生两种情况，这 n 个事件组成的系统 E_r，有 $r=2^n$ 个可能的态，即 2^n 个情景。例如，如果已知关键事件 $\mathrm{e}_1,\mathrm{e}_2,\mathrm{e}_i,\cdots,\mathrm{e}_n$，所构成系统的态是

$$E_1=\mathrm{e}_1,\mathrm{e}_2,\cdots,\mathrm{e}_i,\cdots,\mathrm{e}_n$$

$$E_2=\mathrm{e}_1,\mathrm{e}_2,\cdots,\mathrm{e}_i,\cdots,\bar{\mathrm{e}}_n\text{（事件 }\mathrm{e}_n\text{ 不发生）}$$

$$E_3=\mathrm{e}_1,\mathrm{e}_2,\cdots,\mathrm{e}_i,\cdots,\bar{\mathrm{e}}_{n-1},\mathrm{e}_n\text{（事件 }\mathrm{e}_{n-1}\text{ 不发生）}$$

……

$$E_r=\bar{\mathrm{e}}_1,\bar{\mathrm{e}}_2,\cdots,\bar{\mathrm{e}}_i,\cdots,\bar{\mathrm{e}}_n\text{（没有事件发生）}$$

对应于每一个态 E_k，$1\leqslant E_k\leqslant r$，有一个特定的未知概率 x_k，即对应于情景 E_k 的情景概率 x_k。由于所有情景互相联系，并且其中之一必定发生，所以，全部情景对应的概率之和为 1，即满足 $\sum_{k=1}^{r}x_k=1$。

假设对应于事件 e_i，$1\leqslant i\leqslant n$，其模拟概率为 P'_i，$1\leqslant i\leqslant n$，又有理论概率（即最终概率）P_i^n，$1\leqslant i\leqslant n$，则

$$P_i^n=\sum_{k=1}^{r}q_{ik}x_k \tag{3-2}$$

式中，q_{ik} 为事件最终在组成未来情景中发生的可能性，事件的理论概率必须满足概率基本原理，当 $\mathrm{e}_i\in E_k$ 时，$q_{ik}=1$；当 $\mathrm{e}_i\bar{\in}E_k$ 时，$q_{ik}=0$。

（2）交叉影响模拟分析思路。

由最小二乘法使由专家意见得出的初始概率经过交叉影响模拟得到的模拟概率 P'_i 与以情景概率 x_k 所表示的理论概率 P''_i 之间的误差最小。

$$\min\sum_{i=1}^{n}(P'_i-P''_i)^2 \tag{3-3}$$

式中，P'_i 为事件 e_i 的模拟概率；P''_i 为事件 e_i 的理论概率；n 为关键事件的个数。模拟交叉影响分析模式如图 3-8 所示。

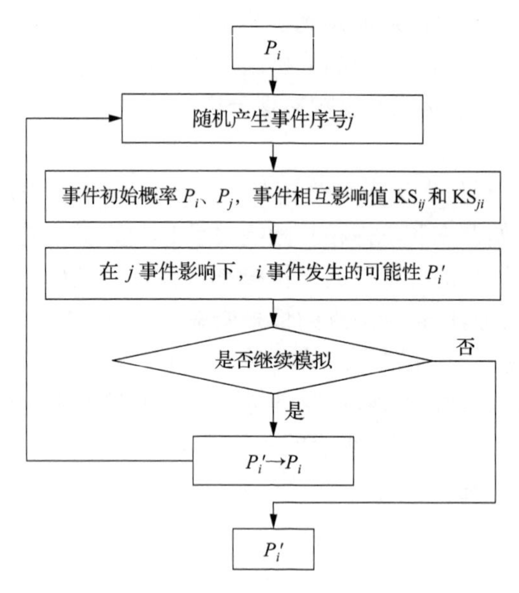

图 3-8　交叉影响模拟计算图

2）最终情景概率的计算方法

基本思路是：首先确定可能发生事件的初始概率和他们之间相互影响的交叉影响概率；然后利用随机数试验确定事件发生的概率及其对其他事件的交叉影响概率；最后通过一定次数的试验即能确定各事件的最终发生概率。但是这种方法有一定缺陷。首先，交叉影响事物并非是随机发生的，随机处理的任意性太强；其次，难以确定合理的试验次数。试验次数少了，校正概率不理想，试验次数过多，又增加了研究的复杂程度和工作量。由于存在这些缺点，国内外的学者对交叉影响法做了更深入研究。

马尔柯夫链由俄国数学家 A. A. 马尔柯夫于 1901 年提出。马尔柯夫预测法正是利用马尔柯夫的稳定性预测相关事物发展状态的，假定在一个系统内，事物的初始状态为 $\boldsymbol{S}^{(k)}$，则 $\boldsymbol{S}^{(k+1)} = \boldsymbol{S}^{(k)} \cdot \boldsymbol{P} = \boldsymbol{S}^{0} \cdot \boldsymbol{P}^{n}$，且 $\sum_{i=1}^{n} \boldsymbol{S}^{(k)} = 1$。$N$ 为系统中互不相容的状态数，公式中 $\boldsymbol{P}$ 为从某种状态转移到另一种状态的转移矩阵，此矩阵为客观概率矩阵，其中每一个元素为非负数且其行和为 1，即

$$\boldsymbol{P} = \begin{bmatrix} P_{11} & P_{12} & \cdots & P_{1n} \\ P_{21} & P_{22} & \cdots & P_{2n} \\ \vdots & \vdots & & \vdots \\ P_{n1} & P_{n2} & \cdots & P_{nn} \end{bmatrix} \tag{3-4}$$

式中，$P_{ij} \neq 0(i,j = 1,2,3,\cdots,n)$，$\sum_{i=1}^{n} \boldsymbol{S}^{(k)} = 1(i = 1,2,3,\cdots,n)$

经过适当的数学处理，马尔柯夫链在第 n 次实验后趋于稳定状态的概率矩阵可由式(3-5)求得。

$$\boldsymbol{S}^{(n)} = \boldsymbol{P}_I^{-1} \cdot \boldsymbol{b} \tag{3-5}$$

式中，$\boldsymbol{P}_I^{-1}$ 为 $\boldsymbol{P}_I$ 的逆矩阵，且

$$\boldsymbol{P}_I = \begin{bmatrix} P_{11}-1 & P_{21} & \cdots & P_{n1} \\ P_{12} & P_{22}-1 & \cdots & P_{n2} \\ \vdots & \vdots & & \vdots \\ P_{1n-1} & P_{2n-1} & \cdots & P_{nn-1} \\ 1 & 1 & \cdots & 1 \end{bmatrix}, \quad \boldsymbol{b} = \begin{bmatrix} 0 \\ 0 \\ \vdots \\ 0 \\ 1 \end{bmatrix} \tag{3-6}$$

马尔柯夫预测法具有与交叉影响矩阵法相同的目标，即确定事物发展的最终方向和程度，并且其状态转移概率类似于交叉影响概率，但计算更为简便。因此可以利用马尔柯夫链的稳定状态特性求解交叉影响法中的校正概率，交叉影响矩阵法里的初始概率，交叉影响概率和校正概率分别对应马尔柯夫链中的初始状态概率、状态转移概率和稳定状态概率。经过对交叉影响分析与马尔柯夫链的理论基础和应用的比较和分析，本章采用将两种方法结合使用求解最终情景概率的算法，具体的应用实例将在下文中详细阐述。

3）情景发展的敏感度分析

情景发展的敏感度分析实质是估计事件 i 的概率 P_i 的增量 ΔP_i 对事件 j 的概率 P_j 的增量 ΔP_j 的影响，区别影响系统未来的主要事件和从属事件，即把关键事件按重要性程度区分。敏感度分析结果以弹性矩阵形式表示。

$$e_{ij} = \frac{P_i \Delta P_j}{P_j \Delta P_i} \tag{3-7}$$

式中，e_{ij} 为弹性系数；$\Delta P_i = \pm 0.1 P_i$

利用情景发展敏感度分析方法，本书还可进一步作不同增量的敏感度分析，分析结果可为决策者制定决策作导向，并可以显示当环境因素变化时，未来情景中各关键因素相互影响关系的变化及其对情景发展影响作用的变化。我们通过分析可知道某些因素对油藏管理发展变化比较敏感，影响较大，所以决策中就要注意敏感因素的发展，以期促进油田油藏管理目标的实现。

3.4.5　情景概率求解及结果分析

1. 专家数据处理

将包含关键事件的专家调查问卷发放给熟悉 S 油田发展历史与现状的 10 位专家，专家的权重采用 AHP 法求解。首先，建立专家权威性（即专家权重）评价结构模型，专家权威性的评价准则包括三个方面：工作经验、学历水平和专业贡献，如

图 3-9 所示。

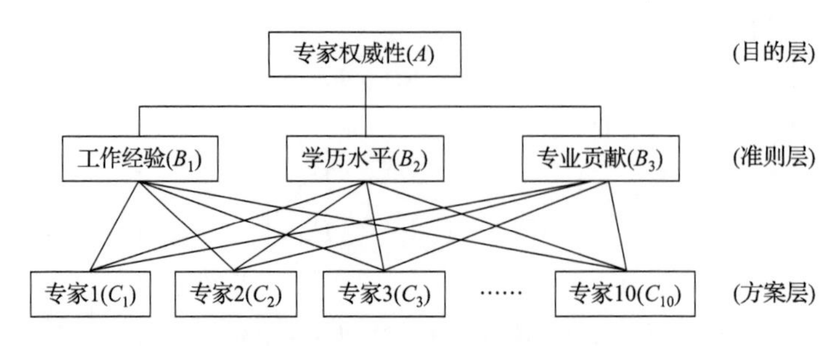

图 3-9　专家权威性评价结构示意图

通过课题组成员讨论、问卷调查资料、构造判断矩阵、进行重要度计算和一致性检验，最后，计算各层要素对系统目的的合成权重，即得各专家权重，如表 3-13 所示。

表 3-13　专家权重计算表

C_j^i　b_i	工作经验(B_1)	学历水平(B_2)	专业贡献(B_3)	专家权威性(权重)
C_j　B_i	0.3255	0.0702	0.6043	($C_j = \sum_{i=1}^{3} b_i C_j^i$)
专家 1 (C_1)	0.08235	0.122821	0.126984	0.112163
专家 2 (C_2)	0.041194	0.070189	0.047619	0.047112
专家 3 (C_3)	0.08235	0.192968	0.126984	0.117088
专家 4 (C_4)	0.08235	0.122821	0.047619	0.064203
专家 5 (C_5)	0.111741	0.070189	0.047619	0.070075
专家 6 (C_6)	0.135308	0.035074	0.047619	0.075281
专家 7 (C_7)	0.111741	0.035074	0.126984	0.11557
专家 8 (C_8)	0.135308	0.192968	0.253968	0.211062
专家 9 (C_9)	0.08235	0.035074	0.047619	0.058043
专家 10 (C_{10})	0.135308	0.122821	0.126984	0.129401

经过专家调查得出关键事件发生的可能性和关键事件间的相互影响关系值如表 3-14 所示。

表 3-14　关键事件发生的可能性大小

专家发生概率 关键事件	专家 1	专家 2	专家 3	专家 4	专家 5	专家 6	专家 7	专家 8	专家 9	专家 10
e_1 国家能源战略与政策	0.6	0.6	0.8	0.6	0.8	0.8	0.6	0.6	0.6	0.5
e_2 国内原油需求量	0.5	0.8	0.8	0.6	0.8	0.4	0.8	0.8	0.6	0.8
e_3 原油价格	0.8	0.6	0.7	0.4	0.8	0.6	0.7	0.8	0.5	0.8
e_4 技术应用程度	0.7	0.7	0.6	0.6	0.5	0.4	0.7	0.8	0.8	0.8
e_5 配套技术装备	0.7	0.7	0.6	0.8	0.6	0.4	0.6	0.7	0.5	0.6

续表

专家发生概率 关键事件	专家 1	专家 2	专家 3	专家 4	专家 5	专家 6	专家 7	专家 8	专家 9	专家 10
e_6 资金保障程度	0.5	0.8	0.6	0.2	0.7	0.8	0.6	0.5	0.5	0.5
e_7 国内外相关技术水平	0.6	0.7	0.8	0.8	0.6	0.4	0.8	0.7	0.8	0.8
e_8 员工技术素质	0.5	0.6	0.6	0.4	0.7	0.4	0.8	0.7	0.5	0.6

通过式(3-1)可求得各关键事件发生的初始概率如下：$P_1 = 0.639548$，$P_2 = 0.711788$，$P_3 = 0.70916$，$P_4 = 0.685121$，$P_5 = 0.629013$，$P_6 = 0.554737$，$P_7 = 0.707621$，$P_8 = 0.606309$。

为了方便将马尔柯夫过程应用到交叉影响分析法中，现将各关键事件的相互影响值归一化，那么影响值 1,2,3 分别用 1/6， 1/3， 1/2 来表示，对 10 位专家的数据进行加权求和处理，可得各层面关键事件间的相互影响值如表 3-15～表 3-17 所示。

表 3-15　石油公司层关键事件相互影响值

KS_{ij}		e_j		
		e_1	e_2	e_3
e_i	e_1	0	0.24140	0.21188
	e_2	0.30873	0	0.25150
	e_3	0.28843	0.24870	0

表 3-16　油田层关键事件相互影响值

KS_{ij}		e_j		
		e_4	e_5	e_6
e_i	e_4	0	0.34093	0.09833
	e_5	0.37535	0	0.07122
	e_6	0.44924	0.45011	0

表 3-17　采油厂层关键事件相互影响值

KS_{ij}		e_j		
		e_7	e_4	e_8
e_i	e_7	0	0.36184	0.18823
	e_4	0.16155	0	0.26493
	e_8	0.06444	0.43798	0

2. 关键事件校正概率的求解

如果事件 e_i 发生，则其余事件的初始概率必然会受到事件 e_i 发生的影响，其影响方向和程度可以用 KS_{ij} 值与初始概率方差的乘积来表示。然后把这个影响值加上其相应事件的初始概率就得到交叉影响概率，Gordon 和 Hayward 给出的求交叉影响概率的调整公式是

$$P'_j = P_j + KS_{ij}(1-P_j) \cdot P_j, j = 1,2,\cdots,n \tag{3-8}$$

式中，P_j 为事件 e_i 发生前，事件 e_j 发生的概率；P'_j 为事件 e_i 发生后，事件 e_j 发生的概率；KS_{ij} 为事件 e_i 对事件 e_j 的影响方向和程度。通过计算可得各事件的交叉影响概率，如表 3-18～表 3-20 所示。

表 3-18 石油公司层各事件的交叉影响概率表

如果事件 e_i 发生	各事件交叉影响概率值		
	P'_1	P'_2	P'_3
e_1	0.639548	0.70857094	0.579025
e_2	0.766095	0.711788	0.572329
e_3	0.782036	0.73404871	0.70916

表 3-19 油田层各事件的交叉影响概率表

如果事件 e_i 发生	各事件交叉影响概率值		
	P'_4	P'_5	P'_6
e_4	0.685121	0.70857094	0.579025
e_5	0.766095	0.629013	0.572329
e_6	0.782036	0.73404871	0.554737

表 3-20 采油厂层各事件的交叉影响概率表

如果事件 e_i 发生	各事件交叉影响概率值		
	P'_7	P'_4	P'_8
e_7	0.707621	0.76318082	0.621691
e_4	0.741045	0.685121	0.669547
e_8	0.720953	0.77960652	0.606309

(1) 石油公司层。

$$P_1 = 0.639548, P_2 = 0.711788, P_3 = 0.70916$$

(2) 油田层。

$$P_4 = 0.685121, P_5 = 0.629013, P_6 = 0.554737$$

（3）采油厂层。

$$P_7 = 0.707621, P_4 = 0.685121, P_8 = 0.606309$$

如果将交叉影响的所有事件作为一个系统，则由各交叉影响事件初始概率所占比重组成的矩阵就称为初始概率矩阵 $\boldsymbol{S}^{(0)}$。

$$\boldsymbol{S}^{(0)} = \begin{bmatrix} P_1 / \sum_{i=1}^{n} P_i \\ \vdots \\ P_n / \sum_{i=1}^{n} P_i \end{bmatrix} \tag{3-9}$$

通过计算可得以下结果。

（1）石油公司层。

$$\boldsymbol{S}^{(0)} = \begin{bmatrix} 0.31039 \\ 0.34545 \\ 0.34417 \end{bmatrix}$$

（2）油田层。

$$\boldsymbol{S}^{(0)} = \begin{bmatrix} 0.36660 \\ 0.33657 \\ 0.29683 \end{bmatrix}$$

（3）采油厂层。

$$\boldsymbol{S}^{(0)} = \begin{bmatrix} 0.35398 \\ 0.34272 \\ 0.30330 \end{bmatrix}$$

相应地可把各事件发生所产生的交叉影响概率视为由初始状态到另一状态的转移概率，则各交叉概率所占比重组成的矩阵称为转移矩阵 $\boldsymbol{P}$。

石油公司层面，$\boldsymbol{P} = \left[P'_{i1} / \sum_j P'_{ij} \quad P'_{i2} / \sum P'_{ij} \quad P'_{i3} / \sum P'_{ij} \right]$，当事件 e_i 发生时，$(i = 1,2,3; j = 1,2,3)$，计算可得

$$\boldsymbol{P} = \begin{bmatrix} 0.29695 & 0.35349 & 0.34956 \\ 0.32549 & 0.32598 & 0.34853 \\ 0.31389 & 0.37084 & 0.31527 \end{bmatrix}$$

油田层面，$\boldsymbol{P} = \left[P'_{i4} / \sum_j P'_{ij} \quad P'_{i5} / \sum P'_{ij} \quad P'_{i6} / \sum P'_{ij} \right]$，当事件 e_i 发生时，$(i = 4,5,6; j = 4,5,6)$，计算可得

$$\boldsymbol{P}=\begin{bmatrix}0.34730 & 0.35918 & 0.29352\\0.38939 & 0.31971 & 0.29090\\0.37765 & 0.35447 & 0.26788\end{bmatrix}$$

采油厂层面，$\boldsymbol{P}=\left[P'_{i7}/\sum_{j}P'_{ij}\quad P'_{i4}/\sum P'_{ij}\quad P'_{i8}/\sum P'_{ij}\right]$，当事件 e_i 发生时，$(i=7,4,8;j=7,4,8)$，计算可得

$$\boldsymbol{P}=\begin{bmatrix}0.33817 & 0.36472 & 0.29711\\0.35360 & 0.32692 & 0.31948\\0.34219 & 0.37003 & 0.28778\end{bmatrix}$$

根据前面的公式计算，初始矩阵经 N 次转移后趋于稳态矩阵。

(1) 石油公司层。

$$\boldsymbol{P}_I=\begin{bmatrix}P_{11}-1 & P_{21} & P_{31}\\P_{12} & P_{22}-1 & P_{32}\\1 & 1 & 1\end{bmatrix}$$

$$\boldsymbol{S}^{(n)}=\boldsymbol{P}_I^{-1}\cdot\boldsymbol{b}=\begin{bmatrix}P_{11}-1 & P_{21} & P_{31}\\P_{12} & P_{22}-1 & P_{32}\\1 & 1 & 1\end{bmatrix}^{-1}\times\begin{bmatrix}0\\0\\1\end{bmatrix}=\begin{bmatrix}0.31265\\0.34973\\0.33762\end{bmatrix}$$

(2)油田层。

$$\boldsymbol{S}^{(n)}=\boldsymbol{P}_I^{-1}\cdot\boldsymbol{b}=\begin{bmatrix}P_{44}-1 & P_{54} & P_{64}\\P_{45} & P_{55}-1 & P_{65}\\1 & 1 & 1\end{bmatrix}^{-1}\times\begin{bmatrix}0\\0\\1\end{bmatrix}=\begin{bmatrix}0.37045\\0.34425\\0.28503\end{bmatrix}$$

(3) 采油厂层。

$$\boldsymbol{S}^{(n)}=\boldsymbol{P}_I^{-1}\cdot\boldsymbol{b}=\begin{bmatrix}P_{77}-1 & P_{47} & P_{87}\\P_{74} & P_{44}-1 & P_{84}\\1 & 1 & 1\end{bmatrix}^{-1}\times\begin{bmatrix}0\\0\\1\end{bmatrix}=\begin{bmatrix}0.34483\\0.35298\\0.30219\end{bmatrix}$$

$\boldsymbol{S}^{(n)}$ 为交叉影响各事件发生的概率比重。用它乘以初始概率之和 $\sum P_i$ 可得各事件经过交叉影响重新分配比重而得到的概率——校正概率 $\hat{\boldsymbol{P}}_i$。

(1) 石油公司层。

$$\hat{\boldsymbol{P}}_i=(P_1+P_2+P_3)\cdot\boldsymbol{S}^{(n)}=2.06050\times\begin{bmatrix}0.31265\\0.34973\\0.33762\end{bmatrix}=\begin{bmatrix}0.64421\\0.72061\\0.69568\end{bmatrix}$$

(2) 油田层。

$$\hat{\boldsymbol{P}}_i=(P_4+P_5+P_6)\cdot\boldsymbol{S}^{(n)}=1.86887\times\begin{bmatrix}0.37045\\0.34425\\0.28503\end{bmatrix}=\begin{bmatrix}0.69232\\0.64336\\0.53319\end{bmatrix}$$

(3) 采油厂区。

$$\hat{\boldsymbol{P}}_i = (P_7 + P_4 + P_8) \cdot \boldsymbol{S}^{(n)} = 1.99905 \times \begin{bmatrix} 0.34483 \\ 0.35298 \\ 0.30219 \end{bmatrix} = \begin{bmatrix} 0.68934 \\ 0.70563 \\ 0.60409 \end{bmatrix}$$

3. 最终情景概率的确定

本章采用最小二乘法对校正概率优化拟合。这是为了修正校正概率 $\hat{P}_i$，使得校正概率符合概率论原理。为了求得关键事件的理论概率 P''_i 和最终情景概率 x_i。本章采用非线性规划求最优解的方法：

$$\min \sum (P''_i - \hat{P}_i)^2 \tag{3-10}$$

$$\text{s. t.} \begin{cases} P''_i = \sum_{k=1}^{8} q_{ik} x_k, \quad i = 1,2,\cdots,6; k = 1,2,\cdots,64 \\ \sum_{k=1}^{8} x_k = 1 \\ x_k \geqslant 0 \\ q_{ik} = 1 \qquad \mathrm{e}_i \in E_k \\ q_{ik} = 0 \qquad \mathrm{e}_i \notin E_k \end{cases}$$

式中，E_k 为关键事件发生状态所构成的系统的态。本研究运用 LINGO 编程求解上述非线性规划，为了编程的方便，首先将模型进行具体化，首先列出各种可能情景以及对应的概率参数，如表 3-21 所示。

表 3-21　情景以及概率参数表

情景 S_k	情景概率 x_k
1 1 1	x_1
1 1 0	x_2
1 0 1	x_3
0 1 1	x_4
1 0 0	x_5
0 1 0	x_6
0 0 1	x_7
0 0 0	x_8

模型具体化为

$$\min \sum_{i=1}^{3} (P''_i - \hat{P}_i)^2$$

$$\text{s. t.} \begin{cases} P''_1 = x_1 + x_2 + x_3 + x_5 \\ P''_2 = x_1 + x_2 + x_4 + x_6 \\ P''_3 = x_1 + x_3 + x_4 + x_7 \\ \sum_{k=1}^{8} x_k = 1 \\ x_k \geqslant 0, \quad k = 1,2,\cdots,8 \end{cases} \tag{3-11}$$

采用 LONGO 软件编程实现，得到三层的情景概率如下。

(1) 石油公司层。

石油公司层情景概率示意表如表 3-22 所示。

表 3-22 石油公司层情景概率示意表

情景 S_k	情景概率 x_k	累计概率
1 1 1	0.3149764	0.3149764
0 1 1	0.2120036	0.5269800
1 1 0	0.19363	0.7206100
1 0 1	0.1356036	0.8562136
0 0 0	0.11069	0.9669036
0 0 1	0.0330964	1.0000000
1 0 0	0	1.0000000
0 1 0	0	1.0000000

(2) 油田层。

油田层情景概率示意表如表 3-23 所示。

表 3-23 油田层情景概率示意表

情景 S_k	情景概率 x_k	累计概率
1 1 1	0.2932012	0.2932012
1 1 0	0.2546444	0.5478456
0 0 0	0.2121656	0.7600112
1 0 1	0.1444744	0.9044856
0 1 1	0.0955144	1.0000000
1 0 0	0	1.0000000
0 1 0	0	1.0000000
0 0 1	0	1.0000000

（3）采油厂层。

采油厂层情景概率示意表如表3-24所示。

表3-24　采油厂层情景概率示意表

情景 S_k	情景概率 x_k	累计概率
1 1 1	0.3032216	0.3032216
1 1 0	0.2438292	0.5470508
0 1 1	0.1585792	0.7056300
0 0 0	0.1520808	0.8577108
1 0 1	0.1422893	1.0000000
1 0 0	0	1.0000000
0 1 0	0	1.0000000
0 0 1	0	1.0000000

表3-22～表3-24中的1和0分别表示关键事件在未来情景中发生与不发生，情景概率表示相应于未来情景的相对概率，反映了该情景在未来发展中出现的可能性。情景概率值仅表示该情景方案在全部未来可能情景方案中的层次，并不代表未来情景实际发生的可能性。

4. 情景方案的描述

情景方案是由关键事件的发生状态所构成的系统的态，并加以文字描述。从情景方案的排序来看，选择发生概率明显高于其他的2～3个情景作为主要可能方案进行比较和描述。

（1）石油公司层。

从表3-25中可看出，情景Ⅰ为石油公司层面油藏管理未来发展最乐观的情景。在情景Ⅰ中，国家能源战略和政策大力改善和支持、国内原油需求量增加、原油价格也有所提升，因而从石油公司层面来看，这些因素的变化方向为S油田油藏管理的未来发展创造了有利的环境。相对而言，情景Ⅱ与情景Ⅲ则相对情景Ⅰ的环境略显不足，在情景Ⅱ中，国内原油需求量有所增加，原油价格也有所提升，但是国家能源战略及政策并未向石油领域倾斜，因而虽然市场环境有所发展，但政策环境的变化趋势没有对S油田的发展起到促进作用；在情景Ⅲ中，随着国内原油需求量的进一步增加，国家能源战略与政策也向油田企业倾斜，唯一与情景Ⅰ不同的是原油价格在一段时期内保持不变，虽然原油价格对国内油田企业的影响并不直接，但是随着其他经济要素的发展，油价的维持现状可能会对油田造成一些间接的制约作用；因而这两种情景下S油田的未来发展可能会受到一定的影响。

表 3-25 石油公司层油藏管理情景方案

关键事件	情景方案		
	情景Ⅰ	情景Ⅱ	情景Ⅲ
e_1 国家能源战略与政策	改善	维持现状	改善
e_2 国内原油需求量	增加	增加	增加
e_3 原油价格	提高	提高	维持现状

(2) 油田层。

从表 3-26 中可看出,情景Ⅰ为油田层面油藏管理未来发展最乐观的情景。在情景Ⅰ中,资金保障程度有所提高,相应地,油田发展的关键提升因素——技术水平的各要素都有所改善,如技术应用程度有所加强、配套技术装备也有所改善,因而从油田层面来看,这些因素的变化方向为油藏管理的未来发展创造了有利的环境。相对而言,情景Ⅱ则相对情景Ⅰ的环境略显不足,虽然在一定时期内,技术应用程度会逐渐加强,配套技术装备也有相应的改善,但是资金保障程度并未得到提高,因而可能会对持续的技术改进造成约束,因而对油田的未来发展可能造成一定的影响。相对最差的可能情景是情景Ⅲ,在这一情景下,油田层面关注的关键要素均维持现状没有得到发展,因而对油藏管理的发展制约作用可能更加显著。

表 3-26 油田层油藏管理情景方案

关键事件	情景方案		
	情景Ⅰ	情景Ⅱ	情景Ⅲ
e_4 技术应用程度	加强	加强	维持现状
e_5 配套技术装备	改善	改善	维持现状
e_6 资金保障程度	提高	维持现状	维持现状

(3) 采油厂层。

从表 3-27 中可看出,情景Ⅰ为采油厂层面油藏管理未来发展最乐观的情景。在情景Ⅰ中,国内外相关技术水平得到进一步发展,油藏管理区内的技术应用程度和员工技术素质都得到进一步提高,因而从采油厂层面来看,这些因素的变化方向为油藏管理的未来发展创造了有利的技术环境,而技术对于基层单位的发展是十分重要的,因而对油藏管理的发展有着相当大的促进作用。相对而言,情景Ⅱ则相对情景Ⅰ的环境略显不足,虽然在一定时期内,国内外相关技术水平有所发展,对于采油厂的技术应用程度也有所促进,但是应用技术的具体员工的素质并没有得到有效提高,而人的因素往往是技术转化成生产力的关键,因而这个因素的制约可能对采油厂的未来会造成一定的影响。

表 3-27　采油厂层油藏管理情景方案

关键事件	情景方案	
	情景Ⅰ	情景Ⅱ
e_7 国内外相关技术水平	发展	发展
e_4 技术应用程度	提高	提高
e_8 员工技术素质	提高	维持现状

5. 情景的敏感度分析

通过运用情景最终概率确定方法与情景敏感度计算公式，可得到对各关键事件概率变化对油藏管理影响程度进行比较的敏感度分析弹性矩阵，详见表 3-28～表 3-30 所示。

表 3-28　石油公司层油藏管理情景敏感度分析弹性矩阵

事件 i	事件 j			$\sum \vert e_{ij} \vert$
	e_1	e_2	e_3	
e_1	1	1.024453	1.025777	3.05023
e_2	0.976131	1	1.001293	2.977424
e_3	0.974871	0.998709	1	2.97358
$\sum \vert e_{ij} \vert$	2.951002	3.023162	3.02707	—

表 3-29　油田层油藏管理情景敏感度分析弹性矩阵

事件 i	事件 j			$\sum \vert e_{ij} \vert$
	e_4	e_5	e_6	
e_4	1	0.986322	0.998338	2.98466
e_5	1.013868	1	1.015555	3.029423
e_6	1.001664	0.984683	1	2.986347
$\sum \vert e_{ij} \vert$	3.015532	2.971005	3.013893	—

表 3-30　采油厂层油藏管理情景敏感度分析弹性矩阵

事件 i	事件 j			$\sum \vert e_{ij} \vert$
	e_7	e_4	e_8	
e_7	1	0.956096	0.966254	2.92235
e_4	1.04592	1	0.989487	3.035407
e_8	1.034925	0.989487	1	3.024412
$\sum \vert e_{ij} \vert$	3.080845	2.945583	2.955741	—

由敏感性分析弹性矩阵可见，表 3-28 最后一列 $\sum|e_{ij}|$ 中的各数，$\sum|e_{ij}|=3.05023$ 为最大值，与之相对应的事件 e_1（国家能源战略与政策）是石油公司层对油藏管理起主导作用的事件，其次是事件 e_2（国内原油需求量）；比较表 3-28 最后一行 $\sum|e_{ij}|$ 中的各数，可知 $\sum|e_{ij}|=3.02707$ 为最大值，表示在各关键事件中与主导关键事件最密切相关的是事件 e_3（原油价格）。

由敏感性分析弹性矩阵可见，表 3-29 最后一列 $\sum|e_{ij}|$ 中的各数，$\sum|e_{ij}|=3.029423$ 为最大值，与之相对应的事件 e_5（配套技术装备）是油田层面对油藏管理起主导作用的事件，其次是事件 e_6（资金保障程度）；比较表 3-29 最后一行 $\sum|e_{ij}|$ 中的各数，可知 $\sum|e_{ij}|=3.015532$ 为最大值，表示在各关键事件中与主导关键事件最密切相关的是事件 e_4（技术应用程度）。

由敏感性分析弹性矩阵可见，表 3-30 最后一列 $\sum|e_{ij}|$ 各数中 $\sum|e_{ij}|=3.035407$ 为最大值，与之相对应的事件 e_4（技术应用程度）是对 S 油田油藏管理起主导作用的事件，其次是事件 e_8（员工技术素质）；比较表 3-30 最后一行 $\sum|e_{ij}|$ 中的各数，可知 $\sum|e_{ij}|=3.080845$ 为最大值，表示在各关键事件中与主导关键事件最密切相关的是事件 e_7（国内外相关技术水平）。

3.4.6 基于情景分析的预测

1. 预测的概念及作用

1) 预测的定义及分类

预测是指对事物的演化预先做出的科学推测。广义的预测包括静态预测和动态预测。狭义的预测仅指动态预测。预测理论在自然现象和社会现象的研究中都有广泛的应用。

预测通常通过因果分析、类比分析和统计分析等途径进行。按照预测方法的性质，又可分为定性预测和定量预测。

(1) 定性预测。

指预测者通过调查研究和对实际情况的了解，凭已有的知识背景和实践经验对事物发展前景的性质、方向和程度做出判断。此时预测的准确性主要取决于预测者的经验、理论、掌握的情况和分析判断能力等。当在数据不多或者没有数据时，可以采用定性预测方法。

(2) 定量预测。

指通过统计方法和数学模型等对调查对象未来发展的规模、水平、速度和比例关系等进行测定和判断。常用的定量预测方法包括回归分析预测、时间序列预测、趋势外推预测、因果分析预测和灰色系统预测等。

定性预测和定量预测有各自的优点和局限，尤其是定性预测易受预测者的主观影响，并且不同预测者可能得出较大差异的预测结果。而定量预测在突变环境中应用可能会造成较大误差。为了克服上述这些问题，通常将两种方法结合使用，达到预测结果更为科学、可信的目的。

2）预测的作用

正确的预测是进行科学决策的依据。通过预测能够对各种事物的近期、中期、长期等变化做出准确判断，为科学决策提供依据。

3）油藏管理预测

油气资源的远景预测有两个引人注目的趋势，即由定性预测向定量预测发展及越来越重视方法学的研究。模糊学中的互克性原理认为当系统的复杂性增加时，能够使它精确化的能力将减少，直到达到一个阙值，一旦超过它，复杂性和精确性将互相排斥。

（1）油藏管理预测对象具有模糊性；

（2）油藏管理预测的外生变量具有模糊性；

（3）油藏管理消费预测的影响因素具有模糊性。

因此，预测更适于采用专家调查法或利用模糊学原理进行。

在现有分析基础上，影响油藏管理的多数要素是定性的，且很难量化，如国内外相关技术水平、技术激励政策、技术应用程度、员工技术素质、配套技术装备、石油公司管理体制等，这些就需要对历史资料进行分析，和相关人员进行访谈(专家座谈法)，根据过去和现在的状态，主观预测未来的趋势。

另外一些定性要素，如国内经济状况、国家能源战略与政策等，虽不能进行量化，但是可以用一些定量数据进行分析来刻画这些要素的变化趋势，这种要素可以通过收集相关的一些定量数据进行趋势预测，然后对这些要素进行定性的解释，并做出趋势性的分析。

对于定量要素如原油价格等进行相关性分析，如 GDP、需求量等进行统一分析，构造预测函数，或者用比较成熟的预测方法，如时间序列、灰色预测等。

2. 多情景下的关键事件预测分析

本节主要通过将构建的情景与我国经济环境相对应，以此来预测关键事件的发展趋势。

1）原油价格预测

研究以国内市场为主题，采用了 DQ 原油期货市场的价格作为研究对象，考虑从 1997～2008 年的年石油均价为标准。基于国内原油市场为出发点，考虑了与石油价格相关一些因素。主要出发点为市场供给与需求决定产品价格。

石油作为重要的能源,对国家经济发展起着至关重要的作用,目前我国经济是一种以高能耗为代价的增长模式,石油的供给对国民经济发展起着重要作用;由此,通过对 GDP 的研究可以从一方面反映石油的消费,从而影响油价,而利率作为国家经济发展的一个度量指标,对经济的发展现状进行了有效的描述,它也可以间接地反映国内原油市场;我们是一个能源生产和消费大国,2007 年,我国石油消费量占到全球总消费量的 9.6%,是仅次于美国的第二大石油消费国,所以,石油的消费和需求也对原油价格有着重要影响,随着经济增长的需要,我国已经成为主要的石油进口国,2007 年,我国的石油进口量占到实际消费量的 46%,而且这种趋势还在增长,国内原油市场对原油进口的依赖度逐渐增大,在研究中对于需求对原油价格的影响,主要考虑原油生产量和原油进口量,此外,国内原油市场也受到国际原油市场的影响,我国是石油进口大国,必然受到石油输出国等主要石油输出组织的输出量的影响,在研究中以 OPEC 的石油产量作为描述这种影响的指标;同时在石油进口中,存在着商品交换,就不得不考虑汇率的影响。所以,针对国内市场石油价格,本节采用以下相关因素进行研究:GDP、原油生产量、原油净进口量、利率 、汇率、OPEC 石油产量。原油价格都是以美元为单位进行计价,而 GDP 是以人民币计价,研究将 GDP 的计价单位转换为美元计价,这样就在研究中消除了单纯汇率的分析。

(1) 回归分析。

由于对于影响因素的影响关系不能直接刻画,研究通过逐步回归分析(逐步回归法)进行分析。模型的 $R^2 = 0.976$,表明该模型可以很好地解释自变量对因变量的影响,也就是各种因素对石油价格的影响得到了很好的解释。据逐步回归分析,模型以此剔除了原油生产量、原油净进口量、利率、OPEC 石油产量。也就是说通过逐步回归,实际上对原油价格的主要影响因素只有 GDP 一个。

经过方差分析,模型通过 F 检验和 T 检验。由此,通过逐步回归分析,原油价格主要由我国 GDP 决定(表 3-31)。

表 3-31 模型方差检验

模型		平方和	自由度	均方	F 值	显著性水平
1	回归平方和	7205.122	1	7205.122	403.413	0.000*
	残差平方和	178.604	10	17.860		
	总平方和	7383.725	11			

注:因变量为大庆原油价格。

* 自变量为 GDP(美元)。

为了研究 GDP 对原油价格的具体影响,研究进行了回归曲线估计(表 3-32)。

表 3-32　回归曲线估计

回归曲线模型	模型总结					参数估计			
	R 值	F 值	自由度 1	自由度 2	显著性水平	常数	系数 1	系数 2	系数 3
直线方程	0.976	33.413	1	10	0.000	−7.584	24.595		
对数方程	0.944	68.484	1	10	0.000	11.865	51.717		
数据变换	0.836	50.882	1	10	0.000	95.577	86.767		
二次曲线	0.977	94.405	2	9	0.000	12.489	29.564	−0.992	
三次曲线	0.978	18.627	3	8	0.000	−3.465	15.868	5.008	−0.774
复合曲线	0.871	67.760	1	10	0.000	11.224	1.755		
乘幂曲线	0.937	49.269	1	10	0.000	16.913	1.247		
S 型曲线	0.919	13.848	1	10	0.000	4.917	−2.202		
等比级数曲线	0.871	67.760	1	10	0.000	2.418	0.562		
指数方程	0.871	67.760	1	10	0.000	11.224	0.562		
Logistic 曲线	0.871	67.760	1	10	0.000	0.089	0.570		

注：自变量为 GDP(美元)，因变量为大庆原油价格。

通过分析，三次多项式回归的 R^2 值最大，可知三次多项式回归的刻画是最好的，由此采用模型结构简单的二次回归进行原油价格模型建立。

$$\text{price} = -3.465 + 15.868 \times \text{GDP} + 5.008 \times \text{GDP}^2 - 0.774\text{GDP}^3 \quad (3\text{-}12)$$

$$R^2 = 0.978$$

式中，price 为原油价格(美元/桶)；GDP 为国内生产总值(万亿美元)。

根据学者顾海兵、周智高等对 GDP 增长的研究得到了三种可能性增长(7.2%、7.7%、8.7%可相应作为低、中、高三种预测方案)，研究以三种不同的 GDP 增长模式为基点进行原油价格预测[22](图 3-10)。

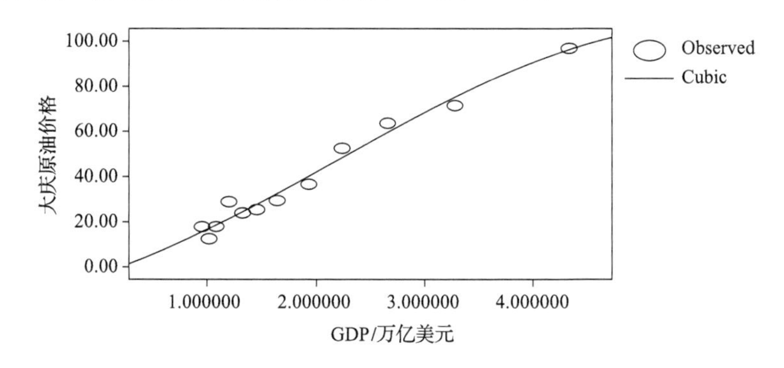

图 3-10　原油价格和 GDP 拟合曲线

以 2008 年我国的 GDP 为基准进行预测，2008 年 GDP 为 4.327432 万亿美元。按照低、中、高的GDP增长预测方案预测未来的GDP总额(表3-33)。

表3-33 不同情景下的GDP预测

年份	GDP低增长	GDP中增长	GDP高增长
2009	4.639007	4.660644	4.703919
2010	4.973016	5.019514	5.11316
2011	5.331073	5.406016	5.558004
2012	5.71491	5.82228	6.041551
2013	6.126383	6.270595	6.567166

然后根据回归模型分别预测不同GDP情景下的原油价格(表3-34)。

表3-34 不同情景下的原油价格回归预测 (单位:美元/桶)

年份	GDP低增长油价	GDP中增长油价	GDP高增长油价
2009	100.65	100.91	101.43
2010	104.11	104.48	105.13
2011	106.19	106.39	106.54
2012	106.31	105.93	104.51
2013	103.74	102.11	97.51

(2) 时间序列分析。

在进行回归分析的同时,考虑石油价格自身变化的趋势性,本节又对其进行时间序列分析。在这里不再采用石油的年平均价格作为研究对象,而是采用月平均价格作为研究对象,使用了1997年10月~2008年8月的DQ油田的月平均原油价格(图3-11)。

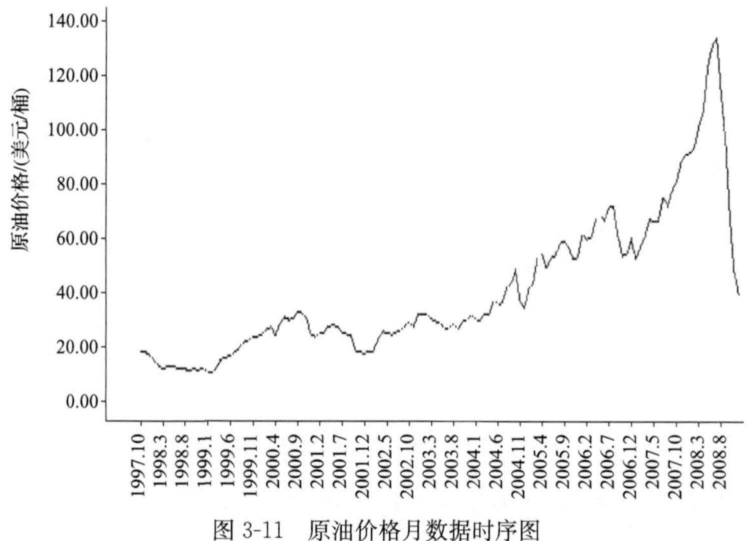

图3-11 原油价格月数据时序图

进行时序图分析和平稳性检验发现，时间序列不平稳，且有明显的增长趋势，方差不为 1，均值不为零。

原始序列的自相关图也发现，自相关系数变化不明显，由此，需要进行变换才能进行时间序列分析(图 3-12)。

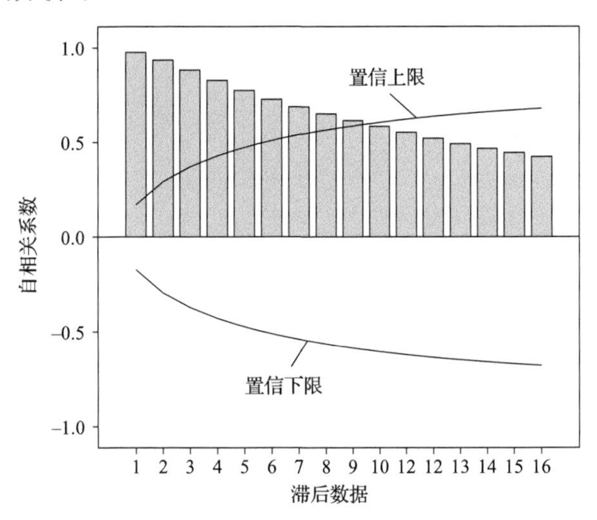

图 3-12　原油价格月数据自相关图

根据分析，需要对原始数列进行平方根变换，并且要进行一阶差分。得到变化后的时序图(图 3-13)。

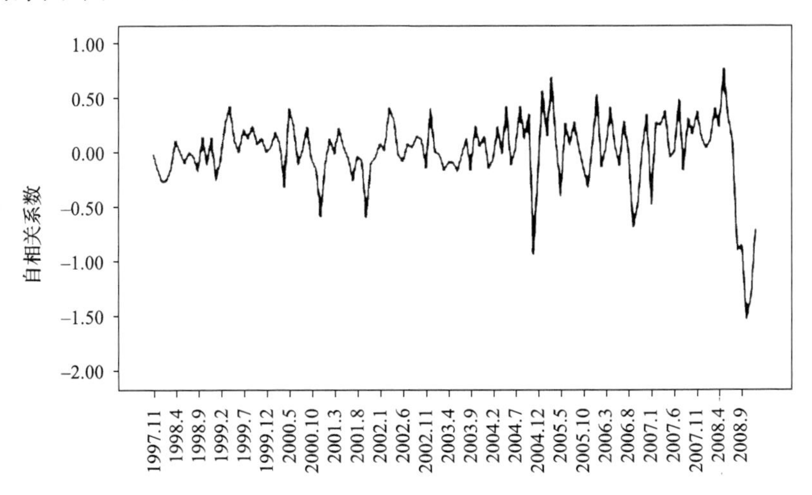

图 3-13　原油价格月数据平方根进行一阶差分时序图

可以看到，趋势影响已经不明显，且经检验，序列的正态性也有所改变，近似满足正态性。同时分析该序列的自相关图(图 3-14)和偏相关图(图 3-15)。

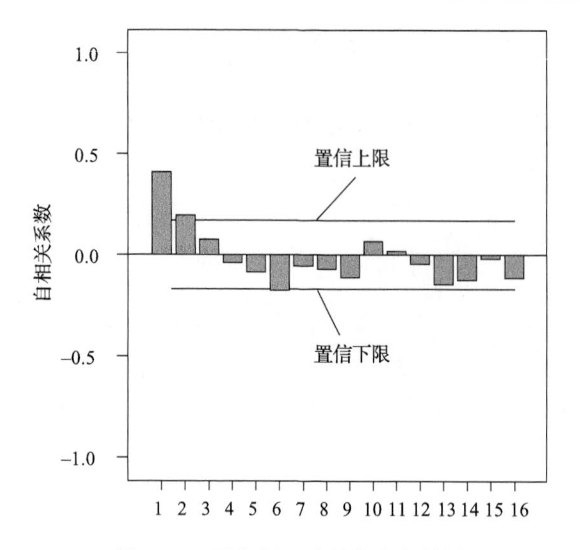

图 3-14 平方根一阶差分自相关图

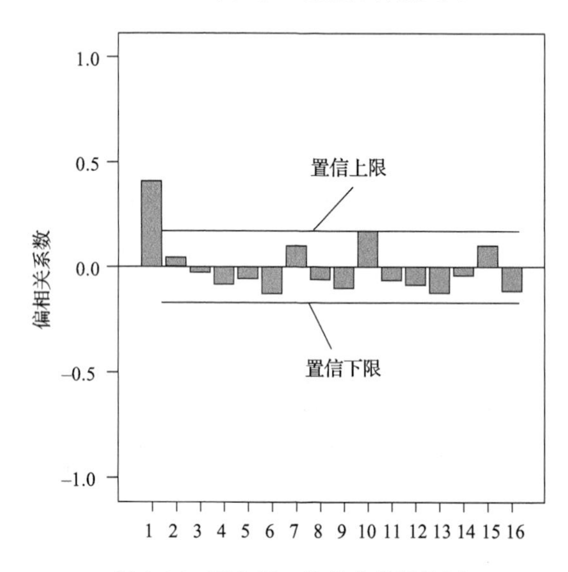

图 3-15 平方根一阶差分偏相关图

样本序列数据的自相关系数在某一固定水平线附近摆动，且按周期性逐渐衰减，所以该时间序列基本上是平稳的。

自相关系数和偏相关系数具有相似的衰减特点：衰减快，相邻两个值的相关系数约为 0.408，滞后二个周期的值的相关系数接近 0.2，滞后三个周期的值的相关系数接近 0.07。所以，基本可以确定该时间序列为 ARIMA(P,d,q)模型形式(表 3-35)。

从图 3-14 和图 3-15 识别，近似于 ARIMA(2,1,2)模型。比较不同的 AIC，

BIC 和 Log-likelihood 值和标准误差。

表 3-35　ARIMA 模型识别表

精度指标	ARIMA (1,1,2)	ARIMA (2,1,1)	ARIMA (2,1,2)	ARIMA (2,2,1)	ARIMA (2,2,2)
AIC	70.325	70.360	64.332	74.139	79.357
BIC	81.916	81.951	78.821	85.701	93.809
Log-Likelihood	−31.162	−31.180	−27.166	−33.020	−34.678
标准误差	0.310	0.310	0.299	0.311	0.318

在 ARIMA 模型中，AIC，BIC 越小精度越高，Log-likelihood 越大精度越高，所以确定的模型为 ARIMA(2,1,2)。

ARIMA 模型为

$$(1-B)(1-\phi_1 B-\phi_2 B)X_t = C+(1-\theta_1 B-\theta_2 B)\varepsilon_t$$

估计得到的参数为

$$AR(1) = 1.617$$

$$AR(2) =-0.701$$

$$MA(1) = 1.228$$

$$MA(2) =-0.234$$

$$C = 0.0040$$

预测模型为

$$(1-B)(1-1.617B+0.701B)X_t = 0.0040+(1-1.228B+0.234B)\varepsilon_t$$

预测得到 2009 年 1 月～2013 年 12 月的 DQ 油田的原油价格，见表 3-36。

表 3-36　原油价格的时间序列预测　　　(单位:美元/桶)

月份	价格(2009 年)	价格(2010 年)	价格(2011 年)	价格(2012 年)	价格(2013 年)
1	36.63	91.64	93.82	104.22	114.11
2	37.35	92.32	94.61	105.03	114.97
3	40.85	92.51	95.46	105.84	115.83
4	46.33	92.39	96.35	106.65	116.69
5	53.07	92.15	97.26	107.46	117.55
6	60.38	91.89	98.18	108.28	118.42
7	67.62	91.71	99.09	109.09	119.30
8	74.28	91.67	99.98	109.92	120.17
9	79.99	91.79	100.86	110.74	121.05
10	84.55	92.08	101.72	111.58	121.93
11	87.95	92.53	102.57	112.42	122.81
12	90.25	93.12	103.40	113.26	123.70
年平均	63.27	92.15	98.61	108.71	118.88

综合分析，给出两种不同方法预测得到的石油价格变化趋势图，如图 3-16 所示。

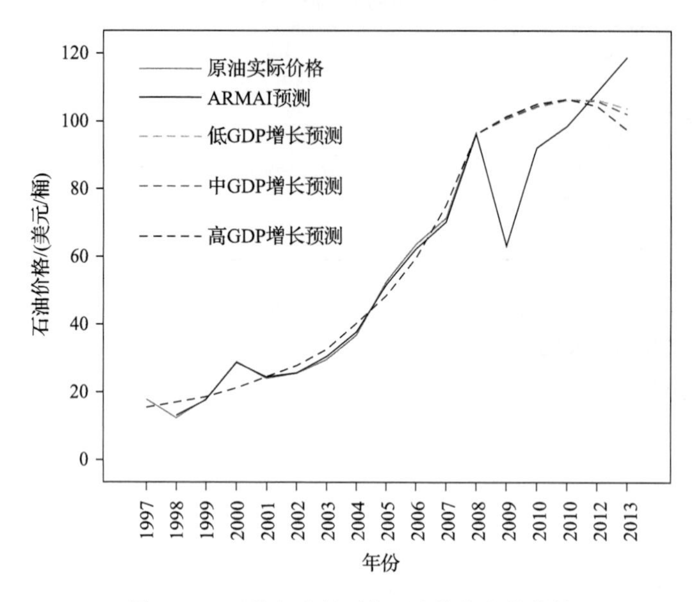

图 3-16 两种方法得到的石油价格变化趋势

2) 原油需求量预测

弹性系数法预测。在考虑不同的国内经济状况(国内生产总值的变化)对原油需求量的影响的前提下，本节选择弹性系数法预测国内原油需求量的变化趋势。

$$E = a \cdot \mathrm{GDP}^{b} + \varepsilon \tag{3-13}$$

分别对两边取以 10 为底的对数进行变换。

$$\lg E = a' + b' \lg \mathrm{GDP} + \varepsilon \tag{3-14}$$

通过 spss 做回归分析得到一元回归模型如下：

$$\begin{aligned} &\lg E = -0.227 + 0.571 \lg \mathrm{GDP} \\ &R^2 = 0.955 \\ &F = 210.423 > F_{0.05}(1,12) = 5.10 \end{aligned} \tag{3-15}$$

$R = 0.977 > 0.8$ 说明自变量与因变量高度相关，$F = 210.423 > F_{0.05}(1,12) = 5.10$ 说明一元线性回归方程式是有意义的。

得到实际的预测模型为

$$E = 0.5929 \cdot \mathrm{GDP}^{0.571} \tag{3-16}$$

根据研究得到三种 GDP 增长模式，平均增长速度 7.2%、7.7%、8.7%可相应作为低、中、高三种预测方案。以 2008 年我国的 GDP 为基准进行预测，得到三种不同情景下的GDP总量，然后根据GDP预测值，预测得到在三种增长模式下的原油消费量(表3-37)。

表3-37　原油消费量的回归预测　(单位：亿吨)

年份	GDP低增长原油消费量	GDP中增长原油消费量	GDP高增长原油消费量
2009	4.307369	4.31883	4.341682
2010	4.481809	4.50569	4.553497
2011	4.663313	4.700634	4.775646
2012	4.852168	4.904012	5.008633
2013	5.048671	5.116191	5.252986

灰色模型预测。具体的建模如下所述。

设原始的时间序列为

$X^{(0)}=\{X^{(0)}(1),X^{(0)}(2),\cdots,X^{(0)}(n)\},\quad X^{(0)}(k)\geqslant 0,\quad k=1,2,\cdots,n$

(1)做原始序列 $X^{(0)}$ 的一次累加生成序列：

$$X^{(1)}=\{X^{(1)}(1),X^{(1)}(2),\cdots,X^{(1)}(n)\},\quad X^{(1)}(k)=\sum_{i=1}^{k}X^{(0)}(i),\quad k=1,2,\cdots,n$$

(2)确定数据矩阵：

$$\boldsymbol{B},\boldsymbol{Y}_n,\boldsymbol{B}=\begin{Bmatrix}-\frac{1}{2}(x_1^{(1)}+x_2^{(1)}) & 1\\ -\frac{1}{2}(x_2^{(1)}+x_3^{(1)}) & 1\\ \vdots & \vdots\\ -\frac{1}{2}(x_{n-1}^{(1)}+x_n^{(1)}) & 1\end{Bmatrix}\boldsymbol{Y}_n=\begin{Bmatrix}x_2^{(0)}\\ x_3^{(0)}\\ \vdots\\ x_n^{(0)}\end{Bmatrix}$$

(3) 用最小二乘法估计计算一阶线性微分方程的待估参数 a 和 u，$[a,u]^{\mathrm{T}}=(\boldsymbol{B}^{\mathrm{T}}\boldsymbol{B})^{-1}\boldsymbol{B}^{\mathrm{T}}\boldsymbol{Y}_n$。

(4) 建立数据序列模型。$\hat{x}(1)=x^{(0)}(1)$，$\hat{x}^{(0)}(k+1)=A\mathrm{e}^{bk}$，$k=1,2,\cdots,n$ 时，$\hat{x}_0(k+1)$ 为原始数据的拟合值，当 $k>n$ 时，$\hat{x}^{(0)}(k+1)$ 为原始数列的预测值。

(5) 模型检验。预测数列与原始数列拟合的精度高，则可用于外推预测，否则，不可直接用于预测，需经过残差修正后方可用于外推预测。

经过级比检验，序列可以进行GM[1,1]分析，同时计算得到

$$a=-0.068943$$
$$b=1.767416$$

$a=-0.068943\in\left(\frac{-2}{12+1},\frac{2}{12+1}\right)=(-0.1538,0.1538)$ 落在可容域，故可

用 GM[1,1]模型进行预测(表 3-38)。

表 3-38 原油需求量的灰色模型模拟值

年份	模拟值	残差	相对误差/%
1997	—	—	—
1998	1.955443	−0.014557	−0.738934
1999	2.095012	−0.000988	−0.047137
2000	2.244544	0.008544	0.382111
2001	2.404748	0.125748	5.517683
2002	2.576386	0.102386	4.13848
2003	2.760276	0.043276	1.592786
2004	2.957291	−0.231709	−7.265883
2005	3.168366	−0.109634	−3.344539
2006	3.394509	−0.066491	−1.92115
2007	3.636791	0.008791	0.24231
2008	3.896367	0.139367	3.709529

平均相对误差 2.63%时间响应函数 $x(k+1)=27.39678^{0.068943k}-25.63598$,预测得到 2009～2013 年的原油需求量见表 3-39。

表 3-39 原油需求量的灰色模型预测值 (单位:亿 t)

年份	原油需求量
2009	4.17447
2010	4.472423
2011	4.791641
2012	5.133644
2013	5.500057

弹性系数预测和灰色模型预测两种方法得到的原油需求量趋势如图 3-17 所示。

3) 国家能源战略与政策预测

中国是目前世界上第二位能源生产国和消费国,表现为能源供应的持续增长和能源消费的快速增加,是世界能源市场中不可忽视的力量。

中国能源发展以节约资源和保护环境为基本目标,通过能源产业变革,形成科技含量高、资源消耗低、环境污染少、经济效益好的发展道路,实现能源供应与消费的协调和可持续发展。

中国能源战略的基本内容是:坚持节约优先、立足国内、多元发展、依靠科技、保护环境、加强国际互利合作,努力构筑稳定、经济、清洁、安全的能源供应体系,以能源的可持续发展支持经济社会的可持续发展。

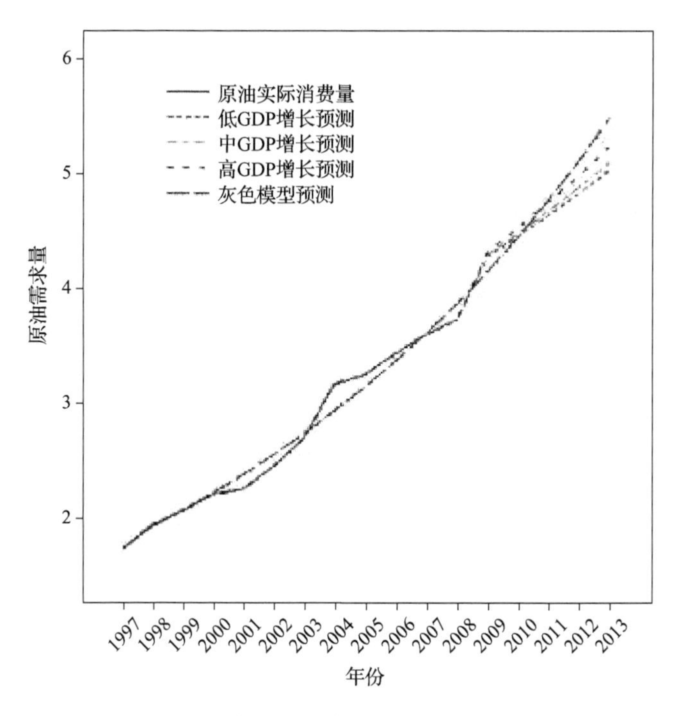

图 3-17 两种方法得到的原油需求量变化趋势

(1) 节约优先。中国把资源节约作为基本国策，坚持能源开发与节约并举、节约优先，积极转变经济发展方式，调整产业结构，鼓励节能技术研发，普及节能产品，提高能源管理水平，完善节能法规和标准，不断提高能源效率。

(2) 立足国内。中国主要依靠国内增加能源供给，通过稳步提高国内安全供给能力，不断满足能源市场日益增长的需求。

(3) 多元发展。中国将通过有序发展煤炭，积极发展电力，加快发展石油天然气，鼓励开发煤层气，大力发展水电等可再生能源，积极推进核电建设，科学发展替代能源，优化能源结构，实现多能互补，保证能源的稳定供应。

(4) 依靠科技。中国充分依靠能源科技进步，增强自主创新能力，提升引进技术消化吸收和再创新能力，突破能源发展的技术瓶颈，提高关键技术和重大装备制造水平，开创能源开发利用新途径，增强发展后劲。

(5) 保护环境。中国以建设资源节约型和环境友好型社会为目标，积极促进能源与环境的协调发展。坚持在发展中实现保护、在保护中促进发展，实现可持续发展。

(6) 加强国际互利合作。中国能源发展在立足国内的基础上，坚持以平等互惠和互利双赢的原则，以坦诚务实的态度，与国际能源组织和世界各国加强能源合作，积极完善合作机制，深化合作领域，维护国际能源安全与稳定。

在三种情景下原油需求量都显示是增加的趋势，这也符合了我国目前对原油需求的迫切性。经济建设和发展离不开能源，为了保持我国经济又快又好的发展，能源的保障是必不可少的。同时，能源的稀缺性，以及对进口石油的依赖度不断增大，为我国经济的发展以及能源安全带来了巨大的风险。

我国现阶段能源发展既有新机遇又面临严峻的挑战，表现为：

(1) 经济发展带来对能源需求的不断增加，但我国人均资源量较小，随着能源消费的增长资源约束矛盾愈发突出。

(2) 能源结构不合理，一次能源消费一半以上都是煤炭资源，由此引发很多环境及社会问题，可持续发展战略受到挑战。

(3) 国际石油价格受政治、经济环境等因素影响而剧烈变化，从而引发石油、天然气、煤炭供应等一系列问题，我国应对这些能源风险的任务相当艰巨。

(4) 需要结合产业结构的调整、技术管理水平的提高和能源生产、消费模式的转变来实现能源效率的提高。

(5) 对能源高新技术和前沿领域的研究与先进国家还有较大差距，实现能源科技的自主创新是解决这一问题的关键。

(6) 煤炭、石油、天然气等能源市场的完善还需要解决大量问题，与此相关的电力市场改革需要明确目标和方案，克服体制约束的弊端。

(7) 农村的生活用能商品化程度偏低且地区发展不平衡，西部农村普遍存在能源不足问题。加快农村能源建设，改善农村居民用能条件是亟待解决的问题。

在情景Ⅰ下，国家能源战略与政策不断改善，由于国内原油需求增长这一趋势是可以预见的，同时国内外原油价格相对稳定，整体国际原油市场比较稳定，我国能源战略的实施拥有一个良好的外部环境。具体来看，国家政策将会对整个石油行业的产业结构进行优化和调整，以促进国家的能源安全；同时，放松对石油行业企业的监管力度，使其有更大的自由进行自身的改革与发展；将会出台鼓励提高能源效率、优化能源结构、缓解结构性矛盾、调整体制、减轻石油行业负担等一系列有益于石油企业发展的政策；鼓励和扶持石油企业自主创新，加快走科技含量高的能源发展道路。从整体来看，在该情景下，国家能源战略和政策将会有一个质的变化，内外的环境都处于一个有利于我国能源建设的状态。

在情景Ⅱ下，国家能源战略与政策不断发展与改善，国内外原油市场稳定，但是相应的技术环境和资金条件制约了国家能源战略与政策的快速发展。良好的外部环境使得国家将会对能源结构和体制进行大规模调整，将从政策上解决当前农村的能源问题；同时技术水平不断发展，国家将构筑稳定、经济、清洁、安全的能源供应体系作为主要目标，提出一系列有利于走可持续发展道路的改革性政策，更加注重与自然的和谐发展，一方面，出台鼓励技术发展的政策，另一方面，将会加大对环境的保护力度，要求石油行业做到人与自然和谐发展。从整体来看，在该情景下，外部环境比较稳定，技术不断发展，但是资金状况不是很有利，有利于国家对能源结构和体制进行调整，但是受资金因素制约，对石油行业以及石油企业的改革和调整的进程相对会更长。

在情景Ⅲ下，国内外原油市场不太稳定，原油价格波动剧烈，石油输出国组织调整石油输出计划，对我国原油进口造成一定的影响，同时，原油需求超过预期，带来了生产压力；技术水平和石油行业的资金保障水平也没有太大的发展与进步，内外部相对不利的环境使得在该情景下，国家对能源战略和政策将努力保持现状，虽然面临诸多问题和挑战，国家依然稳步实施走可持续发展的能源战略，对于面临的问题，在保持整体能源战略稳定的基础上逐步改善并解决。

4）资金保障程度预测

资金保障程度主要是针对石油公司的下属生产以及勘探单位来说的，充足的资金下放对石油公司下属油田的生产有着重要作用。本书以在石油公司中占举足轻重地位的 S 油田为研究对象进行分析。根据对 S 油田 1996～2006 年的统计数据，整个油田的资金投入量见表 3-40。

表 3-40　S 油田历年资金投入量

项目	单位	年份										
		1996	1997	1998	1999	2000	2001	2002	2003	2004	2005	2006
年勘探开发总投资	万元	890000	945000	1004500	1040700	1015900	1045000	1027900	1022800	994100	966200	1218000
勘探综合投资	万元	202200	236250	251200	263000	253900	298300	256500	275500	256200	244500	308219
开发综合投资	万元	687800	708750	753300	777700	762000	746700	771400	747300	737900	721700	909781

由图 3-18 可知，从 11 年的数据来看，勘探和开发综合投资在总投资中占的相对比例基本保持不变。基本保持在 1∶3 的比例。从整体投入资金来看，只有 1997 年和 1998 年保持了一个相对比较高的资金投入增长，不过也仅仅只有 6.18%和 6.30%的增长，从 1999 年开始资金投入增长减缓，只有 3.60%的增长，然后从 2000 年开始，资金投入开始减少，进入一个负增长，负增长的速率保持在 2%左右，一直到 2005 年，而到 2006 年突然增加，比上一年增加 26.06%，达到了创纪录的 121.8 亿元。

但是根据 S 油田“十一五”规划报告，作为东部老油田，其地面工程系统老化，许多设备服务时间已超过 10 年，注水干(支)线：达到折旧年限(1990 年以前投产)的占 62.3%；集输干线、污水管线：达到折旧年限(1990 年以前投产)的分别占总数的 50.4%、60.1%。集输系统热力、机泵、油罐等原油处理设备：运行

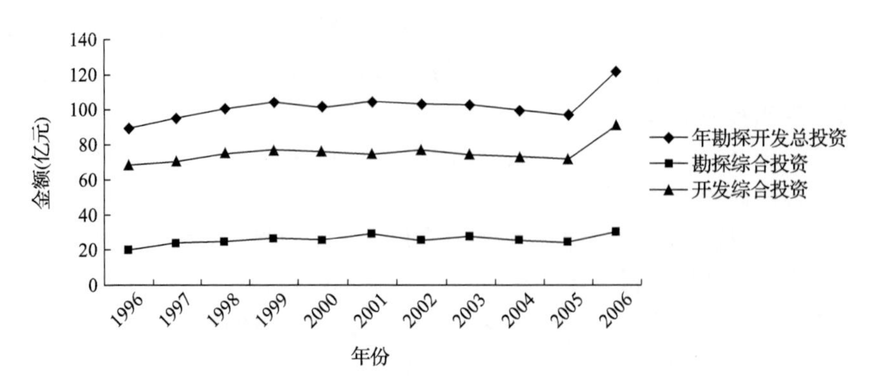

图 3-18　S油田历年资金保障程度

年限超过 8 年(进入频繁维护期)的占 60%;注水泵站:使用年限 10 年以上的占 65.9%。正常生产运行需要年投入 4 亿元,而实际投入仅为 1.5 亿元,资金满足率仅有 40%。

通过上述分析,从生产方面来看,勘探开发资金长期处于一个负增长,2008 年才有一个大的提高,虽然从绝对投入来看,资金的投入是一个增长的趋势,但是从实际上来看,由于油田所处的环境以及开采难度的加大,勘探开发成本不断增加,设备老化、维护费用居高不下,同时还伴随着新技术设备引进和石油开采的成本进一步提高,所以从总体来说油田的资金保障程度不断下降,给油田生产经营带来挑战。

从情景Ⅰ来看,四个关键事件类都是朝着有利于 P 公司发展的方向进行改变,无论从宏观的国家政策和原油市场,还是从微观层面的技术和资金角度来看,都对 P 公司发展起着良好的促进作用。在这种情景下,资金保障程度将会有很大的提高。国家会加大对 P 公司的资金投入,而公司对下属油田单位的现状十分明白,提高了其资金保障程度,无论从整个 P 公司还是从局部的下属单位来看,资金量都充足,能够完全满足各方面的需求。从整体看,各个层级的资金保障状况将会得到改善,而且将会达到一个令各方都满意的程度。

从情景Ⅱ来看,制约 P 公司发展的外部关键事件类都处于一个比较乐观的状态,利于公司发展的国家政策将会被提出,原油市场比较稳定,技术水平不断提高,但是在 P 公司内部,资金保障程度依然处于一个比较低的水平。总公司由于资金的限制,不可能完全保障下属单位的资金需求,只能整体协调,希望将整体资金进行优化投资,在有限的资金量的情况下,合理地分配资金。下属单位很可能只能获得维持现状的资金支持,不太可能通过获得大量资金来改善自身的发展状况。在这种环境下,油田的资金保障程度将基本维持在与当前水平持平的一种状态。

从情景Ⅲ来看，国家会维持现有的能源战略与政策，国际原油市场环境不太稳定，技术和装备以及资金保障程度在未来的一段时间会保持一个相对稳定的状态。资金保障程度也依然处在一个较低的水平，资金不足。P 公司面临的内外部环境都不太利于其发展，公司自身资金保障量较低，同时为了应对复杂的环境，总公司自身资金需求量增大，很有可能减少对下级单位的资金投入。对于下属单位来说，资金的获取水平有可能将减少，再加上陈旧设备过多，维护费用不断增加，维护难度增加，资金保障程度实质上将进一步降低。

5）员工技术素质预测

员工技术素质主要的影响体现在采油厂层，研究以 S 油田下属的 GD 采油厂为背景进行分析。

GD 采油厂设有 19 个科室、13 个三级单位、10 个直属单位和 93 个四级单位。2006 年采油厂全部用工 7231 人。按照员工的工作性质分为管理人员、技术人员和操作人员。按照比例来看，采油厂主要的员工是基层操作人员，占到全员的 85％，而专业技术人员仅占到 7％(图 3-19)。

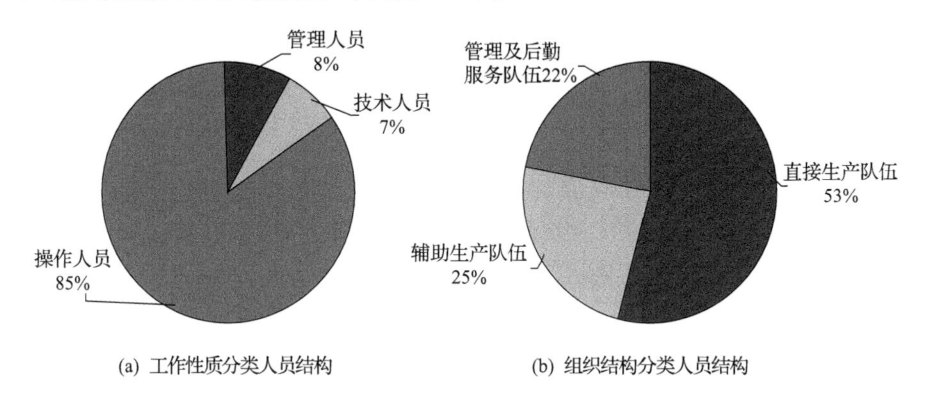

图 3-19　油田组织与工作分类人员结构

采油厂组织结构分为采油厂—管理区（大队）—基层队三个层级，属直线职能制组织结构，划分为直接生产队伍、辅助生产队伍和管理及后勤服务队伍三个类别。从图 3-19 中可以看到直接生产队伍和辅助生产队伍分别占到 53％和 25％的比率。

从人员用工种类来看，分为正式工、集体工、内聘工、企业员工和临时工（图 3-20）。

从用工类型来看，主要是正式工占多数，采油厂的主要工作者是签订了工作合同的正式员工，辅以政策下的内聘工和从上级部门派遣的企业员工，以及少量的临时工和集体工。

调查发现员工队伍建设存在的主要问题是：采油厂有效劳动力的投入未能完

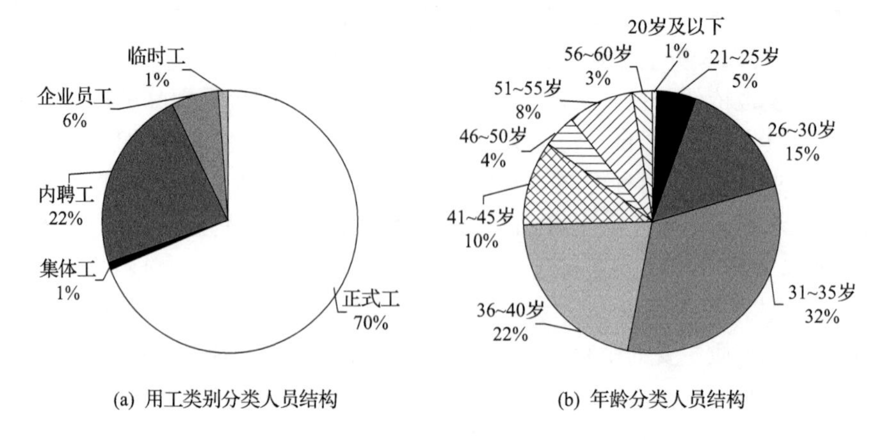

(a) 用工类别分类人员结构　　(b) 年龄分类人员结构

图 3-20　油田人员工作类别及年龄分类人员结构

全适应生产发展要求,一线队伍、护矿队伍缺口较大,人员结构性矛盾突出。

一是人员老龄化加剧。采油厂用工平均年龄 36.2 岁。全厂 45 岁以上的在岗职工 1080 人,占在岗职工总数的 15.0%;其中 50 岁以上的在岗职工 783 人,占在岗职工总数的 10.8%。随着人员老龄化的加剧,部分关键性技术岗位面临着断层风险。采油厂高级技师平均年龄 41 岁,其中 2 人超过 50 岁;技师平均年龄 38.1 岁,其中 7 人超过 50 岁。

二是性别比例不合理。以管理区为例,采油队男性职工平均占 43.9%,女性占 56.1%,个别管理区女性比例高达 67%;注汽队男性职工占 48.3%,女性职工为 51.7%;联合站男性职工占 40.9%,女性职工为 59.1%;注聚队男性职工占 37.1%,女性职工为 62.9%。由于一线男职工本身的比例就偏低,并且大多被安排到夜巡护矿岗位,生产日常维护受到人力不足的影响较大。

从采油厂的人员结构来看,采油厂主要存在以下三大问题。

(1) 技术员工相对较少,大多数员工都是一线的操作人员,普遍技术素质不是很高;

(2) 人员性别和年龄结构不合理,女性员工比例偏高,对于基层日常维护工作开展不利;

(3) 关键性技术岗位面临人员断层。技师和高级技师的年龄比较大,新生力量不足。

对于情景Ⅰ,技术水平和技术应用程度提高,员工素质也不断提高。首先,油田对下属采油厂的人员结构进行优化,加大一线基层员工的培训力度,结合技术水平的提高,加强员工对技术设备的应用水平,同时学习国内外的先进科技知识和技术,从内部提高员工的技术素质;其次,加大对科技人员的引进力度,引进高科技人才,对关键技术岗位尤其重视,提高待遇吸引专业人才。从总体来看,在该情景下,采油厂从内到外加强了对员工技术素质的重视，注重内部员工的培训，提高已有员工的技术素质，同时加强人才引进力度，引进高科技人才和采油厂稀缺人才，对关键性岗位进行人员补充，引进年轻的技师和高级技师人才，以促进人才的更新换代。

对于情景Ⅱ，技术水平和技术应用程度提高。采油厂维持现有的人员以及结构类型，仅从技术应用方面来促进生产的提高。员工的技术素质水平只能在实践中缓慢提高，同时由于技师和高级技师的断层，随着时间的推移，技术人员的规模逐步减少，而更多地依靠操作人员的高强度工作。从总体来看，员工素质提高速度缓慢，且提高幅度不大，不利于采油厂的可持续发展以及迎接挑战。

3.5　油藏管理 KSIM 仿真分析

通过油藏管理情景构建，本节构建了三个主要的油藏管理情景，作为以下的重点研究对象。为了进一步研究油藏管理的发展趋势，采用 KSIM 仿真分析方法，构建油藏管理 KSIM 仿真模型，并结合 S 油田的历史数据和模型变量间的相互影响关系，预测油藏管理发展趋势。

3.5.1　油藏管理 KSIM 模型及仿真结果分析

1. KSIM 模型的建立

为了建立关键环境变量对油藏管理环境的影响，本节通过专家判断来确定系统变量的值和他们相互之间的影响值；强调系统变量相互影响的结构关系和变量的未来变化方向，而不是变量发生变化的精确值，从而利用这种相互影响的结构来长期预测复杂系统（包括许多相互影响变量和反馈关系）的未来发展趋势。从各种结构建模的方法中，本节选择基于 KSIM 模型的仿真分析方法。这种方法不仅考虑了不同的情景假设和专家判断知识，并且提供了实现不同假设情景下系统输出的方法和手段。

KSIM 模型的基本思想如下：首先，将系统变量划分为两大类：①影响变量：$X=(x_1,x_2,x_3,\cdots,x_n)$；② 目标变量：$Y=(y_1,y_2,y_3,\cdots,y_m)$。而目标变量又分为直接目标变量和间接目标变量，直接目标变量是模型直接输出的变量值；间接目标变量是由直接目标变量结合相关公式计算得到。

关键的不确定环境因素（如技术政策、资金保障程度、油地关系等）都可归入 X。通过输入不同的影响变量 X 就可模拟分析在不同的环境情景影响下目标系统的发展趋势。各变量之间的相互影响矩阵如下：

$$A=\begin{pmatrix} a_{11} & a_{12} & \cdots & a_{1m} \\ \vdots & \vdots & & \vdots \\ a_{11} & a_{11} & \cdots & a_{11} \\ a_{m1} & a_{m1} & \cdots & a_{mn} \end{pmatrix},\quad B=\begin{pmatrix} b_{11} & b_{12} & \cdots & b_{1m} \\ \vdots & \vdots & & \vdots \\ b_{n-1,1} & b_{n-1,2} & \cdots & b_{n-1,3} \\ b_{n1} & b_{n1} & \cdots & b_{nn} \end{pmatrix}$$

式中，$a_{ij}(i=1,2,\cdots,m;j=1,2,\cdots,m)$ 为 y_i 对 y_j 的 α 影响；$b_{ij}(i=1,2,\cdots,n;j=1,2,\cdots,m)$ 为 x_i 对 y_j 的 β 影响。$a_{ij}, b_{ij}>0$ 表示变量间有正影响，即促进作用；$a_{ij}, b_{ij}=0$ 表示变量间无影响；$a_{ij}, b_{ij}<0$ 表示变量间有负影响，即阻滞作用。

为了描述各变量之间相互影响的动态变化，我们可将 x_i 对 y_j 的影响变化用四个随时间变化的函数 $x_i(t)$ 来描述。根据实践中可能采取的策略及影响作用的变化规律，取四种影响函数 $x_i(t)$，如表 3-41 所示。

表 3-41　输入变量函数形式及变化过程

函数类型	函数形式	影响变化过程
常量型	$x(t)=A$	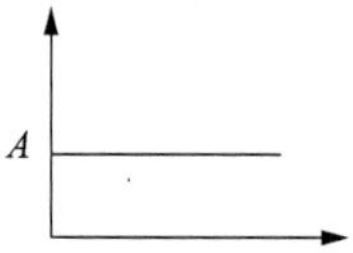 A
渐升型	$x(t)=A+\frac{B-A}{T}\cdot t$	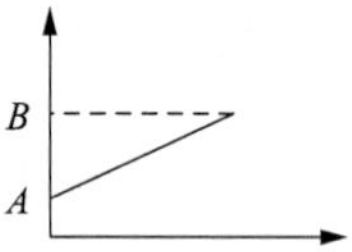 B A
阶跃型	$x(t)=\begin{cases} A & t\leqslant t_0 \\ B & t>t_0 \end{cases}$	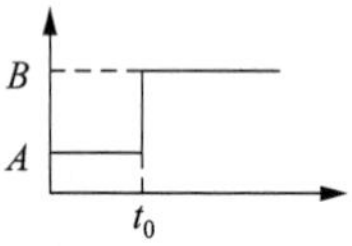 B A t_0
尖峰型	$x(t)=Be^{-A(t-t_0)^2}$	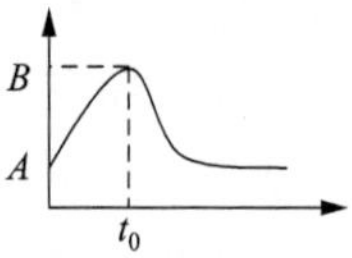 B A t_0

运用表 3-41 中不同的影响函数，即可描述可能采用的某些环境变量的变化（如：从某年起资金保障程度提高，即扩大投资可用阶跃型；技术创新引导政策不断的进步，即技术进步可用渐升型，也可以用于描述某些政策及其影响程度的变化，即有利的能源政策可用尖峰型，因为有利政策最初可能有上升的影响，但随着时间的推移，影响就要逐渐下降）。这样，就可逼真地模拟出实际情景，做出更切合实际的预测。KSIM 模型公式为

$$y_i(t+\mathrm{d}t)=y_i(t)^{\Phi_i(t)},i=1,2,\cdots,m \tag{3-17}$$

式中，dt 为一个时间间隔，这里，取 dt 为 1 年

$$\Phi_i(t) = N_i / P_i \tag{3-18}$$

$$N_i = 1 + \frac{1}{2}\sum_{i=1}^{m}(|a'_{ij}| - a'_{ij})y_i(t) + \frac{1}{2}\sum_{i=1}^{n}(|b_{ij}| - b_{ij})x_i(t) \tag{3-19}$$

$$P_i = 1 + \frac{1}{2}\sum_{i=1}^{m}(|a'_{ij}| + a'_{ij})y_i(t) + \frac{1}{2}\sum_{i=1}^{n}(|b_{ij}| + b_{ij})x_i(t) \tag{3-20}$$

$$a'_{ij} = a_{ij}[dy_i(t)/dt] \tag{3-21}$$

对于上述 KSIM 模型可以采用 MATLAB 编程仿真模拟。

1）模型变量

前文的环境分析中的油藏管理环境因素是较宏观和抽象的因素。因此，通过与 S 油田专家讨论并结合油藏管理系统目标（油藏管理系统目标分成四个子目标：提高经济效益、实现油藏可持续利用、提高技术水平和优化组织管理效用），确定油藏管理 KSIM 仿真模型中的系统变量，本节的研究重点是油藏管理目标中的三个目标，即提高经济效益、实现油藏可持续利用和提高技术水平。

本研究选择较为微观和具体的 22 个变量为 S 油田油藏管理 KSIM 模型变量，其中，3 个变量（利润、原油产量份额和储采平衡率）为目标变量，即间接输出变量。本研究选择上述 3 个变量具有实际意义：利润衡量油田企业油藏管理的经济效益；储采平衡率是衡量油藏管理资源后劲的重要指标，即油藏资源利用是否实现良性循环和可持续发展；原油产量份额是衡量企业在油藏管理环境下年原油相对产量（等于原油产量除以原油产量与其他原油产量及进口原油量之和）的指标，从另一个角度衡量了竞争者状况和经济效益。三个变量值由其他输出变量值计算而得，并且它们的变化不影响其他变量的变化。

勘探投资和开发投资是资金保障程度的具体表现，同时又作为衡量油藏管理经济效益的指标，勘探开发技术革新系数和开发技术革新系数是技术应用程度的表现形式，同时也衡量了油藏管理技术水平的提高程度。原油成本是衡量油藏管理经济效益的另一个重要指标。

模型中的 7 个变量直接来源于环境分析中的环境因素，包括国家能源战略与政策、技术政策、国内经济状况、资金保障程度、油地关系、国内原油需求量和原油价格；内部变量中的探明石油地质储量、原油可采储量、原油产量是环境因素中地质特性和技术应用程度的综合表现；全员劳动生产率和员工人数是员工技术素质的具体表现；另外，全员劳动生产率和员工人数也是组织结构和内控制度完善性和协调程度的表现；其他原油产量和替代能源系数是竞争者状况的具体表现。

将关键事件中的 5 个变量（国家能源战略与政策、技术政策、国内经济状况、资金保障程度和油地关系）构成油藏管理环境情景，作为情景变量即模型的输入变

量。虽然国内原油需求量也是关键事件，但是它不是关键事件中的主导事件，而且与主导事件(国内经济状况——GDP 值)有较强的相关关系，所以，国内原油需求量不作为模型的输入变量。除了直接输出变量和输入变量，其余 16 个变量是直接输出变量，包括内部变量、外部变量和可控变量，它们在受输入变量影响的同时，还受到其他输出变量的影响。变量相互影响结构图如图 3-21 所示。

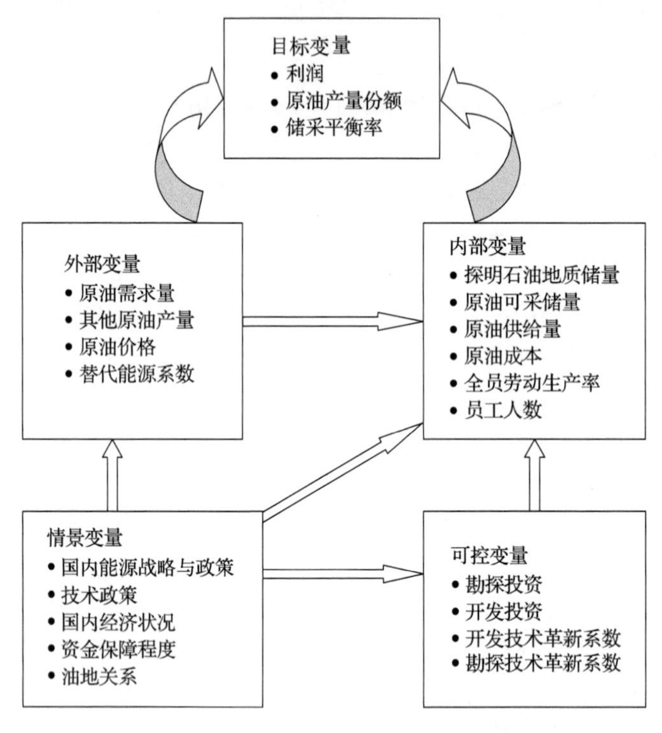

图 3-21　S 油田油藏管理 KSIM 仿真模型

2) 模型初始化

通过三轮专家问卷调查及 S 油田历史数据和相关文献的查阅，确定 22 个变量的初值和最大值(表 3-42)，经过式(3-22)归一化处理，可以将变量初值转化为 0～1 的比例值，该比例值可以直接应用于 KSIM 模型。

表 3-42　模型系统变量表

变量名称	初值	单位	变量最大值	变量说明
Profit	4994300	万元	10^7	年利税＝原油产量×(吨油价格－吨油完全成本)－勘探投资－开发投资
MarkSh	0.11	无	1	原油产量份额＝原油产量/(原油产量＋其他油田产量＋进口原油产量)

续表

变量名称	初值	单位	变量最大值	变量说明
EquibR	1.03	无	2	年新增原油可采储量与年原油产出量的比值
KnowRes	9178	万吨	28000	S 油田全年新增探明石油的地质储量
OilRes	2823.8	万吨	9178	S 油田全年新增原油可采储量
OilSuP	2741.55	万吨	9178	S 油田原油每年产出量(假设没有库存,年原油产量=年原油供给量)
Cost	1021	元/吨	1800	指从勘探、开发建设到采油生产过程中,平均每采出一吨原油的费用
Prod	35.73	万元/人	50	S 油田每投入一单位的人力创造的利润
EmPloy	79488	人	100000	S 油田当年雇佣员工人数
ExInv	233000	万元	10^6	S 油田每年在勘探作业中的直接投资额
DeInv	889000	万元	10^6	S 油田每年在开发作业中的直接投资额
DeTech	0.2	无	1	S 油田在开发技术上革新的程度
ExTech	0.2	无	1	S 油田在勘探技术上革新的程度
Subst	0.755	无	1	其他替代能源在国内能源消费中所占比重
Price	3252	元/吨	5000	国内每年原油每吨平均价格
OthOil	27327	万吨	94900	其余油田的年产油量与进口原油数量之和
Demand	30000	万吨	40000	国内每年原油需求量
Policy	0.1	无	1	国家能源战略与政策的有利程度
TechNov	0.3	无	1	技术政策的有利程度,主要指技术创新政策引导
EcoDev	0.3	无	1	国内经济状况,主要影响国内能源需求量
Invest	0.2	无	1	资金保障程度,表示为油田每年投资的充裕程度
Relation	0.2	无	1	S 油田与地方的关系的协调程度

$$Y = (V - m)/(M - m) \tag{3-22}$$

式中,Y 为 KSIM 模型中的值;V 为变量的现值(即原始值);m 为变量的最小值;M 为变量的最大值;利用转化公式将 KSIM 模型中的比例值转化为变量的预测值。

$$V = m + (M - m)Y \tag{3-23}$$

通过三轮专家问卷匿名调查,形成集中意见,确定变量之间的影响值 b_{ij} 和 a_{ij}(表 3-43 和表 3-44)。

表 3-43 *B* 矩阵:行变量对列变量的非零影响值 b_{ij}

行变量	列变量(b_{ij}影响值)
Policy	Subst(－0.3),Demand(0.6)
TechNov	DeTech(0.6), ExTech(0.6)
EcoDev	Demand(0.6)
Invest	DeInv(0.6),ExInv(0.6)
Relation	Cost(－0.1)

表 3-44 *A* 矩阵:行变量变化量对列变量的派生影响值 a_{ij}

行变量	列变量(a_{ij}影响值)
KnowRes	OilRes(0.6),EmPloy(0.1)
OilRes	OilSuP(0.5)
OilSuP	Cost(0.2),EmPloy(0.5)
Cost	KnowRes(－0.5),OilRes(－0.3),OilSuP(－0.6),
Prod	OilSuP(0.2),Cost(－0.3),EmPloy(－0.1)
EmPloy	Cost(0.3),Prod(－0.5)
ExInv	ExTech(0.3),OilSuP(－0.6)
DeInv	DeTech(0.5),KnowRes(－0.6)
DeTech	OilRes(0.6),OilSuP(0.6),Cost(0.1),Prod(0.5),EmPloy(－0.2)
ExTech	KnowRes(0.6),Prod(0.3) ,Cost(－0.1)
Subst	Price(－0.3),OthOil(－0.5),Demand(－0.6)
Price	OilSuP(0.3),OthOil(0.5),Demand(－0.2)
OthOil	Subst(－0.3),Price(－0.2),
Demand	Subst(0.5),Price(0.5),OthOil(0.6)

3) KSIM 模型的情景变量

根据 3.4.5 节最终情景概率的计算结果,本节选择情景概率较大,即未来最有可能发生的三种情景作为 KSIM 仿真模拟的情景,即输入变量。

根据前面的分析,在情景Ⅰ中,所有关键事件都朝有利的方向发展;在情景Ⅱ中,国内经济状况有所发展,以及受国内经济状况的影响,原油需求量和油田资金保障程度有所增加,而其他关键事件均未得到改善或发展;在情景Ⅲ中,国家能源战略与政策有所改善,国内经济状况发展缓慢,而其他关键事件均未得到发展或改善。根据以上分析,将描述性的情景变量转化为具体输入函数,如表 3-45 所示。X_1、X_2、X_3、X_4 和 X_5 分别代表国家能源战略与政策、技术政策、国内经济状况、资金保障程度和油地关系。

表 3-45　情景变量输入函数

情景类型		X_1	X_2	X_3	X_4	X_5
情景Ⅰ	函数类型	尖峰型	渐升型	渐升型	阶跃型	渐升型
	初值(A)	0.1	0.3	0.3	0.3	0.2
	终值(B)	0.5(t_0=10)	0.5	0.6	0.5(t_0=10)	0.6
情景Ⅱ	函数类型	直线型	直线型	渐升型	阶跃型	直线型
	初值(A)	0.1	0.3	0.3	0.3	0.2
	终值(B)	0.1	0.3	0.6	0.5(t_0=10)	0.2
情景Ⅲ	函数类型	尖峰型	直线型	渐升型	直线型	直线型
	初值(A)	0.1	0.3	0.3	0.3	0.2
	终值(B)	0.5(t_0=10)	0.3	0.4	0.3	0.2

2. KSIM 模型仿真结果分析

1）情景Ⅰ

将设定的情景Ⅰ变量函数输入，可得到输出图（图 3-22）。首先，从外部环境来看，国家能源战略和政策的支持和国内经济状况的发展，使得原油需求量不断增

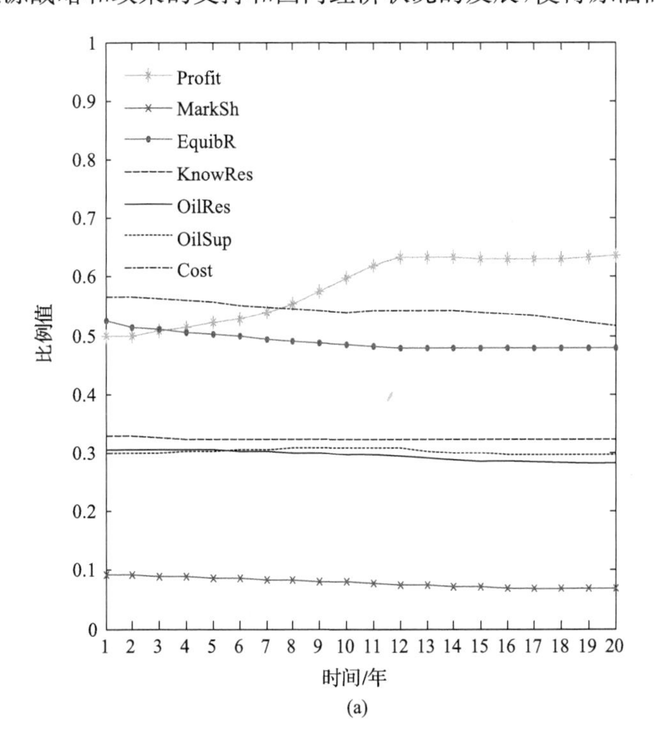

(a)

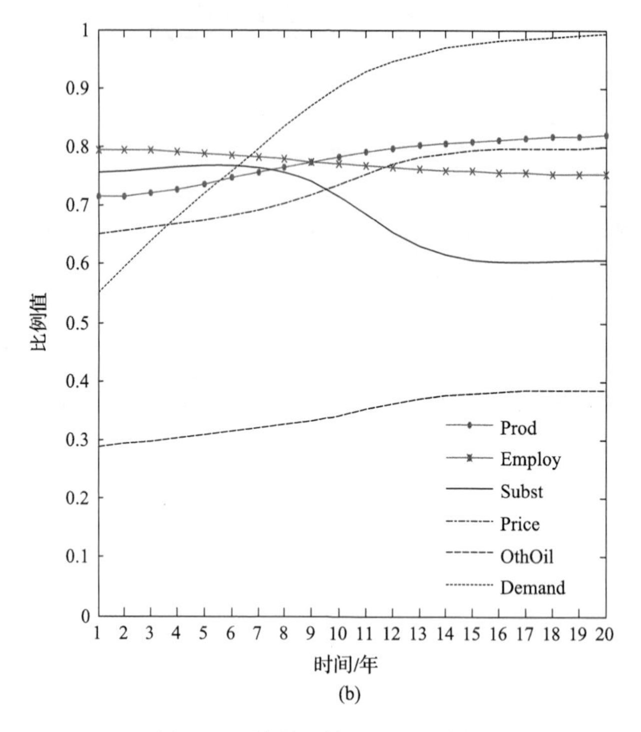

(b)

图 3-22　情景Ⅰ输出变量示意图

大,在需求增长的刺激下,其他原油产量也不断增加。在原油供需关系共同作用之下,原油价格发生变化,同时原油价格也反过来影响供需量的变化。在情景变量的影响下,外部环境总的变化是:原油需求增大、其他原油产量增大(包括进口原油量)、原油价格有所提高、替代能源率下降。

其次,从内部环境来看,在技术政策支持、资金保障程度的提高(第十年扩大投资)的影响下,油田的勘探和开发投资和技术革新程度不断提高,加之油地关系的改善使得油田的吨油完全成本下降,全员生产率提高、产量基本保持稳定、探明石油地质储量基本保持稳定。

在内外部环境因素的共同影响之下,间接目标变量的变化情况如下:利润增加了 28%、原油产量份额减少了 24%、储采平衡率减少了 9%(变量现值小于 1)。导致这种结果发生的原因是,在此情景下,油田受到有利的政策、经济、技术等因素的影响,在获得更多利润的驱动下,原油生产量保持稳定,而剩余可采储量减少,其他原油产量也增加,所以,油田的利润增加、原油产量份额减少、而储采平衡率减少。

从图 3-22(a)可以看出,虽然油田的短期利润有所增加,但是从长远来看,储采平衡率的减少对于油田的未来的可持续发展不利。因此在此情景中,油田的决策者不能盲目乐观,将利润最大化作为油田的油藏管理的唯一目标是不可取的。决策者应在保持原油产量稳定的同时，调整投资比例系数以及勘探和开发技术革新程度，加大勘探投资和提高勘探技术革新程度(即改变可控变量的初值和对其他变量的影响值)，从而为油田的可持续发展提供资源保障。

2) 情景Ⅱ

将设定的情景Ⅱ变量函数输入，可得到输出图(图 3-23)。首先，从外部环境来看，国内经济状况的发展，使得原油需求量不断增大，在需求增长的刺激下，其他原油产量也不断增加。在原油供需关系共同作用之下，原油价格发生变化，同时原油价格也反过来影响供需量的变化。在情景变量的影响下，外部环境总的变化是：原油需求增大、其他原油产量增大(包括进口原油量)、原油价格有所提高。由于缺少有利能源战略及政策的干预，替代能源率下降幅度明显小于情景Ⅰ。

其次，从内部环境来看，在资金保障程度的提高(第十年扩大投资)影响下，油田投资的增加，使得勘探和开发技术革新程度有所提高，使油田的吨油完全成本得到控制并保持稳定，全员生产率提高。但是，由于没有有利技术政策的引导和油地关系的改善，成本没有得到明显降低、原油产量、探明石油地质储量的衰减率分别是 12%和 3%，情况明显不如情景Ⅰ。

内外部环境因素的共同影响之下，间接目标变量的变化情况如下：利润增加了 8%、原油产量份额减少了 31%、储采平衡率基本保持不变。导致这种结果发生的原因是：在此情景中，油田受到有利经济因素的影响，同时勘探开发投资的增加也

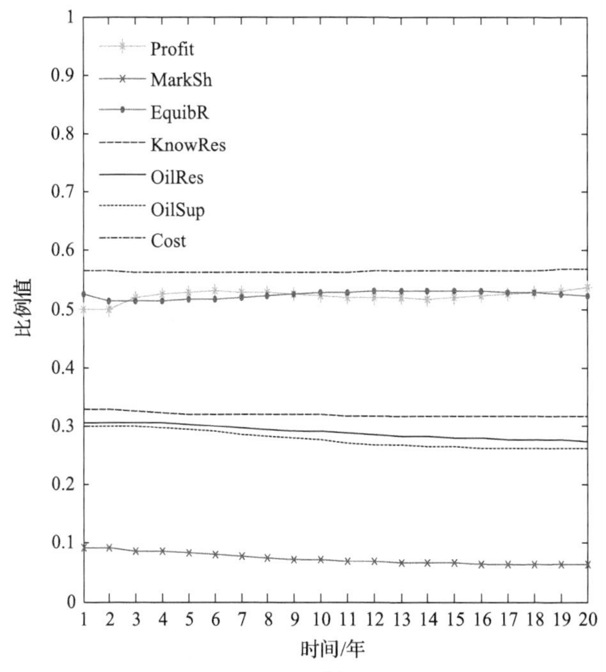

(a)

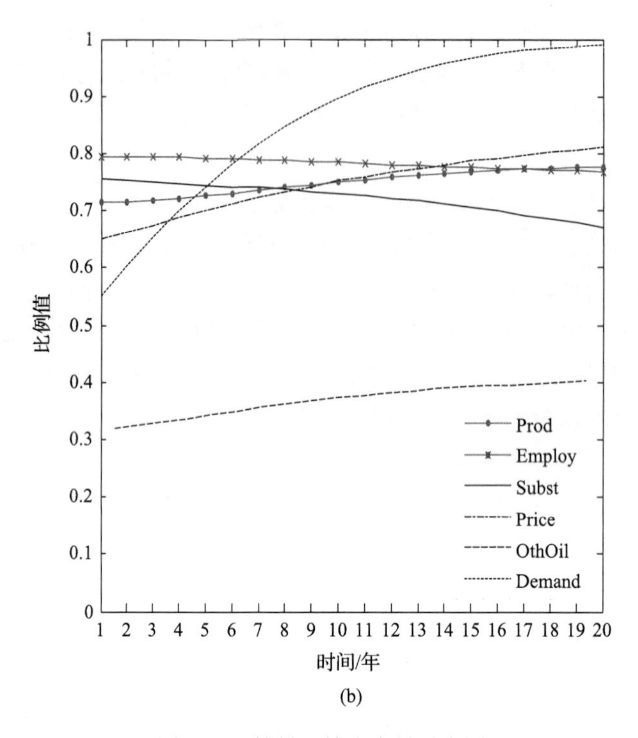

(b)

图 3-23 情景Ⅱ输出变量示意图

保障了自身技术水平的提高,原油生产量的衰减率基本等于新增原油可采储量的衰减率,其他原油产量增加较快(如进口原油量的增大),所以,油田的利润增加、原油产量份额减少、储采平衡率保持不变。

从图 3-23(a)可以看出,虽然油田的利润有所增加,但是利润增加率小于情景Ⅰ,这是因为缺少有利政策的支持引导和对油地关系进行协调和改善因素,因此在这种情景下,油田决策者应该积极争取有利政策支持,同时改善自身管理水平,努力协调油地关系,为油田的发展创造和谐的政治和政策环境。另外,由于缺少有利的技术政策的引导,虽然储采平衡率保持在一定的水平,原油产量和新增原油可采储量均不如情景Ⅰ。因此在这种情况下,在维持现有储采平衡率的基础上,油田应该在加大自身勘探开发技术水平革新的同时,也应该加大对勘探技术革新和勘探投入,提高原油产量和新增原油可采储量。

3) 情景Ⅲ

将设定的情景Ⅲ变量函数输入,可得到输出图(图 3-24)。首先,从外部环境来看,在有利的国家能源战略与政策的影响下,原油需求量有所增大,在需求增长的刺激下,其他原油产量平稳增长。在原油供需关系共同作用之下,原油价格发生变化,同时原油价格也反过来影响供需量的变化。在情景变量的影响下,外部环境

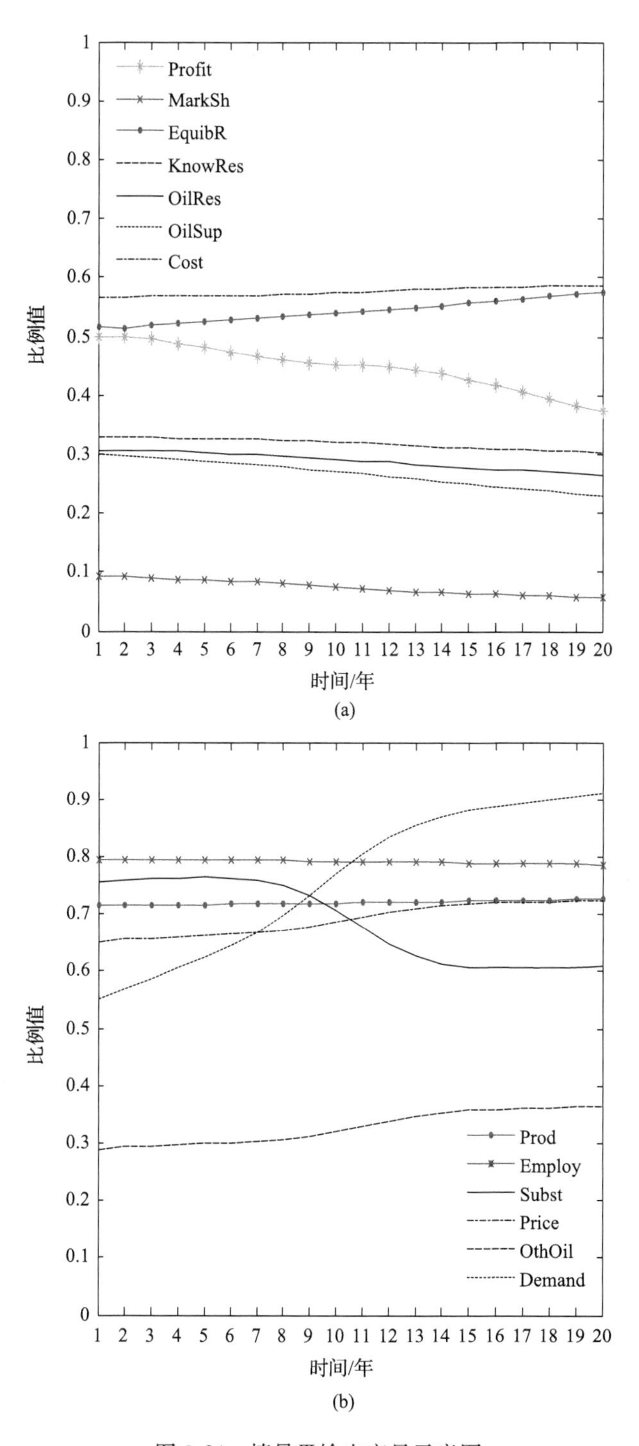

图 3-24　情景Ⅲ输出变量示意图

总的变化是：原油需求在中间阶段增大较为明显，之后变得平稳；其他原油产量增大(包括进口原油量)；原油价格平稳提高。由于国内经济发展缓慢，所以原油需求增长率明显小于情景Ⅰ和Ⅱ。

其次，从内部环境来看，在缺少技术政策引导、资金保障和油地关系改善的情况下，油田自身勘探和开发技术革新程度提高有限，从而导致油田的吨油完全成本提高。原油产量减少、探明石油地质储量和剩余可采储量增长率也明显小于情景Ⅰ和Ⅱ。

在内外部环境因素的共同影响下，间接目标变量的变化情况如下：利润减少了25%、原油产量份额降低了37%、储采平衡率增长了9%。导致这种结果发生的原因是：在情景Ⅲ中，虽然油田受到有利能源战略和政策的影响，但是，投资和技术革新水平均未提高，导致吨油完全成本提高和产量降低，所以，利润减少且原油产量份额降低，储采平衡率反而升高。

从图3-24(a)可以看出，油田的成本上升、利润减少，这是因为缺少有利技术政策引导、资金保障程度没有提高以及油地关系的协调和改善程度不够。另外，储采平衡率稳定增长，这并不代表油田的勘探水平提高，而从另一角度说明在缺少有利的技术政策引导的情况下，新增原油可采储量略有衰减，不如情景Ⅰ和Ⅱ，而原油产量衰减率更大，达到23%。情景Ⅲ是S油田油藏管理三个情景中的最不利情景。因此，油田决策者应该采取措施改善油藏管理现状，积极吸引外来资金，提高自身勘探开发技术革新水平，加大产能建设，提高油藏管理水平，努力协调油地关系。

4) 综合比较分析

通过比较，可以看出情景Ⅰ(在图3-25～图3-30中由S_1表示)的经济效益最好——利润增长最大(图3-25)，此情景中，吨油完全成本最低(图3-27)，原油产量和新增原油探明储量相对稳定(图3-26和图3-28)，但是，在经济效益最好的情景Ⅰ中，储采平衡率却减少最多，因此，在保证经济效益的前提下，油田决策者应通过确定合理的投资比例系数等手段使新增原油探明储量、新增原油可采储量和原油产量保持平衡增长，保持油田长期、稳定、协调发展。

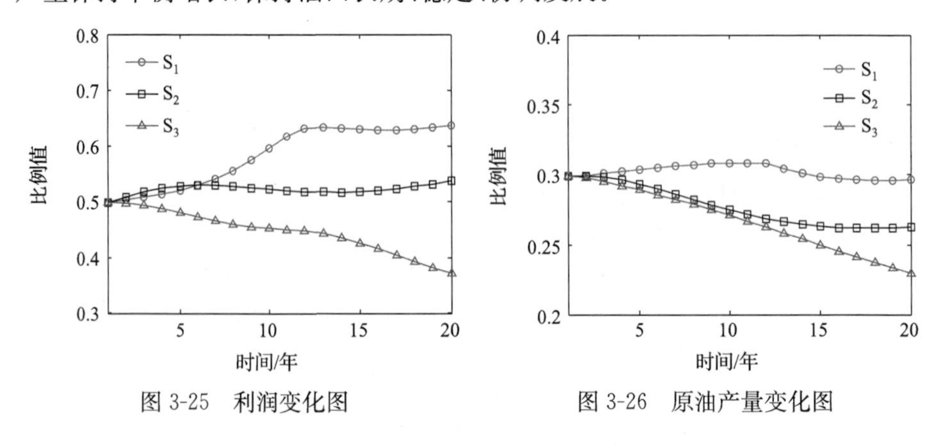

图3-25 利润变化图　　图3-26 原油产量变化图

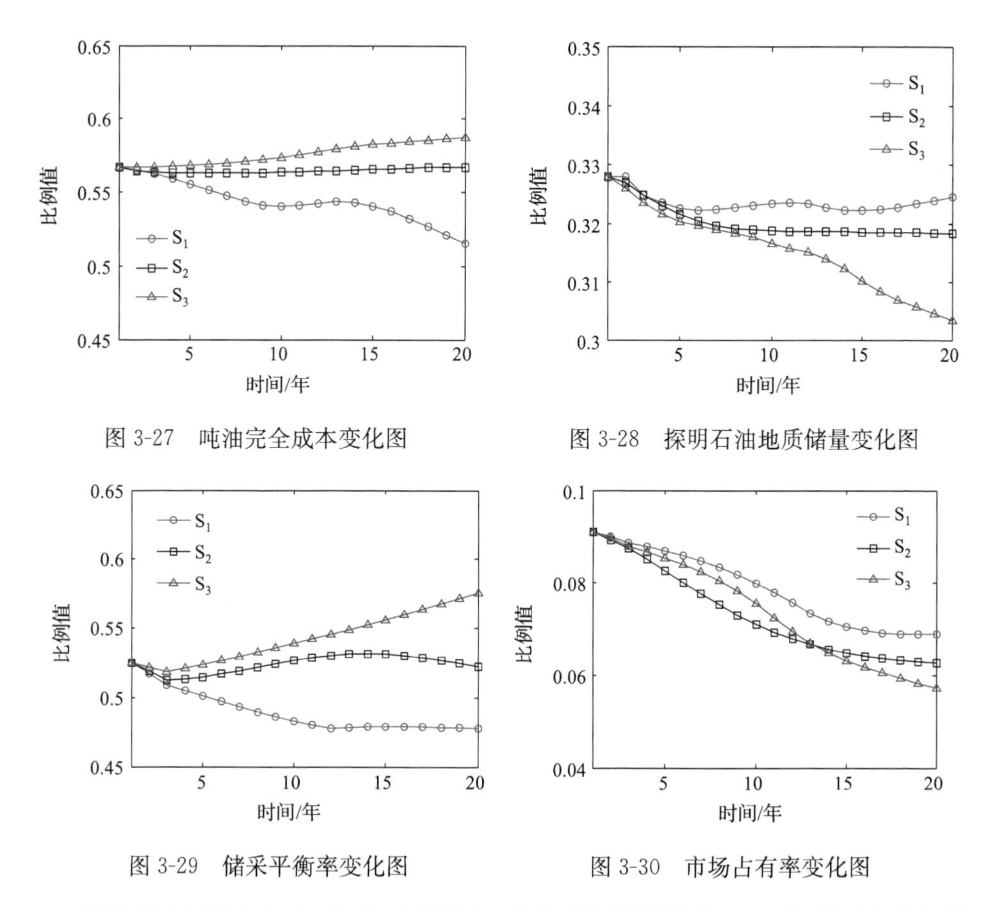

图 3-27 吨油完全成本变化图

图 3-28 探明石油地质储量变化图

图 3-29 储采平衡率变化图

图 3-30 市场占有率变化图

情景Ⅲ(在图中由 S_3 表示)的资源可持续利用效果最好——储采平衡率保持增长(图 3-29),但是,这并不能保证经济效益也好,此情景中,原油产量衰减率最大(图 3-26),探明石油地质储量衰减也最大(图 3-28),成本增长(图 3-27),且尽管油价有所增长,利润仍然呈下降趋势(图 3-25)。因此,在保证储采平衡率的前提下,油田决策者应积极引导勘探开发技术自主创新,吸引外来投资,努力改善油地关系,提高油藏管理水平,保障油田的经济效益增长,从而促成油田发展的良性循环。

情景Ⅱ是介于情景Ⅰ和Ⅲ之间的情景,在情景Ⅱ(在图中由 S_2 表示)中,利润有所增长(图 3-25),但明显不如情景Ⅰ,原油产量衰减(图 3-26),探明原油地质储量也介于中间(图 3-28),吨油完全成本基本得到控制,储采平衡率基本没有变化(图 3-29)。在此种情景下,油田应该积极争取有利政策支持,同时改善自身管理水平,努力协调油地关系。决策者要有效利用现有资金和技术力量,保障油田经济效益和油田的资源利用协调发展。

从图 3-25~图 3-30 中可以看出,原油产量、探明原油地质储量与油田的经济效益——利润率呈正因果关系，而与油田的资源利用能力——储采平衡率呈负因果关系，吨油完全成本与利润率呈负因果关系，与储采平衡率呈正因果关系。同时，由于原油产量份额受到外部因素的影响(如其他原油产量)，所以，原油产量、探明原油地质储量和吨油完全成本与原油产量份额没有明显的关系。这一现象与实际情况相符，一方面，当油田的勘探能力增强、产能增强而成本降低时，利润会增加；而另一方面，产能增强较大，而勘探能力相对较为薄弱时，就会导致储采平衡率降低。

3.5.2 基于仿真结果的油藏管理政策建议

前文利用情景分析与 KSIM 仿真模型相结合的方法，模拟了 S 油田油藏管理系统变量在不同油藏管理情景下的发展趋势。重点预测了油藏管理的间接目标变量:利润、原油产量份额和储采平衡率的发展趋势;油藏管理的直接目标变量:原油产量、探明石油地质储量、吨油完全成本的变化情况。本节在以上研究基础上，以油藏管理环境分析和情景分析为背景，以油藏管理 KSIM 仿真结果为基础，分析 S 油田当前的油藏管理政策现状，提出未来油藏管理政策建议。

1. 油藏管理技术政策建议

S 油田在关系企业长远发展的重大理论和技术上需要不断取得突破性进展，不断加强实用技术的配套性应用，紧密结合油田勘探、开发、施工等方面的技术创新与工程应用，具体技术政策建议有以下两点。

1) 油田要充分利用和把握有利的技术政策

油田企业要把科技创新作为企业持续发展的保证和基础，重视科技进步的重要作用，把不断提高自身的技术水平作为公司的一项重要的战略措施。从仿真结果来看，在有利技术政策引导的情况下，油田的原油产量、探明石油地质储量较为稳定。例如，在情景Ⅰ中，预测原油产量和探明石油地质储量较为稳定，而在情景Ⅱ中，原油产量和探明石油地质储量衰减率分别为 12%和 3%，在情景Ⅲ中，这两个指标值衰减程度更大。因此，S 油田要结合油田实际，牢牢把握技术创新的新要求，真正地发挥好研究开发投入主体、不断提高自身的技术创新水平和核心竞争力，为油田发展提供强力技术支撑。

2) 协调勘探技术革新和开发技术革新的关系

石油勘探和原油生产是油藏管理系统的核心活动，年原油产出量是衡量油藏经营管理效果的重要考核指标，它直接关系着油藏管理系统经济性目标的实现程度。目前，S 油田已经进入开发的中、后期，储量品质丰度越来越低，优质、可采储量越来越少，开发难度和成本不断上升，企业经济效益受到严重影响和制约，勘探开发的巅峰时期已经成为历史，三种情景对年原油产量和探明石油地质储量的模拟结果呈稳定或逐年下降趋势，也符合S油田目前的实际情况。

勘探技术的提高决定着油田勘探效益和油气储量增长的持续性。目前，S油田大部分探区已进入中高勘探程度，勘探难度越来越大，这些都为勘探技术提供了前所未有的发展空间，同时勘探技术的发展遇到空前的挑战。

在目前的油藏开发环境下，S油田必须正确认识自身所处的开发阶段和开发地位，从实际出发积极探索新的油藏管理模式和运行机制，理顺新老探区的关系，正确处理高产和稳产的关系问题。在有利的市场经营环境下，不能盲目追求短期利润的增加，仅注重开发技术的提高和产能的建设，应该合理确定原油产出量目标，同时也要重视勘探技术水平的革新，保证稳定合理的储采平衡率，实现油藏管理的有效、可持续发展。

2. 油藏管理经济政策建议

从仿真结果可以看出，在市场经营环境较好的情况下，S油田的经济效益较好（情景Ⅰ和Ⅱ）。因此对于S油田的经济政策建议有以下两点：

1）油田要充分把握经济环境的变化

近几年来国际油价和国内油价一直处于较高价位，国内能源需求缺口不断增大，这为油田企业的油藏管理政策的有效实施创造了比较有利的经济环境。在有利条件下，S油田要有效利用各种资金、技术和设备，将油藏的经济可开采储量转化为实际的油气生产能力。产能建设的质量和规模直接决定了后续的油藏开发生产的经济效益，因此，S油田要积极吸引外来投资，同时结合油藏的勘探情况及储量预测，以实际的资金、技术和设备水平为基础，有效整合现有资源建设油藏的开发生产能力。

2）合理调配勘探开发投资比例

勘探开发投资比例决定了勘探开发技术革新程度水平以及原油产量、探明石油地质储量和新增原油可采原油储量的大小。从仿真结果来看，在不同的情景下，相同勘探开发投资比例的实施效果不同。合理的勘探开发投资比例能够保障油田企业经济效益和资源可持续利用目标的协调发展。因此在不同的情景下，要确定合适的勘探开发投资比例。例如，原油价格较高的时候，在保证储采平衡率稳定的基础上，可以适当提高开发投资和产能建设投资，以保障原油产量，实现企业的经济效益；在原油价格较低的时候，应适当提高勘探投资，实现油田企业的资源可持续利用目标，为油田的可持续发展提供资源保障。

3. 其他油藏管理政策建议

成本的高低是决定油田经济效益和竞争力的一项重要指标。处于开发中后期的S油田面临由于稳产而造成的成本偏高问题。原油成本中生产性成本与非生产性成本(非生产性成本是指除操作费以外的成本,如油地关系处理、油区治安等费用)的比例不合理,后者所占比例过大。对这两类成本水平的控制和比例的调整将有助于勘探开发总成本的降低,对石油生产具有重要意义。

1) 努力协调油地关系,降低非生产性成本

从仿真结果可以看出,当油地关系协调程度高时,原油成本基本可以得到控制。例如,在情景Ⅰ中,吨油完全成本下降了9%,情景Ⅱ中,吨油完全成本基本保持不变,而情景Ⅲ中,吨油完全成本上升了4%。实际上油地关系问题是我国油田企业普遍面临的问题。多年来,油田与当地村民发生工农矛盾时都依靠当地油区办公室等部门协调,油区部门所上缴的利润多依赖于在协调工农矛盾时向油田索要高价,或变相多收费,造成油田非生产性成本提高[23]。因此油田应该加快油田内部机制改革,不断加强自身管理水平和职工素质的提高,积极探索油地工作实施的新模式。

2) 优化组织结构,提高劳动生产率

与国外石油公司相比,企业用工总量较大、结构不合理。S油田2006年员工人数为6.9万人,而英国石油公司只有6450人,美孚石油公司上游只有6300人。从仿真结果来看,庞大的员工人数不仅会降低全员劳动生产率,还会导致原油成本上升。因此,S油田除了要提高自身技术水平外,还要根据外部环境变化,优化现有组织结构,建立多部门配合体制,尽量减少冗余人员,围绕以油藏管理区为主体的新油藏管理体制,通过宏观协调各部门工作,提高工作效率。

第4章 油藏管理的多重比较研究

油藏管理比较研究是对处于不同环境条件下若干油藏管理问题的差异性与共同点等进行的描述性和解释性分析。由于油藏管理的复杂性和多样性,决定了应该根据油藏管理的不同需求进行比较研究,综合运用多种理论与方法,从不同角度和层次上进行重点问题的多重比较研究。油藏多重管理比较研究是油藏管理系统设计与完善的重要内容,是初步系统分析的必要延伸,是油藏管理系统分析、油藏管理机制研究和宏观政策设计的桥梁。本章油藏管理比较研究主要从纵向、横向和综合比较三个方面来进行。在纵向比较研究方面,主要从世界、中国和S油田三个层次,就油藏资源、生产技术管理以及组织管理三个基本内容对油藏管理理论及实践的演化历程进行比较分析;在横向比较研究方面,主要从国内外石油公司、国内油田企业两个层次对油藏管理系统的具体内容进行比较分析;在综合比较研究方面,主要从提高油藏开发的经济效益、优化组织管理和提高技术水平三个方面,将当前油藏管理现实情况与系统目标比较分析。通过油藏管理多重比较研究,吸收国内外现代油藏管理的先进经验,为构建合理的油藏管理模式和油田经营化改革奠定必要基础。

4.1 油藏管理的纵向比较研究

4.1.1 世界油藏管理的发展历程

纵观世界石油工业发展历史,主要经历了四个阶段:1859～1914年——煤油时代;1914～20世纪40年代——燃油时代;20世纪40～70年代——全球能源供应时代;20世纪70年代至今——油藏管理。

油藏管理(reservoir management)的提出者和积极倡导者是美国学者萨特(Abdus Satter)和谭柯(Gnaesh Thakur),主要开始应用在20世纪70年代国外的一些中小型油田公司。

20世纪70年代,油藏管理重点突出油藏工程,主要是融合油藏工程研究与计算机实现自动化管理。油藏工程理论发展迅速,试井技术、油藏数值模拟技术、提高采收率技术和油田开发理论都有长足的发展[18]。地质学家与油藏工程师逐步紧密合作,为油藏管理的综合发展奠定了坚实的基础。

20世纪80年代,油藏管理逐步加强地质、开发工程和经济评价的协同管理,一方面油藏自身构建微观经济的管理体系，另一方面油田开发要在宏观经济的石油市场中突出经营思想[18]。油藏开发逐步转向比较难开发的地下资源，以及老油藏的二次开发，油藏开发目标是要实现油藏的成功开发与效益最大化。油藏开发逐渐形成了以多学科、跨职能工作组为标志的综合油藏管理技术，地质学家、油藏工程师、钻井、采油工艺、地面工程等人员实现比较全面的合作关系。

20 世纪 90 年代以后，随着国际油价的剧烈变动和商业竞争的不断加剧，建立战略商业联盟成为石油石化工业进行资产经营管理与优化的运作模式。战略联盟即各种组织、数据、工具和技术的联合，在评价开发策略、使用先进技术、减少开发风险以及资产的有效管理与开发利用方面发挥积极作用，成为现代综合油藏管理新型运作模式。另外，石油工业实现油藏管理信息化和集成化发展，大量油藏描述和油藏数值模拟等计算机软件的应用，建设了油藏信息数据库，实现了油藏信息数据的全面快速集成和处理，推动了油气田开发技术的发展，提高了油田开发效益。

1. 世界油气资源的发展

石油储量和产量是衡量石油经济非常重要的两个指标，储量和产量的变化对每个国家乃至世界的经济影响特别大。自 1994 年以来，世界石油探明储量和产量都表现出一定变化，具体如图 4-1 所示。

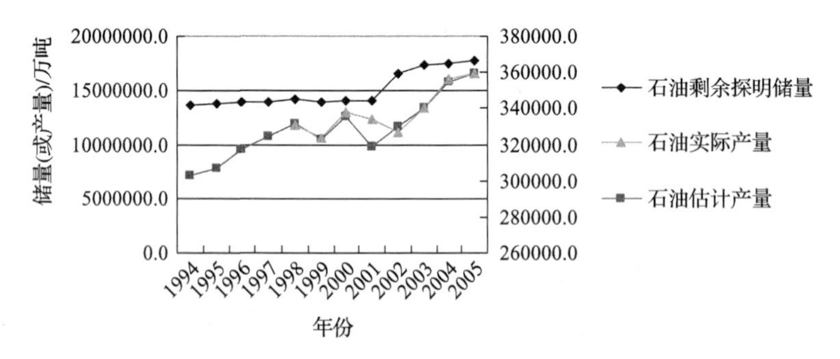

图 4-1　1994～2005 年世界石油储量与产量变化示意图

从世界石油纵向发展可以看出：

(1) 世界石油的探明储量是逐年递增的，但是增幅较小(除 2001 年之外)。应该在不断应用新技术来提高世界石油探明储量的同时，开发新的替代能源。

(2) 估计产量与实际产量的误差逐步缩小，对石油产量的估计越来越接近实际产量值，这说明通过选择恰当的预测方法得到的石油估计值在一定程度上可以作为石油的实际值来应用，而且能为油气田的开发规划部署、开发方案的设计与开发的动态分析提供一定的决策支持作用。

(3) 世界石油的产量不太稳定，在 21 世纪的前两年产量较低，出现波谷，而从

2003年以后，世界石油的产量又开始增加，但是增幅不大。

2. 世界油藏生产技术管理的发展

油藏管理是一项复杂的系统工程。油藏生产技术管理是油藏管理的主要内容之一，油藏生产技术管理的发展是油藏管理发展的重要基础。油藏生产技术管理的发展阶段可以分为20世纪70～80年代、20世纪80～90年代和20世纪90年代至今三部分。油藏生产技术管理在各个阶段的发展情况如表4-1所示。

表4-1　油藏生产技术管理的发展阶段及特点

时期	特点	代表性生产技术
20世纪70～80年代	运用油藏工程的方法认识油藏、研究油藏和开发油藏。油藏工程和油藏描述、测井、地面建设和经济评价等学科相结合，并组成多专业的攻关队伍	试井技术、油藏数值模拟技术、油藏开发评价技术、提高采收率技术和油田开发技术等
20世纪80～90年代	偏重开采技术的管理，探索和实践降低成本、提高经济效益的油藏管理技术。强调地质—开发工程—经济评价的协同化，形成以多学科跨职能工作组为标志的综合油藏管理技术	二次开采技术、油田开发地震、沉积相理论、测井解释技术等
20世纪90年代至今	油田开采技术与经济、管理等学科相结合，并贯穿于油藏生命周期的始终；强调各学科专业互相渗透耦合；以计算机为代表的信息技术和集成化油藏管理技术与软件得到广泛的应用	盆地模拟技术、三维空间的动态模拟技术、三维和四维地震技术、油藏建模技术、数值模拟技术等

从以上油藏生产技术管理的发展阶段看来，油藏生产技术发展经历了油藏的认识—油藏生产技术的协同化—油藏生产技术的集成化三个阶段，油藏生产技术管理逐步实现由单学科向多学科集成的方向的发展，而且油藏生产技术管理的高度和广度都有很大的提高。三个发展阶段的代表性技术也在不断地发展与深化，逐步提高对油藏资源的认识与开发水平。

3. 世界油藏组织管理的发展

随着石油工业的发展与市场环境的变化，油藏组织管理的各个方面都有不同程度的变化。

随着国际环境的变化和企业自身发展的需要，国际上石油公司都纷纷实行组织改革。石油公司的组织结构实现由职能式结构转到矩阵式结构和事业部制结构的转变，内部管理方式实现由集权控制到分权管理的转变，母公司逐步将权力下放，充分发挥各个子公司和分公司的经营优势，分散投资风险，实现了扁平化管理。

组织管理形式的具体发展变化如图4-2所示。

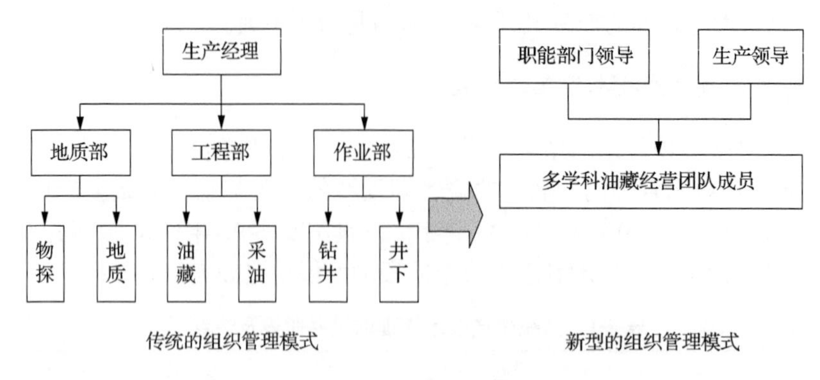

图 4-2　世界油藏组织管理形式的变化示意图

传统油藏组织管理依托相应专业组建其技术和管理部门。采用直线式管理方式,部门工作职责和工作界限明确,专业人员本部门工作内容清晰,管理方式简单直接,但部门与专业人员缺乏横向联系与合作,不利于实现跨部门的有效交流与合作。

新型油藏组织管理模式实现了部门之间有效地合作与融合,组建多学科油藏管理团队,加强各专业人员之间的交流与合作。多学科油藏管理团队融合职能管理和和生产管理。在职能领导和生产经理的指导下,实现团队工作指导和评价与团队工作研究的结合。

油藏管理组织形式上的这种发展,使得组织管理层次减少,实现组织结构的扁平化,加强各个部门之间的沟通与协作,有利于整体目标的实现。

4. 世界油藏管理发展历史对 S 油田的启示

1) 生产技术集成化

从单一的油藏工程技术、地质—开发工程—经济评价的协同,到油藏生命周期中油田开采技术与经济管理等学科的结合,生产技术管理逐渐集成化。S 油田应在油藏勘探开发的生命周期中,多学科多专业人员相互协同,实现多种技术、手段集成化,促进油藏勘探开发综合生产技术的发展。

2) 生产技术管理信息化

随着油藏信息技术的快速发展,大量地质和油藏开发软件的应用,实现了油藏信息化管理,有效地促进了油藏生产管理的快速发展。油藏管理充分利用现有信息技术的软硬件资源,构建油藏管理数据库系统,准确有效地使用油藏信息和生产数据。

3) 组织结构扁平化

将原来多层级的组织结构精简,实现油藏管理组织的扁平化,更加的灵活,提高油藏生产的效率。当前油田应根据现实情况和困难,加大油田结构调整的力度,逐步建立适应油田实际情况的扁平化组织。

4.1.2 我国油藏管理的发展

我国发现和记载石油的历史较早,但石油技术的发展比较落后。19世纪70年代末,中国才引进国外石油开发先进技术,开发中国第一口油井。1905年,开采第一口油矿——延长油矿。20世纪60年代初,大庆石油会战和华北石油会战使得我国石油工业实现新崛起。石油会战模式是我国计划经济体制下的经典石油开采模式,奠定了我国石油生产管理的发展基础。石油会战为实现原油的自给自足,保障国家能源安全,摘掉“贫油国”的帽子具有重要的历史意义。

20世纪80年代,我国将油藏管理的概念引入到油田的开发管理中,由原来的单纯注重注采管理发展到遵循经济产量、储量和效益相统一原则的系统管理,油藏开发管理实现了由生产管理向经营管理的转变。

20世纪90年代中期,我国油藏管理迅速吸收和消化国外现代化的综合油藏管理思想和方法,开发了针对中国陆相油藏复杂性的新技术和新方法,得到了快速发展。

20世纪末21世纪初,我国油藏管理采用各种新技术和新方法,初步形成了综合油藏管理体系。中国一些学者开始运用系统的思想和方法解决油藏管理中的问题,提出集成化多学科协同的油藏管理概念,将以手工和定性为主的工作方法逐渐转变为采用信息技术实现定性与定量结合为主的工作方法。管理思想也实现转变,由稳产观念转变为向经济和社会双效益观念。

我国的石油资源主要分布于东北、华东和江淮地区等东部老油区,累计探明储量占全国的70.5%。另外,新疆地区和海上石油资源储量也是比较丰富。1990～2005年我国石油剩余探明储量及1998～2005年的石油产量如图4-3所示。

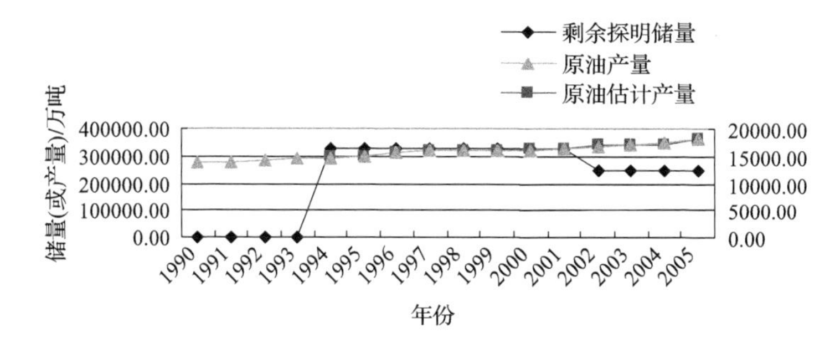

图4-3 1990～2005年我国石油储量与产量变化示意图

从图4-3石油资源的储量与产量可以看出:

(1) 1994～2002年,我国石油处于高剩余探明储量期,2002年以后,我国石油储量开始回落，而且回落较明显。除1996年和1997年之外，我国的天然气储量是递增的，保持着稳中有增的趋势。

(2) 1994～2005年，除1998年和1999年两年我国石油产量有所下降外，其他的都保持稳步递增，近几年，增幅保持在3个百分点左右。

(3) 开发与应用新技术提高我国的石油探明储量与产量对国家经济发展至关重要，同时，为保证经济快速增长的需要，我国应该注意引进来和走出去相结合的方针政策，在引进国外资源的前提条件下，积极鼓励我国石油企业走出去，发展海外市场，争取利用国外油气资源来保证国家经济发展需要。

1. 我国油藏生产技术管理发展

为了方便和国外油藏生产管理技术进行对比分析，这里我们将我国油藏生产技术管理的发展也分为三个发展阶段，具体情况见表4-2。

表4-2 中国油藏管理各个阶段的生产技术阶段表

时期	特点	与国外的对比分析
20世纪70～80年代	开始注重油藏数值模拟技术的研究与应用	国外的油藏数值模拟技术已经成熟，我国才开始研究这种技术在油藏管理中的应用，而且国外的技术种类较全面，强调多学科的油藏技术相结合在油天勘探开发中的作用。在生产技术的广度和深度方面都与国外都有较大的差距
20世纪80～90年代	引进油藏描述技术，并将之与油藏数值模拟技术结合应用于油藏开发	国外突出强调油田勘探开发的经济效益和综合的多学科协作的油藏管理技术，已经把油藏看作一个复杂的系统来研究。而我国生产技术管理仍然停留在技术层面，且油藏生产技术还落后于国外先进水平
20世纪90年代至今	发展多轮精细油藏描述，以挖掘和提高油田的最终采收率为目的。将油藏作为一个整体的系统进行研究，是集地质、测井、油藏模拟、油藏工程等多学科为一体的系统工程。综合应用各种信息技术实现油藏技术的跨越式发展	我国的生产技术管理已经开始和国际接轨，不断向国外的先进油藏管理靠近。只是在油藏生产技术管理方面依然存在着差距，尤其是在油藏信息技术的集成化和油藏管理技术软件的开发和应用方面

从我国油藏生产技术管理的发展可以看出，我国在不断引进和发展油藏生产新技术，不断完善油藏生产技术，实现油藏生产技术的多元化，以提高对油藏的勘探开发水平。此外，应逐步将油藏看作一个完整的系统，应用系统化的方法认识与开发油藏资源，以提高油气可采储量。

2. 我国油藏组织管理的发展

我国的石油管理属于计划管理，石油公司没有太多的自主权，主要听从中央的安排与计划。我国石油工业的传统组织方式是采用石油会战模式，调动全国石油系统以及社会优势资源，采用部队会战，打歼灭战的方式进行油田的勘探、开发和生产。石油会战是我国特定历史条件下形成的中国特色的石油开发生产模式，具有一定的历史作用。

改革开放以后我国的石油公司逐步从政策的调整到制度的创新，建立石油企业的法人制度，实现政企分开、产权明晰、混合所有、法人企业经营。石油公司学习国外"油公司"管理模式，探索建立现代石油企业制度，构建扁平化管理组织，降低管理成本。组织团队工作模式也向并行式发展，以提高油藏管理水平。

以下分析并总结我国石油会战模式。石油会战是贯穿我国石油开发历史的重要内容，在当时特定的社会经济背景下，具有重要的历史意义和作用。

1）会战的基本概念

会战是战争双方主力或战区主力间的作战，或者战争双方主力的决战，也指会聚己方军队同敌军进行规模较大的作战行动[24]。这个具有军事化色彩的词汇，成为我国石油行业意指明确的一个专有名词，有其充分的历史和时代依据。

石油会战是指按照部队会战的模式，整合石油系统以及相应社会资源，采取打歼灭战的方法，在一定的油区和时间内，集中进行石油的勘探、开发和生产活动。最初的石油会战是在特定的社会和经济背景下，进行石油勘探、开发和生产总动员的准军事化的国家行为。

会战模式是在我国计划经济体制下形成的，伴随着我国石油工业的形成、发展和演进，在半个世纪里沉积、孕育了石油文化传统，即石油人独具特色的价值观取向、心理状态和文化氛围。石油会战模式是在我国石油工业发展的特定的历史条件下形成和发展的具有中国特色的油藏勘探、开发和生产模式。在当前石油开发生产的历史条件下，结合我国石油企业的具体情况，批判地继承石油会战历史经验，对于我国当前石油企业改革，具有历史借鉴和推动作用。

2）石油会战模式的历史条件

（1）计划经济体制与油气供应的严重短缺是会战的制度前提和直接成因。国家原油和油品产品不能满足需要，供需矛盾十分紧张，国家能源安全受到严重威胁。

（2）油气资源管理体制和投资、生产经营统一局面的形成，为会战提供制度保障。

计划体制在特定历史条件下能够最大限度地克服人力、资金、设备技术等方面的不足，充分发挥整体的优势，缩短经济恢复的过程。国家经济计划体制是当时开展石油会战的必要条件，显然若没有国家计划的充分保障，要组织大庆，华北石油会战等石油会战是不可能的。

(3) 从根本上解决国家的石油问题是会战特定的时代依据。

当时国际环境的恶化、国家能源安全受到了严重威胁，石油资源是事关新中国生存与发展的重大政治问题。为保障国家的能源安全，根本上扭转油品短缺的被动局面，必须开发大油田，而不惜代价、不计成本地大规模投入人力、物力和财力，采用石油歼灭战的方式符合国家的战略利益。

3) 石油会战的历程

开始于20世纪60年代初的石油会战是以不断强化的计划经济体制为载体，以油品的严重匮乏为诱因，并借助国家政权的强力支持展开的。

1960年2月，中央批准石油部“集中石油系统一切可以集中的力量，用打歼灭战的办法，来一个声势浩大的大会战”的请示，指示国务院各有关部委、相关省、市大力支持石油会战[25]。中央军委当时抽调3万多名部队复转官兵投入大庆石油会战。同时，全国共计5000多家工厂、200多个科研设计单位、石油系统37个厂矿院校等单位为大庆石油会战提供了机电产品、设备、技术、人员和保障物资。总计4万余人的队伍和2300个车皮的物资在不到两个月的时间迅速在大庆石油会战区完成集结。大庆石油会战顺利实施，改变了新中国石油工业布局，实现了我国石油的基本自给，在我国石油工业发展史具有重要历史意义和作用。

随后进行了华北石油会战(1964年)、四川“开气找油”会战(1965年)、江汉石油会战(1969年)、陕甘宁石油会战(1970年)、LH石油会战(1970年)、江苏石油会战(1975年)、冀中石油会战(1975年)、中原油田生产建设科技攻关会战(1983年)、TLM石油会战(1988年)和TH石油会战(1991年)。石油会战集中了当时社会、石油系统以及相关单位的优势资源，大规模的投入了人力、物力和财力，包括从各油田企业抽调的生产、技术骨干、勘探人员、钻井人员、工程建设人员、石油院所科研人员、后勤人员、运输人员、生产设备提供单位等全国相关系统抽调优秀人员参加石油会战，形成了特定历史条件下的具有中国特色的石油勘探、开发和生产的“石油会战模式”。如图4-4所示。

4) 石油会战的经验总结

在我国石油工业的发展历史进程中，石油工作者通过一系列规模宏大的石油会战，不断满足我国社会和工业的石油需求，摘掉了我国“贫油国”的帽子，建立了符合相应实际的石油管理体制，不断地促进我国的石油工业快速发展。而且在一系列的石油会战实践中，形成了我国石油工作者的传统文化，提升为石油工作者价值观念和行为模式，升华为“石油精神”。随着社会主义市场经济的发展和央企改革的深入，石油会战逐渐显露出一些弊端，已不能适应现代石油企业的改革和国际竞争力的提升。

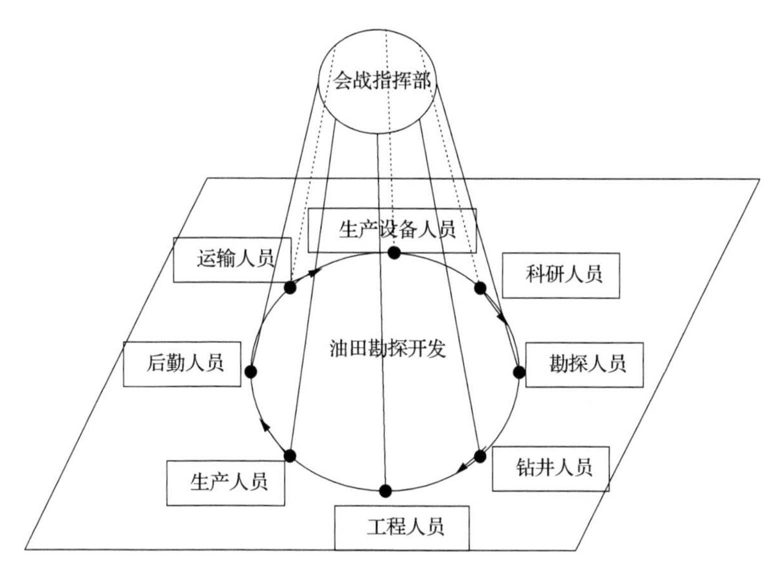

图 4-4　“石油会战”模式

石油会战体制深刻地影响了几代石油人的价值取向、行为模式,凝聚着历史辉煌和时代困惑。在我国石油工业体制改革之际,认真理性地反思会战模式,批判地继承会战模式经验,以解脱计划体制藩篱,进行市场化经营管理,具有重要的现实意义。

第一,石油会战模式的启示。

(1) 调动一切力量,集中大范围相关优势资源,进行石油资源的生产开发。

在特定的历史条件下,石油会战在全国范围内,调动了当时石油系统所有的优势资源以及相应的社会资源。这种大范围的调动资源,使得从整体上优化了进行石油会战的各种资源,使得会战快速高效地取得胜利。会战模式与当前先进的动态联盟模式具有相似之处,这对于当前油田项目实施的全局资源整合与优化具有很好的借鉴意义。

(2) 集中优势力量,打歼灭战。

以前石油会战时期,在资金奇缺、设备极少而又极端落后的情况下,把有限的资源、有限的设备、有限的力量集中起来,采取打歼灭战的会战形式,做到每战必胜,会战完成一个油田,投产一个油田,从而以较少的人力、物力、财力,使得一个又一个油田开发和生产,保证了我国石油工业的发展和崛起。

(3) 基层建设、基础工作和基本功训练的“三基”工作。

石油会战中扎实、可靠的基础工作是顺利开展工作的保障。基础工作包括在生产中记录、积累齐全准确的第一手资料,保证优良的工程质量和良好的设备状况。基本功是要求每个工人在生产操作过程中准确熟练。基层建设包括基层领导组织和基层党支部建设,制定具体标准和措施,普遍实行基层岗位职责制度,事事有人管，人人有专责，处处有人把关，建立严格的生产秩序[26]。

(4) 重视思想政治建设，指导开发和生产实践。

在石油会战这种大规模的油田勘探和建设中，坚持学习解放军思想政治工作的优良传统，突出会战人员的思想政治建设，铸造了具有高度革命化、发扬革命精神的职工队伍，成为我国石油工业发展、崛起的根本保证。突出思想政治建设是中国油田区别于国外油田的主要特点之一，是我国油田管理特色的体现。在国内油田生产，尤其是油田生产具有作战军队背景的情况下，部队思想政治建设的突出地位以及其他优良作风，将会对当今油田生产改革有一定的借鉴作用。

(5) 打造优良工作作风，提炼独特石油精神。

在艰苦的石油会战工作中，石油工作者打造了优良的工作作风，提炼了独特的以“爱国主义、艰苦创业、科学求实和无私奉献”为核心的石油精神。在石油会战中石油工作者以国家需要为己任，识大体，顾大局，迎难而上，为国家献石油的爱国主义精神，不断得到锤炼和升华，成为石油工作者的深层主导意识；艰苦的工作环境和艰难的工作实践培育了石油工作者艰苦创业和无私奉献精神；在开发实践中注重总结经验，实事求是，形成求真务实的“三老四严”作风是广大石油工作者的优秀品德。

第二，石油会战模式的不足之处。

(1) 重视石油产量，忽视企业效益。

在当时历史条件下，石油供给不足，十分重视石油的产出量。而当前市场条件下，过分重视产量，漠视石油市场的需求和变化，忽视效益的实现，对于作为市场主体的石油企业是较大的缺陷。

(2) 会战模式的构建依靠的是国家权力强力执行，没有形成有效的市场行为。

会战模式是在国家权力的强力组织下，集中石油系统以及相应的社会资源而进行的国家行为。石油企业不是相对独立的市场主体，需要服从国家利益和国家经济发展战略，相应的规划企业的发展战略，在市场化经营中，没有根据市场供需形成的自主行为，会战单位也没有根据自身效益进行有效的市场竞争，丧失企业市场主体意识。

(3) 注重会战结果，忽视会战成本。

石油会战是在当时特定的历史条件下，不计生产成本以实现油田开发和生产，满足国内石油需求。在市场化石油生产经营环境下，过高的成本严重影响了石油企业效益。会战沉积下来的庞大的人员规模，对企业经营效益的提高，产生一定的负面影响。

3. 我国油藏管理发展历史对S油田的启示

1) 油藏技术与管理的学习与吸收

国外油藏开发生产的技术与管理水平领先于国内，我国油藏管理在学习与吸收国外先进技术与管理中不断发展，不断地提高我国油藏技术与管理水平。S 油田应在全球油藏开发生产的视野中，不断学习与吸收国外先进的油藏生产技术与管理，提高油田开发生产的经济效益。

2）石油会战模式的提炼与发展

石油会战是在我国石油工业特定的历史条件下形成与发展的独特的油藏开发模式。S 油田是在石油会战的模式下开发和生产的，批判地继承与发展石油会战的历史经验，结合 S 油田实际情况，可以更好地研究 S 油田特色的油藏管理。

3）优良传统与作风的继承与发扬

在艰苦的石油会战工作中，石油工作者打造了优良的工作作风，提炼了独特的以“爱国主义、艰苦创业、科学求实和无私奉献”为核心的石油精神。S 油田要继承与发扬艰苦创业和无私奉献精神，发扬求真务实的“三老四严”作风，以更好地进行油田的开发建设。

4.1.3　S 油田油藏管理的发展

S 油田诞生于 1961 年 4 月 16 日开发的华 8 井。从 20 世纪 60 年代 S 油田诞生到 90 年代，S 油田的勘探、开发和油田的建设不断发展，油田经营逐步多元化，相关的油田技术不断成熟，但油田生产管理仍以计划产量为主。

20 世纪末 21 世纪初，随着 S 油田企业内部重组以及外部环境的变化，油田融入市场经济中来，转变油田的经营管理工作，以市场为中心，改变以产量为中心的计划生产，建立以效益和产量相结合的经营管理机制。S 油田尝试油藏管理创新与实践，探索不同类型的油藏精细化管理，将系统工程的思想和方法运用到油藏管理中，将油藏经营管理的生产、技术、管理以及地下油藏资源作为一个整体的油藏管理系统，从系统的角度剖析油藏管理中的问题。

此外，S 油田不断探索油田管理的新模式——油藏管理的优良模式，用定性与定量相结合的系统方法来解决油藏管理预测、优化以及控制等问题，适应内外部环境变化和油公司管理的要求，提高油藏管理的经济效益。

1. S 油田油气资源发展

S 油田是以生产石油为主的大型油气田。自 1990 年以来，S 油田的产量基本保持在 3000 万吨左右的原油产量范围内，而天然气的产量变化比较显著。具体如图 4-5 所示。

由图 4-5 可以看出：

（1）自 1992 年以来，S 油田的产量一直在走下坡路，尤其是 21 世纪以来，产量有了明显的回落，应该从深层次探究油气产量下降的原因，针对不同的原因采取相应的措施进行有效的改善。

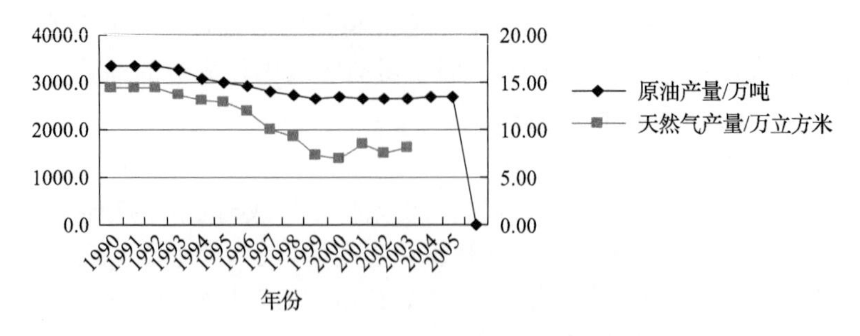

图 4-5 1990～2005 年 S 油田历年油气产量示意图

(2) 针对老油田的特点，积极引进和开发新技术，充分挖掘老油田的潜力，提高老油田的产油量。

2. S 油田油藏生产技术管理

S 油田根据不同类型油藏的地质条件和不同开发阶段，研究创新了完整的具有 S 油田特色的油藏开发工艺技术。新工艺、新技术的广泛推广应用，提高了开发水平。根据 S 油田的油藏含水量的变化，生产技术管理划分为四个阶段：低含水期、中含水期、高含水期和特高含水期。具体见表 4-3。

表 4-3 S 油田油藏生产技术管理发展阶段表

阶段	主要技术及特点
低含水期	分层注水技术，加强中低层渗透阶段的注水，控制高渗透阶段的注水
中含水期	加强注采调整，控制含水上升；注水井细分注水工艺，缓减层间干扰
高含水期	使用化学或机械堵水工艺，改善驱油效率；加强动态监测，加密调整注采网井
特高含水期	精细油藏描述，深化对油藏的认识，进行蒸汽吞吐开采，开展聚合物驱动开采

S 油田四个阶段生产技术特点体现了东部老油田的特点。老油田的主要矛盾之一——含水量的不断增加，给油藏生产开发带来一定的挑战，如何控制含水量地不断增加，提高石油产量就需要新技术的不断开发与应用。S 油田需要进一步研究和开发新技术以减少东部老油田含水量的增加速度，提高油田经济可采储量，最大化油田经济效益。

3. S 油田油藏组织管理

S 油田的开发和生产建设始于 S 油田石油会战。从大庆油田和西北、四川等石油单位组织大量勘探人员、钻井人员、地球物理人员以及大量勘探开发设备，进行大规模的 S 会战。会战组织了石油系统有关石油开发生产的人员和设备，构建了完备的 S 油田开发生产系统。会战模式成为当时 S 油田开发生产高效的组织管理方式，发现并建设了 S 油田石油生产基地。

S 油田的开发生产规模不断扩大，公司经营管理的组织结构复杂。管理层从局长到一线职工，从上到下共有十三级。这种组织结构基本又可以归纳为四个层次，决策层、管理层、执行层和操作层，具体为 S 油田分公司、采油厂、采油矿和采油队。

1998 年，我国石油工业实施重组，成立中石油、中石化和中海油三大石油公司，其中优质资产改制上市。S 油田作为其分公司也进行了相应的市场化改革，通过移交、清理整顿、改制分流等，剥离非主营业务，精简机构，实施扁平化管理，强化核心业务和主营业务，优化公司组织结构，内部机构专业化重组。

为了提高 S 油田的经济可采储量及经济效益，油田有必要应用油藏经营管理的思想改变油田的经营战略，在组织管理方面尽量压缩管理层次，精简机构，加强部门或团队之间的沟通与合作。

在组织管理作业方式方面，油田仍旧为传统串联式的团队作业模式，为了提高油藏管理水平，S 油田应该逐步转变油藏组织团队作业模式，由串联式的管理模式逐步向并行式的团队作业模式转变。

4. S 油田油藏管理的历史启示

1) 优化油藏开发管理，探索具有 S 油田特色的油藏管理模式

S 油田不断地研究与总结油田地质特点，根据油藏的实际情况，探索相应的开发生产技术。针对不同的油藏特点，采取不同的开发生产方式，逐渐发展了一套 S 油田特色的生产技术。对于自身油藏资源的深入了解与研究，将更有助于 S 油田开发生产技术的发展。

2) 突出油藏经营管理，提升油藏开发水平

我国石油企业重组以后，S 油田进行了市场化改革，优化企业组织结构，通过移交、清理整顿、改制分流等方式，逐步剥离非主营业务，突出核心业务。学习、引进和吸收国外油公司先进油藏管理模式和技术，探索适合 S 油田实际的油藏管理模式，提升 S 油田油藏开发和生产水平。

本节从世界、中国和 S 油田三个层次研究了油藏管理的发展历史。归纳了世界油藏生产技术的集成化和信息化，组织结构的扁平化。总结我国油藏管理发展的历史经验，提炼石油会战模式，学习我国石油生产开发实践中的优良传统和作风。分析了 S 油田根据自身油藏特点的生产开发技术以及 S 特色的油藏管理探索实践。通过对三个层次发展历史的分析，总结油藏管理的历史经验，寻求 S 油田油藏管理的先进经验。

4.2　油藏管理横向比较研究

4.2.1　国内外油藏管理比较研究

1. 国内外石油公司油气资源情况

公司油气资源规模。国内石油企业整合重组，成立了中石油、中石化和中海油三家公司。2004年各公司石油、天然气储量以及原油、天然气产量等资源情况和人均油气储量和人均油气产量如表4-4、图4-6和图4-7所示。我国石油公司在油气资源规模方面，如公司总资产、油气储量、产量等方面与国外大型石油公司(比如BP公司、壳牌公司和埃克森公司)相比，存在一定差距，但是由于国内石油公司员工人数远远超过国外公司人数，使得国内油气人均储量和人均产量与国外跨国石油公司的差距比较明显，表现出组织管理方面的问题。急需要国内石油公司不断进行改革，学习国际先进管理经验，优化油藏管理，精简组织机构，不断提高我国石油公司的核心竞争力。

表4-4　各公司资源情况比较表

各公司	总资产/亿美元	石油储量/亿吨	天然气储量/亿立方米	原油产量/万吨	天然气产量/亿立方米	员工人数/人
BP公司	1946.3	13.51	13727	12655	878	102900
壳牌	1928.1	7.48	11480	11665	910	112000
埃克森	1952.5	15.85	17082	12855	1019	85900
中石油	736.05	14.99	12635	10620	288	424175
中石化	572.7	4.4	858	3745	58	389451

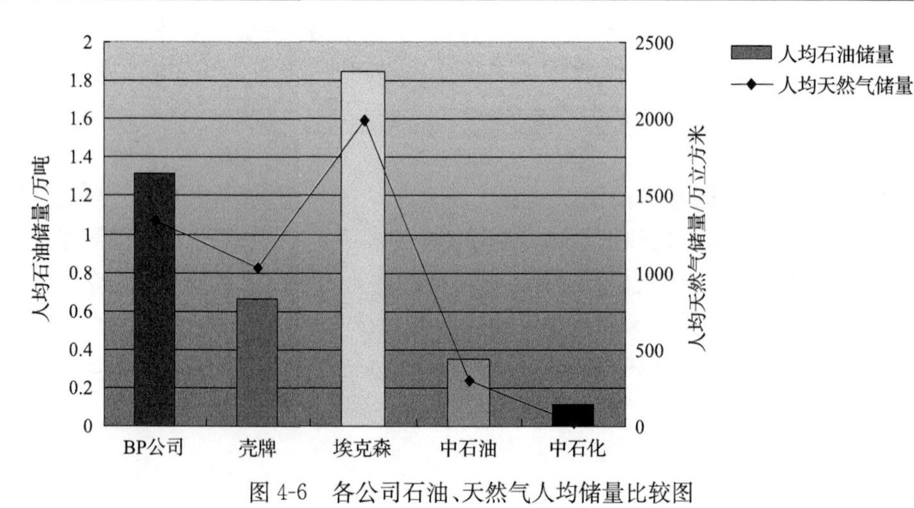

图4-6　各公司石油、天然气人均储量比较图

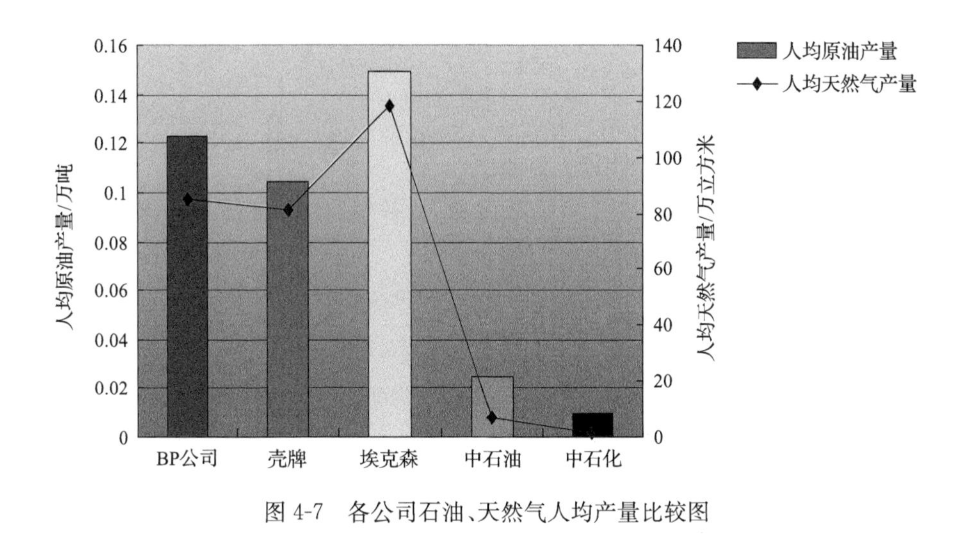

图 4-7　各公司石油、天然气人均产量比较图

2. 国内外石油公司生产技术管理

1）单位油气生产成本情况

油田的老化致使油藏开采难度加大，操作和维护油气井以及设备和设施的生产成本提高。油田开发进入高含水、高成本、高采出程度阶段，自然递减率高。为了稳定石油产量，增加措施工作量，使得油藏开发投资强度增大，生产成本不断增高。2004 年，壳牌、BP 公司、埃克森美孚单位油气生产成本分别为 4.04 美元/桶、3.4 美元/桶、4.78 美元/桶，分别比上一年增加 27%、21%和 11%。中石油、P 公司油气生产成本分别为 4.45 美元/桶、6 美元/桶。如图 4-8 所示。

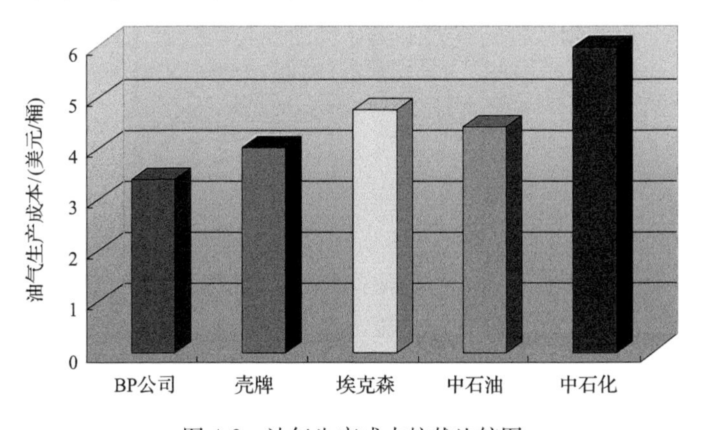

图 4-8　油气生产成本柱状比较图

国外油公司注重经济效益，废弃高操作费的油田或油井，降低平均操作费和成本。我国石油公司注重产量，追求稳产或高产，忽视成本核算，生产成本高。因此，

加强油田生产成本的优化管理，降低油气成本，是国内石油公司提高市场竞争力十分重要的方面。

2）技术研发管理机构情况

国外石油公司十分重视科研开发，按照上游、下游、化工及天然气开发利用等具体业务，实行专业化划分，在全球范围内，整合科研资源，建立了众多科研机构，构建了完善的研发体系。如表 4-5 所示。

表 4-5 国内外一些公司技术研发机构

名称	技术研发管理机构
BP 公司	由技术委员会协调的各业务技术研究机构。森伯里研究中心、Great Burgh 化学实验室、格兰奇茅斯、Hull Barry 化工厂、Gennevillier、敦克尔刻、拉沃勒、德国韦德尔、诺伊霍夫等地研究机构
壳牌集团	分布在荷兰、英国、美国、比利时、加拿大、法国、德国、日本和新加坡等国家
埃克森美孚公司	上游：埃克森美孚上游研究公司；下游：埃克森美孚研究与工程公司；化工：由分布在美洲、欧洲和亚太的 10 个研发中心和实验室来负责
中石油	中国石油集团科技研究院、中国石油集团工程技术研究员、中国石油集团经济和信息研究中心、中国石油天然气集团咨询中心
中石化	石油勘探开发研究院、石油化工科学研究院、北京化工研究院、抚顺石油化工研究院、上海石油化工研究院和安全工程研究院

油藏生产开发是技术密集型工作，生产中先进技术的研发和应用程度，对油气生产效益的提高起到关键性的作用。我国石油公司技术研发机构，机构设置和研发不够系统化，全球范围技术资源整合能力差。BP 公司、壳牌集团和埃克森美孚公司现在在各个业务领域均已掌握了国际较为领先的技术。而我国公司只是在国内特色油田一些相关业务技术上取得突破，但全面的业务技术与国外石油公司差距很大。

3. 国内外石油公司组织管理

国外一些跨国石油公司，管理经验丰富且管理模式成熟，是我国石油公司学习借鉴的标杆企业。下面从石油公司的组织结构、组织运作和团队合作三个方面对国内外石油公司组织管理情况进行比较分析，借鉴国外石油公司组织管理的先进管理经验。

1）国内外石油公司组织结构的比较分析

国外石油公司组织管理机构为：总部、业务经营管理公司、经营性子公司、作业区四级结构。国外石油公司组织结构层次如图 4-9 所示。

国外石油公司组织结构每层级公司按照分工完成业务，实现了垂直化管理，缩

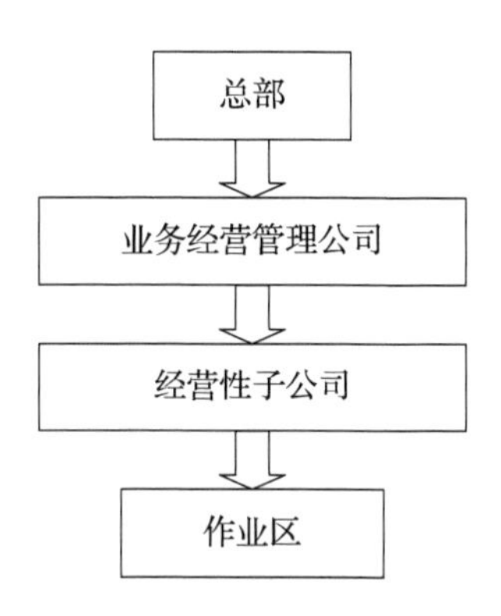

图 4-9　国外石油公司组织结构层次示意图

减了管理费用,明晰了内部的责任与权利。现在将国内外公司组织结构层次综合比较,如表 4-6 所示。

表 4-6　各公司组织结构层次

层次		英国石油公司	壳牌公司	埃克森美孚	中石油	中石化
1	总部	董事会	董事会	董事会	董事会	董事会
2	业务经营管理公司	4 个事业部(勘探开发、炼油与营销、化工、天然气与发电机可再生能源)	控股公司(美国壳牌、英国壳牌和荷兰壳牌)	5 个业务分公司(埃克森美国、埃克森国际、勘探公司、化工公司、煤炭和矿产公司)	4 个业务管理公司(勘探生产、炼油与销售、化工与销售和天然气与管道)	4 个专业化事业部(勘探开发、炼油、化工和油品销售)
3	经营性子公司	43 家地区性企业	运作公司	11 个独立运营分公司	地区公司	地区公司
4	作业区(或采油厂)	作业区	作业区	作业区	采油厂	采油厂
5	—	—	—	—	采油矿	采油矿

从各公司的组织结构层次可以看出,我国石油公司经过重组以后,在公司的中上层结构上已经和国外跨国公司相同,分为总部、业务经营管理公司、经营性子公司三层机构。但对于作业区层次,国外是在经营性子公司直接管理下的油田作业区,而我国石油公司由于石油开发历史原因,经营性子公司下仍存在采油厂一级,由采油厂负责组织采油矿、队、组的油气开采,比国外油公司组织结构的四级结构多。臃肿的组织结构将严重影响我国石油公司油气开发经济效益的提高和国际竞争力的提升,因此,学习国外先进管理模式,优化组织结构,构建我国石油公司油藏作业区管理结构,将对我国石油公司效益的提高和增强国际竞争能力产生重要

作用。

2) 组织运行机制

石油公司的运营、油田的生产开发需要把各部门、各组织成员以及参与的各方整合到公司或者油田的系统中。前面介绍了国内外石油公司的组织结构，建立组织结构以后，公司需要通过有效的组织运行机制，明确各方的组织关系和协作关系，保证资源要素的最佳配置。表 4-7 介绍 BP 石油公司和壳牌集团在组织运行方面的经验，以此为国内石油公司的改革发展奠定基础。

表 4-7　BP 石油公司和壳牌集团在组织运行实践

名称	BP 石油公司	壳牌集团
组织运行	(1) 全球整体运作，淡化地理位置，重视信息网络建设。注重业务性质、市场和战略布局，借助先进、便捷的企业资源网络系统，实行远程实时控制 (2) 以业务单元为中心，管理高度扁平化。业务单元是模拟法人负责一切生产经营活动，利润中心按产品或业务性质划分，大小灵活设置 (3) 严格的授权审批制度。一切责权都是落实到个人，便于分清责任人。不同级别的员工只能在各自权利和责任范围内获得并完成工作，并建立严格的授权审批制度，上下级之间的职责变的明确清晰	(1) 最高领导层通过服务公司，对全集团实行地区、行业和职能相结合的三维矩阵式组织管理 (2) 计划管理：以市场需求为导向，进行场景式预测，加强战略规划，自下而上编制多层次 5 年计划 (3) 生产技术管理和为新建项目的服务工作：服务公司从行业、职能和地区三个方面提供各种专业服务

3) 团队合作模式

国外石油公司作业区组建多专业油藏团队，采用并行式工作模式，如图 4-10 所示。将油藏区块划分为独立的开发、经营管理单元，组建多学科专业人员团队，实现地质工程、经营管理的协同化管理。团队的责、权、利明确，拟定油藏经营计划，实施具有项目专项费用支出的建议权和经营决策权。团队成员间的技能互补和角色合理分工。

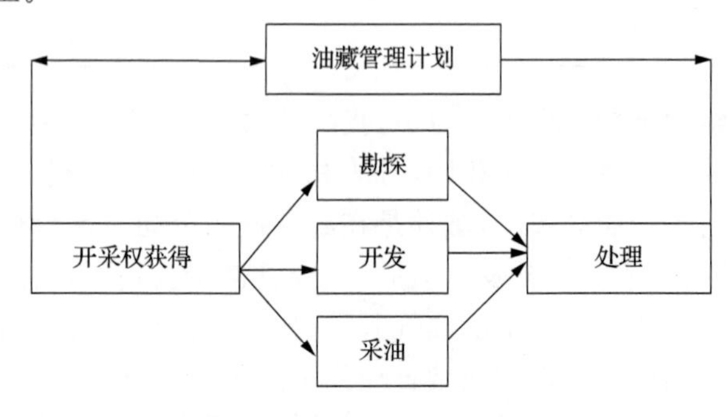

图 4-10　并行式工作模式

油藏管理团队并行式模式是并行工程式模式。并行工程是对产品及其相关制造过程和支持过程等开展并行和综合设计的系统方法。力求开发人员综合处理从概念形成直到报废处理的全寿命周期中的包括质量、费用、进度和用户需求在内的所有因素。

油藏并行工程式模式是集油藏勘探、开发和生产一体化、系统化的模式，这种模式力图使所有参与油田勘探开发工作人员从油藏的全生命周期考虑油气的生产。并行式模式需要多学科专业人员协同工作，实现地质、工程、经济、经营管理协同化管理。

油藏管理团队按具体油藏项目组建，拥有独立的经营权和决策权。多专业学科油藏管理团队隶属职能部门和生产经理的管理。职能部门执行指导和评价工作，生产经理执行工作方案和市场开发。团队由多专业技术人员组成，并根据油藏项目及其开采阶段适时调整。团队人员相互交流、协作、交叉培训、勇于创新，除自身专业技术实施，还需承担管理、具体任务、技术创新、进展监督、动态评估、调研、质量检验和关系协调等工作[27]。

并行式的工作模式适应了油藏管理发展的需要，克服了原来油藏管理中的部门分割和过程中断，消除了消极等待状况，压缩了油藏勘探开发周期，加快了油藏生产进度，同时加强了各个作业队的沟通与合作，发挥油气田开发系统功能。

我国的油藏开发按油气藏工程、采油工程、地面工程划分，各专业和部门相对独立，缺乏足够的合作意识，制约多学科协同工作，没有实行统筹规划和集约化经营的多学科团队模式[28]。因此，学习国外油藏管理作业区团队合作的模式，构建油藏管理区，加强油藏开发过程中多学科协作。

4. 国内外石油公司管理体制比较分析

1) 产权关系比较

国内：国有股份制上市企业。

国外：投资主体机构多元化、分散化、大众化。

2) 管理思想比较

国内：以产量为中心的基本思想，充分调动人员积极性。不强调用户的利益。

国外：注重效益，以人为本，创新发展，尊重用户。注重效益和尊重用户是国外石油公司的共同特征，以追求利润为中心。“以人为本”是现代企业管理思想上的一个重大变化，即从依靠制度无情来管理向以人为本的管理转变，也就是公司把人作为一种投资，而不是作为一种成本去管理，因为公司取得成功的驱动力是公司各层雇员。

3) 管理模式比较

国内外：决策集中，执行下移。各石油公司集中决策，同时，根据市场多变性，适时下放决策权力，减少管理层次，增强快速的应变能力。

4）责权划分比较

国内：关系依赖，责权不明。

国外：投资者与经营者，决策层、管理层和执行层，总公司与分公司，母公司与子公司权责划分明确。

5. 国内外油藏管理比较对S油田的启示

1）增加油气人均占有量

国内石油公司员工人数远远超过国外公司人数，使得油气人均储量和人均产量和国外跨国石油公司差距比较明显，表现出公司组织管理方面的一些问题。

2）降低油气生产成本

国外油公司注重经济效益，废弃高操作费的油田或油井，降低平均操作费和成本。我国石油公司注重产量，追求稳产或高产，忽视成本核算，生产成本高。因此，加强油田生产成本的优化管理，降低油气成本，是国内石油公司提高市场竞争力十分重要的方面。

3）提高生产与技术管理水平

从国外主要石油公司的生产能力、生产方式和技术水平方面分析，S油田需要加大勘探开发投入，优化技术研发机构设置，全球范围内技术资源整合。

4）建立油公司管理模式

组织结构相对臃肿，层次多，组织运行机制不够灵活，责权利不够明晰等，S油田需要建立符合油田实际的油藏管理区机制，优化生产开发管理。

5）组建多学科协同的油藏管理团队

多学科协同的油藏管理团队是有效实施油藏管理的关键要素。国外油藏管理团队按照油田项目组建，拥有经营权和决策权，建立了比较完善合作机制。S油田油气田开发工作需要建立多学科协同工作的油藏管理团队，增强管理人员和专业人员的合作，促进多学科协同工作。

4.2.2 国内油藏管理比较研究

本节从国内各油田的油藏资源、生产技术、组织管理三个方面，结合国内油田的各自的特点，分析S油田与ZY油田、DQ油田、LH油田、CQ油田油藏开发管理情况，以及TLM油田的油藏开发情况。

1. 油藏资源

我国地质类型具有多样性，油藏资源的类型特征具有多样性，油藏地质也十分复杂，勘探开发难度很大。表 4-8 描述了国内主要油田的概况。

表 4-8　国内部分油田概况分析

集团	油田	油藏类型	开发区域	油田简介
中石油	DQ 油田	陆相特大型砂岩油田	萨尔图、杏树岗、喇嘛甸等 48 个规模不等的油气田组成，南北长 138km，东西长 73km，面积约 6000km^2	DQ 油田是我国目前最大的油田，也是世界上为数不多的陆相特大型砂岩油田之一
	LH 油田	复式油气区：主要是稠油油藏，也有稀油油藏	地跨辽宁省和内蒙古自治区的 13 个市县（旗），包括渤海湾北部滩海地区总面积 10.43 万 km^2。目前主要分布在盘锦、沈阳、锦州、鞍山、辽阳一带	是一个具有多套生油层系、多种储集类型、多种油藏的复式油气区，油品性质以稠油为主，还有稀油、高凝油和天然气，地质构造复杂，勘探开发难度大
	TLM	多种油气藏	TLM 盆地	我国石油工业“稳定东部，发展西部”的主战场
	CQ 油田	低渗透油气藏	鄂尔多斯盆地，面积 37 万 m^2	CQ 油田是我国第一个储量总规模上万亿 m^3 的大气区，为我国陆上第三大油气田、中国石油公司第二大油气田
中石化	S 油田	整装构造油藏、高渗透断块油藏、中低渗透断块油藏、特殊岩性油藏、稠油断块油藏和海上油田	山东省的东营、滨州、德州、济南、潍坊、淄博、聊城、烟台 8 个市的 28 个县区境内，主体部位在东营市境内的黄河尾间两侧	S 油田是全国第二大油田
	ZY 油田	复式油气区：复杂断块油藏	横跨河南、山东两省的 6 地市 12 个县区，北起山东莘县，南到河南南考，呈东北—西南走向，面积约 5300km^2	ZY 油田位于河南、山东两省交界处，是中国东部地区一个重要的石油、天然气生产基地

从表 4-8 可以得到：

(1) 我国地质情况的复杂性决定了相应的地质条件下油气藏资源类型的多样性。

(2) 上述油藏类型包含砂岩油藏、稠油油藏、低渗透油气藏和复杂断块油藏等类型。

(3) S 油田地质构造复杂，油藏多种类型。按照油藏的地质特征、原油性质、地域分布等综合因素，分为整装构造油藏、中低渗透断块油藏、高渗透断块油藏、稠油断块油藏、特殊岩性油藏和海上油田 6 种油藏类型。根据国内油藏不同的特点，通过和其他特色油藏的开发实践和经验的比较，对于 S 油田相应特点油藏的开发具有良好的借鉴和促进作用。

2. 油藏生产与技术管理

根据不同类型油藏建立目标评价、战略研究和经济评价三个体系，初步建立 S 特色的油藏经营管理模式。下面结合国内一些油田的地质特点和生产开发特色，将 S 油田与国内一些油田进行比较分析。

1) S 油田与 ZY 油田复杂断块油藏开发比较

ZY 油田以复杂断块油藏为主。S 油田复杂断块油藏以 DX 油田为例，油藏具有复杂的断裂系统、众多大小不一的断块群以及复杂的油气分布状况和油水系统。两油田复杂断块油藏开发情况如表 4-9 所示。

表 4-9　S 油田与 ZY 油田复杂断块油藏开发情况

油田	精细管理	开发措施
S 油田	小断块、复杂断块油藏和隐蔽油藏的精细描述、滚动开发方法，实行内部精细滚动，注重高新技术的引进和应用	完善控水稳油技术方法
ZY 油田	复杂断块油藏挖掘块边角剩余油，注采系统向断块边角转移；极复杂断块油藏动静结合，精细研究构造，提高挖潜效果	部署高效调整井和应用斜度双靶定向技术，充分挖掘块边角和大断层附近剩余油

ZY 油田按照总体部署、分步实施、及时调整、逐步完善的开发程序开发复杂断块油藏。根据油藏剩余油分布特点，在油藏精细描述，尤其是构造精细研究的基础上，部署高效调整井和应用斜度双靶定向技术，挖掘块边角和大断层剩余油。

S 油田可以借鉴 ZY 油田开发的经验，进一步完善 S 油田精细描述和控水稳油的生产，深化油藏构造的精细研究，动静结合，更加详细的掌握各类型复杂断块的特征以及剩余油分布情况，优化部署高效调整井，挖掘块边角剩余油，提高复杂断块油藏开发的效益。

2) S 油田与 DQ 油田油藏差异化开发比较

S 油田和 DQ 油田针对不同类型油藏、不同开发阶段实施油藏差异化开发。如表 4-10 所示，两油田的差异化开发各具特点。

表 4-10　S 油田与 DQ 油田油藏差异化开发比较

油田名称	差异化开发
S 油田	不同开发阶段，实行不同的油藏开发重点；不同类型油藏采用不同的方式，建立目标评价、战略研究和经济评价三个体系
DQ 油田	“一区一策”精细管理法；“一井一法”的精细管理法

DQ 油田实施“一区一策”精细管理，即针对不同区块的特点制定有效策略；实施“一井一法”的精细管理，即针对一类井的特点采取相应办法。

S 油田在采取不同类型油藏差异化开发的管理的基础上，利用 DQ 油田差异化开发经验，继续深化对油藏的差异化精细管理方法，在差异化油藏管理中，进一步细化油藏开发，针对不同区块或者油井的开采特点，实施“一区一策”、“一井一法”精细管理，制定更加合理高效的开发策略，提高油藏生产开发的管理水平，全面增加油藏开发的效益。

3) S 油田和 LH 油田稠油油藏开发比较

S 油田 GD 采油厂、GDD 采油厂和 CD 采油厂为稠油油藏。稠油油藏的开发在 S 油田占有重要地位。LH 油气资源中稠油油藏占主要部分，积累了稠油油藏的开发经验。

LH 油田根据不同的地质体的不同特征，针对油藏地质模型实行相应方式。按照不同的油品性质和油藏类型优选油藏的开发方式；根据油藏的发育程度来确定层系的组合和划分；根据不同的开发阶段和不断的认识调整修订方案。在油田开发过程中，对老油田实施综合治理，采取以精细油藏描述等先进技术对油藏工程、钻采工艺和地面集输进行系统的配套调整，改善现阶段开发效果和最终采收率。

4) S 油田与 CQ 油田低渗透油藏开发比较

CQ 油田形成特色低渗透油田开发模式。CQ 油田主要是低—特低渗油油田，地面条件十分复杂，开发难度大。自开发以来，形成了 CQ 特色隐蔽性油藏滚动勘探开发增储增产与“三低”开发经验，建立四种不同油气田开发模式。如表 4-11 所示。

表 4-11　CQ 油田低渗透油藏开发特色经验

项目	CQ 开发经验
低渗透开发	中生界隐蔽性油田、侏罗系古地貌油藏、三叠系三角洲油藏和老油田的滚动开发经验
“三低”油田开发	“四先四后”、“三优一高”、“三从一新”
CQ 开发模式	马岭低渗油田开发建设模式、安塞特低渗透油田开发建设模式、小区块低成本开发建设模式、低渗透气田开发建设模式

CQ油田“三低”油田在开发前期油藏研究、方案设计、开发建设中，坚持“四先四后”、“三优一高”、“三从一新”的方法；四种不同油气田开发建设模式：马岭低渗油田开发建设模式、安塞特低渗透油田开发建设模式、小区块低成本开发建设模式、低渗透气田开发建设模式。CQ油田在低渗透油藏开发的实践中，已经形成了比较成熟的低渗透油藏开发技术与管理，对于复杂多样的低渗透油藏特点，实施了成功的各有特色的开发管理模式。

S油田低渗透油藏地质特性优于CQ油田，开发难度小于CQ油田。但在油藏开发的后期，低渗透油藏开发的难度变大，S油田需不断地借鉴CQ油田相应特点的低渗透油藏成功开发的经验，推广新技术，深化对油藏认识，做好油藏工程论证，筛选适合低渗透油藏的优化方案，调整开发管理。

5）小结

以上从国内油田生产技术方面，结合国内一些主要油田的生产、技术特色，将S油田国内主要油田进行了比较分析。ZY油田的复杂断块油藏生产与技术、DQ油田的大型砂岩生产与技术、LH油田的稠油生产与技术、CQ油田低渗透油藏生产与技术具有各自的特色和相对领先的地位。

S油田是复合式油气区，油田具有多种类型的油藏，通过对国内一些油田的特色生产、技术的学习借鉴，可以更好地提高S油田的生产、技术水平，以不断增加S油田的开发、经营效益，提高S油田整体竞争力。

3. 油藏组织管理

油藏组织管理是运用各种管理策略和方法，通过科学的决策，合理配置和利用各种资源（人力、财力、物力、油藏、技术、信息），为技术和生产提供高效的组织体系和运作机制，制定相关制度，保证油藏管理目标的实现。

国内油田在组织管理方面正尝试改革，优化组织结构，进行油田的经营化改革，以提高油田经营管理效益，增强油田的竞争力。TLM油田采用了“油公司”管理体制，以油气勘探开发为主，实行生产专业化、服务社会化、运行市场化，追求经济效益。现从油田组织机制和团队合作两个方面比较分析当前油田的组织管理情况，为油田经营化改革和组织建设积累经验和奠定基础。

1）组织机制

（a）组织结构的比较

S油田分为油田分公司—采油厂—采油矿—采油大队—采油班组五个层次。TLM油田实行了“管理区”模式，将组织结构缩减为TLM油田分公司—开发事业部—管理区三个层次，大大精简了组织结构，提高了组织运行效率。如图4-11所示。

S油田和国内其他主要油田与TLM油田相比，管理层次过多、过细，采油厂下设置采油矿、采油队、采油组，影响了油气生产的效率，增加了油气生产的成本，

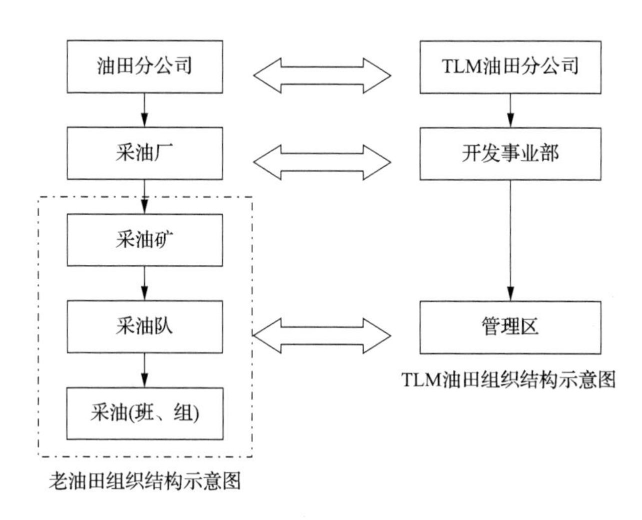

图 4-11　TLM 油田与老油田组织结构对比情况

对油气生产的灵活协调增加了难度。

(b) 组织运行比较分析

国内油田学习国外先进的管理经验，正努力加大改革，不断调整组织运行机制，提高油藏生产效益。表 4-12 是各油田组织运行的实践。

表 4-12　各油田组织运行实践

油田名称	组织运行实践
S 油田	虚拟市场化管理，不同油藏实行不同的管理模式
ZY 油田	二级单位市场化，实现专业化生产、系统化管理、区域化服务，建立“模拟政府＋模拟法人＋市场化”体制
DQ 油田	内部经营责任制；市场化运作模式
CQ 油田	强化内部管理，构建内部模拟市场
TLM 油田	专业化服务，市场化运行，合同化管理，“三位一体”用工制

ZY 油田和 CQ 油田将二级单位整体推向市场，实现专业化生产、系统化管理、区域化服务，建立了内部模拟市场机制。DQ 油田实行以内部利润指标为主的经营责任制和以资产收益率为主要指标的经营责任制，内部推行市场化。

TLM 油田采取专业化服务，市场化运行，合同化管理的管理制度。

S 油田与国内其他油田当前均试行内部市场化管理，对油田内部生产经营单位实行专业化调整。但与 TLM 油公司模式相比，专业化和市场化调整还不够深入，尚未形成真正意义上的市场供需关系，竞争机制尚未健全；项目管理以及人力资源管理还需进一步加强，项目双方的地位需进一步独立，采取灵活有效的用人机制。

2）团队作业模式

ZY 油田将油田的生产团队变成市场化部门，油田各项施工作业任务按照定额做出标底，实行公开竞争招标，动态组建油藏生产团队，优化油田生产合作，能够在油田范围内达到合作优化的合理配置，将各个生产团队的合作效率达到很高的水平。DQ 油田重大工程项目推行项目管理，采油系统实行作业区管理、专业化管理、班组经济核算、薪酬业绩挂钩。CQ 油田作业区构建井下作业责任运行机制，界定责任，依据人为责任进行追究，并进行考核奖惩。

TLM 油田按照“油公司”管理，指挥部综合研究队伍、经营管理队伍、生产技术管理队伍和油田开发、炼化生产和油气运销管理运行队伍。如图 4-12 所示。

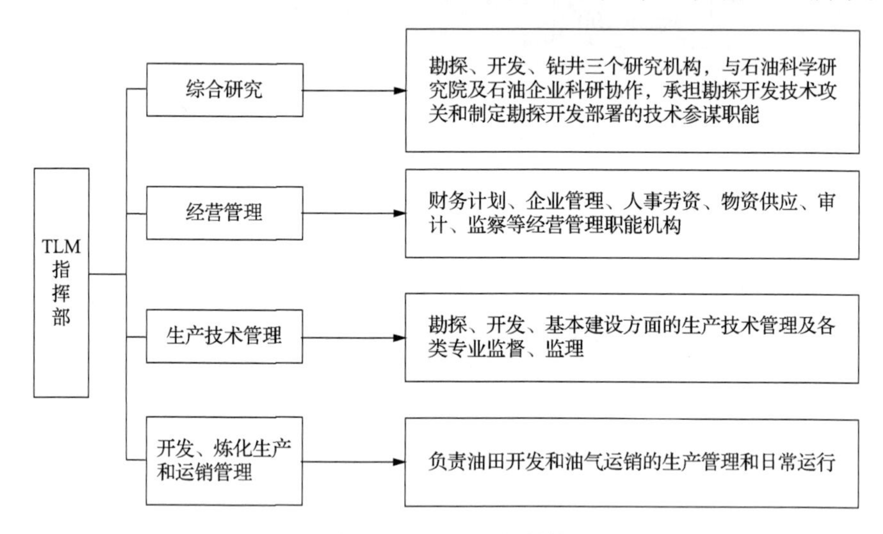

图 4-12　TLM 组织结构

油区各组织成员必须一起工作，确保计划的制定和实施。通过跨专业之间的共同努力，就能更好地利用公司资源，提高油区的生产效益。S 油田等油田，借鉴 TLM 油田开发管理实践，尝试逐渐构建油区生产管理模式，更多的进行组织机制方面调整、改革。

4. ZY 油田油藏管理与 S 油田的整体比较

根据对 ZY 油田的实际调研和资料搜集情况，归纳出 ZY 油田以下方面的特点和做法，与 S 油田的做法进行了比较。

1）ZY 油田油藏地质类型与特征

ZY 油田将 173 个油藏开发单元划分成简单中高渗油藏、复杂极复杂断块油藏、常压低渗油藏及高压低渗油藏四种类型。ZY 油田已开发油藏具有以下六个方面的地质特征：构造较复杂、埋藏深、多套地层压力系统、地层温度高、储层物性差并且非均质严重、地层水矿化度高，原油性质好，具低密度、低黏度特点。

S 油田复杂断块油藏以 DX 采油厂为例，油藏具有复杂的断裂系统、众多的大小不一的断块群以及复杂的油气分布状况和油水系统。因而将两油田复杂断块油藏开发情况对比如表 4-13 所示。

表 4-13　S 油田与 ZY 油田复杂断块油藏开发情况

开发情况	S 油田	ZY 油田
精细管理	小断块、复杂断块油藏和隐蔽油藏的精细描述、滚动开发方法，实行内部精细滚动，注重高新技术的引进和应用	复杂断块油藏挖掘块边角剩余油，注采系统向断块边角转移；极复杂断块油藏动静结合，精细研究构造，提高挖潜效果
开发措施	完善控水稳油技术方法	部署高效调整井和应用斜度双靶定向技术，充分挖掘块边角和大断层附近剩余油

S 油田可以借鉴 ZY 油田总体部署、分步实施、及时调整、逐步完善的开发程序，进一步完善 S 油田精细描述和控水稳油的生产，深化油藏构造的精细研究，动静结合，更加详细的掌握各类型复杂断块的特征以及剩余油分布情况，优化部署高效调整井，挖掘块边角剩余油，提高复杂断块油藏开发的效益。

2) ZY 油田及 S 油田的组织管理状况比较

将 ZY 油田和 S 油田关于组织结构、考核方式、市场管理机制和经营承包形式等方面做对比如表 4-14 所示。

表 4-14　ZY 油田及 S 油田的组织管理状况比较

类别		S 油田	ZY 油田
组织结构		以分公司为模拟利润中心、以采油厂为油藏管理责任主体、以油藏管理区为操作层	
考核方式	分公司对采油厂	实行以油气生产任务和目标成本管理为主要内容的绩效管理方法	考核单位为完全成本、油气统销量、新增可采储量和自然递减率
	采油厂对油藏管理区	实行以采油为产量中心和成本核算中心的生产运营运行机制	考核油气产量、生产成本、基础工作
市场管理机制		“两级市场”	“两类市场、两级管理、三级运作”
经营承包形式	承包形式	分公司对采油厂：以油气生产任务和目标成本管理为主要内容； 采油厂对生产管理区：采油为产量中心和成本核算中心的生产经营运行机制	采油厂为油气生产及成本控制的责任主体，对上与分公司、对下与采油区形成经营承包关系； 采油区与采油厂形成经营承包关系，与采油厂内部辅助生产单位形成模拟市场关系
	考核兑现方法	采油厂对三级单位：月考核，半年、全年兑现	完成任务兑现绩效工资基数

通过对比 P 公司的实施细则，可以看出 ZY 油田和 S 油田在管理机制的设计上都是遵循实施细则的规范，参照了油田的自身特点而构建的管理体系。

3) ZY 油田油藏管理不同阶段管理模式

对 ZY 油田的勘探阶段、产能建设阶段和油气生产阶段进行分析可以看出，在勘探和产能建设阶段实行的项目化管理，由总部或总部委托分(子)公司组建具有模拟法人资格的项目组，并在项目实施中接受总部或分(子)公司的考核，而在油气生产阶段，则强调以采油厂作为油藏管理责任主体。而这三个油藏开发的不同阶段都基本按照 P 公司的基本细则运作，也体现出细则的可行性。

5. GD 采油厂及 ZY 油田油藏经营管理试点的比较

1) 油藏经营管理实践推进的整体进程比较

(a) GD 采油厂推进油藏经营管理的四个阶段

(1) 分组、宣传动员阶段(2005.9～2005.12)。

(2) 油藏经营管理单元划分阶段(2006.1～2006.4)。

编制《油藏经营管理单元划分方案》和《油藏经营管理地面调整方案》，组织实施并完成了油藏经营管理单元划分与归集工作。

(3) 方案编制阶段(2006.4～2006.12)。

编制《GD 采油厂油藏经营管理方案》、《GD 采油厂油藏经营管理实施方案》、《油藏经营管理三年滚动方案》。

(4) 配套制度建设阶段(2007.1～目前)。

进行了地面工程调整及计量配套的实施，2007 年 3 月机关及直属业务整合，2007 年 7 月，对管理区业务进行了整合，人员、设备等逐步到位，标志着油藏经营管理工作全面进入实施阶段。

(b) ZY 油田推进油藏经营管理的阶段划分

(1) 油藏经营管理试点准备阶段(2005.8～2006.8)。

ZY 油田成立了油藏经营管理领导小组，开展油藏经营管理知识培训，研究油藏经营管理试点方案，建立分公司、采油厂、油藏经营管理区管理体制。

(2) 油藏经营管理正式试点阶段(2006.9～目前)。

在这一阶段，ZY 油田认真贯彻落实总公司油藏经营管理试点启动会精神，以积极主动、开拓进取的崭新姿态，投入油藏经营管理试点。油田科学部署，精心组织，强化落实保障措施，探索实践油藏经营管理的新模式、新机制、新方法，各项工作顺利展开，积累了一定的工作经验。

2) GD 采油厂及 ZY 油田油藏管理整体方案比较

(a) GD 采油厂油藏管理方案简介

GD 采油厂油藏管理方案主要包括单元划分归集、地面工程调整改造、油藏经营管理水平评价与分析、油藏管理体制、经营机制、油藏经营三年滚动方案及年度方案编制等内容。

(1) 单元划分归集及地面工程调整改造。

编制了《油藏经营管理单元划分方案》、《油藏经营管理地面系统调整改造方案》。

(2) 经营管理水平评价与分析。

由GD采油厂负责开发管理、生产管理及财务指标管理水平评价，地质院负责剩余储量经营水平评价并协助进行开发管理水平评价。

(3) 油藏管理体制。

组建油藏经营管理区，油藏经营管理区是油藏经营管理责任主体的操作层，对上直接对采油厂负责，对下直接管理基层班站，与监测、水电、热采等辅助生产单位形成内部市场关系；集输注水业务剥离，在管理区内部专业化重组；机关及直属部门对业务相近、职能交叉的部门和岗位予以撤并整合，对业务量减少、职能弱化的机关及直属部门、岗位进行撤并或精简，将分散在三级单位的部分管理职能上移，最终形成四级管理体制。

(4) 油藏经营管理机制。

采油厂是油藏经营管理责任主体；油藏经营管理区是油气生产操作层，进行生产过程的全方位管理；辅助生产单位与油藏经营管理区内部模拟市场，构建考核体系、价格体系、监督管理、制度保障等配套机制。

(5) 油藏经营三年滚动方案及年度方案。

以开发方式为基础，以开发单元为对象，以五年、十年等长期规划为依据，以“储量-产量-投入-效益”统一为原则，加强勘探开发、油藏与工程结合，实施勘探开发一体化管理和老区经济技术政策界限分析评价，根据不同单元的开发指标变化规律，按照新、老井确定预测方法，分单元预测开发指标。在技术条件可行、油价经济可行的前提下，通过对不同探井、新井、措施以及维护工作量等组合方案测算滚动方案三年的收入。

(b) ZY油田油藏管理方案简介

研究了油藏经营管理单元的划分办法、油藏经营管理水平评价方法和油藏经营管理体制与分级管理职能，明确了采油厂主体地位；规定油藏经营管理方案的内容、编制原则和管理程序及开发管理、生产管理、技术管理内容、运作程序；对全面预算管理、投资管理、资产管理、会计核算、成本管理、资金管理、税务管理、市场管理、内控制度管理和经营监督体制等经营管理工作的内容和要求继续进行了系统阐述，探索了投资成本一体化管理的内涵、适用条件、实施原则及运行程序；拟定了分公司对采油厂和采油厂经营管理者的绩效考核政策，提出了对采油厂内部单位及员工量化考核的实施指导意见；制定了试点运行保障措施。

6. GD采油厂及ZY油田油藏经营管理实施内容的重点比较

作为P公司股份公司的试点，S油田GD采油厂及ZY油田的油藏管理改革取得了较大成效，现将二者油藏经营管理的具体开展情况比较如下。

1）宣传贯彻理念及实施保障

（a）有效组织分组及宣传动员工作

成立了GD采油厂油藏经营领导小组及油藏经营管理办公室，厂设油藏工程组、地面工程组、经营管理组、人力资源组等四个专业化小组。加强油藏经营管理学习，提高职工实施管理改革积极性。

（b）ZY油田落实运行保障措施，确保油藏经营管理试点顺利推进

成立两级油藏经营管理办公室。2007年1月，ZY油田分公司将油藏经营管理领导小组办公室调整为油藏经营管理办公室，作为分公司职能部门，履行油藏经营管理职能。采油厂正式成立油藏经营管理办公室，负责组织开展本单位的油藏经营管理工作。两级油藏经营管理办公室成立后，管理力量得到充实，专人专职专责，日常管理和综合协调的职能得到强化，保障了试点工作的有序开展。

（c）综合分析

通过以上对GD采油厂及ZY油田油藏经营管理实施的比较，我们可以看到两个试点单位一方面初步实现了经营理念的转变，开始注重企业的持续、协同发展。通过对油藏经营管理理念的大力宣传贯彻，企业干部及普通职工的效益观念不断增强，采油厂及分公司通过利润考核为导向，各单位由经营目标的被动执行过渡到自主进行投入、产出、工作量的优化配比上，积极开展一系列降本增效及精细管理活动。一方面实现了从追求产量和工作量的完成向追求效益最大化转变，另一方面实现从只注重局部利益及短期利益向局部利益、短期利益与整体利益、长远利益相结合的转变。这两个转变的实现初步确立了新的企业经营理念，为实现企业的长远、持续、协同发展奠定了必要条件。

另一方面，两个试点单位发挥了鲶鱼效应，充当企业经营管理改革的排头兵。推行油藏经营管理是P公司集团管理层根据企业所面临的内外部经营环境的变化，审时度势做出的重大战略决策，其有效推行将有利于集团公司尤其是上游板块的持续有效发展，从而不断提升企业的综合管理水平。GD采油厂及ZY油田作为P公司油藏管理改革的试点单位，任务艰巨，责任重大，其改革进程的推进、阶段性成果的取得、经验教训的总结等都将对集团公司及分公司后续的油藏管理改革产生重要影响作用，并将成为相关领域管理改革的重要参考，因此，这两个试点单位的油藏经营管理实践发挥了重要的鲶鱼效应，激活集团公司、分公司及相关业务单位的改革热情，深化他们对管理改革的系统性思考，强化企业的管理改革动力，争当企业经营管理变革的排头兵，为企业的体制创新及机制优化做出了自己的一份

贡献。

2) 构筑油藏经营管理体制与模式

(a) GD 采油厂构建核心业务突出、技术力量集中的管理体制

GD 采油厂以责权明确、协调高效为目标进行了有效的油藏经营管理体制的探索。

突出核心业务,优化管理职能。对机关及直属职能重新划分、归集和优化,理顺工作关系,进一步强化与突出管理职能,打破原有的采油厂—管理区—管理队三级管理模式,由油藏经营管理区直接管理注采管理站、资料管理站、维修站、环保护矿站等专业化班组,形成采油厂—管理区二级管理模式,建立了核心业务更加突出,机构更加精干,管理幅度更加扁平的油藏经营管理区管理体制。

(b) ZY 油田以落实责任为目标,探索油藏经营管理新模式

ZY 油田紧紧围绕加强企业管理开展工作,树立油田精细化管理典型,鼓励基层油气生产单位大胆创新管理,依靠加强油藏经营管理推动油田管理水平的不断进步。

(1) 推行细化管理,构建目标管理体系。按照“细化目标,落实责任,科学管理,严格考核”的经营管理思路,将采油厂的投资、成本、产量指标细化整合成管理产量目标、措施效益目标、维持生产规模操作成本目标和生产辅助单位效益目标四个分目标体系[29];明确细化油藏经营管理区、科研部门、生产辅助单位、厂机关科室等不同性质单位和管理人员、专业技术人员、岗位工人的目标管理责任;创建基础产量指标、月度最好水平与平均水平差值率指标,改进措施效益评价方法,按实测单耗和运行时效核定成本;全面落实精细过程管理措施,建立措施方案会审制度、措施决策登记制度、措施效益评估制度、预算会审优化制度,完善生产运行管理制度、井下作业管理制度、基础工作评价制度;建立与四个分目标体系相对应、责权利相统一、反映主观努力效果的经营考核激励机制,实施全员全方位量化考核,达到全员受控。通过推行细化管理,落实管理责任,有效调动不同层次责任主体的主观能动性,做好每个层次的经营管理工作。

(2) 创建基层油藏经营管理新模式,提高基层管理水平。为推进管理区的精细化管理工作,提高管理区的油藏经营管理水平,分公司下发指导意见,按照“分类管理、分级负责”的原则,创建调整挖潜项目管理,自然递减分因素控制,成本消耗分节点控制,绩效考核全员量化基层油藏管理新模式,制定落实相应的管理标准和管理制度,推进基层精细化管理[30]。

(c) 综合分析

通过以上对 GD 采油厂及 ZY 油田油藏经营管理实施的比较,我们可以看到两个试点单位构筑油藏经营管理新模式,不断培育企业的核心竞争能力。实施油藏经营管理,需要建立与之相适应的高效的组织机构和管理体制,两个试点单位以

责权明确、协调高效为目标，按照核心业务突出、技术力量集中、专业化管理、市场化运作的原则，通过业务职能整合，明确部门职责，理顺业务关系，构建形成了油藏经营管理模式下的组织体系[31]。同时，通过定编、定岗、定员、定薪，实施竞聘、重组，在组建机构中实现人力资源的优化。主要变化总结如下：一是从组织结构多级化转变为组织结构相对扁平化；二是从原来的职责界限模糊、权责不对等转变为管理职能专业化，管理界面清晰、职责分工相对明确，突出了核心业务能力的培育和提高[31]；三是从机构设置小而全，技术力量分散转变为专业整合、技术集成及专业化，强化了技术力量的集成及创新。另外，不断健全考评体系及结构，探索全面管理、过程控制的综合考核机制。根据油藏经营管理开展的需要和试点单位的经营管理实际，对原有的考评结构及体系进行了修正、健全，初步实现了从短期考核向分阶段考核、长效评价考核机制的转变，从单一评价向中长期综合评价的转变，为油藏管理改革的深入推进和采油厂、油藏管理区经营业绩的考核提供依据和系统化指导文件。

在具体实践中，严格实施了以重利润、长效发展为重点的年度经营目标考核体系，并辅以项目管理、生产经营过程监控、三级经营者业绩等考核体系，鼓励利润单位(模拟利润单位)进一步转变观念，提高各单位成本计划运行的科学性，合理匹配投入与产出关系，减少风险因素，并鼓励利润超计划单位通过超额利润加强自身建设和长效投入，从而提高各级经营者自主经济优化的意识[32]。

3) 创新油藏经营管理机制

(a) GD 采油厂不断创新油藏经营管理机制

GD 采油厂以经济运行市场化、生产过程最优化，不断创新经营管理机制，确保了油藏经营管理的有序运行。

(1) 内部模拟市场运行机制进一步健全并发展。GD 采油厂通过引入市场供需机制、价格机制、利益机制和竞争机制，建立了以市场关系为纽带、市场运行机制为基础、价格体系为核心的内部模拟市场。加大管理区自主权和优化权，结合生产经营实际对老井、新井、措施等工作量进行优化，并将工作量转化为价值量；通过价格体系的设计与调整，制定出台了《内部模拟市场劳务价格体系管理办法》，不断完善稠油注汽、技术服务、监测、供电维修、集输注水等内部模拟市场，通过完善市场结算体系和各市场运行方案，基本达到了经济运行市场化的目的。

(2) 探索“全面管理、过程控制”的经营考核机制。实施了以重利润、长效发展为重点的年度经营目标考核体系、项目管理生产经营过程监控考核体系、三级经营者业绩等考核体系，制定出台了《经济运行指导意见》，鼓励利润单位进一步转变观念，提高各单位成本计划运行的科学性，合理匹配投入与产出关系，减少风险因素，鼓励利润超计划单位通过超额利润加强自身建设和长效投入[32]，提高了各级经营者自主经济优化的意识。

(3) 构建"简洁高效、方便简单、重点突出"的生产经营运行机制。为实现"生产过程最优化"的工作目标,GD采油厂注重过程控制,一是在经济运行指导意见的基础上出台了《GD采油厂生产经营计划运行管理办法》,建立了从下到上各级工作量、投入平衡优化的平台和信息通道,保障了采油厂投资、成本、工作量的优化运行,单位自主权得到增强;二是建立了投资管理效益机制,成立投资管理小组,优化决策老油田调整改造项目,重点解决生产中"急、难、险等问题"。三是实施新井"交钥匙"运行机制,新井实现超前运行。面对工农关系日益复杂、油井油藏设计复杂及审批时间长等多种因素,实施了以投产井数和完成产能等季度综合进度指标为核心指标,项目部成员奖金预支80%,对井位设计、地面工程等工作实施全过程管理。

(4) 建立科学监督,确保有效的监督管理机制。强化基础监督管理职能,成立了基础管理监督小组,制定了《基础工作监督管理办法》、《生产现场监督检查细则》等配套制度,构建完善了基础管理监督体系。同时,为加强作业安全环保、施工质量、作业用料监督,出台了《井下作业监督暂行办法》。涵盖原油计量监督、作业及钻井质量监督等施工过程质量监督、施工现场监督、产品质量监督等内容的大监督格局基本形成。

(5) 配套制度建设全面覆盖。在采油厂层面,GD采油厂对各系统257项职能职责、184个业务流程、217项规章制度、524部法律法规条文进行了梳理、识别,形成了《职责制度流程汇编》;在基层单位层面上,《职能职责制度流程规范汇编》,按照管理区及科研、油气水集输及注水系统、生产辅助单位、作业系统四个系统出台了100项工作职能、449项岗位职责、244项业务流程、269项管理制度、79项现场标准、306项操作规程、74项创建标准,共计1521项,管理制度、业务流程、工作标准进一步完善与规范。

(b) ZY油田以提高效益为目标,探索油藏经营管理新机制

在对现有管理体制和运行机制深刻认识和有效总结的基础上,切实提高油藏经营管理的认识程度,稳妥推进油藏经营管理体系建设,不断加强指导和督促,有效加快了建设步伐。

(1) 有效建立两项油藏经营管理机制。一是建立"两类市场、两级管理、三级运作"的市场管理机制。ZY油田分公司所属单位与外部单位形成市场关系,分公司内部单位之间、采油厂管理区与生产辅助单位之间形成模拟市场关系。分公司建立一级市场,采油厂建立二级市场。分公司组织一级市场招标工作,监督二级市场的招标活动;采油厂组织二级市场招标工作,参与一级市场招标活动并对中标项目实施过程监督;管理区参与二级市场招标并负责相关项目施工质量的监督和结算资料的签认。通过规范交易行为、完善内部价格体系,加大招标力度、强化运行过程监督等措施,提高了市场运行质量。二是建立以内部利润为核心的经营考核

机制。分公司对采油厂考核内部利润和可持续发展指标,采油厂绩效工资与内部利润挂钩,分公司以集团公司下达的单位完全成本作内部油价,核定采油厂内部利润目标,超(欠)油气商品量按当期国际油价核增减内部利润,完成目标利润兑现绩效工资基数,超(欠)目标利润按一定比例奖(扣)绩效工资;对油藏经营管理水平变化率、储量替代率、自然递减率等可持续发展指标实行正向激励,加大考核激励力度[29]。

(2) 积极探索五项油藏经营管理运营机制。分公司制定下发指导意见,要求油气生产单位探索建立五项油藏经营管理运营机制,即技术分析与技术决策机制、经营预算和决策优化机制、生产运行与综合治理机制、激励约束与监督管理机制、党建与思想政治工作保障机制,确保油藏经营管理工作规范有序高效运行。建立技术分析和技术决策机制,充分发挥地质、工程技术管理部门的参谋职能作用,保障开发技术方案准确、可行;建立经营预算和决策优化机制,最大限度地发挥经营管理的潜能,以技术方案、生产管理方案为基础进行经营预算和决策优化,实现经营决策和实施效益最佳;建立生产运行和综合治理机制,保障方案实施、生产组织、基层管理和油区综合治理有序高效运行;建立激励约束与监督管理机制,实施全员全方位量化考核激励,加强内部审计、监督和纪检、监察,对前三项机制的运作过程进行监控;建立党建与思想政治工作保障机制,用"协同合作,优化配置,科学管理,高效开发"的管理理念引领油藏经营管理工作,扎实推进廉政建设、文化建设、作风建设和群众组织建设,保障油藏经营管理工作深入扎实开展。通过建立五项油藏经营管理运营机制,有效协调油田勘探开发及生产经营管理业务,实现技术管理、经营管理、生产管理、监督监察和党群工作的有机结合,最大限度地发挥管理潜能,提高方案决策实施水平,改善油藏经营管理工作效果[29]。

(3) 稳妥开展采油作业一体化管理试点。井下作业是油藏经营管理的重要环节,是实现开发目的的重要手段,也是降本增效的重要环节。分公司制定下达指导意见,在 6 个采油厂开展采油作业一体化管理试点,建立采油-作业联产承包新体系,根据油藏经营管理区的生产管理规模,合理配置作业队伍并保持相对稳固,将作业井次、作业费用、检泵周期等指标与作业队的经营绩效直接挂钩,形成利益共享、风险共担的经营协作机制,促进作业人员由多干增收向少投高效的观念转变,加强了作业队与油藏经营管理区的协作配合,减少了中间协调的许多环节,促进了方案、设计和作业工序的持续优化。同时,由于作业队伍能够熟练掌握固定区域油水井的地质、井筒、生产特性,作业效率和作业质量明显提高。推行采油作业一体化试点的作业队伍,平均作业时效达到 92.5%,比上年提高 1.6 个百分点,施工一次合格率达到 99.6%,比上年提高 2.6 个百分点,检泵周期延长 28 天。

(c) 综合分析

通过以上对 GD 采油厂及 ZY 油田油藏经营管理实施的比较,我们可以看到两个试点单位重塑了运作模式，创新了油藏经营管理机制。实现油藏经营管理，不仅要求油藏开发技术的进步，还要求管理手段、运营模式、管理机制的优化，两个试点单位以经济运行市场化、生产过程最优化，不断创新经营管理机制，以确保油藏经营管理的有序进行。运作模式及管理机制的转变综合分析主要体现为以下几个方面：

一是从地域管理、油藏单元分割转变为油藏经营管理单元的独立计量与核算，实现了地面地下统一化，投入产出明晰化[31]。其中，投入产出明晰是油藏经营管理的前提。目前，GD采油厂通过合理划分归集油藏经营管理单元、不断调整完善地面工程和计量配套设施，初步实现了油藏经营管理单元的单独计量核算目标。

二是从投资、成本的条块分割逐步向投资成本一体化努力，不断扩大相关责任主体的投资管理权限，探索新的有效的项目投资管理机制。

三是从原来的向技术科研单位要方案，通过内部模拟市场运作，转变为辅助单位主动为核心业务单位提供专业化服务。采油厂通过引入市场供需机制、价格机制、利益机制和竞争机制，建立了以市场关系为纽带、市场运行机制为基础、价格体系为核心的内部模拟市场。加大管理区自主权和优化权，结合生产经营实际对老井、新井、措施等工作量进行优化，并将工作量转化为价值量；通过价格体系的设计与调整，制定出台了《内部模拟市场劳务价格体系管理办法》，不断完善稠油注汽、技术服务、监测、供电维修、集输注水等内部模拟市场，通过完善市场结算体系和各市场运行方案，基本达到了经济运行市场化的目的。

四是从只注重技术可行转变为技术经济并重，进行全过程的方案优选。

五是从根据上级下达的指标，对各三级单位进行指标分解，转变为根据各开发单元的实际情况进行优化分析，确定指标。

4）经营管理方案编制及油藏评价分析

(a) GD采油厂开展油藏经营管理方案编制及相关评价分析工作

油藏经营管理评价分析是制定油藏经营管理方案的基础，GD采油厂在对各油藏经营管理区2006年、2007年的产量、成本、资产、开发指标以及工程技术指标等进行还原的基础上，认真组织相关业务部门及各管理区从剩余开采储量、开发水平、工程技术水平、财务指标管理水平和经营管理水平等五个方面进行评价与分析，通过分析评价全面系统地掌握了各油藏的开发和经营状况，存在的潜力及风险，为进一步优化工作量、明确投入方向提供了依据，但剩余可采储量品味及价值评价只能委托地质院开展，采油厂无评价手段和能力。

在油藏经营管理评价分析的基础上，对近年各项生产指标进行了预测，形成多种开发技术方案组合，通过筛选与优化，编制了油藏经营管理三年滚动方案及年度方案。但在具体实施中，产量、投资、成本并未按照油藏经营管理方案中设计的投资成本一体化的思路运行，仍按原来三条线的模式运行，采油厂只能对可控性投入及工作量进行优化。

(b) ZY 油田深化油藏经营管理方案编制及油藏经营管理水平评价分析工作

依托油藏经营管理运行，建立效益评价机制，完善方案编制体系，深化经营分析工作，提高油气藏开发整体效益。

(1) 完善油气藏经营管理水平的评价工作。根据《股份公司油藏经营管理实施细则(试行)》规定，结合对 ZY 油田 2005 年油气藏经营管理水平的试算评价结果，组织修订完善《ZY 油田油藏经营管理水平评价规范》、研究编制《ZY 油田油气藏经营管理水平评价规范》和《ZY 油田油气藏剩余经济可采储量价值评估方法》，组织系统开展了近几年油气藏经营管理水平的评价分析工作。评价结果由 S 油田评估公司进行了核定检验。分公司、采油厂两级油藏经营管理办公室都编写了评价总结分析报告，查出了影响油藏经营管理水平的参数和问题，并向开发、生产、经营各部门领导进行了汇报交底，为科学制定油藏经营管理决策、编制油藏经营管理方案提供了直接依据。

(2) 深化油藏经营管理方案的编制工作。组织研究制定《ZY 油田油藏经营管理方案编制规范》，依据油田中长期规划和油藏经营管理水平评价结果，细化编制油藏经营管理单元开发技术方案、单项工程方案和生产管理方案，依据三个方案进行投入产出全面预算，根据年度油田生产经营计划和年度收入目标，反复论证和优化方案，形成效益最佳、切实可行的年度油藏经营管理方案，把工作量、投资、成本、产量、利润等开发技术经济指标细化落实到每个油藏经营管理单元，制定了实施运行计划和保障措施，为科学高效地组织油藏经营管理、圆满完成年度油藏经营任务打下了良好的基础[29]。

(3) 深入开展油藏经营分析工作。分公司研究制定《ZY 油田油藏经营分析试行规范》，按季组织开展油藏经营分析工作。检查油气藏勘探开发部署执行情况、地面系统工程建设改造进展和油藏经营管理重点工作效果，评价新井、措施的投入产出经济效益，对低效、无效井进行重点解剖、查明原因；总结采油厂、管理区油藏经营管理单元的开发生产经营效果，将单元、单井、单站、单台设备生产消耗与行业先进水平和历史最高水平对标，深入分析成本运行的合理性，查找油藏经营管理工作的问题和不足，制定落实调整改进措施和增效挖潜的具体方案，确保完成年度经营目标。通过油藏经营分析工作的开展，促进了油田开发调整措施的持续优化[29]。

(c) 综合分析

通过以上对 GD 采油厂及 ZY 油田油藏经营管理实施的比较，我们可以看到两个试点单位以优化配置和综合效益递增为目标，探索了包括方案编制和评价分析在内的油藏经营管理新方法。通过两个试点单位的油藏经营管理实践，我们认识到油藏经营管理是一项非常复杂的系统工程，要建立适合中国国情的、真正意义上的油藏经营管理，不是一朝一夕能够完成的。因此，一方面要使各项管理工作有据可循，有标准体系可以参考，必须提前做好油藏经营管理方案的滚动编制工作，这是油藏经营管理得以按照预期轨道顺利实施的重要制度保障和程序保障，并且在具体运行过程中，始终依靠全过程的监督及控制，对出现的新变化和新情况进行适时的调整，以保障方案的动态有效及油藏经营管理各项技术经济指标的切实落实。另一方面，油藏经营管理加强了多专业多部门协作，两个试点单位都深化了油藏经营管理的评价及分析工作，以期建立比较科学的投入产出评价体系。在实际操作过程中，必须突出时间、价值观念，优化和完善评价及分析体系，综合评价油藏经营状况，根据油价变动，按照油气资源合理利用、效益最大化、安全及环保的原则，建立分开发方式、产量结构、作业类别的成本预算模板，采用技术经济评价方法和边际分析等手段，结合工作量及边际产出进行投入合理配比优化，确定经济开采策略；建立地面设施风险评价体系，及时评价设备运转状态。

5）东部老油田油藏经营管理实践存在问题解析

作为 P 公司油藏管理改革的试点，GD 采油厂的油藏管理实践在取得阶段性成果的同时也存在一些需要改进之处，具体总结如下。

（1）油藏经营管理实践的管理环境不完善，凸显体制、政策的结构性问题。

到目前为止，两个试点单位虽然已经建立起了油藏经营管理的基本框架，但油藏管理实践仅是在有限的局部内展开，在集团公司还没有达到体制的上下一致性和运行机制的上下一体化，上下级职能职责不对应、不协调，职能职责清晰化运行的管理环境不完善，实现老油田持续稳定发展的长效投入机制、老油田简单再生产投资和成本的优化运行机制以及投入与产出的优化匹配机制等相关配套政策均未得到有效解决，尤其是没有形成投资成本一体化的运营模式，这些在一定程度上制约了两个试点单位油藏经营管理的深入推进和有效实施。因此，在具体实施中，产量、投资、成本并未按照油藏经营管理方案中设计的投资成本一体化的思路运行，仍是按照原来三条线的模式执行，采油厂只能对可控性投入及工作量进行局部优化，一定程度上影响了实施效果。

（2）投入要素不足，油藏经营管理方案的落实力度有待提高。

按照 GD 采油厂及 ZY 油田《地面工程调整及计量配套完善方案》，批复资金与方案计划相比差距太大，虽然试点单位不断优化，批复资金也仅能保证油藏经营管理区之间的计量分开，但与之相关的配套无法实现，遑论要实现油藏经营管理单元、油藏开发单元及单井的单独计量和独立核算。另外，地面生产运行难度大，距离油藏经营管理的要求还有很大的差距，开发管理单元地面地下没有实现对应，使得对油藏开发管理单元的考核评价难以有效开展。例如，为实现油藏经营管理经济效益最大化而开展的经济效益评价及边际产量分析难以实现，使达到经济极限的开发策略决策及调整受到影响。

(3) 油藏管理区的管理模式调整、业务流程重组、专业化分工等存在结构性问题。

GD采油厂及ZY油田作为我国东部的典型老油田，其开发及运营情况比较复杂，按照划分的油藏经营管理单元所组建的油藏经营管理区，其管理模式发生了较大变化，管理规模和管理幅度与以前相比都有了较大的增加，尤其是实施内部业务流程重组后，专业化分工过细，基层站点过多使得管理区注采管理站、技术管理站、资料管理站等基层站点间协调工作量较原来采油队时增加，管理难度加大，新业务流程及业务内容有待进一步熟练，同时受油区治安环境、结构性缺员等的影响，加剧了人员紧张的矛盾，影响了干部职工的积极性，整体效益受到损伤。

7. 影响我国东部老油田油藏经营管理实践的系统性分析

前文对GD采油厂及ZY油田油藏管理实践的阶段性成果和运行中所存在的结构性问题进行了论述，在此基础上，我们将运用相关的分析工具和管理方法深度剖析一下影响油藏管理实践进程的深层次原因，并由试点单位推及我国东部的老油田，从系统工程及管理工程角度出发，对东部老油田的油藏经营管理实践进行系统性分析，以为油藏管理的改革方向和后续深入做必要的准备。

1) 油藏经营管理的相关决策者、管理者及操作人员的系统性思维模式需要加强

油藏经营管理是一项复杂的系统性工作，它的决策及执行过程是一个由人、财、物、信息等基本要素构成的整体系统，并且在这个系统中，存在多级递阶层次结构，生产管理、技术管理和经营管理相互交织、共同作用，形成了一个有机的系统工作过程。因此，油藏经营管理的决策者、管理者及相关操作人员必须树立起系统性的思维模式，将自己的工作内容及业务范围纳入到系统的整体中去考量，明晰油藏经营管理系统的整体结构及内外部环境特点，并在此基础上清晰给出自己决策或工作板块在系统中的定位和作用，这是对油藏经营管理相关人员的基本素质要求。就试点单位的油藏管理实践来看，部分细节方案非常完备，局部工作内容非常饱满，但并没有取得预期的良好效果，究其根本原因就是相关人员在决策及实施中只见树木，不见森林，只注重了局部或单个模块的利益和工作内容，却忽略了系统的整体利益诉求以及系统各层次间的普遍联系和相互作用，故导致局部最优却实现不了整体最优。人员系统性思维模式的缺失在很大程度上影响了油藏经营管理的效果和推进力度。

2) 东部老油田油藏经营管理的系统定位需要进行调整

东部老油田的油藏经营管理是一个整体系统，并且它是处在分公司及集团公司这些不同层次的环境超系统中的一个子系统，油藏经营管理系统与分公司、集团公司等超系统之间具有大量、频繁的物质、能量、信息、资金等的流动和作用，它的存在与发展与分公司、集团公司甚至石油行业的产业环境、国家能源政策、世界能

源供需等不同层次的环境条件息息相关，油藏经营管理的决策及执行需要立足自身，主动去适应外部环境的变化，特别是在不确定环境条件下，在时间和空间上实现对有用资源的优化配置。就试点单位的运行实际来看，不能将分公司、集团公司的配套政策及机制看做是油藏经营管理的必须输入，它是油藏经营管理的外部环境的一部分，改变与否不能仅仅考量采油厂甚至分公司的油藏管理需要，它必须服务于集团公司这个复杂巨系统的整体目标优化和均衡。因此，东部老油田在实施油藏经营管理过程中必须调整系统定位和工作模式，立足系统内部，一方面在现有管理环境和内部条件约束下，实现系统进程的优化和系统目标的提升；另一方面，以贡献求支持，主动通过工作成果和系统优化去影响外部管理环境，如投资成本运行机制、投入产出匹配机制、投入资金的绝对额度及增长等的改变，以加强油藏经营管理系统的外部输入，强化外部对系统的刺激，加速系统的演化及作用进程，提高系统的工作成效。

3）东部老油田油藏经营管理的动态协调机制有待加强

油藏经营管理的决策及执行本质上是一个具有自适应能力的动态系统过程，并且它是一个高度开放的系统，这就要求在实施过程中要进行闭环管理和有效控制，注重信息的搜集及反馈，以保持油藏经营管理的外部环境、内部条件和经营目标之间的动态平衡。任何事物都不是一成不变的，因此，在油藏经营管理实施过程中逐步建立信息的反馈控制机制和动态协调机制就显得尤为重要。在试点单位的油藏经营管理实践中，就出现了诸多与原来设计的管理方案不一致的地方和环节，这是系统执行中正常的反应，我们不能一概否定或斥之为问题，需要根据系统发展需要和实际工作内容来具体判别，并且要接受实际工作效果的检验。例如，油藏管理区中对技术管理站人员的局部调整，资料管理站和注水管理站相关业务的重组及调整，注采站产量考核指标的追加等，都是在实际运行中根据工作有效及便利性而进行的局部调整。在后续的油藏管理实际中，随着内外部经营管理环境的变动和自身业务内容的变化，类似的局部调整将会层出不穷，我们必须进一步加强油藏经营管理的动态协调机制。

4）对油藏经营管理系统结构、内部作用关系及关键要素的认识需加深

油藏经营管理具有不同的层次和相对稳定的系统结构，并且各层次都有其自身的最佳规模，系统各层次之间以及每个层次内部要素之间都存在着物质、能量和信息的频繁联系和作用。就试点单位的实践来看，存在采油厂级和油藏管理区两个管理层次，甚至还有分公司层次，这两个或多个层次间存在密切的交流和作用关系，并且每个层次内部存在大量的管理要素，他们之间在层内及层次间都具有相互作用关系。这些系统结构和要素作用关系都是客观存在的，我们必须加强认识，不断调整管理规模、管理幅度及管理控制模式，以求最大限度适应油藏经营管理的内部结构及要素作用关系，只有这样，油藏经营管理才会得以有效推进。

另外，油藏经营管理系统作为软科学的典型系统，人和信息的作用至关重要，并且强调信息的多次反馈和反复协商。在试点单位的油藏管理实践中尤其要注重人和信息的作用，一方面，要通过定编、定岗、定员、定薪、实施竞聘、重组、培训等，在组建机构中实现人力资源的优化，维持人员的相对稳定，不断提高人员的综合素质。尤其是在当前强调稳定压倒一切的外部社会环境下，作为国有企业必须保证改革中人员的妥善安排，这是东部老油田油藏经营管理改革的重要保证。另一方面，在改革实践中出现了信息传递渠道变窄、速度变慢的普遍问题，如技术站、注采站人员只能等每天 10 点多资料全部上传到网上后才能展开对数据的分析和处理工作；在资料站由于没有技术人员把关，有的录入人员对于出现的异常数据并不重视，没有及时通知到注采站和技术站；对于一些紧急情况，技术站和注采站无法在第一时间了解和处理，信息严重滞后，共享程度变差。针对实践中这些管理问题，我们必须加强对信息采集及反馈的重视程度。

5）对油藏经营管理的综合评价分析需要进行系统修正

通过两个试点单位的油藏经营管理实践，我们必须认识到油藏经营管理是一项非常复杂的系统工程，要建立适合中国国情的、真正意义上的油藏经营管理，不是一朝一夕能够完成的，因此，需要进一步统一思想，明确长期的目标任务，坚定发展信心，积极转变观念，正视改革中的困难，积极化解改革中的结构性矛盾，以不断推进采油厂油藏经营管理向纵深发展。

另外，对油藏经营管理效果及前景的评价不能仅仅局限于一时一地，在系统发展初期，由于自身结构的不明晰化，内外部作用关系的不成熟，系统输入的不稳定等因素，可能会出现系统产出的不稳定甚至退步，我们应该正确看待这些情况，坚持用动态的、发展的眼光看系统，争取做到对油藏经营管理综合评价的科学化、系统化。

8. 对我国东部老油田油藏经营管理推进的系列建议

GD 采油厂及 ZY 油田目前所推行的油藏管理改革，与原来的厂一级的组织结构形式和运作模式有很大的区别，但距离较为理想的油藏管理还有一定的距离。我们认为在具体的管理实践中综合考虑油藏资源-生产与技术-经营管理三个功能层次、内环境-媒环境-外环境三个环境域的互动作用和系统影响，适度加快油藏储量开发生产，稳定提高产能建设水平和综合产出水平是目前油藏经营管理的主要系统目标。在目前的油藏开发环境下，正确认识所处开发阶段和开发地位，从实际出发推行油藏管理新模式，正确处理高产和稳产的关系，合理确定原油产出量目标，有效整合现有资源，加强油藏资源开发能力建设，从而实现油藏资源、油藏开发生产和油藏管理的高效、可持续发展。

针对东部老油田油藏经营管理的后续工作和改革方向，提出以下具体建议。

(1) 强化油藏经营管理理念转变，培育系统性思维模式。

在目前的油藏管理实践中，通过对油藏经营管理理念的大力宣贯，初步树立了广大干部职工的效益观念。在后续的管理实践中，我们必须通过各种形式的宣传和全方位的培训进一步加强各级管理者及普通职工的油藏经营管理理念，并注重树立决策者、管理者及操作人员的系统性思维模式，为油藏经营管理的持续深入开展作重要的思想准备及氛围熏染。

(2) 争取建立从集团公司、分公司及采油厂到油藏管理区的自上到下一体化的运行机制，创造较好的系统管理环境。

目前采油厂构建的油藏经营管理体制与分公司、集团公司不对应，形不成对口管理，协同性不强，很大程度上阻碍了油藏经营管理的高效推进。因此，在后续管理实践中，必须尽最大可能争取建立从集团公司、分公司及采油厂到油藏管理区的一体化运行机制，达到体制的上下一致性和运行机制的上下一体化，实现上下级职能职责的对应及协调，完善职能职责清晰化运行的管理环境，实现老油田持续稳定发展的长效投入机制、老油田简单再生产投资和成本的优化运行机制以及投入与产出的优化匹配机制等相关配套政策，尤其是尽量形成投资成本一体化的运营模式，实现初步的对口管理及考核，强化协同及发展。

(3) 加大投入力度，强化油藏经营管理的有效执行与落实。

在试点单位的油藏经营管理实践中，由于批复资金与方案计划相比差距太大，目前仅实现了油藏经营管理区的单独计量和核算，并且开发管理单元地面地下也没有实现完全对应，很大程度上影响了对油藏经营管理的考核及评价。因此，在后续管理实践中，必须多渠道争取投入额度，并优化利用，争取按照《地面工程调整及计量配套完善方案》实现油藏经营管理单元、油藏开发单元及单井的单独计量和独立核算，为油藏经营管理的纵向推进准备必要的基础条件。

另外，增加长效发展的投入是东部老油田持续、协同发展的必需。作为连续开发生产了40多年的老油田，由于简单再生产投入不足、安全环保投入薄弱等历史原因，更新严重老化的设备和工艺、减排降耗、消除地面管网安全环保隐患、完善井网等一系列措施都需要大量的资金投入。

(4) 强化评价及考核执行，培育合理的薪酬分配机制。

加大油藏经营管理理念的再认识，进一步转变观念，深化油藏经营管理的评价体系，探索全面管理、过程控制的经营考核机制，明确责任主体，划清管理界面，着重加强综合评价体系的实施和长效经营目标考核的执行，建立并实施全员绩效量化考核体系即创建分单位、分系统、分层次的考核体系，明确岗位和分类，严格绩效考核，执行不同的分配方式。并在此基础上建立与市场接轨的薪酬分配机制，促进油藏经营管理长效运营机制的形成。在明确岗位设置基础上，强化薪酬分配的激励和约束作用，引导各单位自觉减少用人，提高劳动生产率，并引导高素质、高技能人才稳定在生产一线。

在企业经济效益稳定增长的前提下，保持职工收入的合理增长。完善经营目标的考核及工资总额的兑现办法，强化职工工资收入随企业经济效益和个人业绩考核情况增减的运行机制。

（5）加强价格体系设计，进一步规范内部模拟市场的有效运行。

在目前的油藏经营管理实践中，初步形成了两个内部模拟市场：一是以油藏经营管理区为甲方，地质所、工艺所为乙方的技术服务市场和以集输注水、热采、监测等辅助生产单位为乙方的专业化服务市场；二是在各三级单位内部，形成以维修服务、运输服务等劳务形式为主的内部劳务市场[31]。

油藏管理区引入市场机制后，一定要考虑如何维持维护一个良好的市场秩序，即如何更大程度上开放市场，如何完善内部模拟市场的转移支付体系，如何加强市场监管，如何规范结算管理办法及相关流程，如何检测市场运行效果并予以及时调整。因此，在后续管理实践中，必须紧紧围绕内部转移价格体系的设计及动态调整，不断加强项目决策的基础数据库建设，加强项目的风险评估和以油藏管理理念为导向的综合可行性分析。建立健全集输注水大队与油藏经营管理区之间的运行机制、工艺及地质技术服务市场的运行机制和模拟市场价格结算运行机制，切实规范内部模拟市场的有效运行。

（6）加强信息采集、反馈及控制体系建设，拓展信息流通及反馈渠道，强化油藏经营管理的动态协调机制。

信息的采集及反馈尤其是操作层信息及数据的反馈控制是支撑油藏经营管理有效运行的重要组成部分。在后续管理实践中，一方面加强技术条件的更新，如远程控制技术等，构建完善基层单位经济优化运行信息平台，为信息采集、反馈及控制提供硬件支持；另一方面加强梳理业务流程，加强基础监督管理职能，进一步构建完善的基础监督控制管理体系，建立科学监督、确保有效的监管控制运行机制。在此基础上强化油藏经营管理的动态协调机制，根据实际的管理需要和流程需求，不断进行业务模块及具体管理要素的重组及优化配置，以实现综合即创造，提高系统的整体功能和运行效率。

（7）推进油藏经营管理向精细化发展。

以精细化管理为方向，不断探索完善各项考核机制，推动油藏经营管理工作向纵深发展。随着油藏经营管理的推进，不断健全各项经营考核制度，完善管理机制，配套绩效考核措施，形成全员、全方位、全过程的经营指标体系，制定相应的经营绩效考核办法。整合基层单位油藏经营管理的好的经验，逐步形成“精细管理”、“成本消耗分节点控制”、“绩效考核全员量化”等基层油藏经营管理模式，制定责权利相统一的绩效管理考核办法，全面推进精细管理，提升基层油藏经营管理水平[33]。

(8) 深化油藏经营管理评价分析,建立科学有效的投入产出评价体系。

后续管理实践中,应加强多专业多部门协作。在广泛应用油藏经营管理评价体系的基础上,突出时间、价值观念,优化和完善评价体系,综合评价油藏经营管理状况。根据油价变动,按照油气资源合理利用、效益最大化、安全、环保的原则,建立分开发方式、产量结构、作业类别的成本预算模板。采用技术经济评价方法和边际分析等手段,结合工作量及边际产量进行投入合理配比优化,确定经济开采策略,建立地面设施风险评估体系,即评价设备运转状态,优选更新改造方案,以期合理确定地面维护投入[31]。

9. 国内油藏管理比较对 S 油田的启示

国内油田根据各自油藏资源的特点,采取了符合各自特点的油藏开发生产方式,积累了各具特色的油藏开发生产经验与技术。尤其是 TLM 油田采取"油公司"模式,大大提高了油藏管理水平,成为国内油田现代油藏管理改革的典范,同时为 S 油田等东部老油田的经营化改革指引了方向。

1) 加强对油藏资源复杂性的认识

我国地质类型具有多样性,油藏资源的类型特征具有多样性,油藏地质也十分复杂,勘探开发难度很大。S 油田地质构造复杂,具有多种类型的油藏,需要继续加强对油藏资源复杂性的认识,全面掌握和利用油藏资源信息。

2) 发展符合自身资源开发特点的生产技术

国内各油田均在油藏开发生产的实践中,不断地探索符合自身油藏资源的实际的开发生产技术,构建了各具特色的油藏开发模式。S 油田需要继续加强自身油藏资源的研究,不断探索油藏开发生产的新技术,提高 S 特色的油藏开发生产技术水平。

3) 构建合理的油藏管理区

学习 TLM 油田油藏管理实践经验,构建 S 油田油藏管理区,逐步将组织结构缩减为油田分公司—事业部—管理区三个层次,精简组织结构,提高组织运行效率。

4) 采用"油公司"管理模式

继续专业化重组,实行专业化服务,油田开发生产引入市场竞争机制,公开招标,实行市场化运行,推行项目管理制,实行甲、乙方合同化管理。

5) 提炼 S 油田等东部老油田特点

我国东部老油田指 DQ 油田、S 油田、LH 油田、ZY 油田等近 10 个大型和特大型油田。它们的年产量长期以来一直占全国石油总产量的 90%以上。S 油田作为东部老油田的典型代表,具有东部老油田的很多共性。

(1) 重要的战略地位。

东部老油田在我国石油产业结构中具有重要的战略地位,石油产量仍然占主要地位。

(2) 严峻的生产形势。

具有几十年的持续高速开发历史,经历了投产、高产、稳产的各个时期,东部老油田含水量高,油气资源接替不足,产量逐年递减,产能建设效果变差,资金和设备投入升高,生产成本增加,效益呈下降趋势,面临严峻的生产经营形势。

(3) 片面的生产目标。

为顾全中国石油工业持续稳定发展的大局,原油产量一直保持在高限位运行,为国民经济的发展做出了重要贡献,但对经济效益重视不足,追求产量最大化,也产生了负面的影响。

(4) 明显的区域优势。

处于经济发达、人口密集的地区,靠近市场,基础设施完善,资源优势可以快速转变为市场优势。

(5) 重要的经济辐射作用。

东部油田的发展有效地促进了地方经济的发展,对当地经济发展具有较大的辐射带动作用。因此东部老油田的发展,具有良好的综合经济效益和社会效益。

(6) 繁重的企业负担。

企业规模庞大,企业职工总量大,人工成本比重过高。内部人员富余,存在人力资源浪费。

本节进行了国内外石油公司和国内石油企业间的油藏管理比较,分析了国内外油藏管理实践的差异,探讨了国外"油公司"管理模式,总结了 TLM 油田、ZY 油田等油藏管理的实践经验,为 S 油田的油藏管理改革提供借鉴。

4.3 综合比较

综合比较或系统比较主要是指以系统目标为准则的比较评价。综合比较的基础是设计出合理的目标系统,然后将实际状况和目标要求的比较,着眼于系统改善的前景和理想境界,追求持续发展。本节根据油藏管理系统的目标系统,将当前油藏管理的实际情况与系统目标进行比较分析,明晰当前油藏管理现状的改进方向,以更好的改善油藏管理系统,实现持续发展。

通过对油藏系统的初步系统分析以及历史分析和横向比较研究,确定了油藏管理系统的总体目标。综合归结为改善及优化油藏开发,合理利用人力、技术、信息、资金等有限资源,以最低的投资和成本费用从油藏资源中获取尽可能大的收益，以实现油藏开发经济效益的最大化。在总体目标下，分为提高经济效益、优化组织管理效用和提高技术水平三个二级目标。提高经济效益是油藏管理系统的最终目标。优化组织管理效用和提高技术水平这两个目标在目标体系中既是组织手段，同时也是过程目标。作为组织手段，其整体水平影响油藏管理系统经济效益目标的实现程度，同时在油藏开发过程中，它们也是系统非常重要的过程目标，直接影响着油藏开发的实际效果和系统的有效运行。

1）提高油藏开发的经济效益。

在总目标中提到实现油藏资源开发的经济利益最大化，S油田作为市场主体，必须注重经济效益的实现，并且不断的提高经济效益，增强在市场中的竞争力。在提高经济效益目标中，分解为提高油藏的原油产出量、增加油藏的经济可采储量、控制油藏开发的成本和能耗、优化油藏组织的资产结构等四个子目标。

当前S油田进入高含水期，产量逐年递减，而且递减速度加快，出现资源接替不足。这就需要合理加大投资，采用先进技术措施，努力提高原油产出水平，以实现油藏开发当期经济效益；充分认识现有油藏资源，勘探开发新油藏，不断增加现有经济技术条件下的经济可采储量。产能建设效果变差，油田设备维护费用增加，吨油成本增加，效益呈下降趋势。需要不断地改善投资结构，采取有效措施控制成本。

2）优化组织管理

油藏管理系统组织管理的水平直接影响了油藏开发的实际效果，是国内外石油公司经济效益存在差距的重要方面，同时也是S油田提高经济效益的关键问题。优化组织管理效用的目标分解为重组油藏开发的业务流程、优化油藏的组织结构及组织运行、完善油藏开发的激励机制、创新油藏开发的管理模式等四个子目标。

当前S油田组织结构相对臃肿，层次多，组织运行机制不够灵活，责权利不够明晰等，开发业务流程不够规范和标准化，职工的工作积极性不如以往高涨，油藏开发团队仍然是串行式结构。这就需要不断地优化油藏组织管理，批判地继承和发展传统组织管理模式，学习国外先进“油公司”管理经验，不断地改善和创新组织管理，优化组织结构，重组开发流程，完善激励机制，创新油藏团队模式，构建适合S油田实际的管理模式。

3）提高技术水平

油藏资源的开发是技术密集型工作，是相关生产开发技术的实际运用过程，技术的突破和创新为油藏管理的变革和实施提供了强有力的技术支撑，是优化油藏开发效果的直接推动力。提高技术水平的目标分解为提高成熟技术的推广应用程度、提高新技术整体吸收和开发、加强瓶颈技术和工艺的自主创新、提高整体技术装备的更新速度等四个子目标服务。

4.4 油藏管理模式与其他管理模式的比较

4.4.1 油藏管理模式与项目管理的比较

1. 油藏管理模式与项目管理的特征分析

1）项目及项目管理的基本理论

（a）项目的基本概念及特征

a）项目的基本概念

项目不具备统一的定义，诸多组织和专家学者从各自角度诠释了项目。美国项目管理协会提出，项目是指为了创造某种独特产品或服务开展的临时性工作；德国DIN69901提出，项目是指拥有预订目标，存在财务、时间、人力以及其他限制因素，并有专门组织开展的唯一性任务；世界银行提出，项目通常为性质相同的投资、不同部门的投资或同一部门内的相同或相关投资；部分专家学者提出，项目是为实现特定目的而集聚的资源组合；还有部分专家学者提出，项目为一系列复杂、独特以及相关活动的集合，它具备预期目标、预计完成期限，需要根据规范在预计期限内实现相关目标。

根据上文所述，从广义范围上进行定义，项目是指一项特殊且将被完成的有限任务，它为特定时间范围内，围绕特定目标而开展的一系列相关工作的总称。项目具备下述三层含义。

（1）项目存在于特定环境，具备特定要求，是一项有待完成的任务。这表明项目为一个动态概念，即项目为一个过程，而非经过过程而得到的结果。

（2）项目是特定的组织结构在规定时间范围内利用有限资源而实现的任务。项目的开展都具备相应约束条件，约束因素呈现多样性，涵盖了资源、环境和理念等。

（3）项目需要满足质量、性能、数量以及技术指标等目标要求。项目是否满足预先规定的目标要求决定了项目是否结束以及能否转交给用户。

b）项目的基本特征

项目是充分利用已有资源来实现特定目标的一系列复杂的系统工程活动，它拥有下述基本特征。

（1）项目实施的一次性。项目是非重复性的任务，通常每个项目都具备独特的需求，需要根据项目已有条件进行系统管理，项目的实施为一次性。

（2）项目目标的明确性。项目应该具备明确的目标，需满足的质量标准以及需达到的技术水平都是详细的、可检查的，还需具备明确的实施方案。

（3）项目组织的整体性。项目往往由诸多相对独立的子项目构成，因此应该采用系统管理理念和方法来进行项目管理。

(4) 项目的多目标性。尽管项目具备明确的目标,然而项目具体目标应该是多方面的,如成本、性能、时间等,需要综合考虑各项具体目标,优化项目管理。

(5) 项目的不确定性。每个项目都或多或少涵盖了新的、未曾实施的内容。由此可见,项目实施过程中往往存在诸多不确定因素,即项目目标的实现路径并非完全清晰。因此,必须进行项目风险管理。

(6) 项目资源的有限性。任何组织结构都仅仅拥有优先资源。对于特定项目来说,项目各阶段的资金需求、投资总额、项目的里程碑事件以及各个环节的完成期限都需要在项目计划阶段严格明确。

(7) 项目的临时性。项目的实施和管理队伍通常是临时搭建的,不仅项目管理与实施人员之间的组合具备临时性,而且材料设备与人员之间的组合也具备临时性。

(8) 项目的开放性。大部分项目都为开发性项目,其实施过程中多个部门的协同配合,需要突破部门界限,这就要求合理处理项目组内外关系,最大程度争取项目相关人员的支持。

(b) 项目管理的基本理论

a) 项目管理的基本概念

第二次世界大战之后,项目管理理论开始兴起,作为一种计划管理模式,在现代管理学中占据重要地位,而且逐渐受到了广泛关注。项目管理过程中,多个职能部门的成员为了构建相同的项目,共同组建团队,全方面管理项目的成本、时间、合同、人力资源、质量、风险等方面。项目管理的实质是将项目作为对象,构建临时的专门的柔性组织,开展系统管理工作。在资源有限的情况下,采取系统的方式、理念与思路,高效地规划、组织、领导和监控项目,以此达到对项目由投资决策到结束的整个过程的动态管理与协调改善。简而言之,项目管理的驱动力是满足客户的需求,管理理念是对人力、物力、财力等资源进行高效利用,达到对业务进行高水准管理。从另一个角度来说,项目管理就是管理控制质量(Q)、费用成本(C)、时间进度(T)、范围(S)等关于项目的因素的过程。同理,将工程项目作为对象的工程项目管理工作,也具备了与其他管理相同的理念,不过因为工程项目往往是一次性的,因此管理工作需要在科学性、全面性以及程序性上投入更多的精力。工程项目管理的实质就是确保工程项目在必要的约束力下顺利实施并完工,是一种对计划、组织、指挥、控制、协调所有项目活动的全部工作的总称。

b) 项目管理的职能

项目管理同其他管理一样,都有其自身的职能,项目管理具有计划性、统筹性和控制性等职能。除此之外,协调、指挥和决策等都属于项目管理的职能之一。

c) 项目管理的特点

传统部门的管理与项目管理有一定的差异,项目管理具有综合性质,并且根据严格的时间控制管理。每个项目都有其特性，项目管理也是具有自身的特性，具体来讲有以下九个特点。

(1) 项目或者是能被当做项目运作的都是项目管理的对象；

(2) 项目管理具有单独性，每个项目管理都有自身的特点和管理章程，特殊性是项目管理组织的特点；

(3) 系统工程的思想是项目管理的全过程的中心思想；

(4) 项目经理是项目管理的核心人物，团队管理的个人责任制实际上是项目管理体制；

(5) 项目管理的方式是目标管理；

(6) 采用现代项目管理的方式和手段即是采用具有先进性的项目管理方法和手段；

(7) 项目管理的目的是营造适当的工作环境，使项目顺利进行；

(8) 项目管理需要进行动态控制，是一项程序复杂的管理；

(9) 项目有其周期和计划性工作，一旦在预计的时间内完成计划的工作，项目实际上已经可以解散。

2) 油藏管理和项目管理的比较

油藏管理具有其自身的管理特点，也是项目管理的一种。现就油藏管理与项目管理在管理手段、管理对象的周期、管理对象的复杂程度、管理的环境条件、管理的目标、管理的步骤及过程和管理技术等方面做以区别，如表 4-15 所示。

表 4-15 油藏管理和项目管理的比较

各方面	项目管理	油藏管理
管理手段	不同职能部门的成员因为某一个项目而组成团队，项目经理则是项目团队的领导者，他们所担负的责任就是领导他的团队准时、优质地完成全部工作，在不超出预算的情况下实现项目目标。计划职能、组织职能、控制职能，同时具有决策、激励、指挥、协调、教育等职能。项目管理是以项目经理为中心的管理	有效的油藏管理是以综合经营管理为手段，通过人力资源管理、项目管理、生产管理和资产管理来实现。其一般模式：以具体油田或区块为对象，根据不同开发阶段，以油藏管理部门为核心，组织物探、地质、油藏工程、采油工程、采油工艺、地面建设、经济分析等人员成立的多学科协同工作组，共同管理
管理对象的周期	项目管理是根据项目寿命周期中各不同阶段的特点而进行的。由于项目的性质、技术经济要求、自然资源条件、所处的环境等各不相同，项目的周期也有所不同	油藏管理不仅是制定一个开发或调整的方案，而是制定油藏开采的综合策略，始于油田的发现，终于油田的废弃，贯穿于油田开发的各个阶段，涉及油田勘探开发的全过程

续表

各方面	项目管理	油藏管理
管理对象的复杂程度	由于项目的性质、技术经济要求、自然资源条件、所处的环境等各不相同,项目的复杂程度也有所不同	针对高含水整装油藏、复杂断块油藏、低渗透油藏和稠油油藏的开发特点,总结完善单元目标管理、油藏分级分类管理
管理的环境条件	对于一个新建项目,其建设条件包括自身系统内部的条件和为项目协作配套对项目的实施产生较大影响的外部条件。项目外部条件主要是资源条件、水文条件、交通运输条件、能源条件、工程地质条件、环境条件等,对于不同的地区、不同性质的项目,有着不同的侧重点和不同的要求	油藏管理有其自身特点和技术因素。社会政治和经济环境等直接影响油藏管理的效果。油公司因素:油藏经营目标、投资力度、经济环境;经济因素:经营环境、油气价格、投资及效益;社会因素:资源保护、环境保护和社会法规的限制
管理的目标	项目管理的根本目的是满足或超越项目有关各方对项目的需求与期望。项目有关各方是指一个项目的所有相关利益者,包括:项目的业主和用户、项目的承包商或实施者、项目的供应商、项目的设计者或研制者、项目所在的社区、项目的政府管辖部门等。这些项目的相关利益者对项目会有不同的要求和期望。项目管理的根本目的就是要努力使这些不同的要求和期望能够很好地实现和综合平衡,并最终使项目合理地、最大限度地满足这些不同的要求和期望,甚至超越这些要求和期望	有效地利用各种资源(人力,技术,财力等),制定和实施油藏管理策略的进程,寻求最佳的管理方案,把油田开发技术和管理策略相结合,以最小的投资和成本,实现油气田开发工程优化和经济效益最大化。提高经济采收率,从油藏开发中获得最大经济效益。其次,根据油藏的不同类型、开发的不同阶段有不同的开发目标,如开发初期主要是制定钻井措施及确定开发方式;中期为开发方案的调整;后期主要针对剩余油挖潜及提高采收率
管理的步骤及过程	每个项目的管理都有自己特定的管理程序和管理步骤。我国现行工程项目建设分为九个详细步骤:提出项目建议书,进行可行性研究,选择建设地点,编制设计文件,制订年度计划,订购设备材料做好施工准备,组织施工,准备生产,竣工验收交付使用	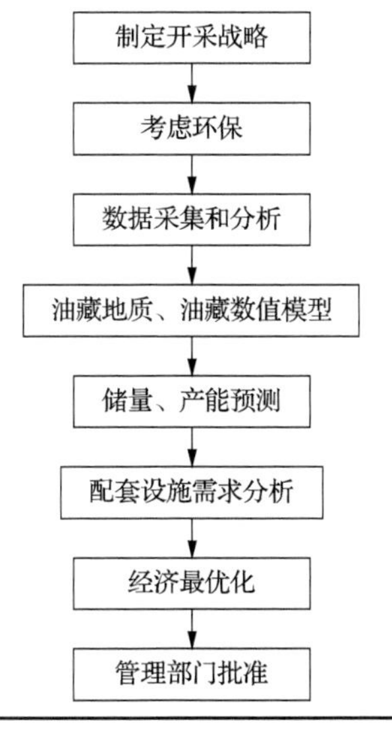

续表

各方面	项目管理	油藏管理
管理技术	项目管理是应用现代化管理方法和技术手段的管理。从目前来看，主要应用以下几种管理技术：净值分析技术（一种分析目标实施与目标期望之间差异的方法）、蒙特卡罗模拟技术（是项目风险管理中不确定性的分析技术）、决策树技术（是在多种方案中进行选择决策时使用的）、项目进展评价技术、网络计划技术、工作分解结构技术等	所采用的技术和方法涉及地球物理、地质学、采油工艺、钻井工程、油藏工程和经营管理等方面，以“篮球赛”的工作模式综合运用各种先进技术优化决策，降低风险，提高经济效益。油藏管理中经常应用一些关键技术，如油藏描述技术、油藏建模技术、油藏检测技术、数值模拟技术、计算机技术、三维和四维地震技术

2. 油藏管理中应用项目管理的意义、应用范围及条件等

油藏管理的本质是在开发勘探油气资源时使用多学科专业评价方法，对存在的问题进行寻找和解决，因为开发油气资源的过程特点是长期性、全面性和连续性的，所以油藏管理需要节约成本、经济高效，应用计算机网络等高新技术、重点更新技术时，也要有效管理油田开发过程中涉及的各种人力、物力等资源，若要将油田系统开发过程中的功能和效益最大化的释放，就需要发挥多学科团队协同化的力量。

1) 多学科协作团队的建立

在过去，油藏管理模式是一环接着一环，所涉及的相关部门之间的界限明显，工作人员只关注自己分内的事情，思考完成的仅是自己部门的事务，不同部门互相进行交叉合作和发生横向联系的情况很少，关系图如图 4-13 所示，所以，能够消除部门之间界限的管理模式需要被设计和采用。通过分析开发油田的客观要求，组织建立了涉及多个学科的专业人员所组成的油藏管理团队，使以前的“多层次”组织结构被“扁平式”结构所代替（图 4-14）。相关职能部门和经理领导该团队进行工作，通过这种模式使不同专业更多地进行横向联系，多个学科之间的补充合作得到加强。通过该模式，各种学科的专业人员可以在不同的层次和领域内相互补充，实现信息共享的最大化。团队内部各个成员不单单是在自己专业领域发挥作用，还要协调配合其他队员的相关工作，使总体结果大于每个人成果之和。组成该团队的人员需涉及以下专业：油藏、采油、钻井、化工、金融、法律、环保和地面工程等。需要根据实际情况对团队所需成员进行相应调整，开发工程的不同阶段涉及的成员有所不同。图 4-15 显示了油藏管理团队的成员构成情况。

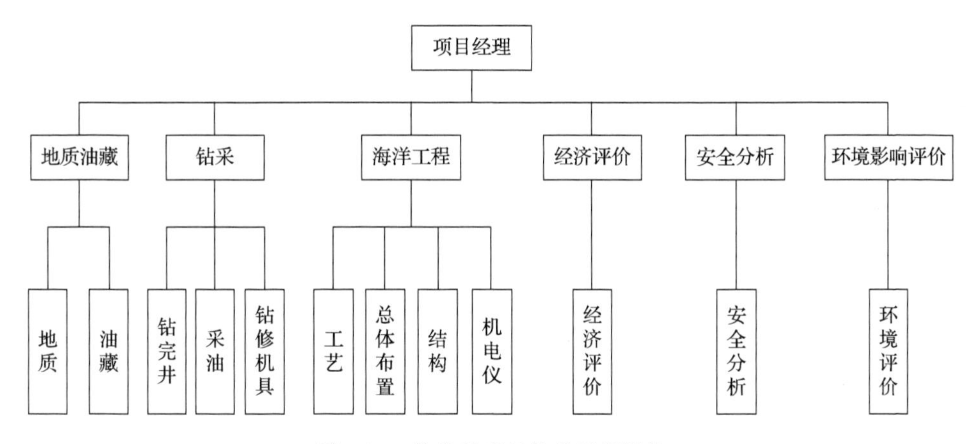

图 4-13　传统的项目结构组织结构

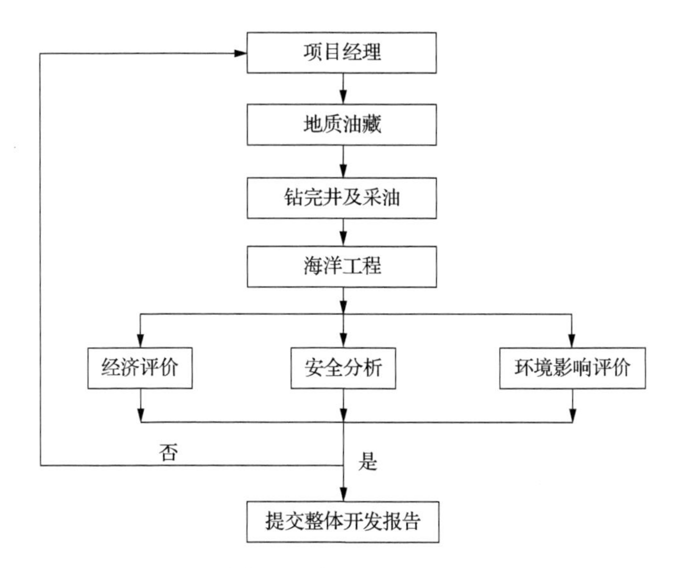

图 4-14　传统项目管理的“接力赛”工作模式

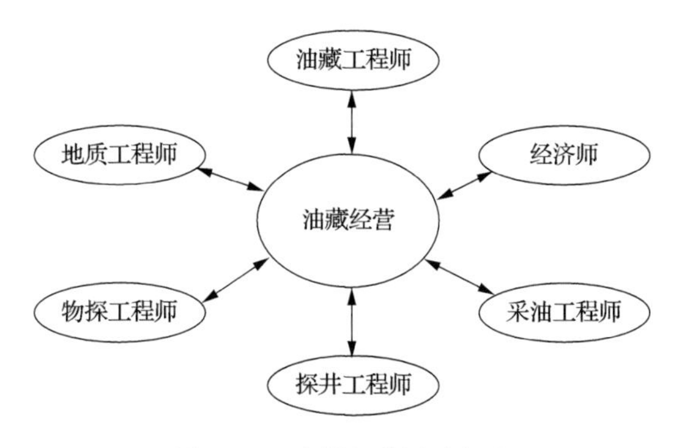

图 4-15　油藏经营团队组成

要将油藏管理的预计目标实现，根据油藏管理队伍的成员构成以及对应职责，就要实现工程-经济-地质-经营管理体制的协同化。“协同化”是指：一个油田从开发到废弃这一过程，每个队员之间要一直保持协调合作的关系。摒弃不同部门之间的差异，对不同专业人员进行统一指挥，使他们协调合作，才能实现不同部门的互相协同；把综合研究各种专业学科作为重点，运用最新科技实现最低成本开采油田，同时保证开采年限的增加；油藏管理过程中强调社会政治、经济、技术、信息等因素互相产生的影响；把培养团队每个成员的责任心作为重点，要求他们始终学习采油、钻井、开发、生产和分析等各种专业知识，对整个系统每个环节的技术手段都要有所了解。

2) 潜在可经营油藏理念要求地质油藏与油田工程专业间进一步融合

勘探开发油气资源时，涉及的各项工程决策需要每个学科的专业人员共同讨论决定，实现各种专业的协同化管理，如经济、工程、信息等，这也是油藏管理的潜在需求。各专业若想在开发油田时实现协同化，则必须满足下列条件。

(1) 统一培训和分配工作成员的相关事务，使他们对油藏管理涉及的技术、工具以及过程有全面的认识；

(2) 不同专业之间保持沟通顺畅、信息共享、协同合作、灵活高效；

(3) 项目小组工作性质要像一个团队那样互相合作，而不是单纯地组成一个团体；

(4) 团队的存在具有持久性。

油田开发经营战略的要求是多学科团队要像一支互相合作、良好运作的“篮球队”那样进行工作，不能像“接力队”那样运作。综合团队各个专业的功能，打破以前不同部门之间的界限，能够将现有资源最大程度的利用，以使目标更好的实现。“协同作用”定义为：各因素单独效应总和小于它们结合起来的总效应。协同化方法在油田开发中的含义是，将各种学科的专业人员组合到一个团队中共同合作，这些学科包括钻采、地面工程、地质、物理学等，相比于单独工作，这种组合能够发挥更加高效快捷的作用。

石油公司应该把“潜在可经营油藏”作为一个蕴含经济性和战略性的概念。为了实现预定目标，前期项目组可以以此为依据进行油藏管理战略技术、经济方面的决策，为上游公司设计和制定以后的运作报告需要从战略高度出发。“龙头”专业和“关键路径”专业这种概念需要从工业设计和地质、油藏等专业中剔除出去，应该针对潜在可经营油藏的开发设计构建服务理念[2]。根据以上论述可知，提高海洋油气资源开发技术和管理水平的有效途径就是运用多学科协同化方法。通过前期研究海洋油气资源的开发方案提出以下建议[2]。

(1) 将分析和利用地质油藏工程、经济等因素作为重点，反复循环、不断优化油藏运作计划；

(2) 组合建立油藏运作团队，运用多学科协同方法，使设计开发油田的水准增高；

(3) 将工程、地质等专业人员的技术、设备长处集中起来，做到信息共享，有效准确地实施团队已确立的目标、计划，使开发油气资源从勘探到废弃的整个过程都能成功地进行。

3. 项目管理在油藏管理中的应用

为使风险成本降低，最大程度提高投资效益。在经营管理油藏方面，必须要对项目的风险分析工作进一步强化。在实际工作中，地质、开发、经济、数学和计算机等多学科人员组成油藏经营小组，运用概率论和数理统计原理。通过多种方式，如开放评价、经济评价、油气藏资源评价和工程评价等无法预知的情况进行定量化处理，使其成为概率语言，并通过分析可能出现的结果，预测项目可能承担的风险。油藏经营项目风险根据油田开采勘测的特征，分为经济风险、工程风险、投资环境风险和地质风险，情况不同，风险所带来的影响状况也不同。

1) 油田勘探开发过程中的项目风险评价

因为油田勘探开发项目构成较为复杂，所以导致它发生风险的原因众多，分别包括直接和间接因素、明显和隐含因素等，这些原因导致的结果的影响程度，具有一定的区别。在对项目做出决策过程中，如果不考虑其中的主要要素或忽略这些风险要素，则最终决策结果不具科学合理性。但是若考虑到所有风险要素只会适得其反，使问题变得更加繁琐。这就需要我们用恰当、精准的方法对项目的风险要素进行更好的识别。

识别项目风险有很多种方法，详见下述内容。具体实践环节，可以采用其中一种或者集中进行组合的方法。随着科技的发展和经验的逐步丰富，识别的方法和手段将更加完善和合理。

(a) 问卷调查法

为了识别和预测项目风险，运用问卷和表格调查是项目风险的管理者经常采取的方式，它给予了合理可实施的识别和预测的方法，使其在识别和预测风险的过程中，更加规范和完整，这给项目风险管理人员带来了很大的便利。

(b) 德尔菲法

德尔菲法(Delphi method)是在 20 世纪 50 年代，由兰德公司发明的方法，该公司在美国颇具名气，在这之后各种风险的识别和预测当中，该方法被普遍关注，多次采用。德尔菲法是卓有成效的一种方法,尤其是在识别项目面临的风险时,若遇到无法使用定量分析,并且难度较大、能够造成非常严重后果的风险时,德尔菲法的方法就很适用。

(c) 头脑风暴法

头脑风暴法(brainstorming)是一种新型的技术,其具有激发创造性的优势,能够以会议的模式研究项目情况,参考专家的建议,并满足风险识别目的,得到最终结论。

(d) 风险因素预先分析法

风险因素预先分析法(preliminary hazard analysis)是了解判断可能会产生的风险以及其类型,同时需要预测引发风险的原因与可能导致的后果等内容,这一预测需要在活动开始前实施完毕。

(e) 环境分析法

为了研究内在风险受外部环境的影响程度,美国研究者威廉·迪尔与约翰·奥康纳尔首次提出了环境分析法。即识别有关环境的四个组成部分:顾客、资源供应者、竞争者和政府管理者。

除此之外,流程图分析法、故障树分析法、幕景分析法、财务报表分析法等都能够对风险进行识别,但是这些方法都存在一定的缺点,因此,为了更好地进行风险识别,在实际操作中,通常采用多种方式共同识别。

2) 油田勘探开发过程中各个阶段评价

(a) 项目机会选择阶段经济评价

从长期、短期战略目标角度而言,对国际石油合作勘探开发项目机会进行研究分析,同时挑选出最好的机会。具体有分析财税条款、政治风险程度,分析东道国政府法规制度,判断拟投标项目的油气资源前景等内容,根据以上信息对勘探开发许可证的获取难度进行判断,同时判断最优的进入时间,并对出口情况进行分析。除此之外,还需要分析国内稳定性、合同信誉、国际制裁等内容,从而根据战略目标确定投资机会。

方案需要较长时间产生的,将会在首次筛选中被剔除,留待以后分析。主要从下面几个角度进行研究:总成本预测;风险程度;项目成功的期望收益;合作伙伴评价;技术成功的可能性。在对机会的考虑过程中,需要按照一定的顺序,这一顺序主要的参考项目包括项目复杂性、目标层次、技术的可行性、满足目标的程度、技术差距等内容。图 4-16 展示的即为评价投资机会的一般性层次。

(b) 项目勘探阶段经济评价

首先,先对整个地区进行分析,判断储量前景可能产生的地区,该判断需要依

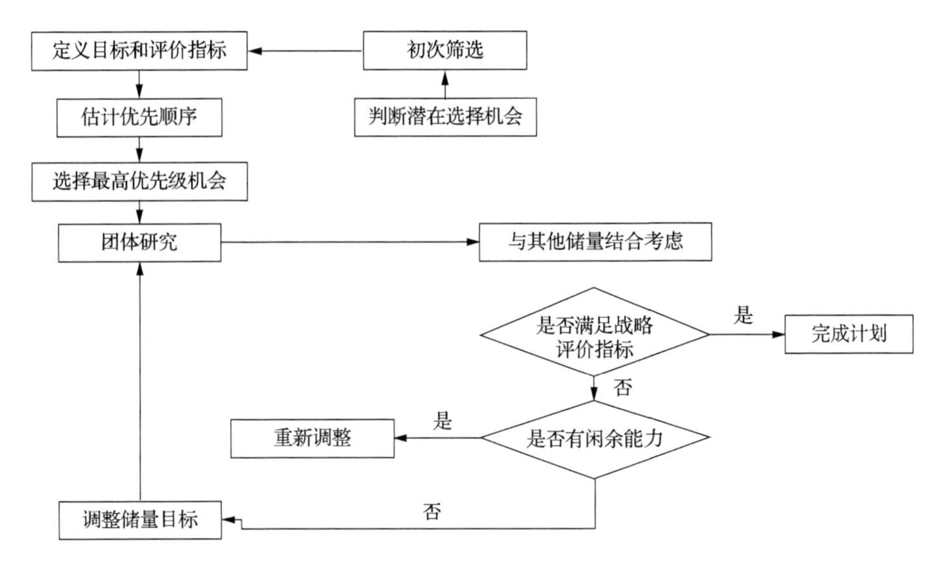

图 4-16　投资机会选择模型

靠现有的地震基础。在对储量的厚度、深度与结果进行设定时,需要依靠储藏知识以及结构知识的相关内容。考虑四种风险因素:结构、封存、储藏和保存。其次,对前景情况进行预测,评价需要利用到期望净现值,放弃小于零的前景区,图 4-17 即为协助进行评估的决策树。再次,以图 4-17 为模型,利用建立的模型,勘探整个区块的开发情况。最后,如图 4-18 所示,区块的经济性需要通过筛选与评价进行区分,最终进行开发。

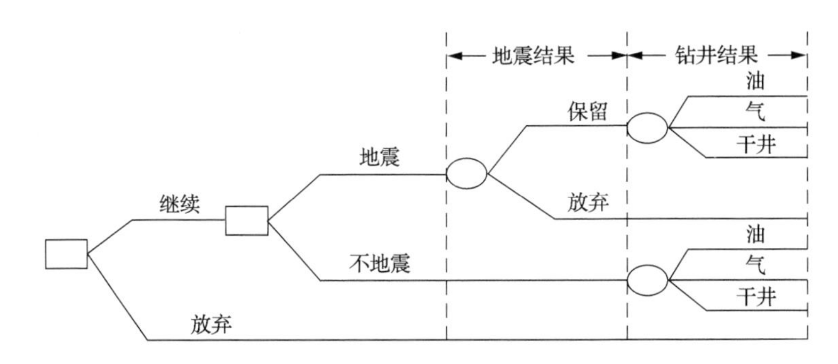

图 4-17　单个远景区评价的决策树分析

(c) 项目开发阶段经济评价

(1) 数据收集:项目实行情况、开发区统计数据、未开发储量等诸多项目都是要收集的内容。

(2) 专项研究:包括参数选择与确定;评价地质、对油田储量的经济价值进行判

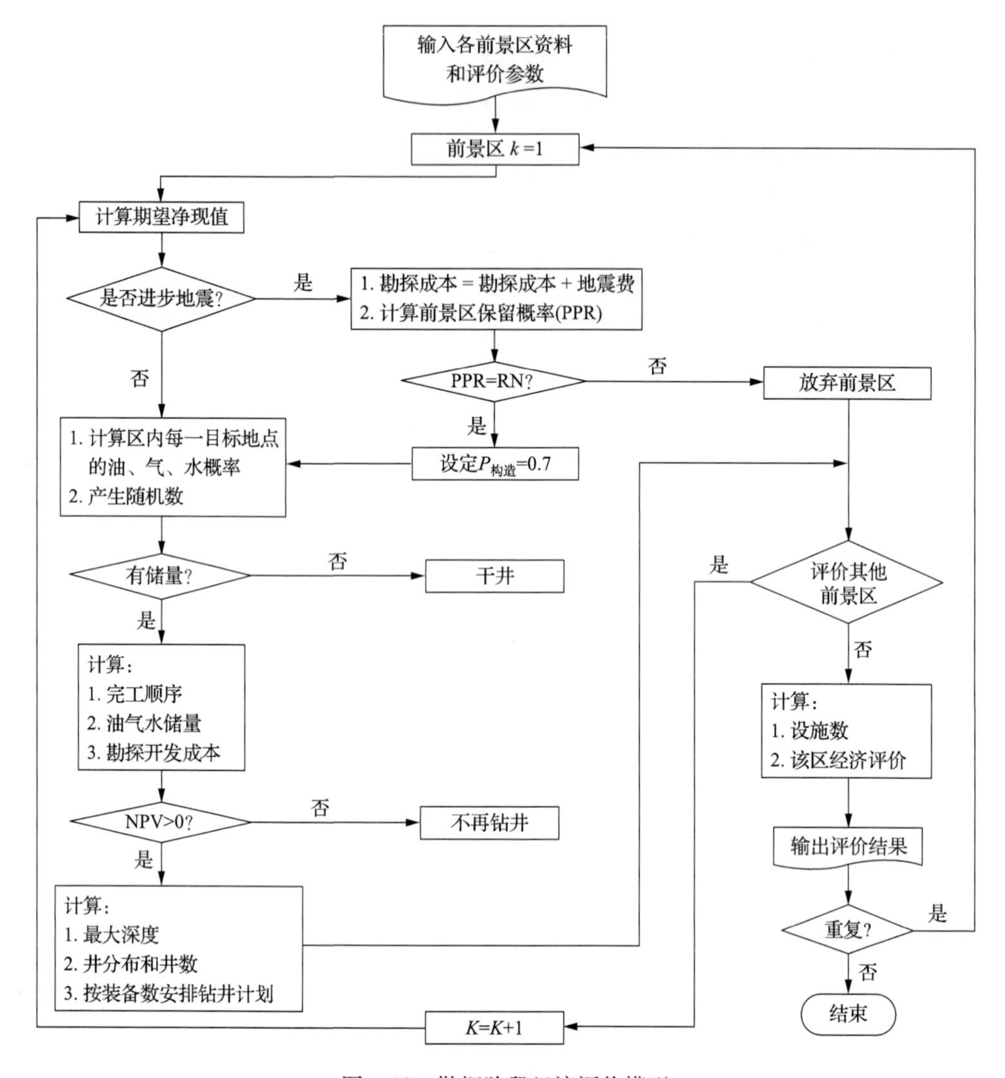

图 4-18　勘探阶段经济评价模型

断，了解其开发的可行性情况，提供项目合理利用资源的情况，并将具体内容以利润顺序进行排列，研究新开发区经济指标情况，并描述开发区经济动态，判断原油的供需与价格关系；油田开发的经济评价方法；开发项目经济评价软件，8 个专题研究。

(3) 研究整个项目的综合分析，评价其经济状况，最终编制成经济评价报告。

3）油田勘探开发过程中的评价程序、评价指标、评价方法

(a) 评价程序

进行油田勘探开发项目的风险评估工作，必须要从系统化、物化上着手进行，针对某些已进行过参与的评价问题，要做到纯客观因素是不太现实。基本上，油田

勘探开发项目的风险评价过程,通过上述五项基本要素的确定内容,实际执行流程如下(图 4-19～图 4-21)。

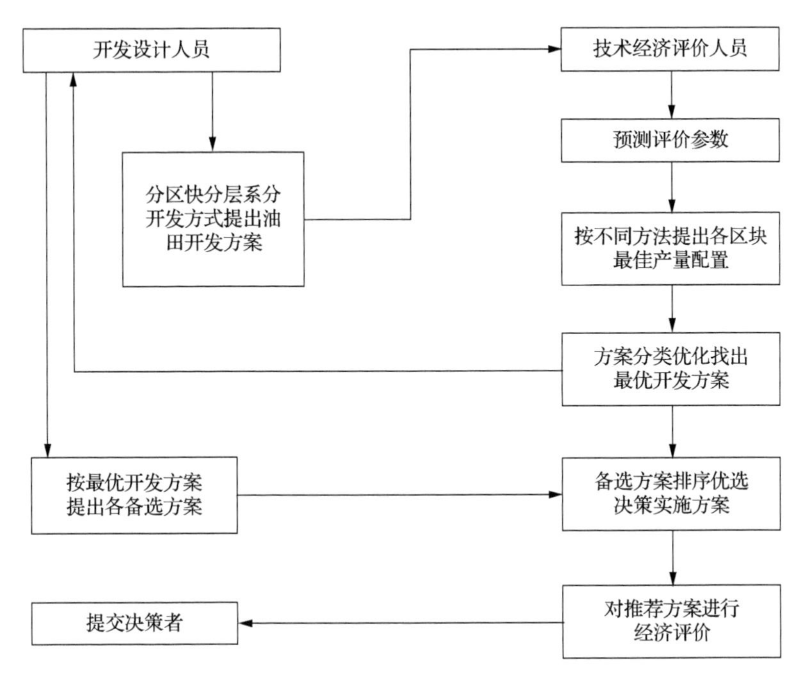

图 4-19　开发决策程序

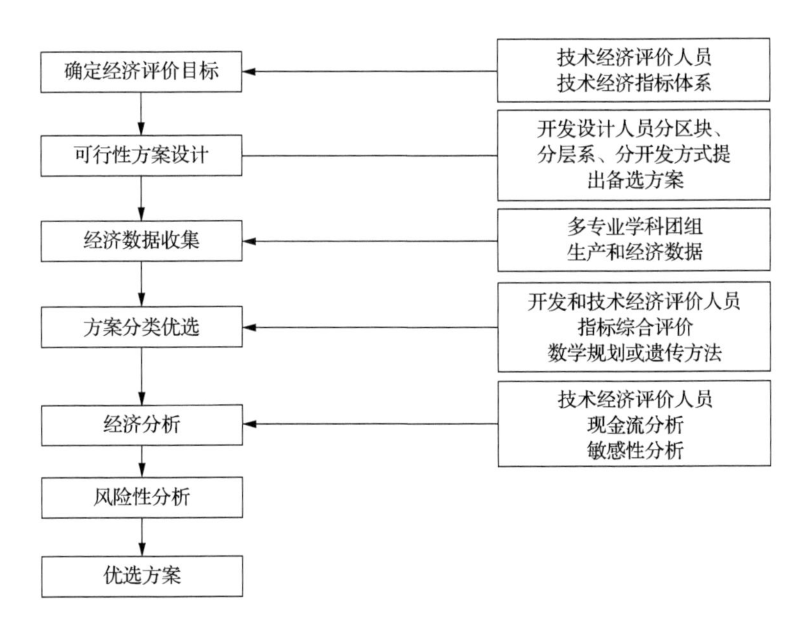

图 4-20　开发阶段方案经济综合评价模型

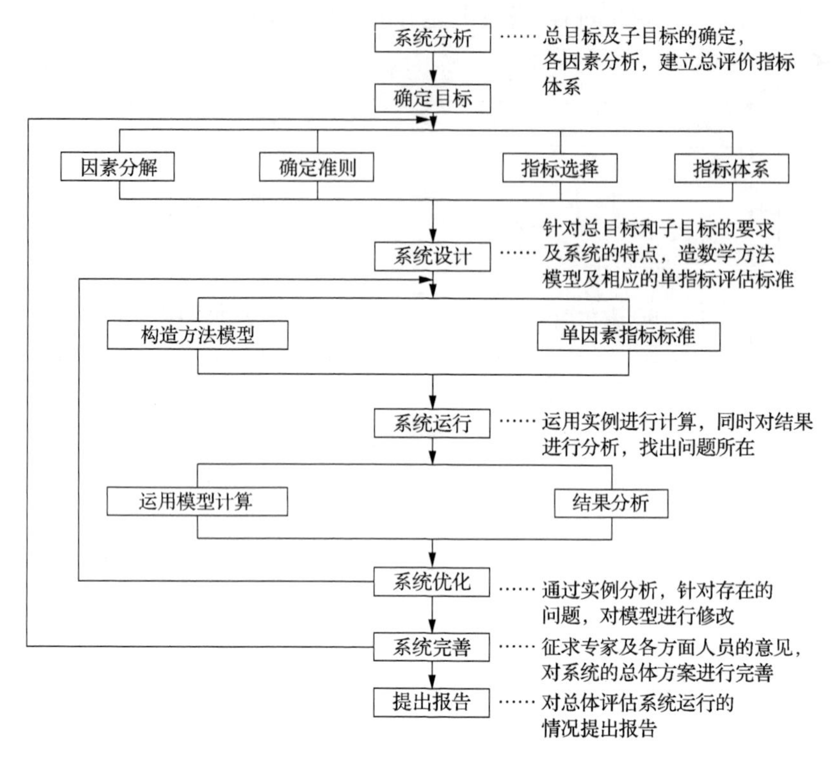

图 4-21　国际石油合作勘探开发项目总评估系统建立的合作

（1）确定评价对象。评价对象的确认标准，是根据油田勘探开发项目的风险评价任务、目标来确定外界条件，同时通过仔细地领悟剖析出油田勘探开发项目中的内部及外部环境关系，由于不同层次的开发活动里，每个领域的专业知识和技术、不同类型的人员及单位结构，都是项目内部复杂交错的关系，这样的层次关系使得评价对象的确认工作难度不断提升。

（2）明确评价目标。评价目标不同，所考虑的因素有所不同，为了进行科学的评价，必须反复了解评价的目标及为达到此目标应注意的具体事项，熟悉评价方案，进一步分析和讨论考虑到的因素。

（3）资料信息的收集与分析。按照评价的目的进行相关数据的集中收录，结合该数据及资料的基础，对于影响油田勘探开发项目的主要风险要素进行重点分析。要确保评价数据的可靠性，必须在评价指标中先预设几个能够考证、操作容易的关键要素，针对上述关键要素的抽样检查，验证数据的真实及准确率。

（4）组织评价专家组。通常情况下，评价过程中由技术、管理及评价方面的专家们组成评价专家组。要满足油田勘探开发项目的风险评估目标要求，就必须从工作方式、专家资格方面进行严格把控，这样才可以保障评价结果的权威性和有效性。

（5）确定评价指标体系。要衡量评价对象，评价指标是最具体的标尺。油田的勘探开发项目中风险评估部分，一定要建立能够对应每个风险项目的统一标尺，即评价指标体系。这个评价指标体系一定要从科学、可观、全面的角度，进行多方面考量，从组成系统的主要因素、相关性能到费用及效果等。通过这种方式，就能清晰地比及评价出油田勘探开发项目中所有风险能力的详细情况，针对实际情况制定相应的策略。

（6）选择或设计评价方法。评价的方式会因评价对象的实际情况而有所差异。整体而言，要选择恰当的评价方法必须根据系统目标、系统分析结果来定义，同时注重评价目的和方法之间的匹配度、内在约束力，对于不同的评价路径、角度，都要做到熟练掌握的程度。

（7）单项评价。单项评价的定义是对系统其中较为特别的部分开展深入的评价，使得系统特征得以突出。最优方案的选择在单项评价中不可实现，解决最优方案与方案优先顺序的理定只能在综合评价阶段确定。利用单项评价分析油田勘探开发项目，也就是分析油田勘探开发项目的地址风险、管理风险等。

（8）综合评价。基于单项评价，充分分析模型与各种资料，评估单个油田勘探开发项目的风险，用整体观点看问题，全局分析问题就是综合评价。

（9）评价结果的分析。评价与排序只是其中一小部分目标，基于此开展部分综合分析的活动，在综合分析的基础上获得对宏观指示的有效建议。

（b）评价指标

如何确保油田勘探开发风险评价结果具备全面性、可比性等特点，在规划油田勘探开发风险评价标准过程中严格按照以下原则：①综合性原则。也就是各个评价标准所折射出的应当是油田勘探开发项目某一独特之处，所规划的标准系统可以反映油田勘探开发项目风险的完整性。②层次性的原则。评价标准系统的构建应基于可以更加精确地折射出各个部分之间的控制关系，每个指标的含义十分清楚。③系统性原则。自身的人、财、物等各方因素或者是其组合效果会使得油田勘探开发风险的测评受到约束。④可行性的原则。所确定的标准与现行的勘探开发工作的实际要相匹配，标准设计方式可以不繁杂与实用，标准系统具有科学性。此外，标准内涵的明晰度，杜绝歧义或误解。除此之外，还应规划好标准的个数，从而使实际评估的可运转性得以提高。

油田勘探开发风险评估系统构建更加科学合理，评价油气勘探开发项目，油田勘探开发风险的组成要素需进行全面分析，从油田实际情况出发，建立更加科学完善的综合评价体系。

（1）环境风险。法律风险和经济风险以及政治风险都是油田勘探开发项目所要考虑的因素。而政治风险又分为资金移动风险、政策变动风险、国有化风险和战争风险四种风险。

(2) 地质风险。可采油气藏有没有危险就是地质风险,已发现的稳定油气流的油气藏就是可采油气藏。地质风险测量指标可划为运聚配套条件、分烃源条件、储层条件、保存条件以及圈闭条件这五种单项地质条件。

(3) 市场风险。因为市场上一些无法预测的因素,油田勘探开发投资项目的投资和收益与预期的可能不符,收益可能会低于投资,这就是市场风险。

(4) 工程技术风险。油气体积的准确位置、工程预期时间、油气储存量与工程师所探测的是否相符就是工程技术风险。

(5) 管理风险。在管理与经营油田勘探开发项目的时候,项目管理可能不好,项目各部门之间可能不配合和一些突发状况都可能导致项目管理风险,使项目获利受损。像组织结构和团队成员、经营管理者的自身素质、合同风险、核心竞争力等都可能导致管理风险。

(c) 评价方法

对于油田勘探开发项目的风险管理研究来说油田勘探开发项目的风险预测解析是非常重要的。例如,预测风险可能出现的概率与风险所带来的利益损失,以及预测各种风险的具体数值与风险种类都属于油田勘探开发项目的风险预测解析内容,并以此作为风险控制管理的理论依据。油田勘探开发项目风险评价的方法有很多种,特别是在最近几年,下面介绍几种比较普遍的方法。

(1) 蒙特卡洛数值模拟法。蒙特卡洛方法亦称为随机模拟方法(random simulation),或随机抽样(random sampling)技术或统计试验(statistical testing)方法。该方法在风险评估时应用较多,它可以进行未来情况的模拟以及暮景分析,蒙特卡洛数值模拟法的有效性以及精度受到各输入量概率分布估计以及仿真计算模型精度的影响。

该评价方法的优点:①允许把风险和不确定性作为每一个未知因素的分布来描述,而不是单个值,可通过研究每一变量的变化来计算风险和不确定性的不同水平,使每一活动的风险因素得到更具体量化的表述;②在所有的计算类型中都可以应用,如随机变量等;③考虑的变量数目不受限制;④能够根据具体的数据形式选取任意分布形式的随机变量;⑤充分强调专家的影响,只有熟悉参数的专家才能进行各个随机变量分布的判断;⑥这个方法可在计算机上实现。

该评价方法的缺点:①一般情况下,实际应用中的模拟系统复杂性高,模型创建过程复杂;②必须是群体智慧。很多不确定性因素都需要提供数量化的概率分布,实际运行过程较为复杂;③缺乏风险因素间的相互作用的考虑,所以降低了风险估计结果。

(2) 人工神经网络法。人工神经网络(artificial neural network,ANN)。该技术充分利用了生物学神经系统中神经元相互影响的原理,能够实现对数据快速处理的一种信息处理技术。具体来讲，该信息处理技术通过模拟人脑中神经元相互作用的拓扑结构，该处理器的规模较大，并且具有分布式特点，它可以对经验知识进行利用。人工神经网络的优点是：可以在复杂的非线性系统中高效地进行数据模拟以及建模，还能够进行非线性动态处理、容错性强、自学习以及自组织的特点。值得注意的是，在一些推理问题、联想问题以及自适应识别能力中应用较多，它可以有效解决非线性问题。

该评价方法的优点。①学习能力：网络可以根据该方法获取输入与输出数据，并且判断输入输出存在的关系。如果应用环境不同，就可以使用学习的方法提升网络的能力；②抗故障性：对于普通的系统来说，尽管出现的系统问题很小，这个系统也会出现大问题，也可能造成系统功能地变弱，但是在神经网络中，系统的小缺点只能引起小的改变；③并行性：神经网络的关键作用在于并行处理，所以该网络的优点在于处理速度较快；④连贯信息表示：神经网络利用一些神经元激活的方法实现信息的表示，所以尽管使用其他人工智能无法有效表示，利用神经网络也能够有效表示。

评价方法的缺点：在神经网络综合评估模型内，如果缺乏数据或者是设计的训练样本集不准确，训练样本集的获取就需要借助其他评估方法，然后才可以进行网络训练。由于已知数据积累以及实践经验，建立在客观数据基础上的训练样本集的准确性不断提升，尽管利用神经网络综合评估模型提升实际问题表现的精确性，但是它涉及大量的计算。而且如果使用神经网络方法，全局极值的获取也较为困难。

(3) 风险评价指数矩阵法。在定性风险估算中，一般使用 RAC 法，在这种方法中，需要根据影响危险事件的因素风险可能性(P)以及风险严重度(S)的性质，将它们分为相应的等级，获得风险评价矩阵的具体模型，然后使用相应的加权值进行风险大小的定性衡量。一般情况下，如果使用 RAC 进行风险描述，在风险矩阵中，行中内容含义是：出现意外事件时，结果的严重程度(S)；列的内容含义是：出现事故的可能性，也就是意外事件发生频率(P)。

该评价方法的优点：风险评价指数矩阵方法的特点是灵活简单，使用该方法可以判断风险的严重性，判断风险的可承受能力；能够利用系统层次的方法根据次序发现系统内以及设备内出现的风险，然后再根据不同的等级分类这些风险，进而根据风险问题的严重性采取科学的应急措施，用途较大，能够从定量与定性两个角度进行研究。在使用这个方法辨识出一些风险之后，还可以进一步运用事件树法以及故障树法进一步研究这个风险。

评价方法的缺点：因为分析需要建立在过去资料以及经验的基础上，先确定不同的故障类型，具有较强的主观性。所以，应该由工人、生产人员以及技术人员同时使用该方法。而且该方法中的两个指标都是由研究者自行设计的，因此主观误差相对较大。

(4) 主成分分析法。主成分分析法涉及多元统计研究,这种方法在经济分析中应用广泛。主成分分析法,即重新组合指标,产生一组彼此无关的指标,也就是这些指标的信息互补重叠。而且利用实际需求与原则,选取一小部分指标来表现这些指标所具有的相同之处。因此,在主成分分析法中运用了降维的观点,进而将多指标转化成少数指标,然后再进行多元统计。

该评价方法的优点:①可以把多个指标转变为少数指标,也就是降维处理,然后再分析;②考虑到了降维后数据的关联性,计算量相对较小;③因为主成分分析突出的是统计规律,所以如果是进行大样本研究,那么部分样本不会对总体产生太大的影响。

评价方法的缺点:①评价标准的不可继承性;②评价工作的盲目性;③评价指导思想与评价结果相互矛盾;④必须建立在大量的统计资料基础之上。

4) 油田勘探开发项目风险处置

在油田勘探开发项目方面,应对风险制定策略时,不能一直选择回避。石油企业的目标是发现油气田,并将其从地下开采出来,在满足生产建设和人民生活需要的同时,获取最大的经济效益。因此,对于石油企业的发展,一味地回避风险而选择放弃开发新区块的措施,这与其经营目标是不符的,毕竟老区块的经济寿命是有限的。针对各类主要因素中的风险事件,在此提出以下更具体的解决方案。

(1) 自然性风险的处置。自然性风险的处置见表 4-16。

表 4-16 自然性风险的处置管理策略及相应的措施

风险目录	风险处置策略	相应的措施
地址条件差	风险自留	
	风险转移	利用合同条款
资源量不足	风险自留	
	风险转移	利用合同条款
火灾	风险转移	购买保险
洪水	风险转移	购买保险
	风险自留	
地震	风险转移	购买保险
	风险自留	
塌方	风险转移	购买保险
	风险损失控制	

（2）社会宏观环境风险的处置。社会宏观环境风险的处置见表 4-17。

表 4-17　社会宏观环境风险的处置管理策略及相应的措施

风险目录	风险处置策略	相应的措施
战争和内乱	风险转移	购买保险
政策、法规变化	风险自留	
项目资金无保证	风险回避	放弃项目
没收	风险自留	
禁运	风险损失控制	降低损失
通货膨胀	风险损失控制	调整执行价格 投标中考虑应急费用
汇率浮动	风险转移	投保汇率险
	风险转移	套现交易
	风险损失控制	选择币种，优化货币组合
资金转移困难	风险损失控制	谈判，达成特许协议

（3）项目建设风险的处置。项目建设风险的处置见表 4-18。

表 4-18　项目建设风险的处置管理策略及相应的措施

风险目录	风险处置策略	相应的措施
设计不充分	风险自留	
	风险转移	合同中分清责任
地下条件复杂	风险自留	
	风险转移	合同中分清责任
现场条件恶劣	风险自留	
	风险转移	投保第三者险
工作失误	风险损失控制	严格规章制度
	风险转移	投保工程险
劳务争端或罢工	风险自留	
	风险损失控制	预防措施
设备毁坏	风险损失控制	购买保险
	风险转移	加强保护措施
工伤事故	风险转移	购买保险
污染及安全规则约束	风险自留	制定安全计划
对永久结构的损坏	风险转移	购买保险

(4) 项目组织风险的处置。项目组织风险的处置见表 4-19。

表 4-19 项目建设风险的处置管理策略及相应的措施

风险目录	风险处置策略	相应的措施
人员素质不高	风险损失控制	加强员工基本技能培训
	风险损失控制	强化道德观念
工作效率低下	风险损失控制	抓好员工培训工作
	风险自留	
员工团队精神差	风险损失控制	组织协调
	风险损失控制	组织活动,增强员工团队意识

(5) 跨文化风险的处置。跨文化风险的处置见表 4-20。

表 4-20 跨文化风险的处置管理策略及相应的措施

风险目录	风险处置策略	相应的措施
社会风气腐败	风险自留	
宗教节日影响	风险损失控制	预防措施 合理安排进度 留出损失费
工作氛围不好	风险损失控制	加强企业文化建设
	风险损失控制	组织活动,活跃工作气氛

4.4.2 油藏管理与和谐管理的比较

1. 和谐管理的相关理论

1) 和谐管理的有关概念

(a) 和谐的概念

我国古代哲学强调事物之间发生的协同作用以及协作现象,如古代哲学家孟子提出的天时、地利、人和的观点。在古代中国,自然哲学突出“关系”的重要性,强调整体协作以及协调的重要性,进而实现了“自发并有组织的世界”。古代中国,哲人们都追求着人与人、人自身以及人与自然的和谐发展,只有利用和谐理念才可以实现人生价值以及生存方式的探寻[34]。在西方,哲学家认为和谐的基础是人可以客观认识世界,强调外部世界存在协调统一性。国内外哲学家纷纷从不同的角度去阐释和谐的重要意义。从某种意义上讲,和谐是全人类的共同追求。

在西安交通大学,席酉民教授等根据系统论知识,这样介绍“和谐”:“和谐是判断系统有没有创建出有利于系统与子系统实现创造性以及能动性的环境条件,系统成员与子系统的交流合作是否具有协调性。”而且教授也设计出了两轨两场的控制机制[34]。两轨分别表示:社会的法制制度与系统的组织手段,它属于强制性的约束,规定了系统成员的行为准则。两场分别表示促协力场与协同力场。协同力场属于内部环境,如企业文化、行为习惯以及精神道德等;促协力场表示:可以影响协同力场产生的一些外部环境规范。如果运用两轨两场机制,那么系统必然会和谐发展。

(b) 和谐管理的思想

“和谐”思想是一种管理思想,它体现出社会的一般发展规律,和谐思想与管理理论不断完善,发展历史悠久。但是不管是古代的哲学思想,还是近代的管理学思想,因为科学水平相对较低,和谐思想只是一种片段、零碎的意识状态,无法产生科学规范的组织管理思想。

在 1988 年,西安交通大学席酉民教授出版了《和谐理论与战略》,在研究一些组织系统以及和谐运行机理的研究基础上,席教授提出“和谐理论”。他认为和谐管理内:“和则”使用行为自律、自我主导以及环境诱导等方法创建出一种有利于组织成员向系统期望调整、有利于组成成员自我约束的一种行为,其作用在于调解人际相处,确保社会、组织以及组织间可以相处,增强人与人交往的确定性以及可预测性。“谐则”表示不管是功能制度,还是组成以及机制都相对科学,并且比例合理,满足客观事物的发展规律,然后再使用这些法规、规律以及科学去分析这些管理问题。“和则”和“谐则”通过结合互动,进而最终促使系统的“和谐”发展[35]。

对于现在管理理论存在不确定性的不足,该理论指出和谐管理的具体方法是:“问题导向”前提下的“人的能动作用”与“优化设计”双规则的互动耦合机制。在分析内外环境的基础上,研究组织的战略意图(strategy intention),然后用领导的选择性注意机制判断组织是否具有和谐主题,确定科学的“谐则”(xie principles)与“和则”(he principles),实现问题方法的科学处理,将和谐主题下的谐则与和则作为中心,互动耦合(he xie coupling)产生特定的和谐机制,并且得到其运行状态(he xie,HX),使组织达到和谐管理的目标[36]。在和谐管理理论中,“和谐主题”含义为:在特定时间与环境条件下,组织需要实现战略目标,则在这个过程中必须要处理的问题以及关键任务。“和则”主要是利用“人”的能动反应来进行问题复杂性管理的一种方法,具体方法是激发人的能动反映,让人自觉地去完成解决相应的问题机制。“谐则”需要制定设置组织管理系统,设计相应的管理对象行为方法,进而在一定环境条件中,提升组织运行效率的方法。为了提升组织运行的和谐,必须从组织运行的谐则机制、和则机制以及和谐主体三方面进行互动耦合,并且这种相互作用需要建立在内外部环境的基础上,相互促进,最终实现组织发展的和谐目标。

和谐管理理论是一种完善特殊的管理机制,它包含很多应用工具以及概念体系,如“和谐机制”、“耦合”、“谐则”以及“和谐主题”等。和谐管理理论中的基本框架为:首先,领导先分析研究组织内部与外部的具体环境,同时根据组织战略发展以及在愿景的指导下,确定组织发展各个过程的和谐主题[37];其次,根据和谐主体设计和则体系与谐则体系,然后将和谐主题作为中心,耦合和则体系与谐则体系,进而促进组织运行的和谐性,提升组织绩效。具体来讲,和谐主题的含义是:在一定环境时间条件下,组织领导充分结合组织的环境特点以及组织的发展规划与战略意图,有针对性地解决处理当下遇到的组织发展问题以及组织急需解决的任务。在和谐管理中,共分为和则机制与谐则机制,可以用表 4-21 表述详细内容。和谐耦合含义是:以和谐主体作为中心,实现谐则与和则主题在各个层次中的整合、转化以及互动。

表 4-21 谐则机制与和则机制的具体内涵

具体内涵	谐则机制	和则机制
本质	设计优化的控制机制	能动致变的演化机制
设计对象	组织成员的具体行为路线	必要的组织环境、组织氛围等
设计原理	考虑组织成员的共性而忽略其个性	强调、重视组织成员的个性
作用	正式控制	非正式诱导
表现形式	严格执行,组织成员无自由空间	宽松执行,组织成员有自由空间
效果	成员被动地被施以外在的推力	组织成员被施以拉力,具有内在的主动性

2) 和谐系统的概念

(a) 和谐系统含义

和谐系统可以具体分为诸多元素部分,它们之间具有相互协调相互统一的关系,这个系统可以在外部环境发生变化的情况下保持组织运行的稳定性,和谐系统的整体功能一般大于孤立系统单独运行时发挥的功能之和。与之相反,如果整体功能比部分功能之和要小,并且没有一些孤立部分具有的性质,那么该系统就是不和谐系统。

系统和谐性可以用来描述系统内的各个子系统以及成员是否可以发挥出系统的创造性以及能动性条件,并且包含系统内成员与子系统运行的总体协调性[38]。系统的和谐关系指的是系统内因素和外部因素发生的相互作用、相互影响关系。和谐关系体现出系统内子元素对于系统功能的贡献以及功能影响。由于和谐关系表示了系统内元素对于外部环境的影响作用,因此系统的全部和谐关系就是系统整体对外部环境的作用与影响。整体影响效果比单一元素的影响效果要大,系统元素间具有一致性、协调性以及合作性。使用标量函数 h 作为度量,如果值很大,说明系统具有较高的内外部适应性以及关系匹配程度。其数学表达式为

$$H = f(h_1, h_2, h_3, h_4)$$

式中,f——系统功能函数。

h_1——构成和谐性，主要是系统构成与要素具有的和谐性，具体表现为：①存在和系统功能匹配的构成要素；②不同要素的匹配方法合理，并且协调性较强；③并不强调最优与完美，更多的是实现系统的整体功能；④系统活动的主体可以符合系统运行的相关条件。

h_2——组织和谐性，即怎样使用组织方法：①科学的实现系统的功能；②设置和系统功能相对应的系统结构，进而保证系统内各成员与子系统融合在一起，相互促进影响；③设置并创建控制系统，确保系统能够协调稳定地运行下去，尽可能发挥出更多的系统作用。

h_3——内部环境和谐，在系统中，各成分的发展目标、内部风气、系统政策以及协作环境是相同的，可以强有力地吸引系统成员。只有这样，系统元素才可以发挥出更大的作用。

h_4——外部和谐，其具体分为两种：①外部环境本身的和谐。如果是企业，那么外部环境就是社会具有稳定性，这样才可以促进企业税收、服务以及财政政策的健全，确保企业活动的顺利性等，企业的社会价值才可以真正实现，与之相反，企业的发展阻力将会变大；②系统与外部环境的和谐性。企业必须制定一个适应能力较强的自适应机制，进而保证企业不因为外部环境的改变而受到发展的阻碍。外部和谐指的是系统充分利用外部环境的改变，完善企业发展的不足，提升系统功能。否则，系统无法发展。

H——总体和谐性，它包含很多因素的和谐，如控制管理的和谐、物流与信息流的和谐以及组成功能要素的和谐等。必须提升系统功能的完善性、优化结构组成，确保其符合系统的功能特点，提升系统各部分的协调性，优化其结构；系统和外部环境相互协调，系统能够根据外部环境的改变而协调发展。总体和谐是更高形式的和谐。

(b) 和谐系统的性质

(1) 非线性。系统元素功能或子系统的非线性函数，可用于表示系统功能。当子系统功能之和小于系统总功能时，非线性作用于其对外功能的迭合，这是元素与层次间、系统内部层次间、元素与元素间以及元素间非线性相互作用反映内部层次与层次间发生作用的结果，这种作用既能是直接作用，还能是间接作用；既能相辅相成，又能相反相成[39]。

(2) 不确定性。决策方案的风险性，由系统的不确定性造成。在系统的演化道路上，具有一定的非线性因素，因而具有众多不确定性。系统的不确定性是一个在自然科学方面存在的理论，指凡事都具有不确定性。其表现形式多种多样，如随机性、模糊性、粗糙性以及多重不确定性等。不确定性是检验系统和谐程度的标准之一，同时是推动系统进化的根本原因。不确定性使系统具有发展的机会。

（3）开放性。外界的信息、能量、物质的交流是实现系统功能的基础。和谐系统没有不开放的，只有开放的系统才能拥有发展进化的动力，才能显示系统的功能，才能进行能量、物质、信息的交换。

（4）自组织性。系统自身能够对外部变化进行适应和抵御。不管系统的部门多么精密、结构多么复杂，只要是凭借外部指令进行反应的组织系统，均无法自行突变、进化、主动适应外界，因此，和谐系统一定是自组织系统。只有自组织系统才能做到持续整合、协调自身内部，既能保持自身特性，又能适应外部变化，自行创造出新功能。

（5）无限发展性。宝塔型和谐递增性是系统和谐所呈现出来的状态。系统发展是无限的，因为和谐有各式各样的层次，没有统一的模式，其演变道路是非确定性的。不断接受的新信息，不断出现的新功能，不断出现的新结构，不断吸收的新元素，不断增加的有序性，这些都促使和谐系统有着无限的追求和广阔的前景。

（c）和谐系统和谐机制的实现

实现机制优化需基于和谐理论的思想做好下述事项。①系统现状和谐性分析。对现阶段系统的和谐性和状态进行研究，将初始状态 X_o 找到；②机制优化。寻找到理想和谐态 X_h，也就是系统机制的和谐状态；③系统演化过程优化。如图 4-22 所示，从无数种演化路线中找出系统从 X_o 演化到 X_h 的最佳或最满意的路程；④系统实际发展的监控。即和谐预警系统的构建。

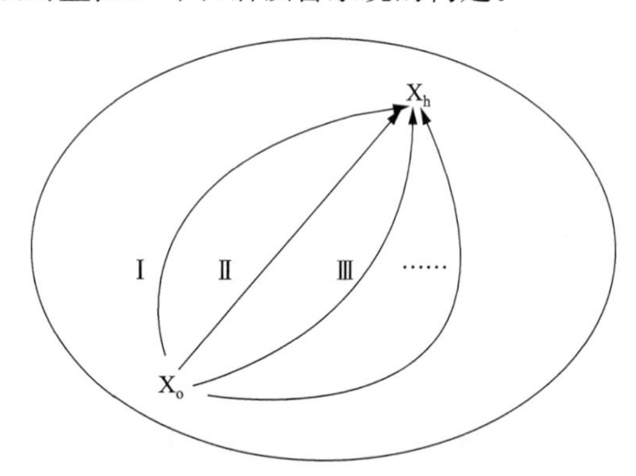

图 4-22　和谐系统演化示意图

2. 油藏管理模式下的和谐体系构建的必要性、原则及思路

相比国外，我国在开发以及管理油田方面起步较晚，落后国外企业油田管理很长一段距离，在油藏管理上，很多油田企业依然面临着非常多的不和谐因素。

1）油田企业外部问题分析

（1）管理体制不接轨。

公司组织结构存在漏洞，没有凸显油气核心业务，依然被公司内部的“小而全”所局限，需要和其他国家正规的油田公司进行接轨，而且要经常进行战略重组。油藏管理必须符合国际惯例，这是我国大部分油田企业所面临的最大考验。不过大部分油田早已具有自己的运营以及生产习惯，和国际惯例接轨的难度非常大，需要同时改变管理方式以及运营思想，这种改变过程通常都很艰难[39]。

（2）油田公司与存续企业的利益关系问题。

重组改制，优化了油田最重要的部分，油田公司依然是非中心部分工程技术服务单位，如录井、钻井等的主要市场，同时还要在关联交易的约束下提供工程技术服务给核心部分。现如今，我国大部分油田企业和存续公司的关系都很复杂，一般反映在合作制度存在不足、缺少相应的交流等。

（3）油地关系不和谐。

这些年来，我国大部分油区治安情况的恶化速度越来越快，对油田的正常生产造成了很大影响，使油田的生产经营成本不断提高，因此，确保油田企业快速平稳发展的前提条件就是实施有效的方法，打造优良的周边环境。

2）油田企业内部问题分析

现今，油田企业的发展还存在以下几个内部问题。

（1）勘探开发脱节。

我国大部分油田，特别是老油田，经过长时间的开发，勘探程度越来越高，能找到的新资源不断减少，而且剩余可采储量明显下降，资源接替面临着严峻的考验。这些都让我国大部分油田的可持续发展面临考验。

（2）技术创新能力不足。

勘探开发油田的难度不断加大，因此必须有现代化的配套技术给予帮助，但我国投入在油藏管理上的费用很少，同时缺少这方面的人才，科技管理制度存在不足。

（3）没有产生有效的人才梯队。

要想促进油田发展，就必须建立复合型的人才团队，现如今人才团队的状况还很让人担忧。这是由于培训方法太少、激励制度存在缺陷以及培训制度过于死板等所造成的。

（4）企业文化作用不突出。

油田企业和谐发展要凭借企业文化渗入到所有系统，企业的根本就是企业文化，不过现如今企业文化的作用还没有显现出来[39]。这是由于尚未建立优良的企业和谐文化，而且推广力度和方法也有待加强和完善。

影响油田企业管理和谐发展的因素非常多，同时也很复杂，所以通过因果研究法对我国油田企业管理不和谐加以研究,如图 4-23 所示。

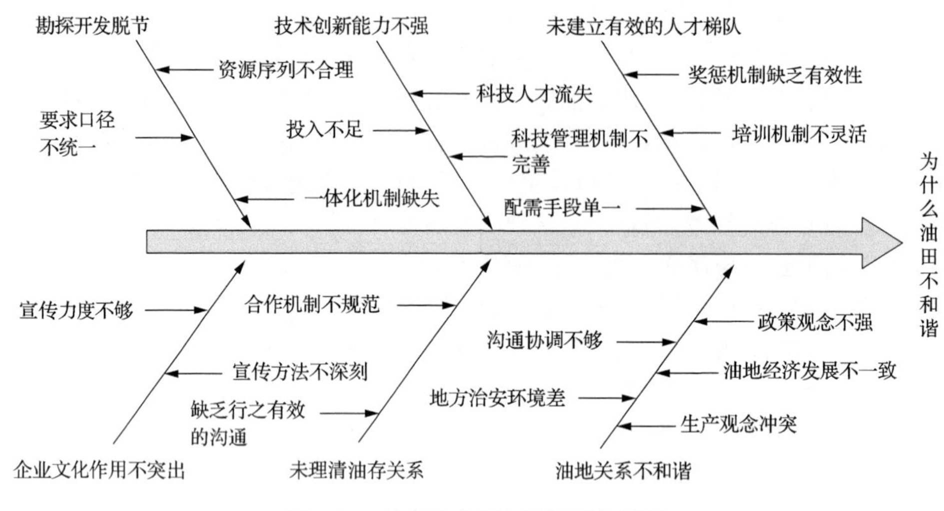

图 4-23　油田企业不和谐因果分析图

3) 建立油藏管理模式下的和谐关系的必要性

从上述分析中,不难看出我国油田企业在管理制度不衔接、油地关系矛盾突出、油田企业和存续公司存在利益纷争、勘探开发脱节、技术创新能力不足、未建立有效的人才梯队、企业文化作用不突出等管理方面存在着很大的问题,严重阻碍着油田企业的发展。所以,对油公司来讲,目前最紧急的任务是创建一个有效和谐的管理制度,另外,可以将油田企业当成是一个不与外界交换能量、物质以及信息的开放体系;而和谐管理理论通过分析组织系统不和谐产生的原因,并通过构建"和则"、"谐则"及其两者之间的互动来达到系统和谐秩序的构建和维持,所以在对油田企业的管理进行指导时,可以借助于和谐管理理论。

4) 油田企业和谐体系的构建原则

(1) 油田企业的生存与可持续发展。

中国共产党建立和谐社会以及执政兴国都是将发展放在首要位置,同时也是企业最主要的任务。发展是企业在市场上立足的基础。只有在发展中才能求生存;只有发展才能有效处理改革期间遇到的问题;只有发展才能实现企业的稳定。

油田企业要遵循科学发展观,经过发展来加强企业的竞争优势,实行可持续发展战略,从而为建立社会主义和谐社会打下基础。油田企业的可持续发展就是:避免过度开采,确保已有资源不受损害,借助科技发展提升勘探开发效率及原油采收率,尽量拉长开采使用石油资源的时间。

企业在发展期间,充分使用以及科学配置企业能获得的各种资源(主要有市场、人力、政府政策、技术等),实行全员创新策略,对机制、组织结构进行优化和改革,扩大业务发展途径,一方面确保已有运营业务能稳定发展,另一方面确保新领域以及关联业务的快速发展。

(2) 员工与油田企业的和谐。

企业和员工是紧密联系的,只有企业获得丰厚利润,员工才有可能获得好处,同样也只有员工得到好处,企业才能快速稳定的发展。因此油田企业必须重视所有员工的发展,实施人本管理战略,关心员工,推动员工全面发展,树立工人阶级就是主人翁的思想,坚持依靠所有石油员工,激发员工们的工作热情。易燃易爆、高温高压是石油行业最显著的特征,因此必须保证员工的个人生命安全。只有让员工的目标符合油田公司的利益,通过员工的发展推动油田企业平稳快速发展,最终让油田企业系统实现和谐[39]。

(3) 全面正确反映和谐社会建设的基本理念。

和谐油田到底是指何种油田,即和谐油田企业的标准以及目标是什么?在省部级主要领导干部专题研讨班上,胡锦涛同志全面阐述了社会主义和谐社会的含义、基本特点、建立和谐社会要遵循的准则以及主要任务等。用“公正公平、人和自然友好相处、民主法治、安定和谐、诚信友爱、富有活力”这句话总结了社会主义和谐社会的含义[39]。在建立和谐油田、企业时,同时可以使用这个基本理论观点以及本质内容。我们要立足于油田企业的具体情况,在建立和谐油田、企业的过程中引入建立社会主义和谐社会的方法、理论等,从而向我国油田企业建设的不同领域进行分解,将其当成建立和谐油田企业的根据以及目标。

(4) 要尊重政府、依靠政府与地方共同繁荣。

政府打造环境,企业推动经济发展;没有了政府的帮助,企业在发展过程中就会遇到很多困难。因此油田企业要遵循依靠和尊重政府的准则,严格按照法律规定缴纳税费,从而促进油区经济的发展。油田公司高管层必须清楚地知道,即使油田公司规模很大,也依然是在地方生存,所以要和政府组织形成一个和谐的关系。要增强和地方政府的沟通,在和他们谈判时要讲究方法,不能有级别对等思想。另外要知道通过法律来保护自己的权益。

(5) 要注重环保,建设绿色油田企业。

提倡绿色运营、节约资源,实施可持续发展战略是油田企业必须肩负的一项社会职责。在保护环境方面,国家对石油勘探提出了很高的要求,运营人员一定要树立环保思想,同时还要建立一个科学有效的安全生产系统。倘若油田企业过于重视经济利益,那么就会出现运营人员非法开采等现象,从而造成安全事故,并导致环境的恶化。因此禁止油田企业为了获得经济利益而破坏环境,要真正保护生态环境,从而提供一个优良的生活工作环境给广大人民群众,产生人和自然友好相处的局面。

绿色企业是系统以及整体的概念,它不只包含清洁的意思,还要有节约的意思，其目标是让经济以及环境效益实现共赢，让油田企业经过对设计、销售、开发等制度上的优化，达成企业全面绿化的目标。

5）油田企业和谐体系构建的总体思想。

按照油田企业和谐系统的准则，我们先对油田内外部逐一进行和谐建立，进而实现整体和谐。勘探开发和谐是建立内部和谐的重中之重，而其支撑就是人才、技术以及企业优秀文化，最终让勘探开发和人才、技术以及企业文化实现和谐；外部和谐必须适应于国内法律政策以及经济形势，同时要跟上石油行业的发展脚步，最终和存续公司一起发展、进步。形成良好的油地关系，从而提供良好的生产秩序给油田企业。

3. 油田企业和谐体系构建

要推进油田企业的和谐体系运作，必须将在油田管理的各个环节和过程视为一个有机整体，用系统的观点来分析和研究，同时对它们之间的关系进行协调，从而让系统经济效益获得最大化。

按照上述建立准则以及整体思路，建立了如下图 4-24 所示的油田企业和谐系统。

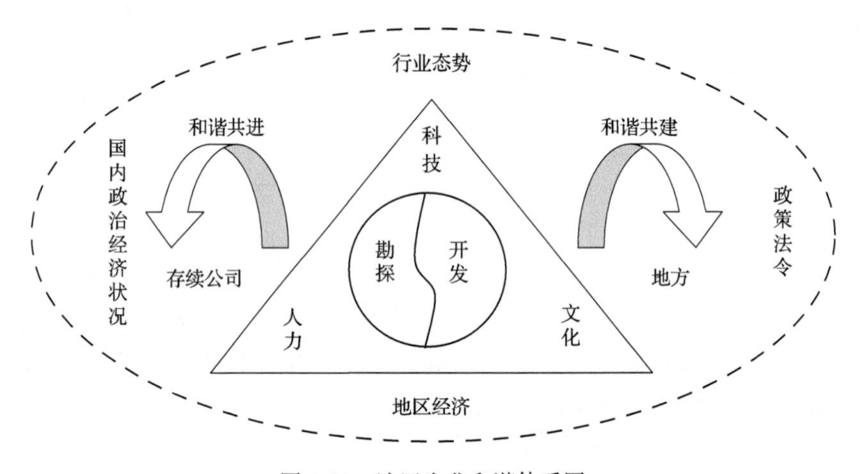

图 4-24　油田企业和谐体系图

详细来讲，内部以及外部的和谐体系就是油田企业和谐体系的两个层面，接下来逐一进行构建。

1）油田企业内部和谐系统构建

在油田企业内部，生产领域是建立和谐系统的中心，这里主要是指开发与勘探做到和谐发展。油田企业要做到和谐发展，首先要使开发与勘探的发展相互协调，因此构建和谐系统时，开发与勘探之间的和谐是关键主题。在开发和勘探的和谐发展中，企业文化、人力以及科技可以为其提供强大的支持与保障，因此在构建的系统当中，应当摆在核心位置上，唯有如此，才能够使企业拥有和谐的内部体系。

生产关系、开发以及勘探的相互配合发展，在开发与勘探之间建立密切联系，油气资源的序列保持科学性与合理性，明确有效的油田经济产量，保证油田生产企业能够长期稳定的发展。

若要使生产领域能够发展和谐，首先要使开发与勘探做到和谐发展，为此就要将勘探渗透到开发环节。主要表现为：在对勘探阶段进行评价时，结合开发前期的评价阶段，结合之后会重新形成评价勘探阶段，充分结合设计井位的开发与经济可采储量的落实，从而做到统一规划，这样不但使经济可采储量加快落实，同时又提高了产能的建设速度，进而使开发勘探的总体效益得到提高[39]。

另外，还要使开发进一步延伸，紧追勘探的步伐，若勘探获得重大进展时，开发要紧追其后。如果勘探成功预探，步入评价勘探阶段时，要同步分析开发与勘探，一同进行经济可采储量和产能建设工作，要做到坚持原则，即“整体优化部署、分批滚动实施”，不断提升储量的动用层次，提升探明储量的采收率与动用率[39]。

若要使油田企业的发展保持和谐，合理、有效的资源序列是重中之重。在油气主业当中，勘探是其源头，储量从低级升到高级的过程，就是发现并开发油气田的过程，油气储量的多少决定了勘探有怎样的发展。

科学技术带动生产力，高速发展的科技能够使油田企业的开发与勘探向前推进，也能够使企业内部的发展更加和谐。而和谐发展在开发、生产以及勘探中占据主导地位，因此，若要提升企业经济效益，那么就一定要提高对于科学技术的投入，在企业发展过程中，使科研与生产做到充分结合。

人才能够促进油田企业不断创新、发展以及效益的提高。唯有企业价值与员工目标共同一致的时候，才可以推动企业向前不断发展。因此，油田企业要把员工利益摆在首要位置，这样才能够使企业发展目标与员工自身规划和谐一致，利用企业效益的提升，从而增加员工收入，以及使员工实现自身价值，将员工的发展与成长化作动力，推动企业不断向前发展。

从本质上来说，企业内部之所以会产生各类冲突，是因为企业没有在统一价值观的基础上，建立企业文化与共同目标，使得企业与员工的力量无法统一。在油田企业当中，企业文化作为其灵魂，应当存在于体系的各个角落，使企业的每一位员工与领导都对企业文化产生深刻认识，唯有如此，企业才能够统一力量，共同开创美好未来。

生产与资源的和谐是内部和谐的基础，将企业文化作为灵魂、人才作为发展源泉、可持续发展作为战略规划，从而推动体系内部向和谐方向发展。体系内各个要素做到互相牵制、互相作用，科技进步能够带动生产发展，而人才又能够促进科技进步，同时企业文化存在于体系各个角落。所以，要使内部和谐发展，就一定要使各个要素的发展相互配合，做到和谐发展。

(a) 推动勘探开发的有序进行

油田企业属于不可再生的资源采掘型企业，资源是它追求和谐发展的基础，也就是在资源的挖潜和有限开拓上很注重；同时在生产上要集约化，为了保持竞争力可以相应的降低成本或者精简机构。所以，油田企业所有工作都要以生产运作这个系统为中心来开展进行。

推动生产的和谐发展是推进油田企业和谐体系运作的基础前提。即把原本在开发油田中独立分散的开发和勘探相互结合，把二者当做是一个有机整体，开发不断深入到勘探中去，勘探不断向开发延伸，两者由前后接力转变为相互间的渗透，协调工作，配合完好，一起把石油资源储量向石油产量进行转变，让整个系统经济效益得到最优。

油田的和谐发展，是以油气勘探开发的突破作为资源基础。实现和落实把油气作为主体的各种资源在综合勘探后获得最新突破的战略勘探思想，不断提升和加强综合勘探、战略勘探以及精细勘探，在开拓创新上更进一步，规划部署要科学合理，不断加快工作节奏，纵向上做到精细、横向上不断壮大，形成一个立体化、全方位的新格局。一方面，把勘探区域从内部转向外部，在勘探区域上选取有拓展前景的；另一方面，把勘探目标从老区转向新区，对复杂断块、断陷盆地这些新领域、新区层积极拓展。坚持发展天然气产业，不断寻求和发展新的经济增长点，严格依照“发展规模化、研究一体化、布局产业化”的思路[39]。

勘探工作需要开拓创新，其力度也需要加大，后备储量也需增加。结合不断创新的勘探技术、管理、观念以及方法，以战略勘探逐渐开始向更难、更低和更深的方向发展；落实精细勘探，深入细致地做好老探区工作，向已经勘探过的老探井、层位和领域要储量；落实综合勘探，让多种资源被合理的综合利用开发。凸显预探、发现的重要，选取好的勘探，同时注重效率和利益。

提高采收率、开发新技术是开发工作的重要任务。要敢于接受挑战，率先进入油田开发禁区，勘探挖潜里面好的资源，增加效益。要继续按照“规划方案设计最优化，稳油控水技术要发展，油田科学管理需加强，三采研究步伐进一步加快，开发总体效益需提高，油藏地质研究需深化”的要求，水驱与聚驱的关系科学有效的实施处理，聚驱的规模要合理安排；水驱技术有待完善，发展时只采用储备技术，已动用地质储量的最终采收率还需要再一步提升，对已探明未动用地质储量的动用程度也要进一步提高。不断加强完善油田开发的主体配套技术，做好技术保障以及资源基础来服务油田的新发展。

勘探开发需加大力度，要以经济效益为中心。首先，规划方案设计最优化，能确保效益最大化。优化设计上做到勘探开发一体化，坚持做到效益评估、信息共享、战略部署、地质研究四个结合，同时做到整体规划、开发统筹管理以及勘探；地面工艺及开发方案做到优化，即使是面临表外矿、尾矿或者贫矿等难采储量，要有简化的工艺流程和科学有效的开发方案来应对，让低效转为高效，让无效转为有效；措施工作量的设计尽量优化，使得用最小的投入能够得到最大的产出。其次，日常管理需加强，效益最大化必须以优质高效为前提。日常生产管理需精细，基础工作要深入和细致；合理应用新工艺和新技术，做到节能减耗同时还可以挖潜增效；生产组织协调要做好和加强，能够确保安全运行、效能高、均衡且损耗低。严格依照上市公司的要求，在平常的工作管理中完善管理方式及思维方式，把效益第一的观念牢记在心。最后，核心技术逐一突破，效益最大化可通过技术创新来实现。把开发科研、油田勘探作为攻关方向，不断加强，勇敢挑战，面对制约着开发总体效益和油田勘探的"瓶颈"技术可以集中力量一起解决，从而提高经济效益[39]。

(b) 提高科技创新能力

企业的和谐发展与科技创新是不能分离的。油田开发会随着时间的推移逐渐暴露出各种问题，尤其是中期以后油田企业要想持续发展，就要合理、充分地利用有限的资源，持续发展是油田企业的主要目的，"科技兴油"可以使该目标实现。只有科技创新，油田企业才能实现和谐发展，才有动力与技术支撑油田企业发展下去。

在知识经济时代，资源的开发离不开科技。开发资源需要科技提供技术支持，需要科技提供科学的管理方法。对于我国的资源采掘型企业，只有在科技上进行革新，资源的增长才能得到提高，技术对资源增长的作用才能被最大程度的利用，大力发展技术密集型产业，促进产业升级，使我国资源采掘型企业不再依赖原来的劳动密集型产业，这样才能实现和谐发展的目标。在国外，资源采掘型企业的和谐发展，是通过科技降低成本实现的。利用先进的技术，优良的设备，高质量的服务，规范、严格的操作流程，以及现代化的集约式管理方法，走低成本发展道路，使企业发展得越来越好。

油田要和谐发展，关键在技术上的革新。实现和谐发展的目标，不能固守传统的观念，要从原有的理论束缚中解放出来，要勇于开拓进取、敢于革新，在采收上实行技术创新，这样可采储量就会大大增加，油田的开采周期也将会被延长，科技也会成为油田和谐发展的有力支撑。

现今，面对的难题越来越多，难度也越来越高，技术上的要求更是刻不容缓。随着勘探环境的恶劣、勘探对象的复杂、勘探难度的增大，这些问题要得到解决，必须要在思想上推陈出新，突破旧思想观念的限制。在解放新的思想后，油田的开发、不同企业之间的竞争仍然需要技术创新，通过技术创新，解决油田技术上的"瓶颈"障碍，提高油田的开采水平，技术创新既要创新、高效、实用、超前，又需要克服攻关难度；既要完善核心的勘探技术，又需要产业技术升级，这样才能增强企业的核心竞争力，才能拥有油田勘探开发的最高技术。

在核心技术上进行发展、创新，增强开发能力。油田勘探方面需要大力发展核心技术，只有在勘探思路上不断突破，在地质理论上不断创新，在勘探技术上不断开发新技术，在勘探管理上不断提高管理水平，才能增强 SL 油田在勘探等方面的能力。

公司重点处理在油田开发方面遭遇到的开发限制问题，在技术上提高创新力度，敢于面对新的挑战，同时要注意三元复合驱油的实验效果、聚合物采油的应用规模以及提高注水驱油的采动率。从特高含水期的实际情况出发，以最小成本努力获取最大效益为原则，围绕经济收益，以提高采收率为重点进行开发，进一步开创新的管理方式，从而达到提高开发效益的目的；同时在攻关工作上也要加以提高，需要以三元复合驱油技术、三次加密调整技术等方面为重点进行加强，这样可以提高采收率的同时让油田的开采寿命也得到了延长。采用水驱方式开发时，要注意含水上升和产量递减的问题，对地质研究要做到周密深入，对注采系统的调整要进行改善，对井位的三次加密也要做到落实，加快"两低一关"井和套损井的治理，做到增强总体的开发水平；运用聚驱开发时要完善整改措施，优化其设计的方案，另外对于深度调剖进一步加大力度，对注聚的全过程加强跟踪及调整，同时需要加快二类油层聚驱试验的研究力度，聚驱开发的效果得到提升；与此同时，为了提高油田的开发效益，外围油田的开发需要以增加储备、提高生产为目标，不拘泥于原有的开采方式与管理机制，勇于创新，在之前的地质研究基础上要加大新老油田的分类研究和分类治理工作的力度，积极推广水平井、微生物采油等一些开采技术的研究应用，认真探寻合作，开发设计新模式，提高加快外围难采储量的动用[39]。

加快科技管理创新步伐，提高科技人员工作积极性，加强专业技能培训，实现创新性创造开发。一是深化科技体制改革。将科研项目负责制、外揽项目承包制、成果推广效益提成制等科研制度进行落实并进一步完善，在原有基础上加强力度，争取推动科研项目负责制中，直接成本核算转变为完全成本核算，进一步扩大试点规模；同时项目试点应向单位试点看齐，通过对科学的运用，优化整合，将采油工艺研究所作为突破口，推动项目试点向单位试点发展，建立企业经营模式；将升级成生产单位作为项目管理中科研单位的目标，在生产单位建立试点，实行项目负责制，在原来的基础上使管理体制更加鲜明。二是加强知识产权管理。三是配套完善有关激励和制约机制。进一步提高员工激励制度，如在科研单位试行首席专家制度。按照这种激励制度，不仅能营造更多成果而且能加快成果生成，形成良好氛围。与此同时，通过厂务公开的方法增加了工作透明度，如科技合同、科技成果公示、科研项目招投标等。

(c) 加强人力资源开发

企业生存与发展的前提是拥有人才，人才也可以保证企业的竞争实力，如果企业缺少人才,那么企业的竞争实力会降低。人才兴,企业兴;人才衰,企业衰。目前,市场的开放性不断增大,人才是各种资源的保障。在油田行业,只有拥有足够的人才,企业发展才会拥有足够的动力,企业和谐发展的根本在于发展职工队伍。对于油田企业来说,必须强调人才资源与以人为本的理念的重要性,油田企业的根是人才,而人才观是油田企业的魂。利用人才竞争,提升企业竞争实力,实现人才与企业的和谐发展,实现企业员工与企业的价值,确保油田企业走上可持续发展的道路。

油田企业应以油田公司可持续发展为中心,与时俱进,以人为本,紧紧抓住培养、吸引、用好人才三个环节,以提高人才的质量为首要任务,以留住人才和解决人才紧缺问题为突破口,以高层次人才建设为核心,以专业技术人才建设为重点,全面做好人才工作,有效开发人才资源,尽快形成公司专业齐全、结构合理、素质优良、梯次衔接、充分满足可持续发展需要的经营管理、专业技术和高技能人才队伍,切实加强人才队伍建设,充分发挥人才的聪明才智,坚定不移地走人才强企之路[39]。

坚持"促进每个员工都可以成为企业的关键一份子,确保员工在企业中真正发挥出自己的价值与作用,最终实现人才价值与企业价值的和谐发展"的大人才理念。

(1) 完善人才管理制度。

建立完善人才管理制度、健全人才制度落实机制、完善人才管理体制,不断丰富完善人才激励政策,确保人才激励政策越来越制度化与系列化。不断开展薪酬制度的改革,进而为企业争取更多的人才,同时维持企业与现有人才的紧密关系。可以在油田企业内设立一些专项奖金,如优秀青年人才奖等,如果科技人员为企业的发展做出了较大的贡献,那么就给予人才相关的奖励;实施技术精英"安居工程"。

深入改革现有的人事制度,在企业内创建并完善业绩考核制度、交流轮岗制度、差额竞聘制以及干部公示制度等,并且不断完善企业内的人才选拔机制,人才任用机制,人才考核机制以及监督机制等。

创建企业的学术技术领导制度,评选学术技术骨干制度,科研项目招投标制度;不断落实人才队伍建设的规定,确保企业人才战略可以有效实施,进而确保企业的稳定和谐发展。

(2) 营造和谐的人才环境。

在油田企业中,人才引进过程需要强调对人才总量的科学控制,确保其能够保证企业的和谐发展。如果是油田企业的高端人才,如专业紧缺人才或者需求较大人才,企业可以从高层次的地方人才网、人事代理机构以及高校招聘相关人才;如果重大项目中需要相关人才,可以利用合作合同的形式引进人才;如果是市场资源丰富、需求规模相对较大的人才，那么就可以交予企业的人事代理，为企业争取相关的人才，进而保障企业的稳定发展与人才队伍的科学创建。

企业能够利用多种方法吸引人才，并且培养重要人才，保证企业的稳定持续发展。首先，结合企业的科研课题开发项目与人才引进战略，企业可以利用开展技术合作、专家咨询以及召开研讨会等形式吸引人才资源。其次，建立并完善企业的薪酬福利机制。对于企业的高级专业技术人才来说，企业需要根据市场情况，再结合人才的发展规划设立有吸引力的企业薪酬福利制度。再次，企业的博士后科研工作站应该发挥出更大的影响力。利用博士后科研工作站，吸引一些专家型人才，能够为企业解决油田勘探等技术问题，并且能够吸收在科学研究方面有较大影响力的人才，只有这样，企业高层次人才的需求问题才可以得到解决。最后，在一些高等院校创建奖学金，如果学生有意向进入油田企业工作，那么就可以对这些优秀的学生进行专门培养，这样一来，油田企业才可以与科研研究所以及高校和谐发展，实现人才与企业的和谐统一，确保企业与人才都可以实现自身的价值。

(3) 加强人才资源开发。

企业的人才培养是企业可持续发展的保证，也是企业效益、企业稳定、创新的前提，体现出企业真正认识到企业价值与人才价值和谐发展的重要性。对于油田企业来说，其必须根据企业运行情况，以企业主体工作为中心，强调按需施教，学习与运用相结合的原则，有针对性地进行员工培训，进而为企业培养出有用的人才。企业可以对全体员工进行培训，进而提升企业的整体人才素质，这是人才培养的关键战略。

投入更多的企业力量培训人才、开发人才，提高费用投入。开展有针对性、高效的人才培训，企业培训涉及企业所有人才，如新增员工、生产操作员工、紧缺人才以及高层次人才等，培训原则是“重点培训企业领导、优先培养企业拔尖人才、立即培训企业急需人才、提升企业人才整体素质”，进而为企业培养出高层次的管理人才与专业技术人才。

基层员工的特色培训。强调人才培养的重要性，必须投入足够的资金来进行人力资源的开发，并且培养企业人才。油田企业能够创建油田专业相关的学校，从而实现基层员工培训管理的制度化、科学化以及规范化，进而充分保障企业的未来发展，并且能够实现员工、社会以及企业的协调发展。

专项人才培养。在实施油田企业人才发展战略的过程中，为促进油田企业的可持续发展，为了给油田企业发展提供丰富的人才资源，油田企业将油田主营业务作为中心，将理论运用在实践中，并且与学校开展合作，最终为油田企业培养了一批又一批的专项人才，进而保证了油田企业的内外和谐发展。

积极开展与专职培训机构、科研单位以及国内外高效的合作交流，使用建设培训基地以及联合办学等方法合理利用企业外部的资源，强调人才培养的开放性、规范性、科学性以及多样性等，进而保证“人企合一”企业发展目标的实现。利用人才培训的方法，企业不同部门间、企业上下层人才的交流将加强，进而相互学习提高，提升整个企业的素质水平。同时将知识转变为工作能力，这样才可以最大可能的发挥员工的能力，促进人才价值与企业价值的和谐发展，增强企业的核心竞争能力。

创建学习型企业。油田企业可以开展读书班的活动，进而为企业争取各个院校的专家、学者以及较出名的科研人员进入企业，与企业展开合作，为企业培训人才，如如何进行现代营销以及科学化的企业战略管理等。

（d）建立良好的企业和谐文化

“和谐”不仅是管理准则，也是伦理道德。因此，企业需要确定“和谐管理”的指导思想，不断培养企业的优秀文化。只有这样，才可以保证企业内外部环境的真正和谐，保证企业的稳定发展。

企业内部往往出现各种冲突，其根本原因在于企业文化与价值观并不统一。企业文化能够有效整合企业内的一些生产要素，但本质是处理两个问题：首先，利用企业文化来规范企业发展，利用企业文化的创建为企业树立一个好的形象，增加社会大众的认可，赢得公众的尊重。其次，可以在企业内部形成一个统一的管理标准与管理语言平台，将企业的力量集中到一个方向。如果企业文化优秀，那么企业的各种创建活动将会得到保证，促进企业的稳定发展。

结合国内外油田企业发展过程中遇到的问题现状与我国油田企业的文化特点，再加上目前对于文化模式变革、知识经济时代企业管理方法的规定，油田企业的文化建设需要遵循下面四点原则。

（1）培育具有当代意识的油田企业价值观。

企业内形成的基本信念体系与观念称为企业价值观，它是企业文化的关键与灵魂。对于企业文化的创新与转型来说，其本质还是企业价值观的创新与转型。企业需要将新的价值观作为中心，为企业规划出发展目标，设计企业制度并且提升企业道德，建立薪酬与福利机制等方法，切实解决企业遇到的问题，实现企业的科学管理。创新完善企业与员工、企业与外部人员的关系，如客户、竞争对手等。在我国，油田企业的企业精神一直都是“热爱祖国、乐于奉献、求真务实以及创业创新”，这些体现出企业与员工的一些价值观，如社会主义、集体主义以及爱国主义等，并且这些价值观需要进一步发扬并发展，为企业创造更多的价值。可是，新时期的环境等发生了改变，因此需要重新定义油田企业的价值观内涵。确保企业精神被员工落实到生活工作的方方面面，不再是一个口号。例如，“爱国”不仅仅简单包括为国家“多打井，多出油”，同时也包括为国家发掘更多资源的同时，可以为企业创造更多的利润，提升企业的综合竞争能力，保证企业能够在国际竞争中取得优势地位；相应的，“创业”精神也不再仅仅是“吃大苦，耐大劳”的敢拼敢打精神，在目前激烈的市场竞争中,更需要员工能够不怕辛苦,勇于创新,积极进取,追求完美等的精神。另外,在我国油田企业中,精神价值观必须完善以下内容。以人为本,根据市场走向引导企业发展,强调企业的效益与效率,将创新作为企业发展动力,打造企业品牌等,同时还需要将这些新时代所要求的企业精神结合之前的“爱国、创业、求实、奉献”的企业精神,进而让企业精神成为企业发展与员工拼搏的精神支柱。同时,不断完善改革企业内部机制,转变企业文化,提升企业文化的自主性以及经营性。利用新的价值观指导企业发展,保证油田企业从以往的计划性经济转变为新时期的市场经济。

(2) 注重油田企业形象与品牌塑造。

目前,市场经济的竞争更多的是形象竞争与文化竞争,企业的形象是企业竞争的外在表现,它属于企业的无形资产,可以有效促进企业竞争实力的提升。虽然油田企业属于资源型工业企业,但是它也具有垄断性,可是随着我国油田企业的制度改革以及与世界油田企业的交流合作,不管是在国外还是国内,油田企业竞争的本质为企业品牌、信誉以及企业形象的竞争。例如,相同的石化产品,外国产品的价格却高于国内产品的价格,原因就是在于外国油田企业拥有较好的形象以及品牌。如果油田企业并不进行形象与品牌的创建,那么我国油田企业在国际市场上将不会再有立足之地。但是,我国的油田企业仍没有认识到企业形象与品牌在国际竞争中的重要性[39]。在未来,企业必须将企业形象(corporate image,CI)战略引入到企业的发展中,只有这样企业的品牌与形象才会提升。换句话来说,油田企业的CI战略含义为:企业使用企业理念(mind identity,MI)来重新定位企业的标志、品牌以及造型,然后再使用广告宣传、市场营销以及公关活动等活动识别(behavior identity,BI)展示,不断创建国内外市场中我国油田企业的形象,打造品牌力量,提升竞争力。在油田企业形象创建中,不仅需要使用现代CI理念,同时需要结合我国油田企业的实际情况与优良传统,重点创建企业文化。只有这样,企业文化、企业价值观以及员工的精神面貌才会反映给社会各界,进而营造企业的品牌特色,提升油田企业的向心力与凝聚力。

油田企业形象战略实施的过程很重要,企业要强调理念识别(MI)、行为识别(BI)、视觉识别(visual identity,VI)的重要作用,制定科学合理的企业形象战略,突出油田企业经营管理中企业价值观可以发挥的作用。具体的战略实施,可以先设计出一个统一的视觉识别系统,利用它来有效维护油田企业的良好形象。所以,企业品牌的打造与企业形象的维护既是企业广告宣传与视觉形象需要注意的,而且是需要落实在企业的文化管理中的。油田企业在改革之后,必须认识到企业形象与品牌塑造的重要性,并且积极落实到实际行动中。

(3) 加强企业伦理建设。

现代化社会进程不断发展,经济、环境、资源和人才的要求也不断深化,企业文化与企业管理都越来越注重企业伦理的建设，同时这也是激发员工对企业认同感、工作积极性的有效方式。例如，日本松下经过长年累月的经营，在实践中形成了自我价值观：企业价值体现在促进社会繁荣，让全体人民都能致富。这一观念，也是所有松下员工的一致共识，该观念大大提升了企业的向心力。中国的油田企业，一直以来都十分重视企业伦理方面的建设工作，对主人翁的职工精神非常尊重，并树立出无私奉献、高度社会责任感的良好道德形象。当企业进入到市场后，企业的伦理道德建设工作也要坚持深入地拓展和建设：第一，企业的社会责任。社会与国家的利益是企业经营必须服从的原则，要懂得正确处理好社会和企业之间的关系，通过良好的经营效益和业绩来为国家、社会的利益做出贡献；第二，构建正确、科学的经营观和竞争观，遵守法律、诚信经营、以义获利；第三，自觉维护生态环境。现代伦理的重要组成内容是环境伦理，因为油气资源的大量开放，对环境造成严重的破坏和污染，所以油田企业在环境伦理规范上要树立正确的意识，通过清洁生产、降低能耗等措施来减少污染问题，并且尽力修复受损植被及生态环境，积极地维护生态平衡及可持续发展战略的实行，推动社会全面发展；第四，主动、积极参与社区里的社会事务，推进社会的全面发展水平，第五，重视员工生活，打造一个能够体现员工能力和自我价值的平台。

（4）人本管理的思想应贯穿始终。

所谓的人本管理，指通过依靠相互交心的方式，让每个人都能够正确地认知到，自身在组织中所承担的责任及任务，另外挖掘出他们最大的潜力，让组织中的劳动者从心理上得到满足，感悟到生活的含义。发挥全部人员的干劲，是管理的主要目的。这样，被管理者不会觉得受到管束，朝着自己感兴趣的方向努力，这样组织及集体的整体目标的达成也成为水到渠成的事情。关于人本管理中最关键的内容，集中到对3项基本问题的回答，即企业究竟是什么？企业为什么？企业的发展靠什么？

“企业＝人”，企业是通过人所组成，是一种集合体，企业如果无人就等于停止发展。所以，管理要把人本的因素，放在一切工作的核心位置。如何调动人的积极性，是人本管理的主要工作目标。人的潜力极大，关键在于开发。怎样才能挖掘这一巨大的潜能？这是一个牵涉甚广的复杂问题。假如，一个人一直处于自由、轻松的工作环境下，那工作效率就会非常迅速，个人创造能力也能够得到最大的发挥，工作也十分有效率。企业要将人的潜力、智力挖掘出来，轻松愉快的工作环境是最佳的外部条件，智慧劳动者是生产要素中最活跃的要素，能将这种活跃要素开发出来，其即为成功的企业管理人员。

“企业为人”，人本管理认为：激励，是管理的本质属性，企业的创办是为了满足人类持续不断发展的需要，另外也是提升员工生活质量和工作质量的目的。人本管理指出，“企业靠人”是因为企业经营的主体是员工，企业的运营需要依靠所有员工的力量与智慧，全员管理的观念，能够最大限度地调动员工积极性，确保完成经营目标以及经营方向不发生偏离。

现代企业文化都围绕“以人为本”的观念，这也是实施文化管理的重要指导思想。在从事石油文化的建设过程中，工人阶级的主人翁地位始终放在油田企业的第一位，广大石油职工是企业发展的根本，通过充分、积极地调动员工的积极性和创造性，在工作中这也是以人为本的观念体现，正如上述所言，油田企业里“以人为本”的观念是政治色彩重于管理色彩。从某一程度分析，这种观念并没有真正进入到所有管理层面。现代化油田企业的企业文化，应该更全面、多元化地丰富“以人为本”的原则；第一，坚持正确的企业改革方针，人的发展才是改革的最终目的，企业经营的手段并不是唯一的目的。第二，重视员工对物质和个人利益的满足，采用物质刺激为主导，精神鼓励为辅的激励模式。第三，消除企业的内部等级关系如官僚、人情主义等，通过能力绩效考核来得到任用及选拔，让每一个个体的积极性、创造性都能充分调动出来。在日本，一些企业废除了传统的部长、科长机制，把内部分成小组化的功能集团，通过自我管理的方式进行经营活动，让劳资关系变得更加和谐。第四，进行全员经营，注重员工的参与度和民主管理活动，认真、虚心地了解员工的不同意见；第五，树立“经营＝教育”的意识，加大员工教育和培训的工作力度，不断地提升员工的整体素质和技能，技术开发人员的创新能力是培训的关键；第六，构建和谐、稳定的企业内部人际关系，鼓励精诚合作的团队文化。油田企业建立企业文化，是为了实现在人本管理的作用下，工作效能、人力配置、产品销售、参与管理等方面工作都取得最优化结果，最终把社会及经济效益的最大值发挥出来[39]。

2）油田企业外部和谐系统构建

构建油田公司外部和谐系统的主要职责，即为促进油田上市公司及非上市企业协调合作、共同发展，与当地政府维持和谐关系，实现“油地共建”。它不仅要结合我国目前的国情与相关的政策、制度考虑其适应性，同时需与其领域的研发方向、地方经济的发展保持一致性。

(a) 推进油田企业与存续公司的和谐发展

在企业制度改革前，存续企业同油田企业原为一家，在油田企业长期的发展中，工作生活在油田这片与世隔绝的土地上的人均有着十分强的归宿感、使命感。代代的油田工作者一起生活、工作、奋斗在这片土地上，把自己最美好的时光、生命奉献给了它，由此可见，油田上市企业与非上市企业难舍难分，是无法用行政方式、经济手段分隔开的。

企业制度改革后，油田的上市企业与非上市企业从最初的内部协作经济关系，转变为合同契约经济关系（以关联交易为主）。尽管上市公司与存续公司分隔开来，可是油田企业需充分认识到重心与非重心的协调合作对企业可持发展的深远意义。核心部分和非核心部分过去荣辱与共，情同手足，现在仍同植根于同一片热土，不仅彼此有着无法割舍的感情脉络，而且非核心部分的发展壮大，必然有利于核心部分的兴旺发达。油田企业需积极投入到组建与存续公司和谐关系的工作中，以便使油区更好的发展。

对油田上市企业与存续企业共同利益而言，和谐、统筹、协调发展才是长远、稳健、全面的发展。而两个公司必须遵照公司长期发展战略，诚信协作，才能最大程度上实现企业的总体效益，使油区和谐、协调发展。

(1) 立足发展。从油田的实际发展需求来讲，非上市部分与上市部分属于一个有机整体，上市公司的长远发展是存续公司运营、销售、产生效益的保证，而油田开挖离不开非上市企业下属的物探、油建、测井、钻井等专业施工部分，就算是单纯的后勤单位，同样有着维护矿区稳定、保护环境、创建矿区和谐共存的义务与责任。非上市企业的服务质量直接决定着上市公司的稳定运营。

上市部分与存续部分间的所有关系均需建立在总体发展策略一致的基础上，上市公司的发展决定着存续公司的发展空间；而非上市公司的服务与支持决定着油田上市部分是否能够稳健运营。必须全面了解、理清上市部分与存续部分之间的联系、制约与促进等关系，才能正确定位，互补互利，共同创建油田和谐体系，使其整体能够得到更加长远的发展。

以油田企业的立场来分析，需理顺自身的职责，并努力做好，从而更好地促进、扶持非上市公司的稳步发展。探测与油矿开挖是油田企业各个部门运营与发展的根本。如果非上市公司不能健康运营，就无法为上市企业提供优质服务，更谈不上对油田整体的健康稳定运营贡献一份力。所以，油田公司需想方设法地做好业务，努力维持油田生产量与储存量的平稳增加，将壮大上市公司、为存续公司提供更大的发展空间与市场当做己任，以企业的发展来解决在发展过程中所面临的问题，从而促使油田整体和谐发展。

(2) 保持团结。企业制度改革从全方位角度来讲，从宏观上来讲，从提升公司的竞争优势上讲，改革均是必要的，然而上市部分所拥有的优质资源与产业，也有着非上市公司职员的一份力，而非上市公司所涵盖的历史价值，上市部分对其也有着一定的贡献。由此，无论是上市公司还是存续企业，在考虑问题时不可以仅顾自身，需要把油区作为整体，时刻牢记于心，把非上市公司的健康运营看作评估工作成效的关键指标，率先创建和谐工作环境，相互协作，共同发展，在力所能及的情况下尽可能的帮助非上市公司发展。主要从以下几点出发。

在油区稳定方面的维持上，对油田企业的规定需严格遵照执行，经油田上市企业组织，非上市公司全力支持、积极参与，将油区的稳健运营看作与自身切实相关的大事来全力以赴，对家庭特殊、经济条件差的职工给予相应的扶持与关爱，尽量使其摆脱生活的困境。在上岗与再上岗方面，油田企业需主动与上市企业进行交流沟通，一起面对油区下岗职工再就业所遇到的问题，尽可能的为其提供更好、更多的上岗机会，从而保证油地的稳步发展与经济繁荣。

从油区的基础建设上来看，油田公司需尽力扶持、帮助油区的基础建设，使其规划统一，从而营造良好的工作生活环境，重点做好喷泉、绿化草坪、路灯、健身基础设备的配套等。

始终坚持统一对外。企业制度进行改革后，上市企业与非上市企业尽管在业务与财务上相对独立，可是依旧作为一个有机的整体，在处理与外界关系时，非上市公司需和以前一样维护、支持上市企业的调配与率领，从而形成统一战线，合力维护矿区的利益，打造矿区的整体形象。

(3) 规范合作。体制改革后，上市公司与非上市公司的经济关系为以关联交易为主的契约经济关系，从时间上分析，公司体制改革分隔时，标志着关联交易的产生，并且存在于油田企业与存续公司整个运营发展过程；从内容上分析，关联交易包括存续公司与上市公司之间的所有联系。关联交易的组建与实行，直接影响着两个企业和谐发展的实现。

上市公司在契约经济关系中，需严格遵照执行“独立不独心，依托不依赖”的原则，所有的工作均围绕整体利益来开展，在充满友情、亲情的环境中严格、认真实行协议中的每一项条约，在解决交联交易引发的问题时，时刻谨记“四讲八互”原则，检讨自身，始终维护存续企业的利益，将油田企业的可持续发展与存续企业的稳健运营当做评估自身工作成效的关键指标。所谓的“四讲八互”中，“四讲”指讲发展、讲友谊、讲制度、讲团结；而“八互”即为相互沟通、相互理解、相互促进、相信信赖、相互尊重、相互支持、相互关心、相互依存等。

在严格遵循上述原则的基础上，为防范关联交易中腐败现象的发生，企业还应专门制定、落实关联交易的规定，对利用职权向乙方索要钱物等十大类问题明令禁止。

和谐发展，说得容易做得难。由于本质上讲油田公司与存续公司为两个独立的利益核心，因此组建一个双赢的发展体制就显得十分必要，而依靠制度与体系来落实和谐发展相较于其他方式更加稳妥。

除此之外，上市企业需努力寻找新的协作模式，以促进双方企业共同发展。油田企业下管的各个采油生产机构能够与存续企业签署整体区块修井承包协议，使油水井维护性作业的费用、产量与工作量相结合。以此种协作方式提高油水井维护性作业的工作质量、缩短工期，从而提高油水井的工作效率，保证产量；上市企业能够更好地管理施工现场，大大减少了工作量与资金的投入，从而减少了施工费用，同时油水井的正常产出确保了收入的稳定。

(4) 强化沟通。两个企业间的普通职工多多少少会存在着一定的矛盾，由油田企业的发展运营中得出，普通职工的矛盾需由上级领导化解，而领导间的冲突需依靠制度来化解,由此要推广定期或不定期的各层级多层次、多形式的交流与研究,及时解决内部纠纷,使其协作生产。

例如大港油田主要通过以下三个层级对关联交易中双方出现的矛盾进行协调。第一个层面:两个企业市场劳动机构及时交流、联系体制。需对工作进程与工作计划进行及时通传,尽可能地协调关联交易中所遇到的问题,若无法协调,则上报至上一级协调。第二个层面:联席会议制度。结合实际生产需要,组织临时联席会议,问题出现即时协调。该会议成员为两个企业的管理层人员。针对下级人员上报的问题,以商量讨论的态度友好解决,针对大事件则上报至董事会加以商定。第三个层面:企业间的高层领导定期进行交流的制度。也就是一个月最后一周的周一,双方领导进行沟通。在交流中以淡化矛盾、友好解决问题为原则,积极寻找两个企业间的协作新模式,以促使两者共同发展。高层管理需有着坚定的立场与思想,积极进行交流与沟通,以有效解决缓解双方的矛盾与利益冲突,这样油田上市企业与非上市公司才能保持协同合作,进而促使油区和谐、可持续发展。

(b) 推动油田企业与地方的和谐共建

油田公司所涉及的领域较广,而要在诸多领域间平衡油田企业与地方的利益关系,并且与社会各界的关系保持得恰到好处,营造良好的生产氛围,是当前油田企业所需解决的一大问题。所谓的油地关系问题,即为石油企业需履行社会义务与责任的问题。而油田公司主要通过以下七个方面来承担社会责任,构建油田企业与地方的和谐体系。

(1) 把需履行的社会责任上升至企业策略的层次,将社会义务转换成企业的竞争优势。公司在履行社会义务、承担责任时,其实也为自身提供了发展的市场与空间,提升了竞争优势。中海壳牌石油企业(隶属中海油集团)在公司发展中积极承担社会责任,把"关心人类、对地球负责"作为公司长期发展战略的重点内容,"环保先于生产",前一年度建设使用大型的污水治理厂,使矿区的生活污水得到了处理利用,保护大自然,受到世界各国的广泛赞誉,增强了企业的知名度与信誉度,提升了公司的市场竞争优势。

(2) 积极回应"节源、节能,创建绿色家园"的口号,做环保节能的模范企业。建立质量、环境管理体系,根据质量、环境管理标准,对公司的安全体制、环境体制、质量体质进行规范与健全。油田公司不但需加强对优质无污染能源(如天然气)的研发,还需依靠先进的科学技术,提升能源的利用率,由于技术问题而造成的能源大量浪费是不允许的。

(3) 组建完善的公司公益基金管理体制,为企业的慈善事业拟定方案。公司需结合企业价值观与未来发展方向,对现今及长远的慈善工作进行规划,以慈善公益来回报社会,从而树立公司形象,提升公司的名气。例如,中海油集团拟定的《社会慈善基金管理办法》,指出企业每一年度需将公益基金的开支、收入公之于众,同时向群众征求，以使公益效应最大化。

(4) 增强企业透明度建设。从欧洲地区公司的成功经验中可知，油田公司能够使用业绩汇报方式(该方式把环境、财务与社会责任联系在一起)把公司运营的具体情况公布于众，使企业的财务透明化，从而取得广大群众的信赖与拥护。另外，公司需组建流畅的交流沟通系统，它直接决定着公司社会责任体制成功执行与否。

体制改革初期的很长一段时间，因利益主体的差异，使得上市企业与非上市企业存在着很多的矛盾与冲突，特别是油地矛盾十分突出。由于抵制不了利益的诱惑，部分犯罪人员把目光瞄向了油矿区，肆无忌惮的窃油、窃电，甚至毁坏油田的生产设备，从而使得油田的社会治安十分混乱，使得油区的生产难以正常有效开展，阻碍了油田企业的发展。

综上所述，油田公司需找准关键矛盾，制定相应的解决方案，同时增强与当地政府单位的交流，依靠政府力量，用法律来维护自身权益，相互协作，共创和谐发展，从而营造油地和谐发展的市场环境。

(5) 沟通协调。油田公司的发展与运营需受到地方政府的支持，政府是油田企业最有力的保障。所以，在油田企业的运营过程中需依靠政府，加强和政府机构的交流、沟通与协作，使油田与当地政府保持良好的关系。

油田公司各个机构需积极与当地政府做好沟通交流，尊重当地政府，相互协作，促进油田与地方共同发展，并由此组建多层次的交流方式。第一级沟通体系：由油田企业普通机构和村、乡级政府构成；第二级沟通体系：由公司中低管理层与地方镇、县等政府构成；第三级沟通体系：由企业高层领导与市、县级政府构成。各级沟通体系紧密相联又内容分明，有利于油田企业与当地政府的协作与交流。

由油田企业的管理层及所有的二级部门和当地的各级政府机构与单位作定期的交流与互动，从而保持经常联系，以随时举行友谊联欢活动、联合办公等方式来促进交流，增进情感，进而促进上市部分与续存部分的协调、长远发展。

(6) 互惠互利。社会主义市场经济环境下，不论是以集体企业还是国有企业或是其他形式出现的“油地”，他们的本质都是商品的生产经营者，占据着市场经济的核心，所以其地位在社会经济生活中也是同等的。当同时出现“撞车”、矛盾两种情况时，还可以产生优势整合、互惠共赢的结果。在此基础上，油田企业应当将“互惠互利、互相支持”的原则恪守到底，平时可以组织一些活动，形成融洽的氛围，让“油地”实现共赢。

油田公司运用开展多层次互助体系，为了可以油地共建，促进共同发展。对于油田公司所在的乡镇若出现遭遇困难的居民，其公司的基层单位会对他们施以援手，促进感情；对于那些乡镇上的贫苦家庭，其公司的二级单位会对他们进行拜访慰问；另外其公司总部还为地方政府提供经济上的帮助，他们会捐助资金为地方政府修路修桥等。同时，对于地方企业，公司为其提供技术上的帮助，还会邀请他们来公司各级单位进行实习，组织当地政府与企业人员外出考察等，这些做法更好地促进了“油地”两家的沟通与交流，促进了感情。

上述活动的开展，都得到了地方人民的拥护和地方政府的大力支持。地方省、市等各级政府都为其专门设立办公室，用于油区协调或是支援油田建设，这些举措的实施促进了油田公司的发展。

(7) 依法维权。通过法律手段，对“油地”矛盾合理有效的解决。油区里的一些村民和乡镇企业，最近这几年为了一己私利，在被油田所征用的土地上私自用土、建厂和盖房等，甚至有的将建筑物违章建在长输管线上，这给居民生活和油田生产带来严重的安全隐患，同时也让不法分子有机可乘。对此行为，油田企业要依靠法律的手段，在政府的支持下竭力维护企业自身的权益，除了要对现场监察加大力度，还要用坚决的法律武器维护企业和国家利益。

为了严厉查处油田公司的涉油案件和开展专项的整治行动，油田企业领导应及时与地方政府进行沟通讨论，并且积极寻求法律支持、制定相关的法律政策。

另外，为了加大油田企业内部对全体干部职工法律知识的教育力度，提高员工的依法维权意识和法律意识，加强员工的守法理念，对此要采取适当的措施实现，如标语、展板和广播等方法，指导员工学会用法律的手段，维持整个作业区利益及自身的人身安全，对生产设施和原油的盗窃行为进行打击处罚。

通过维权活动，一方面可以使油田公司得到法律的保障，依法对犯罪分子进行严惩，维持油区的社会治安；另一方面还可以加强大家的法律意识，使油田公司有一个和谐稳定的发展环境。

通过对油藏管理模式与其他管理模式的比较，不仅从多个层面了解到油藏管理模式的特点，更重要的是较全面地了解、梳理并掌握其他管理模式(相关理论)对油藏管理理论及实践的借鉴，探讨在油藏管理模式下这些理论(方法)的适用性，为其在油藏管理实践中的应用发挥作用。

第 5 章　油藏管理的系统动力学仿真研究

油藏管理系统既是一个具有环境适应性的开放系统，又是一个典型的多重非线性反馈控制系统。系统动力学(system dynamics，SD)是适用于模型及模拟的经典系统工程方法，其研究对象主要是具有决策性、自律性、控制性和非线性的社会(经济)系统。因此，油藏管理系统的特点决定其非常适合用系统动力学进行研究和分析。本章研究运用系统动力学模型及基模分析方法对油藏管理系统进行动力学特性分析、关键要素仿真及调控机制设计。

5.1　油藏管理系统动力学研究的目的及意义

油藏管理(reservoir management，RM)，又称为油藏经营管理，是 20 世纪 70 年代在各大石油公司寻求提高油藏开采综合效益的方法途径的现实需求基础上兴起的一系列理论和方法的集合，并逐步发展形成一种集技术、生产、管理及资源为一体的油藏管理系统，其系统属性使得引入系统工程的理论、方法论和方法对其进行研究具有必然性以及研究和实践意义。

系统动力学(system dynamics，SD)作为一种比较成熟的、应用非常广泛的系统工程方法论和重要模型方法，其研究对象主要是规模庞大、结构复杂、目标多样的社会经济系统，通常把社会经济系统作为非线性多重信息反馈系统来研究，将社会经济问题模型化进而进行相关预测、分析以为相关组织提供有意义的决策信息依据。本章运用系统动力学方法通过理论分析和实际调研，明晰油藏管理系统的内部结构及分(子)系统间的作用机理，研究油藏管理系统众多要素间的多重信息反馈关系，构建油藏管理系统动力学的结构模型和仿真模型，并结合油田实际数据进行不同层次的仿真实验，以期为油藏管理模式的发展和实践提供一定的信息和决策参考。

5.2　系统动力学理论及方法

5.2.1　系统动力学概论

系统动力学诞生于 20 世纪 50 年代，是计算机仿真方法之一。20 世纪 60 年代建立的“城市动力学”模型和 20 世纪 70 年代建立的“世界动力学”模型都是系统动力学发展最初阶段的经典研究应用案例。随着研究的深入，系统动力学理论和方法日趋完善，应用范围更加广泛，堪称决策者的“战略与决策实验室”。

5.2.2　系统动力学的内涵和研究对象

SD 是结构方法、功能方法和历史方法的统一。其突出强调系统的整体性、联系性和发展运动性。

SD 的基本观点是认为系统的行为模式与特性主要取决于其内部的动态结构与反馈机制；系统在内外动力和制约因素的作用下按一定的规律发展演化[40]。

SD 是定性与定量方法相结合，通过建立模型，借助计算机模拟实现系统结构-功能模拟。

SD 的研究对象主要是开放系统，包括简单系统，但其主要研究对象是社会、经济、生态等复杂系统及其复合的各类复杂大系统。

5.2.3　系统动力学的反馈系统

1）反馈系统的分类与特点

反馈系统按照反馈过程的特点，分为正反馈和负反馈系统。正反馈回路任何一处的初始偏离与动作循回路一周将获得增大与加强，其具有非稳定性和自强性等属性；负反馈回路力图缩小系统状态相对于目标状态(或某平衡状态)的偏离，其具有稳定性和自校正性等属性。

2）复杂反馈回路的特性

复杂系统由若干反馈回路组成，具有反直观特性，即使任何一个单回路所隐含的动态特性明晰，但其整体特性却很难直观分析和解释。

5.2.4　系统动力学仿真软件

本章主要使用 VENSIM(ventana simulation environment)进行系统动力学模型的仿真实验，VENSIM 具备原有 DYNAMO 语言的仿真功能，并有强大的函数、图形功能，提供了完全图形化的编辑界面。

5.3　油藏管理的系统动力学模型构建

SD 作为一种比较成熟的系统工程方法论和重要的模型方法，其应用领域非常广泛。本课题将系统动力学方法论及模型应用于我国油藏管理领域，在系统分析和结构研究的基础上，解析油藏管理系统不同层次及众多要素间的多重反馈关系，构建油藏管理系统动力学的结构模型和仿真模型。

5.3.1 油藏管理系统动力学模型的构建思路

(1) 调查研究,收集数据资料。通过相关研究调查和专家咨询,在实际油藏开发运行机制的基础上,收集石油勘探开发总投资、石油勘探、产能建设、原油产量等方面的原始数据与综合资料,并进行必要的分析与处理。

(2) 系统分析,建立动力学模型。第一,对油藏管理的总体结构和反馈机制进行研究;第二,根据实际情况以及构建模型的需要划分系统的子块,以便建立系统整体及各分系统的模型流图与因果关系图;第三,根据系统中变量的因果关系,确立变量的种类;第四,确定系统中的反馈回路和各反馈回路之间的耦合关系;第五,建立系统中各变量的系统动力学方程,初步估计方程中的有关参数,运用 Dynamo 语言,构建计算机仿真模型。

(3) 初步系统仿真,确定方程参数。运用初步建立的计算机仿真模型,在计算机上进行模拟实验,对照原始数据与仿真结果,对方程参数重新估计并修改,直到仿真结果与原始数据拟合较为满意为止。

(4) 模型应用。改变模型的有关数据输入并用计算机进行模拟运行,预测分析油藏勘探开发未来的发展趋势,寻找可行的发展方向。根据需要修改模型,建立友好的人-机界面,并不断完善模型。

以上过程并不是经历一次就能达到目的,需要多次不同程度的反复,才能建立一个较为理想的系统动力学仿真模型[41]。

5.3.2 油藏管理系统的因果关系解析

系统动力学认为系统行为源于系统结构,外部环境对系统行为模式的影响是通过内部结构起作用,而系统结构主要是指系统中反馈回路的结构,因此解析油藏管理系统的多重反馈回路是系统建模的重要环节之一。

1. 油藏管理各分系统内部因果反馈关系解析

从前文研究中可以看到,油藏管理系统具有三级递阶结构,内部分为油藏资源、生产管理、技术管理和组织管理四个分系统,这四个分系统相互之间具有密切的作用关系且相对独立,各分系统内部具有完整的作用结构。本节将对油藏管理系统的四个分系统分别进行因果反馈关系解析。

1) 生产管理分系统内部因果关系分析

从前文系统分析中看到,生产管理过程是对油藏管理系统的目标和功能实现具有直接作用效果的重要管理环节,涉及众多的资源、技术和管理要素,作用机理比较复杂。生产管理分系统诸要素的相互作用形成了具体的内部因果反馈结构,如图 5-1 所示。

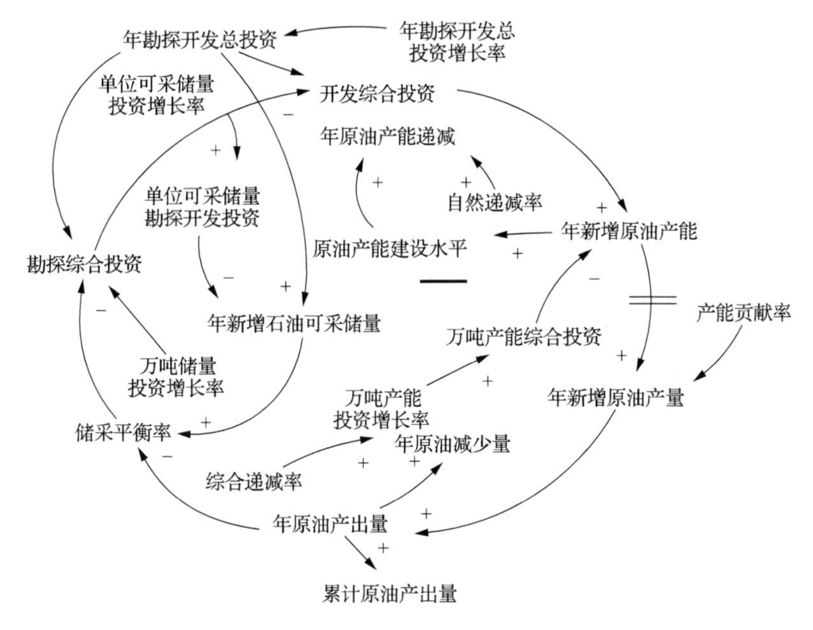

图 5-1 生产管理分系统内部因果反馈关系图示

生产管理分系统的因果反馈关系以投资—原油生产能力—原油产量的基本生产过程为核心，形成整体稳定的负反馈回路，具有系统内部的相对稳定性，从油藏开发的全生命周期过程来看，符合原油生产的客观规律，具有实际意义。在因果反馈结构中，年勘探开发总投资以一定的比例形成开发综合投资，开发综合投资投入实际生产过程形成年新增原油产能，而年新增原油产能以一定的产能贡献率经过延迟形成当年新增原油产量，新增原油产量汇入年原油产出量，而年原油产出量的变化影响储采平衡率，储采平衡率与万吨储量投资增长率共同影响勘探综合投资，勘探综合投资的变化进一步影响开发综合投资额度，这样就形成了生产管理过程的基本因果反馈回路。

其中，原油产能建设水平、年原油产出量和年新增石油可采储量是生产管理分系统功能和目标实现的重要考核变量。在油藏开发生产过程中，原油产能建设水平是实现原油产量的必备基础，其总体水平及变化影响和制约着原油产出的效果。从我国大型油田企业来看，大都进入生产开发的成熟期，尤其是东部老油田，原油产能建设水平是一个相对稳定的变量，一方面，通过开发投资形成一定的新增产能，另一方面，按照油藏开发的自然规律，其以一定的自然递减率不断下降。年原油产出量一般情况下也是相对稳定的变量，不会出现大幅度的阶跃，其一方面接受年新增原油产量的汇入，另一方面以一定的综合递减率不断下降。年新增石油可采储量的大小取决于年勘探开发总投资和单位可采储量勘探开发投资的变化，其与年原油产出量共同决定储采平衡率。

生产管理过程内部要素的因果反馈关系与前文对生产管理分系统的结构、功能、目标及子系统的具体解析具有内在一致性，其是生产管理分系统解析内容的细化和具体体现，也是系统仿真模型建立的重要基础。

2）油藏资源分系统内部因果关系分析

从前文系统分析中看到，油藏资源分系统作为进行油气资源预测、开发生产和经济评价的对象和模型，具有重要作用，其属于自然（物质）-人造（概念）复合系统。油藏资源分系统主要侧重于对油藏资源的描述和认识，以形成一定规模的探明地质储量、经济可采储量等具体衡量指标，为油藏资源的可持续开发奠定物质基础。分系统内部诸要素的相互作用关系如图 5-2 所示，在因果关系图中存在一定数量的正反馈关系，但从整体上看，油藏资源分系统的主反馈回环是典型的负反馈结构，这与油藏资源本身的特点及对其认识和开发的客观规律是相吻合的。

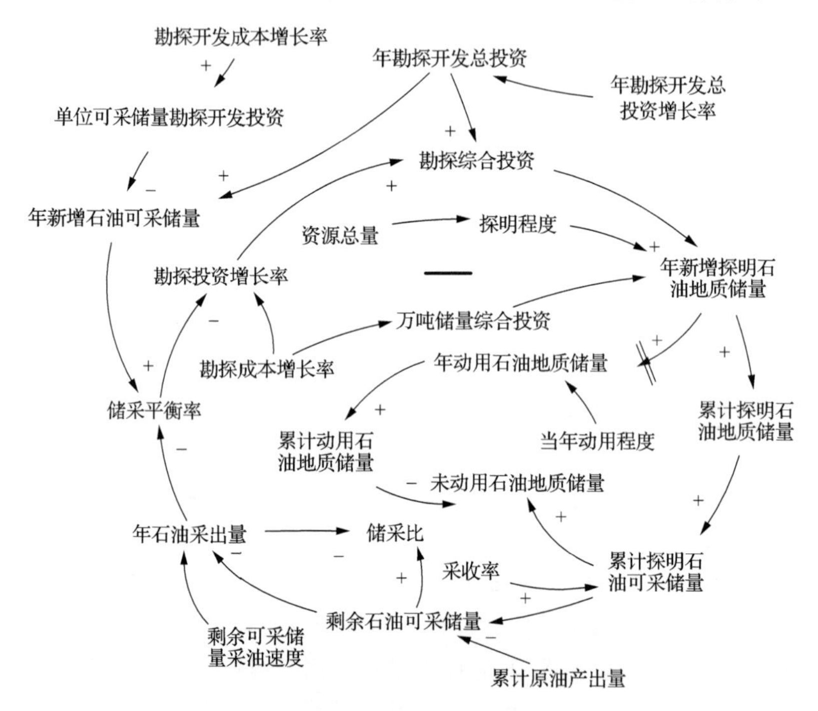

图 5-2　油藏资源分系统内部因果反馈关系图示

随着勘探开发总投资中用于勘探的综合投资比例和数额加大，年新增探明地质储量就会增加，经过一系列的内部过程后年新增石油可采储量和剩余油可采储量就会增加，这在一定程度上保证了原油年产出量的潜力空间，进而会使储采平衡率发生相应变化，储采平衡率与万吨储量投资增长率共同决定勘探投资增长比率，从而引起新一轮对勘探综合投资的调整,这样就形成一个典型的负反馈闭合回路。从实际开发过程来看,随着对油藏描述和认识的加深及勘探力度的加大,油藏的储量生产和原油生产会不断增加,但是达到一定水平后就会形成相对稳定的格局,因此,分系统的整体反馈关系与实际开发是基本一致的,具有实际意义。

油藏资源分系统的因果反馈结构是以油藏自然资源的地质特性、开发规律及变动趋势为根本基础的,与油藏资源分系统的组成结构分析是基本一致的,随着对油藏资源描述和认识程度的加深,分系统的因果反馈结构将趋于更加合理。其中,万吨储量投资增长率、探明程度、当年动用程度、采收率等变量的测算和取值都与油藏资源的构造、储层、流体、压力系统以及渗流规律有密切联系。

3）技术管理分系统内部因果关系分析

长期以来,油藏管理的变革和演进都离不开油藏开发相关技术的创新和突破,因此,技术管理分系统在油藏管理系统中具有重要地位。尤其是在我国东部老油田区域,大部分油区已经进入开发生产的中、后期,油藏资源品质及开发指标都不是很理想,这就需要加大科技投资,以加强技术引进、技术创新、新技术应用等技术管理过程,最终提高原油生产中的科技附加值水平,实现油藏资源的有效、可持续利用。技术管理分系统内部要素的相互作用关系如图5-3所示。

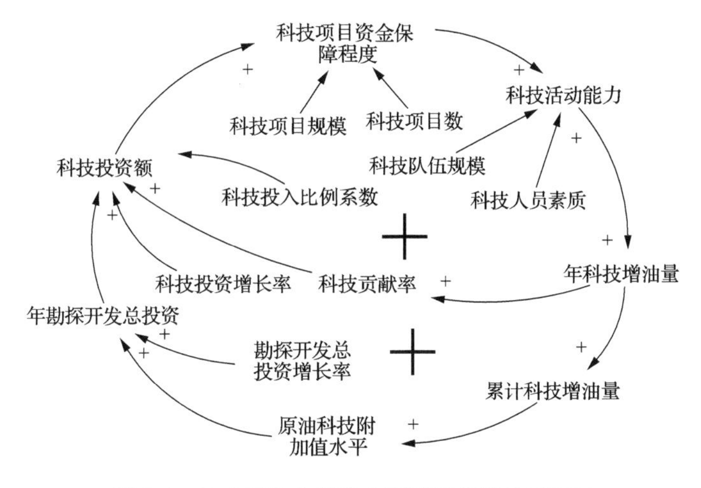

图5-3　技术管理分系统内部因果反馈关系图示

整体上看,技术管理分系统的主反馈回环是典型的正反馈回路,这与科技投入和科技活动能力正相关于科技产出量是一致的,具有实际意义。科技投入越多,科技活动的能力越强,科技产出量就会越大,就会带来科技投入的新一轮加强。其中,科技投资额是由年勘探开发总投资、科技投资增长率、科技投入比例系数、科技贡献率等因素共同决定的;科技项目的资金保障程度一方面决定于科技投资额的大小,另外也受到科技项目数量、科技项目规模的影响;科技活动能力主要由科技队伍的规模、科技人员的素质和科技项目资金保障程度共同决定；原油科技附加值水平主要是指原油生产中科技进步和科技因素的稳定产出水平，其在一定程度上影响着勘探开发总投资的投入力度。

技术管理过程的整体因果反馈关系与前文对技术管理分系统的解析内容是基本一致的，反映了技术管理分系统的结构、功能、目标及任务的主体方面。这个反馈关系既贯穿于油藏描述及认识、油藏开发、油藏技术经济评价及优化等相关技术管理进程中，也是技术识别与选择、技术应用、技术创新、技术分析与评价等不同层次技术管理环节的效果体现。

4）组织管理分系统内部因果关系分析

油藏管理在油藏开发的整个经济生命周期过程中涉及了众多的学科、部门和管理项目，因此，需要进行协调配合、共同管理。在油藏管理系统的三级递阶结构中，组织管理分系统处于最高层次，具有十分重要的作用。组织管理分系统的主要内容包括业务流程的重组、组织结构与组织运行机制的设计、团队作业模式的构建、激励机制的完善等方面，在系统动力学建模过程中我们主要关注组织管理绩效与组织人力资源的管理，以此来体现组织管理分系统的目标和功能。组织管理分系统内诸多要素的相互作用关系如图 5-4 所示。

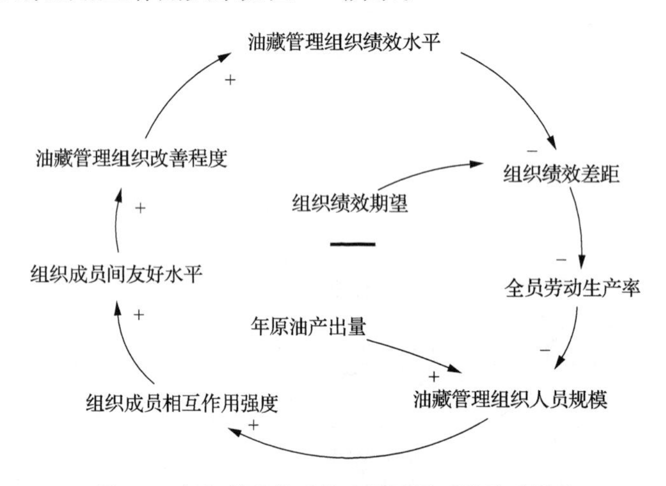

图 5-4　组织管理分系统内部因果反馈关系图示

组织管理分系统的因果反馈关系主要表现了油藏资源开发的组织绩效与人力资源管理，其主反馈回环是典型的负反馈回路，符合组织管理长期稳定有序的实际情况。油藏管理组织人员规模是由年原油产出量和全员劳动生产率共同决定的，其中，年原油产出量是管理组织的外生变量，是外界环境加于组织管理的活动量；油藏管理组织人员规模的扩大，带来成员间相互作用强度的增大，通过组织成员间友好水平的提高来改善管理组织的绩效水平，在一定程度上缩小与期望绩效的差距，提高全员劳动生产率；在年原油生产任务量一定的条件下，全员劳动生产率的提高带来组织人员规模的缩小，从而影响组织成员相互作用强度。这样就形成了一个典型的负反馈回路，基本符合组织管理分系统稳定有序的实际情况。组织管理分系统的核心目标是油藏管理组织绩效水平的变化情况，只有不断提高组织的绩效水平，才能实现油藏管理系统的整体目标。

2. 油藏管理的两分系统间因果关系解析

1）生产管理—技术管理两分系统间因果关系分析

生产管理分系统与技术管理分系统间具有密切的因果反馈关系，一方面，生产管理分系统在实施过程中向技术管理分系统提出问题和要求，并提供相应的生产信息和数据，技术管理分系统根据生产管理的需要进行不同层次的技术服务、技术创新和技术分析，两者之间具有互动的发展关系。另一方面，技术管理分系统将不同层次的技术内容应用于生产管理过程，并实时监测和分析生产管理活动，根据生产管理信息和数据进行方案调整、内容修正，以提高技术管理的实际应用效果。具体作用关系如图 5-5 所示。

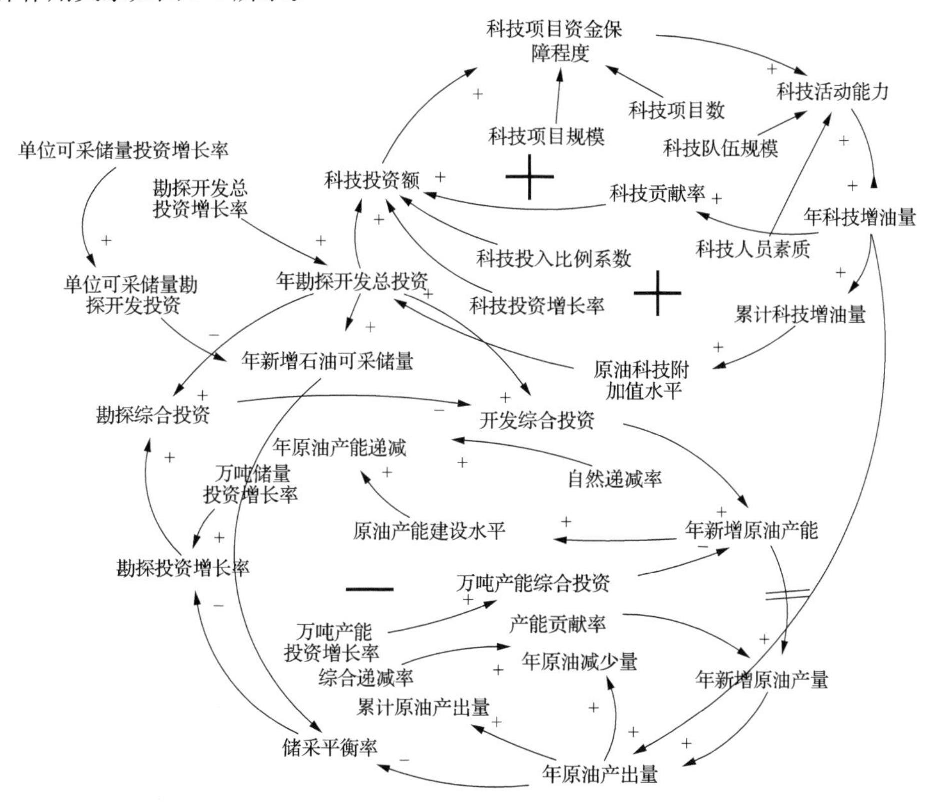

图 5-5　生产管理—技术管理两分系统间因果反馈关系图示

2）组织管理—生产管理两分系统间因果关系分析

在油藏管理系统中，组织管理与生产管理具有密切的联系和作用关系，一方面，组织管理分系统为生产管理进行业务流程的设计与改善、生产组织结构的设计及生产运行的控制、生产考核激励机制的完善和生产开发模式的创新等，其为生产管理提供宏观的政策、高效的组织和合适的机制，可以促进生产管理效率的改善和提高。另一方面，生产管理分系统为组织管理的政策制定、机制设计、流程重组等管理活动提供相应的生产信息和数据，以保证组织管理活动的有效进行。两者之间具有相互作用的因果反馈关系，具体如图 5-6 所示。

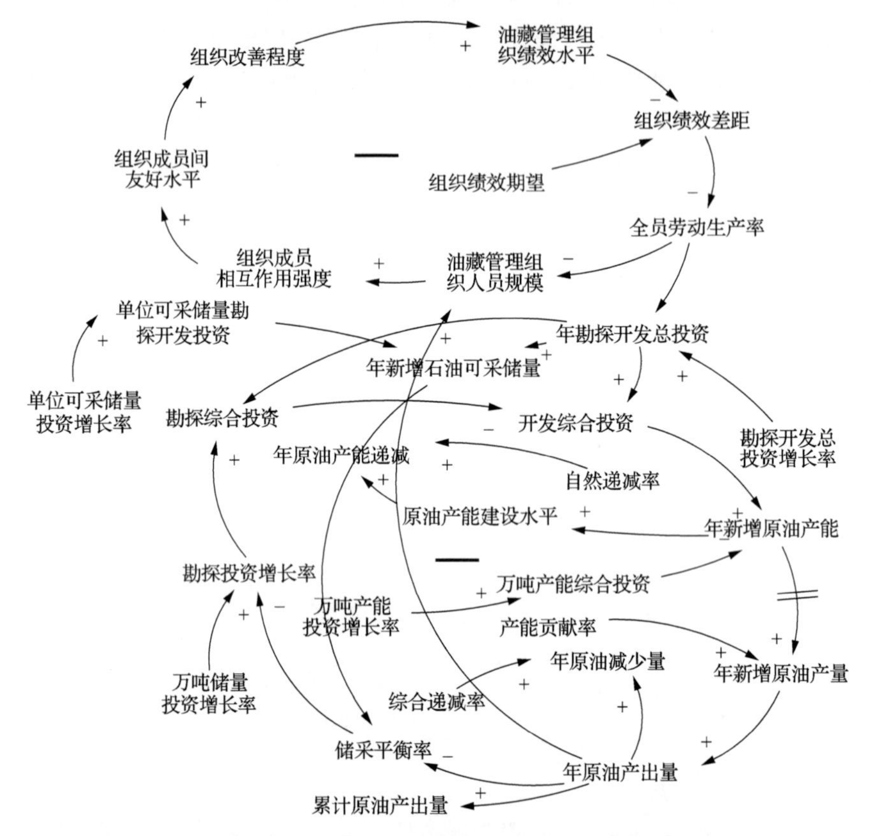

图 5-6　组织管理—生产管理两分系统间因果反馈关系图示

3）组织管理—技术管理两分系统间因果关系分析

组织管理分系统与技术管理分系统之间的具体因果反馈关系如图 5-7 所示，一方面，组织管理分系统为技术管理提供良好的技术政策、技术组织结构及协调机制、技术人员考核及激励机制、技术开发模式等，从而提高技术管理分系统的运行效率。另一方面，技术管理分系统为组织管理活动中各种政策、模式、机制、计划等的制定提供相应技术信息和数据。

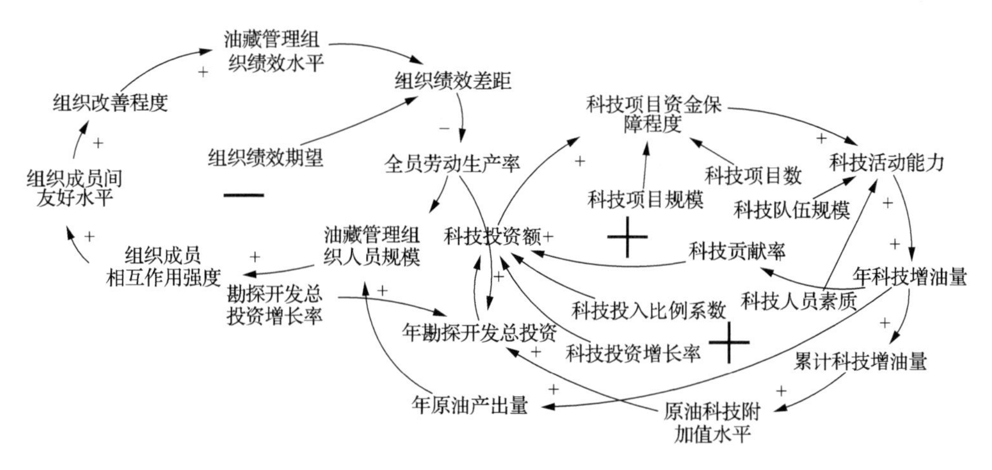

图 5-7　组织管理—技术管理两分系统间因果反馈关系图示

4）生产管理—油藏资源两分系统间因果关系分析

生产管理分系统与油藏资源分系统间具体因果反馈关系如图 5-8 所示。

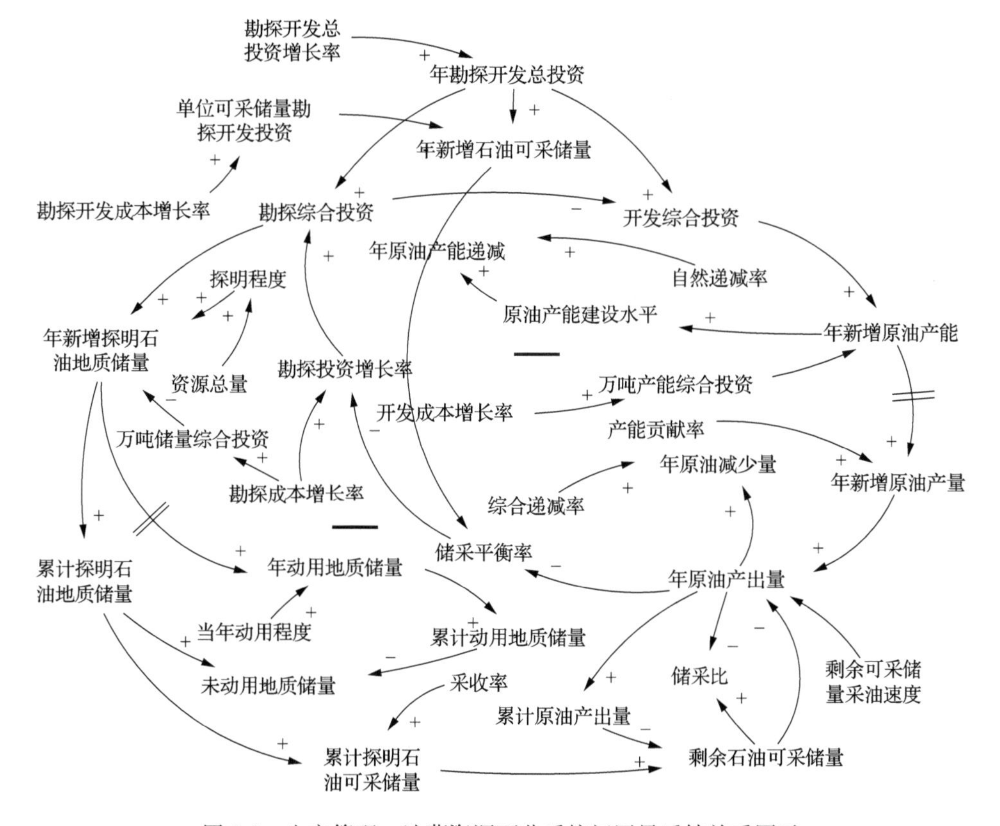

图 5-8　生产管理—油藏资源两分系统间因果反馈关系图示

在油藏管理系统中，一方面，生产管理分系统直接作用于油藏资源，各种生产管理活动对油藏的物理特性和开发状况造成各种影响。另一方面，相应生产数据和信息的传递使我们形成对油藏资源的动态认识和精细描述，进而指导油藏生产管理活动的有效实施，提高生产管理的产出效率。

5）技术管理—油藏资源两分系统间因果关系分析

技术管理分系统与油藏资源分系统间具有密切的相互作用关系，具体如图 5-9 所示。一方面，油藏资源开发价值的增大必须依靠勘探开发技术的不断创新和突破，油藏资源分系统对技术管理提出各种复杂的技术要求，需要得到相应的技术支撑，以实现油藏开发的效果。另一方面，技术管理活动必须适应油藏资源分系统的阶段性、多样性、复杂性等属性，根据不同的油藏类型和地质构造在不同勘探开发阶段进行有针对性的油藏评价和开发技术的研究与创新，并通过在油藏开发实际过程中的相关技术信息和数据进行持续修正和改进，以期更大程度地发挥技术增效作用。

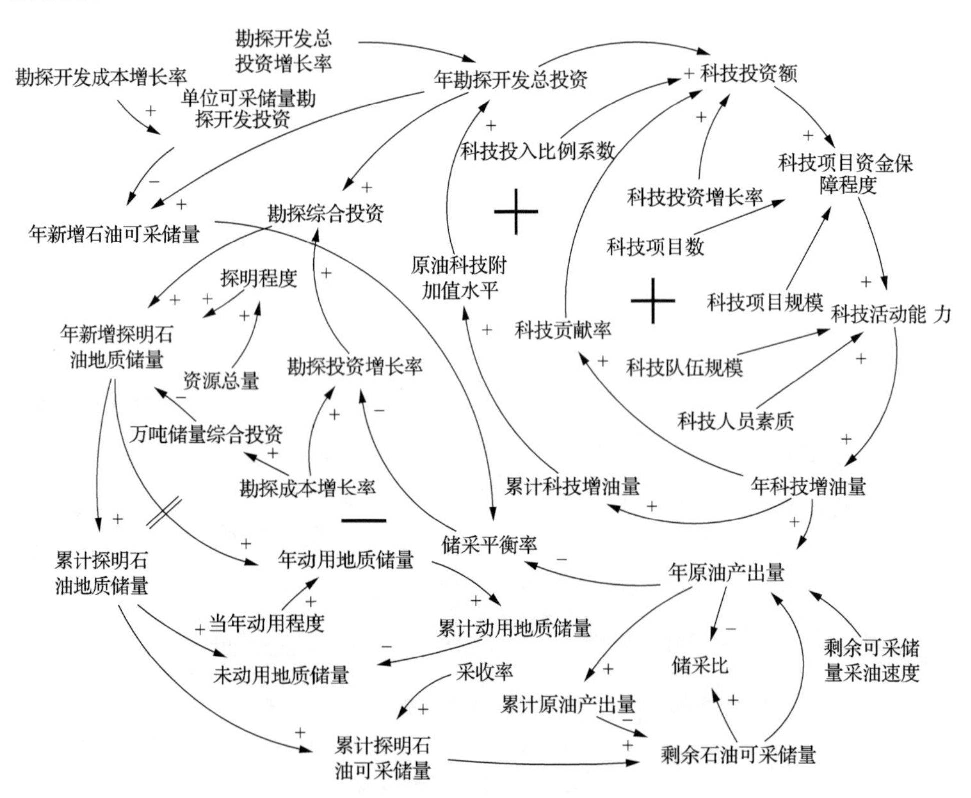

图 5-9 技术管理—油藏资源两分系统间因果反馈关系图示

3. 油藏管理的三分系统间因果关系解析

1）组织管理—生产管理—技术管理三分系统间因果关系分析

组织管理分系统、生产管理分系统和技术管理分系统三者之间具有密切的因果反馈作用关系，具体如图 5-10 所示。在油藏管理系统递阶结构中，生产管理与技术管理属于中间层次的工程开发，而组织管理处于油藏管理的最高层次，两个层次间具有重要的物流、信息流和能量流的交融互动。其中，生产管理与技术管理在同层次中具有服务与被服务、指导与被指导的作用关系，而上一层次的组织管理分系统为生产管理活动和技术管理活动的实施提供宏观的政策体系、先进的管理模式、组织机制、绩效考核与激励机制等，以实现相应生产活动或技术活动的目标和功能；生产管理和技术管理则通过相应信息和数据的传递与反馈影响组织管理活动的进行，确保政策体系、管理模式、组织机制等的有效性和灵活性。

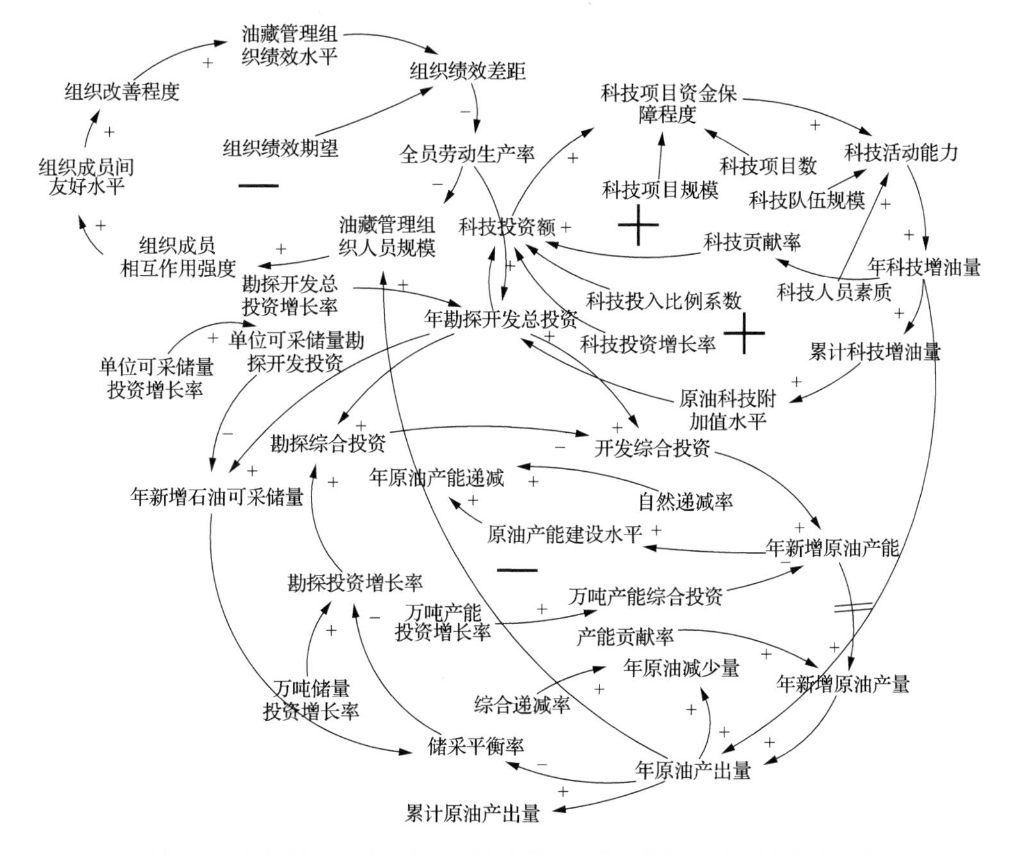

图 5-10　组织管理—生产管理—技术管理三分系统间因果反馈关系图示

2）生产管理—技术管理—油藏资源三分系统间因果关系分析

生产管理分系统、技术管理分系统与油藏资源分系统三者之间具有密切的因果反馈关系，具体如图 5-11 所示。在油藏管理系统递阶结构中，生产管理与技术管理属于中间层次的工程开发，而油藏资源分系统则处于油藏管理系统的最低层次，是一个自然-人造复合系统。生产管理与技术管理在中间层次上发生相互作用关系，然后分别作用于油藏资源分系统，直接影响油藏开发的进度和效果；而油藏资源在开发过程中的状态变化和价值差异又反过来影响生产管理和技术管理的有效进行。这三个分系统间的相互作用关系构成了油藏管理系统的主要内部作用结构，这个因果反馈关系的状态直接影响了油藏开发的效果和目标实现。

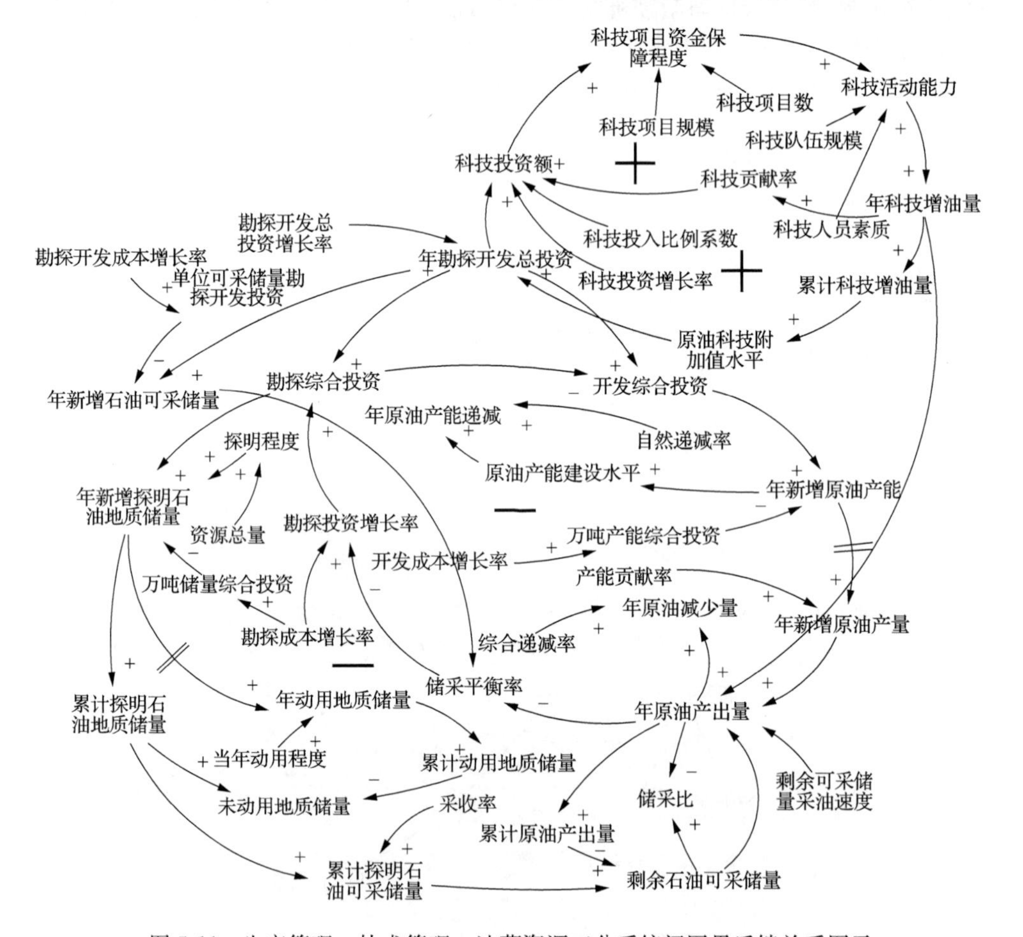

图 5-11 生产管理—技术管理—油藏资源三分系统间因果反馈关系图示

4. 油藏管理系统的整体因果关系分析

在前文各分系统内部及分系统间相互作用关系研究的基础上，通过集成得到油藏管理系统整体的因果反馈关系，具体如图 5-12 所示。

图 5-12　油藏管理系统的整体因果反馈关系图示

系统动力学认为，系统的行为模式与特性主要取决于其内部的动态结构与反馈机制[42]。从系统与外部环境的总体关系看，油藏管理系统是一个开放系统；而从系统输入与输出的总体关系看，油藏管理系统是一种复杂的信息反馈系统[20]。信息反馈系统模型的基本结构单元是反馈回环，而从前文的关系分析中可以看到，油藏管理系统中存在着许许多多的因果反馈回环，其中，油藏勘探开发过程回环是主导的因果反馈回环，以主导反馈回环为基础，油藏管理系统的四个分系统也都有自己的反馈回环，它们通过相关变量来耦合或连接。由于各要素间的因果关系不同，所构成的各种因果反馈系统可能是正反馈系统(+)或负反馈系统(-)，也可能是开环系统[20]。油藏管理系统的整体因果关系分析是构建油藏管理系统动力学仿真模型的重要基础。

5.3.3　油藏管理的动力学仿真模型分析

油藏管理系统及其每一个具有因果反馈关系的分系统都可以用一个相应的系统动力学流图来表示。通过系统动力学流图可以把油藏管理系统因果关系回环中的元素转变为相应的系统动力学变量，并且将系统的物质流、能量流和信息流的来龙去脉直观地展现出来[20]。

从油藏管理的初步系统分析及分系统解析中可以看到，油藏管理的基本作用对象是油藏资源，其是系统存在和演化的物质基础和必备条件；油藏管理的典型环节是生产管理，其是系统功能和目标得以实现的主要依靠和重要环节。并且，油藏资源分系统与生产管理分系统具有紧密而直接的相互作用关系，两分系统间具有大量的物质、能量、资金、信息等的交互和流动，因此，本书将重点研究生产管理分系统与油藏资源分系统的相互作用机理，结合石油勘探开发的具体实际情况尝试建立简化的生产管理—油藏资源系统(以下简称生产—油藏系统)的动力学仿真模型，并结合S油田的实际数据和资料进行仿真实验。

1. 生产管理分系统的仿真模型构建

生产管理分系统的仿真流图具体如图5-13所示。

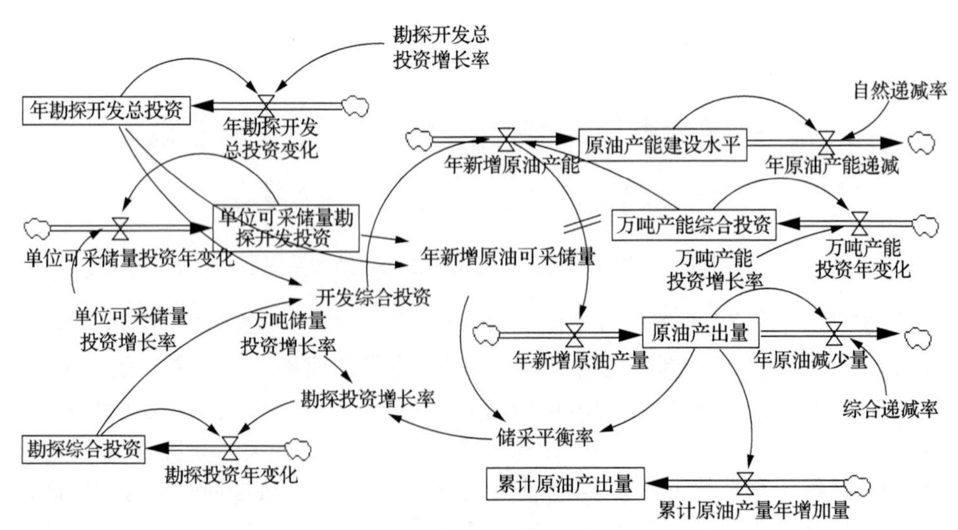

图5-13　生产管理分系统的仿真流图示意

生产管理分系统的仿真模型以模拟油藏的开发生产过程为主要内容。根据前文对生产管理分系统内部因果反馈结构的分析得知，年勘探开发总投资分为勘探综合投资和开发综合投资两部分，年勘探开发总投资与勘探综合投资之差形成开发综合投资，开发综合投资与万吨产能综合投资之商形成年新增原油产能[41]，年新增原油产能是原油产能建设水平的输入速率变量，而以一定自然递减率变化的年原油产能递减量则是产能建设水平的输出决策变量。年新增原油产能经过一阶物质延迟形成年新增原油产量，年新增原油产量作为水平变量年原油产出量的输入速率变量，而以一定综合递减率变化的年原油减少量则是年原油产出量的输出决策变量。原油产出量一方面累计形成水平变量累计原油产出量，另一方面与年新增原油可采储量共同决定储采平衡率，而年新增石油可采储量由年勘探开发总投资与单位可采储量勘探开发投资共同决定。储采平衡率与万吨储量投资增长率共同决定勘探投资增长率，勘探投资增长率决定勘探综合投资的变化，而勘探综合投资的变化影响开发综合投资的额度。这样就形成了一个典型的闭合反馈回路，符合油藏开发的自然规律，具有实际意义。

2. 油藏资源分系统的仿真模型构建

油藏资源分系统的仿真流图具体如 5-14 所示。

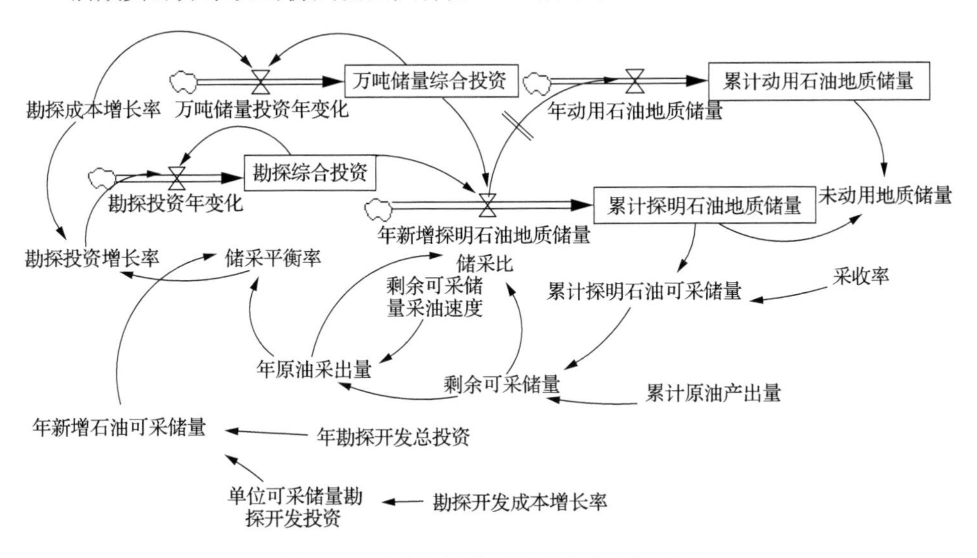

图 5-14　油藏资源分系统的仿真流图示意

油藏资源分系统的仿真模型是从勘探综合投资的分析开始，勘探综合投资与万吨储量综合投资之商形成年新增探明石油地质储量，年新增探明石油地质储量累计形成水平变量累计探明石油地质储量。另外，年新增探明石油地质储量经过一阶物质延迟形成年动用石油地质储量,年动用石油地质储量累计形成水平变量累计动用石油地质储量[41]。累计探明石油地质储量与采收率之积形成累计探明石油可采储量,累计探明石油可采储量与累计原油产出量之差形成剩余可采储量,剩余可采储量及其采油速度共同决定年原油采出量。年勘探开发总投资与单位可采储量勘探开发投资之商形成年新增石油可采储量,而年新增石油可采储量与年原油采出量之商形成储采平衡率,剩余可采储量与年原油采出量之商形成储采比,储采平衡率与万吨储量投资增长率共同决定勘探投资增长率[41],勘探投资增长率影响勘探综合投资。这样形成一个典型的负反馈回路,具有实际意义。

3. 生产—油藏系统的仿真模型构建

在前文生产管理分系统和油藏资源分系统的仿真模型研究基础上,经过整合形成生产—油藏系统的动力学仿真模型,如图 5-15 所示。

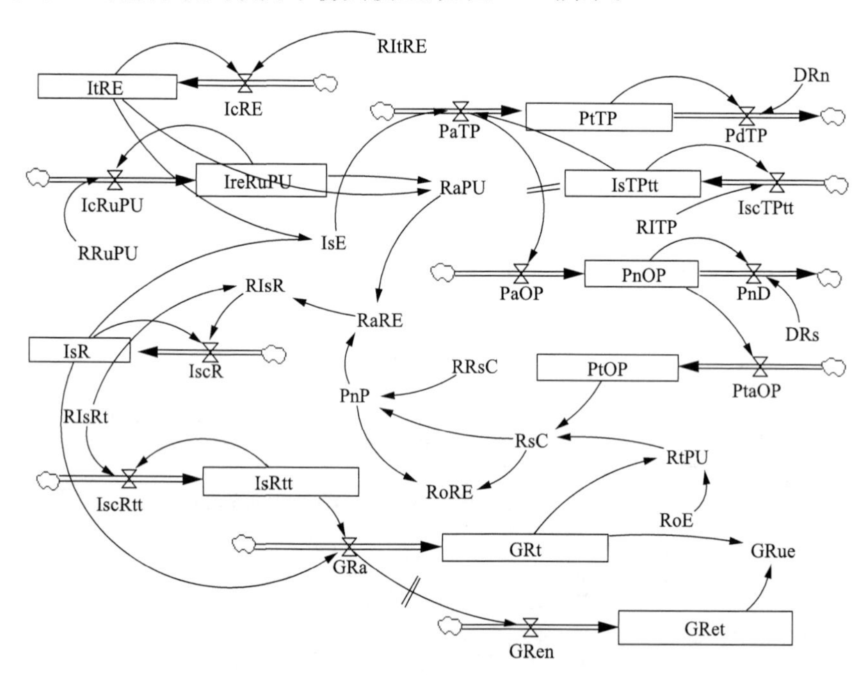

图 5-15 生产—油藏系统的仿真流图示意

生产—油藏系统动力学仿真模型基本反映了生产管理和油藏资源分系统内部以及相互之间的因果反馈关系,理清了分系统内部及分系统间的相互作用机理。以上建模过程并不是经历一次就能达到目的,需要多次不同程度的反复,才能建立一个较为理想的系统动力学仿真模型[41]。

从图 5-15 我们可以看到,在生产—油藏系统仿真模型建立后,通过输入或改变模型的相关参数并进行模拟运行，预测分析油藏勘探开发未来的发展趋势，寻找可行的发展方向。模型可以输出未来所需时间范围内的油藏的原油产出量、年新增探明石油地质储量、剩余可采储量、原油产能建设水平、储采平衡率等考核指标的发展状况和演进趋势。在进行模拟时，根据不同要求改变这几组数据，比较各自的输出结果，筛选出较好的方案用于决策参考。模型相关参数的汇总及解释见表 5-1。

表 5-1　模型参数汇总表

参数名称	具体含义	量纲
PnOP	年原油产出量	万吨
PtOP	累计原油产出量	万吨
PaOP	年新增原油产量	万吨/年
PnD	年原油减少量	万吨/年
PtaOP	累计原油产量年增加量	万吨/年
RsC	剩余可采储量	万吨
PnP	年原油采出量	万吨/年
RtPU	累计探明石油可采储量	万吨
GRa	年新增探明石油地质储量	万吨/年
GRt	累计探明石油地质储量	万吨
GRen	年动用石油地质储量	万吨/年
GRet	累计动用石油地质储量	万吨
GRue	未动用石油地质储量	万吨
RaPU	年新增原油可采储量	万吨/年
PtTP	原油产能建设水平	万吨
PaTP	年新增原油产能	万吨
PdTP	年原油产能递减	万吨
ItRE	年勘探开发总投资	万元
IcRE	年勘探开发总投资变化	万元/年
IreRuPU	单位可采储量勘探开发投资	万元/万吨
IcRuPU	单位可采储量投资年变化	万元/万吨
IsE	开发综合投资	万元
IsR	勘探综合投资	万元
IscR	勘探投资年变化	万元/年
IsRtt	万吨储量综合投资	万元/万吨

续表

参数名称	具体含义	量纲
IsTPtt	万吨产能综合投资	万元/万吨
IscTPtt	万吨产能投资年变化	万元/万吨
IscRtt	万吨储量投资年变化	万元/万吨
RItRE	勘探开发总投资增长率	无
DRn	自然递减率	无
DRs	综合递减率	无
RITP	万吨产能投资增长率	无
RIsRt	万吨储量投资增长率	无
RaRE	储采平衡率	无
RIsR	勘探投资增长率	无
RRuPU	单位可采储量投资增长率	无
RRsC	剩余可采储量采油速度	无
RoRE	储采比	无
RoE	采收率	无

5.4 油藏管理的动力学仿真

对于我们所重点研究的生产—油藏系统问题,影响系统运行的因素主要来自两个方面,即内部因素和外部因素。通过前文的系统界定,我们可以明确,在生产—油藏系统中,采收率、自然递减率、综合递减率等常量表征了系统所面临的外部环境,而原油产出量、年新增探明石油地质储量、储采平衡率等因素则是系统的内部因素。在模型仿真中,侧重研究油藏生产管理与油藏资源的相互作用关系,因而采收率、自然递减率、综合递减率等可以看作外部元素,可以通过调整代表外部元素来观察、研究系统的响应。

5.4.1 系统仿真的思路及数据处理

1. *系统仿真思路*

前文已经界定了油藏管理系统及其分系统的边界和内容,其中生产管理和油藏资源在油藏管理系统中具有重要地位,是我们研究和认识油藏管理系统的关键所在,二者的相互作用过程构成了油藏管理系统的主要内容。本节在对生产管理分系统和油藏资源分系统解析基础上,建立生产-油藏系统动力学仿真模型,并结合S油田的实际资料及数据进行不同方案的仿真实验，并在应用过程中不断修正模型、完善模型，以期最大程度地反映油藏勘探开发的实际过程。

仿真工作主要包括三部分内容：首先，在对S油田近10年历史数据和资料处理的基础上，输入所需的实际数据，进行仿真模型检验，以评估所建模型的有效性和应用准确性。通过历史数据模拟分析，如果仿真模型与实际的拟合程度较好，就进行模型的实际应用，反之，则修正模型，进行新一轮的模型有效性检验，进行多次反复调整，直到模型与实际的拟合程度达到一定要求。其次，调整输入数据的大小及类型，进行不同方案的仿真分析，以预测油藏勘探开发的未来发展趋势，寻找新的发展方向，并可以输出未来所需时间内的不同考核变量的发展变化及演进趋势，以有效指导油藏管理决策。最后，选取仿真模型的重点变量进行模型的灵敏度分析，以明晰不同变量对模型影响程度的大小，以指导油藏管理实际的调整重点和调整幅度，最终实现油藏资源的有效、可持续利用。

2. 原始仿真数据处理

在对油藏勘探开发的运行机制初步分析基础上，连续收集1996～2005年S油田有关的石油勘探开发原始数据和综合资料，并进行必要的分析和处理。

1）基础数据分析

收集S油田1996～2005年的油藏实际勘探开发数据如表5-2所示。

如表5-2所示，1996～2005年S油田石油年勘探开发总投资从890000万元增加到966200万元，其中在2001年达到峰值1045000万元，此后年勘探开发总投资呈逐年下降趋势，勘探综合投资在这10年间总体呈上升趋势，从1996年的202200万元增加到2005年的244500万元，其中在2001年达到峰值298300万元，但是随着大量资金投入油气勘探，年新增探明地质储量却没有大的突破，维持在11000万吨左右，这与S油田已经进入开发中、后期，油气勘探成本和勘探风险逐步加大有很大关系。这一时期亿吨探明地质储量直接投资总体不断提高，由1996年的157800万元增加到2005年的282600万元，中间虽有个别年度反复，但总体上说明S油田的勘探成本不断加大，探明地质储量的发现难度加大。S油田在1996～2005年自然递减率和综合递减率整体呈下降趋势，这说明油田经过勘探开发进度和措施的调整，已经有效地减缓了油藏资源的衰减速度，有利于资源的可持续利用。在这期间，S油田的采收率比较稳定，变化很小，基本维持在28.6%～28.8%，但是年原油产出量却呈现稳中有降的大趋势，前三年每年原油产出减少100万吨左右，从1999年开始虽然呈下降趋势，但下降速度得到有效遏制，年原油产出量在2660万吨～2695万吨；相应的产能水平在1996～1999年呈现逐年下降

表 5-2 S油田 1996～2005 年油藏勘探开发基础数据

项目	单位	1996 年	1997 年	1998 年	1999 年	2000 年	2001 年	2002 年	2003 年	2004 年	2005 年
年勘探开发总投资	万元	890000	945000	1004500	1040700	1015900	1045000	1027900	1022800	994100	966200
勘探综合投资	万元	202200	236250	251200	263000	253900	298300	256500	275500	256200	244500
开发综合投资	万元	687800	708750	753300	777700	762000	746700	771400	747300	737900	721700
年末原油产能	万吨	2750	2700	2650	2620	2631	2644. 8	2640. 3	2665. 9	2650. 4	2652. 5
百万吨产能直接投资	万元/百万吨	145700	158800	170000	185700	205800	206200	253200	242600	251500	267500
亿吨探明地质储量直接投资	万元/亿吨	157800	163700	184100	178600	257400	234400	207400	199400	219400	282600
自然递减率	%	20. 33	18. 85	16. 16	14. 79	13. 92	14. 24	14. 16	14. 18	14. 65	14. 74
综合递减率	%	10. 73	8. 88	7. 53	6. 93	6. 30	7. 08	6. 21	6. 08	6. 06	5. 94
年原油产出量	万吨	2911. 6	2801. 2	2713. 0	2665. 2	2675. 7	2668. 0	2671. 5	2665. 5	2674. 3	2694. 5
累计原油产量	万吨	61049	63850	66581	69246	71922	74590	77261	79927	82601	85296
储采平衡率	%	81. 95	102. 86	102. 05	125. 65	101. 1	103. 79	103. 54	104. 15	105. 75	161. 81
剩余可采储量	万吨	22472	22714	22869	23788	23839	24131	24128	24200	24134	25655
年新增探明地质储量	万吨/年	10396	11710	10430	10418	10669	11354	11885	12315	11144	10621
累计探明地质储量	万吨	361298	373008	383438	393856	404525	417072	428957	441272	452416	461034
累计动用地质储量	万吨	290200	300878	311990	323535	333361	344531	352806	361434	371200	387454
单位可采储量勘探开发投资	元/吨	274. 94	243. 50	278. 56	235. 19	347. 24	347. 74	354. 9	347. 8	341. 65	668
剩余可采储量采油速度	%	11. 5	11. 0	10. 7	10. 1	10. 1	10. 0	10. 0	9. 9	10. 0	9. 5
采收率	%	28. 8	28. 8	28. 7	28. 8	28. 7	28. 7	28. 7	28. 8	28. 8	28. 6

趋势,年新增产能不足以弥补年产能的递减量,导致产能水平绝对减少,体现为产能建设相对不足,从1998年起,开发综合投资的投入力度有所加强,新增产能逐步能够弥补年产能递减,产能水平成稳定状态,其在2631～2666万吨徘徊。在这期间,百万吨产能直接投资额度不断增加,呈现逐年上升趋势,由1996年的145700万元增加到2005年的267500万元,增加幅度较大,这说明S油田开发成本逐步加大,产能建设难度和风险不断增加,需要进一步加大开发综合投资力度,以实现一定的年新增产能来维持产能建设水平的稳定,从而减缓原油产出量的下降趋势。

2) 基础数据处理

根据生产-油藏系统动力学模型仿真实验的参数需要,对表5-2中的部分基础数据进行必要的统计和处理,部分处理结果如表5-3所示。

结合表5-2的数据处理结果对仿真模型的关键参数进行说明。

1996～2005年S油田有关的油藏勘探开发数据如下。

年勘探开发总投资增长率分别为:0.0618;0.0630;0.0360;－0.0238;0.0286;－0.0164;－0.00496;－0.0281;－0.0281。年均:0.00978。

万吨探明地质储量直接投资增长率分别为:0.0374;0.1246;－0.0299;0.4412;－0.0894;－0.1152;－0.0386;0.1003;0.3154。年均:0.0828。

万吨产能直接投资年增长率分别为:0.0899;0.0705;0.0924;0.1082;0.00194;0.2279;－0.0419;0.0367;0.0636。年均:0.0721。

单位可采储量勘探开发投资增长率分别为:－0.1144;0.1140;－0.1557;0.4767;0.00144;0.2060;－0.02;－0.0177;0.9552。年均:0.1353。

自然递减率:0.2033;0.1885;0.1616;0.1479;0.1392;0.1424;0.1416;0.1418;0.1465;0.1474。年均:0.1560。

综合递减率:0.1073;0.0888;0.0753;0.0693;0.0630;0.0708;0.0621;0.0608;0.0606;0.0594。年均:0.0717。

剩余可采储量采油速度:0.115;0.110;0.107;0.101;0.101;0.100;0.100;0.099;0.100;0.095。年均:0.1028

年动用石油地质储量＝DELAY1(年新增探明石油地质储量,1.818)。

年新增原油产量＝DELAY1(年新增原油产能,2.222)。

输入或改变以上参数,模型可以输出未来所需时间范围内的油田的石油地质储量、储采平衡率、剩余可采储量、石油产能、石油产量的发展状况及趋势[41]。在进行模拟时,根据不同要求改变这几组数据,比较各自的输出结果,筛选出较好的方案用于决策参考。

表 5-3　S 油田 1996～2005 年油藏勘探开发数据处理

项目	单位	1996 年	1997 年	1998 年	1999 年	2000 年	2001 年	2002 年	2003 年	2004 年	2005 年
年勘探开发总投资增长率	%		6.18	6.30	3.60	−2.38	2.86	−1.64	−0.496	−2.81	−2.81
万吨产能直接投资	万元/万吨	1457	1588	1700	1857	2058	2062	2532	2426	2515	2675
万吨产能直接投资年增长率	%		8.99	7.05	9.24	10.82	0.194	22.79	−4.19	3.67	6.36
万吨储量直接投资	万元/万吨	15.78	16.37	18.41	17.86	25.74	23.44	20.74	19.94	21.94	28.86
年增长率	%		3.74	12.46	−2.99	44.12	−8.94	−11.52	−3.86	10.03	31.54
年新增产能	万吨	350	300	300	280	376.7	362	322.1	326.7	325.6	313.7
年产能递减	万吨	450	350	350	310	365.7	348.2	326.6	301.1	341.1	311.6
产能绝对减少	万吨	100	50	50	30	−11	−13.8	4.5	−25.6	15.5	−2.1
单位可采储量勘探开发投资增长率	%		−11.44	11.40	−15.57	47.67	0.144	20.60	−2.00	−1.77	95.52

5.4.2　系统仿真结果分析

1. 仿真模型的有效性检验

将 1996～2005 年 S 油田的实际数据输入模型，多次模拟结果与实际数据对比情况见表 5-4。由于生产—油藏系统动力学仿真模型中的变量数量较多，在模型的有效性检验中不能够一一进行对比分析，因此，本节根据油藏管理运行的实践及考核目标，选取具有典型性的年原油产出量、新增探明石油地质储量、储采平衡率等三个变量进行模拟对比分析。其中，年原油产出量是油藏勘探开发的重要考核指标，也是目前我国油田企业绩效水平的最直接体现，年原油产出水平本质上是原油生产能力积累的效果体现，是一个总量指标；新增探明石油地质储量是油藏管理寻找储量环节的主要考核指标，也是勘探综合投资投入效果的直接体现，关系着油藏资源的有效利用和油藏管理的可持续发展，本质上是一个增量指标；储采平衡率是由新增原油可采储量和年原油产出量共同决定的，是油田企业油藏管理进程中生产与油藏资源协同、互动发展的重要衡量指标。是联系油藏勘探和油藏开发进程的重要桥梁和纽带，本质上储采平衡率是一个比量指标，在一定程度上影响和制约着油藏勘探开发的可持续进程。

从表 5-4 中可以看到，年原油产出量、新增探明石油地质储量、储采平衡率等三个变量的整体误差范围控制在 6.0%以内，说明模型主要变量与实际数据和勘探开发状况的拟合程度较好，模拟结果比较接近现实，所建模型比较可靠，通过模型的有效性检验，可以用于预测分析和仿真实验。

2. 不同方案的预测分析

在前文模型有效性检验的基础上，将生产—油藏系统动力学仿真模型用于实际的预测分析，以 S 油田的实际开发生产数据为依据和初值，通过改变模型主要参数的取值范围和组合类型，对不同具体方案进行仿真实验，进行仿真结果分析和比较研究，以挑选较优方案指导油藏管理的具体实践，并为系统的管理政策分析提供必要的数据支持和决策辅助。

1) 仿真方案的选取说明

本书所研究的生产—油藏系统，重点在于分析生产管理分系统与油藏资源分系统在油藏勘探开发过程中的相互作用关系，明晰两个分系统间的作用机理和一般运行规律，研究目标及成果要求具有一定的普适性和可移植性。因此，生产—油藏系统动力学仿真模型着重于对系统结构及反馈关系的分析，而不是单单专注于对仿真方案的选择和评价，针对不同的仿真对象会产生不同的选取标准和具体方

表 5-4　S 油田 1996～2005 年油藏勘探开发变量模拟对比表

项目	单位	1996 年	1997 年	1998 年	1999 年	2000 年	2001 年	2002 年	2003 年	2004 年	2005 年
年原油产出量	万吨	2911.6	2801.2	2713.0	2665.2	2675.7	2668.0	2671.5	2665.5	2674.3	2694.5
模拟年原油产量	万吨	2957.2	2967.8	2774.5	2654.1	2649.8	2799.2	2599.3	2589.4	2601.5	2598.7
相对误差	%	1.57	5.94	2.27	−0.42	−0.97	4.92	−2.70	−2.86	−2.72	−3.56
新增探明石油地质储量	万吨/年	10396	11710	10430	10418	10669	11354	11885	12315	11144	10621
模拟新增探明储量	万吨	10089.5	12063.4	10130.4	10499.2	11235.0	11956.3	12210.5	12106.2	11025.1	10520.6
相对误差	%	−2.95	3.02	−2.87	0.78	5.30	5.31	2.74	−1.70	−1.07	−0.95
储采平衡率	%	81.95	102.86	102.05	125.65	101.10	103.79	103.54	104.15	105.75	161.81
模拟储采平衡率	%	80.54	99.76	103.46	124.81	100.80	104.23	102.10	103.21	104.95	154.20
相对误差	%	−1.72	−3.01	1.38	−0.67	−0.30	0.42	−1.39	−0.90	−0.76	−4.70

案，我们可以具体问题具体分析。通过不同对象的仿真实验，抓住我国油田企业尤其是东部老油田区域油藏管理的本质内容和主要规律，把握我国油藏勘探开发的基本过程，实现油藏管理政策模拟的平台建设。

我们对S油田仿真方案的选取问题主要考虑两个方面：一方面，就模型本身而言，通过控制模型的外部环境(在模型中表现为模型常数及调整变量)来影响系统的行为，并使其照着预期的方向演进，以实现油藏资源的有效利用和油藏管理的可持续发展。另一方面，就S油田的经营实际来说，油藏管理全面进入开发中、后期，当前的主要任务是加大投资力度，努力降低成本，控制各项开发指标，稳定原油年产出量，适度增加经济可采储量。S油田的仿真实验基于以上管理目标，通过调整参数的组合类型和具体数据，形成有效的预测方案。

2) 方案一及仿真结果分析

运用所建立的生产—油藏系统仿真模型，以S油田2005年的实际开发生产数据作为初始值，将S油田1996～2005年的年勘探开发总投资年均增长率0.978%、万吨探明地质储量直接投资年均增长率8.28%、万吨产能直接投资年均增长率7.21%、单位可采储量勘探开发投资年均增长率13.53%、自然递减率15.6%、综合递减率7.17%和剩余可采储量采油速度10.28%作为相关参数取值，模型其他参数不变，向前模拟S油田2006～2015年的油藏勘探开发未来的发展趋势和演进方向，模型输出S油田2006～2015年的众多变量和考核指标的模拟数值、发展状况及总体演进趋势。由于此仿真模型的变量数量较多，不能一一列出模拟结果，现选取新增探明地质储量、年原油产出量和储采平衡率等三个典型考核指标进行具体分析，其模拟结果如表5-5所示。

表5-5　S油田2006～2015年方案一的油藏勘探开发变量模拟结果

项目	单位	2006年	2007年	2008年	2009年	2010年	2011年	2012年	2013年	2014年	2015年
预测新增探明地质储量	万吨/年	8798.2	8525.3	8288.1	8024.2	7726.0	7410.3	7101.2	6794.5	6495.3	6201.0
预测年原油产出量	万吨	2467.1	2381.2	2296.4	2207.1	2118.0	2019.3	1942.1	1845.3	1771.1	1671.5
预测储采平衡率	%	99.85	101.32	101.05	101.79	102.13	99.08	98.85	97.56	96.23	96.10

分析表5-5的模拟结果可以看到，新增探明地质储量和年原油产出量的模拟值呈现逐年下降的趋势，并且下降幅度很大，新增探明地质储量由2006年的8798.2万吨下降到2015年的6201.0万吨，衰减比率为29.52%，年原油产出量由2006年的2467.1万吨下降到2015年的1671.5万吨，衰减比率为32.25%，大于

新增探明地质储量的衰减比率。储采平衡率呈现先上升后下降的总体趋势，但变化幅度不大，这与年新增探明地质储量和年原油产出量的衰减比较一致有关，并且S油田的采收率非常稳定，一直维持在28%左右。

S油田目前已进入开发中、后期，资源的储量品质和储量潜力逐步下降，企业负担日益加重，急需在控水稳油开发战略基础上有效实施油藏管理新模式，以延缓开发生产的衰减速度，增加可采储量，提高老油区的采收率，实现石油勘探开发过程的可持续发展。方案一的结果虽然总体演进趋势与S油田的实际情况吻合，但关键指标的衰减速度太快，与S油田实施油藏管理的目标相悖，仿真结果很不理想。其主要原因是勘探开发总投资增长率太小，而相关的勘探成本、开发成本及勘探开发综合成本等指标增长太快，导致投资明显不足，储量和产能建设受到严重制约，最终导致年原油产出量迅速递减。

3）方案二及仿真结果分析

运用所建立的仿真模型，以S油田2005年的实际开发生产数据作为初始值，在2006～2015年，假设S油田的年勘探开发总投资不增，万吨探明地质储量直接投资不增，万吨产能直接投资不增，单位可采储量勘探开发投资不增，其他参数与前次模拟相同，现选取新增探明地质储量、年原油产出量和储采平衡率的模拟结果如表5-6所示。

表5-6 S油田2006～2015年方案二的油藏勘探开发变量模拟结果

项目	单位	2006年	2007年	2008年	2009年	2010年	2011年	2012年	2013年	2014年	2015年
预测新增探明地质储量	万吨/年	10430.1	9799.2	9044.5	8668.2	8594.3	8596.7	8559.2	8469.2	8391.0	8312.5
预测年原油产出量	万吨	2711.2	2634.1	2579.6	2533.2	2503.1	2480.5	2440.3	2427.1	2410.6	2399.5
预测储采平衡率	%	107.71	104.16	98.17	98.04	97.95	98.01	97.79	97.56	97.12	97.01

分析表5-6中的模拟结果可以看到，新增探明地质储量和年原油产出量的模拟值呈现逐年下降的趋势，但对照方案一的模拟结果，其衰减速度得到一定程度的延缓。新增探明地质储量由2006年的10430.1万吨下降到2015年的8312.5万吨，衰减比率为20.3%，低于方案一的29.52%；年原油产出量由2006年的2711.2万吨下降到2015年的2399.5万吨，衰减比率为11.50%，明显低于方案一的32.25%。储采平衡率总体呈现下降趋势，但变化幅度不大，维持在97%～107%，属于正常波动。

总体看来，方案二的模拟结果略好于方案一，但其模拟条件过于苛刻，呈现理想化趋势。油藏管理的基本对象是深埋在地下的油藏资源，其一方面不能够被直接认识和感知，必须通过相应的油藏开发技术应用和开发生产活动实施来进行逐步描述和认识，其深受油藏开发生产活动及油藏开发工艺技术发展水平的影响和制约，具有较强的动态性和渐进性；另一方面，油藏资源本身的物理结构和地质特征也不是一成不变的，其会随着油藏开发阶段和开发方式的不同而不断演化发展，导致油藏开发规律的动态变化。随着油藏开发的深入，油藏的渗流特征、压力系统、油水界面和流体的渗变规律等都会发生变化。基于以上开发生产的实际情况，相应的开发生产指标如：万吨储量直接投资、万吨产能直接投资、单位可采储量投资等就会不断变化。为了维持一定水平的储量建设、产能水平和原油产出水平，就必须调整年勘探开发总投资以及勘探投资和开发投资的分配比例，因此，方案二的模拟结果现实意义不大。

4）方案三及仿真结果分析

运用所建立的仿真模型，以 2005 年 S 油田的实际开发生产数据作为初始值，在 2006～2015 年，假设年勘探开发总投资、万吨探明地质储量直接投资、万吨产能直接投资、单位可采储量勘探开发投资均以 5％的增长率线性变化，自然递减率、综合递减率、采收率、剩余可采储量采油速度分别以 2005 年的 14.74％、5.94％、28.6％、9.5％为基础，其他参数不变，运用模型进行模拟，选取新增探明地质储量、年原油产出量、储采平衡率等三个典型变量的模拟结果如表 5-7 所示。

表 5-7　S 油田 2006～2015 年方案三的油藏勘探开发变量模拟结果

项目	单位	2006 年	2007 年	2008 年	2009 年	2010 年	2011 年	2012 年	2013 年	2014 年	2015 年
预测新增探明地质储量	万吨/年	10542.1	10042.3	9860.2	9426.2	8884.5	8826.4	8833.6	8808.2	8767.8	8679.1
预测年原油产出量	万吨	2732.4	2694.5	2672.4	2631.1	2601.2	2587.1	2579.2	2539.2	2520.1	2510.2
预测储采平衡率	％	105.03	104.35	103.31	100.31	95.64	95.53	95.90	97.13	97.41	96.81

分析表 5-7 中的模拟结果可以看到，新增探明地质储量和年原油产出量的模拟值虽呈现逐年下降的趋势，但对照方案一及方案二的模拟结果，其衰减速度得到有效遏制。新增探明地质储量由 2006 年的 10542.1 万吨下降到 2015 年的 8679.1 万吨，衰减比率为 17.67％，低于方案一、二的 29.52％和 20.3％；年原油产出量由 2006 年的 2732.4 万吨下降到 2015 年的 2510.2 万吨，衰减比率为 8.13％，明显低于方案一、二的 32.25％和 11.50％。储采平衡率总体呈现下降趋势，但变化幅度不大，维持在 97％～106％，在正常波动范围内，具有实际意义。

总体看来，方案三的模拟结果明显优于方案一、二，S油田目前已经全面进入开发中、后期，其油藏管理的基本目标是控水增油、稳产增储。方案三的模拟结果显示，在总投资不断增加以及单位产能建设需投资、单位储量需投资自然递增的基础上，新增探明地质储量和年原油产出量都保持比较稳定的水平。新增探明地质储量基本维持在8679.1～10542.1万吨，变化情况比较理想；年原油产出量基本维持在2510万吨以上，这与S油田的储量建设和产量要求基本吻合。因此，方案三是比较理想的选择策略，也进一步验证了所建仿真模型的有效性。

3. 仿真模型总结

本节所建立的生产-油藏系统动力学仿真模型在结构上与油藏管理的实际运行情况相吻合，模拟检验输出结果与S油田实际生产运行情况拟合较好，误差较小。改变仿真模型的初始值与有关参数，可灵活地对不同时期、不同对象的开发方案进行模拟，通过分析研究模型的输出结果，对我国油田企业的油藏管理发展趋势进行预测，为石油行业及油田企业的各级管理者提供相关方案的预期效果[43]，以供进行相关的管理政策分析和决策参考。

5.4.3 仿真模型的灵敏度分析

灵敏度分析是指对于模型变化所引起的模型响应的研究。其中模型的响应包括系统行为数值的变化即量变以及系统模式的变化即质变。在系统动力学模型的构建及运行过程中，模型的灵敏度分析可以说贯穿于过程的始终。因此，仿真模型的灵敏度分析是模型应用的不可或缺的重要环节。

1. 仿真模型灵敏度分析的目的

(1) 生产—油藏系统动力学模型中的一些参数在现实系统中经常发生变化，而无法具体确定其数值，用取值范围内的其他数值做实验以评价参数不确定性对模型结论的影响。

(2) 灵敏度分析可以帮助发现生产—油藏系统动力学模型可能产生的各种行为模式，增强对模型及实际系统的理解和认识，进而为油藏管理决策制定奠定基础。

(3) 油藏管理是一个影响因素众多、作用机理复杂、目标体系多样的大规模资源、技术和经济复合系统，本研究所建立的生产—油藏系统仿真模型的相关变量数量较多、考核指标比较复杂，因此，需要通过灵敏度分析寻找对模型实际行为影响程度较大的典型变量，进而进行决策和实践指导。

运用已经建立的生产—油藏系统动力学仿真模型，模拟计算输入变量相对输出变量的灵敏度，分析油藏管理多因素相互影响、作用的机制。本研究通过模型模拟分析研究输入变量年勘探开发总投资、采收率、万吨探明地质储量直接投资对应输出变量新增探明地质储量、年原油产出量、储采平衡率的灵敏度，研究它们之间的因果关系，并进一步对模型进行有效性检验[44]。

2. 仿真模型灵敏度分析的主要内容

（1）年勘探开发总投资对新增探明地质储量、年原油产出量、储采平衡率的灵敏度分析。

通过改变输入变量年勘探开发总投资，其他参数保持不变，运用所建立的仿真模型模拟新增探明地质储量、年原油产出量、储采平衡率的变化结果。模拟运行结果处理后见表 5-8。

表 5-8　模型灵敏度分析模拟结果一

项目	变化比率/%							
勘探开发总投资变化量	−2	−5	−8	−10	2	5	8	10
新增探明地质储量变化量	−4.67	−9.85	−15.50	−19.30	5.12	10.43	17.25	21.89
年原油产出量变化量	−3.20	−6.57	−10.08	−12.87	3.62	6.85	10.24	12.46
储采平衡率变化量	−1.14	−2.13	−3.97	−4.25	1.26	2.98	4.77	6.12

观察表 5-8 的模拟结果可以看到，年勘探开发总投资对于新增探明地质储量、年原油产出量与储采平衡率之间都是正因果关系，增加年勘探开发总投资这三个变量都增长，但增加幅度大小不同，三个变量的灵敏度绝对值大小排序依次是新增探明地质储量、年原油产出量、储采平衡率。其中，年勘探开发总投资对新增探明地质储量和年原油产出量的影响作用非常显著，新增探明地质储量和年原油产出量的同期变化量均大于勘探开发总投资的变化量。

（2）采收率对新增探明地质储量、年原油产出量、储采平衡率的灵敏度分析。

通过改变输入变量采收率，其他参数保持不变，运用所建立的仿真模型模拟新增探明地质储量、年原油产出量、储采平衡率的变化结果。模拟运行结果处理后见表 5-9。

表 5-9 模型灵敏度分析模拟结果二

项目	变化比率/%							
采收率变化量	−2	−5	−8	−10	2	5	8	10
新增探明地质储量变化量	−5.01	−9.67	−15.24	−17.66	4.87	10.12	15.42	17.62
年原油产出量变化量	−6.20	−13.12	−20.11	−25.75	7.03	13.25	21.40	26.21
储采平衡率变化量	−1.87	−3.45	−6.02	−8.21	1.74	3.55	5.92	8.03

观察表 5-9 的模拟结果可以看到，采收率对于新增探明地质储量、年原油产出量与储采平衡率之间都是正因果关系，增加采收率这三个变量都增长，但增加幅度大小不同，三个变量的灵敏度绝对值大小排序依次是年原油产出量、新增探明地质储量、储采平衡率。其中，采收率对年原油产出量和新增探明地质储量的影响作用非常显著，年原油产出量和新增探明地质储量的同期变化量均大于采收率的变化量。

(3) 万吨探明地质储量直接投资对新增探明地质储量、年原油产出量、储采平衡率的灵敏度分析。

通过改变输入变量万吨探明地质储量直接投资，其他参数保持不变[44]，运用所建立的仿真模型模拟新增探明地质储量、年原油产出量、储采平衡率的变化结果。模拟运行结果处理后见表 5-10。

表 5-10 模型灵敏度分析模拟结果三

项目	变化比率/%							
万吨探明地质储量直接投资变化量	−2	−5	−8	−10	2	5	8	10
新增探明地质储量变化量	4.21	11.16	18.96	23.43	−3.95	−9.12	−18.23	−24.01
年原油产出量变化量	3.62	7.75	11.21	13.56	−3.61	−7.81	−11.04	−13.86
储采平衡率变化量	1.20	3.22	5.12	7.01	−1.24	−3.01	−5.21	−6.98

观察表 5-10 的模拟结果可以看到，万吨探明地质储量直接投资对于新增探明地质储量、年原油产出量与储采平衡率之间都是负因果关系，降低万吨探明地质储量直接投资这三者都增长，但增长幅度不同。灵敏度绝对值大小排序依次是：新增石油地质储量、原油产出量、储采平衡率。其中，万吨探明地质储量直接投资对年原油产出量和新增探明地质储量的影响作用非常显著，年原油产出量和新增探明地质储量的同期变化量均大于万吨探明地质储量直接投资的变化量。

(4) 模型灵敏度综合分析。

结合表5-8、表5-9、表5-10所示的不同模拟结果进行灵敏度综合分析:年勘探开发总投资、采收率与万吨探明地质储量直接投资对新增石油地质储量、年原油产出量、储采平衡率的影响都比较显著,但变化程度不同。它们依次是采收率、万吨探明石油地质储量直接投资、年勘探开发总投资[44]。

5.4.4　基于基模的油藏管理系统主控回路分析

1. 应用基模的技术路线

对于所有系统而言,系统结构决定系统行为。系统动力学将系统的行为与系统结构联系起来。而系统结构通常可以用一系列由正负反馈回路的基模来刻画。正反馈回路对成长或衰落起持续的强化作用;而负反馈回路可以削弱影响,具有"内部稳定器"的作用,使系统处于平衡稳定的状态。

油藏管理系统是将不可再生的油藏资产作为管理基础,有效整合人力、物力、财力及信息等各种资源,在充分认识油藏性质和开发规律的基础上,对油藏进行科学管理和经营,以期实现经济可采储量最大化和经济效益最大化的资源、技术和经济复合系统。从第3章建立的油藏管理系统因果关系图中,我们也可以看到,油藏管理系统由若干正负反馈回路组成,这些回路又相互交织在一起,形成一个高阶的、多重反馈的复杂系统。面对如此复杂、非线性的油藏管理系统,很难直观地了解系统的主控回路及关键变量,这将为寻找系统的调控点造成障碍。甚至,由于未能了解系统结构的本质和回路之间的制约关系,使得看似对系统有利的调控策略非但没能从根本上解决系统的问题,反而带来了巨大的副作用,调控的结果大大出乎决策者的预料,甚至可能严重背离调控策略的初衷。

而利用系统基模,可以更加深入地探究油藏管理系统内部暗含的"本质"问题。通过对油藏管理系统基模的分析,决策者可以了解到调控的策略是否会给系统带来意想不到的副作用。利用基模了解调控策略缺陷所在,通过修改策略,可以降低副作用对油藏管理系统的影响,甚至避免副作用的出现。

本书应用基模的技术路线图如图5-16所示。首先根据油藏管理系统的目标和实践经验,从第3章所建立的油藏管理系统因果关系图中提取主控回路;接着,对主控回路因果反馈机制进行分析,将其与之前学者提出的系统基模的一般形式进行对比,得到几种典型的油藏管理系统基模;之后,利用基模的相关理论分析油藏管理系统基模的特性,寻找调控的"杠杆"点;最后,利用前文建立的油藏管理系统仿真模型对基模进行仿真分析,得到相关的政策建议。

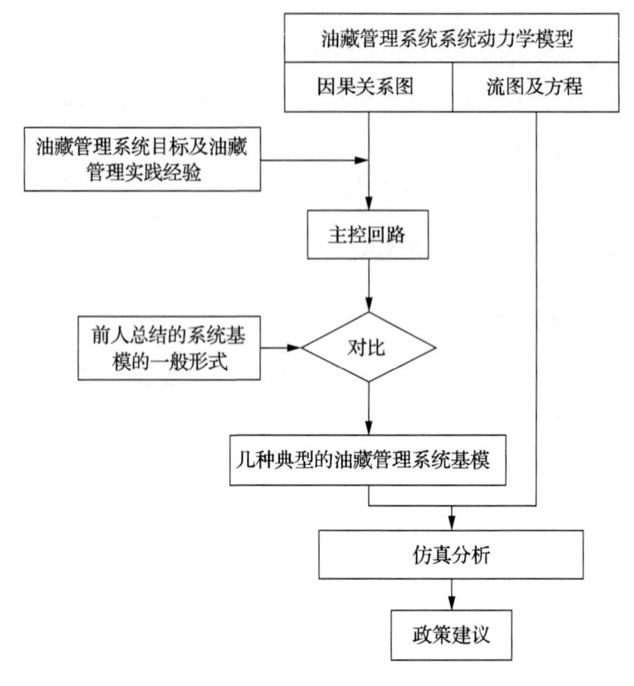

图 5-16　应用系统基模的技术路线图

本章通过基于基模的油藏管理系统主控回路分析，了解油藏管理系统结构的本质，探寻系统调控的“杠杆”点。

2. 原油产出量的“成长上限”基模

油藏管理系统的一个很重要的目标是提高原油产量，因而，年原油产出量是油藏管理系统关注的重要指标，年原油产出量的多少，反映油藏管理的水平的高低。然而正如前文所述，我国东部老油田大多已进入开发中、后期，原油产出量处在逐年下降的趋势中，本节将利用“成长上限”基模对原油产出量进行分析。

1) “成长上限”基模简述

“成长上限”基模(limits to growth)最早是由 Donella Meadows 等于 1972 年提出的。该基模表明任何事物的成长具有一定的上限，不能无限地增强。随着事物的发展，总会有限制出现[45]。

从系统动力学角度来看，“成长上限”基模就是一个自我增强的回路，产生一段时期的加速成长或扩展，然后成长开始慢下来，终至停止成长，而且甚至可能开始加速衰败(图 5-17)。此种变化形态中的“快速成长期”，是由一个(或数个)“增强环路”所产生。随后的“成长减缓期”，是在成长达到某种“限制”时，由“调节环路”所引起。这种限制可能是资源的限制或内、外部对成长的一种反应。其“加速衰败期”(如果发生的话)，则是由于“增强环路”反转过来运作，而使衰败加速，原来的成效愈来愈萎缩[46]。

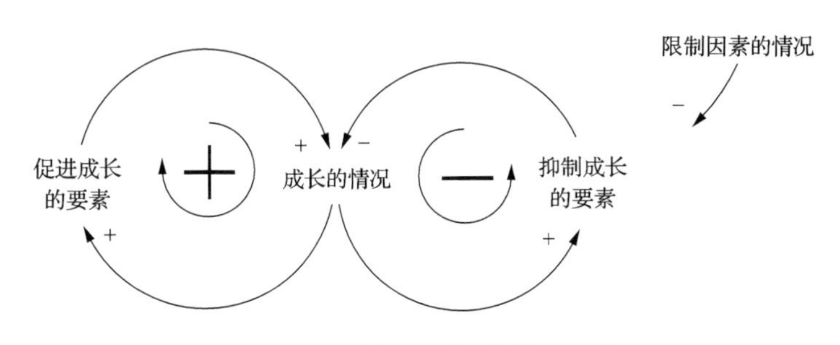

图 5-17　“成长上限”基模示意图

针对“成长上限”基模带来的管理问题，可通过以下途径予以减轻和避免。

(1) 关注于消除限制(或者减弱其影响)，而不是一味地强化驱动成长的措施。

(2) 在调节环路对成长产生限制之前，使用基模识别潜在的调节回路。

(3) 识别出成长过程与限制因素的关系，决定管理调节回路的方法。

2) 基模提取

油藏的生产过程是以投资—原油产能—原油产量—销售收入—投资的闭合反馈回路为核心的。从油藏开发的全生命周期过程来看，符合原油生产的客观规律，具有实际意义。在因果关系中，勘探开发总投资以一定比例形成勘探综合投资。勘探过程主要侧重于对油藏资源的描述和认识，以形成一定规模的探明地质储量，年新增探明地质储量逐年累积形成累计探明地质储量。通过对油藏性质、现有技术和产能的评价，得出可采储量和剩余可采储量等具体衡量指标，为油藏资源的可持续开发奠定物质基础。

勘探开发总投资的另一部分形成开发综合投资，开发综合投资投入实际生产过程形成年新增原油产能，进而带来年末原油产能的变化。通过原油开采过程，原油产能将剩余可采储量转化成实际的原油产出。通过对原油的销售带来了销售收入，从而为下一阶段的生产过程提供资金。由此，形成了闭合的反馈回路。

将以上的过程从油藏管理系统因果关系图中提取出来，如图 5-18 所示。

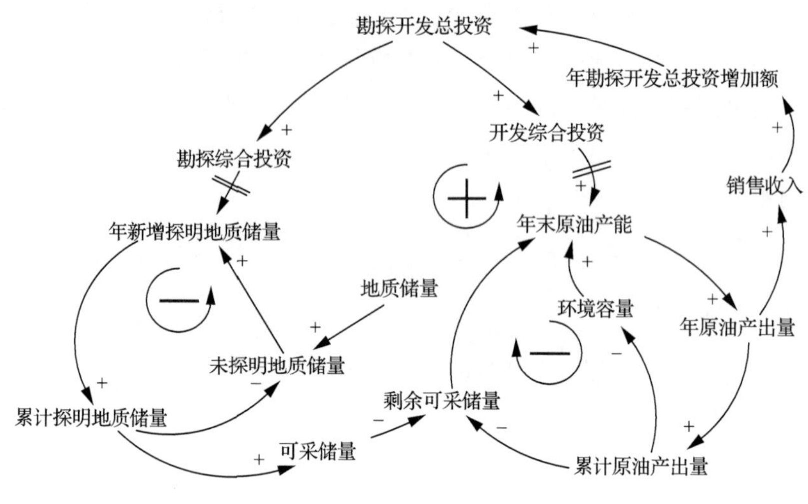

图 5-18　年原油产出量“成长上限”基模

图 5-18 中存在两个主要的正反馈回路，分别存在于油藏管理的勘探和开发过程。

在油藏资源勘探过程中，以勘探开发总投资作为起点，随着勘探开发总投资的增加，勘探综合投资随之增加。储量勘探有了充足的资金保障，年新增探明地质储量随之增加。累计探明地质储量作为一个水准变量，累积年新增探明地质储量，因而也将有所增加。进而可采储量和剩余可采储量都将增加，年末原油产能也将有所增加。年原油产出量与年末原油产能呈显著的正相关关系，年末原油产能的增加会带动年原油产出量增加。销售收入为原油产出量和原油价格的乘积，在原油价格保持不变的情况下，销售收入随着原油产出量的增加而增加。销售收入增加后，油田企业的资金更加充足，可以在勘探开发方面投入更多的资金。以上变量之间均为正向因果关系，因此，它们构成一个正向反馈回路。

在油藏资源的开发过程中，同样存在一条正向反馈回路。该回路以勘探开发总投资作为起点，随着开发勘探开发总投资的增加，开发综合投资随之增加。因此，产能建设方面有了充足的资金保障，年末的原油产能随之增加。产能的增加最终转化为原油产出量的增加。与勘探过程相同，开发过程中的一系列变化最终反映为原油产出量的增加。经过销售活动转化为资金，并最终带来勘探开发总投资的增加。以上变量之间也均为正向因果关系，它们构成一个正向反馈回路。

同时，图 5-18 中反映的油藏的勘探和开发过程还分别存在着负反馈回路。

在油藏勘探过程中，累计探明地质储量作为一个水准变量，随着年新增探明地质储量的累积而增加(图中正因果箭)。由于资源的总储藏量即地质储量在一定条件下保持稳定，随着累计探明储量的增加，未探明的地质储量减少(图中负因果箭)，并且未探明地质储量可能在更为复杂的地质构造中，这将增加油藏资源的勘探难度，从而使得年新增探明储量减少(图中正因果箭)。以上因果关系构成负反馈回路。

在油藏开发过程中，累计原油产出量作为一个水准变量，随着年原油产出量的累积而增加(图中正因果箭)。而剩余可采储量为可采储量与累计原油产出量之差，随着累计原油产出量的增加，剩余可采储量将减少(图中负因果箭)。而剩余可采储量的减少将造成年末原油产能的减少(图中正因果箭)。以上因果关系构成负反馈回路。此外，随着累计原油产出量的增加，不断地消耗土壤、水等自然资源，使得环境的承载能力下降(表现为环境容量的下降，图中负因果箭)，而环境容量正向影响到年末原油产能，因而，环境容量的下降也将带来年末原油产能的减少(图中正因果箭)。

综上所述，图5-18中同时存在的正反馈回路和负反馈回路，构成"成长上限"基模。油藏资源作为一种不可再生资源，总要面临资源的枯竭耗尽，因此原油产出量必定存在其成长上限，不可能无限地增加下去。

3）基模分析

在油藏管理实践中，勘探和开发是油藏管理的两项重要活动，分别用年新增探明地质储量和年末原油产能反映勘探和开发的成果。从图5-18中可以看出，年新增探明地质储量受到勘探综合投资和未探明地质储量的共同影响，并且都是正向的因果关系。通常情况下，勘探综合投资是逐年增加的。然而，随着勘探工作的进行，新的地质储量不断被发现，使得没有被发现的地质储量(即未探明地质储量)不断减少，因而未探明地质储量对年新增探明地质储量实际上起到的是负的增强作用。年新增探明地质储量在一正一负两个增强作用的共同影响下，不可能始终保持增长的态势。当勘探综合投资的影响占主导时，年新增探明地质储量将表现为增长的态势；反之，当未探明地质储量的影响起到主导作用时，年新增探明地质储量将随着未探明地质储量的减少而减少。

年末原油产能同样也受到投资额和资源量两方面的共同影响，其影响因素为开发综合投资和剩余可采储量的共同影响，并且也都是正向的因果关系。通常情况下，开发综合投资是逐年增加的。然而，随着油藏开发生产的不断进行，原油不断被开采出来，累计原油产出量作为水准变量不断地累积增长。如果没有新的可采储量被发现，剩余可采储量将不断减少，即便发现新的可采储量，但新增可采储量不能弥补年原油产出量，剩余可采储量仍将减少，因而剩余可采储量对年末原油产能可能实际上起到的是负的增强作用，这与未探明地质储量对年新增探明地质储量的影响类似。年末原油产能可能在一正一负两个增强作用的共同影响下，也同样不能保持始终增长的态势。如果剩余可采储量处于下降的趋势，同时其对年末原油产能的影响相较于开发综合投资的影响要强，即图5-18中的负向因果回路起到主导作用，年末原油产能将随着剩余可采储量的下降而减少，而年末原油产能的减少将直接带来原油产出量的减少。

本节研究将通过系统仿真的方法分别探讨投资额、资源量对新增探明地质储量和年末原油产能的影响，找到起主导作用的影响，以及在其作用下年新增探明地质储量、年末原油产能以及年原油产出量的走势，并给出相应的政策建议。

3. 勘探与开发投资分配的“富者愈富”基模

油藏管理系统是一个多重目标的复杂系统，优化油藏开发的投资结构是其重要的子目标之一。通过优化投资结构，可以提高经济效益，进而实现改善及优化油藏资源开发，实现综合经济效益最大化的总目标。

在油藏管理过程中，勘探开发综合投资由勘探综合投资和开发综合投资两部分组成，这两部分投资存在着一定的“竞争”关系。合理安排勘探和开发投资的比例是优化投资结构的重要手段，本节利用“富者愈富”基模对勘探和开发投资的分配问题进行分析。

1)“富者愈富”基模简述

“富者愈富”基模描述两个同时进行活动，它们表现成绩相近，但为有限的资源而竞争。开始时，其中一方因得到稍多的资源而表现好些，便占有较多的优势去争取更多的资源，产生了一个“增强环路”，于是表现愈来愈好；而使另一方陷入资源愈来愈少，表现也愈来愈差的反方向的“增强环路”[46]（图 5-19）。针对“富者愈富”基模带来的管理问题，可通过以下途径予以减轻或避免。

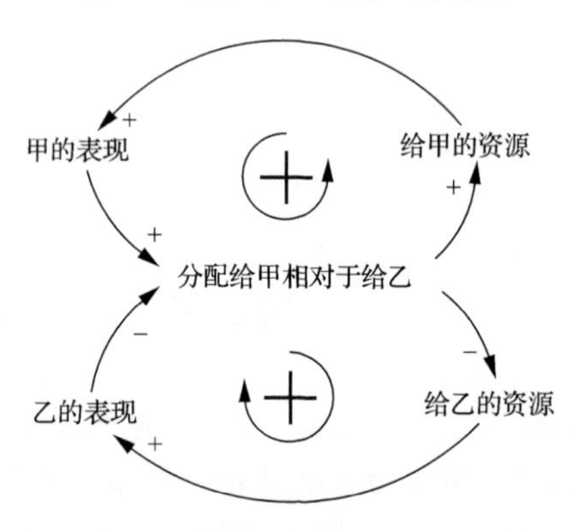

图 5-19 “富者愈富”基模示意图

(1) 评价现有的测量体系，以确定现有体系是否有利于既定做法，而不利于其他做法。

(2) 确定目标，在更大的系统内，重新确定成功的定义。

(3) 根据外部市场的成功指标，调整内部的观点，以确定潜在的能力陷阱。

2）基模提取

勘探开发总投资按一定的比例分为勘探综合投资和开发综合投资两部分。

利用勘探综合投资，结合相应的管理水平、技术手段形成年新增探明地质储量。万吨新增探明地质储量综合投资为探明万吨地质储量所需的勘探综合投资，其等于年新增探明地质储量与勘探综合投资之商，反映勘探综合投资的效率。利用开发综合投资，结合相应的管理水平、技术手段形成年末原油产能，万吨产能综合投资为开发综合投资与年末原油产能之商，反映开发综合投资的效率。根据勘探、开发综合投资的效率，确定下一阶段两者的分配比例，形成闭合的反馈回路。

将以上的过程从油藏管理系统因果关系图中提取出来，如图5-20所示。

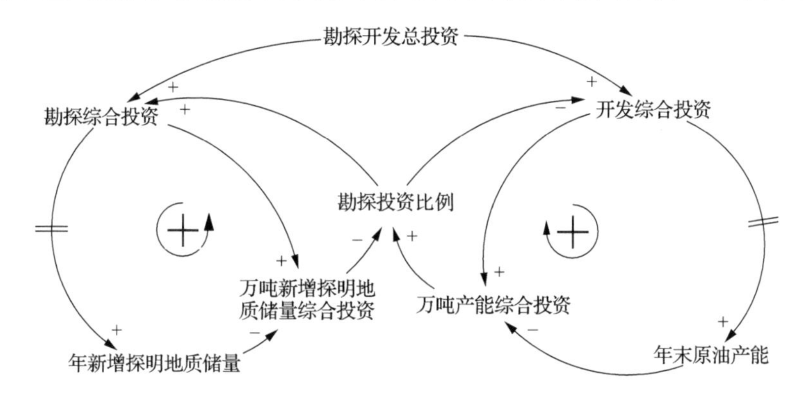

图5-20　勘探、开发综合投资“富者愈富”基模

从图5-20中可以看出，勘探投资比例处在左右两个反馈回路的交汇处，其含义是本年度投入的勘探综合投资在勘探开发总投资的比例，且有

$$\text{勘探投资比例} + \text{开发投资比例} = 1 \tag{5-1}$$

在油藏管理系统运行过程中，根据上年度的投入产出情况，确定勘探投资比例和开发投资比例，进而确定本年度的勘探综合投资和开发综合投资，计算方法为

$$\text{勘探综合投资} = \text{年勘探开发总投资} \times \text{勘探投资比例} \tag{5-2}$$

$$\begin{aligned}\text{开发综合投资} &= \text{年勘探开发总投资} \times \text{开发投资比例} \\ &= \text{年勘探开发总投资} \times (1 - \text{勘探投资比例})\end{aligned} \tag{5-3}$$

如图5-20所示，随着勘探综合投资的增加，年新增探明地质储量增加；本年度万吨新增探明地质储量综合投资(单位:万元/万吨)为本年度勘探综合投资(单位:万元)与年新增探明地质储量(单位:万吨)之比，因此其与勘探综合投资成正比(图中正因果箭)，与年新增探明地质储量成反比(图中负因果箭)；如果本年度的万吨新增探明地质储量综合投资增加，说明在勘探方面的投资效率下降，根据对历史数据的拟合分析，下年度给予勘探方面的投资比例将下降，因此勘探投资比例与万吨新增探明地质储量综合投资是负相关关系(图中负因果箭)；由式(5-2)可知，勘探

综合投资与勘探投资比例是正相关关系(图中正因果箭)。此回路中存在两个负因果箭,因此是正反馈回路。

另外,随着开发综合投资的增加,年末原油产能增加;本年度万吨产能综合投资(单位:万元/万吨)为本年度开发综合投资(单位:万元)与年末原油产能(单位:万吨)之比,因此其与开发综合投资成正比(图中正因果箭),与年末原油产能成反比(图中负因果箭);如果本年度的万吨产能综合投资增加,说明在开发方面的投资效率下降,根据对历史数据的拟合分析,下年度给予开发方面的投资比例将下降,相应的勘探投资比例将上升,因此勘探投资比例与万吨产能综合投资是正相关关系(图中正因果箭);由式(5-3)可知,开发综合投资与勘探投资比例是负相关关系(图中负因果箭)。此回路中同样存在两个负因果箭,因此是正反馈回路。

勘探综合投资和开发综合投资分别处在两个正反馈回路中,它们分享着年勘探开发总投资,并且通过两者的投资效率确定相应的投资比例系数,这符合“富者愈富”基模的特征。

3) 基模分析

在油藏管理实践中,勘探投资和开发投资反映到各自新增储量和原油产能上都存在一定的时间延迟。如果在决定两者之间投资分配比例时,使用各自投资效率作为依据,而忽视了勘探投资和开发投资各自所起的作用以及由于时间延迟带来的结果滞后效应,将有可能使油藏管理系统中的勘探投资比例与开发投资比例陷入的“富者愈富”的困境。

勘探和开发都是油藏管理的重要活动,两者是密切相关的。勘探过程分为预探和评价两个阶段。预探阶段以地震和非地震物化探、探井(包括钻井)录井、测井、试油、试采等为手段进行分析,提交控制储量。评价阶段是在预探阶段提交控制储量的基础上,利用各种手段对油藏进行评价并对油藏开发的经济价值做出评估。对于经评价具有开发价值的油藏提交探明储量,并完成开发方案设计。开发过程分为产能建设和生产两个阶段。产能建设阶段是按开发方案要求完成实施方案设计、地面工程初步设计、施工设计,按设计完成产能建设并投产。在产能建设实施过程中,对地质情况,进行跟踪分析并根据对变化了的认识不断对方案进行调整。生产阶段是维持已建成产能区块的正常生产。生产阶段以提高采收率、降低生产成本为目标,并不断采用新技术,以实现油田的长期稳定生产与高效开发。如果投资偏向于开发投资方面而使勘探方面投资不足,使得年新增探明储量下降,储采比和储采平衡率下降,不利于油田的可持续发展。反之,如果投资偏向于勘探方面而使开发方面投资不足,新增探明的储量无法变成实际产能,也就无法带来原油产量。因此,对勘探和开发的投资比例应保持在合适的水平,本书将在后文通过系统仿真给出勘探开发投资比例的政策建议。

4. 劳动生产率与人员规模的“舍本逐末”基模

优化组织管理效用和提高技术水平也是油藏管理系统的两个主要目标。这两个目标在结构中具有组织手段和过程目标的两重属性，它们作为组织手段，其整体水平在一定程度上影响着油藏可持续利用目标及经济效益目标的实现程度，同时在油藏开发过程中，它们也是系统非常重要的过程目标，直接影响着油藏开发的实际效果和油藏管理系统的有效运行。劳动生产率反映上述两个目标实现程度的重要指标，本节利用“舍本逐末”基模分析劳动生产率与人员规模之间的关系。

1)“舍本逐末”基模简述

“舍本逐末”是用头痛医头的治标方式来处理问题，在短期内产生看起来正面而立即的效果。但如果这种暂时消除症状的方式使用愈多，治本措施的使用也相对的愈来愈少。一段时间之后，使用“根本解”的能力可能萎缩，而导致对“症状解”更大的依赖[46]（图 5-21)。

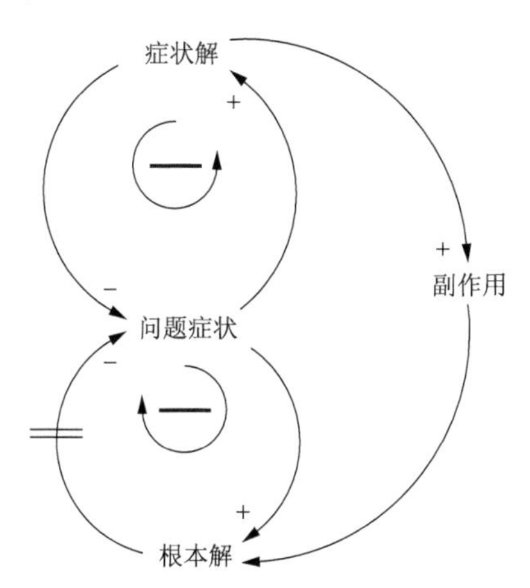

图 5-21　“舍本逐末”基模示意图

针对“舍本逐末”基模带来的管理问题，可通过以下途径予以减轻和避免。

(1)着眼于根本解。如有必要，使用症状解来争取时间，但着力于寻找根本解。

(2)引入多种观点区分症状解和根本解，并在行动上取得共识。

(3)在系统运行过程中，使用“舍本逐末”基模探讨所提出的解决方案潜在的副作用。

2) 基模提取

在油藏管理过程中，需要定期编制勘探开发计划，包括下一阶段的原油产量、新增探明储量、储采比、储采平衡率等指标。这些指标既是下一阶段工作的计划，也是绩效考核的目标。在实际工作中，各个业务单元会时刻监控考核组织绩效目标的完成情况，及时进行调整。在油藏管理系统中，组织绩效差距是现实组织绩效与组织绩效目标的差距。组织绩效目标通常包括原油产量、安全控制、新增可采储量、新增探明储量、含水率、自然递减率等，这些指标反映了油田勘探开发情况和可持续发展情况。当发现实际数据与绩效目标出现差距时，就要采取措施缩小差距。通常情况下，缩小绩效差距的方式有增加人员规模和提高劳动生产率。

将人员规模和劳动生产率相关的部分从油藏管理系统因果关系图中提取出来，如图 5-22 所示。

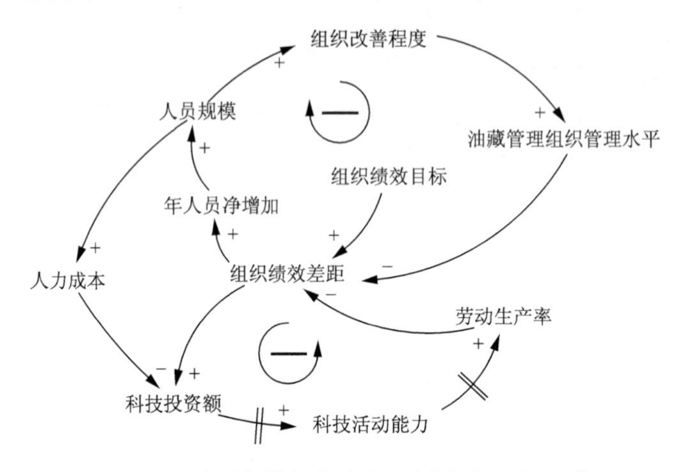

图 5-22　人员规模与劳动生产率“舍本逐末”基模

如图 5-22 所示，在油藏管理实践中，随着组织绩效差距的扩大，油田可能采取增加人员规模的方法(图中正因果箭)，人员规模的增加通常会带来组织的改善(图中正因果箭)；随着组织改善程度的增加，油藏管理系统的组织管理水平会有所改善(图中正因果箭)；组织管理水平提升之后，会缩小组织绩效差距(图中负因果箭)。因此，以上因果关系形成一个负反馈回路。

另一方面，随着组织绩效差距的扩大，油田还可以采取加大科技投资额的方法(图中正因果箭)；随着科技投资额的增加，各项科研活动有了资金保障，科技活动能力将有所增强(图中正因果箭)，勘探开发的效率将有所提高，但是，科技活动存在一定的不确定性，并且从投入资金到产生效果需要一段时间，因此在科技投资额和科技活动能力之间设置延迟；随着科技活动能力增加，会带来劳动生产率的提升，但这个过程同样需要转化时间，因此这两者之间是正向因果关系，并且存在延迟；随着劳动生产率的提升，组织绩效差距会缩小(图中负因果箭)。因此，以上因果关系形成一个负反馈回路。

此外，人员规模的增加会引起相应的人力成本的增加(图中正因果箭)，而在油田企业中，通常都是先解决人力成本，而后安排技术投资，因此人力成本的增加会使得科技投资额减少(图中负因果箭)。

综上所述，人员规模与劳动生产率构成了典型的“舍本逐末”基模。

3) 基模分析

在油藏管理实践中，组织绩效目标通常包含原油产量、新增探明地质储量、新增可采储量、安全指标等。在油藏的开发生产过程中，组织绩效差距是时常出现的，企业通常通过增加人员和提高劳动生产率来缩小差距。正如前文提到，增加人员的确可以缩小差距，而且可以很快看到效果。20 世纪五六十年代，为了迅速生产出石油，中国的石油企业采取过“大会战”的模式，即利用人海战术，不计成本地投入人力和资金等要素，采用粗犷式的开发模式。在当时来看，这种模式确实取得了一定的效果，为我国开采出了石油，但从长远来看，这种模式背离了可持续发展的要求，不利于资源的合理配置。今天，在石油企业广泛采用油藏管理模式的背景下，保持油田可持续发展成为重要目标，这需要对人力、技术、资金、自然资源等要素进行合理配置。但是，从对典型的油田企业的调研结果中发现，油田企业的人力资源结构并不合理，存在结构性缺员的问题。例如，在勘探、开发的作业一线，由于条件艰苦、工作强度大的原因，愿意从事此类的工作的人员较少而造成人力资源的相对不足，直接导致原油产量和新增探明储量的指标难以完成，形成组织绩效差距。如果此时选择增加人员、特别是一线工人的数量，的确可以在短时间内弥补绩效差距。但长期来看会带来巨大的人力成本，不利于油藏管理系统提高经济效益、实现可持续发展的目标，会对组织绩效带来不利的影响。随着人员规模的增加，人力成本不断增加，这将在一定程度上压缩企业对科技活动的投资额，使得科技活动能力难以得到改善。

而科技活动能力是现代油藏管理系统中的重要支撑。油藏管理技术的核心能力是开发创新能力和对现有技术进行评价并低成本地实施应用服务的能力。对于油藏开发利用，这两种能力是基本的能力，油藏资源是不可再生资源，对新技术、工艺、工具的开发和应用，不仅能显著地提高原油采收率，而且能大大地降低成本，提高劳动生产率，提升现代油藏管理系统效率和效益。通过增加科技投资，提升科技活动能力，进而提高劳动生产率这条途径才是油田企业缩小组织绩效差距的根本所在。

因此，在油藏管理实践中，应合理配置人力和技术资源，使组织改善从依靠增加人员规模转移到依靠改善技术能力、提高劳动生产率、合理配置各种资源上来。

5. 小结

本节运用基模的理论和思想，结合油藏管理系统的目标和实践经验，从油藏管理系统动力学因果关系图中提取了年原油产出量的“成长上限”基模、勘探与开发投资分配的“富者愈富”基模以及劳动生产率与人员规模的“舍本逐末”基模。

“成长上限”基模说明，原油的产能和产量受到投资额和剩余资源量的共同影响，由于油藏资源的有限性，在油田勘探开发的初期，油藏管理系统在正向反馈回路的作用下，年原油产出量不断提高。随着勘探开发的进行，未探明地质储量不断减少，累计原油产出量不断增加，负反馈回路将可能占到主导地位，从而使原油产出量出现上限。

“富者愈富”基模说明，在油藏管理实践中，勘探投资和开发投资反映到各自新增储量和原油产能上都存在一定的时间延迟。如果在决定两者之间投资分配比例时，使用各自投资效率作为依据，而忽视了勘探投资和开发投资各自所起的作用以及由于时间延迟带来的结果滞后效应将有可能使油藏管理系统中的勘探投资比例与开发投资比例陷入“富者愈富”的困境。因而，勘探综合投资和开发综合投资要合理配置，才能保证油田稳定、持续发展。

“舍本逐末”基模说明，在油藏管理实践中，增加人员，特别是一线工人的数量，可以在短时间内弥补绩效差距，但长期来看会增加人力成本，压缩企业对科技活动的投资额，使得科技活动能力难以得到改善。而通过增加科技投资，提升科技活动能力，进而提高劳动生产率这条途径才是油田企业缩小组织绩效差距的根本所在。因此，应合理配置人力和技术资源，使组织改善从依靠增加人员规模转移到依靠改善技术能力、提高劳动生产率、合理配置各种资源上来。

5.4.5 基于S油田的油藏管理系统基模仿真分析

1. S油田基本情况

S油田地处山东北部渤海之滨的黄河三角洲地带，主要分布在东营、滨州、德州、济南、潍坊、淄博、聊城、烟台等8个城市的28个县(区)境内，主要工作范围约6.1万km^2，是中国第二大石油生产基地。

2. “成长上限”基模仿真分析

1) 基模仿真结果

由于原油产出量受到资源总量、投资额等因素的影响，不可能无限制地提高。S油田自1964年展开大会战以来，历年原油产出量如图5-23所示。

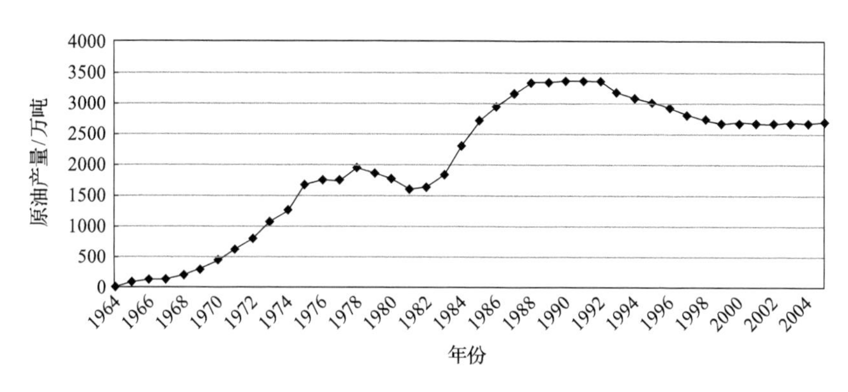

图 5-23　S 油田历年原油产量走势

从图 5-23 中可以看出 S 油田 20 世纪 80 年代末到 90 年代中期保持了一段时间的稳定高产状态，从 1988～1995 年，连续 8 年年原油产出量在 3000 万吨以上，其中 1991 年原油产量达到 3355 万吨，创历史最高水平。此后，原油产出量缓慢减少，到 21 世纪初，年原油产出相对稳定但仍略有减少。可见，S 油田年原油产出量存在上限，且上限已经出现，这与利用“成长上限”基模做出的分析的结果是吻合的。下面通过系统动力学仿真进一步说明问题，并根据仿真结果提出对策建议。

利用前文建立的系统动力学模型进行仿真，得到 S 油田 1996～2016 年的原油产量，如图 5-24 所示。从图中可以看出，S 油田的原油产出量从 2006 年开始进入下降趋势，但原油产量仍保持在 2500 万吨以上。根据上文的分析，原油的产出量同时受到勘探和开发进程的影响，下面分别讨论勘探和开发过程对原有产出量的限制。

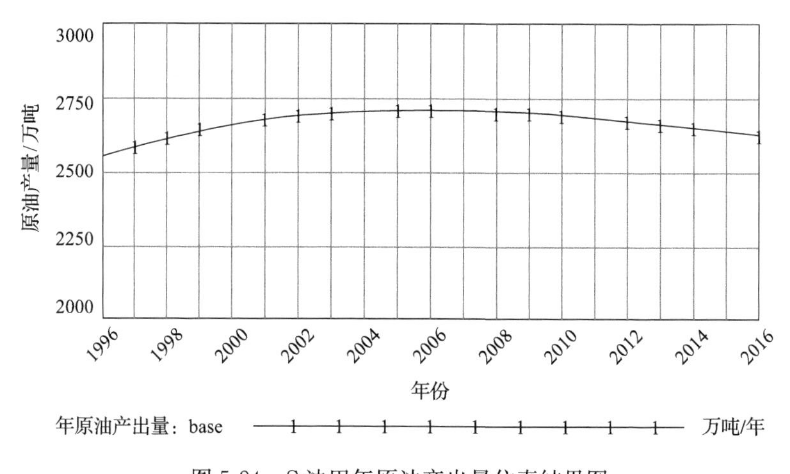

图 5-24　S 油田年原油产出量仿真结果图

在勘探过程中，新增探明地质储量是重要的指标。从图 5-25 可以看出，20 世纪 90 年代以前，S 油田的年新增探明地质储量变化较为剧烈，这是由于在 S 油田的勘探初期，由于技术条件落后，油藏勘探具有较大的不确定性。20 世纪 90 年代，随着勘探技术的不断进步，年新增探明地质储量趋于稳定，基本维持在 10000 万吨左右。进入 21 世纪以后，年新增探明地质储量出现了下降的趋势。

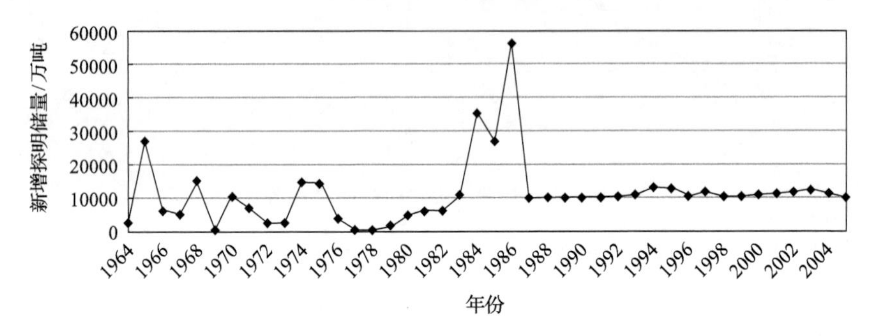

图 5-25 S 油田历年新增探明储量走势

从图 5-26 中的仿真结果可以看出，S 油田的新增探明地质储量处于逐年递减的趋势，到 2016 年，将降为 7500 万吨左右。而同时期内，由于油田始终维持一定的投资增长率，勘探综合投资处于上升趋势；随着勘探工作的进行，未探明地质储量处于下降趋势。根据前文的因果关系分析，年新增探明地质储量与勘探综合投

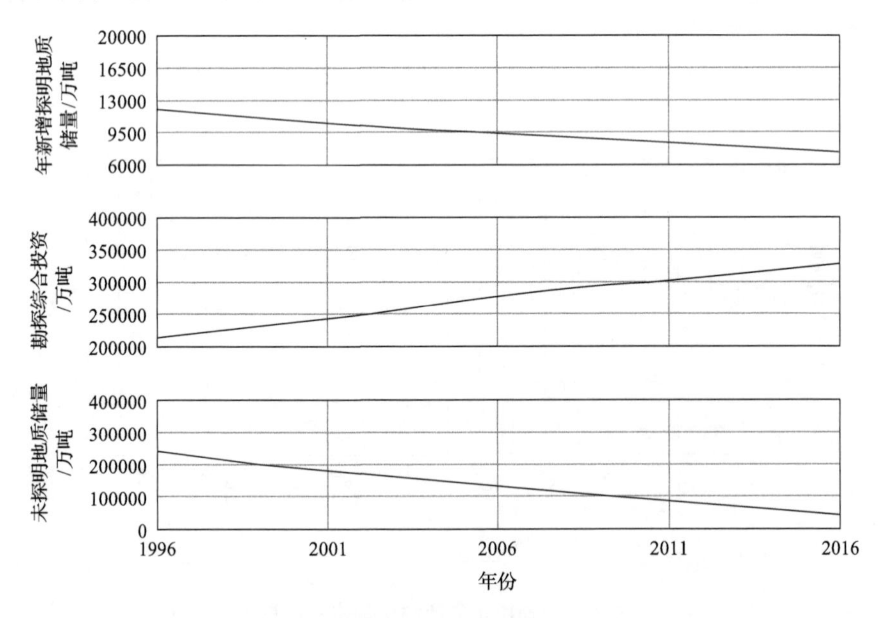

图 5-26 S 油田年新增探明地质储量、勘探综合投资、未探明地质储量仿真结果图

资和未探明地质储量均为正向因果关系，而仿真结果中年新增探明地质储量的变化趋势与未探明地质储量趋势同向，说明未探明地质储量的影响处于主导地位。结合前文关于“成长上限”基模的研究，说明负反馈回路起到了主导作用。

图 5-27 为 S 油田年末原油产能、开发综合投资、剩余可采储量的仿真结果。从图中可以看出，S 油田的年末原油产能处于先增后减的趋势，2005 年达到 2659 万吨，此后逐年下降，到 2016 年降为 2590 万吨。而同时期的开发综合投资一直处于上升趋势，剩余可采储量处于先增后减的趋势。根据前文的因果关系分析，年末原油产能与开发综合投资和剩余可采储量均为正向因果关系，而仿真结果中年末原油产能的变化趋势与剩余可采储量的趋势同向，说明剩余可采储量的影响处于主导地位。结合第 4 章关于“成长上限”基模的研究，说明负反馈回路起到了主导作用。

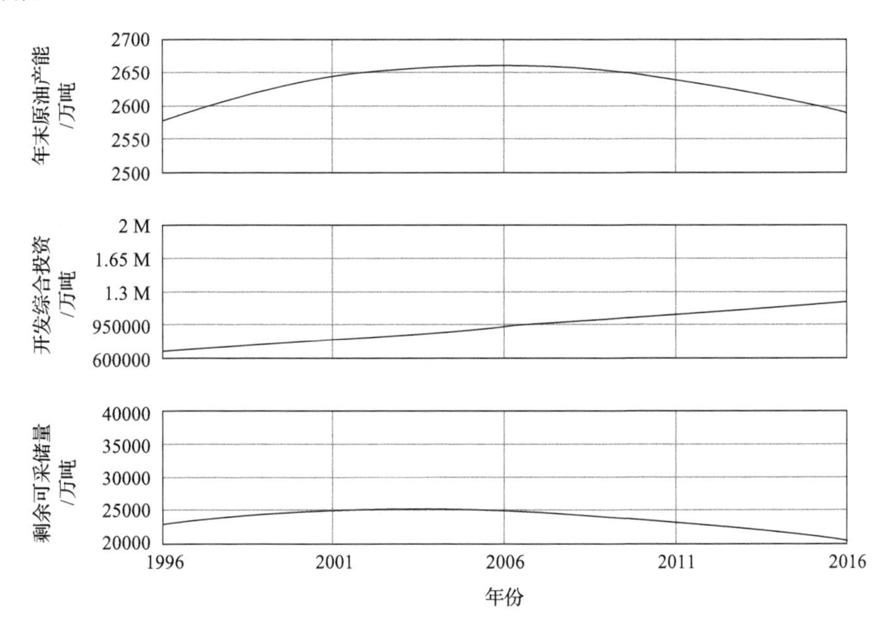

图 5-27　S 油田年末原油产能、开发综合投资、剩余可采储量仿真结果图

年新增探明地质储量和年末原油产能的仿真结果均表明，在各自的反馈回路中，负反馈回路(起到限制调节作用)到主导作用，限制的因素分别为未探明地质储量和剩余可采储量。在油田勘探开发的初期，油藏管理系统在正向反馈回路的作用下，年原油产出量不断提高。随着勘探开发的进行，未探明地质储量不断减少，累计原油产出量不断增加，负反馈回路将占到主导地位，从而使原油产出量出现上限。这是由油藏资源的有限性决定的。

2）调控策略分析

面对原油产油量的下降，通常认为应该扩大投资规模。诚然，扩大投资规模的确可以带来原油产量的增加，如将 2007 年开始的勘探开发投资增长率设为 5%，得到两种不同投资增长率下的原油产量趋势图（图 5-28）。

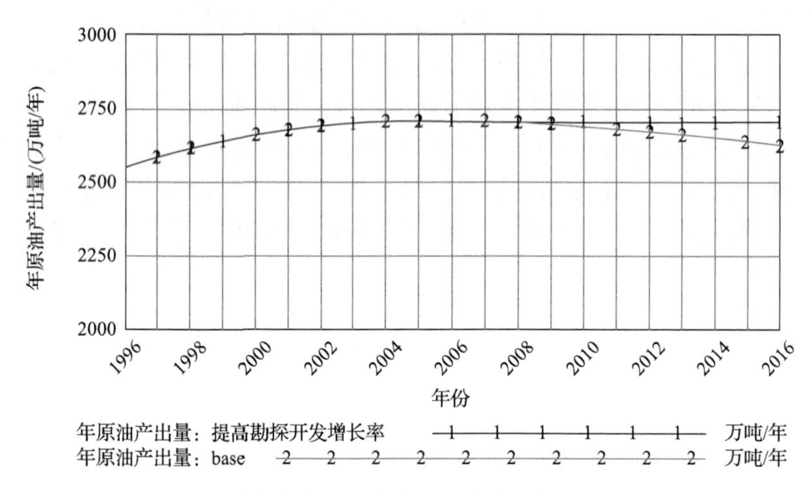

图 5-28 提高年勘探开发投资增长率前后年原油产出量对比

从图 5-28 中可以看出，通过提高勘探开发投资增长率，即加大对勘探开发的投资力度，原油产出量下降的趋势得到遏制，原油产量保持在 2700 万吨左右。但是分析还发现，提高勘探开发投资增长率会影响到储采平衡率。储采平衡率在两种不同投资增长率下的趋势如图 5-29 所示。

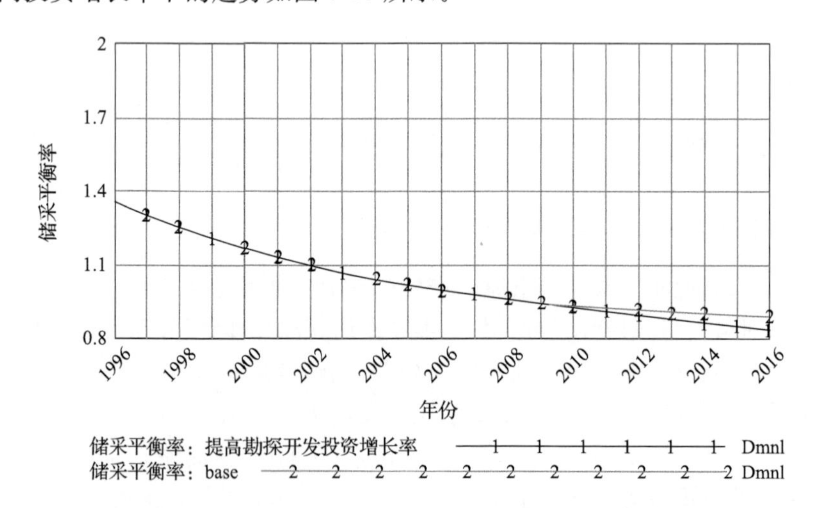

图 5-29 提高年勘探开发投资增长率前后储采平衡率对比

储采平衡率是由新增原油可采储量和年原油产出量共同决定的，是油田企业油藏管理进程中生产与油藏资源协同、互动发展的重要衡量指标。是联系油藏勘探和油藏开发进程的重要桥梁和纽带，本质上储采平衡率是一个比量指标，在一定程度上影响和制约着油藏勘探开发的可持续进程。通常认为储采平衡率大于 1，油田的可持续发展能力较强。如图 5-29 所示，从 2007 年开始，随着勘探开发总投资的扩大，储采平衡率下降速度加大，到 2016 年，储采平衡率将为 0.8332。这说明，如果从 2007 年开始，保持 5%的勘探开发投资增长率，油田的可持续发展能力减弱，这将使油田加速衰减，缩短油田的生命周期。

因此，年原油产出量逐年下降是由油藏资源自身的有限性决定的。随着勘探开发的进行，剩余可采储量不断减少，原油产出量减少是必然结果。对于油田企业而言，应该尊重油藏开发的客观规律，正确认识原油产出量下降的问题，不盲目扩大投资，健康、持续、稳定地开发油藏资源。

3. “富者愈富”基模仿真分析

1) 基模仿真结果

根据实际历史数据，S 油田 2001～2006 年勘探投资比例走势如图 5-30 所示。从图中可以看出，S 油田的勘探投资比例在 2001～2006 年总体上呈下降的趋势，由 2001 年的 28.5%下降到 2006 年的 25.3%。

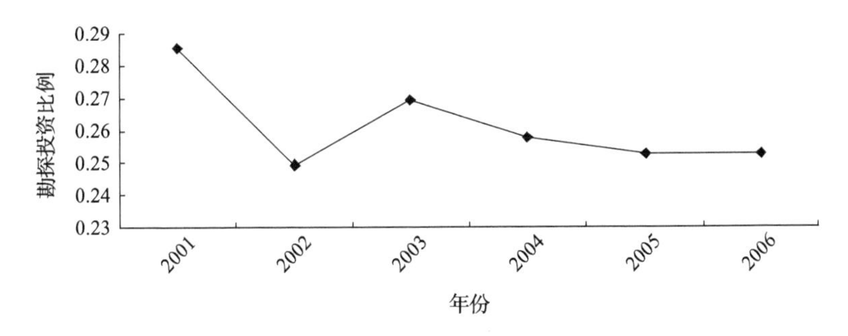

图 5-30　S 油田 2001～2006 年勘探投资比例走势

通过模型仿真，得到的勘探投资比例如图 5-31 所示。

仿真结果显示，勘探投资比例有所下降，由 1996 年的 27.0%降为 2016 年的 23.9%。通过对第 5 章的定性分析已经知道，在油藏管理实践中，勘探投资和开发投资反映到各自新增储量和原油产能上都存在一定的时间延迟。由于勘探作业具有周期长、不确定性大的特点，因而勘探投资带来成效的延迟往往比开发投资的延迟要大。同时，随着勘探工作的不断深入，勘探的难度不断增大，发现新的地质储量的难度也不断增大，因而勘探投资的效率将有所下降。如果在决定两者之间投资分配比例时，使用各自投资效率作为依据，而忽视了勘探投资和开发投资各自所

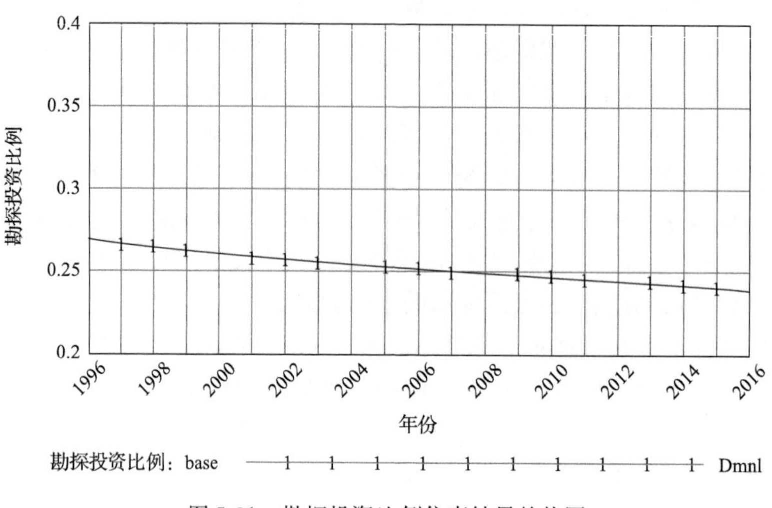

图 5-31 勘探投资比例仿真结果趋势图

起的作用以及由于时间延迟带来的结果滞后效应，将使油藏管理系统陷入勘探投资比例越来越小而开发投资比例越来越大的“富者愈富”的困境。

随着勘探投资比例的下降，仿真结果显示，同时期的储采比均呈现先增后减的趋势(图 5-32)，2005 年为由增到减的转折点。这说明，如果按照原来的勘探投资比例的确定方法，从 2005 开始，S 油田由于勘探投资比例的下降，会造成勘探资金投入不足，带来新增探明地质储量的下降，影响到后备储量，引起储采比下降。

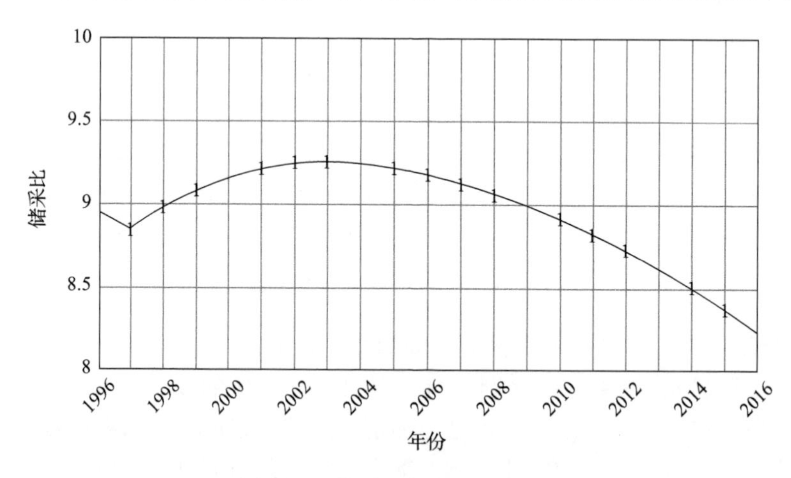

图 5-32 储采比仿真结果趋势图

原油储采比是指当年底剩余可采储量与当年原油产量的比值。其客观含义是，以当前的采油速度和剩余可采储量，在没有新增探明储量和其他可采储量的情况下，油田可开发的年数。储采比是油藏管理极其重要的开发指标，这个指标合理与否直接反映了油田是否具备可持续发展性、是否实现了资源接替的良性循环。因此，维持油田的合理储采比对克服油田的短期行为，保持油田长期、稳定、协调发展具有重要意义。油田开发规划方案中，应当在合理储采比的基础上，规划储量增长量和勘探工作量，只有这样才既能保证石油产量的正常发展，又能对石油地质勘探进行合理投资[47]。

2）调控策略分析

使用 Vensim 仿真软件的灵敏度分析功能，在模型中从 2007 年开始，在区间[0.2,0.4]的范围内调节勘探投资比例，进行 200 次重复试验，得到开始的储采比随着勘探投资比例变化的灵敏度分析结果图，如图 5-33 所示。

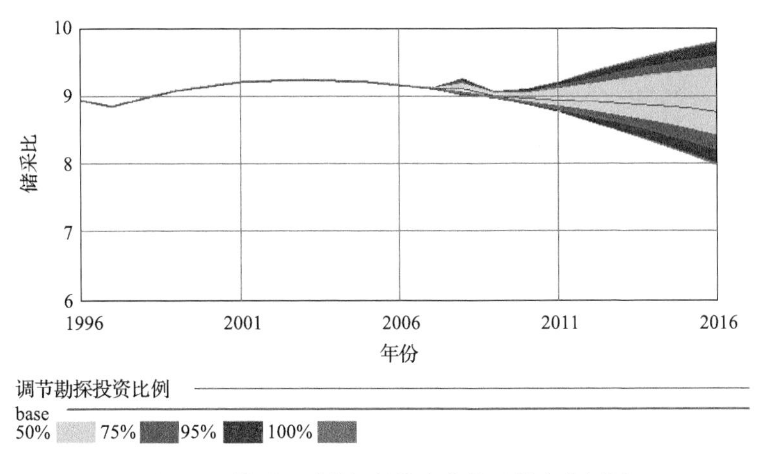

图 5-33　储采比随勘探投资变化的灵敏度分析图

从图 5-33 可以看出，不同的勘探投资比例使得储采比指标变化明显，并且随着时间的推移差距在逐渐拉大，这说明勘探开发比例对储采比具有很大的影响。因而，设置合理的勘探投资比例对油田能否保持健康及可持续发展至关重要。

在油藏管理实践中，维持稳定、合理的储采比可以保持油田的可持续发展能力，实现资源接替的良性循环。因此，对系统调控的目标应该使储采比保持相对稳定的状态。通过反复的仿真实验，确定 29.5%作为合理的勘探投资比例，比真实数据中的 25.3%有所提高。假设从 2007 年开始，采用 29.5%为勘探投资比例，油藏管理系统的储采比仿真结果如图 5-34 所示。可以看出，在 29.5%的勘探投资比例下，储采比指标可以保持在 9 年左右，并且相对稳定。

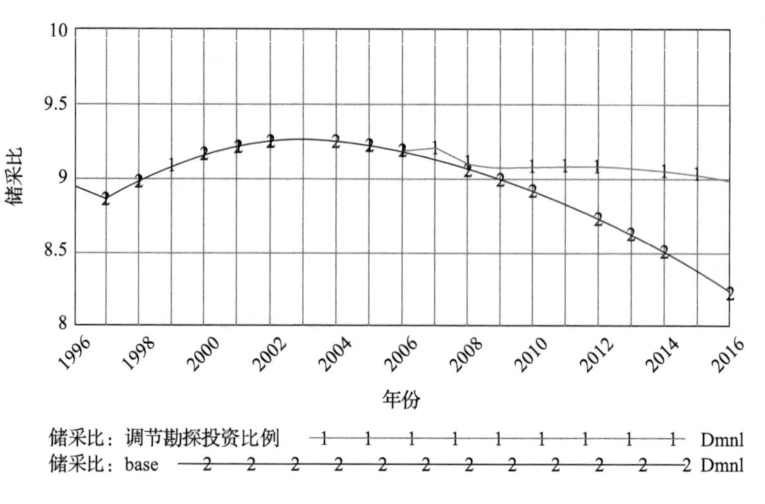

图 5-34 设置合理的勘探投资比例后，储采比仿真结果

当然，勘探投资比例也不宜设置过大，因为勘探投资比例过大，将压缩开发投资比例，不利于进行产能建设，影响原油的生产。

在实际的油藏勘探开发过程中，油田发展初期，工作的重点在于明确勘探阵地、获得规模储量。这一时期重视勘探方面的投资，勘探投资比例必然占据主导地位。在对油田的地质特性、油藏的储量和分布有了一定了解之后，开始进入新建产能阶段，开发投资比例随之逐渐上升。油田发展中期，勘探进入储量稳定增长期，年新增探明地质储量保持相对稳定，累计探明地质储量稳步增长，开发进入老油田实现稳产、新油田不断补充产能的阶段，这一阶段是油田投资回收的高峰期[44]，开发投资的效果比勘探投资的效果明显，开发逐步超越勘探而成为投资主体。在油田发展中、后期，老油田含水率逐渐升高，产量进入快速递减期，稳定产量依赖于挖掘老油田的产能潜力，同时更依赖于新油田的产能的补充接替。这一阶段勘探难度逐步增大，单位新增储量的获得越来越依赖于更高的勘探技术。随着勘探、开发潜力的衰减，需要不断扩大新探区的勘探投资规模，及时寻找新的储量及产量接替场所，实现油田的可持续发展。因此，油田发展不同时期，各种油藏资源的有效配置将会获得最佳的综合经济效益。如果勘探、开发投资配置比例失调，勘探投资发生严重短缺，势必影响后备储量，储采比下降，带来原油产量下降，造成开发工作逐步萎缩。油田应该根据资源基础和地质条件，针对不同发展阶段分析勘探、开发投资比例与勘探、开发综合经济效益的对应关系，明确相应阶段取得最佳效益所需要的合理投资比例[44]。

4. 小结

S 油田的历年原油产出量与其自身发展所经历的四个阶段基本对应。油田 20 世纪 80 年代末到 90 年代中期保持了一段时间的稳定高产状态，其中 1991 年原油产量达到 3355 万吨，创历史最高水平。此后，原油产出量缓慢减少，到 21 世纪初，年原油产出相对稳定但仍略有减少。可见，S 油田年原油产出量存在上限，且上限已经出现。仿真结果表明，S 油田的原油产出量从 2006 年开始进入下降趋势，但原油产量仍保持在 2000 万吨以上。勘探和开发过程中的负反馈回路都起到了主导地位，从而使原油产出量出现上限。如果盲目增加投资，虽然短期内可以增加原油产出量，但是会造成油田的可持续发展能力减弱。对于油田企业而言，应该尊重油藏开发的客观规律，正确认识原油产出量下降的问题，不盲目扩大投资，健康、持续、稳定地开发油藏资源。

由于勘探作业具有周期长、不确定性大的特点，因而勘探投资带来成效的延迟比开发投资的延迟要大。如果在决定两者之间投资分配比例时，使用各自投资效率作为依据，而忽视了勘探投资和开发投资各自所起的作用以及由于时间延迟带来的结果滞后效应，将使油藏管理系统陷入勘探投资比例越来越小而开发投资比例越来越大的“富者愈富”的困境，从而造成勘探资金投入不足，新增探明地质储量下降，影响到油田的后备储量，带来储采比下降，影响油田的可持续发展能力。通过反复的仿真实验，确定 29.5%作为合理的勘探投资比例。在油田发展的不同时期，勘探、开发投资的有效配置，将会获得最佳的综合经济效益[44]。由于生产管理分系统和技术管理分系统中的部分指标难于量化，需要其他方法予以综合评价分析，因而，未对第 4 章提出的油藏管理系统“舍本逐末”基模进行仿真分析，这是本书研究的不足。下一步研究可以结合油藏管理系统综合评价的相关结论予以补充研究。

5.5　基于仿真结果的管理政策分析

前文运用所建立的油藏管理系统动力学仿真模型，结合 S 油田的实际开发生产数据和综合资料，进行了不同方案的效果预测分析和模型关键变量的灵敏度分析。本节在以上研究的基础上，以油藏管理系统及其分系统的系统解析为依托，以系统动力学仿真实验结果为基础，分析 S 油田当前的油藏管理政策现状，提出未来油藏管理政策的方向和原则，并探讨这些管理政策有效实施的保障和机制。

5.5.1 油藏管理政策分析及建议

1. 确定合理的原油产出量目标

原油生产是油藏管理系统的核心活动之一，年原油产出量是衡量油藏管理效果的重要考核指标，具有极其重要的地位和作用，它直接关系着油藏管理系统经济性目标的实现程度。从S油田的开发历史可以看到，油田在“六五”～“七五”期间，原油产出量经过了连续六年的大幅度上升，在1988年，年原油产出量终于冲上了3300万吨的高峰。1988～1992年，又在3300万吨以上稳产了五年，最高达到3350万吨，为全国年产油量超亿吨及国民经济的发展做出了重大贡献。但是，油藏资源的勘探开发有其自身的客观规律和演进趋势，目前，S油田已经进入开发的中、后期，资源储量品质和储量潜力不断下降，开发难度和成本不断上升，企业经济效益受到严重影响和制约，从前文S油田1996～2005年的历史数据分析可以看到，年原油产出量呈稳定下降趋势，油田勘探开发的巅峰时期已经成为历史，仿真模型不同方案对年原油产出量的模拟结果全部呈逐年下降趋势，也符合油田目前的实际情况。

在目前的油藏开发环境下，油田必须正确认识自身所处的开发阶段和开发地位，从实际出发推行油藏管理新模式，正确处理高产和稳产的关系问题，合理确定原油产出量目标，维持年原油产出量在2500～2700万吨，实现油藏管理的有效、可持续发展。

2. 加大勘探力度，适度加快油藏储量生产

储量生产简单来说就是利用各种资源和相关勘探技术，发现油藏并将之转换为经济可采储量等油气资产的基本过程。我国油田企业的储量生产一方面要加大勘探工作力度，努力寻找新的大型油气区域；另一方面要随着油气勘探工作的深入不断扩大已知油田的储量，延长油田开发寿命及油田稳产期限。对于S油田为代表的我国东部老油田随着开发全面进入中、后期，投入大量勘探资金发现大型新油田的难度越来越大，而扩大已知油田的储量，延长油田开发寿命和稳产期限正是油藏勘探工作的关键任务，对我国老油田企业的长久可持续发展具有重要的战略意义。

对照S油田1996～2005年的历史数据可以看到，尽管油藏资源的储量品质和潜力不断下降，但是年新增探明地质储量保持了相对稳定的水平，这说明油藏勘探工作力度较大、储量生产效果较好，为S油田的稳产目标实现和油田整体的可持续发展奠定了物质基础。在模型灵敏度分析中，年勘探开发总投资和万吨探明地质

储量需直接投资对储量生产的影响作用比较显著，其中，万吨探明地质储量需直接投资的逐年增加，集中体现了 S 油田勘探难度的加大和单位成本的增加。因此，油田应该在控制并降低万吨探明地质储量需直接投资的基础上，加大勘探综合投资力度，以保证油藏勘探工作的效果，维持年新增探明地质储量在 9000～11000 万吨，并加快油藏储量生产的进程。

3. 优化油藏开发管理，加强技术推广应用，不断提高采收率

在油藏管理实际进程中，采收率提高的研究一直是核心问题。它是油藏勘探开发工作作用于油藏资源的直接效果体现，采收率的大小反映了油藏勘探开发的合理程度和油藏资源的有效利用比率，是油藏管理系统目标实现的重要控制指标。对于以 S 油田为代表的我国东部老油田，提高采收率对稳定原油产出量，实现长远稳定发展具有重要的战略意义。

从前文 S 油田 1996～2005 年的历史数据分析可以看到，S 油田 10 多年以来的采收率非常稳定，基本维持在 28%左右。在模型的灵敏度分析中，采收率对于新增探明地质储量、年原油产出量与储采平衡率之间都是正因果关系，增加采收率这三个变量都增长，三个变量的灵敏度绝对值大小排序依次是年原油产出量、新增探明地质储量、储采平衡率。因此，S 油田应该一方面优化油藏开发管理，选择合理有效的开发策略和开发方式，加强油藏开发方案的设计、实施监测及经济评价，另一方面要不断调整开发系统，逐步扩大相关开发技术（如三次采油技术、聚合物驱油技术、复合驱油技术等）的推广应用规模，以不断提高油藏开发的采收率，使 S 油田的整体采收率达到 29%左右。

4. 加大开发投资力度，不断提高产能建设水平

在油藏管理过程中，油气产能建设虽然不是最终的考核指标，但是其是油气生产的直接基础和必备条件，在很大程度上影响和制约着油气产出的实际水平。产能建设简单来说就是利用各种资金、技术和设备，建设井网、集输系统等相关生产设施，将油藏的经济可开采储量转化为实际的油气生产能力。产能建设的质量和规模直接决定了后续的油藏开发生产的规模和有效性，因此，必须统筹兼顾，结合油藏的勘探情况及储量预测，以实际的资金、技术和设备水平为基础，有效整合现有资源，建设油藏的开发生产能力。

从 S 油田 1996～2005 年的历史数据分析可以看到，年原油产出量呈现稳中有降的大趋势，1996～1999 年每年原油产出减少 100 万吨左右，这主要是因为同期的产能水平呈现逐年下降趋势，年新增产能不足以弥补年产能的递减量，导致产能水平绝对减少，直接加速了年原油产出量的递减速度。从 2000 年起，开发综合投

资的投入力度有所加强，新增产能逐步能够弥补年产能递减，产能水平成稳定状态，相应的年原油产出量虽然呈下降趋势，但下降速度得到有效遏制，年原油产出量稳定在 2660～2695 万吨，在这期间，百万吨产能直接投资额度不断增加，呈现逐年上升趋势，这说明 S 油田开发成本逐步加大，产能建设难度和风险不断增加。因此，油田应该逐步加大开发综合投资力度，不断提高产能建设水平，以实现较高程度的稳产目标和油田的可持续发展。

5. 推进勘探开发一体化进程，实现油藏管理的地质-工程-经济协同

勘探开发一体化是现代油藏管理的重要组织模式，是提高油藏管理经济效益的有效途径，是实现油藏管理地质-工程-经济协同的重要手段。勘探开发一体化的实施，有利于油藏储量生产和油气生产的真正结合，有利于控制储采平衡率和储采比的稳定，进而最大程度的优化油藏管理的实际效果。勘探开发一体化从油藏勘探开发的全过程角度考虑问题、优化方案、组织实施等，最终实现系统的目标最大化。

我国石油企业现在推行现代油藏管理新模式，就必须立足油田自身实际，实施油藏勘探开发的一体化，逐步建立油田总体效益的运行机制，减少人力、精力、财力和时间在非效益地方的浪费，提高油藏勘探开发效率。针对 S 油田为代表的我国东部老油田，具体实施可以从两个方面考虑：一方面，立足现行的勘探开发管理体制，强化运行机制和勘探开发“结合点”制度及标准建设。另一方面在实施较为成熟后，石油公司的多部门可模拟公司联盟形式组成的勘探开发项目组，加强勘探开发一体化的职能管理，制定相应的运行机制和考核管理办法，考核项目的整体经济效益，实现油藏管理地质-工程-经济的协同[48]。

5.5.2 管理政策的有效实施

(1) 良好的油藏开发环境是管理政策有效实施的必要条件。

在当前的经济社会发展条件下，石油企业油藏管理政策的实施依赖于良好的开发环境。没有良好的油藏开发环境，油田企业就没有能力和时间推行现代油藏管理新模式，更谈不上管理政策的有效实施。

当前我国油田企业面临的开发环境是比较有利的。首先，近几年来国际油价一直处于较高价位，国际能源需求关系紧张，我国油田企业的经济效益明显上升，这为油藏管理政策的有效实施创造了比较宽松的经济环境。其次，我国油气储量分类及评估办法、套改工作全面启动，这为油藏管理政策的有效实施提供了主要前提，使我国真正意义上的油藏管理有了可能。因此，我国石油企业应该抓住良好的油藏开发环境，积极稳妥地开展油藏管理政策的有效实施。

（2）高效、先进的管理模式及运行机制是政策有效实施的基础条件。

成套的油藏管理模式及运行机制是规范油藏勘探开发过程的有效手段，如果没有一套行之有效的管理模式及运行机制，油藏管理的实践就无法展开，也就谈不上管理政策的有效实施。

我国油田企业应该从国家及行业宏观管理政策出发，立足于企业自身的实际情况，有步骤、有重点地逐步推进现代油藏管理模式的实践，并建立保障模式有效运行的各种机制和制度，努力提高油藏管理整体效益。

（3）完善的监督及评价体系是管理政策有效实施的根本保障。

完善的监督及评价体系是我国油田企业油藏管理政策有效实施所不可或缺的。在我国经济社会发展环境下，油田企业的管理政策实施必须置于完善的监督体系下，只有这样，油藏管理政策的实施效果才能得到根本保障，油田企业的改革及发展才能走上正确的轨道和演进方向。另外，在政策实施监督的同时，必须适时地对管理政策实施的效果及影响进行评价，并及时反馈有关信息以有利于管理政策的调整和变革，以保障管理政策实施的有效性和重要性。

第6章　油藏管理流程组织结构分析与设计

系统结构、运作机理相互协调构成的工作系统造就了企业的管理机制。管理机制是推动企业持续发展的体系保障，是企业良好业绩的驱动器，不同的管理机制将带来不同的效率和管理功效。纵观国际500强等世界领先企业，完善的内部管理机制都是这些企业集团栖身国际先进行列的重要原因。而内部管理机制却是我国众多企业，甚至较多关乎社会、国家利益的国有企业最为薄弱的环节。因此，只有对企业组织结构的优化、企业运行机制的完善，才能确保企业决策科学化、指挥高效化、效益最大化。油藏管理的组织机制是油藏管理系统功能、结构、环境共同作用的结果，是油藏开发与管理正常运行的组织基础及制度安排。业务流程与油藏特性、生产技术特点等有密切关联，是油藏管理组织结构设计的基础；流程的改进又需要组织结构的正式调整与变革作保证，另外，结构的变革也常常会带来流程的变化；油藏管理团队以业务流程为基础，按照结构优化的需要来设计和运行，并可反作用于流程与结构。

作为对油藏管理进行系统研究的一部分，油藏管理中的组织管理分系统及管理机制的主要功能包括：一是设计及完善油藏管理区的组织机制和团队作业模式，以形成能够有效控制和协调的内部权力、责任、利益、资源等的分配及调整体系；二是构造油藏管理区的信息传递及反馈控制机制，以形成作为组织管理和决策过程基础的正式信息交流渠道和非正式信息交流渠道；三是建立油藏管理区的组织文化和组织激励机制，以调动员工的工作积极性和使命感。

6.1　实证调研

6.1.1　实证调研的基本情况

1．实证调研的主要内容

（1）对S油田分公司业务流程现状及存在问题的调研。

对S油田分公司业务流程的调研，是为了提出一些流程再造的原则性意见，以便作为管理机制设计的重要依据。即分析或者综合考虑企业运作流程，尝试重新整合企业流程的构成因素，最终，能够从本质上推进企业流程的再设计，改善企业绩效。

(2) 对 S 油田分公司企业文化现状的调研。

企业文化是企业员工所共有的基本价值观、信仰以及行为规范。对企业的发展起着导向、凝聚、激励、约束作用。优良的企业文化也是企业进行管理机制改革的文化基础，对油藏管理改革的成败起关键甚至决定性作用。

(3) 对 S 油田分公司人力资源现状的调研。

人力资源是组织最宝贵的资源，S 油田分公司油藏管理能否顺利完成，关键是看人力资源的存量与质量，以及与人力资源相适应的相关问题，如招聘、考核、奖惩、培训等。

(4) 对 S 油田分公司组织结构及其变革相关问题的调研。

通过对组织结构及变革现状进行调研，力求协助企业建立有效的组织结构。S 油田分公司必须建立高效的组织结构，这不仅有利于合理配置公司资源，还能够培养或保持公司核心竞争力，提高公司管理水平，保护国家利益，对于提高个人发展水平及增加整体应对环境变化的能力都具有较大作用。

2. 调研问卷的设计及调研基本情况

1) 问卷的设计思路

问卷设计主要基于以下考虑。

一是问题导向，也就是根据需要实际解决的问题，设计一些相关调研问题。

二是参考经典问卷中的一些量表，为了提高问卷的信度和效度，在问卷设计阶段就注意搜集一些比较成形的问卷，再结合油田实际以及我们需要解决的问题进行改造。

三是兼顾各方意见，以核心业务为主，考虑到不同层面的职工干部对一些问题的不同看法，我们将问卷分成不同的 6 个版本，并有不同的侧重，即分公司及专家版、采油厂厂级管理版、采油系统科级版、采油系统员工版、专业服务科级版、专业服务员工版。

四是客观题目和主观题目相结合。为了提高效率，我们尽量采用封闭式问卷，同时少量的设计了一些开放性题目。

五是充分考虑到了问卷调研工作的实际效果，在设计问卷时尽量简化和节约时间。

六是正式实施调研前在不同范围内进行了问卷的研讨，主要包括课题组在西安期间的讨论和到了 S 油田后，课题组和油田地质研究院规划室的领导和专家进行的研讨修改，使得问卷更趋于合理和更具有可操作性。

2）调研过程及问卷回收的基本情况

企业调研活动是进行组织诊断的基础和前提，而工作访谈和问卷调查也就成为咨询服务的基本工作环节。只有做好访谈和问卷调查，才能对S油田特别是采油厂层面的整体情况有一个基本认识与系统把握。

我们于2007年4月初对S油田DX采油厂、地质研究院等单位的受访者进行了调查。本次调查采取问卷调查和座谈、访谈相结合的形式进行，共发放问卷300份，回收有效问卷262份（包括电子版），回收率为87.3%。调查数据采用SPSS软件进行统计和分析，并对相关数据进行预处理。

从调查对象的学历构成来看，初中及其以下占14.9%，高中占25.2%，中专/技校占31.7%，大专占12.2%，本科占11.5%，硕士及以上占0.8%，另有3.8%的样本此项缺失。

职称方面：拥有高级职称的受访者占比较大的比重，约为36.3%。无职称占13.7%，初级职称占11.8%，中级职称占22.4%，其他占11.6%。另有4.2%的样本此项缺失。

工作年限方面，在S油田工作年限10年以上的员工比例占81.7%，工作年限为5～10年的比例只有8.0%；5年以下的员工比例仅为3.1%，另有7.3%的样本此项缺失，说明S油田分公司员工更替过慢，人员流动很低。调查对象中，一线员工和管理人员分别占26%和74%。

以下分五个方面进行调研结果的汇总分析，即业务流程、组织结构、人力资源、企业文化、组织变革。

6.1.2 业务流程诊断

1. 现有的油藏管理业务流程描述

油藏管理系统具有三层递阶结构，它进一步可分为四个分系统，其中组织管理分系统处于最高层，它与生产管理分系统、技术管理分系统两两直接发生相互作用。生产管理分系统及技术管理分系统又分别与油藏资源分系统发生直接相互作用，而油藏资源分系统及组织管理分系统则通过中间层次的生产管理分系统与技术管理分系统发生重要的间接作用。

结合调研和资料分析的结果，现有的油藏管理高端流程关系图如图6-1所示。可以看出，虽然现有的流程体系较为规范，但没有太强调油藏管理区在油藏管理中的重要作用，没有真正有效地反映出油藏管理系统的三层递阶结构及油藏管理系统的目标要求，只是依据现有部门划分和人员配置将各流程联系起来；同时，由于

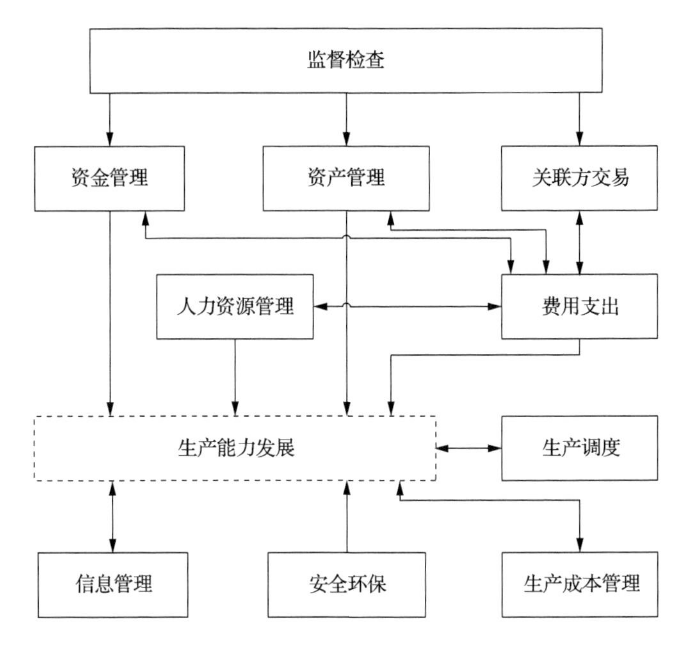

图 6-1　现有的油藏管理主要业务流程关系图

油藏管理组织内各种关系需要进一步梳理，一些流程及其活动，如人力资源管理、生产调度等也需要进一步有效整合，以使其作用得到充分发挥和流程体系运行效率进一步提高。由此可见，原有的流程体系有待进一步改进和完善。

油藏管理系统从本质上要求能够使油藏管理组织的各种流程有序高效运行，将油藏管理的先进思想和技术真正应用于油藏管理系统的组织管理分系统、生产管理分系统、技术管理分系统和油藏(资源)分系统，达到各类分系统间的和谐发展、有效配合和相互整合。现有的油藏管理业务流程体系显然不能做到这一点，必须有一个新的符合油藏管理系统要求的油藏管理业务流程体系才能真正有效地达到上述要求。

2. P 公司 S 油田分公司业务流程诊断

对现有流程效率和效果的了解是进行基于油藏管理的组织结构设计的基础，这些了解主要集中在分公司专家和采油厂厂级领导层面。通过对 22 名上述人员的了解，汇总结果如表 6-1 所示。我们的问题是：你认为采油厂的下列哪些流程或子流程需要改进？

表 6-1 采油厂需要改进的流程或子流程

序号	流程名称	有必要	一般	没必要	与流程相关问题	肯定或未否定
一	人力资源流程				在人员管理环节上存在着节点繁多	17
1	员工管理流程	13	6	1		
2	薪酬管理流程	16	3	1		
3	员工培训流程	14	5	1		
4	绩效考核流程	15	4	2		
二	资金流程				在财务管理环节上存在着节点繁多	20
1	筹资流程	—	—	—		
2	货币资金管理流程	—	—	—		
3	资金收拨款管理流程	—	—	—		
4	资本支出流程	—	—	—		
5	应收款项管理流程	—	—	—		
6	投资拨款流程	—	—	—		
三	物流流程				在物资管理环节上存在着节点繁多	18
1	物资供需信息流程	15	4	1		
2	物资采购流程	15	5	1		
3	储备管理和物资供应流程	8	10	2		
4	配送流程	7	11	2		
四	勘探开发业务流程				勘探开发物流等方面衔接不好	18
1	方案设计流程	9	7	4		
2	施工管理流程	11	8	1	企业活动分工过细	16
3	生产管理流程	9	10	1	关键流程效率有待提高	19
4	二级单位内部管理流程	9	10	1	管理层次过多	18
5	二级单位生产业务流程	6	13	1		
6	二级单位生产工艺流程	5	14	1		
五	信息流程				信息沟通迟缓	13
1	信息的输入	8	11	1		
2	信息的处理	8	11	1		
3	信息的输出	8	10	2		
4	信息的反馈	13	7	1		

其次是对流程改进的支持情况。由表 6-2 可以看到，整体而言，有多达 50.6%的管理者认为有必要改进流程，而认为没有必要改进的只占 5.5%，这说明管理者对采油厂流程有一定的改进需求。

表 6-2　对流程改进的支持情况（$improvement 频率）

项目		响应		
		N	百分比	个案百分比
流程改进*	有必要改进	517	50.6%	833.9%
	一般	448	43.9%	722.6%
	没必要改进	56	5.5%	90.3%
总计		1021	100.0%	1646.8%

*组。

从各个分项来看，除信息流程外，管理者对其他流程的改进需求比较强烈。从各细项来看，受访者对员工管理流程、方案设计流程、二级单位生产业务流程、信息的输入和处理等流程的改进需求一般，其他流程的改进需求较强烈。尤其是物资采购流程和薪酬管理流程，均有 63.6%的管理者认为此项流程有必要改进，表明 S 油田的各级管理者对这两方面流程比较关注。

从问卷结果描述来看，企业在人力资源管理流程、财务管理流程、物资供应流程、信息流程、勘探开发流程等方面都不同程度的存在一些需要改进的地方。其中员工和各级管理者都在对富余人员处置、员工培训和员工福利等与人力资源流程有关的方面给予了很大的关注。

3. 油藏管理业务流程的分析

S 油田五级管理结构中以组织管理和生产管理为中心的活动主要集中在厂矿两级，因此我们要分析的流程也是以厂矿作为其研究边界。同时，可以从业务流程的再造需求与组织准备接受改变的程度两个维度对各个流程进行分析，来确定需要改进的关键流程，如图 6-2 所示。矩阵图的每个维度又分为低、中、高三种程度。

该图分为五个区，每个区的特征及就采取的行动如下所述。

(1) 危机区。1,2,3 象限属于这一区域，它所强调的是流程再造的时机。在这一区的流程应尽快启动企业流程再造工程。

(2) 维系区。7,8,9 象限属于这一区域，在这一区的流程是否要重新设计并不紧迫，因此应谨慎考虑是否实施再造。

(3) 风险区。1,4,7 象限属于这一区域，它所强调的是流程再造的危险性。在这一区的流程必须投入足够的精力去规避风险。

(4) 冲击区。3,6,9 象限属于这一区域，它所强调的是外界干扰对组织的影响。在这一区的流程适合进行企业流程再造工程。

(5) 过渡区。4,5,6,2,8 象限属于这一区域,即图 6-2 所表示的灰色区域。在这一区的流程有一个维度其程度偏于中等,是否进行改造要仔细考虑。结合 S 油田实际可以看到,过渡区中每一个象限都有向右向上移动的趋势。具体如图 6-2 所示。

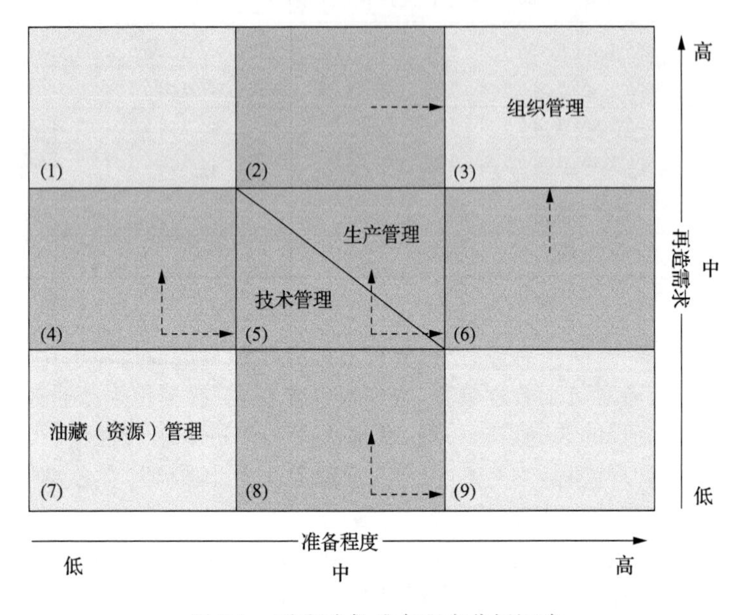

图 6-2 再造需求-准备程度分析矩阵

从图 6-2 中可见,油藏(资源)管理的相关流程位于第 7 象限。此时,油藏管理组织运转是正常的,无需在这方面进行大的变革。并且结合油藏资源"地面服从地下"的特点,油藏管理组织也没有做好业务流程再造的准备。因此,针对流程还应当持续关注并进一步加强改进力度,对于启动彻底改变的业务流程应当更加谨慎。

组织管理的相关流程位于第 3 象限。这一流程有必要提高绩效水平。在此象限内,开展业务流程风险相对不大,因此,油藏管理组织可以把握此时机遇,投资开发业务流程再造,如员工培训等,为日后应用做好准备。

技术管理和生产管理相关流程都处于位于过渡区的第 5 象限。第 5 象限拥有与第 3 象限相似的过渡趋势,进行流程再造具有较大获得战略优势的可能性。但在第 5 象限流程再造过程中,存在较高风险,需要领导给予支持。同时,生产管理相关流程在两个维度上都要略高于技术管理相关流程,因此它在性质上更接近于组织管理相关流程,更值得关注和分析。

油藏管理区是油藏管理的油气生产操作层,主要负责的是油气生产过程管理和设备设施的维护。它与作为油藏管理责任主体的采油厂是经营承包关系,并且与油藏管理组织内外部各个单元形成了模拟的市场关系。

6.1.3　采油厂组织结构诊断

进行组织结构诊断，主要是了解采油厂的组织结构、部门使命与职责、岗位设置和职责及人员编制，了解权力体系是否清晰，决策和冲突解决的规则或制度是否完备，基本业务流程和管理流程是否顺畅，内部协调和控制体系是否健全。

1. 组织机构改革任重道远

调查表明，约占49.8%的受访者认为采油厂的组织结构有些庞杂。这表明采油厂的组织结构现状已经不能满足发展了的生产和经营实际，必须对此进行适当的优化。具体如表6-3所示。

表6-3　组织机构改革需求（您认为采油厂的组织结构是否臃肿、人员庞杂?）

项目		频率	百分比/%	有效百分比/%	累积百分比/%
有效	是	124	47.3	49.8	49.8
	否	52	19.8	20.9	70.7
	说不清	73	27.9	29.3	100.0
	合计	249	95.0	100.0	
缺失	系统	13	5.0	—	—
合计		262	100.0	—	—

另外，从厂级管理者角度考虑：他们认为采油厂的组织结构臃肿达到了63.6%，矿级领导在回答该问题时，也有近60%的人认为机构臃肿。可见分公司和采油厂组织结构有很大的改进和压缩空间。

可以看出，优化结构、促进以组织机构扁平化为主导的组织变革，是进行油藏管理改革的主要任务之一。

2. 组织运行制度方面需要再提高执行力

在对厂级管理者关于“油田管理制度能够很好地执行”的调研中，仅有18.2%的肯定回答，其他则认为模糊(36.4%)或不能很好地贯彻执行。在回答“贵单位目前的监督职能是否完全分离”时，67%的人表示没有完全分离，认为企业内控制度是制约因素的占到近60%。相关问题的回答可以看出，制度的执行方面还需要再下工夫。

制度与结构往往互相影响，但有时候可以互相弥补，也就是说，好的制度会弥补结构上的不足。制度的运行效果有两方面的制约因素，一是制度本身是否先进合理，二是先进的制度执行情况是否良好。因此，在实施油藏管理的前提下，与组织结构的变革同步的应该是对制度的梳理和修订，如，监督权需要上移以便监督的有效性和抗干扰性、财务审计权的上移和统一等。

3. 采油厂内部职责分工问题

“各职能部门分工过细，部门之间协调困难”这一问题我们在采油厂的矿(科)级及以上级别展开，共 74 人参与回答，只有 10%的人明确反对，40%同意，其余人模棱两可。

“采油厂有合理的目标和责权利统一的考核评价机制”的问题在矿级及以上层面展开，回答非常同意、同意、模糊、不同意者分别占 5%、30%、53%、10%，但回答不均衡，即厂级认为不符合的居多，而矿级认为符合的居多，从一个侧面说明越往上级部门，其责任目标就越多元化，越难于考核和量化，有时会感到付出和回报不对等。具体可以从图 6-3 比较中看出。

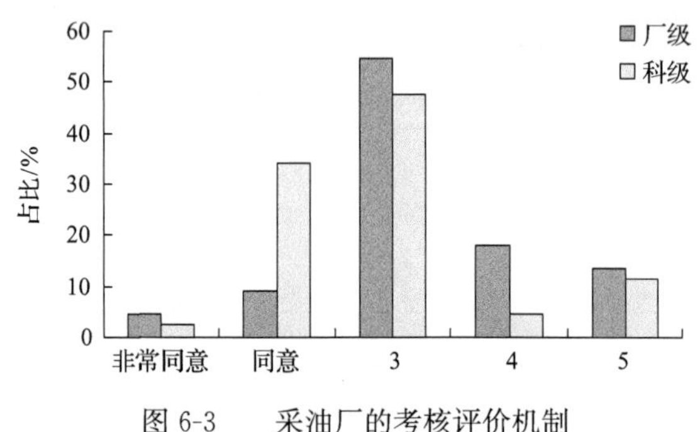

图 6-3　采油厂的考核评价机制

另外，矿(科)级管理干部的职责比较明确的事实，也在相关题目中得到印证。例如，在回答“您是否明确您的工作职责和权力?”问题时，86%的人选择很明确或明确。

在回答“在日常管理中，上下级间的指令和汇报是否存在越级现象?”时，超过半数认为不是很普遍，类似的问题:“目前是否经常出现多个领导向您分派任务的情况?”;“您是否因为领导的指示频繁变更而感到无所适从?”;“ 您的直接上级是否对您的工作提出了明确要求?”也分别有 50%、72%、63%的回答，证明了采油厂有比较正式的指挥线(职权线)，管理比较规范。

以下问题的调研结果说明了部门和岗位职责有比较清晰的界定。“采油厂部门职责不清”的回答中，不同层级回答肯定的分别占到“23%、33%、43%”;回答“采油厂中的各岗位工作标准制定得非常具体”中，答案是符合或很符合的比例超过 50%。

4. 采油厂内部信息沟通与工作协调问题

从问卷调研中可以看出油田在信息沟通方面有以下特点。

(1) 自上而下的信息沟通是最顺畅的，也是富有成效的。例如，上级给下级布置任务后，一般都要给下属进行指导或提供执行建议，几乎没有不指导的。

(2) 自下而上的信息渠道畅通,但效果不是十分理想。

(3) 基层单位内部之间的横向信息沟通也经常发生,但不充分,效果不是十分理想,可能的原因是横向之间有利益冲突,有权利的分割,却没有权力的隶属。

(4) 各级管理者获得信息的途径多样化,如企业网站、文件、会议、口头。说明了信息的来源十分广泛和便捷。

(5) 勘探、开发、物资供应等活动不能有效的衔接(28%的人认为肯定,60%的人认为模糊,仅有 11%的人认为不符合油田实际)。大家都认识到协调能提高效率避免冲突。

6.1.4　人力资源管理诊断

S 油田分公司的行业特点和区域特点,决定了油田企业在人力资源开发管理中工作难度大,因此,要配合油藏管理工作的推进做好人力资源管理工作,首先必须进行现有人力资源管理现状的诊断,理清问题所在,才能更好地提出有针对性的建议。

1. 人力资源保有量和需求预测调查

1) 人力资源总量过剩,但结构不合理,流动性差

(1) 职工人数总量过剩。油田似乎和企业所在地无法分开,甚至承担了社会、政府、市场的很多职能。这种基于政治和文化的考虑而非基于战略设计的考虑使得人力资源总量和人力资源政策都偏离了企业应有的战略目标。

因存量过大,减员分流渠道不畅,制约企业人力资源调整。近几年全油田每年生产经营人员需求量与实际投入量严重失衡,在某种程度上造成了一线生产单位劳动力紧张,科研单位出现断层,影响了人力资源调整。

在过剩的人员中,厂级及分公司专家粗略的估计:厂级管理人员和矿科级人员富裕幅度在 10%左右,而基层管理人员和一线工人大家认为基本合理;在对矿级管理人员的调研中,大家对管理人员是否过剩基本没有回答,似乎是有些顾虑。在对采油一线工人的调研结果最明显,大家认为管理层富裕量较大。其加权平均值详见表 6-4。

表 6-4　管理层富裕量

调研对象	厂级管理富裕量	科级管理富裕量	基层管理富裕量	一线工人富裕量
厂级管理者和分公司专家	10%	10%	合理	合理
科级管理者	—	—	合理	合理
一线工人	15%	15%	10%	合理

(2) 人员结构不合理。在厂级领导和分公司专家对人才保有量的评价时，54.5%的受访者都提到绝大多数都认为人力资源政策过时，关键技术人员流失，人员结构不尽合理。油田企业人力资源来源于大中专毕业生、技工学校毕业生，以及招工、复转军人等，人才素质个体差异大，采油、作业、施工队伍间的素质差异大，人力资源整体质量不稳定，通用人才过剩，专业技术人才紧缺，一线人员尤其是生产技术骨干紧缺，后勤通用岗位人员过多。稀缺人才不能因生产需要及时得到补充。

(3) 人员流动性差。油田内部单位之间的人才合理流动受到制约，人才流动市场化程度还很低，人才的流动及使用在很大程度上还取决于领导的意志，但在用人方面虽有考查、竞争、公示征求群众意见等程序，但用人过程中的领导意志还是或多或少存在的。

2) 人才需求预测

在目前的背景和战略要求下，S 油田分公司需要什么样的人才，是直接关系到油藏管理改革成败的大问题。

在回答"您认为采油厂现在最需要什么类型的人才?"这一问题时，高层管理者和基层管理者以及工人的回答有些差异:调研对象认为的人才重要性依次排列见表 6-5。

表 6-5 采油厂现在最需要的人才类型

调研对象	1	2	3	4	5	6	7	8
厂级领导及分公司专家	生产管理人员	成本管理专家	技术开发人才	技术应用人才	项目管理人才	勘探等工程人员	高层管理人员	单井潜力分析人员
基层管理及工人	技术开发人才	生产管理人员	技术应用人才	成本管理专家	项目管理人才	高层管理人员	单井潜力分析人员	市场开发人才

这个结果说明了作为厂级领导及分公司专家层面，更关注管理，如生产管理和成本管理，表明高层掌握的信息是足够的，更能从宏观去看问题。如果对现有技术能很好的应用和管理，应该有足够大的潜力可挖掘。

另外，单井潜力分析人员和项目管理人员需求靠后，这和下一阶段实行油藏管理的宗旨似乎有些偏离，也体现了一种定势思维。

2. 人力资源开发与培训现状分析

培训的问题，集中反映在培训的质和量不足。采油系统员工参加过的培训最多的有新员工培训(58.3%)、管理技能培训(44.7%)和偶尔听讲座(31.1%)；需要的培训有技术开发培训(43.7%)、管理技能培训(43.7%)，培训形式方面脱产培训(35.9%)，这表明对于采油系统员工而言，他们对技术和管理技能的提升有很强的需求。同时可以看到，多数人员(67.0%)的培训时长只在 10 天以内，这不利于增强其工作技能，也不利于其管理水平的提高。只有42.7%的受访者认为培训对其工作帮助很大或较大(具体可以参见表6-6)。

表6-6 采油系统员工认为培训的帮助作用

(您认为从培训中学到的知识和技能对实际工作的帮助程度如何?)

结果选项		频率	百分比	有效百分比	累积百分比
有效	很大	11	10.7	11.1	11.1
	比较大	33	32.0	33.3	44.4
	一般	29	28.2	29.3	73.7
	有些作用	20	19.4	20.2	93.9
	没什么作用	6	5.8	6.1	100.0
	总计	99	96.1	100.0	—
缺失	系统	4	3.9	—	—
合计		103	100.0	—	—

对培训地点的选择也很受关注，从调研结果看，绝大多数培训集中在企业内部，应该在培训的地点方面有所多样化，如增加同行企业、国外著名企业等的培训。

从表6-6可以看到，采油系统员工认为培训的帮助作用不是特别明显。这也进一步说明培训的质量和针对性也有待提升，企业教育培训工作针对性、有效性方面的缺陷也制约了人才素质的提高。分公司和采油厂要结合工作实际，分层次有针对性地对采油系统员工进行有效的培训指导，不断提高其工作素质，促进企业和员工的共同发展。

3. 职工满意度调查

1) 对工作的满意度

工作满意度调查是一个经常用到的工具，通过分析，我们看得出，绝大多数员工对工作比较满意。这种满意是基于员工对自身工作的多样性、统一性等属性的肯定回答上(工作特征和工作描述的调研未列出结果)。

有65.0%的采油系统员工对目前的工作表示满意，即认为其很适合自己，且有信心和能力做好。但多数采油系统员工(52.4%)认为其才能在目前的岗位发挥一般，另外有64.1%的采油系统员工希望接受高难度、高压力、重责任的工作挑战；相应地，有56.5%的矿级管理者认为目前的工作很适合自己，并且有信心、有能力做好。但多数受访者(52.2%)认为其才能在目前的岗位发挥一般；另外有72.9%的受访者希望接受高难度、高压力、重责任的工作挑战。由此可以看出，S油田干部职工的工作潜力巨大，值得分公司进一步发掘和引导。

2）对收入的满意度

对科级干部的收入满意度调查，结果如下：非常满意（1.5%）、比较满意（3.0%）、一般（50.0%）、不满意（43.9%）、很不满意（1.5%）。

调研说明，处级干部以下的基层管理人员和员工对收入的满意度很低。

考查科级管理者工作积极性和创造性的影响因素可以发现，收入提高（78.3%）、领导认可（52.2%）和福利改善（43.5%）是其最为看重的；相应地，采油系统员工则多认为收入提高（92.2%）和福利改善（63.1%）是最好的提高方式。说明要提高干部职工的工作积极性关键是要从收入提高和福利改善两个方面入手，促进其工作积极性的提高（表 6-7）。

表 6-7 采油一线员工的收入满意度调研汇总（%）

	非常满意	比较满意	一般	不满意	很不满意
（1）与采油厂其他人相比，您对目前的收入是否满意？	2.0	8.0	41.0	28.0	21.0
（2）与您在其他单位的同学、朋友相比，您对目前的收入水平满意吗？	2.0	5.9	24.8	47.5	19.8
（3）与您的工作付出相比，您对目前的收入满意吗？	2.0	7.9	32.7	39.6	17.8

4. 考核与激励（分配）机制分析

从上述职工收入满意度调研可以看出，厂级以下的职工收入满意度普遍较低，这说明考核与激励机制或者说收入分配体系有不健全的地方。我们在这方面的调研分为三个层次，即一线员工、矿级管理者、厂级管理者和分公司专家。

一线员工在回答“您认为工作努力一点或松懈一点对月底奖金/年终奖金会有影响吗？”

调查结果说明了考核体系没有能够实现实时的量化考核体系并同激励机制相对接（表 6-8）。

表 6-8 认为工作努力一点或松懈一点对月底奖金/年终奖金的影响的概率

影响很大	影响比较大	影响不大	影响不太大	没影响
11.9%	21.8%	40.6%	17.8%	7.9%

科级干部在回答“您认为目前这种定产量和定成本的考核方式是否合理？”回答较合理（22.7%）、一般（40.9%）、不太合理（36.4%）；有 57.6%的管理者认为分公司和采油厂“过于注重产量、操作成本等结果指标”，也说明了现行的考核方式存在一定的可商榷之处。

厂级领导和分公司专家中超过半数的受访者没有认可“采油厂有奖惩分明、绩效互补的激励机制”；62％厂级领导表示同意“考核指标片面，忽视可持续发展的问题”的判断；同样的，对“没有对不同的地质情况建立不同的考核、激励措施，实施单元目标化管理”的观点，不同意的仅占 4.5％；受访者对“采油厂有合理的目标和责权利统一的考核评价机制”和“对每个员工做到用计算奖励分值的办法进行考核奖励”问题的回答也大都抱否定态度。68.2％的管理者认为“采油厂分配制度有待改进，以便提高技术人员创新的积极性”，具体见图 6-4。

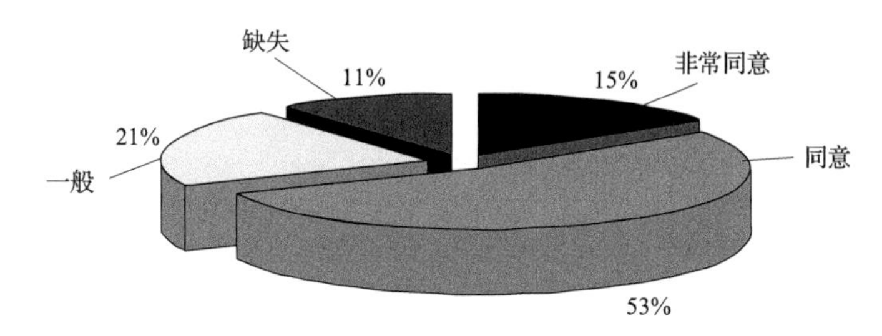

图 6-4　分公司绩效考核激励效应图

采油厂分配制度有待改进，以便提高技术人员创新的积极性

据此，我们可以判断，分公司绩效考核激励效应弱。我们认为，S 分公司需要在建立新的收入分配制度、完善考核评价体系等多个环节持续改进。进而通过合理的薪酬设计与绩效考评，形成积极向上、士气高昂的激励机制与事业氛围，让员工真正感到企业的关怀，整体上表现为追求有余、激励不足。

6.1.5　企业文化诊断

一般的企业文化可以分为三部分：即精神文化、物质文化和制度文化。本次调研仅涉及以下几个方面。

1. 对领导及其管理风格的调研

在回答油田对待员工是否公平这一问题上，回答比较公平的不多，这是一个值得警惕的现象，具体如表 6-9 所示。

表 6-9　对是否受到公平对待的调研结果

很不公平	不公平	一般	比较公平	很公平
10.1％	27.5％	49.5％	13.1％	—

在回答“您认为您所在的采油厂领导风格是怎样的?”，结果如表 6-10 所示。

表 6-10 关于采油厂领导风格的调研结果

调研对象	非常民主	适中	专断	不清楚
科级干部	8.7%	87.0%	—	4.3%
采油员工	8.3%	47.9%	18.8%	25%

可以看出由于矿级领导接触厂级领导的机会较多，因此，回答更真实一些。说明大家对厂级领导是基本满意的，这是油田推行油藏管理改革的基础。

在回答采油厂领导在决策时当不同的利益主体发生冲突时，首要的是考虑谁的利益这个问题时，大多数员工认为厂领导首先考虑职工利益，其次考虑油田利益。

在回答"您对采油厂管理层的信任的趋势"问题时，科级干部与员工的回答差距较大，见表 6-11。

表 6-11 关于对采油厂管理层信任问题的调研结果

调研对象	逐步增强	逐步下降	没什么变化
一线员工	42.9%	14.3%	42.8%
科级管理者	21.6%	51.5%	26.9%

大家普遍认为企业文化和领导风格是制约企业发展的很重要的两个因素，因此，结合第一个问题，我们认为，厂级领导需要在改变工作作风，改善干群关系方面做些工作，以便油藏管理改革的顺利实施。

2. 对 S 油田企业文化的调研

标准问卷部分。为了全面的了解 S 油田文化，我们对经典企业文化的问卷作了适当修改，调研结果如表 6-12 所示。请根据油田近五年来(2002～2006 年)的实际情况判断(以下统计均为一线员工所填百分比)。

表 6-12 关于企业文化的调研结果

调查事项	很不符合	不太符合	符合	相当符合	完全符合
1) 采油厂内部有大量的培训和事业发展计划	6.1	37.8	46.9	5.1	4.1
2) 采油厂所做的绝大多数事情都有详细的规章、制度或程序可以遵循	4.1	23.5	61.2	5.1	5.1
3) 采油厂内部崇尚创新，尊敬能人	4.3	28.7	57.4	5.3	4.3
4) 采油厂内部员工可以进行良好的沟通	6.1	34.7	50.0	5.1	4.1

续表

调查事项	很不符合	不太符合	符合	相当符合	完全符合
5) 单位每个员工都可以自由参加社会活动	6.1	29.6	54.1	5.1	5.1
6) 工作角色使得采油厂内部员工工作越来越独立，而不太注重集体作业	9.6	48.9	37.2	4.3	—
7) 采油厂鼓励员工参与决策的制定过程	22.7	34.0	34.0	7.2	2.1
8) 把单位员工作为最宝贵的财富	21.6	37.1	30.9	5.2	5.2
9) 对不合格的员工进行培训而不是解除合同	4.0	20.2	66.7	5.1	4.0
10) 我感到我的上级是我的支持者，而不是法官或者监督者	7.1	38.4	42.4	7.1	5.1
11) 领导对我很信任、信赖	6.1	26.3	56.6	5.1	6.1
12) 做事总想着完成采油厂的总体目标	2.1	20.6	62.9	6.2	8.2
13) 采油厂经常鼓励我们按照企业家的方式思维	11.2	42.9	34.7	7.1	4.1
14) 在工作场合，我可以自由发表看法和建议	10.1	34.3	47.5	4.0	4.0
15) 我愿意在业余时间同一个班组的人待在一起	9.3	18.6	57.7	8.2	6.2
16) 油田经常组织员工及家属进行一些集体郊游、体育等活动	38.5	37.5	16.7	2.1	5.2
17) 采油厂鼓励员工就产品创新或工艺创新自由安排时间	10.5	42.1	37.9	5.3	4.2
18) 为了完成工作，我会不惜一切努力	4.1	12.2	57.1	18.4	8.2
19) 分公司在进行项目时，对成本的考量较少	13.5	43.8	32.3	9.4	1.0
20) 鼓励新的尝试，不计较失败风险	12.6	42.1	38.9	4.2	2.1
21) 员工对合乎趋势的变革支持	12.5	19.8	56.3	6.3	5.2
22) 采油厂积极主动寻找机会进行变革	6.1	26.5	56.1	5.1	6.1
23) 采油厂积极搜寻外部变革的经验	4.2	23.2	61.1	4.2	7.4
24) 采油厂严格按正式政策和程序管理日常活动	7.2	27.8	53.6	6.2	5.2
25) 采油厂要求遵循正确的沟通渠道	7.7	28.6	52.7	6.6	4.4
26) 上下级之间的关系一般是避免对质	4.2	17.9	65.3	4.2	8.4
27) 上下级之间主动消除不一致	10.3	36.1	43.3	4.1	6.2

续表

调查事项	很不符合	不太符合	符合	相当符合	完全符合
28）下属一般都支持上司的工作	3.0	7.1	73.7	7.1	9.1
29）同级之间保护信息并认为是一种权力	2.0	26.5	59.2	6.1	6.1
30）部门之间对特殊问题可以形成同盟	6.1	26.5	61.2	1.0	5.1
31）对于创新一般认为是很有冒险的	5.1	45.9	40.8	6.1	2.0
32）对已有的创新成果学习能力比较强	4.1	27.6	59.2	3.1	6.1
33）根据自己的利益来决策每件事	13.3	45.9	35.7	3.1	2.0
34）决策一般须得到一致同意	11.2	33.7	49.0	3.1	3.1
35）选择合适的人进行决策	11.2	23.5	58.2	4.1	3.1
36）实施信息保密以控制对手	11.2	40.8	42.9	4.1	1.0
37）采油厂权力相对比较集中	2.0	14.3	66.3	7.1	10.2
38）采油厂各级的领导风格比较专制	4.1	23.5	51.0	11.2	10.2
39）采油厂奖励忠实的员工	20.2	41.4	33.3	1.0	4.0
40）采油厂总是选择德才兼备的人作中层领导	22.4	29.6	38.8	2.0	7.1

根据上述结果，我们可以粗略总结出S油田企业文化的几个特点。

（1）注重员工培训，注重知识扩散，向学习型组织迈进；

（2）S油田的制度文化是特大型企业运行的必要保障；

（3）创新是S油田的企业灵魂，鼓励创新思维、崇尚创新精神、应用创新成果；

（4）S油田提倡遵从，而不提倡企业内企业家精神；

（5）目标管理和成本管理贯穿于企业的始终；

（6）领导信赖员工、尊重员工的言论与社交自由，但很少在业余时间用集体活动来凝聚大家，考核与激励方式不公平、相对比较专制；

（7）S油田人不惧怕变革，正确积极面对变革；

（8）S油田人认识到团结协作的重要，但部门之间仍有局部利益保护；

（9）决策更注重各方利益的妥协，但不一定听取基层的见解；

（10）下级支持上级工作，上下级关系追求和谐。

6.1.6　采油厂组织变革意向汇总

我们十分审慎地看待这次油藏管理改革，如果说6.1.1～6.1.5节的调研是一种铺垫，那么，本节关于组织变革的调研则是重中之重。需要在变革前做好充分的调研和结果预设，以便能为S油田分公司顺利实施油藏管理改革做好前期诸多关联工作。

有鉴于此，我们将关于油藏管理改革的基础工作、难点热点问题、不同调整方案的反馈意见从厂级领导和分公司专家、采油系统科级管理者、专业化服务科级管理者、采油一线员工、专业化服务一线员工五个角度进行主导性意见（也就是说下文各种调研结果仅登录排在首位的选项）的汇集，以便为下一阶段油藏管理改革中的管理机制优化设计提供第一手资料。

1. 油藏管理改革的影响因素与难点调研

1）实施改制分流的影响因素排序

考虑到改制分流在已经发生的各种企业中的难度，我们对各个层面进行了因素及其程度的调研（表6-13），选项依次分别是：很重要、比较重要、一般、不太重要、很不重要。

表6-13 关于改制分流实施影响因素的调研结果

影响因素	分公司专家及厂级领导	采油系统科级管理人员	专业服务系统科级管理人员	专业服务系统一线员工
1）财务原因	比较重要	比较重要	比较重要	比较重要
2）社会道德原因	一般	比较重要	很重要	比较重要
3）政府干预	比较重要	比较重要	很重要	比较重要
4）法律障碍	比较重要	比较重要	一般	比较重要
5）解雇时费用太高	比较重要	比较重要	很重要	很重要
6）员工抵触情绪甚至不稳定	比较重要	比较重要	很重要	很重要
7）员工无路可走	很重要	比较重要	很重要	比较重要
8）对采油厂发展造成不利影响	比较重要	比较重要	很重要	比较重要
9）影响在岗员工积极	比较重要	比较重要	很重要	比较重要

改制分流，从政治角度讲，就是一次利益的重新分配，因此最终方案可能就是一次利益的博弈结果。由以上的结果我们清醒地看出，改制分流所涉及的一般是非采油系统，这部分员工和管理者反应相对强烈一些。因此，做好这部分人的工作成为改制分流的重点和难点。

2）实施油藏管理改革，将三级管理改为两级的难点调研

推行油藏管理的一个比较成熟的思路是将现有的采油厂以下3级管理改为2级管理，我们就此项改革的难点作了调研，并请不同对象就所列因素进行排序，结

果如表 6-14 和表 6-15 所示。

表 6-14 关于压缩管理层级的难点调研结果

影响因素	分公司专家及厂级领导	采油系统科级管理人员	专业服务系统科级管理人员	采油系统一线员工	专业服务系统一线员工
1）人员分流困难	1	1	1	1	2
2）资产划分困难	3	4	3	4	4
3）矿一级干部阻力大	2	6	4	3	3
4）改制的成本太高	4	5	5	5	5
5）改制后不见得提高效率	5	2	2	2	1
6）非核心业务单位未剥离导致油藏管理改革难以推进	6	3	6	6	6

表 6-15 关于压缩管理层级难点的统计分析

统计量							
分析量		人员分流困难	资产划分困难	矿一级干部阻力大	改制的成本太高	大家认为改制后不见得提高效率	非核心业务单位未剥离导致油藏管理改革难以推进
样本数	有效	227	187	191	189	209	187
	缺失	35	75	71	73	53	75
均值		2.16	3.68	3.46	3.81	2.44	4.61
众数		1	4	3	5	1	6

从调查结果看，各方关注的仍是人员分流问题，变革的目的之一是希望扁平化之后的减员增效，这样就必然带来一系列的人员缩编，如何处理这个问题，在如今讲稳定的大环境下，是十分棘手的问题。

采油厂矿级干部认为油藏管理改革后不见得比现在效率高，这种思想在我们实地访谈中也得到了充分的验证，说明矿一级干部从内心并不认为油藏管理改革是一件能提高效率的举措，因此会有一定的阻力。

资产划分也是一大问题，因为油藏改革的目的是希望各油藏管理区之间能独立核算独立考核，因此必然涉及目前的集输管线及相应的其他联合站计量站等资产的重新划分，这也是一项耗资巨大的工程。

在油田建立多学科协作团队的难点估计中，厂级管理者多选择人事制度(63.6%)和组织结构(59.1%)。说明厂级管理层认为这两个因素是建立多学科团队的难点；相对地，有 41.3%的科级干部认为人事制度方面困难较大，其他的选择比较均衡。可见，人事制度是油田建立多学科协作团队的一个主要难点。要对分公司的人事制度进行适当的修改以适应改革的需要。

3）员工对竞争上岗和组织变革的态度调查

为了测试大家对竞争上岗的态度，我们设计了“如果采用竞争上岗、末位淘汰措施，您是否表示理解和支持?”这道题，针对采油以及专业化服务的一线员工和专业化服务的科级管理者进行了调研，平均 55%的受访者表示“支持，但需要改进方法”。非采油系统的员工和科级管理者的支持度稍低一些，不支持的比重占到近 40%。这说明大家基本接受这一用人形式，但希望操作透明，方法公正。

在询问“您认为近期大家来自组织改革的危机感是否强烈?”一问时，超过 40%的员工感到危机感很强。说明大家从心里已经开始重视了。

2. 油藏管理改革的前景展望

在回答“实施油藏管理新模式的前景如何?”这一问题的结果见表 6-16。

表 6-16　关于实施油藏管理模式前景的调研结果

程度	厂级领导和分公司专家(22)	采油系统科级管理人员(23)	专业化服务科级管理(21)	采油系统一线员工(103)	专业化服务一线员工(93)
非常好	1	—	1	5	11
较好	10	2	6	17	21
一般	2	11	5	40	29
不好	—	2	1	8	12
不清楚	7	7	8	27	12
未选	2	1	—	6	8

可见，改革之前对前景的描绘十分关键，需要各级领导给大家描绘油藏管理新模式的美好愿景。以便从思想上统一认识，积极应对。

在回答“您认为实施油藏管理新模式对您的影响如何?”时，绝大部分科级管理者和采油及专业化服务系统员工均表示有影响，甚至回答影响大的不在少数，说明大家对此的认识比较深刻。

在回答“您认为实行油藏管理改革后，职工的工资福利待遇会有什么变化?”大多数管理者和一线员工都认为有上升，这说明大家对油藏管理改革是抱有一种复杂的心态，也就是说既怕自身的利益受到影响，又希望在实施油藏管理改革的时候自己的收入能有所增加。

6.1.7 小结

从专项调研我们可以看出，油田在诸如财务、人力资源、勘探开发等流程方面存在一些问题，勘探开发物资供应等活动不能有效的衔接。

在组织结构方面，机构还需要再扁平化和瘦身，现有制度的执行力有待提高，更高层次的管理者的目标责任和考核体系还存在一些模糊的地方，需要深入研究加以改善。

人力资源方面，人力资源总量过剩，但结构性不足，且流动性不高。特别是技术开发人员、技术应用人员、项目管理人员都相对短缺。一线职工和基层管理者的收入满意度不高。职工培训有待加强和改善。考核机制中一线员工的收入和努力程度关系不大，说明考核与激励机制不对称，特别是对技术人员的激励不明显。分公司与采油厂之间的评价与考核方式有待更科学化、合理化，增加一些可持续的指标。

企业文化方面，领导管理风格有待更进一步民主，职工业余时间的集体活动偏少，交流不多。部门的局部利益与整体利益的关系有时候难以协调。

组织结构变革意向的调查中，非采油系统及非核心业务员工担心多一些，担心被剥离或被边缘化。将组织层级压扁一级大家表示理解和支持，但担心人员分流是个大问题。另外大家虽然从主观上支持油藏管理改革，但更多的人对改革前景和结果持观望和保留态度。

针对上述存在的问题，我们首先需要做理论上的分析和探讨，以便确定组织机制设计的理论模式，再根据 GD 采油厂已经实施的油藏管理改革实际，进行评价并提出改进建议。

6.2 油藏经营管理组织结构设计的理论分析

6.2.1 组织理论基础

1. 组织、组织结构及组织系统

组织是有一定目的、结构，相互协作，并与外界相联系的人群集合体。一个企业必须通过为社会提供独特的价值而证明其存在的价值。企业的目的是其组织结构设计的出发点。

组织结构是指一个组织内各构成要素以及他们之间的相互关系，按照 Kast 和 Rosenzwerg 的观点，“我们可以把结构看作是一个组织内各构成部分或各部分之间所确立的关系形式[49]。”结构主要涉及企业部门构成、基本的岗位设置、权责关系、业务流程、管理流程及企业内部协调与控制机制等。企业组织结构是实现企业宗旨的平台,直接影响着企业内部组织行为的效果和效率,从而影响着企业宗旨的实现[50]。上述组织结构的定义中有四项关键的成分:整个组织的任务与职责在个人间及部门间来划分;正式报告关系,包括等级层次和控制幅度;个人汇成部门、部门汇成整个组织的聚集情况;在纵向和横向上确保有效沟通、协调和一体化的体系。

组织工作职能的内容包括以下四个方面。

设计和建立一套组织机构和职位系统,建立起正式的指挥线(职权线);

确定职权关系和信息系统,把各层次、各部门结合成为一个有机的整体;

与管理的其他职能相结合,以保证所设计和建立的组织结构有效的运转;

根据组织内外部要素的变化,适时地调整组织结构。

组织系统及其基本要素有多种描述,国内有些学者还总结出了一个由四要素组成的企业系统。见图 6-5。

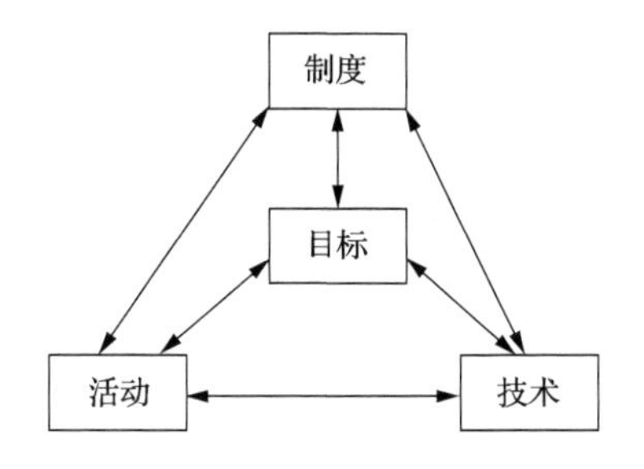

图 6-5　组织整体结构模式

在企业组织整体中,四个要素分别起着不同的作用,技术对组织形式具有关键作用,制度则保障组织形式的顺利施行,目标是整个组织结构的中心,是组织结构的“灵魂”,活动是其他要素得以顺利发挥的载体,四个要素形成一个完整的组织结构,缺一不可。四个要素相互作用、相互协调,每两个要素就是一个对立并相互作用的双方,四个要素的相互交织最终形成了具有完整功能的结构。

2. 组织设计的主要原则

组织结构设计是为了有效地实现组织目的而形成工作分工与协作关系的策划和安排过程,即用以帮助达到组织目的的有关角色、职务、权力、责任、流程、信息沟通、利益等的正式安排。

管理学家弗克斯(W. M. Fox)认为组织设计的主要目的是建立有益于管理的组织,因此必须设计成合乎下列要求的组织:①有益于计划的组织;②有益于指挥的组织;③有益于控制的组织。

管理学家哈罗德·孔茨在总结前人研究成果的基础上,归纳总结出一系列的组织工作基本原则并认为这些原则是普遍适用的真理，虽然这种普遍性不像纯粹自然科学的规律那么准确。但是就正确的组织工作的标准而言，这些原则是足够的。它们是：①目标一致的原则。②效率原则。③管理宽度原则。④分级原则。从企业的最高主管部门经理到每一个下属职务的职权，划分得越是明确，就越是能有效地执行职责和进行信息沟通。⑤授权原则。⑥职责的绝对性原则。下属有绝对执行上级指示的责任而上级也不可以推卸掉组织其下属活动的职责。⑦职权和职责对等的原则。⑧统一指挥原则。个人只对一个上级汇报工作的原则。⑨职权等级的原则。维护所授予的职权就要求由该级经理在其职权范围内作出决策而不应上交。⑩分工原则。组织结构越能反映为实现目标所必需的各项任务和工作的分工以及彼此间的协调，委派的职务越能适合于担任这一职务的人们的能力与动机，那么这样的组织结构就越有效。⑪检查职务与业务部门分设的原则。如果某些业务工作要委任一些人来对它考核检查，而这些检查人员又隶属于受其检查评价的部门，那么负责检查的人员不可能充分地履行其职责。⑫平衡的原则。⑬灵活性原则。所建立的组织结构越灵活，这样的结构就越能充分地实现其目标。⑭便于领导的原则。组织结构及其授权越是有利于经理去设计和维持为完成其任务所需要的某种环境，这种结构就越有助于提高他们的领导能力。

运用以上原则设计过程中应当具备一定灵活性。实际上，并没有一定的最佳的组织结构。多年来，人们的一致看法是：没有一种组织结构适用于一切情况。正是这一认识导致了组织结构设计的权变理论的发展。

杜拉克认为，能够完成工作任务的最简单的组织结构就是最优的结构。判断一个“好”的组织结构的标准是它不带来问题。结构越简单，失误的可能性越小。

芮明杰认为，正式组织应该有六个要求：①符合组织目标；②能使组织成员的能力得以发挥最大效用；③能使组织成员对组织有归属感；④能不断持续发展；⑤使组织成员对组织做出贡献的欲望得以提高的组织；⑥富有效率的组织。

3. 组织结构的决定因素

每一个组织内外的各种变化因素，都会对其内部的组织结构设计产生重大的作用。这些因素称为权变因素。权变因素(contextual factors)反映整个组织的特征，它们描述了影响和改变组织维度的环境。达芙特将权变因素分为五种：规模、组织技术、环境、组织目标与战略和组织文化。罗宾斯将权变因素理解成影响组织结构的因素，他认为主要的因素有以下五种：组织战略、组织规模、技术、组织环境和权力控制。组织设计相互作用的结构特性和权变因素如图 6-6 所示。

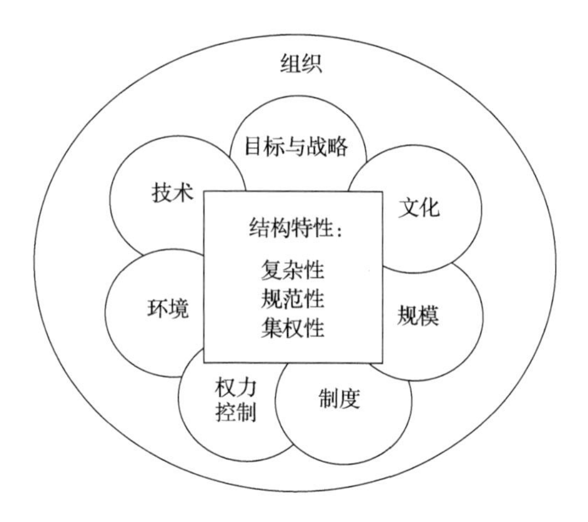

图 6-6　组织设计相互作用的结构特性和权变因素

4. 主要的组织结构形式(基本模式)

经过几十年的管理实践,人们已经总结设计出了若干个可行的组织结构类型。这些类型包括以职能为基础的、以产品或服务为基础的、以地理区域为基础的以及以其他机构为基础的结构。下面分别讨论几种典型组织结构的特点,以及所适应的战略条件。本节只详细讨论与本项目有关的组织结构形式,对其他形式仅仅提及。

1) 职能型组织结构

职能型组织结构是按企业各单位所执行的工作的性质来构造的。对大多数生产企业来说,有下列职能:市场营销、生产、财务、研究与开发、人力资源管理等。

职能制结构是典型的科层制结构。根据 Weber 的定义,科层制区别于传统的行政形式,有以下特征。

(1) 对管辖权的范围予以清晰的划分。

(2) 组织遵循等级制原则。

(3) 特意建立起来的一般规则体系,以指导和控制员工的决策和行为。

(4) 在技术资格的基础上挑选职员和指派职位,并发给薪水。

科层制的最主要的特征是严格的劳动分工、高度规范化和权力等级链。

2) 矩阵型组织结构

矩阵型组织结构是将职能管理人员沿纵向排列,同时将负责产品或独立经营单位的管理人员按横向排列,这样形成一个矩阵式的组织结构,可以看出,矩阵型组织结构集中了职能型和产品或服务型两种组织结构的特点。在矩阵型组织结构中，经营单位或产品经理与职能部门经理都享有独立的职权。这样，作业人员就负有双重责任，既对职能经理负责，又对经营单位（或产品）经理负责。

3）基于流程的组织结构

一种按照全新思路构建的组织结构是把队伍建立于多种核心流程之上，如产品开发、订单履行、销售跟进和顾客支持等。基于流程的结构更强调横向关系，所有提供一种产品或服务所需要的职能人员安排在同一个部门，这个部门通常有一个所谓的“流程主管”来管理。在这种组织中管理等级较少，高级行政人员队伍也相对简单，典型的成员是主席、主要的管理办公人员以及少数关键支持服务部门如战略计划、人力资源和财务部门的主管人员组成。

基于流程的结构减少了许多等级和部门壁垒，而这些壁垒会阻碍工作协调、降低决策速度和工作绩效。这类结构还会大幅削减组织的横向和纵向的管理费用。这种基于流程的结构使得组织能够集中主要资源为顾客服务，包括企业内部和外部的顾客。

基于流程的组织结构在各种制造和服务性企业中的应用迅速增加。这种以“扁平”、“无壁垒”、“注重团队”著称的组织，被一些公司用来加强其顾客服务能力。

4）基于网络的结构

网络性结构要管理在复合组织或单位中不同的、复杂的和动荡的关系，每个组织或单位都有其特定的业务职能或任务。以前人们对这种网络的定义有一些迷惑，最近有人提出的有代表性的四种基本网络类型的描述可以消除这些迷惑。

(1) 内部市场网络。当一个组织建立了许多次级部门作为独立的利润中心，并允许他们之间向外部市场一样进行服务和资源的买卖时，内部市场网络就形成了。

(2) 纵向的市场网络。它是由多个组织组成的，这些组织与一个核心组织联结在一起并由这个核心组织将资源再从原材料供应到最终顾客协调各个环节中进行配置。

(3) 不同市场之间的网络。它代表了不同市场的一系列组织之间的联系。

(4) 随机网络。这是网络结构中最先进行的一种形式。它是由不同的组织为了实现一个共同的目标暂时的组成一个联合体。一旦目标实现，这种网络结构也就解体了。

5）团队式组织结构

团队式组织可以看做是嵌入在较大的业务单元内的具有相互联系的团队网络或系统，其中流程团队可以整合团队或改良团队。团队式组织具有如下两个重要特征：首先，运行团队之间是相互嵌套的。一个团队中的个体同时也是一个更大的运行单元的一部分,因此,个人及小的评估必须放到他所在的团队的环境中,团队的绩效也必须放到更大的业务单元环境中评估。其次,当团队考虑的问题超出了它的领域,它必在更大的范围内讨论,这种研讨会可以是非正式的,所有设计的团队的代表以非正式的方式集合在一起解决问题。此外,也可以采用正式的结构,如整合团队或管理团队,它们的工作就是解决超越团队边界的问题。本质上,团队式组织中的权力等级是团队系统中每一个团队的在一定范围和领域内的决策权的层级,而不是一种个人的报告关系链。

6.2.2　企业战略与组织环境对组织设计的影响

1. 战略与组织设计

一个企业要有效地运营必须将战略与组织结构相联系。在战略管理中,有效地实施战略的另一个方面是:建立适宜的组织结构,以使其与战略相匹配。它们之间匹配的程度如何,将最终影响企业的绩效。

组织结构服从于战略,公司战略的改变会导致组织结构的改变。最复杂的组织结构是若干个基本战略组合的产物。虽然人们一致认为,组织结构应当适应和服从于企业战略,但对最优的组织结构设计却缺乏一致的意见。吉尔布莱斯和卡赞佳对战略与结构的较佳配合提出了更具体的指导原则:①单一业务和主导业务的公司(即公司主要在一个行业领域中经营),应当按照职能式的结构来组织。②进行相关产品或服务多样化的公司,应组织成事业部的结构。③进行非相关产品或服务多样化的公司,应组织成复合式(或控股公司)的结构[51]。经营战略与组织结构的对应关系如表 6-17 所示。

表 6-17　经营战略与组织结构的对应关系

经营战略	组织结构
专业化	职能制
主副业多元化	附有单独核算单位的职能制
限制性相关多元化(纵向一体化)	混合结构
非限制性相关多元化(共享价值链某一环节)	事业部制
无关多元化	母子公司制

不同的行业竞争战略对企业组织的集权程度、规范化程度、标准化程度、考核激励及组织文化的要求均不同,表 6-18 是波特分析三种基本竞争战略对企业组织结构的影响。

表 6-18 波特的战略分析与企业组织结构的匹配关系

战略	组织特征
低成本战略	明确的职责分工和责任、高度的中央集权、严格的成本控制； 标准操作程序、高效的资源获取和分销系统； 以满足严格的定量目标为基础的激励； 密切监督、有限的员工授权； 经常和详细的控制性报告
差异化战略	有机的、宽松方式的行动，部门间较强的协调性； 在研究与开发、产品开发和市场营销部门之间的密切协作； 重视主观评价和激励，而不是定量指标； 轻松愉快的工作氛围，鼓励并给予创造性强、思维开阔、创新的员工较多的授权
聚焦战略	高层指导与下属决策在特定战略目标上结合； 奖励和报酬制度灵活，与客户关系密切； 衡量提供服务和维护的成本； 强调客户忠诚； 加强员工与客户接触的授权

采用专业化经营战略的公司通常采用集权的职能制，其原因是由于经营的产品品种单一，管理比较简单，管理人员较少，有利于加强控制，降低成本，提高质量。

2. 组织环境与组织设计

所有的企业都在一定的环境下生存和发展，企业的行为必须顺应环境的要求。在现代经营环境快速变化的情况下，能够长寿的企业不一定是能力最强的企业，而是最能适应环境变化的企业。因此，企业组织结构设计必须充分考虑环境因素的影响。

环境不确定性程度直接影响着企业组织结构的设计，具体表现在对职位和部门、组织的分工和协作方式、控制过程以及计划和预测等方面。当外部环境的复杂性增加时，外部环境中的每个因素都需要一个岗位或部门与之联系，组织结构中的职位和部门的数量会增加，这样增加了企业组织内部复杂性。当外部环境迅速变化时，组织的各部门在处理外部环境中的不确定性方面变得高度专业化，每一部门的成功都要求具体有专门的知识技能和行为，表现出较大的差异。

环境不确定对组织内部的影响见图 6-7。

<table>
<tr><td rowspan="2">环境的稳定性</td><td>稳定</td><td>低度不确定
1. 机械性结构：正式、集中
2. 部门少
3. 高层管理者承担整合作用
4. 以现有业务为导向</td><td>中低度不确定
1. 机械性结构：正式、集中
2. 部门多，对外联系也多
3. 中间层承担一些整合
4. 有一些计划</td></tr>
<tr><td>不稳定</td><td>中高度不确定
1. 有机机构：团队工作，参与性强且结构分散
2. 部门少，对外联系也少
3. 中间层承担一些整合
4. 计划向导</td><td>高度不确定
1. 有机结构：团队工作，参与性强且结构分散
2. 部门多，专业化高，对外联系多
3. 整合任务多
4. 强化计划与预测</td></tr>
<tr><td></td><td></td><td>简单</td><td>复杂</td></tr>
</table>

环境的复杂性

图 6-7　环境不确定对组织内部的影响

影响组织结构设计的另一个主要因素是企业所面临的环境状况。毫无疑问，企业环境决定着组织结构，组织结构应当服从和适应环境的各种不同状态。因为企业的环境是组织所无法控制的，只有去适应它[51]。

6.2.3　企业规模与组织设计

不管规模对组织结构的影响程度如何，大多数研究者都同意，规模与组织结构和设计具有一定的相关性，特别是对组织结构的复杂性和规范性有较强的影响。也就是说，组织规模越大，组织中的分工就越细，组织水平差异化的部门和垂直管理层也会越多，组织的行为规范程度也较高。

企业规模大小是组织结构设计咨询必须考虑的一个基本和重要的要素。不同规模的企业表现出明显不同的组织结构特征。表 6-19 是在不考虑其他因素时，或假定其他因素相同时不同规模企业组织结构要素特征的差异。

表 6-19　企业规模对组织结构的影响

结构要素	小型企业	大型企业
管理层次(纵向复杂性)	少	多
部门和职务的数量(横向复杂性)	少	多
分权程度	低	高
技能和职能的专业化程度	低	高
规范化程度	低	高
书面沟通和文件数量	少	多
专业人员比率	小	大
中高层管理人员比率	大	小

这些结构要素的变化是相互关联的，企业规模大直接增加了组织结构的复杂性，一方面分工细化，部门和职务的数量增加，另一方面管理层次也会增加。分工细化的结果是既提高效率，有利于企业规模的进一步增加，同时又需要增加专业人员的比率，增大了协调的工作量，从而使书面沟通和文件数量增加。管理层面增加，促使分权增多，导致对标准化程度的要求上升和中高层领导人员的减少。而协调工作量的增加和标准化的加强，必然引起规范化的提高，使书面文件的数量增加，反过来这又降低了协调工作量，再加上分权有利于中高层领导人员摆脱日常事务，因而带来了管理人员比率的降低。因此企业规模变大后会引起组织结构的一系列变化，其中的一些变化又存在因果关系。

6.2.4 技术与流程对组织设计的影响

1. 技术与组织设计

技术因素的研究者强调组织中使用的技术决定了任务如何执行，因此也影响组织设计。按照企业组织对投入转化为产品的“工艺技术连续性”程度对组织技术进行分类，Woodward 揭示了组织设计中的差异性。从单一/小批量生产到大批量/大规模生产再到连续流程生产，不同子单位之间的相互依赖性逐渐增加，资本投资增加，从而需要更加稳定的生产流程。生产技术越复杂，组织结构的管理层级就会增加，管理人员和生产工人比例也会增加，也就是纵向差异化程度会增加。采用大批量/大规模生产技术的企业与另外两种技术类型相比需要更宽的管理幅度，更加规范的规则和程序，以及更加依赖于书面的沟通。

伍德沃德关于技术与结构关系研究所得的某些结论可概述如下。

(1) 管理层次的数目随着技术复杂性的提高而增加。

(2) 如果使用前面所述的有机系统和机械系统的定义，则在采用单件或连续性生产方法的企业中，有机系统占优势；在采用大规模或大量生产方式的企业中，机械系统占优势。

(3) 在技术复杂性和企业的规模之间，没有发现显著的关系。

(4) 管理人员和监督人员占总人员的比重将随技术复杂性程度的提高而增大[51]。

这项研究也发现，任何行业的公司，其技术成功都与公司所采用的组织结构有密切关系。这项研究发现为学者更新技术提供了一个新的视角，即要设定一个最佳的组织结构配合企业的技术更新。伍德沃德认为“组织的特征、组织的技术和组织的成就是联系在一起的。这一事实表明，生产系统不仅是决定结构的一个重要变量，而且对于每一个生产系统来说，还有一个最适宜的具体组织形式[51]。”

Thompson 也发展了一种综合性的方法，他按照组织内各部门技术间的相互联系方式将技术分为三种：长序式技术、中介式技术和密集式技术。更重要的是，他根据任务之间的相互依赖性程度将其分为目标互倚性、接序互倚性和交互互倚性。在此基础上，Thompson 提出了任务互倚性、技术类型和组织结构的对应关系，如表 6-20 所示。

表 6-20　常规和非常规技术的分类

任务互倚性	技术类型	结构复杂性	结构规范性
接序互倚性	长序式技术	低	高
目标互倚性	中介式技术	中	中
交互互倚性	密集式技术	高	低

2. 业务流程与组织设计

通过对企业组织的流程进行再造，企业组织就发生了转型，即由职能型组织转变成流程性组织，或称之为“队”型组织。

在流程型企业中，其运作基础不再是职能单位，而是那些由被集合在一起，全程执行流程运作的员工们构成的“流程工作小组”。一般来说，这种流程小组有三种基本形式：其一是“专案小组”，是把拥有不同技能的人组合起来，群策群力共同去完成例行、复杂的工作。其二是“虚拟工作小组”，是在由于特别的需要，为完成特定的任务时才把适当的人才集合在一起。其三是“专案员”，类似于专案小组，但成员却只有一个。经过这种转型后，企业组织发生了重大的变化。

(1) 组织成员不再是以完成任务为目标，而是以获得特定的结果为导向；组织成员之间不再是各自为敌，而是紧密的合作。

(2) 企业组织的领导不再是高高在上的任务分派者和监督者，而是流程小组的设计者与指导者。

(3) 对员工的管理不再是通过详细的规章和岗位说明书，而是借用专业规范以及成员之间的信任与合作。

(4) 对员工成绩的评价不再是由上级领导来执行，而是在同事之间进行；同时，其评价标准不是任务的完成情况，而是基于顾客满意度和流程运作的结果。

(5) 员工不再是对上级负责，而是对流程的运作情况负责，对同事负责。

再造流程使企业组织由以职能为主的纵向管理而变成以流程为主的横向管理，流程小组是这种新组织形态的基本单位。可见，它是与目前企业组织形态完全不同的一种新型企业组织形态。

6.2.5 人力资源及企业文化对组织设计影响

1. 人力资源状况对组织设计的影响

人员素质对组织结构设计的影响目前还没有引起足够的重视，但是在组织结构设计中对人员素质的影响考虑不够会产生较严重的问题。比较典型的例子是麦肯锡为实达做的组织结构设计咨询，将实达由原来各种产品线独立经营的事业部改为销售资源共享的产品经理制后，由于产品经理主要由原工程人员调整而来，他们对其他相关的产品技术缺乏较深入的了解，无法承担为客户提供整合服务的职能，因此组织结构调整后导致经营状况大幅下滑。

人员素质对组织结构的主要影响有以下五方面。

(1) 集权与分权。企业中层管理人员专业水平高，管理知识全面，经验丰富，有良好的职业道德，则管理权力可较多地下放；反之，则权力应多集中一些。

(2) 管理幅度大小。管理者的专业水平、领导经验、组织能力较强，就可以适当地扩大管理幅度；反之，则应缩小管理幅度，以保证管理的有效性。

(3) 部门设置的形式。如实行事业部制须有比较全面领导能力的人选担任事业部经理，实行矩阵结构，项目经理人选要求有较高的威信和良好的人际关系，以适应责多权少的特点。

(4) 定编人数。人员素质高，一人可兼多职，可减少编制，提高效率；人员素质低，则需将复杂的工作分解由多人来完成。

(5) 协调机制。员工具有良好的协作风格可以在某种程度上弥补协调机制设计上的不足；反之，如果员工本位主义严重，又缺乏必要的沟通培训，则部门间必然扯皮不断，工作效率低下，需要加强协调机制的设计。

从盖洛普公司长达30多年的调研成果看，让员工有机会做自己最擅长的事是成就卓越公司的重要理念，根据岗位需要设置人员，难以充分发挥现有人员的优势，企业的业绩、员工满意度、工作效率等均处于一般水平。

2. 企业文化对组织设计的影响

企业文化与组织结构之间相互作用，相互协调。组织结构决定企业文化，而企业文化又深深地影响着组织结构[52]。企业文化对组织设计具有较大的影响。

企业文化对组织的作用常表现为隐形的动态影响。强有力的组织文化会形成企业的精神约束，积极的企业文化无需纸质规范便可以约束员工自觉遵循企业所需。企业文化较难形成，一旦形成便可以发挥长效机制。并且随着时间推移，最终企业文化会具有一定的稳定性。在不同企业的文化影响下，会对管理者如何进行组织设计产生不同的影响。当企业内外部环境发生变化，企业需要进行包括组织设计等变革时，企业文化较为稳定可能给变革带来一定困难，这时企业应当寻找先进文化与原有企业文化之间的契合点，努力排除阻力。

企业文化产生在一定的组织环境之中，会对组织设计、组织变革产生不同影响。只有当企业文化与组织结构相互协调、相互匹配时，才能建立起科学合理的组织结构，使企业文化发挥出凝聚力和激发力，企业才能成为一个高效运行、竞争力强的有效组织[52]。

6.2.6　管理幅度与管理层次

1. 管理幅度

管理幅度是指一个上级领导，能直接而有效地领导下属的可能人数。它反映了管理者能进行有效率和有效果的管理的员工数量；决定了组织中管理层次的数目及管理人员的数量。

(1) 扩大管理幅度对组织有以下影响：①可以减少管理层次，精简组织机构和管理人员，用于协调的时间和费用都会减少；②信息传递渠道可以缩短，因而可以提高效率；③管理幅度过大，也容易导致管理失控，各自为政；④管理幅度扩大时，主管人员对下属的具体指导和监督在时间上相对减少。

由此可以看出，管理幅度设计是个重大问题，过小过大都不是恰当的。

(2) 洛克希德公司定量分析方法。系统地衡量确定各主管人员的管理幅度，基于对七个方面因素的考虑：①地点相近性；②职能相似性；③职能复杂性；④直接监督的需要程度；⑤督导性协调的需要程度；⑥计划；⑦助手配备情况。

2. 管理层次

管理层次就是指直线行政指挥系统分级管理的各个层次。

1) 管理层次的影响因素

(1) 组织的规模。国外对 128 个组织的研究指出，100 个人的公司大致有 4 个管理层，1000 个人的公司大致有 6 个管理层，而 10000 个人的公司则有 7～8 个管理层。

(2) 技术的影响。技术越复杂，管理层次越多。有关专家通过对拥有 100 个以上员工的公司研究表明，单件小批生产组织，平均有 3 个管理层次；而大量大批生产组织，平均有 4 个管理层次；一些复杂的联合组织，则平均有 6 个层次。

(3) 管理幅度的影响。

2) 扁平式组织结构特点

更少的中间管理层，更宽的控制幅度；采用自我管理小组或团队，大多数工人是知识工人；授权熟练员工管理他们自己的工作并承担责任；员工拥有计算机化的知识、决策支持系统、专家系统和有力的工具；所有员工都可得到任何信息；信息从底层直接传到顶部；团队能够分布在不同的地方；知识工人发展高度专业化的技能，能被应用到很远的地方。

当等级制结构变成扁平式结构时，企业会发生一个更加根本性的变化，企业会被组织成价值流团队，而不是职能“筒仓”。价值流团队完全关注该价值流顾客，关注与顾客满意相关的衡量指标，关注为顾客提供服务的盈利能力的衡量。

企业的组织结构由传统的等级制发展而来，因此，当每一种新竞争形势出现，或环境发生了不同变化，企业都应该重新思考组织设计问题，进一步设计更好的组织形式契合不断变化的形势。当企业战略发生变革，企业也应当考虑是否应当进一步选择与之匹配的组织形式，推进战略目标的切实达成。

6.2.7 小结

本节重点阐述了决定组织结构设计的主要多权变因素，油田基于油藏管理理念的组织结构变革，从理论上说是一次组织结构的重新调整和设计，因此，理论上的指导和借鉴是十分必要的。

每一个组织内外的各种变化因素，都会对其内部的组织结构设计产生重大的作用。这些权变因素反映整个组织的特征，它们描述了影响和改变组织维度的环境。达芙特将权变因素分为五种：规模、组织技术、环境、组织目标与战略和组织文化。

除传统的职能制等组织结构形式外，比较新的组织结构形式有：①基于流程的组织，一种按照全新思路构建的组织结构是把队伍建立于多种核心流程之上，如产品开发、订单履行、销售跟进和顾客支持等。基于流程的结构更强调横向关系。②基于网络的结构，网络性结构要管理在复合组织或单位中不同的、复杂的和动荡的关系，每个组织或单位都有其特定的业务职能或任务。有四种基本网络类型：内部市场网络、纵向的市场网络、不同市场之间的网络、随机网络。③团队式组织结构，团队式组织可以看做是嵌入在较大的业务单元内的具有相互联系的团队网络或系统，其中流程团队可以整合团队或改良团队。

组织结构的变化更新应当服从企业总体战略的选择。吉尔布莱斯和卡赞佳对战略与结构的较佳配合提出了更具体的指导原则：单一业务和主导业务的公司(即公司主要在一个行业领域中经营)，应当按照职能式的结构来组织。

外界环境变化也影响着企业组织结构和组织设计。劳伦斯(P. Lawrence)和劳什(J. Lorsch)对于组织结构和环境关系的研究也认为，在稳定环境中的企业则需要较固定的结构；大多数研究的结论是，对于一个特定的企业组织，最有效的组织结构在某种程度上取决于它所处的环境状况。

不管规模对组织结构的影响程度如何，大多数研究者都同意，规模与组织结构和设计具有一定的相关性，特别是对组织结构的复杂性和规范性有较强的影响。也就是说，组织规模较大，组织中的分工就较细，组织水平差异化的部门和垂直管理层也会较多，组织的行为规范程度也较高。

伍德沃德关于技术与结构关系研究所得的某些结论可概述如下：①管理层次的数目随着技术复杂性的提高而增加。②在采用大规模或大量生产方式的企业中，机械系统占优势。

再造流程使企业组织由以职能为主的纵向管理而变成以流程为主的横向管理，流程小组是这种新组织形态的基本单位。可见，它是与目前企业组织形态完全不同的一种新型企业组织形态。

人员素质对组织结构的主要影响：集权与分权；管理幅度大小；部门设置的形式；定编人数；协调机制。企业文化是在一定的组织结构中产生的，它随着组织结构的变化而变化。同时，企业文化又对组织活动具有先导性影响，组织结构必须适应企业文化的发展要求[52]。

管理幅度反映了：管理者能进行有效率和有效的管理的员工数量；决定了组织中管理层次的数目及管理人员的数量；管理层次的影响因素包括组织的规模、技术、管理幅度的影响。企业的组织结构由传统的等级制发展而来的扁平式是信息技术和市场竞争发展的必然结果。

6.3　GD 采油厂油藏组织管理的实践与分析评价

6.3.1　采油厂改革前的组织模式回顾

1. 原有的组织结构回顾

S 油田分公司的组织结构采用直线职能制的金字塔式结构，即分公司—采油厂—采油矿—采油队。分公司机关设有计划部、财务部、物资供应处等职能部门，采油厂机关采用对口设计，一般设有计划科、企管科、生产办、机动科等科室，并且下设地质所、工艺所等科研单位，具有职能部门和三级单位的双重职能，采油矿也设有相应的职能组。其运行模式为：分公司作为模拟利润中心，采油厂是成本中心，油田分公司对采油厂实行经营承包制，对采油厂生产经营管理主要考核原油产量和现金操作成本指标，采油厂对采油矿、采油矿对采油队以相同的方式进行经营承包。

改革前采油厂设科室 19 个、三级单位 13 个、直属单位 10 个、四级单位 93 个。2006 年采油厂全部用工 7231 人。其中，管理人员 586 人，技术人员 520 人，操作人员 6125 人。全部用工中，按用工类别分为正式工 4989 人，集体工 80 人，内聘工 1625 人，企业员工 429 人，临时工 108 人。男性职工 4077 人，女性职工 3154 人。

采油厂用工平均年龄 36.2 岁，其中，20 岁及以下 67 人，占 0.9%；21～25 岁 332 人，占 4.6%；26～30 岁 1095 人，占 15.1%；31～35 岁 2342 人，占 32.4%；36～40 岁 1573 人，占 21.8%；41～45 岁 741 人，占 10.2%；46～50 岁 298 人，占 4.1%；51～55 岁 597 人，占 8.3%；56～60 岁 186 人，占 2.6%。

采油厂组织结构分为采油厂—管理区（大队）—基层队三个层级，属直线职能制组织结构，划分为直接生产队伍、辅助生产队伍和管理及后勤服务队伍三个类别。

直接生产队伍。包括 8 个采油油藏管理区，下设采油管理队 33 个，注水队 2 个，联合站 8 个，注聚队 4 个，注汽队 4 个，用工 3525 人；1 个热采大队，下设热采队 4 个，注氮队 1 个，现有职工 211 人；1 个监测大队，下设测试队 6 个，现有职工 154 人。全厂直接生产队伍用工 3890 人，占全厂职工总数的 53.8%。

辅助生产队伍。包括水电、地质、工艺、信息、设计预算、技检、物资配送等单位和维修队、护矿队等。现有职工 1783 人，占全厂职工总数的 24.7%。

管理及后勤服务队伍。包括采油厂二三级机关、培训、治保、护卫、消防、生活服务等直属单位。现有职工 1558 人，占全厂职工总数的 21.5%[32]。

2. 原有组织结构的问题分析

从实证和文献分析来看，S 油田分公司及 GD 采油厂的管理机制存在以下主要问题。

(1) 管理层次过多，管理效率不高。

此前采用的是股份公司—分公司—采油厂—采油矿—采油队的五级管理体制。管理层次过多导致信息传递慢甚至失真，管理效率偏低。层级多必然导致利益主体多，容易产生局部利益与整体利益的冲突，也容易造成机构臃肿、非生产人员过多和管理成本偏高[32]。

(2) 责权利体系不对等，不利于发挥各级管理者的积极性。

原有机构存在着设置过多，各部门为了自身利益，重复设置岗位，争权揽权，导致职能交叉，影响决策效率。股份公司强化了总部对生产经营的集中管理力度。由于受信息化水平等因素的制约，事业部和总部的职责主要以方案审批为主，而采油厂和地区分公司相对有利的产能开发方案可能在总部的统一筛选中无法通过，导致了基层单位缺乏平衡各项经营指标的手段，不利于基层单位积极性的发挥。基层队没有控制产量和作业费的技术能力，又承担着完成产量及控制作业费的任务。目前的分配机制，管理层、技术层、操作层工资分配差距不大，技术创效、管理创效只能靠奖金微调，不足以调动各个层面的积极性。基层队工作难以量化，绩效考核依据不足。

(3) 采油厂“大而全”、“小而全”现象很普遍，急需进行归核化组织变革。

从大的方面讲，采油厂内部既有作为直接油气生产的生产队伍，又有水电、技检等辅助生产队伍，还有一部分后勤单位，从小的方面讲，各三级单位均配备有综合维修队、材料站、生活服务队(食堂、后勤)、老年管理站、文化站，非直接生产单位较多设在采油厂内部仍然承担着部分“社会”职能，使各单位都需分散一部分精力去做与主营业务非直接相关的工作，对主营业务造成不同程度的冲击[32]。

(4) 人力资源配置效率有待提高，没有明确的多学科协同工作组。

技术力量分散，不利于发挥集成技术优势。采油管理区地质力量分散、技术力量较为薄弱，与所承担产量压力不对称。人员结构性矛盾突出。一是年龄结构偏大。随着人员老龄化的加剧，部分关键性技术岗位面临着接续断层。二是性别比例不合理。由于生产一线男职工比例偏低，且多数被夜巡护矿岗位占用，生产日常维护人力不足。人员结构性矛盾突出，一定程度上制约了体制改革的深化和发展[32]。

我国的油气田开发工作一直是按油气藏(包括地质)工程、采油工程、地面工程三大块划分的，学科划分过细，各学科专业和部门相对独立，使得无论是管理人员或是研究人员，均缺乏足够的合作意识。

鉴于采油厂管理机制方面存在的矛盾和问题，S 油田在 GD 引入油藏经营管理的先进理念，进行管理机制变革尝试，取得了一定的成效，这对提高其竞争力和持续发展能力很有必要。

6.3.2 油藏管理组织结构与运行机制的理论模式

1. 油藏管理业务流程的再设计

流程设计是组织设计的基础，因此，通过组织流程的分析与再设计，能为组织设计提供必要的技术支撑。

从对油藏管理业务流程的分析诊断和量化考查中，可以发现油藏管理原有流程中存在着很多无用的非增值活动，必须对这些流程进行简化和整合。简言之就是要进行油藏管理新流程的再设计，并设计出有利于油藏管理实际的新流程管理体系。

新流程设计的内容和方式在很大程度上，取决于组织决定再造的流程范围和内容。在对流程进行再造时，出于对风险的规避性心理以及所涉及问题的重要性的考虑，通常将流程再造分为两类：

(1) 渐进式再造法。辨析理解现有流程，系统地在现有流程基础上创建提供所需产出的流程。

(2) 全新设计法。从根本上重新考虑产品或服务的提供方式,零起点设计新流程。

结合S油田油藏管理的实际,应选择将两种方式相结合的途径,并主要应用渐进式再造对现有流程进行再造,对个别需要重新考虑产出的提供方式的流程进行一定程度上的全新设计。

经过调研分析可以发现,作为油藏管理操作层的油藏管理区,其内部大致可分为五大部分:油藏经营管理组、生产安全油地工作组、技术管理组、党群工作组以及由采油站、注水站、维修站、护矿站组成的现场操作组。其中油藏经营管理组又可分为经营管理岗、计划财务岗和人力资源岗;生产安全油地工作组分为安全管理岗、生产组织岗、设备管理岗、油地关系岗和工程监督岗。

油藏管理区在外部则主要与维修、集输、注水等部门相联系,具体可参见图 6-8。

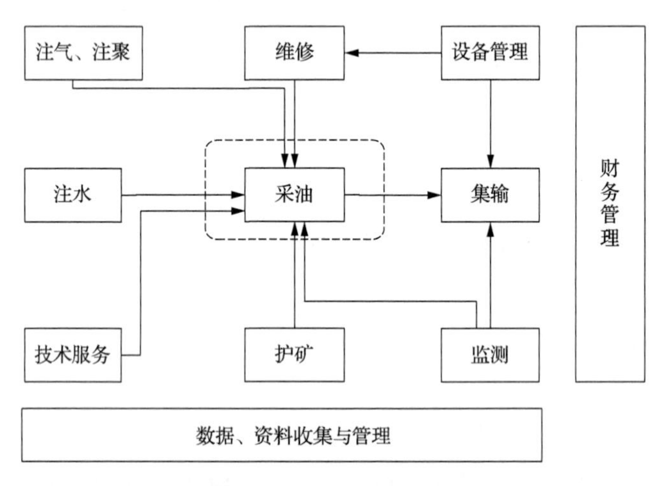

图 6-8 油藏管理区可能涉及的市场交易主体及关系

图 6-8 概括了油藏管理区可能涉及的市场交易主体及关系,这里是采油(气)处理核心环节,其他环节处于辅助和支持的地位,油液通过集输输出。所有流程最终通过财务管理完成一次流程的循环,并将相关数据、资料归档。

进一步结合对油藏管理价值链的考查及相关流程的量化分析,可以将油藏管理区的油藏管理业务划分为人力资源管理、生产管理、技术管理、资产管理、物资管理、成本管理,以及市场管理、预算管理和投资管理等业务。在油藏管理四大分系统及其三层递阶关系的基础上,综合考虑油藏管理的目标要求和原有流程体系的实际,可以重新设计出油藏管理主要业务流程及其相互关系,具体结构如图 6-9 所示。

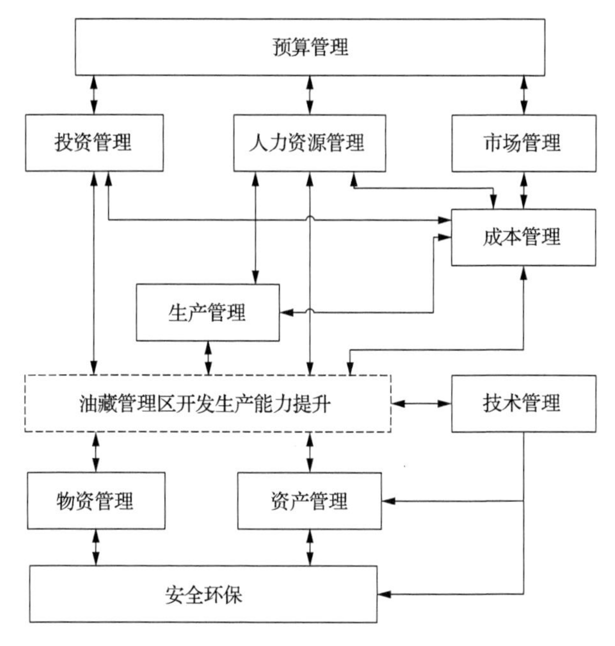

图6-9　改进的油藏管理主要业务流程关系图

从图6-9可以看到，人力资源管理是组织管理分系统中比较重要的业务流程，它既与生产管理流程、成本管理流程相关，又直接作用于油藏管理区开发生产能力的提升，在改进后的流程体系中应适当强调；另外，在油藏管理系统中，根据技术管理作用广泛性的要求，技术管理流程不仅应当独立显现出来，而且应直接对油藏等资产的管理产生作用；结合油藏管理系统结构要求及实际需要，物资管理和资产管理（含油藏资源管理）共同促进开发生产能力的提升，起到比较直接和基础的作用；生产管理流程应从原有的生产成本管理流程中分离出来，并与生产调度流程结合，直接对油藏开发生产能力提升起到促进作用。

2. 油藏管理系统组织结构的理论模式

油藏管理系统的组织结构和运行机制，就是通过组织手段和制度安排，在油藏开发与利用的生命周期过程中，构造一种适合油田企业特点的层级结构、部门划分、个人分工，并设计出符合油田业务流程的运行制度，使得企业能更好地运用各种管理策略、方法、技术及手段，合理配置各种可用资源，对油藏的勘探、开发建设、开发生产及废弃处理等相关进程进行协调、组织、决策和控制，以保证油藏管理顺利有效进行。

组织管理分系统贯穿于油藏管理的整个生命周期过程，涉及了从油藏勘探开始，一直到油藏废弃处理的整个进程，持续时间长达几十年甚至上百年。因此，为了适应外部开发环境的不断变动和油藏开发不同阶段的地质特性和经济要求，油藏的组织结构和运行制度既要相对稳定同时又必须适应环境和内部变化。

随着油藏管理新模式的建立，油藏管理区的组织机制需要进行设计，其中包括组织结构的设计与组织运行的设计。油藏生产组织体系及其层次的变化，带来责权利的重新配置，在此过程中相关利益主体的冲突就会不断出现，因此，需要结合实际油藏管理区的划分及组合，构建油藏管理区有效的组织机制。组织机制的内容具体包括油藏管理区的部门组织结构、不同部门的工作定位及工作职责、不同部门间的协调及配合机制等，以S油田为代表的东部老油田主要实施了包括单元目标化管理、自然递减分因素控制管理、作业承保风险机制管理、单井成本核算管理等在内的组织管理机制，从而有效推进了油藏管理模式的实施。

每一个组织内外的各种变化因素，都会对其内部的组织结构设计产生重大的作用。这些因素称为权变因素。权变因素反映整个组织的特征，它们描述了影响和改变组织维度的环境。达芙特将权变因素分为五种：规模、技术、环境、组织目标与战略和组织文化。

普遍适应的唯一最好的组织结构是不存在的。管理者必须根据所面临的特定情况，选用一种最合适于本组织的结构设计方案。“以条件而变”、“随机制宜”、“量体裁衣”，这是指导组织设计工作的一条基本原则。油藏管理系统的组织结构设计，既要考虑企业原有的条件，如企业规模、技术条件、产品生产特点、人员结构、原有结构等条件，又要考虑企业面对的新的环境、企业战略的转变，以及与国际同类企业的组织结构优势和发展趋势。

根据理论分析，我们认为，既不能简单套用一种现成模式，也不能维持原有结构不变，必须在原有基础上进行结构变革，考虑到石油企业的分布广、专业工种多等特点，这种变革应是在各个层面上的变革，再考虑到地面设施的现实性和地下油藏的复杂性，这种变革必须是一个渐变的过程，影响因素如图6-10所示。

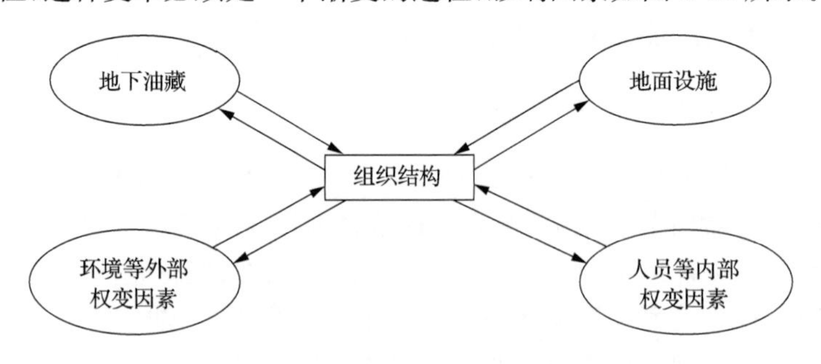

图6-10 组织结构设计因素图

综合上述因素，并结合理论分析，我们认为，油藏管理系统的组织结构应采取一个以职能制结构为基础的集成结构。

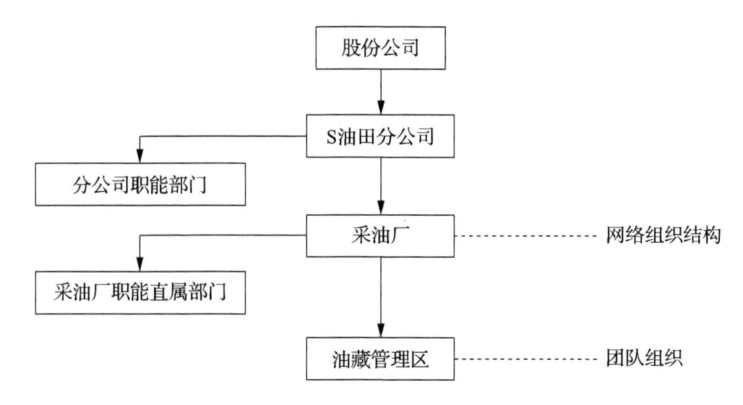

图 6-11　油藏管理组织结构框架

从组织结构的各个权变因素可以推测，职能制是比较适合的。例如，油藏管理区的外部环境总的来说是属于中低度不确定，即技术比较复杂，但相对来说比较稳定。面对这类环境的企业适合机械性较强的职能制组织结构；从采油厂一级的专业化和成本领先战略来看，职能制结构也最有效。

这种综合了不同的组织结构形式的油藏管理系统组织结构如图 6-11 所示。第一，更有利于汲取其他新型组织特征的优点，因为每一种组织结构毕竟都有其不完善的地方；第二，现有组织结构形式是在计划经济时代就固定下来的模式，当时的经济模式是计划经济，现在外部市场化已经完全放开，包括 P 公司内部也在走专业化分工的路子。这样一来，适应于以前计划分配体制下的组织结构必然需要改造，但这种改造不是完全的脱开，因为在业务上还是一种服务与被服务的关系，而这种既有信任又有各自利益和共同目的的关系，网络化组织最适合。因为作为采油企业，市场交易的主体仍应以采油厂为主，因此，为采油厂设计这种网络式的结构比较合适。第三，油藏管理区是一个作业中心、基层实施单位，最主要的是内部生产技术活动而非市场交易，但油气开采从技术到生产具有一个多个专业大综合的明显特征，而传统的科层组织结构因为各自局部利益和职权分割的限制，必然导致这种跨部门跨专业协作的困难，因此，在这个层面选择团队作业模式，是一种必然选择。

3. 油藏管理系统运行机制的理论模式

结构的调整，为实现油藏经营管理奠定了组织基础，组织设计的另外一项重要工作就是设计与之配套的运行机制。

调整后组织结构中，油藏管理区成为油藏经营管理的中心，生产任务、成本控制、技术应用中心，股份公司及分公司所有的生产指标最终都量化落实到油藏管理区。实行油藏经营管理的最终目标是提高油气产量、提高采收率、降低开采综合成本，因此，运行机制的设计必须从以下几个方面来考虑和衡量。

一是有效增加油藏管理区适用性强的采油等相关技术含量；

二是有效减轻(降低)油藏管理区的各种间接的负担和成本费用摊销;

三是通过制度设计和结构设计尽可能地提高油藏管理区运行效率;

四是有一套合理先进的指标体系作支撑。

基于上述考虑,我们总结归纳并提出以下运行机制。

S油田分公司按股份公司下属的地区性油公司模式运作,是模拟利润中心;对上与股份公司、对下与采油厂形成经济运行关系。采油厂是油藏经营管理责任主体,是成本控制中心,对下与油藏管理区形成经营承包关系;与油田分公司内部辅助生产单位形成模拟市场关系;与分公司外部生产服务单位形成市场化运作关系。

油藏管理区是油气生产操作层,与采油厂形成经营承包关系,进行油气生产过程的全方位管理,直接对采油厂负责;采油厂的辅助生产单位与油藏管理区形成内部模拟市场关系[31]。在运作模式上,管理区作为油藏经营管理的操作主体,处于核心地位,具备市场主导权,与其他三级单位之间按内部市场运作,形成以油藏管理区为甲方,地质所、工艺所为乙方的技术服务市场和以集输、热采、监测等辅助生产单位为乙方的专业化服务市场;在各三级单位内部,形成以维修服务、设备安装、资料录取、技术服务等劳务形式为主的内部劳务市场。同时建立竞争机制,探索引入外部专业化队伍,建立与外部市场队伍竞争的市场机制,提高服务质量,实现经济效益的最大化(图 6-12)。

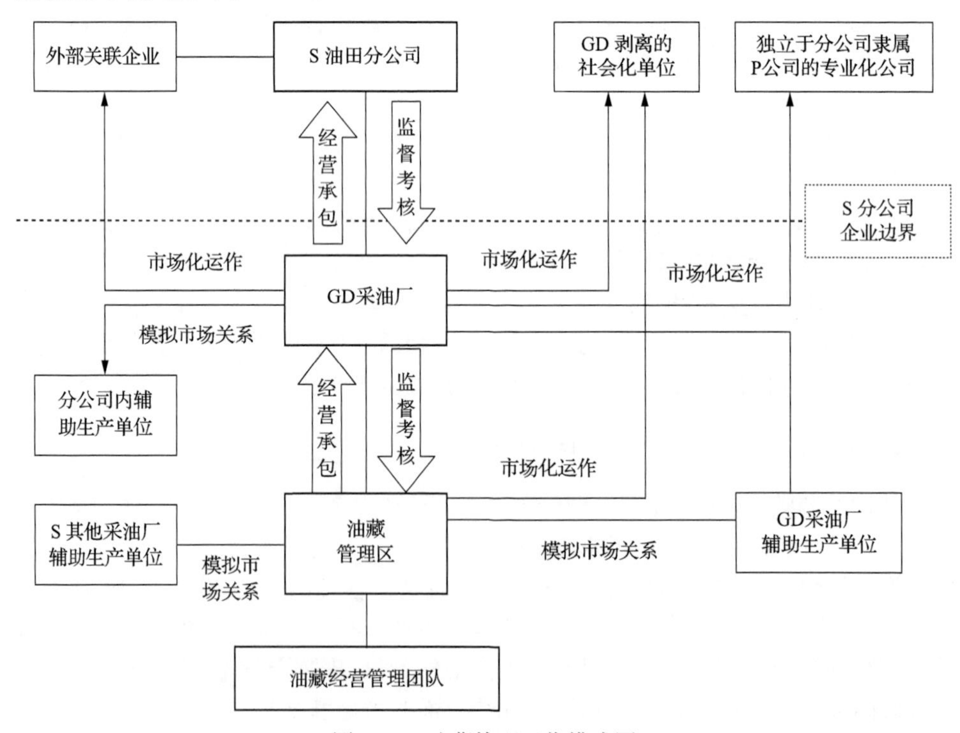

图 6-12　油藏管理运作模式图

6.3.3　S 油田及其 GD 采油厂油藏组织管理实践

S 油田及 GD 采油厂自 2005 年开始筹划油藏管理改革，主要改革工作从今年开始，目前已完成了组织结构调整，把原来的厂以下的三级结构变为二级结构，机关部室由 19 个变为 11 个，管理区由 8 个变为 7 个。并建立了相应的考评指标体系。取消了油藏经营管理队的建制，按照职能专业化，实施“一个剥离”、“五项集中”、“四个转移”，调整队伍结构，优化管理职能，实现管理体制的“两项简化”。具体如下所述。

一个剥离：联合站、污水站、注水站等集输泵站集中统一从管理区剥离出来，实行专业化管理，精干油气生产主业，提高管理水平[31]。集输、污水处理、注水费用透明，注采输成本显现，投入产出清晰，为油藏经营管理单元市场化运作提供了依据。

五项集中：通过“注采集中、维修集中、资料集中、护矿集中、技术集中”，实现油藏经营管理区管理职能专业化。

技术方案决策点和经营考核核心目标上移。油藏经营管理区成立专业化班组，整合集中技术人员，技术决策职能上移；经营核心目标上移，管理区经营观念和成本投资优化职能增强。

四个转移：管理过程效益点和生产过程优化权下移。效益点下移到管理站(班组)，管理效率提升；优化权下移，职工成本效益意识及工作主动性增强。

两项简化：撤销采油队编制，压扁了管理层级，管理效率提升。按专业化模式进行队伍整合，机构数量压减，职能得到优化[31]。

经过一年多的努力，GD 采油厂完成了油藏经营管理单元划分、归集和评价工作。确立了机关部室组织结构框架，对油藏经营管理区职能进行定位。建立了油藏经营管理运作模式及运作程序。制定了采油厂内部评价考核办法和油藏经营管理监督体系等。在相关油藏经营管理区和集输注水大队先期试点运行的基础上，目前采油厂油藏经营管理模式已经基本构建完成[32]。机关十部一室组建到位，理顺机关与各单位间的业务关系；成立了七个油藏经营管理区及集输注水大队。

制定了以下制度：集输、注水、天然气、计量交接等管理规定；计划、预算、过程优化及成本控制的管理办法；项目组、项目部运行实施办法；理顺了生产运行、技术管理、专项管理等 142 项管理制度；构建了 145 项工作业务流程。编制完善了《油藏经营管理区实施方案》和《集输注水大队业务整合方案》。编制完成了采油厂《油藏经营管理实施方案》和《油藏经营管理三年滚动方案》[32]。

(1) 建立了较为完善的运行机制。建立了集输注水大队与油藏经营管理区之间的专业化管理市场机制；建立了工艺、地质技术服务市场的运行机制；建立了模拟市场价格体系。

(2) 建立了采油厂监督管理机制。制定了采油、集输、注水等六大系统的《监督检查细则》,涵盖采油厂生产过程中涉及的安全、环保、设备、土地、水电、计量管理、技术指标七大类项目538项检查内容。

(3) 建立了各级各类考核体系。油藏经营管理模式下四大系统的年度、月度考核体系;油藏经营管理区经营班子及内部主要负责人的考核体系;机关部室等职能部门的业绩及连带责任考核体系;各单位、部门主要负责人业绩评价体系;构建绩效管理及薪酬管理的方案。

根据集团公司发展规划部审批的地面系统调整方案,进行了地面计量配套完善的工程交底、图纸设计、资金预算,完成了用电、注水、天然气、污水等系统的计量完善工作。

信息平台的构建,根据油藏经营管理的需要,正在进行信息平台应用评价系统的构建[32]。

6.3.4 S油田及GD采油厂油藏组织管理实践的理论认识与评价

1. S油田及其GD采油厂油藏组织管理的理论认识

此次实施的油藏管理改革,从经济和管理学理论上分析,是一次比较好的尝试。

第一,从根本上理清了企业为什么生存的问题,即企业存在的理由和目的问题。油藏管理理念引入前,作为石油企业,属国家的战略产业,改革前的石油企业,多少年来一直是只讲产量而不计成本的国家工具,不是真正意义上的企业。此次实施油藏管理改革,S分公司及其GD采油厂首先是从企业的战略目标出发,明确企业的首要目标是实现经济可采储量的最大化,这完全符合企业战略管理的程式,即确立企业目标,选择企业战略,设计组织结构和运行规则,组织企业资源以及进行战略实施与监控。

第二,竞争机制和市场化模式的引入是此次油藏管理改革的特点之一。市场经济的本质特征是竞争。垄断或者非市场化行为在市场经济程度逐步提高和我国加入世界贸易组织多年后承诺逐步兑现的今天,越来越不适应环境的要求。此次的改革比较显著的两个特点,一是在岗位聘任中引入了竞争机制,做到竞争上岗;另外就是在油藏管理区与其他专业化服务队伍的经济活动往来中,不再是由上一级进行指令性的行政安排,而是引入内部市场机制。这对提高企业的全员市场竞争意识,树立危机意识,增强企业核心竞争力具有积极的促进作用。

第三,在进行油藏管理区组织结构设计时,充分运用了管理学中关于组织结构设计的相关理论,以及企业变革的相关理论。

管理的最终目的是提高企业效率和增加企业效益。而提高运作效率、增加企业效益的核心是减少或消除冗余的职能部门、管理层级、压缩非增值业务流程，在具体的组织结构设计中，充分运用了流程再造理论、扁平化理论、组织结构设计的权变理论等。

第四，改变多元化经营思路，提升核心竞争力的有益尝试。企业战略理论即竞争优势理论特别强调，企业竞争的优势来源于企业的核心能力和核心资源，对 S 油田及其 GD 采油厂来说，油藏和石油开采技术是企业最具竞争力的核心资源和能力，因此，企业必须紧紧围绕核心能力开展核心业务，而将其他多元化业务进行剥离或实行内部市场化和专业化处理。这样，企业就可以专注于做核心业务，集中所有的资源形成核心竞争优势。

第五，团队理论的运用。由于竞争的日趋激烈和环境的多变和快变，传统的企业组织结构已无法满足企业运行和竞争的需求，因为组织结构一般总是滞后于业务和战略的发展，为了改变组织结构的僵化所带来的企业绩效下降，非正式的团队模式备受企业界推崇，S 油藏管理实践中引入团队协作的模式，是增加企业组织柔性的有益尝试。

第六，激励的基础是公平公正的评价考核体系，实施油藏经营后能够做到地面油藏经营管理单元与地下油藏经营开发管理单元的对应统一，使投入产出明晰化，能够比较科学、准确地进行评价与考核。进而使每个部门、每个职级的管理者和员工都能做到责、权、利的对等，实现奖惩的公平化，有利于发挥各级管理者的积极性。

第七，调整后组织结构中，油藏管理区成为油藏经营管理的中心，生产任务、成本控制、技术应用中心，股份公司及分公司所有的生产指标最终都量化落实到油藏管理区。实行油藏经营管理的最终目标是提高油气产量、提高采收率、降低开采综合成本，因此，运行机制的设计必须从以下几个方面来考虑和衡量：

一是有效增加油藏管理区适用性强的采油等相关技术含量；

二是有效减轻（降低）油藏管理区的各种间接的负担和成本费用摊销；

三是通过制度设计和结构设计尽可能地提高油藏管理区运行效率；

四是有一套合理先进的指标体系作支撑。

2. S 油田及其 GD 采油厂油藏组织管理的评价

第一，实施油藏经营后，在采油厂内部生产单位、生产后勤辅助单位和科研技术单位全面建立内部模拟市场关系，更好地发挥专业整合技术力量的优势；但是，由于地域限制以及技术和资产的专有属性，加之模拟市场的供需双方的历史渊源关系，离真正的市场化运作还需要时日。

第二，虽然GD采油厂油藏管理是一次渐变的过程，但对东部老油田企业转变观念，即从传统的产量观念和工作量观念转变为树立成本效益观念，提高可采储量和采收率；从局部效益转变为追求整体效益和长远效益方面起到了重要的推动作用。

第三，GD采油厂实施油藏管理后，把以前的从地域管理、油藏单元分割转变为油藏经营管理单元的独立计量与核算，实现了地面地下统一化，投入产出明晰化[31]；从投资、成本的条块分割转变为投资成本一体化。也有助于企业高层运用价值工程理论进行新井的投资决策、老井的改造和上措施的投资决策。这里需要解决的是油藏管理区以上层面的费用如何摊销计算的问题。

第四，实施油藏管理后，GD采油厂三个层级变为两个层级，组织结构向扁平化迈开了第一步，但需要防止的是，如何防止油藏管理区这一级下设的各专业服务队换汤不换药，把原来的队改为现在的组，把原来的班改为现在的站。

第五，油藏管理改革后的重心应该是油藏管理区，但通过实地调研访谈我们了解到，油藏管理区仅仅是一个执行部门，没有任何决策权，又承担着完成产量及控制作业费的任务。如果能将采油厂一级的一些权力下放到油藏管理区，并加强监管，则油藏经营管理的效果会更显著些。

第六，考核与评价体系有待进一步完善。目前的分配机制，管理层、技术层、操作层工资分配差距不大，技术创效、管理创效只能靠奖金微调，不足以调动各个层面的积极性。基层队工作难以量化，绩效考核依据不足。

第七，目前的油藏管理区还不是一个真正意义上的团队，没有明确的多学科协同工作组，即没有一个由物探、地质、各种工程学科、地面作业、钻井和经济学家组成的团队。团队应有明确的目标、报告关系、考核与激励，且不是一种严格和正式的组织结构。目前采油管理区地质力量分散、技术力量较为薄弱，与所承担产量压力不对称。

第八，实施油藏管理改革后，仍没有很好地解决目前采油厂技术力量分散的问题，不利于发挥集成技术优势。油藏管理区地质技术力量分散、技术力量较为薄弱，与所承担产量压力不对称。例如，由于原油开采的特殊性质，在原油产量影响因素中，地质技术权重较大，而作为采油厂产量压力主体的管理区，地质技术力量较为薄弱，在上产措施制定上显得力不从心，分散下去的技术人员对所管辖区块(开发单元)更大范围的现状了解受限，影响了动态分析的全面性和准确性。

第九，作为一个完整的企业，要进行彻底的组织机制调整，至少应该从分公司一级进行系统规范科学的方案设计，这样，能比较好的从源头上进行科学地分析，制定真正符合国外“油公司”模式的组织机制。首先，按照“产权清晰”的原则，通过深化产权制度改革、主辅分离、辅业改制和剥离企业办社会职能，严格按照价值规律要求将国有产权界定为企业产权，实现政企分开和产业结构调整。其次，在国有资产界定为企业资产的基础上，再按照“权责明确”的原则和我国公司法的规定，通过对存量资产的股份认购，对企业内部资产进行股份界定，使企业产权主体人格化和多元化，企业产权客体股份化和具体化，建立“油公司”管理体制，实现经营专业化和利润最大化[53]。但是，此次的机制设计仅仅从采油厂开始，我们不能肯定分公司一级的机构设置完全符合油藏经营管理的思想和要求。

第十，采油厂是P公司进行油藏经营管理改革的一个过渡单位，即按照P公司最终规划是要取消的一个管理层级，此次改革试点把采油厂作为对象，势必造成组织结构设计上的一些认为障碍，例如，在采油厂一级的机构如何设立？采油厂一级的管理机构最终消亡后，油藏管理区的结构设计是否需要再进行调整？如果不调整，势必造成管理层级的真空。

第十一，此次的油藏管理组织机制设计，已有P公司的《实施细则》，这个作为上级的一个纲领性文件，已经基本规定了组织机制的设计原则和具体做法。例如，对管理层级的规定，为设计指明了方向，也同时限制了设计的空间。再例如，对专业化服务等队伍的归属及经营管理体制的规定。另外S油田作为国有特大型企业，在很大程度上承担着政府的某些职能，如政治、安定、和谐等社会责任。这是组织机制设计中需要考虑的问题。需要摸索出一种优良模式来比较好的处理这个问题。

第十二，作为专业化的模拟市场处理的地质所、集输大队等专业化队伍，由于长年为本采油厂的下属油区服务，所以，资产和技术的专用性特别明显，导致资产流动性差，模拟市场的市场成熟度不高，有效竞争不足，这样一来，可能带来的不是采油成本的下降而是上升，因为，如此的制度安排导致交易费用上升。这是需要特别考虑的问题。

6.4　油藏管理组织变革实施中的管理建议

6.4.1　采油厂进行组织结构变革可能的阻力分析

油藏经营管理改革无疑是一场大规模的组织变革。郭士纳在自传里有关1993年他担任IBM公司CEO时实行组织转型的内容中，明确写到：“没有人喜欢变革，不论你是高级管理者，还是刚进入企业的新雇员，变革代表着不确定，还有潜在的伤痛”[54]。许多CEO乃至更多中层管理者都十分赞同这一观点：变革是困难的，因为抗拒变革是人的本性。

在组织这一层面的分析中，也有相似的解释，即抗拒组织变革是根本性的，因此引出了“组织惯性”这一概念。组织被定义为模式化行为系统，被设计用来实现可预测、可重复的产出。稳定是根植于组织的内在特征，按照这种观点有三个方面的因素在维护组织的稳定中起了积极的作用：组织系统、组织文化、组织内部成员及外部社会角色（顾客、外部管理部门、股东的利益）[55]。根据这一观念，对变革的抗拒已经深深地根植于组织的本性之中了。

第三种解释则是将焦点集中在组织变革行动不可预测的结果上。组织是复杂的社会结构，即使在最简单的组织设计中进行变革，也难以提高预测它会对组织设计的其他部分、组织的行政和文化体系产生什么影响。越早确定这些难以预测的结果并采取应对措施，变革成功的几率也越大，不过在很多案例中，种种这些难以预测的结果经常使变革行动的速度和方向改变，甚至使行动完全出轨。

6.4.2 实施变革的对策建议

1. 组织变革的成功因素

变革牵扯很多方面，在此罗列变革取得成功的主要影响因素，见表 6-21。

表 6-21 聚焦：成功的组织变革中的要素

四个关键原则	大规模变革的八个成功步骤
［阿历罗德］ • 扩展波及面 • 使人们之间互相联系 • 形成行动的团体 • 拥护民主	［克特尔和克恩］ • 增加紧迫感 • 建立领导队伍 • 设立正确的前景目标 • 与雇员交流，使其参与 • 授权行动 • 取得短期目标 • 不要松懈 • 使变革长久
以前景为动力的变革关键因素	以前景为动力的三个关键
［贝克哈德和普里查德］ • 设定前景 • 将前景告诉大家 • 确定责任 • 对人及其工作进行组织，使其分配到实现前景的工作中去	［科克 · 帕垂克］ （与雇员）共鸣 • 交流 • 参与

续表

影响机构变革的策略原则 [本恩和伯恩保] • 改变次要系统或次要系统的一部分，整个环境的相关方面也必须加以改变 • 在等级制企业中，改变所有层次人员的行为，以取得互补性和增强性的变革效果 • 变革的起始点应是系统中出现压力的紧张状态的地方 • 分析机构中变革的可能性，有必要对变革发生处的压力和紧张状态进行评估 • 计划变革过程时，必须对企业正式和非正式的组织加以通盘考虑 • 企业各阶层对于变革因素的发现与分析、使改革制度化、目标实际测试及变革计划等行为的参与程度 • 经常是判断一次变革是否有效的直接相关因素	实行变革的十大要求 [甘特、斯坦恩和吉克] • 对企业及其变革的必要性进行分析 • 设计公司目标及共同方向 • 与过去分开 • 形成一种紧迫感 • 形成强有力的领导 • 将政治发起人排队 • 起草一个实施计划 • 形成授权结构 • 与人交流要诚实 • 巩固变革使其制度化
改革管理的八种责任 [达克] • 建立变革环境，提供指导 • 刺激对话 • 提供合适的资源 • 并列和排列计划 • 保证信息、活动、政策和行为的一致性 • 为共同创造提供机会 • 预测、认识和表达人的问题 • 做好准备应对持批评态度的群众	对改革期的企业进行分析 [利帕特、郎塞斯和默索] • 使所有雇员都参与到变革计划中 • 交流并利用反馈意见 • 考虑对工作环境和团体习惯的影响 • 变革开始之前将变革可能带来的影响告诉雇员 • 建立一种信任的工作环境 • 使用问题解决技巧 • 使人们参与到变革中去 • 保证早日取得成功的变革效果 • 将成功的变革快速加以稳定、推广
重组企业的行动 [高斯、帕斯卡、阿塞斯] • 成立一个由主要股东构成的、目光挑剔的群体(形成雇员参与的形式)做一次企业审计 • 增加紧迫感，讨论那些原认为无法讨论的问题 • 控制争论 • 管理企业的分类细账	教益 [约翰逊] • 变化总是发生 • 预测变化 • 检测变化 • 快速适应变化 • 变化 • 享受变化 • 做好一次又一次变化的准备

续表

企业转变的十一个步骤 [马里奥帝]	指导性建议 [马格利斯和华莱士]
• 设立前景目标、任务、战略及操作计划，作为机构的行动指南 • 对特定目标持高期望 • 建立信任 • 确定每个人、每个团体的角色、责任和工作内容 • 在评估众人表现的奖惩措施上达成一致 • 对于“事情进行得怎样”，要给予经常性的平衡性反馈 • 使员工与外部形式保持一致——在顾客、市场地位、竞争及其他因素，如立法和规定等各方面 • 对于取得的成功应及时认可、表扬 • 对于成功和理想的表现给予表扬 • 可从心里或经济等多方面加以考虑 • 共同庆祝成功，共同承担挫折	• 在要求个人行为也发生变化的变革中，不管其出发点如何，必须制定措施保证上述变化确实能够发生 • 如果重要的管理人员发起变革并支持变革过程，那么这次企业变革的尝试就更容易成功 • 如果可能受到变革影响的人以最快的速度被带入到变革过程中，那么这次企业变革会达到最佳效果 • 如果只是简单的照搬某种手法，变革不太可能成功 • 成功的变革计划能否继续下去，取决于是否有一批充满活力、积极性高的人 • 某种单一方法或技巧不可能对所有的企业计划、环境和目标都适用，具体事物具体分析是至关重要的

2. 实施变革中的相关建议

S油田及其GD采油厂目前所推行油藏管理改革，与S油田现有的厂一级的组织结构形式和运作模式有很大的区别，但距离较为理想的油藏管理还有一定的距离，我们认为，需要在以下方面予以改进和重视。

建议一：建立与考评体系配套的部门及岗位职能界定与职位分析的各种标准，以及投资与费用的会计核算体系，这还包括具体生产部门与职能处室的相关投资和费用的合理分摊。对于S油田而言，职能设计表现为职能调整，即对企业实际执行的管理职能进行调查、描述和分析，然后根据有关权变因素做出职能的调整。职能调整主要是有的职能需要新增或强化，有的职能需要取消或弱化，原确定的关键职能需要改变，对重叠或脱节的职能进行调整。

建议二：建立相对独立的高一级的监督检查、统计分析、信息反馈、控制体系。这里特别强调的是统计报表、监督检查等工作，必须相对独立于执行部门（油藏管理区以及相关的专业化队伍、职能处室），否则，上报的数据和信息就可能存在人为修改。在不同层级的设计中，突出四大功能的相对独立，即无论机构再精简，必须有四类基本的职能机构，否则，这个组织的机构是不健全的或不完整的。包括：①决策机构（党政办）；②执行机构（各个职能科室和油藏管理区）；③监督机构（纪检监察审计、技术质量安全监督部）；④反馈机构（计划经营统计部）。决策发出后没有有力地执行，就不可能有良好的产出。同时，没有监督，执行机构就失去了制约，没有反馈，决策就没有了基础依据和科学性。一些监督职能可以上移，即将采油厂的纪检、监察、审计等职能收归分公司一级管理，可以派驻各个采油厂，这样做不但可以减少作为生产管理单位的非生产职能，也可以真正实现监督检查的相对独立。

建议三：油藏管理区引入市场机制后，一定要考虑如何维持维护一个良好的市场秩序，即如何更大程度上开放市场，如何完善内部模拟市场的转移支付体系，如何加强市场监管，如何规范结算及相关流程，如何检测市场运行效果并予以及时调整。加强项目决策的基础数据库建设，加强项目的风险评估和以油藏管理理念为导向综合可行性分析。

建议四：以战略为主线，以目标为手段，对股份公司、分公司、采油厂、油藏管理区的生产经营管理活动进行缜密的梳理。企业经营战略分为三个层面，一是公司战略，二是经营战略，三是职能战略，企业的每一个层级都要根据上一级的总体定位和总体目标进行业务和管理分解与归集，层层分解战略和目标，如对 P 公司、分公司的总目标以及年度目标、分项目标及成本、人力资源、产量等进行逐层分部门分解，整个企业围绕战略和目标形成强大的合力和向心力。目标和任务是进行职位设计和人员定编的重要依据。对与战略和目标不一致的业务、人员、部门进行剥离、市场化和社会处理。

建议五：团队的构建和运作，一定要和采油厂以往既有的群众性科技攻关项目组结合与融合起来，让一线职工真正参与进来，提高油藏管理团队的创新能力和团队绩效。这些既有的群众性组织包括 QC 小组、攻关组、成本管理小组等，继续推动小改小革活动、创新创效活动，使技术人员和一线的职工在学技术、练本领的同时，都能针对生产实际中遇到的问题，自觉地针对技术难题解决问题，并成为技术革新舞台上的主角，使不同层次、不同领域的技能绝活、革新成果涌现出来，为油藏管理区技术持续发展提供强有力的技术支撑。

建议六：结构调整之后，需要对制度进行再检讨再规范。制度与结构往往互相影响，但有时候可以互相弥补，也就是说，好的制度会弥补结构上的不足。制度的运行效果有两方面的制约因素，一是制度本身是否先进合理，二是先进的制度执行情况是否良好。建议对采油厂现行制度进行一次基于油藏经营管理视角的重新审查和修订，确保组织运行机制达到设计效果。

建议七：分公司一级应该成立油藏管理领导小组，除进行协调外，抽出足够的时间对油藏管理中的相关问题开展调查研究，如对组织各层级的权力分配、组织变革的节奏、组织结构模式、激励机制设计、经营环境影响、管理幅度与管理层级、技术管理、监督控制体系、国外先进模式借鉴、流程与目标及职位协调等问题的调查研究。

建议八:技术管理。现代油藏管理是一种综合运用各种先进技术的管理方式,技术管理贯穿于油藏开发与利用的始终。因此,做好技术开发、技术应用、技术管理是取得良好绩效的先决条件。建议在设计组织结构时,对各个管理区的技术实行矩阵式的管理模式,各管理区的地质技术员再联合不同专业(包括技术工人)组成团队。考虑到进行油藏管理改革后技术人员的缺乏,要有计划地引进紧缺人才,如地质技术、信息技术等瓶颈类人才。改变人才素质个体差异大,采油、作业、施工队伍间的素质差异大,人力资源整体质量不稳定。受绩效评定、工作环境、各种待遇的影响,职工个人的努力差异也很大,通用人才过剩,专业技术人才紧缺,一线人员尤其是生产技术骨干紧缺,后勤通用岗位人员过多。改变“一线紧、二线臃、三线松和线外多”的队伍结构。

建议九:流程再造是一个长期的工作,理想状态的企业流程运转的主动力不再是过去的行政指令,而是相互间平等的买卖关系、服务关系和契约关系,通过这些关系把分公司及采油厂目标转变成一系列内部的市场订单,形成以订单为中心、上下工序和岗位之间相互咬合、自行调节运行的业务链。每个流程、每个工序、每个人的收入来自于自己服务的市场和对象。

建议十:地质所、工艺所,是否可以上收归分公司相应的机构管理,如地质院,仍设在采油厂,但作为地质院的派出机构。这样一是有利于技术资料信息的共享,有利于地质院掌握丰富翔实的第一手资料,选准题目,也有利于地质所充分利用地质院精良的实验计算条件。

建议十一:提升基层信息化的程度,作为资源型企业,应利用当前有利的市场前景,推进企业信息化,力求通过信息手段构造企业核心业务,加大企业信息运作力度,整合企业内部信息资源。突出信息技术/系统的作用。网络和信息技术、办公自动化可以使企业的组织网络化程度提高,信息化的应用必然带来组织结构的调整,每个单位都设数据(信息)中心,缩减人员,实现实时监控。用信息技术实现组织设计功能中的反馈系统、监督系统的部分功能。

建议十二:目前S油田人力资源总量过剩,但结构性不足,且流动性不高;一线职工和基层管理者的收入满意度不高;考核机制中一线员工的收入和努力程度关系不大,说明考核与激励机制不对称,特别是对技术人员的激励不明显。建议增强对技术开发人员、技术应用人员、项目管理人员的引进与内部培训;建议适当提高一线员工的绩效工资,完善绩效考核机制。

第7章　油藏开发团队影响因素及组织机制研究

当前油藏开发的环境发生较大的变化，油藏开发面临着较为严峻的形势。多学科协同性是油藏管理的关键特性之一，建设优秀的油藏开发团队是油藏管理取得成功的关键。在国内外油藏管理改革的背景下，油藏开发团队的研究成为油藏管理研究与改革的主要内容之一。通过对团队合作模式的理论分析，并结合中国管理情境下油藏开发团队成功运行的影响因素，提出适合不同油藏管理工作的团队结构形式并进行团队有效性及结构选择研究，力图对中国化的油藏管理改革及其组织变革有一定指导意义。首先，针对油藏管理的不同阶段及油藏开发中的不同业务项目，从油藏组织整合资源及多学科人员协同出发，提出七种油藏开发团队的结构类型：事务处理型、自我管理型、联合工作型、集成型、核心型、递阶合作型和虚拟型。然后根据油藏管理理论和团队有效性研究，分析油藏开发团队有效性的七个主要影响因素：技术能力、油藏信息、油藏开发方案、目标、成员的选择、多学科协作和领导与控制。在此基础上，通过系统分析、实证分析及系统评价，对提出的七种油藏开发团队结构在油藏管理不同阶段及不同业务项目下的适用性、有效性及其定位进行了分析与设计。

7.1　油藏开发团队的界定

7.1.1　油藏开发团队的概念

1. 团队的概念

团队是由员工和管理层组成的一个共同体，合理利用成员的知识和技能协同工作达到共同的目标。团队成员独立选择努力水平，创造团队共同的绩效，团队成员对团队绩效的贡献是不可独立测量的。团队广泛存在于现代组织中，反映出在复杂多变和充满挑战的环境中，组织在动态竞争中努力获取优势，需要不断采取有效策略提高组织效能。

2. 油藏开发团队的概念

在传统的石油天然气企业中，劳动组织的基本形式有两种，即专业作业队和综合作业队。专业作业队是由相同工种的工作人员组成的劳动协作集体。综合作业队是不同工种的工作人员组成的劳动协作集体。这个集体的成员有着同一的工作对象，以及统一的生产任务目标。这种作业队是适应生产上紧密联系的要求组织起来的，这种组织形式可以有效地加强不同工种工人之间的劳动协作，以取得良好的经济效益。

现代油藏经营管理采用“扁平式”组织结构打破了油藏管理部门之间的工作界限。根据油藏开发项目的需要，组建由多学科专业人员构成的油藏管理团队，由职能领导和生产经理负责管理。

油藏管理多学科专业团队由勘探、地质、油气藏工程、采油工程、钻井、测井、化学工程、地面工程、经济、法律、化学、计算机等专业技术人员构成，根据具体的项目和开采阶段的需要，适时调整团队成员。团队成员之间相互交流、协作、交叉培训、勇于创新，并且承担管理、具体任务、技术创新、工程进展、动态评估、调研、质量检验和关系协调等职能。

本章所定义的油藏开发团队是在油藏开发生产过程中，根据不同阶段的油藏开发生产项目的需要，由来自不同学科、不同组织或部门的人员协同工作完成项目目标临时组建的团队。

本章定义的油藏开发团队不是一个单独组织或部门的固定工作团队，而是在油藏开发的不同阶段，针对油藏开发中的油藏工程、钻井工程、地面建设工程、采油工程以及生产中采取的增油措施等项目，从不同的组织整合资源，多学科人员相互协作，可以在同一地点，也可以在不同的地点，借助信息技术相互交流，并采取相应的团队模式，共同工作实现项目目标，并且随着项目的结束而自动解散的临时性团队。

7.1.2 油藏开发团队的特征

1）目标一致性

对于油田开发过程中的每一个项目，为使团队工作更有成效，必须明确目的和目标。团队成员明确目标，协同工作，合力完成多项任务。油藏管理团队根据油藏开发的不同项目的要求，明确团队成员工作的具体目标和工作职责，使团队高效运转。

2）项目管理制

油藏开发管理团队是因油藏开发生产中的项目需要而组建的，团队是围绕项目的实施而运作的。在油藏开发过程中，油藏开发管理团队根据项目生命周期各阶段的具体需要，配置和协调各学科人员、原材料、设备、资金及时间等资源，建立项目管理机制实施油藏开发建设。

3）团队动态性

油藏管理团队具有临时性、柔性和动态性特点，具有一定的生命周期。团队的成员加入团队，是因为需要他们完成具体的工作。在项目生命周期内，团队成员随着分工任务的变化适时调整。

4）团队成员的多学科性

油藏地质错综复杂，高效地开发油藏，需要整合地质、地球物理、油藏工程、地面工程、经济评价等多学科人员来组建综合研究队伍，团队成员专业互补，更全面、更符合地下情况地协同开展油藏各个开发阶段工作。

5）团队边界模糊性

油藏管理团队成员具有不同的组织背景、专业背景，通过信息共享、资源互补、相互协作，保持充满活力和灵活性，构成了一种柔性创新组织的综合体，具有较强的环境适应能力。团队成员通过网络信息系统，突破部门属性、地域属性，实现跨组织、跨学科的协同工作。

7.1.3　油藏开发团队的生命周期

本书将油藏开发团队的生命周期分为五个阶段：团队组建期、开发设计期、项目实施期、评价期和解散期。如图 7-1 所示。

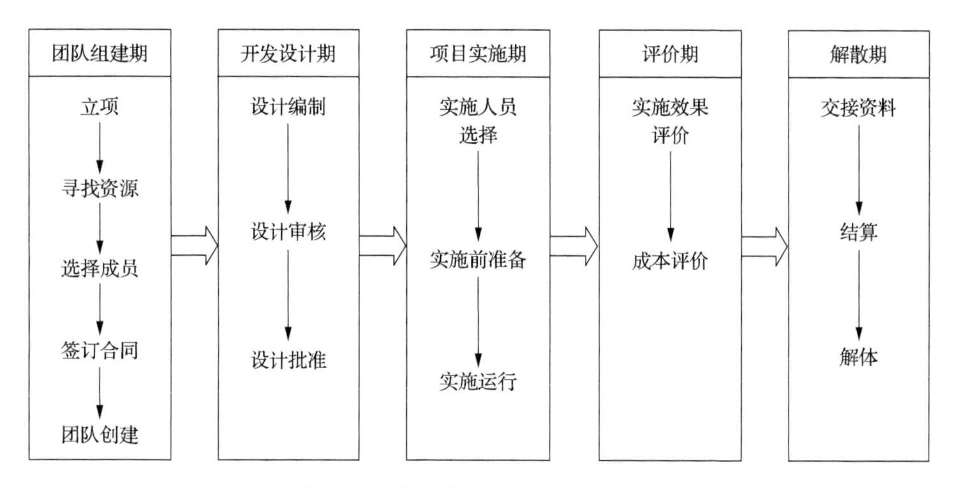

图 7-1　油藏开发团队的生命周期模型

1）团队组建期

油藏开发过程中，项目确立以后，需求方根据项目目标，通过各种渠道搜索相关信息，寻找相关资源；然后进行综合评估，选择油藏开发团队成员，并签订合同，认定责、权、利，这样就组建了一个油藏开发团队。

2）开发设计期

油藏开发团队组建以后，团队中各专业人员根据自身分工，相互协作，进行项目设计的编制工作。地质、油藏工程和采油专业人员协调进行工作设计。设计需要相应部门进行审核和批准，经过多次把关，设计可以交予实施单位。

3）项目实施期

项目设计方案批准后进入实施阶段。团队要根据团队的项目目的，结合设计方案，经过综合评价后，选出实施人员，并签订合同，则实施人员加入到团队，成为油藏开发团队的一部分。实施人员根据实施目的、项目设计的要求，制订实施设计，进行实施前准备，然后进行项目实施工作。

4）评价期

项目实施过程中或者实施结束后，团队需要进行相应的评价工作。对实施效果和成本等方面进行评价，评价团队成员工作业绩，为合同的实施和利益的分配提供相应资料。

5）解散期

项目实施结束，项目乙方向甲方提交全部技术资料，双方根据合同进行结算，团队解散。

7.1.4　小结

（1）油藏开发团队是在油藏开发生产过程中，根据不同阶段的油藏开发生产项目的需要，由来自不同学科、不同组织或部门的人员，采用协同工作的方式，为完成项目而临时组建的团队。它不是一个单独组织或部门的固定工作团队，而是在油藏开发的不同阶段，针对油藏开发中的油藏工程、钻井工程、地面建设工程、采油工程以及生产中采取的增油措施等项目，从不同的组织整合资源，多学科人员相互协作，可以在同一工作地点或者分散的工作地点，借助信息技术相互交流，并采取相应的团队模式，共同工作实现项目目标，并且随着项目的结束而自动解散的临时性团队。

（2）油藏开发团队具有目标一致性、项目管理制、动态性、多学科性和边界模糊性等特征，其生命周期分为团队组建期、开发设计期、项目实施期、评价期和解散期五个阶段。

7.2　油藏开发团队有效性影响因素分析

团队有效性及其影响因素的研究比较多，但油藏开发团队的有效性影响因素研究，需要结合油藏开发的实际情况，充分挖掘其独特性，采用实证研究方法进一步的归纳总结。

7.2.1　油藏开发团队有效性影响因素概念模型

油藏开发团队有效性是指实现油藏开发目标的实际结果。在相关学者对团队有效性研究基础上，本书认为油藏开发团队有效性包含三个方面内容：一是油藏开发项目绩效，包含时间、运行成本和效益；二是团队成员效用，包括满意度、积极性、成长和忠诚度；三是团队整合，包括专业的匹配度和成员间的贴近度。

现代油藏管理包括对象、环境、资源和技术因素，其中，油藏资源等相关信息是设定油藏管理目标重要因素。经济体制、经营机制、人、财、物以及技术因素是影响油藏管理成功的必要因素[56]。

不同学者对团队变量的选取侧重不同，分析层次差异较大。上述影响因素归属于油藏开发团队结构的三个方面。油藏开发是知识密集型工作，油藏开发技术与设备的应用和创新、油藏开发计划与规划的制订和执行以及油藏信息，是影响团队有效性的重要因素。多学科协同、目标一致也是团队有效性的重要影响因素。

根据 Lumsden 对于团队的研究，我们从维护关系和完成任务来认识油藏开发团队。成员关系包括多学科协作、领导与控制和石油组织文化等方面。工作流程包括成员的选择、油藏开发技术和设备状况、信息技术能力、油藏信息、油藏开发方案、油藏调度工作等几个方面。

油藏管理系统工程理论、方法及实践研究结合国内外的已有研究成果，构建了油藏管理系统的自然资源、工程开发和经营管理三级递阶结构及油藏资源、生产管理、技术管理和组织管理四个分系统。在油藏管理系统结构中，四个分系统按照作用机理形成三级递阶结构，两两直接发生相互作用。

组织管理分系统从属于经营管理层次，处于系统结构的最高作用层次，主要负责油藏管理的战略规划、机制设计、组织控制等宏观管理活动，并通过其他三个分系统的信息反馈而对相关的管理项目适时做出内容调整或重新规划。生产管理分系统和技术管理分系统隶属于油藏工程开发层次。其中，生产管理分系统在油藏开发的不同阶段直接作用油藏资源分系统，且通过实施过程中各种生产信息的反馈而作出生产方案或策略的调整；技术管理分系统主要对油藏资源的认识、描述、勘探、开发等提供技术支持，进行相关的技术创新和技术服务，提高对油藏资源分系统的认识程度，优化油藏资源的开发、开采效果。油藏资源分系统从属于自然资源层次，处于系统的最低层次，是油藏管理活动的作用对象和实施的根本保证。

油藏开发团队是以项目为中心的油藏开发组织，问题本身的研究是油藏组织管理的一部分，同时油藏开发团队的运行又受到油藏开发技术和油藏生产直接或者间接的影响。所以以油藏开发团队的结构为基础，从技术、生产和组织三个方面探索油藏开发团队有效性影响因素是具有一定的可行性和合理性的。结合油藏管理从生产管理、技术管理和组织管理三个主要方面的划分，本节对可能影响油藏有效性的因素进行分析、归纳。

团队有效性影响因素的测量模型是输入-过程-输出模型(图 7-2)。团队结构、成员和环境特征等是输入因素；团队人际互动质量和心理因素是过程因素；团队有效性是输出因素。

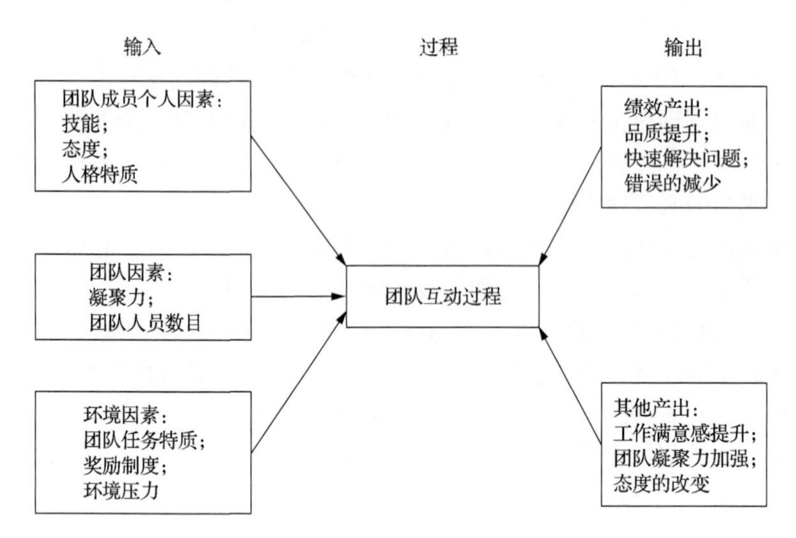

图 7-2　输入-过程-输出模型

从技术、生产和组织三个方面归纳出油藏开发团队绩效的影响变量有:油藏开发技术和设备状况、信息技术能力、油藏信息、油藏开发方案、油藏调度、团队目标、成员的选择、多学科协作、领导与控制和石油组织文化等十个主要变量,得到油藏开发团队绩效影响因素的概念模型,如图 7-3 所示。

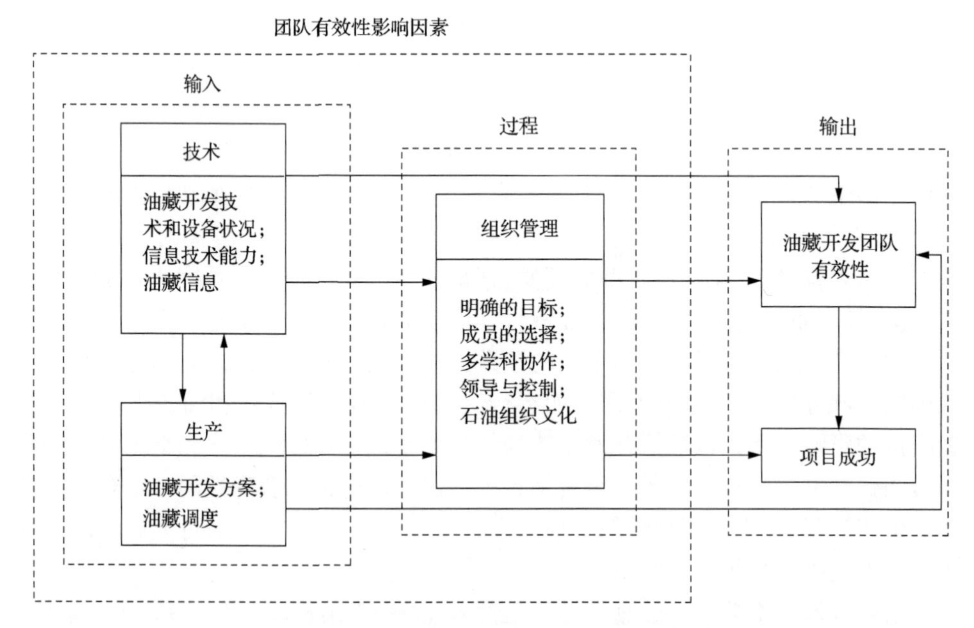

图 7-3　油藏开发团队有效性影响因素概念模型

7.2.2 油藏开发团队有效性影响因素定量分析

1. 问卷设计与数据收集

1）问卷设计

本次针对油藏开发团队及其成功运行影响因素的实证研究，相关研究的内容不多，因此可以借鉴的研究量表很少。国内外相关和相近的学者认为知识和理论迁移是设计本研究调查问卷的一种重要的方法。本研究问卷设计经历如下阶段：总结油藏开发过程；分析油藏开发团队的概念；确定团队影响因素的概念模型；对油田开发人员访谈，确定变量的适切性；定义变量，设计初步的调查问卷；对问卷内容和形式多次修改，经过试调查后确定正式的调查问卷。

调查问卷测量项目的设计参考了相关研究成果，并结合油藏开发实际，对相关变量操作化处理，部分测量项目是根据理论分析变量的特征和结构，根据油藏开发管理实际自行设计的。

在问卷调查以前，又一次对调查问卷进行了讨论和修改，油藏开发相关专家根据油田运作的实际，结合当前与油藏开发团队组织形式类似的油藏工作项目组的实际运行情况，分析了调查问卷的一些需要特别注意的问题，包括一些名称和语句贴近油藏开发实际并口语化等问题，以使得被调查者能够快速准确的进入相应的问题情景，反映油藏开发实际工作。

正式调查问卷主要有四部分组成，第一部分是对油藏开发团队的整体运行情况的调查，即油藏开发团队运行的测量项目分析。第二部分是对于油藏开发技术方面影响因素的调查，主要包括团队工作中油藏开发技术和设备状况、油藏开发团队的信息技术能力和油藏情况三个方面。第三部分是对油藏生产方面的影响因素的调查，主要包括油藏开发方案、开发调度两个方面。第四部分是对油藏开发团队的组织方面的情况的了解，包括目标，成员选择、多学科协作、领导与控制和石油组织文化方面等问题。

问卷设计按照李克特（Likert）五点量表编写，采用结构化问题，要求被调查者将其所在团队或者项目组的运行情况和影响因素与问题陈述对比，针对项目与实际状况或者符合程度进行选择，分为“非常同意”、“同意”、“不清楚”、“不同意”和“非常不同意”几种选择（表7-1）。

表7-1 调查问卷采用的Likert五点量表

测量项目	非常同意	同意	不清楚	不同意	非常不同意

2）问卷调查与数据收集

本次调查的主要目的在于了解油藏开发团队的运行情况，分析油藏开发团队有效运行的关键影响因素，为组建油藏开发团队，提高油藏开发项目效益提供实证支持和对策建议。

在油藏开发过程中可以为了解决出现的某一问题而组建临时的项目组，这种项目组可以看成油藏开发团队；对于油藏开发过程中的大型项目。例如，会战性质的项目，需要大量的人力、物力的投入，这种会战形式的项目工作组也可以称为一个油藏开发团队。

油藏开发管理团队是在油藏开发生产过程中，根据不同阶段的油藏开发生产项目的需要，由来自不同学科、不同组织或部门的人员，采用协同工作的方式，为完成项目而临时组建的团队。本研究定义的油藏开发管理团队不是一个单独组织或部门的固定工作团队，而是在油藏开发的不同阶段，针对油藏开发中的油藏工程、钻井工程、地面建设工程、采油工程以及生产中采取的增油措施等项目，从不同的组织整合资源，多学科人员相互协作，可以在同一地点，也可以在不同的地点，借助信息技术相互交流，并采取相应的团队模式，共同工作实现项目目标，并且随着项目的结束而自动解散的临时性团队。这里的油藏开发团队是一个泛指的概念，指油藏开发过程中的项目开发团队。

本研究样本人员的选择要求如下：①所调查部门和人员应是油藏开发过程中工作的相关人员，这些人员应该在油藏开发的一系列的流程中工作。②所调查人员必须参加过油藏开发项目，具有一定的油藏开发项目工作经验。这样才能保证所调查人员对于问卷问题的有效理解并做出准确回答。③所调查人员需曾经在一个相同或者相关的项目组工作。

在问卷修改完成以后，根据油藏开发过程中的专业要求以及油藏开发团队的不同学科人员的需求，选择了油田地质院、工艺院、开发综合规划部门、采油厂设备管理科、计划科、生产管理科、调度部门、采油矿、注水开发站、联合站、地面建设等需要多学科协作的部门。问卷采取实地亲自调查的方式，并进行调查现场的讲解和指导，并对问卷回答情况进行核查，对于部分缺失的问题，在现场及时地请被调查者给予补充完整，以保证问卷填写和回收的质量，共获取问卷 91 份。

2. 因子分析和信度检验

分析量表品质可以提高研究的信度和效度。数据处理的方法：变量概念层面的因子分析和克朗巴哈 α 系数法检验测量信度。设计问卷时已参照相关理论成果和实证研究，基本确定量表结构层面。因子分析获取测量条款与变量间的因子荷重，因子荷重越高关联性越强。

量表编制合理性和有效性决定可信和可用的结果。合理性指评估项目内容完整性和全面性，总体结构的合理性；有效性是特定设置的评估项目对该特征的部分反映。有效性的量表应能保证评估结果高相关性。信度分析是对量表的有效性进行研究。克朗巴哈 α 系数是估计测量条款表示结构变量的内涵程度。Nunnally 认为，初步阶段研究，0.5 或 0.6 等中等程度的信度满足要求[57]。应用性质的问卷信度达到 0.9 的标准。本章克朗巴哈 α 值需要大于其建议的 0.7。

本章通过因子分析、克朗巴哈 α 信度检验来提高量表品质，因子荷重要求 0.5 以上，克朗巴哈 α 信度在 0.7 以上。

运用 SPSS13.0 软件对有效样本数据进行因子分析和信度检验。因子分析通过主成分分析方法按特征值大于 1 的标准提取因子，通过方差最大法(varimax)进行因子旋转。Hair 等认为样本量大于或等于 50 时，因子荷重系数大于 0.30 是显著的；因子荷重系数超过 0.40 的是很重要的；超过 0.50 的是非常重要的[58]。本研究以 0.5 作为因子荷重系数的临界点。KMO 测度是检验因子分析的样本量是否适合因子分析的指标。KMO 值在 0.9 以上是极适合因子分析的，0.5～0.9 是良好的，0.60～0.80 是可以容忍的；在 0.5～0.6 的被认为是很勉强的；小于 0.5 是不可接受的[59]。依据上述研究成果，分析本研究量表。

1) 油藏开发技术和设备状况量表品质分析

问卷从四个项目对油藏开发技术和设备状况进行测量，对这四个测量项目进行因子分析，并计算量表的克朗巴哈 α 系数(表 7-2)。

表 7-2　油藏开发技术和设备状况量表品质分析

因素	项目内容	因子荷重	α 系数
油藏开发技术和设备状况	1) 项目组掌握的油藏开发技术较为先进	0.825	0.825
	2) 工作中技术工艺的应用情况较好	0.800	
	3) 项目工作中多数情况下不需要额外购买相应的设备	0.861	
	4) 设备维修次数比较少	0.757	

KMO 样本充足性测试系数为 0.773，Bartlett 球形检验卡方值为 267.375，显著性为 0.000，表明样本数据适合进行因子分析。因子分析结果正好生成一个新因子，特征值为 2.637，累计方差解释率为 65.914%，因子荷重最低为 0.757。信度检验克朗巴哈 α 系数达到了 0.825，所有检验指标表明量表具有较高的品质。

2) 信息技术能力量表品质分析

问卷从三个项目对信息技术能力进行测量，对这三个测量项目进行因子分析，并计算量表的克朗巴哈 α 系数(表 7-3)。

表 7-3 信息技术能力量表品质分析

因素	项目内容	因子荷重	α系数
信息技术能力	1) 项目工作中离不开计算机等设备	0.874	0.836
	2) 使用油藏开发相关的一些计算机软件可以更好地认识油藏,有助于油田工作	0.924	
	3) 团队计算机技术人员能够较好地管理和分析油藏数据	0.813	

KMO样本充足性测试系数为0.667,Bartlett球形检验卡方值为244.561,显著性为0.000,表明样本数据适合进行因子分析。因子分析结果正好生成一个新因子,特征值为2.279,累计方差解释率为75.977%,因子荷重最低为0.813。信度检验克朗巴哈α系数达到了0.836,所有检验指标表明量表具有较高的品质。

3) 油藏信息量表品质分析

问卷从三个项目对油藏信息进行测量,对这三个测量项目进行因子分析,并计算量表的克朗巴哈α系数(表7-4)。

表 7-4 油藏信息量表品质分析

因素	项目内容	因子荷重	α系数
油藏信息	1) 完成项目工作要结合油藏的具体情况	0.884	0.804
	2) 工作中对地下情况的认识不断加深	0.906	
	3) 您觉得根据油藏情况制订的方案比较合理	0.746	

KMO样本充足性测试系数为0.647,Bartlett球形检验卡方值为206.985,显著性为0.000,表明样本数据适合进行因子分析。因子分析结果正好生成一个新因子,特征值为2.159,累计方差解释率为71.976%,因子荷重最低为0.746。信度检验克朗巴哈α系数达到了0.804,所有检验指标表明量表具有较高的品质。

4) 油藏开发方案量表品质分析

问卷从三个项目对开发方案进行测量,对这三个测量项目进行因子分析,并计算量表的克朗巴哈α系数(表7-5)。

表 7-5 油藏开发方案量表品质分析

因素	项目内容	因子荷重	α系数
油藏开发方案	1) 您对工作中的工作方案和工程设计感觉比较满意	0.867	0.827
	2) 您觉得制订方案的流程比较规范	0.914	
	3) 您觉得方案编制时多学科相关人员相互配合比较默契	0.800	

KMO样本充足性测试系数为0.666，Bartlett球形检验卡方值为220.403，显著性为0.000，表明样本数据适合进行因子分析。因子分析结果正好生成一个新因子，特征值为2.229，累计方差解释率为74.293%，因子荷重最低为0.800。信度检验克朗巴哈α系数达到了0.827，所有检验指标表明量表具有较高的品质。

5）油藏调度量表品质分析

问卷从三个项目对调度进行测量，对这三个测量项目进行因子分析，并计算量表的克朗巴哈α系数（表7-6）。

表7-6 油藏调度量表品质分析

因素	项目内容	因子荷重	α系数
油藏调度	1）工作中需要调度人员和物资供给	0.817	0.826
	2）工作中调度职能（或生产管理）人员经常参与解决问题	0.910	
	3）您对调度工作保障和协调项目工作情况比较满意	0.855	

KMO样本充足性测试系数为0.677，Bartlett球形检验卡方值为212.341，显著性为0.000，表明样本数据适合进行因子分析。因子分析结果正好生成一个新因子，特征值为2.227，累计方差解释率为74.230%，因子荷重最低为0.817。信度检验克朗巴哈α系数达到了0.826，所有检验指标表明量表具有较高的品质。

6）团队目标量表品质分析

问卷从两个项目对目标进行测量，对这两个测量项目进行因子分析，并计算量表的克朗巴哈α系数（表7-7）。

表7-7 团队目标量表品质分析

因素	项目内容	因子荷重	α系数
目标	1）项目目标很明确	0.942	0.864
	2）您对自己的职责和任务很清楚	0.942	

KMO样本充足性测试系数为0.500，Bartlett球形检验卡方值为162.489，显著性为0.000，表明样本数据很勉强可以进行因子分析。因子分析生成一个新因子，特征值为1.774，累计方差解释率为88.719%。信度检验克朗巴哈α系数达到了0.864。

7）团队成员的选择量表品质分析

问卷从六个项目对团队成员选择进行测量，对这六个测量项目进行因子分析，并计算量表的克朗巴哈 α 系数(表 7-8)。

表 7-8　团队成员的选择量表品质分析

因素	项目内容	一次分析		二次分析	
		因子荷重	α 系数	因子荷重	α 系数
成员的选择	1）您觉得其他同事的专业能力比较强	0.492	0.793	—	0.826
	2）您觉得能够从整体上了解项目情况	0.614		0.615	
	3）你觉得以往工作业绩比较优秀、技术能力强的同事可以更好地完成项目工作	0.844		0.856	
	4）你认为同事之间的配合应该比较默契	0.781		0.803	
	5）同事之间可以较好地交流业务工作	0.871		0.872	
	6）项目负责人一般是专家或者业务比较全面的人员	0.676		0.677	

KMO 样本充足性测试系数为 0.787，Bartlett 球形检验卡方值为 392.417，显著性为 0.000，表明样本数据适合进行因子分析。因子分析结果正好生成一个新因子，特征值为 3.155，累计方差解释率为 52.577%。信度检验克朗巴哈 α 系数达到了 0.793，所有检验指标表明量表具有较高的品质。

第一个测量项目的因子荷重为 0.492，低于本研究设定的 0.50 的最低要求。其余的测量项目的因子荷重均在 0.60 以上，符合量表品质的要求。因此，应当删除测量条款 1)，重新进行因子分析和信度检验。

删除第一个测量项目之后，对团队成员的选择量表重新进行因子分析，结果如表 7-8 所示。KMO 样本充足性测试系数为 0.784，Bartlett 球形检验卡方值为 361.051，显著性为 0.000，表明样本数据适合进行因子分析。因子分析结果生成一个新因子，特征值为 2.976，累计方差解释率为 59.524%，相比于删除测量项目 1)之前有较大幅度的提高。信度检验克朗巴哈 α 系数也有原来的 0.793 上升到了 0.826，量表品质指标比较理想。

8）多学科协作量表品质分析

问卷从七个项目对多学科协作进行测量，对这七个测量项目进行因子分析，并计算量表的克朗巴哈 α 系数(表 7-9)。

表 7-9 多学科协作量表品质分析

因素	项目内容	因子荷重	α系数
多学科协作	1) 您认为工作中需要其他相关人员的配合才能完成工作	0.764	0.861
	2) 你经常从其他同事那里获得所需的资料	0.703	
	3) 有必要的话,您愿意面对面和同事坐在一起讨论问题	0.806	
	4) 您经常使用电话或者网上在线向其他同事咨询问题	0.749	
	5) 同事之间处理问题时经常意见一致	0.625	
	6) 项目工作时要定期开会	0.765	
	7) 同事之间定期交流,多是同事个人交往,而不是业务目的	0.768	

KMO样本充足性测试系数为0.828,Bartlett球形检验卡方值为527.958,显著性为0.000,表明样本数据适合进行因子分析。因子分析结果正好生成一个新因子,特征值为3.854,累计方差解释率为55.057%,因子荷重最低为0.625,其余的项目因子荷重均超过0.70。信度检验克朗巴哈α系数达到了0.861,所有检验指标表明量表具有较高的品质。

9) 领导与控制量表品质分析

问卷从九个项目对领导与控制进行测量,对这九个测量项目进行因子分析,并计算量表的克朗巴哈α系数(表7-10)。

表 7-10 领导与控制量表品质分析

因素	项目内容	一次分析		二次分析		三次分析	
		因子荷重	α系数	因子荷重	α系数	因子荷重	α系数
领导与控制	1) 领导给大家提出的工作要求比较明确	0.397	0.810	—	0.814	—	0.817
	2) 您可以在项目中参与决策	0.688		0.701		0.737	
	3) 上级领导对项目工作给予较大的支持	0.590		0.611		0.643	
	4) 同事之间产生分歧时,可以很快解决	0.696		0.704		0.706	
	5) 领导平易近人	0.701		0.719		0.730	
	6) 大家在工作中都积极努力的工作	0.733		0.748		0.749	

续表

因素	项目内容	一次分析		二次分析		三次分析	
		因子荷重	α系数	因子荷重	α系数	因子荷重	α系数
领导与控制	7) 领导能够经常的和大家交流	0.745	0.810	0.736	0.814	0.697	0.817
	8) 领导鼓励大家使用油田信息系统或其他网络沟通方式	0.612		0.601		0.602	
	9) 领导能够营造和睦相处的工作氛围	0.523		0.489		—	

KMO 样本充足性测试系数为 0.744，Bartlett 球形检验卡方值为 548.963，显著性为 0.000，表明样本数据适合进行因子分析。因子分析生成一个新因子，特征值为 3.685，累计方差解释率为 41.060%。信度检验克朗巴哈 α 系数达到了 0.810，所有检验指标表明量表具有较高的品质。

第一个测量项目的因子荷重为 0.397，低于本研究设定的 0.50 的最低要求。因此，应当删除测量条款 1)，重新进行因子分析和信度检验。

删除第一个测量项目的之后，对领导与控制量表重新进行因子分析，结果如表 7-10 所示。KMO 样本充足性测试系数为 0.737，Bartlett 球形检验卡方值为 510.240，显著性为 0.000，表明样本数据适合进行因子分析。因子分析结果生成一个新因子，特征值为 3.577，累计方差解释率为 44.713%，相比于删除测量项目 1)之前有较大幅度的提高。信度检验克朗巴哈 α 系数也有原来的 0.810 上升到了 0.814。

但是，第九个测量项目的因子荷重为 0.489，低于本研究设定的 0.50 的最低要求。因此，应当删除测量条款 9)，再次进行因子分析和信度检验。

删除第九个测量项目的之后，对领导与控制量表重新进行因子分析，结果如表 7-10 所示。KMO 样本充足性测试系数为 0.740，Bartlett 球形检验卡方值为 449.507，显著性为 0.000，表明样本数据适合进行因子分析。因子分析结果生成一个新因子，特征值为 3.395，累计方差解释率为 48.507%，相比于删除测量项目 9)之前有较大幅度的提高。信度检验克朗巴哈 α 系数达到了 0.817。

10) 石油组织文化量表品质分析

问卷从三个项目对石油组织文化进行测量，对这三个测量项目进行因子分析，并计算量表的克朗巴哈 α 系数(表 7-11)。

表 7-11 石油组织文化量表品质分析

因素	项目内容	因子荷重	α系数
石油组织文化	1) 您认为要提倡学习和继承以爱国主义、艰苦创业、科学求实和无私奉献等精神为内涵的石油精神	0.855	0.806
	2) 工作中要提倡学习和继承油田“三老四严”传统作风	0.898	
	3) 时常有油田劳动模范的学习报告会	0.806	

KMO样本充足性测试系数为0.681,Bartlett球形检验卡方值为194.036,显著性为0.000,表明样本数据适合进行因子分析。因子分析结果正好生成一个新因子,特征值为2.187,累计方差解释率为72.892%。信度检验克朗巴哈α系数达到了0.806,所有检验指标表明量表具有较高的品质。

11) 团队有效性量表品质分析

问卷从三个项目对团队有效性进行测量,对这三个测量项目进行因子分析,并计算量表的克朗巴哈α系数(表7-12)。

表 7-12 团队有效性量表品质分析

因素	项目内容	因子荷重			α系数
项目绩效	1) 项目组能够按工期计划顺利进行	0.027	0.840	0.311	0.881
	2) 项目组经费使用情况比较合理	0.275	0.847	0.044	
	3) 项目组效益良好	0.276	0.750	0.343	
成员效用	4) 您在项目工作中感觉比较满意	0.773	0.266	0.236	
	5) 项目组成员工作都比较忙碌	0.874	0.153	0.160	
	6) 您在工作中能不断地提高自己的工作能力	0.885	0.153	0.108	
	7) 您认为项目组适合您长期工作	0.655	0.112	0.478	
团队整合	8) 成员的专业种类能够较好地满足工作需要	0.206	0.200	0.877	
	9) 工作中大家配合默契,工作进展顺利	0.280	0.391	0.757	

KMO样本充足性测试系数为0.847,Bartlett球形检验卡方值为921.420,显著性为0.000,表明样本数据适合进行因子分析。因子分析结果生成三个新因子,特征值分别为4.777、1.416和0.840。累计方差解释率为78.143%,项目因子荷重多大于0.6。信度检验克朗巴哈α系数达到了0.881,所有检验指标表明量表具有较高的品质。

3. 回归分析

1)变量间关系基本分析

本节主要研究油藏开发团队有效运行的影响因素，为了探索变量之间的实质关系，采用强制回归分析方法，来检验自变量对因变量的影响方向和程度及其显著性。根据前面的影响因素概念模型和研究设计，本研究中有 10 个影响因素，分别为油藏开发技术和设备状况(OT)、信息技术能力(IT)、油藏信息(OI)、油藏开发方案(OP)、油藏调度(OA)、明确的目标(OG)、成员的选择(MS)、多学科协作(MC)、领导与控制(OL)和石油组织文化(OC)。

为了对变量之间的关系进行分析，并检验前述所提出的研究假设，本节使用 SPSS 统计软件的线性回归方法分析，构建了油藏开发团队有效性(OTE)的如下回归分析模型：

$$\begin{aligned}\mathrm{OTE} = &\beta_0 + \beta_1 \cdot \mathrm{OT} + \beta_2 \cdot \mathrm{IT} + \beta_3 \cdot \mathrm{OI} + \beta_4 \cdot \mathrm{OP} + \beta_5 \cdot \mathrm{OA} \\ &+ \beta_6 \cdot \mathrm{OG} + \beta_7 \cdot \mathrm{MS} + \beta_8 \cdot \mathrm{MC} + \beta_9 \cdot \mathrm{OL} + \beta_{10} \cdot \mathrm{OC} + \varepsilon\end{aligned}$$

前文对各变量进行因子分析的同时，软件自动生成新因子得分，也就是 Anderson 和 Rubin 所推出的因子得分，这种因子得分都是标准分，均值为 0，标准差为 1[60]。

在进行回归分析之前，为避免由于自变量之间的相关性过高产生的问题。本书在回归分析中对主要自变量之间的皮尔逊相关系数进行两两分析。自变量之间的相关系数分析如表 7-13 所示。分析结果表明，自变量之间的相关系数比较小，不存在比较明显的相关性。

相关分析结果只能作为回归分析中自变量之间是否存在共线性的参考依据。变量之间是否存在多重共线性问题，可由容忍度(tolerance)、方差膨胀因子(VIF)、特征根、方差比和条件指数等方式进行测度。容忍度的取值范围在 0～1，越接近于 0 表示多重共线性越强；越接近于 1 表示多重共线性越弱。方差膨胀因子是容忍度的倒数，方差膨胀因子的取值大于等于 1。解释变量间的多重共线性越弱，VIF 越接近于 1；解释变量间的多重共线性越强，VIF 越大。一般认为，VIF 值小于 10 的变量间不存在多重共线性[61]。解释变量的相关系数矩阵的每个特征根都能刻画该变量方差的一部分，那么所有特征根将刻画该变量方差的全部。如果某个特征根既能够刻画某解释变量方差的较大部分比例(如 0.7 以上)，同时又可以刻画另一个解释变量的较大部分比例，则表明这两个解释变量间存在较强的线性相关关系。回归分析的自变量共线性诊断结果如表 7-14 所示，从表 7-14 中可以看到，所有变量的 VIF 值最小为 1.083，最大为 1.473，远远小于临界值 10。因此，拒绝变量之间的共线性假设。

表 7-13 自变量之间的相关分析

自变量	OT	IT	OI	OP	OA	OG	MS	MC	OL	OC
OT	1									
IT	−0.012	1								
OI	0.089	0.211(**)	1							
OP	0.389(**)	0.119	0.100	1						
OA	0.011	0.283(**)	0.254(**)	0.221(**)	1					
OG	0.244(**)	−0.011	0.246(**)	0.327(**)	0.112	1				
MS	0.286(**)	0.242(**)	0.131(*)	0.302(**)	0.062	0.365(**)	1			
MC	0.204(**)	0.217(**)	0.137(*)	0.259(**)	0.182(**)	0.219(**)	0.363(**)	1		
OL	0.167(*)	0.080	0.158(*)	0.153(*)	0.133(*)	0.377(**)	0.313(**)	0.250(**)	1	
OC	0.014	0.037	0.018	0.040	0.046	0.127(*)	0.156(*)	0.110	0.237(**)	1

注：除常数项外，上述变量均为标准化 Beta 系数

* $P<0.10$

** $P<0.05$

表 7-14 回归分析的自变量共线性诊断

测度方式	OT	IT	OI	OP	OA	OG	MS	MC	OL	OC
容忍度	0.79	0.812	0.824	0.726	0.803	0.68	0.679	0.791	0.752	0.923
方差膨胀因子	1.266	1.231	1.214	1.377	1.246	1.47	1.473	1.264	1.331	1.083

将项目绩效、成员效用和团队整合三个被解释变量分别与解释变量进行回归分析，相应的形成三个回归模型，分别称之为模型Ⅰ、模型Ⅱ和模型Ⅲ。

表 7-15 油藏开发团队有效性影响因素回归分析

自变量及回归分析	被解释变量(OTE)		
	模型Ⅰ 项目绩效	模型Ⅱ 成员效用	模型Ⅲ 团队整合
OT	−0.035(−0.462)	0.078(1.083)	0.118(1.530)
IT	0.085(1.124)	0.222** (3.148)	0.030(0.394)
OI	0.119(1.593)	−0.146** (−2.080)	0.146** (1.947)
OP	0.168** (2.186)	0.159** (2.133)	0.165** (2.063)
OA	−0.087(−1.144)	0.005(0.077)	0.069(0.908)
OG	0.022(0.272)	0.163** (2.116)	0.026(0.318)
MS	0.208** (2.524)	−0.026(−0.342)	0.202** (2.444)
MC	0.139** (1.824)	0.150** (2.090)	0.128** (1.363)
OL	0.256** (3.274)	0.216** (2.935)	0.036(0.452)
OC	0.069(0.977)	−0.101(−1.527)	0.114(1.607)
R^2	0.227	0.319	0.217
调整后的 R^2	0.176	0.274	0.166
F	4.477	7.139	4.234
D-W	1.875	1.849	2.013

注：上述变量系数均为标准化 Beta 系数，括号内是双尾 t 检验值

模型Ⅰ：项目绩效的回归分析模型调整后的 R^2 系数为 0.176，回归模型方差分析的显著性检验 F 值为 4.477，P 值为 0.000，小于 0.01，说明回归方程是高度显著的，拒绝全部系数均为 0 的原假设。表明解释变量与油藏开发团队的项目绩效之间的线性关系能够成立。D-W 值检验结果是 1.875，接近于 2，因此可以认为模型中的误差项基本上是独立的，基本上不存在异方差问题。如果残差序列存在

自相关,说明回归方程没能充分地解释被解释变量的变化规律,还留有一些规律性没有被解释,也就是认为方程中遗漏了一些较为重要的解释变量;或者变量存在取值滞后性,或者回归模型选择不合适,不应选择线性模型等。从上面总体分析可知,模型Ⅰ的各项检验指标均表现良好,说明模型在统计上具有一定的意义。

模型Ⅱ:成员效用回归分析模型调整后的 R^2 系数为 0.274,回归模型方差分析的显著性检验 F 值为 7.139,P 值为 0.000,小于 0.01,说明回归方程是高度显著的,拒绝全部系数均为 0 的原假设。表明解释变量与油藏开发团队成员效用之间的线性关系能够成立。D-W 值检验结果是 1.849,接近于 2,因此可以认为模型中的误差项基本上是独立的,基本上不存在异方差问题。总体看来,模型Ⅱ的各项检验指标均表现良好,说明模型在统计上具有一定的意义。

模型Ⅲ:团队工作能力回归分析模型调整后的 R^2 系数为 0.166,回归模型方差分析的显著性检验 F 值为 4.234,P 值为 0.000,小于 0.01,说明回归方程是高度显著的,拒绝全部系数均为 0 的原假设。表明解释变量与团队整合之间的线性关系能够成立。D-W 值检验结果是 2.013,接近于 2,因此可以认为模型中的误差项基本上是独立的,基本上不存在异方差问题。总体看来,模型Ⅲ的各项检验指标均表现良好,说明模型在统计上具有一定的意义。

2) 回归分析的主要结论

根据上述三个回归模型,可以得出以下基本研究成果。

(1) 油藏技术方面的因素与油藏开发团队有效性之间的关系。

信息技术能力与油藏开发团队成员效用显著正相关,标准化的回归系数为 0.222。计算机等设备是油藏开发团队每个成员必不可少的工具。油藏开发团队分析人员借助于信息技术可以更好地认识和了解油藏资源,从而提高团队的油藏开发能力,实现团队的有效运作。

在油藏开发团队中,计算机工作人员起着非常关键的作用。团队借助计算机对资料进行快速分析,并在每个成员之间进行传递。钻井人员需要地震图以确定合适的井位,套管设计需要速度分析以确定超压区域。测井分析与油藏工程、生物地层学、岩相分析以及地震评价整体结合起来进行分析。地球物理工程师给油藏工程师提供构造、厚度和孔隙度等静态模拟数据,反过来,地球物理工程师需要油藏工程师提供压力和孔隙流体数据以帮助他们建立地震模型,确定井间孔隙体积。

这样,信息技术能力的提高使得油藏开发团队成员可以更好地提高自己和团队的工作效率,从而使得其在团队工作的满意度提升,而且可以使得油藏开发团队成员在信息技术的辅助工作下更好地提高工作能力。信息技术能力对于油藏开发团队的绩效和团队能力有一定的正向影响,信息技术能力的不断提升,也使得不同学科成员之间的配合更加频繁和有效,优化了团队的专业学科的配置结构,整合团队资源;信息技术的使用也使得团队成员之间的合作更加紧密,提高了团队成员之间的贴近度。但是这种作用在统计上并不显著。

油藏开发技术和设备状况对油藏开发团队项目绩效、成员效用和团队整合有一定的正向影响。技术水平的高低影响着油藏开发效果，如果在开采区域得不到所需的技术服务，优先选用的工艺无法办到，尽管会有其他的工艺或技术替代，但这样必然影响到油藏开发团队的有效运作，但是这种影响作用在统计上并不显著。

油藏信息对于油藏开发团队的有效性至关重要。由于油藏深埋地下，人们无法直接感知其构造、流体分布和具体流动机理。油藏信息包括地质、岩石和流体的性质、流动机理、开采机理、钻完井以及生产历史[27]。油藏开发过程中的所有决策都要围绕如何比较真实地反映出地下流体情况，其重要性不言而喻。油藏信息与团队成员效用成负相关，回归系数为－0.146。一般认为，油藏资源是十分复杂的系统，由于地质情况的复杂性和多样性，也使得油藏资源也变得不确定，具有复杂性和多样性。随着对油藏资源信息掌握的程度，会使得油藏开发团队的工作的具体内容变得更加清晰，从而提高工作的有效性。但是由于油藏资源的不确定性，对油藏资源的认知变得更加困难。而且随着油藏开发工作的进行，油藏资源又发生变化，这样使得团队的工作变得更加复杂。这种非常复杂的工作对象，会使得油藏开发团队的成员效用受到负向的影响，会降低成员的工作积极性和工作热情。

油藏信息与团队整合显著正相关，回归系数为0.146。说明油藏信息的认知对于油藏开发团队整合方面的调整和优化具有积极的作用。对油藏信息了解得越多，更有利于组织和整合相应的油藏开发人员目标明确地进行油藏的开发。更有利于团队的学科配置和人员之间的相互合作。油藏信息在回归中虽然和项目绩效有正向的相关性，但是这在统计上不够显著。

(2) 油藏生产方面的因素与油藏开发团队有效性之间的关系。

油藏开发方案与团队成员效用显著正相关，回归系数为0.159，说明了油藏开发方案能够较好地促进油藏开发团队成员效用的提高。油藏开发方案是指导油藏开发工作的重要技术文件，油藏投入开发必须有正式批准的开发方案。同时，油藏开发方案是其进行评价的基础。油藏方案是分为多种层次，如总公司的总方案，各子公司和企业相应的油藏方案以及各采油厂的油藏方案，这些方案影响着油藏开发团队的最终绩效。

油藏开发方案与团队整合显著正相关，回归系数为0.165。说明油藏开发方案能够较好地对团队整合进行优化。油藏开发方案由油藏工程设计、钻井工程设计、采油工程设计、地面建设工程设计、经济评价等组成。同时在各个方案设计中根据不同的项目工作，又分解为不同的工作方案，详细的指导油藏开发的各项工作。这样开发方案就十分明确地指导团队的组建和团队人员的具体工作。油藏开发方案与油藏开发团队的项目绩效之间成显著正相关，回归系数为0.168。油藏开发方案的合理制订可以准确地指导团队的项目工作，从而提高团队项目运作的有效性。

油藏调度与油藏开发团队的有效性的影响关系没有得到验证。油藏调度虽然在回归中与团队有效性具有一定的相关性，但是在统计上并不显著。

(3) 团队组织方面的影响因素与油藏开发团队有效性的关系。

团队明确的目标与油藏开发团队成员效用有显著的正相关关系，回归系数为0.163，说明明确的团队目标可以积极地影响团队成员效用。团队目标与项目绩效和整合虽然有一定的正向影响，但是这在统计上并不显著。

团队成员的选择与油藏开发团队的项目绩效有显著的正相关关系，回归系数为0.208，说明选择合适且优秀的成员对于项目绩效有积极的影响。团队成员的选择与油藏开发团队整合也具有正相关关系，回归系数为0.202。团队成员的选择在一定程度上使得团队学科和专业结构得到相应的配置和优化，人员的合适的配置也在一定程度上决定了团队整合。

团队的多学科协作与项目绩效有正相关关系，回归系数为0.139，说明成员之间良好的配合，以及异质性可以积极地影响团队的绩效。同时，多学科协作与团队成员效用也具有正相关关系，回归系数为0.150。团队的多学科协作与团队整合有一定的正向相关关系，回归系数为0.128。团队成员之间密切的多学科协作增加团队的凝聚力，增加了团队内多专业的融合，而且使得团队成员之间的配合更加密切和顺畅，更加有效地整合团队资源。

团队的领导与项目绩效是显著的正相关关系，回归系数为0.256，说明领导与控制是实现团队有效绩效的重要因素之一。另外团队领导与控制与团队成员效用也是显著的正相关关系，回归系数为0.216。领导与控制虽然对团队整合有一定的正向影响，但是这在统计上不显著。石油文化方面与油藏开发团队有一定的影响，但是在统计上不显著。

总之，信息技术能力、油藏信息、油藏开发方案、明确的目标、成员的选择、多学科协作、领导与控制与油藏开发团队有效性之间的影响关系得到验证。但油藏开发技术和设备状况、油藏调度、石油文化管理被否定。将被否定的因素删除，得到油藏开发团队有效性的七个主要影响因素：信息技术能力、油藏信息、油藏开发方案、明确的目标、成员的选择、多学科协作和领导与控制。

为了更清晰地呈现油藏开发团队有效性的影响因素及其作用方向，将上述检验结果用图7-4表示。图7-4仅仅呈现了各个变量的相互关系及其方向，而对于这种关系的强度没有得到反映。由于回归分析结果中的变量的系数均为标准化回归系数，因此可以对各个模型内部的变量系数的大小进行比较，以显示各个变量的相对重要性。模型Ⅰ的研究结果表明，油藏开发方案、成员的选择、多学科协作和领导与控制是影响油藏开发团队项目绩效的主要因素。比较回归系数可以发现，领导与控制和成员的选择是影响油藏开发团队的两个最主要的因素，其次是油藏开发方案，最后是多学科协作。

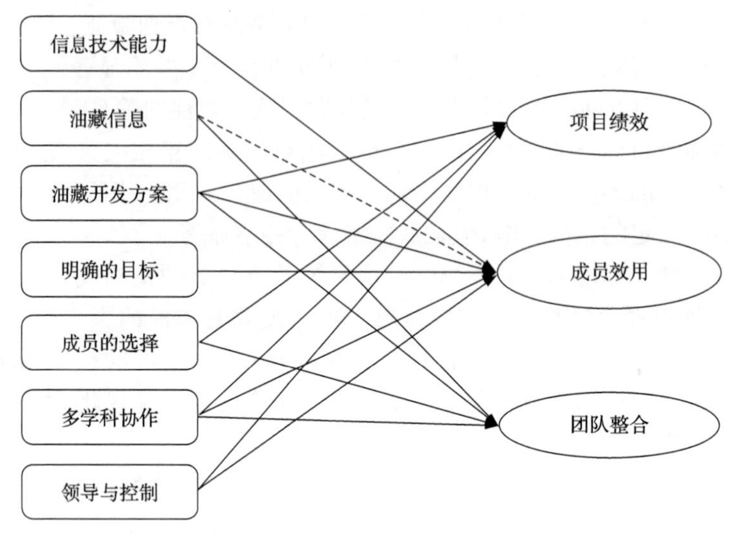

图 7-4 油藏开发团队有效性的影响关系

模型Ⅱ的研究结果表明，信息技术能力、油藏信息、油藏开发方案、明确的目标、多学科协作和领导与控制是影响油藏开发团队成员效用的主要因素。除油藏信息对成员效用有负面的影响外，其他变量对成员效用均有正面的影响。比较回归系数可以发现，信息技术能力和领导与控制是影响成员效用的两个最主要因素，其次是明确的目标、油藏开发方案、多学科协作和油藏信息。

模型Ⅲ的研究结果表明，油藏信息、油藏开发方案、多学科协作和成员的选择是影响油藏开发团队整合的主要因素。四个变量对油藏工作能力均为正面的影响。比较回归系数可以发现，成员的选择是影响团队整合的最主要因素，其次是油藏开发方案和油藏信息。

综合上述研究成果，可以将影响油藏开发团队有效性的主要因素列于表 7-16 中，并按照变量的重要性大小从上到下依次排序。

表 7-16 开发团队有效性影响变量及其重要性排序

变量顺序	模型Ⅰ 项目绩效	模型Ⅱ 成员效用	模型Ⅲ 团队整合
1	领导与控制	信息技术能力	成员的选择
2	成员的选择	领导与控制	油藏开发方案
3	油藏开发方案	目标	油藏信息
4	多学科协作	油藏开发方案	多学科协作
5	—	多学科协作	—
6	—	油藏信息	—

7.2.3　小结

(1) 将油藏开发团队有效性影响因素从生产管理、技术管理和组织管理三个方面进行归纳,构建了油藏开发团队绩效影响因素的概念模型。油藏开发团队项目绩效的影响变量为油藏开发技术和设备状况、信息技术能力、油藏信息、油藏开发方案、油藏调度工作、团队目标、成员的选择、多学科协作、领导与控制和石油组织文化。

(2) 根据油藏开发团队的相关研究,设计了油藏开发团队的有效性影响因素的调查问卷,并对各个量表进行了因子分析和信度检验。通过回归分析得到:信息技术能力、油藏信息、油藏开发方案、团队目标、成员的选择、多学科协作和领导与控制等因素与油藏开发团队有效性之间影响关系得到验证。油藏开发技术和设备状况、油藏调度、石油组织文化等因素被否定,删除被否定的因素,得到油藏开发团队有效性的七个主要影响因素:信息技术能力、油藏信息、油藏开发方案、团队目标、成员的选择、多学科协作和领导与控制。

(3) 油藏开发方案、成员的选择、多学科协作和领导与控制是影响油藏开发团队项目绩效的主要因素。领导与控制和成员的选择是影响油藏开发团队项目绩效的两个最主要的因素,其次是油藏开发方案,最后是多学科协作。

(4) 信息技术能力、油藏信息、油藏开发方案、团队目标、多学科协作和领导与控制是影响油藏开发团队成员效用的主要因素。信息技术能力和领导与控制是影响成员态度和行为的两个最主要因素,其次是团队目标、油藏开发方案、多学科协作和油藏信息。

(5) 油藏信息、油藏开发方案、成员的选择和多学科协作是影响油藏开发团队整合的主要因素。成员的选择是影响团队工作能力的最主要因素,其次是油藏开发方案和油藏信息。

7.3　油藏开发团队组织机制分析与设计

本章通过理论研究和定量分析得到油藏开发团队有效性的七个主要影响因素:信息技术能力、油藏信息、油藏开发方案、团队目标、成员的选择、多学科协作和领导与控制。团队在运作过程中油藏信息的获取和处理以及团队油藏信息的合理流动需要团队采取合理的结构;油藏开发方案是指导油藏开发工作的重要技术文件,油藏投入开发必须有正式批准的开发方案,同时在各个方案设计中根据不同的项目工作,结合团队结构的不同层面分解为不同的工作方案,详细地指导油藏开发的各项工作;目标通过团队的结构使得成员更好的理解和执行,结构是目标达成的重要条件;成员的选择必须依据合理的结构设计,使得人员能够较好的配置,满足团队运行的需要;多学科人员的协作是在团队结构的设计上,根据团队工作的异质性协调配合。Kolb 对工程设计团队的研究发现,提供成员活动的方向和重点,创造鼓励成员互动的结构是重要的团队领导行为,合适的团队结构是各种影响因素发挥作用的组织平台[62]。

7.3.1 油藏开发团队可行结构类型

油藏开发是一个综合性的系统工程,需要各专业各系统密切配合相互协调才能完成,而且在整个开发过程中连续生产不间断。根据油藏开发的生命周期,将油藏的开发生产过程归结为油藏工程、钻井工程、地面建设和采油工程四大工程项目的一体化过程。在油藏开发的每一工程的实施中,其他相关工程全部或者部分与其协调运作。油藏开发是一项复杂的系统工程,每一项工程都需要大量的资源投入。面对这种复杂的工程项目,结合油藏的实际情况,必须采取一定的控制方式,保证项目高效率的实施、运行。

油藏经营团队包括地质、油藏、采油、钻井、测井、地面工程、经济、化学工程、法律等各种专业人员。团队成员根据油藏开发项目的不同时期适时调整。这种模式并非一成不变、一刀切,而要针对具体的油藏类型、开发阶段、所解决的问题及所要达到的目标,做相应的人员调整,以突出重点。另外,油藏的开发生产的油藏工程、钻井工程、地面建设和采油工程等工程项目中,根据项目的需要进行团队成员的调整,同时也可以根据项目的需要灵活地调整团队结构。根据项目的特点,团队专业成员可以平等的相互协作,不需要协调管理人员进行控制工作。

油藏开发团队强调多学科间的协同作用,使各专业人员在不同领域和层次互补,最大程度地利用各种专业信息。团队成员相互协助配合,取得较好的整体业绩。同时,强调对于团队整体运行和目标的有效控制,提高团队的运行效率。

1) 油藏开发团队可行结构类型

经过对油藏开发项目的调查,根据各专业人员等主体的不同结合方式及其形成的关系网络,归纳出以下七种类型,如表 7-17 所示。

表 7-17　油藏开发团队可行结构类型

类型	结构	内容	主要背景
事务处理型	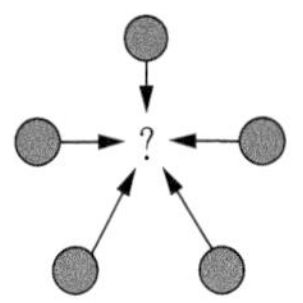 ?	团队由来自同一部门的员工组成，定期的会面几个小时，讨论提高油藏模型和模拟的精度、增加油气产量、降低成本、改善工作环境和油地关系等问题。团队负责责任区域，定期讨论建议改进工作程序和工作方法；定期全面讨论油藏开发问题、原因和解决方案。但是，团队没有权力单方面实施，管理层决定推荐方案实施与否。不能较好地调动团队成员的积极性	油藏开发中项目规模较小，工作时间充足，主要针对油藏开发中一些生产和技术的相关解决方案
自我管理型	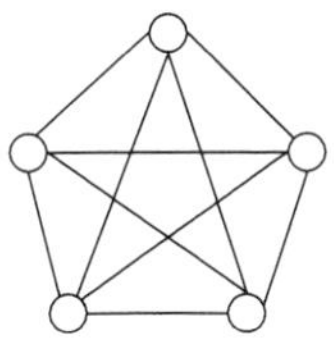	自我管理型团队真正独立自主，制定和执行问题解决方案，并承担全部责任。职责为控制工作节奏、决定工作分配、安排休息、检查程序。完全的自我管理团队可以挑选成员，成员相互绩效评估。独立自主的团队提高员工的满意度，缺勤率和流失率增高	油藏开发项目规模较小、对于油藏开发整体工作的重要性较小；项目具备较大的独立性
联合工作型	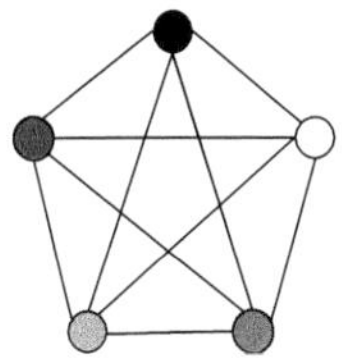	联合工作型团队是因某项任务，由同一等级、不同学科人员组成(注：图中用不同颜色表示不同成员)。成员来自油藏开发生产的不同部门，团队成员之间相互协作，共同完成比较复杂的项目。联合工作型团队可以使油田内部不同专业的员工相互交流，激发产生新方法，协调复杂项目。组建联合工作型团队需要较长过程，团队早期阶段，团队成员需要较长时间学习处理复杂工作任务和建立信任并能真正合作	油藏开发项目规模较大、涉及的人力和物力投入范围较大；项目在油藏开发中比较重要
集成型	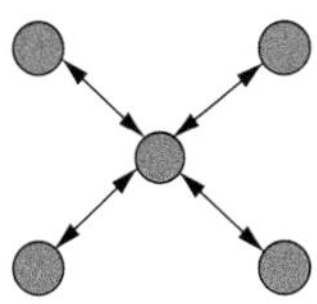	集成型团队比自我管理型团队增加中介成员，成员通过中介成员交流。中介成员可以协调不同技术和过程界面，负责油藏开发项目工作按时完成；跟踪并控制项目利润分配；与各成员进行充分交流。相对自我管理团队，集成型团队的分散程度小，成员合作程度强，接触程度高	油藏开发项目规模较大、涉及的人力和物力投入范围较大；项目在油藏开发中比较重要

续表

类型	结构	内容	主要背景
核心型		核心型团队设立中央成员。中央成员负责协调团队成员工作,有决策的权力,使成员间的交流更为频繁,项目成员通过视频会议、网络和定期的面对面会议交流。团队较好地解决各成员之间的利益分歧。核心型团队中成员集中,合作程度强,面对面交流的机会多,时间安排严格精细	油藏开发项目规模较大、涉及的人力和物力投入范围较大;需要人员之间的密切协调工作
递阶合作型	控制实体 执行实体	递阶合作型结构综合了团队协调、合作和整体控制的功能。团队成员之间可以相互协调,具有局部自主性和灵活性,同时又可以实现有效的控制,使得团队更好的运行。递阶合作型结构顶端的控制实体一般是团队的协调管理人员,负责团队的整体运行和团队成员的相互协调与管理工作。结构第二层的执行实体是来自不同的部门或组织其他团队成员,他们之间相互配合、协调工作,共同为了团队目标而工作	油藏开发项目规模较大、涉及的人力和物力投入范围较大;工作人员组织强
虚拟型		为完成油藏开发项目组建的短期团队,成员跨越部门或油田,虚拟型团队成员借助电子邮件、电话、电视会议等通讯技术交流。团队成员由油藏技术专家组成,相互协作解决复杂问题,以满足油田部门对"外脑"的需求	油藏开发项目具有一定的研究性,技术密集性强,需要的人员范围较大,人员比较分散

2) 不同油藏开发项目的可行结构类型

油田开发是一个综合性的系统工程,需要各专业各系统密切配合相互协调才能完成,而且在整个开发过程中连续生产不间断。将油田的开发过程归结为油藏工程、钻井工程、地面建设和采油工程为一体化过程。在油田开发的每一工程的实施中,其他相关工程全部或者部分与其协调运作。现在根据油藏开发的生命周期以及相应工程项目的内容,详细分析油藏开发团队的合理结构。

(1) 油藏工程项目。

油藏工程的研究对象是监测、预测和控制油田开发动态的理论与方法,主要研究采油工程中油藏内部油气水的运动规律及控制方法,主要目标在地下。油藏描述是建立地质模型的基础材料，地质模型是油藏模拟模型的初始化参数场。油藏模拟是对开发生产历史数据进行拟合，结合油藏经营计划，模拟计算优选多个方案，推荐最优开发方案。工程推荐方案包含层系、井网、生产能力、开采方式、开采储量、水驱控制储量、采收率、稳产期以及预测开发指标汇总，提出对钻井、完井、测井、采油及动态监控方案要求；油藏工程团队推荐方案进行经济评价，根据经济动态，判断该推荐方案是否达到经济要求和经济评价准则，修改和调整开发方案，再进入油藏模拟，这是一个循环过程，在油藏模拟、经济评价中修正和量化不确定因素。

油藏工程项目包含指挥、地质、油藏工程、岩石物理、钻探、经济评价等人员。油藏描述由地质、物理、油藏工程、数值模拟、计算机和数学专家成立联合工作组协同工作。油藏工程是利用油藏模型对地下油藏资源的描述，属于技术密集型项目工作，在选择该阶段团队结构类型时，主要侧重于结构类型是否能够满足成员之间相互沟通协作的顺畅，强调满足结构类型对于合作性的要求，本节对油藏工程阶段团队可行的结构类型总结如表 7-18 所示。

表 7-18　油藏工程团队可行的结构类型

项目	团队结构类型			
	事务处理型	自我管理型	联合工作型	虚拟型
结构示意图	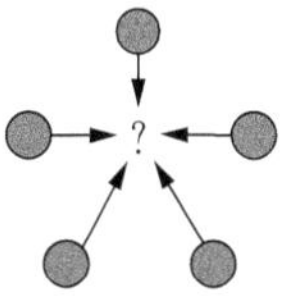	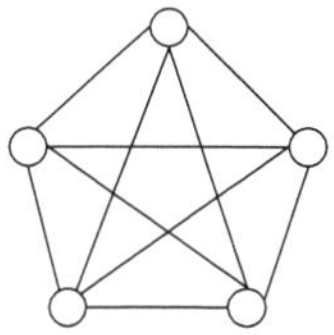	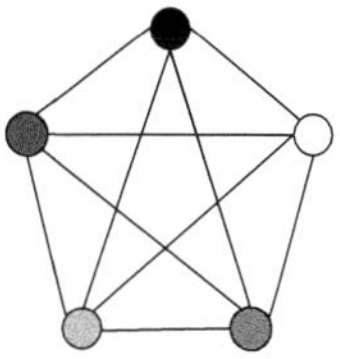	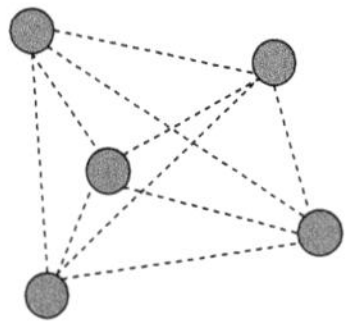
成员构成	指挥人员、地质人员、油藏工程人员、岩石物理人员、钻探人员、经济评价人员、数值模拟、计算机和数学家等			
项目内容	监测、预测和控制油田开发动态，研究采油工程中油藏内部油气水的运动规律及控制方法			

(2) 钻井工程项目。

钻井工程是一项复杂的系统工程，按照钻井的工作程序可以划分为钻井设计阶段、钻井工程实施阶段和完井后验收交井阶段。根据钻井的工作程序，提炼出以下六部分，主要有地质设计、钻井设计、钻进工程、录井、测井和完井工程。

开钻到完井过程包括定井位、地质设计、钻井设计、前期工程、钻井施工、相关工程、后勤服务、紧急情况处理等，地质、物探、开发、钻井部门的基层人员、技术人员、决策层人员做大量细致的基础工作。上述各项工作关联钻井过程的难易、钻井成本的高低，油田勘探开发的整体经济效益和成败[63]。钻井工程作业复杂、综合性强，需要多专业、多工种和多部门协同施工，需要专业公司和职能部门分工负责、协作配合。钻井工程项目人员归纳为：指挥人员、油藏工程人员、地质工程人员、地球物理人员、钻井人员、测井人员、油层物理人员、钻井技术人员、固井人员、试油工程人员等。根据钻井工程注重项目实施的特点，本研究在分析团队结构类型时，注重结构对于项目控制和合作的要求，总结钻井工程项目中团队可行的结构类型如表 7-19 所示。

表 7-19 钻井工程团队可行的结构类型

项目	团队结构类型			
	联合工作型	集成型	核心型	递阶合作型
结构示意图	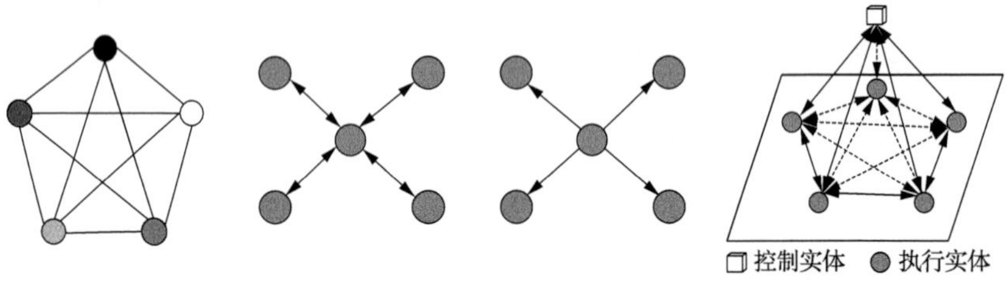			控制实体 执行实体
成员构成	指挥人员、油藏工程人员、地质工程人员、地球物理人员、钻井人员、测井人员、油层物理人员、钻井技术人员、固井人员、试油工程人			
项目内容	监测、预测和控制油田开发动态，研究采油工程中油藏内部油气水的运动规律及控制方法			

(3) 地面建设工程项目。

油气田地面工程是资金密集、技术密集的特大型生产系统。油气田地面工程包含原油采油地面装置、收集与输送系统、注水与含油污水处理系统、动力供给系统等。油气地面工程由油气集输工程和地面辅助系统组成。

设计油气田地面工程系统需要机械设备、自控仪表、含油污水处理、给排水、消防、电力、通信、工程地质、土建、道路、热工、采暖、防腐保温、环境保护和工程经济专业共同完成。地面工程人员包含地面工程团队指挥、地质工程、化学工程、建筑工程、机械工程、信息与控制工程、动力工程等专业人员。地面建设项目主要包括总体规划、初步设计、施工图设计、施工、验收和试运转与回访等过程。与钻井工程类似，地面建设工程团队可行的结构类型如表 7-20 所示。

表7-20　地面建设工程团队可行的结构类型

项目	团队结构类型			
	联合工作型	集成型	核心型	递阶合作型
结构示意图				控制实体　执行实体
成员构成	指挥人员、地质工程、化学工程、机械工程、建筑工程、环境保护工程、动力工程、信息与控制工程等专业人员			
项目内容	采油地面装置、原油收集与输送系统、注水与含油污水处理系统、油田生产系统及保证上述生产系统正常运行的动力供给系统等			

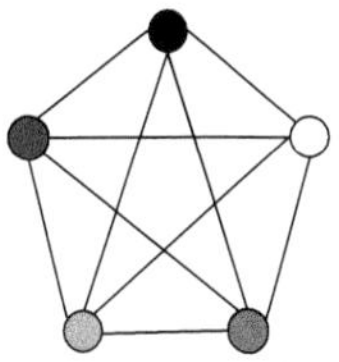

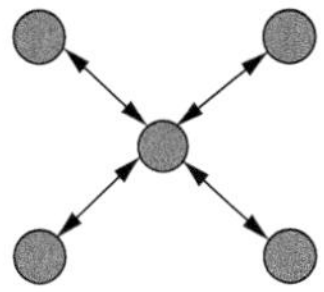

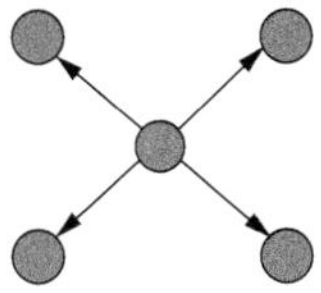

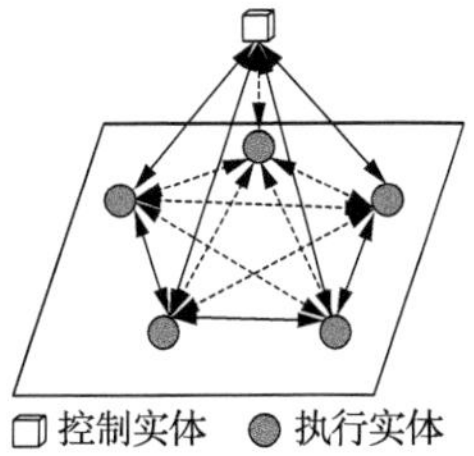

(4) 采油工程项目。

采油工程主要研究举升方法、注水注气的设备及管理、增产措施及监测手段，主要目标在井筒和地面。油藏动态决定举升方法和增产措施，举升方法和增产措施影响油藏动态，两者密切相关。采油工程是在油井完钻后，为将地下原油采出地面，对油井和注入井所采取的各项工程技术措施的总称。

采油工程实施过程分为作业地质设计、工艺设计、设计审核、设计批准、作业设计、施工设计、施工运行和开井作业几部分。采油工程是油田开发中非常重要的工作，工作复杂，需要多部门多学科的人员相互协作才能很好的实施。采油工程包含指挥人员、地质人员、油藏工程人员、采油人员、工程人员、井下作业人员、作业人员、实验分析人员。采油工程团队侧重于成员之间的多学科协作，可行结构如表7-21所示。

表7-21　采油工程团队可行的结构类型

项目	团队结构类型		
	事务处理型	联合工作型	核心型
结构示意图	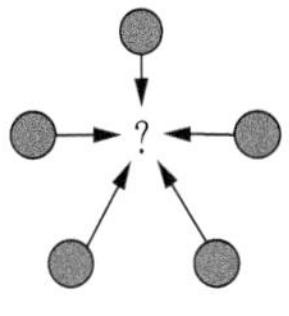 ?	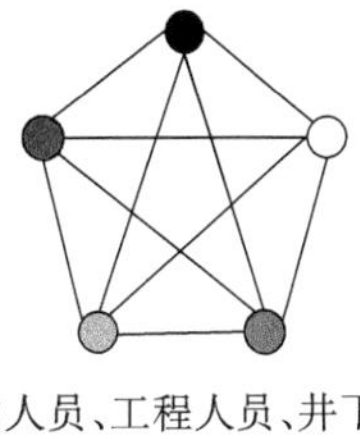	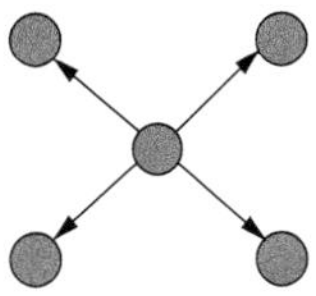
成员构成	指挥人员、地质人员、油藏工程人员、采油人员、工程人员、井下作业人员、作业人员、实验分析人员		
项目内容	研究和实施举升方法、注水注气的设备及管理、增产措施及监测手段		

3)生命周期内的可行结构类型

具体的油藏开发项目的不同时期确定油藏开发团队成员组成，根据项目的需要灵活调整团队结构。油藏团队的生命周期分为组建期、开发设计期、项目实施期、评价期和解散期。开发设计期和项目实施期是最重要的阶段。本节根据油藏开发团队结构类型，分析在这两个阶段中，油藏开发团队的可行结构类型。

(1) 开发设计期可行结构。

油藏投入开发必须有正式批准的开发方案，它是指导油藏开发工作的重要技术文件，由油藏工程设计、钻井工程设计、采油工程设计、经济评价、地面建设工程设计等组成，在油藏开发过程中，详细的指导各个项目工作。开发设计包括设计编制、设计审核和设计批准。在方案设计阶段，在团队结构选择时，应考虑团队成员之间需要更多的合作与交流，多学科成员之间的关系应更加密切。可行的结构类型如表 7-22 所示。

表 7-22　开发设计期团队可行结构类型

项目	团队结构类型			
	事务处理型	自我管理型	联合工作型	虚拟型
结构示意图	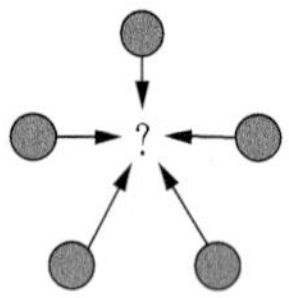 ?	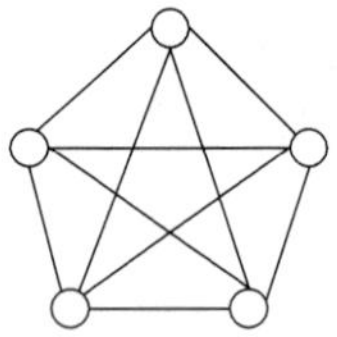	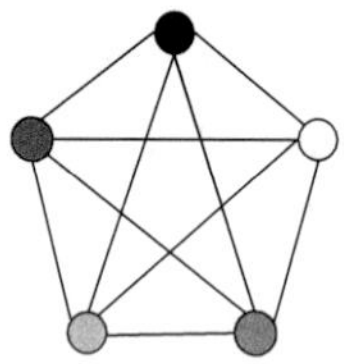	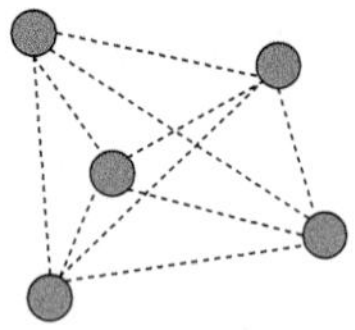
成员构成	指挥人员、地质人员、钻探人员、采油工程人员、油藏工程人员、物理人员、经济评价人员等			
项目内容	各项目设计的编制工作			

(2) 项目实施期可行结构。

团队要根据项目目的，结合设计方案，经过综合评价后，选出实施人员，并签订合同，则实施人员加入到团队，成为油藏开发团队的一部分。实施人员根据实施目的、项目设计的要求，制订实施设计，进行实施前准备，然后进行项目实施工作。本阶段主要是项目施工阶段，那么团队的结构和管理方式应该注重项目协调与控制工作。可行的结构类型如表 7-23 所示。

表 7-23　项目实施期团队可行结构类型

项目	团队结构类型			
	联合工作型	集成型	核心型	递阶合作型
结构示意图	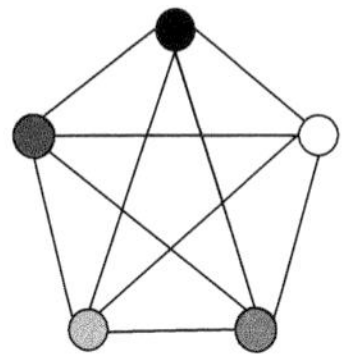	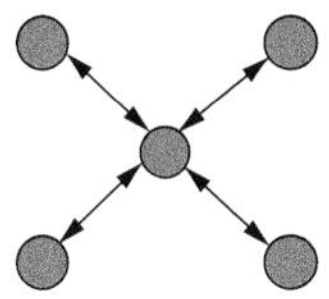	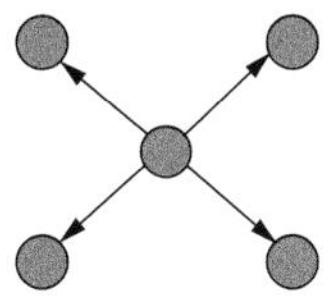	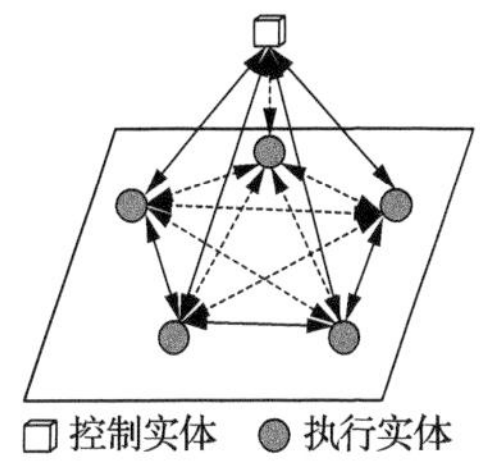 控制实体　执行实体
成员构成	指挥人员、机械工程、采油工程、地质工程、油藏工程、环境保护工程和信息与控制工程等			
项目内容	根据实施目的、项目设计的要求，制订实施设计，进行实施前准备，然后进行项目实施工作			

7.3.2　开发团队结构的选择

将前期学者关于团队有效性的评价指标进行归纳如表 7-24 所示。

表 7-24　团队有效性评价指标

学者	评价指标
Gladstein[64] Hackman 等[65]	1）团队绩效：团队的工作是否能满足需要和接受检查，或者是否能满足数量、质量和时效方面的要求； 2）团队成员满意度：成员是否能在团队中体验到个人的发展和幸福感； 3）团队生命力：团队成员是否能持续不断地共同工作
Cohen 和 Bailey[66]	1）团队绩效：团队效率、生产力、反应速度、质量、顾客满意度和创新等； 2）成员态度：成员的满意度、承诺以及对管理层的信任等； 3）成员的行为：成员的缺勤、离职和安全等
Hackman[67] Sundstrom 等[68]	1）群体生产的产量（数量、质量、速度、顾客满意感等）； 2）群体对其成员的影响（结果）； 3）提高团队工作能力，以便将来有效地工作
Campion 等[69,70]	生产力、满意度和管理者评价
吕晓俊等[71]	1）团队的绩效：有形的产量和无形的服务； 2）团队可持续发展能力：雇员满意感、团队承诺和对创新的容忍度

从表 7-24 可以总结得到，对于团队的有效性没有统一的划分标准。上述团队有效性的评价指标主要是：团队的绩效；团队成员态度，如满意度、承诺等；成员行为，如积极性、忠诚度等；工作能力和生命力等。本节将有关团队成员的态度和行为这两个指标合为一个因素，综合评价团队成员方面的情况。油藏开发团队有效性的评价内容为：一是项目绩效；二是团队成员效用；三是团队整合，分解为九项特

征指标。

油藏开发团队是以项目为中心的，项目管理的内容是在时间、成本和效益的约束下进行的。所以在项目绩效评价方面，根据表 7-24 的总结，从项目的完成时间、项目运行成本和项目经营效益三个方面评价。成员效用方面，从成员满意度、积极性、成长和忠诚度来分析评价。另外，第三个方面团队整合从成员专业的匹配度和成员之间的贴近度来分析。本节给出了如下有效性评价指标体系，如图 7-5 所示。

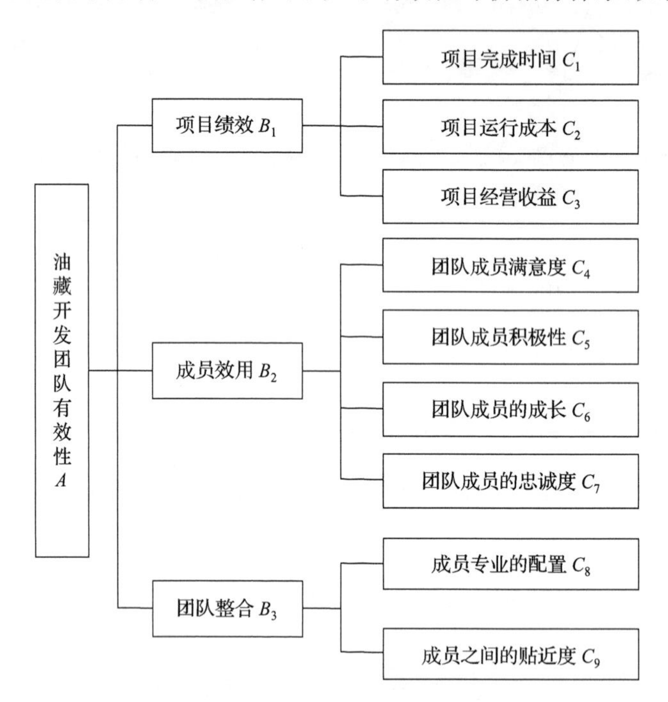

图 7-5　油藏开发团队有效性评价指标体系

组织结构的选择取决于主导环境，选择过程部分凭直觉。因此，还没有一个详细的过程来说明如何确定一个项目需要什么样的结构，鼓励项目经理去思考项目性质，比较可选结构的优势、劣势，考虑上级组织的文化特征，最终在各种因素之间寻找一个最佳的妥协方案。

为了比较不同的团队结构对于团队有效性的贡献程度，本课题组深入分析各个团队结构，结合油藏开发项目组的实际运作经验，采取“头脑风暴法”的讨论方式，进行专家评判，从油藏开发团队有效性评价指标体系的九个方面对七种团队的有效性进行了推断性的比较分析，具体内容如表 7-25 所示。首先按照表 7-25 对于各指标的重要性标度进行判断，对各指标的重要性进行了两两比较。

表 7-25　判断矩阵标度定义

标度	含义
1	两个要素相比,具有同样重要性
3	两个要素相比,前者比后者稍重要
5	两个要素相比,前者比后者明显重要
7	两个要素相比,前者比后者强烈重要
9	两个要素相比,前者比后者极端重要
2,4,6,8	上述相邻判断的中间值
倒数	两个要素相比,后者比前者的重要性标度

判断矩阵及重要度计算和一致性检验的过程与结果如表 7-26 所示。

表 7-26　判断矩阵及重要度计算和一致性检验的过程和结果

1

A	B_1	B_2	B_3	W_i	W_i^0	λ_{mi}	
B_1	1	2	3	1.817	0.536	3.009	$\lambda_{max}=3.009$ $C.I.=0.004<0.1$
B_2	1/2	1	2	1.000	0.297	3.008	
B_3	1/3	1/2	1	0.550	0.163	3.010	
				3.367			

2

B_1	C_1	C_2	C_3	W_i	W_i^0	λ_{mi}	
C_1	1	1/2	1/5	0.464	0.128	3.006	$\lambda_{max}=3.006$ $C.I.=0.003<0.1$
C_2	2	1	1/2	1.000	0.276	3.005	
C_3	5	2	1	2.154	0.595	3.006	
				3.618			

3

B_2	C_4	C_5	C_6	C_7	W_i	W_i^0	λ_{mi}	
C_4	1	1/2	2	5	1.495	0.290	4.025	$\lambda_{max}=4.018$ $C.I.=0.003<0.1$
C_5	2	1	3	7	2.546	0.495	4.021	
C_6	1/2	1/3	1	2	0.76	0.148	4.011	
C_7	1/5	1/7	1/2	1	0.346	0.067	4.014	
					5.147			

4

B_3	C_8	C_9	W_i	W_i^0	λ_{mi}		
C_8	1	3	1.732	0.750	2		$\lambda_{max}=2$ $C.I.=0<0.1$
C_9	1/3	1	0.577	0.250	2		
			2.309				

最后得到各评价指标的权重为

$$C_i = \{0.069, 0.148, 0.319, 0.086, 0.147, 0.044, 0.020, 0.122, 0.041\}$$

对于油藏开发团队的有效性的综合评判结果用系数 $E_0(0 \leqslant E_0 \leqslant 1)$ 表征，E_0 越大，表明油藏开发团队的运行的有效性越大，油藏开发项目工作效果越好。

表 7-27　油藏开发团队结构的有效性评价

评价类别	评价指标	权重	评语	评价值(E_i)	事务处理型	自我管理型	联合工作型	集成型	核心型	递阶合作型	虚拟型
项目绩效评价 0.536	项目完成时间	0.069	高	0.8			√	√			
			中	0.5	√				√	√	
			低	0.2		√					√
	成本节约量	0.148	高	0.8	√			√			
			中	0.5			√		√	√	
			低	0.2		√					√
	项目经营效益	0.319	高	0.8			√	√	√	√	
			中	0.5	√						√
			低	0.2		√					
成员效用 0.297	团队成员满意度	0.086	高	0.8		√	√				√
			中	0.5	√			√	√	√	
			低	0.2							
	团队成员积极性	0.147	高	0.8		√	√				√
			中	0.5					√	√	
			低	0.2	√			√			
	团队成员的成长	0.044	高	0.8			√				
			中	0.5	√	√			√	√	
			低	0.2				√			√
	团队成员的忠诚度	0.020	高	0.8		√					
			中	0.5	√		√		√		
			低	0.2				√		√	√
团队整合 0.167	成员专业配置有效性	0.122	高	0.8			√				
			中	0.5	√				√	√	
			低	0.2		√		√			√
	成员之间的贴近度	0.045	高	0.8	√		√				
			中	0.5		√			√	√	
			低	0.2				√			√

评价结果表明，联合工作型、核心型和递阶合作型等类型的团队结构对于油藏开发团队来说，是比较合适的结构类型。联合工作型团队由同一等级、不同学科的员工组成。成员来自油藏开发生产的不同部门，团队成员之间相互协作，共同完成比较复杂的项目。联合工作型团队可以使油田内部不同专业的员工相互交流，激发产生新方法，协调完全复杂项目。核心型团队设立中央成员，中央成员负责协调团队成员工作，有决策的权力，使成员间的交流更为频繁，项目成员通过视频会议、网络和定期的面对面会议进行交流。团队能较好地解决各成员之间的利益分歧。核心型团队中成员集中，合作程度强，面对面交流的机会多，时间安排严格精细[72]。

递阶合作型结构综合了团队协调、合作和整体控制的功能。团队成员之间可以相互协调，具有局部自主性和灵活性，同时又可以实现有效的控制，使得团队更好的运行。递阶合作型结构顶端的控制实体一般是团队的协调管理人员，负责团队的整体运行和团队成员的相互协调与管理工作。结构第二层的执行实体是来自不同的部门或组织其他团队成员，他们之间相互配合、协调工作，共同为了团队目标而工作。

表 7-28 油藏开发团队结构类型评价结果

团队类型	事务处理型	自我管理型	联合工作型	集成型	核心型	递阶合作型	虚拟型
有效性系数	0.5106	0.3765	0.7464	0.5466	0.5937	0.5877	0.4347
有效性排序	5	7	1	4	2	3	6

7.3.3 油藏开发团队组织机制的博弈分析

1. 油藏开发团队运行分析

当前油藏管理改革是油藏开发实行市场化运行和实现突出效益的手段。油藏开发团队是油藏开发和管理的微观单元，则运用市场化的理念进行油藏开发团队的管理是油藏管理的基础。油藏开发团队团队成员分散，由于油藏项目工作的不确定性，作为代理人的团队成员的工作成果具有不确定性，而且委托人无法直接监督代理人工作过程。

委托代理理论侧重组织内部机制的设计，即委托人采取何种方式在代理人实现自己效用最大化的同时也实现委托人的最大效用，即激励相容问题。在油藏开发过程中，对于团队成员缺乏激励机制和有效的监督机制，通过建立委托-代理模型，选择合适合同，使油藏管理区能够及时、有效地了解团队成员的工作情况，使得油藏管理区作为团队组建者获得最大利益而努力工作。

管理区不可能根据团队成员的工作情况支付报酬，而是根据团队成员的工作成果支付报酬。另外，由于油藏资源的地质情况的复杂性和不确定性，油藏开发的项目工作具有高风险性，即使投入大量的人力、物力，工作人员付出大量的努力也不一定能够保证项目的成功。所以油藏开发团队工作的风险性是需要特别重视的。另外，团队成员的工作方式也具有一定的灵活性，有时团队成员比较分散，不能非常有效地对成员进行协调管理，增加了团队管理的难度。本节从委托-代理理论的角度尝试分析油藏开发团队的运行机制的相关问题。

从信息经济学的角度来看，团队是指一组代理人，他们独立的选择努力水平，但创造一个共同的产出，每个代理人对产出的边际贡献依赖于其他代理人的努力，不可独立观测。油藏开发团队是油藏开发工作中多学科人员协同工作，不断认识油藏资源，投入大量的资源进行油藏的风险开发。在油藏管理理论中，油藏开发工作实行市场化运作，油藏开发过程中的项目工作实行甲、乙方市场化模式，双方有自己的利益标准，是独立的市场主体。在油藏开发团队中，油藏管理区（团队的组建者）是委托人，团队成员为代理人，这样就构建了委托代理关系，可以构建委托代理的模型，对油藏开发团队的运行机制进行分析。

2. 模型的理论假设

(1) 假定作为委托人的油藏管理区与作为代理人的团队成员均为理性经济人，双方均实现自身收益的最大化。

(2) 油藏开发团队项目投资为 p。用 a 表示成员在连续区间中选择的努力水平，团队产出 R 是 a 的随机函数，$R=R(a)=\theta a\times\varepsilon$，其中，$\varepsilon$ 是均值为零，方差等于 δ^2 的正态分布随机变量，代表油藏开发中的风险因素，风险越大，则 ε 的方差 δ^2 越大。

(3) 团队成员的努力成本 $C(a)$，假定为 $C(a)=\dfrac{1}{2}ba^2$，$b>0$，b 越大，同样的努力 a 带来的负效用越大，$C'(a)>0$，$C''(a)>0$，即团队成员的总成本和边际成本都随着努力水平的增加而增加。

(4) 假定团队的组建者作为委托人是风险中性的，团队成员是风险规避的。团队成员的效用函数具有不变绝对风险规避特征，即 $u=-\mathrm{e}^{-\rho w}$，其中，ρ 是绝对风险规避度量，$\rho>0$ 表示风险厌恶，$\rho=0$ 表示风险中性，$\rho<0$ 表示风险喜好；w 是团队成员的货币收入。团队成员的风险成本为 $\dfrac{1}{2}\rho\beta^2\delta^2$。

(5) 假设团队成员的报酬合同为线形，Witzman 提出了采用线性合同的合理性，Holmstrom 和 Milgrom 也进一步证明了线性合同是能够达到最优的。因此以下都假设激励合同具有如下形式：$W(R)=\partial+\beta R$，其中，W 是团队成员的报酬；

∂是团队成员的固定工资；R 是衡量油藏开发团队绩效的特定指标；β 是激励强度，$0 \leqslant \beta < 1$。

(6) 团队成员不接受委托，即不参加油藏开发团队的收益为 U。

3. 模型的建立

因为组建者是风险中性的，则其期望收益为 v。

$$v = p + R - W(R) = p + \varepsilon\theta a - \partial - \beta\varepsilon\theta a$$
$$= p - \partial + (1-\beta)\varepsilon\theta a \tag{7-1}$$

团队成员的实际收入为 W。

$$W = W(R) - C(a) = \partial + \beta\varepsilon\theta a - \frac{1}{2}ba^2 \tag{7-2}$$

其确定性等价收益为

$$\partial + \beta\varepsilon\theta a - \frac{1}{2}ba^2 - \frac{1}{2}\rho\beta^2\delta^2 \tag{7-3}$$

在委托代理博弈的过程中，团队成员选择接受委托加入油藏开发团队的条件是他的收益不小于他的机会成本 U，即他的收益函数满足：

$$\partial + \beta\varepsilon\theta a - \frac{1}{2}ba^2 - \frac{1}{2}\rho\beta^2\delta^2 \geqslant U \tag{7-4}$$

这是团队成员的参与约束(IR)。

在满足了团队成员的参与约束，即团队成员接受委托加入油藏开发团队的前提下，组建者当然希望付给团队成员的报酬越低越好。因此，实际情况中参与约束(IR)变为

$$\partial + \beta\varepsilon\theta a - \frac{1}{2}ba^2 - \frac{1}{2}\rho\beta^2\delta^2 = U \qquad \text{(IR)} \tag{7-5}$$

因为组建者无法观测到团队成员的努力程度，所以团队成员可以自主选择自己的努力程度，使得自身收益最大，即

$$\max_{a} \ \partial + \beta\varepsilon\theta a - \frac{1}{2}ba^2 - \frac{1}{2}\rho\beta^2\delta^2 \qquad \text{(IC)} \tag{7-6}$$

这就构成了团队成员的激励相容约束(IC)，也就是在团队组建者提出委托和团队成员接受委托的前提下，促使团队成员努力工作的条件。

组建者选择合适的 a、∂、β，满足团队成员的参与约束(IR)和激励相容约束(IC)的情况下，使得自己的收益最大化。团队成员得到相应的激励后，会在工作中积极努力的工作，在合作中减少甚至杜绝对委托人的欺骗，从而增加合作双方的信任。这样，油藏开发团队组建者与团队成员之间的模型可以表示为

$$\max_{a,\alpha,\beta} \ p - \partial + (1-\beta)\varepsilon\theta a \tag{7-7}$$

$$\text{s. t.} \quad \partial + \beta\varepsilon\theta a - \frac{1}{2}ba^2 - \frac{1}{2}\rho\beta^2\delta^2 = U \qquad (\text{IR}) \tag{7-8}$$

$$\max_a \quad \partial + \beta\varepsilon\theta a - \frac{1}{2}ba^2 - \frac{1}{2}\rho\beta^2\delta^2 \qquad (\text{IC}) \tag{7-9}$$

由式(7-9)对 a 求导，一阶条件为 $\beta\varepsilon\theta - ba = 0$，则得到

$$a = \beta\varepsilon\theta / b \tag{7-10}$$

将参与约束条件和 a 的值代入式(7-7)，可得到

$$\beta^* = \frac{1}{1 + b\rho\delta^2/\varepsilon^2\theta^2} \tag{7-11}$$

$$a^* = \frac{\beta^*\theta\varepsilon}{b} \tag{7-12}$$

$$\partial^* = U + \frac{1}{2}\rho\beta^{*2}\delta^2 + \frac{1}{2}ba^{*2} - \theta\varepsilon\beta^* a^* \tag{7-13}$$

则解 β^*、a^*、α^* 满足团队运行的模型，即油藏开发团队组建者向团队成员签订合同 $W(R) = \partial^* + \beta^* R$，能对团队成员提供足够的激励使其不欺骗委托人，消除信息不对称，使团队成员在合作中按照团队组建者的意愿行动，油藏开发团队组建者将获得信息不对称条件下的理想收益。

4. 模型结果分析及建议

(1) 根据油藏开发团队模型进行分析，绝对风险规避度量 ρ 对激励强度 β 的影响。

$$\frac{\partial\beta^*}{\partial\rho} = -(1 + b\rho\delta^2/\varepsilon^2\theta^2)^{-2} \cdot \frac{b\delta^2}{\varepsilon^2\theta^2} < 0 \tag{7-14}$$

可以得到随着风险规避度量 ρ 的增加，团队组建者应该降低激励强度 β。

(2) 绝对风险规避度量 ρ 对固定工资 α 的影响。

$$\frac{\partial\alpha^*}{\partial\rho} = \frac{\delta^2(b+\delta^2)}{2\varepsilon^2\theta^2}\rho \cdot (1 + b\rho\delta^2/\varepsilon^2\theta^2)^{-2} \tag{7-15}$$

因为 $b > 0$，所以 $\frac{\partial\alpha^*}{\partial\rho}$ 的正负取决于 ρ 的符号。①若团队成员是风险厌恶型，即 $\rho > 0$ 时，则 $\frac{\partial\alpha^*}{\partial\rho} > 0$，说明随着团队成员风险厌恶程度的增加，团队组建者应该增加团队成员的固定工资，以更好地激励团队成员。②若团队成员是风险喜好型，即 $\rho < 0$ 时，则 $\frac{\partial\alpha^*}{\partial\rho} < 0$，说明随着团队成员风险喜好程度的增加，团队组建者可以适当减少团队成员的固定工资，加大灵活的激励措施力度。③若团队成员是风险中性时，即 $\rho = 0$ 时，则

$$\beta^* = 1 \tag{7-16}$$

$$a^{*} = \frac{\theta \varepsilon}{b} \tag{7-17}$$

$$\partial^{*} = U - \frac{\theta^{2}\varepsilon^{2}}{2b} \tag{7-18}$$

最后得到团队组建者给予团队成员的激励合同为

$$W = U - \frac{\theta^{2}\varepsilon^{2}}{2b} + R \tag{7-19}$$

这个团队成员的激励合同是油藏开发团队的所有项目收益都成为团队成员的收入。若 $\partial^{*} = U - \frac{\theta^{2}\varepsilon^{2}}{2b} < 0$，则说明团队组建者不给成员固定工资，是收取 $\frac{\theta^{2}\varepsilon^{2}}{2b} - U$ 的承包费或者租金，此时，团队组建者的收益为

$$v = p + R - W(R) = p - \partial = p + \frac{\theta^{2}\varepsilon^{2}}{2b} - U \tag{7-20}$$

这实质上是油藏开发承包或者租赁经营制。将油藏开发工作承包或者租赁给团队成员，充分发挥其积极性，团队组建者只是向团队成员收取相应的租金。

美国证监会颁布的《SX4-10 条例》规定，油气成本分为矿区的取得成本、勘探成本、开发成本和生产成本四个类别。其中矿区的取得成本是指购买、租赁或者以其他方式取得矿区(即矿产权)时发生的成本，包括租赁定金、购买或租赁矿区选择权的成本、土地租金、经纪人手续费、登记费用和法律费用以及获得矿区时发生的其他成本。从美国油气成本中矿区的取得成本可以反映出对于油藏开发工作的承包或者租赁制在矿区开发的范围内已经成功实践，那么假如团队成员风险中性的情况下，团队生产实行承包或者租赁也应具有一定的可行性。

7.3.4 小结

在团队类型研究的基础上，经过对油藏开发项目的调查，根据各专业人员等主体的不同结合方式及其形成的关系网络，归纳出七种油藏开发团队的结构类型。并分析油藏工程、钻井工程、地面建设工程和采油工程等项目相应可行的结构类型。

给出了油藏开发团队的有效性评价指标体系。对油藏开发团队有效性的评价从三个方面进行：一是项目绩效评价；二是团队成员效用评价；三是团队整合方面的评价，分解为九项特征指标。然后对七种结构类型进行分析比较得出，联合工作型、核心型和递阶合作型等类型的团队结构对于油藏开发团队来说，比较合适的结构。

7.4　主要结论及建议

本章通过定性与定量、理论研究和实证分析结合，对油藏开发团队有效性及其影响因素和组织机制进行了研究，总结主要工作及其主要结果，并剖析工作局限及未来相关工作方向。

国外石油公司在作业区实行多专业油藏团队合作，采用集油田勘探开发一体化、系统化的并行式工作模式，这种模式要求所有参与油田勘探开发工作人员从油藏的全生命周期考虑油气的生产。国内石油公司尝试多学科协同工作，尚未构建统筹规划和集约化经营的多学科团队。因此，学习国外油藏管理作业区团队合作的模式，分析在我国特定的环境下油藏开发团队成功运行的影响因素，将具有特别的意义。

本章首先结合一般团队的概念和油藏开发的实际，总结出油藏开发团队的概念、特点和生命周期。接着结合油藏开发的特殊性，归纳了油藏开发团队有效性的影响因素，提出了影响因素概念模型。通过调研方案及问卷设计、现场问卷调查、统计分析等，基于现有油藏开发项目组的团队工作实践，分析和验证油藏开发团队的有效性和影响因素及其理论模型。进而分析归纳和评价了油藏开发团队可行的组织结构类型。

(1) 根据油藏管理理论和团队理论相关研究，结合我国油田油藏开发生产的实践，分析了油藏开发团队的相关概念、特征和生命周期。油藏开发管理团队是在油藏开发的不同阶段，针对油藏开发中的油藏工程、钻井工程、地面建设工程、采油工程以及生产中采取的增油措施等项目，整合资源，多学科专业人员借助信息技术相互交流，协同工作，采用相应的团队模式实现项目目标，并且随着项目的结束而自动解散的临时性团队。

(2) 结合油藏管理理论和团队有效性研究，验证了油藏开发技术、生产和组织三个方面的因素对油藏开发团队的影响。虽然学术界对于一般团队的有效性及其影响因素的研究比较多，但是对于独具特色的油藏开发团队来讲，系统的对其概念、运行以及有效性影响因素的研究是很少的。本章基于现有油藏开发项目组的团队工作实践，从油藏开发技术、生产和组织三个方面提取和分析未来油藏开发团队有效性的影响因素。

本章得到:信息技术能力、油藏信息、油藏开发方案、目标、成员的选择、多学科协作和领导与控制等这些因素与油藏开发团队有效性之间影响关系得到验证。油藏开发技术和设备状况、油藏调度、石油组织文化等因素被否定。将被否定的因素删除，得到油藏开发团队有效性的七个主要影响因素:信息技术能力、油藏信息、油藏开发方案、团队目标、成员的选择、多学科协作和领导与控制。

(3) 结合油藏开发的主要项目工作，分析了在油藏工程、钻井工程、地面建设工程和采油工程可行的团队结构类型。事务处理型、自我管理型、联合工作型和虚拟型是比较适合油藏工程的结构类型；联合工作型、集成型、核心型和递阶合作型是比较适合钻井工程和地面建设工程的结构类型；事务处理型、联合工作型和核心型是采油工程可行的结构类型。

第8章 采油厂、油藏管理区及主要利益主体的博弈分析

激励机制是运用理性化的制度来反映激励主客体间相互作用的方式。进行油藏管理的激励机制分析与设计的目的是提高油藏管理的激励效益并使之长期一贯地作用于实际的油藏管理行为，其中不同管理层次、不同利益主体间的技术投资调控分析是激励机制运行的重要组成部分。

(1) 油藏管理的双向委托—代理关系设计。本章认为采油厂与油藏管理区之间存在委托—代理关系，其复杂性体现在四个分系统之间的作用机理使得油藏开发中的相互影响错综复杂，而油藏管理中发生直接作用并存在潜在利益冲突的双方都追求利益最大化，代理人会根据自身而非委托人的利益采取行动。本章主要运用博弈论的观点和方法分析油藏管理区激励机制问题，设计了油藏管理中不同利益主体间的双向委托—代理关系，以实现权利的施授是双向、闭合的，为后续不同层次、不同利益主体的博弈分析奠定必要的研究基础。

(2) 油藏管理相关利益主体的博弈分析。本章在明确油藏管理相关主体关系及其行为特征的基础上，运用博弈论的不同模型及分析方法讨论了油藏管理区与采油厂及油藏管理区之间的博弈问题，结合油藏管理的理论范式及中国化的管理实际，初步构建了采油厂和油藏管理区产出效益分配的完全信息动态博弈模型、采油厂与油藏管理区之间的微分博弈模型、油藏管理区之间的合作分配博弈模型和油藏管理区可持续发展策略的演化博弈模型等四个分析模型，重点探讨了油藏管理中关于效益分配、产出分配和资源利用三方面的问题，为油藏管理的激励机制设计提供重要支撑和研究基础。

(3) 基于博弈分析的油藏管理激励机制设计。在前文油藏管理的双向委托—代理关系设计及不同利益主体博弈分析基础上，本章进行了油藏管理区与其主要利益主体的激励机制设计。基于采油厂和油藏管理区之间长期激励的需要和收入与风险对称的原则，设计了油藏管理区管理层的激励机制；基于采油厂对油藏管理区产出效益的分配问题，设计了二者之间的产出分配激励机制；通过研究采油厂和油藏管理区之间努力水平的变化问题，设计了微分博弈的长期激励机制和共同治理激励机制；针对油藏管理区的非合作博弈状态与产出效益的辩证关系，提出通过内部契约来实现不合作博弈到合作博弈的转变。

(4) 采油厂技术投资调控的博弈分析。在前文研究基础上，以采油厂作为主体，分析了油田分公司与采油厂之间的油藏管理治理关系，重点关注在绩效管理、

财务管理和人力资源管理等方面的协调和配合，并设计出在技术投资中油田分公司对采油厂调控的三种机制：协调机制、引导机制和晋升机制。在此基础上，运用博弈论的相关模型及分析方法研究了协调机制和引导机制下的油田分公司与采油厂之间的技术投资博弈过程，建议油田分公司对采油厂技术投资通过适度的直接投资或间接补贴形式，引导采油厂合理运用资金来改善自身的技术水平。同时，研究了晋升机制下不同采油厂间的合作技术投资博弈和采油厂领导人的晋升博弈问题，期望通过对采油厂领导人的合理选拔来激励采油厂积极进行技术投资。

8.1　研究背景及基础

油藏管理是通过人力、技术、信息、资金等资源的有效使用，优化油藏开发过程，创新油藏组织管理，以最低的投资和成本费用，最大限度地提高从油藏中获得的收益，实现资源经济可采储量的最大化及组织经济效益的最大化。

自 20 世纪 90 年代以来，国外石油公司已普遍将油藏管理作为高效开发油气田的基本模式，并获得了较大成功。据统计，近年来世界原油储量增长的四分之三来自加强油藏管理的效果。这些理论及实践为中国石油企业推行油藏管理提供了很好的借鉴作用。

目前，我国油藏组织管理上存在着部门协调困难、管理层次多、管理成本高、管理者责权利不统一以及考核激励机制混乱等诸多问题。因此，在推行油藏管理改革的同时，油田企业需要建立新的油藏管理组织体制以适应新的油藏管理模式，适时地调整内部组织的功能方式，从而压缩管理层次、降低管理成本，使得油田内部各个层次的责权利统一起来。

油藏管理系统是一个多种要素相互作用、相互联系的复杂系统，这个系统的稳定和发展需要系统内部资源、技术、生产及组织管理等各个分系统的相互协同配合，其中组织管理系统中人的要素在油藏管理的推行和实践中发挥着主导作用和影响。油藏管理四个系统（油藏资源分系统、技术管理分系统、生产管理分系统和组织管理分系统）的和谐发展需要组织管理系统的不断协调与控制，因此，在推行油藏管理新模式的时候，要注意油田企业新的组织管理体制的建立，以适应新的油藏管理模式。有效的管理组织体制的建立可以为技术、生产等分系统提供优良的环境和科学的决策，促进技术、生产等分系统高质量、高效率的完成油藏管理的目标，使得油藏管理四个分系统之间及其与总系统之间良好的运行。

油藏管理中新的组织管理体制的建立必然会对中国石油企业，特别是东部老石油企业的原油产量/成本/效益、组织/人事/战略、稳定/发展/改革等各个方面产生影响。因此如何有序推进油藏组织变革，研究新的组织管理模式下有关主体相互之间的关系和利益冲突，保证组织管理分系统良好的发展就成为我们亟待解决的重要问题。运用博弈论方法研究油藏管理中各相关利益主体的行为特征及价值取向,分析其目标策略及利益均衡问题,从而为油藏管理组织变革提供一定的政策参考,并且以此为依据建立组织管理的优良模式,从而整体上提高油藏管理水平。本章以P公司下属的采油厂与其下属的油藏管理区为研究实例。

8.2 研究内容、方法与思路

8.2.1 研究内容

油藏管理涉及多个相关利益主体,有油田总公司—油田分公司—采油厂—油藏管理区。本研究的主要相关利益主体是围绕油藏管理区及采油厂展开的,主要有油藏管理区与其上级管理者—采油厂的产出效益分配的非合作博弈、油藏管理区之间的产出分配的合作博弈、油藏管理区之间关于资源利用的演化博弈以及采油厂关于技术投资的相关利益主体博弈分析四部分来讨论(图 8-1)。

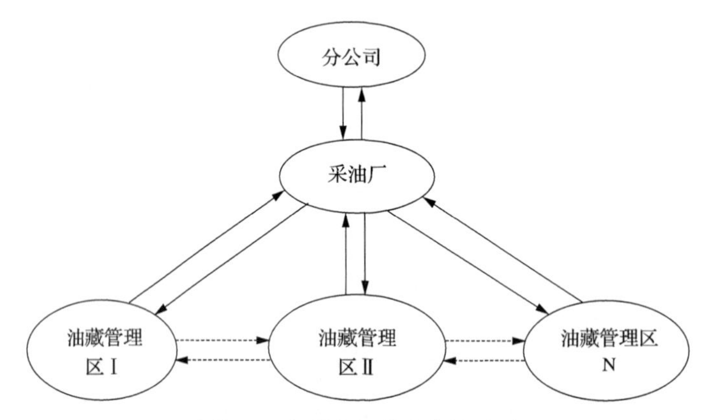

图 8-1 本研究相关主体关系图

1) 采油厂和油藏管理区之间的产出效益分配博弈分析

采油厂和油藏管理区之间的产出效益分配博弈分析主要是考虑采油厂对油藏管理区一定的投资方式下,探讨油藏管理区的最优原油产量和上级采油厂的最优分配比例,分析各方的博弈结果。通过建立完全信息的动态博弈模型,探讨不同的投资方式下采油厂和油藏管理区博弈的均衡结果;通过建立微分博弈模型,探讨连续时间的多阶段的采油厂和油藏管理区之间长期的产出效益分配的问题,分析产出效益按照一定比例分成的方式下,采油厂和油藏管理区的努力水平随着时间的推移的变化情况。

2) 油藏管理区之间的产出分配问题

油藏管理区之间存在自然资源、人力资源、生产、技术、资金等方面的互补,油藏管理区在形成有约束力的协议的基础上，通过一定的合作，可以使得各自的产出水平都能有所提高。对于合作之后的产出分配问题，本研究运用 Shapley 值模型及其改进的模型，给出油藏管理区合作后的一种产出分配方式。

3）油藏管理区之间关于资源利用的演化博弈

讨论不同类型的油藏管理区群体关于地下资源开发策略的动态演化博弈行为，分析不同情况下各个群体的可持续开发策略和不可持续开发策略博弈演化路径及结果，也指出了系统博弈达到帕雷托最优，即实现资源的可持续发展的必要条件，为相关政策制定提出建议。

4）采油厂与分公司及采油厂间的技术投资博弈

在分析分公司与采油厂绩效管理、财务管理和人力资源管理等关系基础上研究协调机制和引导机制下油田分公司与采油厂之间的技术投资博弈过程；并研究了不同采油厂之间的合作技术投资博弈和采油厂领导人的晋升博弈问题。

8.2.2　研究方法

本章运用博弈论方法来研究。博弈论按照博弈方得到的信息的完全程度和博弈过程的状态可以划分为完全信息静态博弈、不完全信息静态博弈、完全信息动态博弈和不完全信息动态博弈，具体见表 8-1；按照局中人之间能否达成一个有约束力的协议，博弈可分为合作博弈与非合作博弈。具体见表 8-2。合作博弈是在一个博弈过程中，局中人之间的协议、承诺或威胁具有完全的约束力，并且能够强制执行。反之称为非合作博弈。因此，合作博弈理论主要研究的是收益分配问题，即集体收益最大化的前提下，如何分配合作得到的收益。而非合作博弈则主要研究策略选择问题，以及在利益相互影响的局势中局中人如何选择策略使自己的收益最大。假设和研究对象的差异导致分析思路的不同。

表 8-1　博弈的分类 Ⅰ 及对应的均衡概念

行动顺序信息	静态	动态
完全信息	完全信息静态博弈（纳什均衡）	完全信息动态博弈（子博弈精炼纳什均衡）
不完全信息	不完全信息静态博弈（贝叶斯纳什均衡）	不完全信息动态博弈（精炼贝叶斯纳什均衡）

表 8-2　博弈论分类 Ⅱ——合作博弈与非合作博弈

博弈类型比较内容	合作博弈	非合作博弈
是否达成有约束力的抗议	是	否
基本元素	参与人的联合行动集合	单个参与人的可能行动集合
合作方式	外生的合作方式	可能达到内生的合作
标准表达形式	扩展式、策略式	联合式

这两种博弈论的划分是按照不同的角度来进行的，因此对于同一个博弈问题它可以同时属于两种不同的类型中的任意一种(图 8-2)。本研究主要是运用非合作博弈的思想分析油藏管理区之间及其上级采油厂之间的产出效益分配等完全信息的动态博弈问题；运用合作博弈的思想来分析油藏管理区之间的合作产出分配问题。

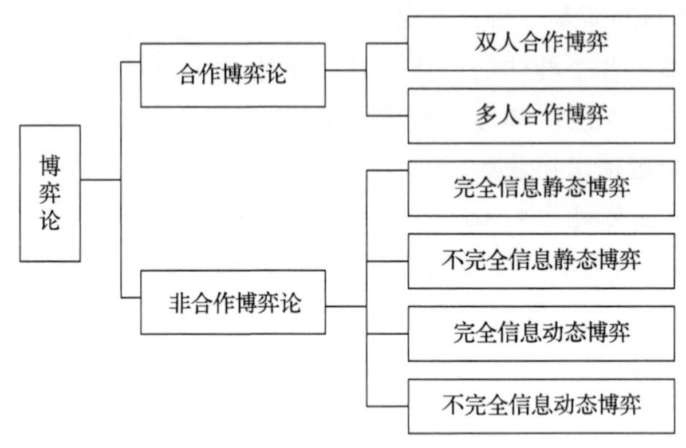

图 8-2　博弈论的分类

8.2.3　研究思路

本章研究主要讨论效益分配、产出分配和资源开发三方面的博弈问题，涉及油田分公司、采油厂和油藏管理区三个层级，具体的研究思路如图 8-3 所示。

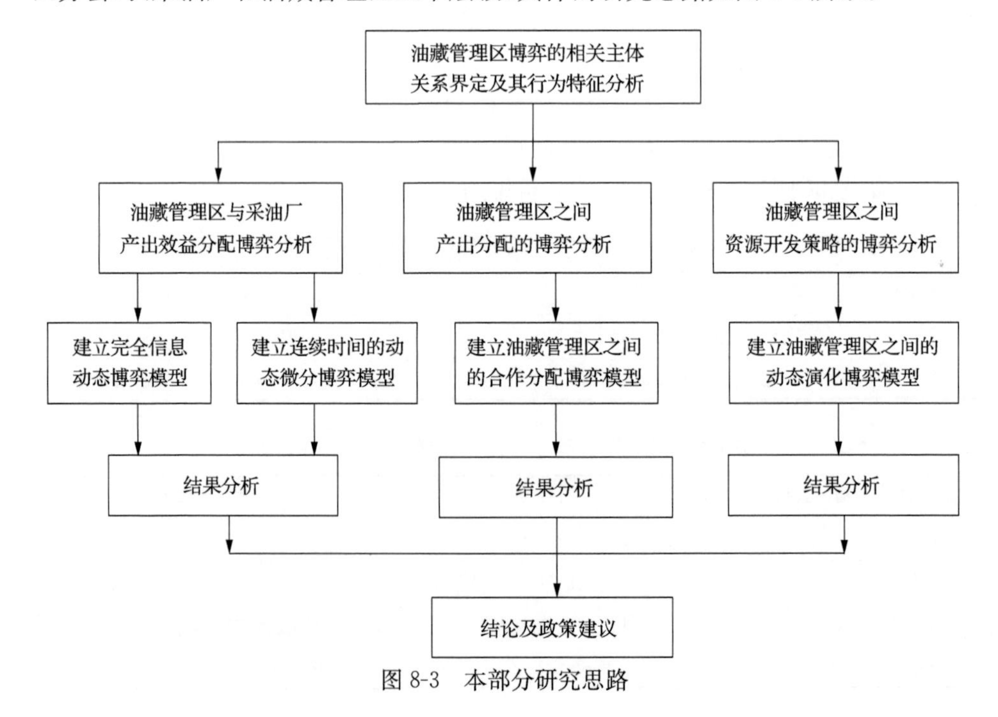

图 8-3　本部分研究思路

8.3　油藏管理相关主体关系描述

油藏管理的开展和实施是一项复杂的系统工程，它涉及多方的利益及行为，而分析并确定各相关利益及行为主体，探讨其各自的需求、价值取向、行为方式等与各主体的一般关联方式，是有关博弈分析的结构基础(图 8-4)。

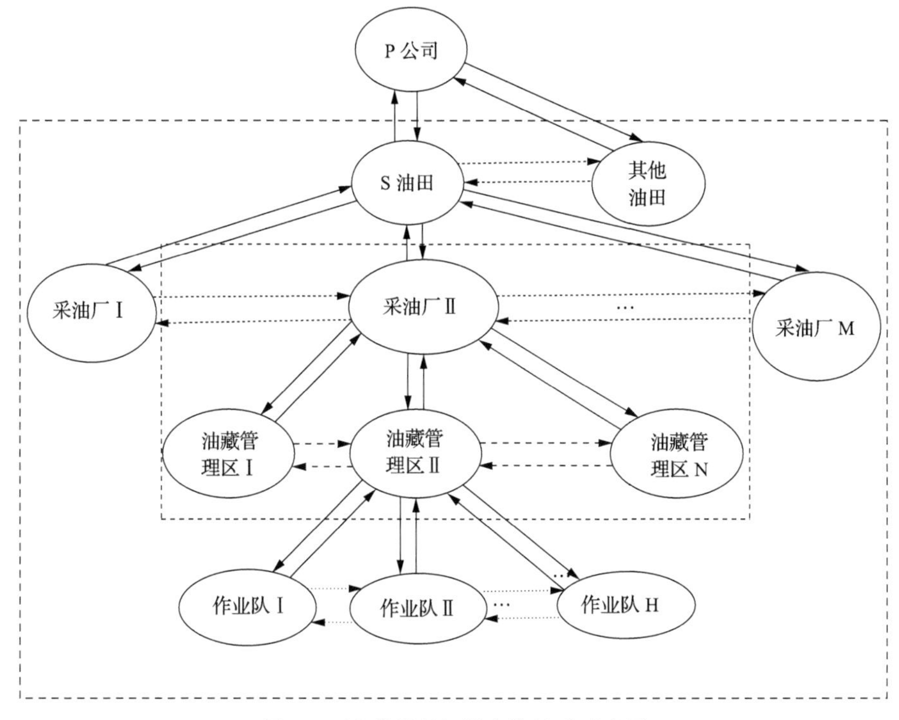

图 8-4　油藏管理相关主体关系示意图

图 8-4 中共涉及了五个层次的主体，分别是最高层的 P 公司(股份公司)，第二层是 S 油田及其他油田，第三层主体是 S 油田下辖的各个采油厂，第四层是采油厂下辖的各个油藏管理区，第五层的主体是某个油藏管理区的作业队。

这里重点研究油藏管理区与采油厂及油藏管理区之间的关系。油藏管理区是油藏管理的主要研究对象，也是整套油藏组织结构层次中具有独立核算个体的最小单元，而采油厂作为油藏管理目前的直接领导，应该针对油藏管理区的不同的行动方案适时地作出调整，以保证油藏管理区健康地发展。同时，也有利于使得油藏管理区和采油厂形成良好的互动关系，使它们成为一个局部的和谐的小系统。因此，讨论油藏管理区和采油厂的行为关系对 S 油田油藏管理的发展有重要的指导意义。

8.4　采油厂技术投资的博弈分析

8.4.1　采油厂技术投资相关利益主体关系分析

本章不涉及油田分公司对原油进行运输、炼油等中间(加工)环节,以及对社会进行的成品油销售环节,只考虑油田分公司与采油厂关系中所扮演的角色、承担的任务及其行为特征。

以S油田分公司为例,分公司下辖四类单位(处室):包括公司机关处室,如勘探处、开发处、采油工程处、生产管理处、规划计划处、技术发展处、人力资源处;公司直属单位,如勘探项目管理部;公司二级单位,如GD采油厂等采油厂以及地质科学研究院、采油工艺研究院、物探研究院等研究院所;公司托管单位,如大明集团股份有限公司、石油开发中心等。S油田分公司组织结构如图8-5所示。

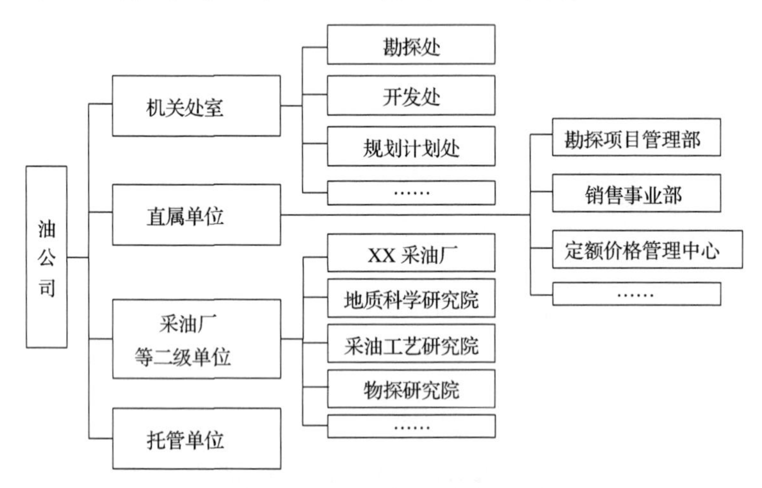

图8-5　油田分公司组织结构图

采油厂的组织管理结构主要有两层,第一层是采油厂机关、采油队和生产辅助单位及后勤服务单位,第二层单位是各个第一层的直属下级单位。其中采油厂机关主要有规划发展部、财务资产部、生产管理部、市场管理部、人力资源部、党群工作部、安全环保监督部、纪检监督部、物资装备部等;生产辅助单位及后勤服务单位主要有热采技术服务中心、信息中心、基建工程管理中心、物资配送站、工艺研究所、地质研究所、热采技术服务中心、治安保卫中心、监测技术服务中心、水电管理中心、集输注水管理中心等。其结构如图8-6所示。

鉴于采油过程的复杂性,采油需要多学科协作,需要物探、地质、油气藏工程、开采工程、开采工艺、地面建设、经济分析等专业人员组成协同工作组,故每个采油

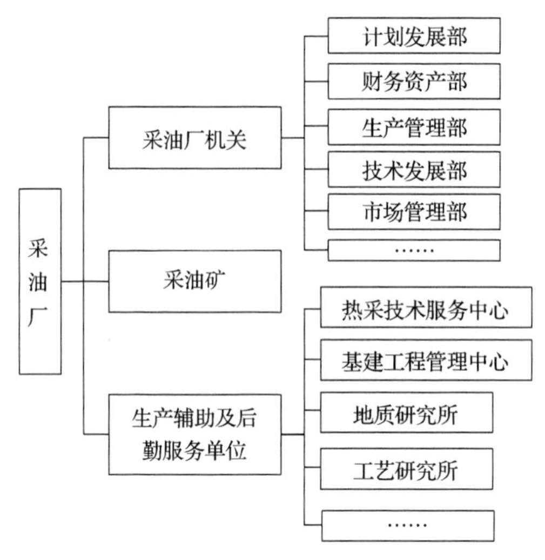

图 8-6　采油厂组织结构图

厂都有各自一套固定班底的协同工作组。这意味着人员的重复建设，人力成本的增加，资源的浪费，采油经验限制于采油厂之内等一系列问题。而油藏经营的团队工作模式愈来愈向着篮球赛式发展，地质-工程-经济-经营管理一体化，压缩了油藏勘探开发周期，这给采油厂之间的合作具备了可能性。

从上述组织结构图 8-5 和图 8-6 可以看出油田分公司和采油厂均有地质、工艺等研究所设置。油田分公司的技术研究机构研究内容与采油厂的研究内容有所交叉，但是由于其行政关系的设计并不直接，采油厂的研究所隶属于采油厂，而油田分公司的研究所虽然与采油厂平级，但无法直接形成管理协调的关系。这样不仅会造成科技研究经费、人力、设备的重复投入，攻关课题的重复研究，更造成科技研究结果的推广受到阻碍。由于对油田分公司研究机构的考核涉及技术推广程度，油田分公司研究机构有动力主动推广自己的成果，但采油厂有自己的研究机构，没有动力直接采用油田分公司研究机构的成果。油田分公司对采油厂的技术投资对于油田分公司和采油厂具有重要意义。

提高经济效益和实现油藏的可持续利用这两个目标是油藏管理所追求的最终目标，也是油田分公司对采油厂管理的主要目标，两者的协调和匹配能够实现油藏开发综合效益的最大化，如图 8-7 所示。

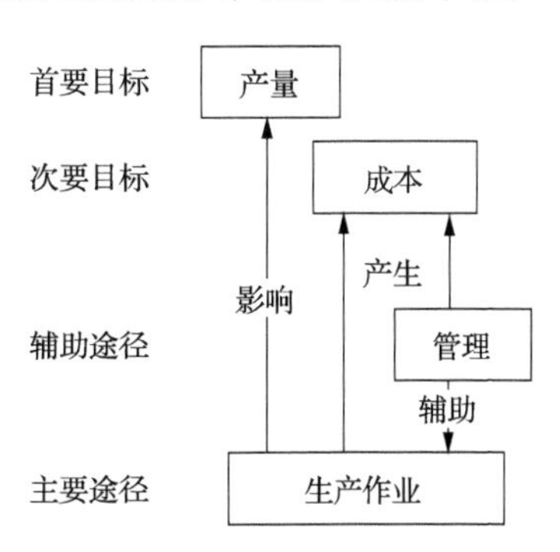

图 8-7　油田分公司管控目标图

1）绩效管理

油田分公司在与采油厂签订合同时，主要的考察指标是石油产量、效益指标。财务指标主要体现在采油厂石油产量的价值换算值、运营成本以及两者的差值——模拟利润。每个季度通过采油厂财务报表、采油厂生产报表、ERP信息系统等来源，油田分公司根据获取的资料对采油厂合同的履行情况进行监控、反馈。

2）财务管理

采油厂作为一个成本中心，油田分公司对其财务管理的控制程度很高，从资金总量和结构都进行控制，试行“零基预算”。从实际需要与可能出发，逐项审议预算期内各项费用的内容及其开支标准是否合理，在综合平衡的基础上编制费用预算，希望做到采油厂花费的每一分钱都经过批准、消耗的每一份物料都经过事前的采购审批，数量、规格、价钱由分公司对各采油厂统一。

3）人力资源管理

油田分公司对采油厂人事的直接控制层次为厂级领导正职的任命和薪酬分配，对于中层以下管理人员的任免、激励、薪酬分配，在油田分公司的指导意见下，由采油厂提出，分公司进行审核、备案、执行。

采油厂招聘、解聘员工则是由采油厂提出人员要求后，经集团统一招聘入职，而后油田分公司评估，进行技能、企业文化等方面的培训。油田分公司对采油厂员工数量控制是基于员工总数的定员标准结合薪酬总量两方面进行控制。

8.4.2　协调机制下采油厂技术投资的博弈分析

1. 问题描述

我国成品油价格，是按照《石油价格管理办法（试行）》中规定，以国际市场原油价格为基础，考虑国内平均加工成本、税金、合理流通环节费用和适当利润确定的。本节中油田分公司和采油厂两类主体的博弈研究将成品油价考虑为外生变量。

采油厂作为基于区域划分的行政单位，是石油原油的供给单位，但由于没有炼化销售环节，故而没有直接的原油销售收入，在油田分公司内部算是成本中心。油田分公司对采油厂的投资政策、收益分配政策都直接影响着采油厂原油勘探开发的主动性、积极性，进而影响采油厂的原油产量。原油产量会影响油田分公司炼化、销售的收益，也会影响采油厂自己的收益。

具体对采油厂来说，原油净收益的构成为原油的收入、成本与税收之差。这里我们设定不考虑税收因素。原油成本的构成主要由勘探、开发和生产费用组成，大约分别占10％～20％，40％～60％，20％～50％。本节按照与原油产量的关系，将原油成本划分为固定成本和变动成本。采油厂成本除了上述成本之外，还应加入考虑技术研究投入。油气成本构成图如图8-8所示。

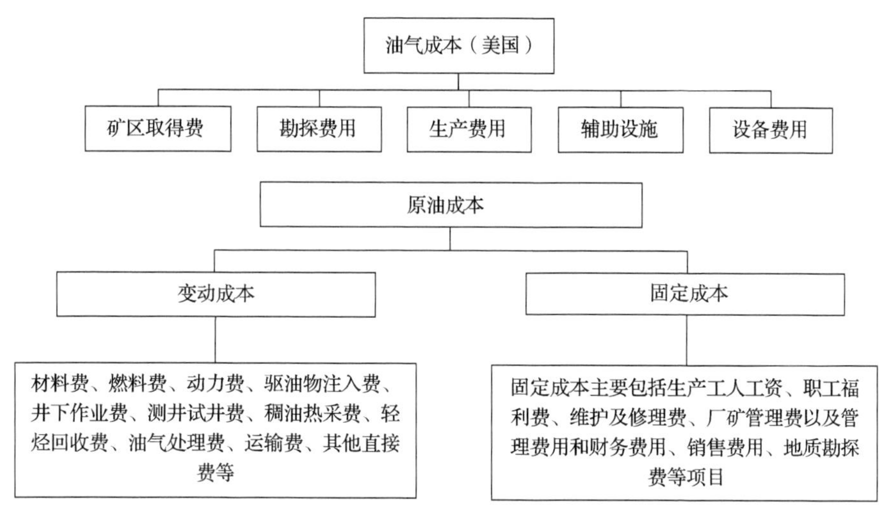

图 8-8　油气成本构成图

本节的产量作为油藏管理区的决策变量，它在本研究是一个自变量，不看作任何因素的函数。基于以上分析，我们可以设定基本假设和建模。

2. 模型假设及建立

1）基本假设

(1) 油田分公司和采油厂领导均符合理性假设，都是以追求自身所在单位利益最大化为目标；

(2) 油田分公司的毛收益来自油品上市后的收入 $\sum_{i=1}^{n} pq_i$。这里，油品的价格 p 由油田分公司统一定价，为简化研究问题，可以视 p 为常数，q_i 为第 i 个油田的产量；

(3) 油田分公司对采油厂原油收购价 p' 的制定可以视为油田分公司与采油厂进行收益分配的过程，可以理解为 $p' = \lambda p$；$\lambda \in [0,1]$ 为油田分公司对采油厂的收益分配率；

(4) 油田分公司对 i 采油厂的投资 $I_i(q_i)$，是采油厂 i 产量的函数，并划定用于技术投资的比率 $s_i \in [0,1]$。油田分公司对采油厂的投资额不大于其投资能力 I，I 为常数。由于油田分公司生产建设投资主要是探勘开发方面的技术投资，本节只考虑技术投资；

(5) 采油厂得到油田分公司的技术投资后，可以进行技术投资决策 x_i；采油厂在技术研发上投资的效果表现为原油开采成本的降低，下降的幅度为 $c(x)$。这里 $c(x)$ 为递增的凹函数，即 $c'(x) > 0$，$c''(x) < 0$；

(6) 采油厂的支出中固定成本记为 C_f，不为任何参数的函数，可变成本是原油产量为自变量的函数，记为 $C_v(q)$；

(7) 采油厂每年的原油产量 q 不大于该采油厂每年的可持续发展产量 q_u，即采油厂每年的原油产量在其可持续开发的采油能力范围之内；

(8) 油田分公司和采油厂了解彼此之间的收益。

2) Stackerberg 模型的建立

油田分公司、采油厂的收益函数可以表示为

$$\pi = \sum_{i=1}^{n}(1-\lambda_i)pq_i - \sum_{i=1}^{n}s_iI(q_i) \tag{8-1}$$

$$\pi_i = \lambda_i p q_i - C_f - [C_{vi} - c(x_i)]q_i + s_iI(q_i) - x_i \tag{8-2}$$

$$\text{s. t.} \begin{cases} 0 \leqslant \sum_{i=1}^{n} I(q_i) \leqslant I \\ 0 \leqslant q_i \leqslant q_{ui} \end{cases} \tag{8-3}$$

油田分公司和采油厂的整个投资决策过程可以概括为三个动态博弈过程。

第一阶段，油田分公司根据目标产量水平和当年的技术投资协调机制确定技术投资率 s_i；

第二阶段，采油厂在明确油田分公司技术投资机制的情况下，进行研发技术投资决策 x_i；

第三阶段，采油厂进行产量决策 q_i。

为了得到子博弈完美均衡，用逆向归纳法对上述多阶段博弈过程进行分析。第三阶段，采油厂进行产量决策：采油厂在给定油田分公司技术投资水平、自身技术研发水平决策条件下，决定能够最大化自身收益的最优产量 q_i^* 其决策模型可以表述如下：

$$\max \pi_i = \lambda_i p q_i - C_f - [C_{vi} - c(x_i)]q_i + s_iI(q_i) - x_i \tag{8-4}$$

对式(8-4)求解关于 q_i 的一阶条件。

$$\frac{\partial \pi_i}{\partial q_i} = \lambda_i p - [C_{vi} - c(x_i)] + s_iI'(q_i) \tag{8-5}$$

本节根据 Aspremont 的文章假定 $c(x) = \sqrt{x/\beta}$，β 为研发的单位边际成本，是一个包含技术投资的风险的量。由于投资函数的形式会带来结果的差异，因此，本节讨论投资函数是线性和非线性两种情况。

3) Stackerberg 模型的求解及其结果分析

(1) 投资函数为线性。

设定油田分公司对采油厂的投资函数 $I(q_i)$ 为采油厂原油产量的线性函数，即为 $I(q_i) = aq_i + b(a \geqslant 0, b \geqslant 0)$。说明投资额随着采油厂产量的增加而增加，当产量为零时，转化为固定投资。

油田分公司、采油厂收益可表示为

$$\pi = \sum_{i=1}^{n}(1-\lambda_i)pq_i - \sum_{i=1}^{n}[s_i(aq_i+b)] \tag{8-6}$$

$$\pi_i = \lambda_i p q_i - C_f - \left(C_{vi} - \sqrt{\frac{x_i}{\beta}}\right)q_i + s_i(aq_i+b) - x_i \tag{8-7}$$

$$\text{s. t.}\begin{cases}0 \leqslant \sum_{i=1}^{n}(aq_i+b) \leqslant I \\ 0 \leqslant q_i \leqslant q_{ui}\end{cases} \tag{8-8}$$

由式(8-7)可知，$\pi_i(q_i)$ 是 q_i 的增函数，故 $\pi_i(q_i)$ 目标函数的最大值是 q_i 可以取的最大值，即当 $\frac{I-nb}{a}-\sum_{\substack{j=1\\j\neq i}}^{n}q_j \leqslant q_{ui}$ 时，$q^* = \frac{I-nb}{a}-\sum_{\substack{j=1\\j\neq i}}^{n}q_j$；当 $\frac{I-nb}{a}-\sum_{\substack{j=1\\j\neq i}}^{n}q_j > q_{ui}$ 时，$q^* = q_{ui}$。当 q_i 不满足上述约束时，目标函数无解，博弈无意义。

第二阶段，油田分公司给定 s_i，采油厂选择 x_i 来最大化收益，其一阶条件为

$$\frac{\partial \pi_i}{\partial x_i} = c'(x_i)q_i - x_i \tag{8-9}$$

因为 $c''(x)<0$，令一阶条件为零，解得

$$x_i^* = \frac{q_i^*}{4\beta} \tag{8-10}$$

即当 $\frac{I-nb}{a}-\sum_{\substack{j=1\\j\neq i}}^{n}q_j \leqslant q_{ui}$ 时，$x_i^* = \dfrac{\frac{I-nb}{a}-\sum_{\substack{j=1\\j\neq i}}^{n}q_j}{4\beta}$；当 $\frac{I-nb}{a}-\sum_{\substack{j=1\\j\neq i}}^{n}q_j > q_{ui}$ 时，$x_i^* = \frac{q_{ui}}{4\beta}$。

第一阶段，油田分公司选择技术投资率 s_i。将采油厂最优产量代入式(8-6)，可求得 $s_i^*=0$。

结论 8-1：如果油田分公司的投资函数是线性函数，那么采油厂产量都是逼近可持续发展产量临界值为目标。

由于 $\frac{\partial \pi_i}{\partial q_i} = \lambda_i p - \left(C_{vi} - \sqrt{\frac{x_i}{\beta}}\right) + s_i a > 0$，即 $\pi_i(q_i)$ 是 q_i 的增函数，故 $\pi_i(q_i)$ 目标函数的最大值是 q_i 可以取的最大值，即导致其产量的决策都是逼近可持续发展产量临界值为目标，忽视长期效益，不利于油田的可持续发展。

油田分公司对采油厂投资应该慎重考虑，产量的线性投资会抑制采油厂的技术投资动力；应避免技术不投资，以免阻碍采油厂的长期发展，使油田陷入恶性发展状态。

结论 8-2：采油厂的最优技术投资额随着研发边际成本增加而减小。

由于 $\frac{\partial x_i^*}{\partial \beta}=-\frac{q_i^*}{4\beta^2}<0$，也就是说，采油厂的最优技术投资额 x_i^* 随着研发边际成本的增加，采油厂更倾向于将确定的油田分公司技术投资额的留存 $s_iI(q_i)-x_i$ 作为自身可得的确定性收益，而不愿意花越来越高额的投资来降低成本。

结论 8-3：采油厂的最优技术投资额 x_i^* 随着油田分公司当年额定的投资额总量的增加而增加。

由于 $\frac{\partial x_i^*}{\partial I}=\frac{1}{4\alpha\beta}>0$，也就是说，采油厂的最优技术投资额 x_i^* 随着油田分公司当年额定的投资额总量的增加而增加。因为油田分公司投资额的总量增加意味着其下属采油厂获得资金支持增多的可能性增加，所以有动力加大相应的技术投资额以实现产量的增加获得更多的资金支持。

结论 8-4：采油厂的最优技术投资额随着油田分公司给该采油厂的投资总额的增大而减小。

由于 $\frac{\partial x_i^*}{\partial a}<0, \frac{\partial x_i^*}{\partial b}<0$，所以 $\frac{\partial x_i^*}{\partial I(q_i)}<0$。采油厂的最优技术投资额随着油田分公司给该采油厂的投资总额的增大而减小。投资总额越大，技术投资额越小，说明采油厂希望的留存收益 $s_iI(q_i)-x_i$ 越大。油田分公司如果倡导采油厂积极地进行技术投资，就需要把握投资总额的范围，反而会抑制采油厂的技术投资额。

结论 8-5：对于油田分公司来说，收益分配比例 λ 越小，油田分公司收益留存比例 $1-\lambda$ 越大，收益越大。

当油田分公司技术投资率为 0 时，油田分公司不给采油厂任何技术投资，采油厂的收益来源仅靠收益分配，由于采油厂的固定成本以及变动成本，采油厂的收益很有可能会小于 0，更别提为自身发展而进行的技术投资。此时的收益分配率会挫伤采油厂的勘探开发的生产积极性、技术建设积极性，重视眼前效益，破坏油田的可持续发展。

(2) 投资函数非线性。

如果油田分公司对采油厂的投资函数 $I(q_i)$ 为采油厂原油产量的二次函数，即为 $I(q_i)=aq_i^2+bq_i+c\left(a<0, b>0, \frac{b^2-4ac}{4a}<0\right)$。说明投资额随着采油厂产量的增加而增加，当产量为零时，转化为固定投资。

油田分公司、采油厂收益可表示为

$$\pi=\sum_{i=1}^{n}(1-\lambda_i)pq_i-\sum_{i=1}^{n}\left[s_i(aq_i^2+bq_i+c)\right] \tag{8-11}$$

$$\pi_i=\lambda_i pq_i-C_f-\left(C_{vi}-\sqrt{\frac{x_i}{\beta}}\right)q_i+s_i(aq_i^2+bq_i+c)-x_i \tag{8-12}$$

第三阶段，采油厂进行产量决策，一阶条件为

$$\frac{\partial \pi_i}{\partial q_i} = \lambda_i p - C_{vi} + \sqrt{\frac{x_i}{\beta}} + 2s_i a q_i + s_i b \tag{8-13}$$

由于 $\frac{\partial^2 \pi_i}{\partial^2 q_i} = 2s_i a < 0$，故存在使采油厂收益最大化的产量，满足 $\frac{\partial \pi_i}{\partial q_i} = 0$，解得

$$q_i^* = \frac{C_{vi} - \lambda_i p - \sqrt{\frac{x_i}{\beta}} - s_i b}{2s_i a} = \frac{C_{vi} - \lambda_i p - s_i b}{2s_i a} - \frac{\sqrt{x_i}}{2s_i a\sqrt{\beta}} \tag{8-14}$$

第二阶段，采油厂选择 x_i 来最大化收益，其一阶条件为

$$\frac{\partial \pi_i}{\partial x_i} = 2as_i q_i^{*\prime}(x_i) q_i^*(x_i) + (\lambda_i p - C_{vi} + bs_i) q_i^{*\prime}(x_i) + \sqrt{\frac{x_i}{\beta}} q_i^{*\prime}(x_i)$$
$$+ \frac{1}{2\sqrt{x_i \beta} q_i^*(x_i) - 1} \tag{8-15}$$

令 $\mu = \lambda_i p - C_{vi} + bs_i > 0, \eta = as_i < 0$，又因为 $q_i^{*\prime}(x_i) = \frac{1}{4\eta\sqrt{\beta x_i}}$

式(8-14)可以记为

$$\frac{\partial \pi_i}{\partial x_i} = -\frac{\mu}{4\eta\sqrt{\beta x_i}} = -\frac{1}{4\eta\beta} - 1 \tag{8-16}$$

因为二阶条件 $\frac{\partial^2 \pi_i}{\partial^2 x_i} = \frac{\mu\beta}{8\eta(\beta x)^{\frac{3}{2}}} < 0$，一阶条件为 0 时解得 $x_i = \frac{\mu^2 \beta}{1 + 8\eta\beta + 16\eta^2\beta^2}$，为使采油厂收益最大的采油厂技术投资额。

第一阶段，油田分公司选择技术投资率 s_i。一阶条件为

$$\frac{\partial \pi}{\partial s_i} = (1 - \lambda_i) p q_i' - a q_i^2 - 2s_i a q_i q_i' - b q_i - s_i b q_i' - c \tag{8-17}$$

式中，$q_i = \frac{-(\lambda_i p - C_{vi} + bs_i)}{2s_i a} + \frac{-(\lambda_i p - C_{vi} + bs_i)}{2s_i a(1 + 4as_i\beta)}$，

$q_i' = \frac{2bs_i^2 a\beta + \lambda p + 8\lambda p s_i a\beta + 8\lambda p s_i^2 a^2 \beta^2 - c - 8cs_i a\beta - 8cs_i^2 a^2 \beta^2}{s_i^2 a(1 + 4s_i a\beta)}$。

该结果借助 maple 运行结果为

$$\to \frac{1}{s^2 a(1+4sa\beta)^2}[(1-\lambda)p(2bs^2 a\beta + \lambda p + 8\lambda pas\beta + 8\lambda pa^2 s^2 \beta^2 - c - 8csa\beta - 8ca^2 s^2 \beta^2)]$$
$$-a\left(\frac{1}{2}\frac{-\lambda p + c - bs}{sa} + \frac{1}{2}\frac{-\lambda p + c - bs}{sa(1+4sa\beta)}\right)\left(\frac{1}{2}\frac{-\lambda p + c - bs}{sa} + \frac{1}{2}\frac{-\lambda p + c - bs}{sa(1+4sa\beta)}\right) +$$
$$\frac{1}{s^2 a(1+4sa\beta)^2} - 2sa\left(\frac{1}{2}\frac{-\lambda p + c - bs}{sa} + \frac{1}{2}\frac{-\lambda p + c - bs}{sa(1+4sa\beta)}\right)(2bs^2 a\beta + \lambda p + 8\lambda pas\beta +$$
$$8\lambda pa^2 s^2 \beta^2 - c - 8cs\,a\,\beta - 8ca^2 s^2 \beta^2) - b\left(\frac{1}{2}\frac{-\lambda p + c - bs}{sa} + \frac{1}{2}\frac{-\lambda p + c - bs}{sa(1+4sa\beta)}\right) +$$

$$\frac{1}{s^2 a(1+4sa\beta)^2} - bs(2bs^2 a\beta + \lambda p + 8\lambda pas\beta + 8\lambda pa^2 s^2 \beta^2 - c - 8csa\beta - 8ca^2 s^2 \beta^2) - c$$

该结果参数过于复杂不便分析，在后续的数值分析中分析其特性。

结论 8-7：对于采油厂来说，当油田分公司的投资函数为二次型时，在了解油田分公司技术投资率以及确定了自身的技术投资率后，采油厂有最优产量决策。

证明：因为 $\frac{\partial \pi_i}{\partial q_i} = \lambda_i p - C_{vi} + \sqrt{\frac{x_i}{\beta}} + 2s_i a q_i + s_i b > 0$，且 $\frac{\partial^2 \pi_i}{\partial^2 q_i} = 2s_i a < 0$，所以存在 $q_i^* = \frac{C_{vi} - \lambda_i p - \sqrt{\frac{x_i}{\beta}} - s_i b}{2s_i a} = \frac{C_{vi} - \lambda_i p - s_i b + \frac{C_{vi} - \lambda_i p - s_i b}{1+4a\beta s_i}}{2s_i a}$ 是使采油厂收益最大化的产量。

当 $q_i^* \leqslant q_{ui}$ 时，$q^* = q_i^*$；当 $q_i^* > q_{ui}$ 时，$q^* = q_{ui}$。即当采油厂的收益最大化产量超过可持续发展产量时，取可持续发展产量为计划产量；当采油厂收益最大化产量未超过可持续发展产量时，产量并非越大越好，而是存在一个收益最大化产量，这个值是在零到可持续发展产量之间的一个值。

结论 8-8：采油厂的最优产量与油田分公司收益分配率之间的关系随着 $as_i\beta$ 值不同而不同，$as_i\beta = -0.25$ 是关系的变化点。

因为 $\frac{\partial q_i^*}{\partial \lambda_i} = \frac{-p - \frac{p}{4as_i\beta}}{2as_i} = \begin{cases} >0, & as_i\beta < -0.25 \\ =0, & as_i\beta = -0.25 \\ <0, & -0.25 < as_i\beta < 0 \end{cases}$，其中，$a < 0, 0 < s_i \leqslant 1, 0 < \beta < C_{vi}$，所以采油厂的最优产量随着油田分公司的收益分配率不同而不同。

当 $as_i\beta < -0.25$ 时，如果油田分公司的收益分配率很大，那么采油厂就有动力通过提升自身产量，来使自身最优收益维持在一个较高的水平，就会避免采油厂“偷懒”的情况，同时也会增加采油厂进行技术投资的积极性，加大成本节约或产量增加的可能性。油田分公司在做收益分配决策时，应充分考虑其对当期原油产量的影响。

原油内部价定价同理。

结论 8-9：采油厂的最优产量随着研发的单位边际成本增大而增大。

因为 $\frac{\partial q_i^*}{\partial \beta} = \frac{2(c_{vi} - \lambda p - s_i b)}{(1+4a\beta s_i)^2} > 0$，所以采油厂的最优产量随着研发的单位边际成本增大而增大。其他参数不变的情况下，技术研发单位边际成本增大，其单位原油开采成本增加，要想获得同样的收益，就必须加大原油量的产出，反而会促进采油厂更加积极地生产原油。

结论 8-10：采油厂的最优产量随着其制定的技术投资额增大而增大。

因为 $\frac{\partial q_i^*}{\partial x_i}=-\frac{1}{4s_i a\ \sqrt{x_i \beta}}>0$，所以采油厂的最优产量随着其制定的技术投资额增大而增大。技术投资额越大，其单位原油开采成本越低，其他条件相同时的最优产量越高。

结论 8-11：采油厂的最优产量与油田分公司制定的技术投资率之间的关系存在临界值。

分析：因为

$$\frac{\partial q_i^*}{\partial s_i}=\frac{bp-b}{2\eta}+\frac{\mu-\mu p}{2s_i\eta}+\frac{\mu(2\beta b-8bu\beta^2)}{\eta\rho^3} \tag{8-18}$$

令 $\rho=\sqrt{1+8\mu\beta+16\mu^2\beta^2}=1+4\mu\beta>1$，式(8-18)等于零的解为

$$s_i^0=-\frac{\mu\rho^3(\rho-1)}{b(\rho^3-\rho^4-4\beta\mu+16\beta^2\mu^2)}=\frac{\mu(1+4\mu\beta)^4}{2b(32\mu^3\beta^3+24\mu^2\beta^2+4\mu\beta+1)}>0 \tag{8-19}$$

当 $0<s_i<s_i^0<1$ 时，$\frac{\partial q_i^*}{\partial s_i}>0$，采油厂的最优产量随着油田分公司制定技术投资率增大而增大。

当 $0<s_i<1<s_i^0$ 时，$\frac{\partial q_i^*}{\partial s_i}>0$，采油厂的最优产量随着油田分公司制定技术投资率增大而增大。

当 $s_i^0<s_i<1$ 时，$\frac{\partial q_i^*}{\partial s_i}<0$，采油厂的最优产量随着油田分公司制定技术投资率增大而减小。

当 $s_i^0<1<s_i$ 时，式(8-19)无实际意义。

也就是说，s_i 对采油厂最优产量的影响是存在一个拐点 s_i^0 的。油田分公司希望采油厂提升其产量的话，就需要将技术投资率限定在 $0<s_i<s_i^0<1$ 或 $0<s_i<1<s_i^0$ 的范围。

3. 小结

如果油田分公司的投资函数是线性函数，那么采油厂产量以逼近可持续发展产量临界值为目标。此时，采油厂的最优技术投资额 x_i^* 随着单位边际成本增加而减小，随着油田分公司当年制定的投资额总量的增加而增加，随着油田分公司给该具体采油厂的投资总额的增大而减小。油田分公司制定的收益分配比率 λ 越小，其自身收益越大。

对于采油厂来说，当油田分公司的投资函数为二次型时，在了解油田分公司技术投资率以及确定了自身的技术投资率后，采油厂有最优产量决策以及最优技术投资额决策。采油厂的最优产量随着研发的单位边际成本增大而增大，随着油田

分公司技术投资额增大而增大。采油厂的最优产量与油田分公司收益分配率之间的关系存在临界点 $s_i = -\frac{1}{4a\beta}$；与油田分公司制定的技术投资率之间的关系存在临界值 s_i^0。

由数值仿真分析得知，在油田分公司投资函数二次型的情况下，当收益分配比率固定时，油田分公司技术投资率越小，油田分公司和采油厂收益越高；当油田分公司技术投资率不变时，收益分配比率越大，油田分公司和采油厂收益越高。任何形式的收益分配比率，技术投资率的组合，油田分公司的收益都大于采油厂的收益。随着原油价格上涨，油田分公司和采油厂可供额外分配的收益增加，原油价格上涨会极大提高油田分公司、采油厂的生产积极性。当边际成本增加到一定程度时，油田分公司和采油厂的收益均接近于 0。随着油田分公司收益分配率的增加，采油厂的最优产量决策增加，提高收益分配率能够提高采油厂生产的积极性。当满足 $s_i^0 < s_i < 1$ 时，随着油田分公司技术投资率的增加，采油厂的最优产量决策减小。随着油田分公司收益分配比率和技术投资率的增加，采油厂技术投资额都会增加。

故而有如下结论。

(1) 油田分公司进行技术投资时，应该避免在总体线性投资函数中按照固定比例进行技术投资的投资方式。

(2) 油田分公司希望提高油品产量，则应从采油厂最优产量决策中寻找相关政策变量，具体包括：第一，提升技术投资额；第二，判断油田分公司现存 $as_i\beta$ 的取值，当 $as_i\beta < -0.25$ 时，油田分公司增加收益分配比率能够提升采油厂的最优产量；第三，如果油田分公司的投资率小于 $\min[s_i^0, 1]$，那么可以通过提高油田分公司技术投资率来增加采油厂的最优产量。

(3) 油田分公司希望提高自身和采油厂的收益水平，可以降低技术投资率或提高收益分配率。油价的提升也会增加油田分公司和采油厂的收益。油田分公司需要注重边际成本的变动，边际成本的增加会导致收益的下降，当边际成本增大到一定程度时，应停止对该采油厂的投资，采油厂停止生产。

8.4.3　补贴机制下采油厂技术投资博弈

1. 问题分析

采油厂参与技术投资将会对技术交流的准确性、时效性和推广产生积极地影响，进而提升采油厂采油绩效，同时也是采油厂之间合作技术投资的基础。采油厂之间的合作关系在提高采油厂的运作效率的同时，能增加油田分公司收益，相应的给各个采油厂的收益分配也会增多，进而促进采油厂加强合作，形成一个有益的正强化。

无论是产量的提升还是成本的下降,都会满足油田分公司的收益目标:在确保产量的同时促进成本的下降。由于油田分公司也能从中获益,所以也有动力通过收益分配时政策的倾斜进行激励,以直接补贴或原油优惠收购价等补贴方式,补偿采油厂技术研发所付出的代价。

2. 模型假设与求解

1) 模型假设与建立

(1) 设某油田分公司在某区域内下辖 n 家采油厂,其中,第 $1,2,\cdots,m$ 家采油厂进行了积极的技术投资,而第 $m+1,m+2,\cdots,n$ 家采油厂并未积极参与技术投资;

(2) 投资意味着采油厂 i 得到技术或专用设备资源 I_i。但同时采油厂需要投入 $S_i,i=1,\cdots,m$ 配套投资;

(3) 积极参与技术投资的采油厂得到的投资或专用性设备可以提高采油厂的采油效率,或可以减低采油成本,这些都可以最终通过一个更低的采油成本体现;未得到投资或专用设备前的成本记为 $c_i^0,i=1,\cdots,n$;得到投资或专用设备等之后的采油成本记为 $c_i,i=1,\cdots,n;c_i<c_i^0,c_i^0=c_i+\delta_i$;这里我们可以令 $S_i=t\delta_i^2,0<t<1$;

(4) 由于油品定价的宏观调控性油田分公司油价 P 视为常数。油田分公司对采油厂的原油购买定价为 $p_i,i=1,\cdots,n$;由于合作表现为成本降低,故而同一油田分公司对各采油厂原油定价设为 $p_1=p_2=\cdots=p_n=p$。

则采油厂技术投资与不进行技术投资的收益分别为

$$V_i=q_i(p-c_i^0+\delta_i)-t\delta_i^2 \qquad i=1,2,\cdots,m \tag{8-20}$$

$$V_j=q_j(p-c_j^0) \qquad j=m+1,\cdots,n \tag{8-21}$$

其收益最大化的一阶条件分别为

$$\frac{\partial V_i}{\partial q_i}=p-c_i^0+\delta_i-q_i\frac{\partial c_i^0}{\partial q_i}$$

$$\frac{\partial V_j}{\partial q_j}=p-c_j^0-q_j\frac{\partial c_j^0}{\partial q_j}$$

为方便对模型进行讨论分析,我们讨论实际中的两种情况:第一,当油田分公司对采油厂的油品收购价为常数,采油厂自身成本随着产量的变化而变化时,是使采油厂从不愿参与技术投资到加入技术投资的条件;第二,当油田分公司对采油厂的油品收购价为油田分公司收购到的所有采油厂总产量的函数时,不考虑采油厂自身成本随产量的变化而变化时,讨论各参数的情况,是采油厂参与技术投资的必备条件。

2) 成本函数对采油厂技术投资的影响分析

前人研究表明我国油田开发累积成本函数的模型结构常见形式有五种。

$$C = c_i^0 q_i = a q_i^b$$

$$C = c_i^0 q_i = a q_i^b + c$$

$$C = c_i^0 q_i = a b^{q_i}$$

$$C = c_i^0 q_i = a \times \exp(b q_i)$$

$$C = c_i^0 q_i = a q_i^2 + b q_i + c$$

这里我们讨论成本函数为指数型、幂函数和二次型这三种形式。

(1) 成本函数为幂函数型。

首先讨论第一种情况：在实际中的采油生产活动中，油井的生命周期越到中后期，所含稠油所占原油的比重越高。稠油(油层温度下黏度大于 100mPa·s 的脱气原油)的突出特点是含沥青质、胶质较高，黏度高，流动阻力大，不易开采。采油的稠油率增加，采油的单位成本也相应增加，即 $c_i^{0'}(q_i) > 0$。对于东部老油田来说，其老油井的比例超过了五分之四，故可以视为单位成本对产量较敏感。

$$C = c_i^0 q_i = a q_i^b (a > 0, b > 0)$$

因为 $\frac{\partial C}{\partial q_i} > 0$，表示不考虑油田分公司投资带来的成本下降时，采油厂自身的生产成本随着生产产量的增加而增加，这符合采油厂实际的运作规律。即不增加生产措施或生产投入，仅在自然作用或初始条件的情况下，油井的产量是随着时间递减的。而进入采油后期阶段，油井的自然压力减小，稠油产量升高，则更意味着产量的增加需要投入。随着原油产量的增加，其生产成本必然会增加，故而 $b>0$。

式(8-20)和式(8-21)可转化为

$$V_i = (p + \delta_i) q_i - a q_i^b - t \delta_i^2 \tag{8-22}$$

$$V_j = p q_j - a q_j^b \tag{8-23}$$

求解收益最大化一阶条件得

$$q_i = \mathrm{e}^{\frac{\ln(p+\delta_i) - \ln ab}{b-1}}, \quad b \neq 1$$

$$q_j = \mathrm{e}^{\frac{\ln p - \ln ab}{b-1}}, \quad b \neq 1$$

则最大收益分别为

$$V_i^* = (p + \delta_i) \mathrm{e}^{\frac{\ln(p+\delta_i) - \ln ab}{b-1}} - a \mathrm{e}^{\frac{b[\ln(p+\delta_i) - \ln ab]}{b-1}} - t \delta_i^2$$

$$V_j^* = p \mathrm{e}^{\frac{\ln p - \ln ab}{b-1}} - a \mathrm{e}^{\frac{b(\ln p - \ln ab)}{b-1}}$$

令 $\frac{\ln(p+\delta_i) - \ln ab}{b-1} = \alpha$，$\frac{\ln p - \ln ab}{b-1} = \beta$，解 $\Pi = V_i - V_j \geqslant 0$ 得

$$t^0 = \frac{(\mathrm{e}^\alpha - \mathrm{e}^\beta)(p - a\mathrm{e}^b) + \delta_i \mathrm{e}^\alpha}{\delta_i^2}$$

当油品定价 p 一定时，技术投资策略必须满足 $t \leqslant t^0 =$

$\dfrac{(e^{\alpha}-e^{\beta})(p-ae^{b})+\delta_i e^{\alpha}}{\delta_i^2}$ 条件时，才能保证参与技术合作的采油厂收益高于不参与技术投资的采油厂收益，进而促使采油厂有足够的动力参与技术投资。

(2) 成本函数为指数型。

$$C=c_i^0 q_i=ab^{q_i}(a>0,b>1)$$

因为 $\dfrac{\partial C}{\partial q_i}>0$，表示不考虑油田分公司投资带来的成本下降时，采油厂自身的生产成本随着生产产量的增加而增加，这符合采油厂实际的运作规律。即不增加生产措施或生产投入，仅在自然作用或初始条件的情况下，油井的产量是随着时间递减的。而进入采油后期阶段，油井的自然压力减小，稠油产量升高，则更意味着产量的增加需要投入。随着原油产量的增加，其生产成本必然会增加，故而 $b>1$。

式(8-20)、(8-21)可转化为

$$V_i=(p+\delta_i)q_i-ab^{q_i}-t\delta_i^2$$

$$V_j=pq_j-ab^{q_j}$$

收益最大化的一阶导数为

$$\frac{\partial V_i}{\partial q_i}=p+\delta_i-\ln(b)ab^{q_i}$$

$$\frac{\partial V_i}{\partial q_j}=p-\ln(b)ab^{q_j}$$

其二阶导数分别为

$$\frac{\partial^2 V_i}{\partial^2 q_i}=-\ln^2(b)ab^{q_i}<0$$

$$\frac{\partial^2 V_i}{\partial^2 q_j}=-\ln^2(b)ab^{q_j}<0$$

求解收益最大化一阶条件得

$$q_i=\frac{\ln\left(\dfrac{p+\delta_i}{a\ln b}\right)}{\ln b}$$

$$q_j=\frac{\ln\left(\dfrac{p}{a\ln b}\right)}{\ln b}$$

则最大收益分别为

$$V_i^*=(p+\delta_j)\frac{\ln(p+\delta_i)-\ln a-\ln(\ln b)}{\ln b}-\frac{p+\delta_i}{\ln b}-t\delta_i^2$$

$$V_j^*=p\frac{\ln p-\ln a-\ln(\ln b)}{\ln b}-\frac{p}{\ln b}$$

令 $\ln a+\ln(\ln b)=\ln\alpha$，解 $\Pi=V_i-V_j\geqslant 0$ 得

$$t^0 = \frac{(p+\delta_i)\ln(p+\delta_i) - p\ln p - \delta_i \ln\alpha - \delta_i}{\delta_i^2 \ln b}$$

即油品定价 p 一定时，技术投资策略必须使得满足 $t < t^0 = \dfrac{(p+\delta_i)\ln(p+\delta_i) - p\ln p - \delta_i \ln\alpha - \delta_i}{\delta_i^2 \ln b}$ 条件时，才能保证参与技术投资的采油厂收益高于不参与技术投资的采油厂收益，进而促使采油厂有足够的动力参与技术投资。

(3) 成本函数为二次型。

$$C = c_i^0 q_i = aq_i^2 + bq_i + c$$

采油的成本随着油井的生命周期变化，初期油井内地压大，稀油易采出，至中后期，自然压力下降而需要投入注压措施及相应人力，反而成本上升。根据此采油的成本特性，可以定义成本函数的参数 $a > 0$，$-\dfrac{b}{2a} < 0$，即 $b > 0$。而且即使初期产量为零时，仍然需要进行固定资产投资，故 $c > 0$ 。

式(8-20)可转化为

$$\frac{\partial V_i}{\partial q_i} = -2aq_i + p - b + \delta_i \tag{8-24}$$

因为 $\dfrac{\partial^2 V_i}{\partial^2 q_i} = -2a$，且 $a, q_i > 0, b \geqslant 0$，可得 $\dfrac{\partial^2 V_i}{\partial^2 q_i} < 0$，若可求得 $\dfrac{\partial V_i}{\partial q_i} = 0$ 的解，则一定存在使采油厂 i 收益最大化的 q_i。

令 $\dfrac{\partial V_i}{\partial q_i} = 0$，得

$$q_i = \frac{p - b + \delta_i}{2a} \tag{8-25}$$

将式(8-25)代入式(8-24)，得

$$V_i^* = \frac{4a-1}{4a}(p - b + \delta_i)^2 - c - t\delta_i^2$$

同理，可求得使 $\dfrac{\partial V_j}{\partial q_j} = 0$ 的 q_j 得

$$q_j = \frac{p - b}{2a} \tag{8-26}$$

将式(8-26)代入式(8-23)得

$$V_j^* = \frac{4a-1}{4a}(p - b)^2 - c$$

令 $\Pi = V_i - V_j = \left(\dfrac{4a-1}{4a} - t\right)\delta_i^2 + \dfrac{4a-1}{2a}(p-b)\delta_i$，讨论 $\Pi \geqslant 0$ 时各参数的情况。

（1）当 $0 < t < \frac{4a-1}{4a}$，即 $4a-1>0$ 时：如果 $p>b$，那么无论 p 取何值，都满足 $\Pi \geqslant 0$；如果 $p<b$，那么 $b>p>b-\frac{4a-4at-1}{8a-2}\delta_i$ 时，能够促成油田分公司与采油厂的技术投资；

（2）当 $1>t>\frac{4a-1}{4a}>0$，如果 $p>b$，那么 $b<p<b-\frac{4a-4at-1}{8a-2}\delta_i$ 时，能够促成公司与采油厂的技术投资；如果 $p<b$，无论在这个范围内 p 取何值，都满足 $\Pi \geqslant 0$；

（3）当 $1>t>0>\frac{4a-1}{4a}$，如果 $p>b$，无论 p 取何值，都满足 $\Pi \geqslant 0$；如果 $p<b$，那么 $b>p>b-\frac{4a-4at-1}{8a-2}\delta_i$ 时，能够促成公司与采油厂的技术投资；

即在不同的投资策略下，需要配合不同的定价策略才能促成公司与采油厂的技术投资意愿（表 8-3）。

表 8-3　不同投资策略下实现采油厂技术投资的油田分公司定价策略

投资策略 t	定价策略 $p>b$	定价策略 $p<b$
$0<t<\frac{4a-1}{4a}$	$p>b$ 的任何值	$b>p>b-\frac{4a-4at-1}{8a-2}\delta_i$
$1>t>\frac{4a-1}{4a}>0$	$b<p<b-\frac{4a-4at-1}{8a-2}\delta_i$	$p<b$ 的任何值
$1>t>0>\frac{4a-1}{4a}$	$p>b$ 的任何值	$b>p>b-\frac{4a-4at-1}{8a-2}\delta_i$

3）油品定价函数对采油厂技术投资的影响分析

对油田分公司来说，虽然成品油的定价权不完全属于油田分公司自身，但对采油厂的原油收购价是可以自主的。原油收购价随原油产量升高而降低，即

$$p=\alpha-\beta\sum q_i,\quad \beta>0 \tag{8-27}$$

可以视为对避免采油厂竭泽而渔的举措。由于采油厂参与油田分公司技术投资表现为采油厂成本降低，故而假定同一油田分公司对各采油厂原油定价仍相同。

因为 $\beta>0,\beta\neq 0$，记 $p'=\frac{p}{\beta},\alpha'=\frac{\alpha}{\beta}$，式(8-27)可以转化为 $p'=\alpha'-\sum q_i$。

$$V_i=q_i(\alpha-\beta\sum q_i-c_i^0+\delta_i)-S_i \tag{8-28}$$

两边同除以 β，即 $V'_i=\frac{V_i}{\beta}=q_i\left(\alpha'-\sum q_i+\frac{\delta_i-c_i^0}{\beta}\right)-\frac{t\delta_i^2}{\beta}$

$$\frac{\partial V'_i}{\partial q_i}=\alpha'-q_i-\sum_{d\neq i}q_d+\frac{\delta_i-c_i^0}{\beta}-q_i$$

可得 $\frac{\partial^2 V'_i}{\partial^2 q_i} < 0$。当 $\frac{\partial V'_i}{\partial q_i} = 0$ 时,可求得最优产量 q_i^* 。

$$q_i^* = \alpha' + \frac{\delta_i - c_i^0}{\beta} - \frac{n\alpha' - \sum_{i=1}^{n} \frac{c_i^0}{\beta} + \sum_{i=1}^{m} \frac{\delta_i}{\beta}}{n+1} \tag{8-29}$$

同理,可求得最优产量 q_j^* 。

$$q_j^* = \alpha' - \frac{c_i^0}{\beta} - \frac{n\alpha' - \sum_{i=1}^{n} \frac{c_i^0}{\beta} + \sum_{i=1}^{m} \frac{\delta_i}{\beta}}{n+1} \tag{8-30}$$

该最优产量说明:采油厂 i 的产量会随着自己的成本上升而下降,而其余采油厂 j 的成本上升,则采油厂 i 的产量会上升。投资带来的单位成本变化量 δ_i,采油厂 i、j 的最优产量同时变化 $m \frac{\sum_{i=1}^{m} \delta_i}{\beta(n+1)}$。

将式(8-29)代入式(8-28),可得最优收益。

$$V_i'^* = \left(\frac{\alpha' - n\frac{c_i^0}{\beta} + n\frac{\delta_i}{\beta} + \sum_{d=1,d\neq i}^{n} \frac{c_d^0}{\beta} - \sum_{d=1,d\neq i}^{m} \frac{\delta_d}{\beta}}{n+1} \right)^2 - \frac{t\delta_i^2}{\beta} \tag{8-31}$$

即

$$V_i^* = \frac{1}{\beta} \left(\frac{\alpha - nc_i^0 + n\delta_i + \sum_{d=1,d\neq i}^{n} c_d^0 - \sum_{d=1,d\neq i}^{m} \delta_d}{n+1} \right)^2 - t\delta_i^2, \quad i = 1,\cdots,m \tag{8-32}$$

同理:

$$V_j^* = \frac{1}{\beta} \left(\frac{\alpha - nc_j^0 + \sum_{d=1,d\neq j}^{n} c_d^0 - \sum_{d=1}^{m} \delta_d}{n+1} \right)^2, \quad j = m+1,\cdots,n \tag{8-33}$$

为了便于讨论,设 $c_1^0 = c_2^0 = \cdots = c^0$,$\delta_1 = \delta_2 = \cdots = \delta$,也就是各家采油厂的成本相同,且同样的技术或投资带来的成本降幅对于各家采油厂相同时,那么式(8-32)和式(8-33)可以化简为

$$V_i^* = \frac{1}{\beta} \left[\frac{\alpha - c^0 + (n-m+1)\delta}{n+1} \right]^2 - t\delta^2 \tag{8-34}$$

$$V_j^* = \frac{1}{\beta} \left(\frac{\alpha - c^0 - m\delta}{n+1} \right)^2 \tag{8-35}$$

令

$$\pi = V_i^* - V_j^* = \frac{1}{\beta} \left[\frac{\alpha - c^0 + (n-m+1)\delta}{n+1} \right]^2 - t\delta^2 - \frac{1}{\beta} \left(\frac{\alpha - c^0 - m\delta}{n+1} \right)^2 \tag{8-36}$$

求得当 $\pi>0$ 时，只需要满足 $t<\dfrac{2(\alpha-c^0)}{\delta\beta(n+1)}-\dfrac{2m}{\beta(n+1)}+\dfrac{1}{\beta}$。也就是如果油田分公司对采油厂的技术投资政策 t 在上述特定的取值范围时，能够保证同样条件的采油厂全部加入技术投资。由于 π 值是在油田分公司帮助下投资采油厂多出的获利值，故 π 也是可供油田分公司与采油厂之间进行额外收益分配的值，具体分配比例由油田分公司主导。

由于 $\beta>0,\alpha-c^0>0,0<t<1,0<\delta<c^0,m\leqslant n$，可得

$$\frac{\partial V_i^*}{\partial\beta}=-\left[\frac{\alpha-c^0+(n-m+1)\delta}{n+1}\right]^2\frac{1}{\beta^2}<0 \tag{8-37}$$

$$\frac{\partial V_i^*}{\partial t}=-\delta^2<0 \tag{8-38}$$

当 $\dfrac{1}{(n+1)^2}<t\beta<1,\dfrac{\partial V_i^*}{\partial\delta}>0$；$t\beta\geqslant 1$ 时，

$$\begin{cases}\delta>\dfrac{(a-c)(n-m-1)}{t\beta(n+1)^2-(n-m-1)^2}\text{时，}\quad\dfrac{\partial V_i^*}{\partial\delta}<0\\ \dfrac{(a-c)(n-m-1)}{t\beta(n+1)^2-(n-m-1)^2}>\delta>0\text{时，}\quad\dfrac{\partial V_i^*}{\partial\delta}>0\end{cases} \tag{8-39}$$

$$\frac{\partial V_i^*}{\partial m}=-\frac{2\delta}{\beta(n+1)}\left(\frac{\alpha-c^0+(n-m+1)\delta}{n+1}\right)<0 \tag{8-40}$$

由式(8-37)～式(8-40)可以得到以下结论。

(1) 参与技术投资采油厂的最大收益与 β 成正比例关系，它随着 β 的上升而增大，随着 β 的下降而减小。

(2) 参与技术投资采油厂的最大收益与 t 成反比例关系，它随着 t 的上升而减小，随着 t 的下降而增加。

(3) 参与技术投资采油厂的最大收益与 m 成反比例关系，它随着 m 的上升而减小，随着 m 的下降而增加。

(4) 从公式推导中，可以看到：当 $\dfrac{1}{(n+1)^2}<t\beta<1$ 时，参与技术投资采油厂的最大收益与 δ 成正比例关系；当 $t\beta\geqslant 1,\delta>\dfrac{(a-c)(n-m-1)}{t\beta(n+1)^2-(n-m-1)^2}$ 时，参与技术投资采油厂的最大收益与 δ 成反比例关系；当 $t\beta\geqslant 1,\dfrac{(a-c)(n-m-1)}{t\beta(n+1)^2-(n-m-1)^2}>\delta>0$ 时，参与技术投资采油厂的最大收益与 δ 成正比例关系。但实际中，由于 β 作为约束系数不会选择非常大，所以实际中 $t\beta<1$，即采油厂的最大收益与 δ 成正比例关系。

3. 小结

油田成本函数为指数或幂函数型时，采取特定的技术投资补贴策略，就能保证

参与技术投资的采油厂收益高于不参与技术投资的采油厂收益，进而促使采油厂有足够的激励参与技术投资。该特定技术投资补贴策略的取值与油品价格、成本弹性系数以及技术带来成本的变化值有关。

油田成本函数为二次型时，投资策略必须辅以配套的定价策略才能促使采油厂参与技术投资。投资策略值受到二次项弹性系数的影响，而定价策略值不仅受投资策略值的影响，而且也受到二次型以及一次项弹性系数的影响。

对于处于油井生命周期初期的油田，进行投资采油厂的最大收益与定价约束弹性系数成正比例关系，它随着定价约束弹性系数的上升而增大、下降而减小。进行投资采油厂的最大收益与其承担成本比例成反比例关系，随着承担成本比例的下降最大收益增加。进行投资采油厂的最大收益与进行投资的采油厂数量成反比例关系，与投资成本降幅成正比例关系。

油田分公司的直接补贴、定价补贴会产生可供油田分公司和进行投资的采油厂额外进行分配的收益。定价约束弹性系数与可供额外分配的收益值是反比例关系，油田分公司定价约束弹性系数越大，油品内部采购价越低。采油厂技术投资比例的变化对可供额外收益分配的收益值影响较小，但仍符合反比例关系。边际成本与可供额外分配的收益值是非线性二次型关系，边际成本在临界值之前变动时，随着边际成本的增加，可供分配收益值仍增加，一旦超过临界值，边际成本越大，可供分配收益值越小，当边际成本足够大时，收益值甚至为零。单位成本降幅与可供额外分配的收益值是非线性递增关系。而参与投资采油厂数与可供额外分配的收益值是反比例关系。

故而油田分公司首先要对下属采油厂的成本类型有清楚的认识，不同的成本类型对应的最优技术投资策略和定价策略的关系不同。面对成本类型为指数、幂函数型的采油厂，技术投资策略和定价策略可以重点考虑其中一种；而面对二次型成本类型的采油厂，油田分公司需要在技术投资策略确定的基础上，设计定价策略。

油田分公司的主要经济动力在于可供额外收益分配的收益值，故而油田分公司应该尽量减小定价约束系数，增加技术研发补贴率。油田分公司还应该判断边际成本与临界值的关系，在没有超过临界值时，可以不采取措施，因为此时边际成本增加会带来可供分配收益增加；但在超过临界值后，需要帮助降低采油厂的边际成本。

8.4.4 晋升机制下的采油厂间合作技术投资分析

1. 问题描述

采油厂之间的差异因素通常可总结为组织结构差异、地理(自然条件)差异、知识技术差异。采油厂间具有良好的技术共享合作基础。由于采油组织流程的确定性和采油技术条件的不确定性，从技术角度来看，各采油厂之间的技术人员接触并掌握到的专业技术并不尽相同；从环境角度来看，各采油厂自身的自然条件和环境不同，使得技术共享合作需要具备基础和条件；从团队角度来看，采油厂内部的合作团队是按照他们的专业技术背景和作业要求来划分的，不同的采油厂的内部团队的技术和作业水平也是不一样的；从资金角度来看，由于不同的采油厂每年的产量是不一样的，即采油厂之间存在产能大小的差异，他们的自有资金也是不同的，因此，采油厂之间也存在着资金方面的差异。从上述分析可以得知，采油厂之间存在着油藏资源、人才、技术和资金等方面的互补，即存在潜在的合作技术投资关系。

在合作技术投资达成之前，采油厂作为理性的决策主体，以收益最优化、最大化原则对合作技术投资中所需的投入和所获的收益进行判断，结合其他采油厂的决策行为，制定使自身收益最大的合作决策，决定是否参加合作，以及以什么样的投入参与。

采油厂之间的合作技术投资能够给采油厂带来减轻自身建设负担、减少资源浪费和损失等好处。那么在现实中，为什么采油厂之间的合作技术投资却并不广泛。因为作为隶属同一油田分公司的各家采油厂，面临着一个现实的问题就是采油厂领导人的晋升机会问题。油田分公司应该如何调整人事方面的非经济措施以激励采油厂之间进行广泛的合作，而避免采油厂之间因无紧密技术合作导致的重复建设和技术投资浪费。

2. 采油厂间合作技术投资博弈

在完成一定原油产量，实现了利润、上缴利润及上缴储量的任务前提下，采油厂的自主权进一步扩大。在无油田分公司干预的情况下，采油厂可以组织彼此间进行合作技术投资，具体是指若干采油厂通过共享彼此的资源，共同的投入而形成的技术研发分享的组织模式。在此背景下，收益分配问题对于这类合作具有非常重要的意义，因为参与合作的目的就是为了获得一定的收益，收益分配机制是否合理就成了决定合作稳定性及成败的关键条件之一[73]。

1）模型假设和建立

分配方案基于各采油厂在技术合作中的投入和贡献，主要包括技术人力、知识等投入。因为共同隶属于同一个油田分公司，故采油厂可以形成具有约束力的合作契约，就双方投入事宜进行约定。两个采油厂以研发联盟的形式进行技术合作，其中采油厂 1 是发起者，采油厂 2 是响应者。博弈模型分为两个阶段：第一阶段，双方就分配比例达成一致意见；第二阶段，在给定分配比例的前提下，分别确定自己在技术合作中的最优努力程度[73]。

设两个采油厂成本函数分别为 $c_1(\beta_1 e_1)$，$c_2(\beta_2 e_2)$。其中 e_1 和 e_2 分别表示采油

厂 1 和 2 分别付出的努力程度，无法或很难直接核实，但双方可以根据在合作期满时技术研发绩效的表现，并根据自己的努力程度判断对方的努力程度，β_1 和 β_2 分别是相应的成本系数。按照经济学常识，假定 2 个成本函数是努力水平的增函数，即 $c'_1 > 0, c'_2 > 0$；假定边际成本递增，即 $c''_1 > 0, c''_2 > 0$。

不考虑其他非技术投入对采油厂技术合作产出的影响时，设 $R(\alpha_1 e_1, \alpha_2 e_2)$ 是各采油厂贡献技术的联合产出函数，其中，α_1, α_2 分别为两个采油厂的技术投入效率系数，由其核心技术能力对技术研发的相对重要性所决定的。因为更多的知识可以增大技术研发成果的价值，所以，$R(\alpha_1 e_1, \alpha_2 e_2)$ 应该是严格单调增函数[73]，即 $\partial R/\partial e_1 > 0, \partial R/\partial e_2 > 0$。

为重点考虑采油厂间技术合作的收益情况，将 λ, p, q 视为已经确定的常数。由于在没有得到油田分公司的补贴或受到油田分公司政策干预的情况下，采油厂双方对于收益的分配可采用线性分配的形式。故可设采油厂 1 得到的收益比例是 s，采油厂 2 得到的收益比例 $1-s$，即采油厂 1 所得收益 $sR(\alpha_1 e_1, \alpha_2 e_2)$，采油厂 2 所得收益为 $(1-s)R(\alpha_1 e_1, \alpha_2 e_2)$。那么采油厂 1 的此项净收益 $\pi_1 = sR(\alpha_1 e_1, \alpha_2 e_2) - c_1(\beta_1 e_1)$；采油厂 2 的所得净收益 $\pi_2 = (1-s)R(\alpha_1 e_1, \alpha_2 e_2) - c_2(\beta_2 e_2)$。

根据研究的需要，并且为了不失一般适用性，可以假设收益函数及成本函数为以下形式：

$$R(\alpha_1 e_1, \alpha_2 e_2) = \alpha_1 e_1 + \alpha_2 e_2$$

$$c_1(\beta_1 e_1) = \frac{1}{2}\beta_1 e_1^2$$

$$c_2(\beta_2 e_2) = \frac{1}{2}\beta_2 e_2^2$$

根据上述假设及已知，可得采油厂 1，采油厂 2 和采油厂技术投资的目标函数分别为

$$\max_{e_1} \pi = \lambda_1 p q_1 + s(\alpha_1 e_1 + \alpha_2 e_2) - \frac{1}{2}\beta_1 e_1^2 \tag{8-41}$$

$$\max_{e_2} \pi = \lambda_2 p q_2 + (1-s)(\alpha_1 e_1 + \alpha_2 e_2) - \frac{1}{2}\beta_2 e_2^2 \tag{8-42}$$

$$\max_{e_1, e_2} \pi = \lambda_1 p q_1 + \lambda_2 p q_2 + (\alpha_1 e_1 + \alpha_2 e_2) - \frac{1}{2}\beta_1 e_1^2 - \frac{1}{2}\beta_2 e_2^2 \tag{8-43}$$

2) 模型求解

定义参数 $c = \beta_1/\beta_2$ 表示相对成本系数，可以衡量采油厂在合作当中导致自身收益损失的相对程度，如果 $c < 1$，说明采油厂 1 占有成本方面的优势；

定义参数 $k = \alpha_1/\alpha_2$ 表示采油厂 1 和采油厂 2 为合作所付出努力的相对相率系数，可以用来衡量采油厂的贡献的重要性。如果 $k > 1$，说明采油厂 1 在合作的技术方面占有优势。

如果 $k > c$，那么采油厂 1 在本次合作中就具有相对优势；相反，采油厂 1 就不具有相对优势。因为当 $k > c$ 时，$\frac{\alpha_1}{\alpha_2} > \frac{\beta_1}{\beta_2}$，即 $\frac{\alpha_1}{\beta_1} > \frac{\alpha_2}{\beta_2}$，相对于采油厂 2，采油厂 1 付出 1 单位努力带来的收益较高，进而具有相对优势。

根据式(8-43)的一阶条件得到两个采油厂合作净收益最大所要求的努力水平，即

$$e_1^0 = \frac{\alpha_1}{\beta_1} \tag{8-44}$$

$$e_2^0 = \frac{\alpha_2}{\beta_2} \tag{8-45}$$

可见，采油厂在合作中付出的努力程度与自身的效率因素成正比，与各自的成本因素成反比[73]。

根据式(8-41)和式(8-42)，采油厂从自身利益出发，确定最优努力水平，得到

$$e_1^* = \frac{s\alpha_1}{\beta_1} \tag{8-46}$$

$$e_2^* = \frac{(1-s)\alpha_2}{\beta_2} \tag{8-47}$$

可见，两采油厂在合作中所付出的最优努力水平与其分配比例成正比例关系。

将 e_1^*，e_2^* 代入式(8-43)得

$$\begin{aligned}\pi &= \lambda_1 pq_1 + \lambda_2 pq_2 + (\alpha_1 e_1^* + \alpha_2 e_2^*) - 0.5\beta_1 e_1^{*2} - 0.5\beta_2 e_2^{*2} \\ &= \lambda_1 pq_1 + \lambda_2 pq_2 + \frac{s\alpha_1^2}{\beta_1} + \frac{(1-s)\alpha_2^2}{\beta_2} - \frac{s^2\alpha_1^2}{2\beta_1} - \frac{(1-s)^2\alpha_2^2}{2\beta_2}\end{aligned}$$

两边求导，得

$$\frac{\partial\pi}{\partial s} = \frac{\alpha_1^2}{\beta_1}(1-s) - \frac{\alpha_2^2}{\beta_2}s$$

令 $\frac{\partial\pi}{\partial s} = 0$，可得结果：

$$s^* = \frac{\alpha_1^2\beta_2}{\alpha_1^2\beta_2 + \alpha_2^2\beta_1} = \frac{k^2}{k^2 + c} \tag{8-48}$$

$$1 - s^* = \frac{c}{k^2 + c} \tag{8-49}$$

即双方应按照 $s^* = \frac{k^2}{k^2 + c}$，$1 - s^* = \frac{c}{k^2 + c}$ 共享合作收益。

因为 $\frac{s^*}{1 - s^*} = \frac{k^2}{c}$，所以，当 $k^2 > c$ 时，采油厂 1 的分配份额更大，具有相对优势的采油厂获得更大的收益。

结论一：由于 $0 < s < 1$，所以 $e_1^* < e_1^0$，$e_2^* < e_2^0$，说明采油厂追求自身净收益

最大化而付出的努力水平低于合作联盟净收益最大化时的努力水平，故而，该采油厂技术合作联盟不能实现整体最优的情况。

结论二：由于 $\frac{\partial s^*}{\partial k} > 0$，收益分配遵循能力的绝对优势重要性，$k$ 越大，采油厂1的技术重要程度越高，收益份额也越大。

结论三：由于 $\frac{\partial s^*}{\partial c} < 0$，收益分配应服从努力成本的绝对优势较小原则。$c$ 越小，采油厂1的成本系数越低，收益分配中的份额就越大[73]。

3）长期合作

由于采油厂1和采油厂2共同隶属于一家油田分公司，在地理区域同一的便利条件下，在油田分公司政策鼓励的倡导下，其合作的可能性并不止一次。所以，当采油厂知道存在多次合作的可能的情况下，可以在合作之初缔结一份契约，约定违约行为发生将导致双方的契约关系不再成立。这里促成双方维持合作契约关系的隐含条件是：不合作收益要小于不合作的损失，否则一开始便没有必要选择合作。

采油厂1在合作开始时可以选择守约和违约，守约合作就是付出努力水平 e_1^0，违约合作就是不付出努力水平 e_1^0。在第一次合作的产出变动之前，采油厂2在此过程中付出的努力水平一直为 e_2^0。

采油厂1不付出 e_1^0 的收益为

$$\begin{aligned}\pi_1 &= \lambda_1 p q_1 + [sR(\alpha_1 e_1^*, \alpha_2 e_2^0) - 0.5\beta_1 (e_1^*)^2] - [sR(\alpha_1 e_1^0, \alpha_2 e_2^0) - 0.5\beta_1 (e_1^0)^2] \\ &= \lambda_1 p q_1 + s[R(\alpha_1 e_1^*, \alpha_2 e_2^0) - R(\alpha_1 e_1^0, \alpha_2 e_2^0)] + [0.5\beta_1 (e_1^0)^2 - 0.5\beta_1 (e_1^*)^2]\end{aligned} \tag{8-50}$$

被发现后的损失为

$$L_1 = \lambda_1 p q_1 + [sR(\alpha_1 e_1^0, \alpha_2 e_2^0) - 0.5\beta_1 (e_1^0)^2] - [sR(\alpha_1 e_1^*, \alpha_2 e_2^*) - 0.5\beta_1 (e_1^*)^2] \tag{8-51}$$

考虑货币的时间价值，在不考虑其他因素变化的影响下，T 期内“不付出”e_1^0 损失的现值为

$$\sum_{i=1}^{T}\left(\frac{1}{1+\varepsilon_{1-2}}\right)^i L_i = \sum_{i=1}^{T}\lambda_i p q_i + \sum_{i=1}^{T}\frac{[sR(\alpha_1 e_1^*, \alpha_2 e_2^0) - 0.5\beta_1 (e_1^0)^2] - [sR(\alpha_1 e_1^*, \alpha_2 e_2^*) - 0.5\beta_1 (e_1^*)^2]}{(1+\varepsilon_{1-2})^i}$$

当合作期为无限期时，采油厂选择“不合作”的条件为“不合作”收益不大于其损失，其临界条件为

$$\varepsilon_{1-2} = \frac{[sR(\alpha_1 e_1^0, \alpha_2 e_2^0) - 0.5\beta_1 (e_1^0)^2] - [sR(\alpha_1 e_1^*, \alpha_2 e_2^*) - 0.5\beta_1 (e_1^*)^2]}{[sR(\alpha_1 e_1^*, \alpha_2 e_2^0) - 0.5\beta_1 (e_1^0)^2] - [sR(\alpha_1 e_1^0, \alpha_2 e_2^0) - 0.5\beta_1 (e_1^*)^2]} \tag{8-52}$$

将式(8-7)、式(8-11)、式(8-12)、式(8-15)代入式(8-23)，整理可得

$$\varepsilon_{1-2}=2\frac{\beta_1}{\beta_2}\left[\frac{\alpha_2 s}{\alpha_1(1-s)}\right]^2=2c\left[\frac{s}{k(1-s)}\right]^2-1$$

同理：

$$\varepsilon_{1-2}=2\frac{\beta_1}{\beta_2}\left[\frac{\alpha_2(1-s)}{\alpha_1 s}\right]^2=2\frac{1}{c}\left[\frac{k(1-s)}{s}\right]^2-1$$

由于两家采油厂隶属于同一家油田分公司，其相应的贴现值应该相等，即 $\varepsilon_{1-2}=\varepsilon_{2-1}$，解得使得两家采油厂长期合作的收益分配率为

$$s^{\cdot}=\frac{k}{k+\sqrt{c}} \tag{8-53}$$

$$1-s^{\cdot}=\frac{\sqrt{c}}{k+\sqrt{c}} \tag{8-54}$$

4) 结果分析

(1) 由长期收益分配率 $s^{\cdot}$ 和短期收益分配率 s^* 可知。

长期、短期分配率都随着 k 的增加而增加，技术越核心，收益分配率越高；都随着 c 的增加而减小，成本负担越重，收益分配率越低。

(2) 比较长期收益分配率 $s^{\cdot}$ 和短期收益分配率 s^* 可知。

① 当 $k>\sqrt{c}$，即 $s^*>s^{\cdot}$，说明此时对采油厂 1 来说，短期收益分配率大于长期收益分配率。在短期合作中，采油厂 1 的分配份额 s^* 更大，具有相对优势的采油厂获得更大的收益，但此种收益在长期合作中降低了，即相对优势不能在长期合作中带来更大的收益分配率。

拥有较强技术实力的采油厂能够在与较弱技术实力的采油厂的某次具体合作中获取收益中更多的部分，但是随着合作时间的增长，合作领域的增加，技术特性的渗透，实力较强采油厂在收益分配的绝对权力在丧失。

② 当 $k<\sqrt{c}$，即 $s^*<s^{\cdot}$，说明此时对采油厂 1 来说，短期收益分配率小于长期收益分配率，长期收益分配率有所提升。在短期合作中，采油厂 1 的分配份额 s^* 更小，不具有相对优势的采油厂在长期合作中将获得更大的收益。

3. 采油厂领导人晋升博弈

通过前面的分析可以知道，隶属于同一油田分公司的采油厂之间存在着油藏资源、人才、技术和资金等方面的互补，不同采油厂之间进行技术投资合作带来的收益高于单个采油厂技术投资带来的收益。但是一个明显的问题是，之前模型均假设采油厂领导人为理性人，能够根据采油厂所获得经济效益做出决策。即作为采油厂技术投资等相关决策的负责人，能够充分认识到合作技术投资带来的经济效益，进而选择参与合作技术投资。

现实中，采油厂之间的技术合作并不广泛，因为除了经济因素以外，人事、晋升等政治因素也是影响采油厂领导人决策的重要因素。作为隶属同一油田分公司的各家采油厂，面临着一个现实的问题就是采油厂领导人的晋升机会问题。在有限数目的领导人中，只有个别领导人能够获得晋升机会。管理层的职位是有限的，一位采油厂领导人的提升意味着另一位领导人提升的概率降低，这是一个不可调和的零和博弈。本节将研究油田分公司应该如何进行政策方面的调整以激励采油厂之间进行广泛的合作，而避免重复建设和技术投资浪费。

锦标赛模型十分适用于我国国有企业特有的制度环境，并且已经在大量的研究中被证明的确是在我国国有企业中被广泛使用，油田企业作为典型的国企，亦在实际管理中使用。以 Lazear 和 Rosen 的锦标赛博弈理论为基本模型，本节建立一个简单的采油厂领导人晋升的博弈模型，解释采油厂领导人的行为动因，找出油田分公司相关的政策变量，帮助油田分公司积极地引导采油厂的行为。

1) 采油厂领导人晋升的锦标赛模型假设

(1) 在该晋升的锦标赛模型中，有一家油田分公司，其下辖两个采油厂 A 和 B，油田分公司根据两家采油厂 A 和 B 的采油绩效进行考核，绩效较高的领导人获得职务晋升。两家领导人同等级别，且职务晋升机会同一时间在两家采油厂之间只有一个；

(2) 油田分公司 A 和 B 的采油总绩效以 T_i 表示，$i=a,b$；除了技术投资，采油厂日常其他采油工作体现出的采油绩效用 t_i 表示，$i=a,b$；

(3) e_a，e_b 分别表示采油厂 A 和 B 领导人在技术投资问题上选择的努力程度。按照努力的性质，努力程度不能为外界察觉或考核，但是努力的结果绩效 T_i 却是可以被采油厂和油田分公司周知的；

(4) 领导人付出努力程度会有相应的成本代价，记为 $C(g_a)$，$C(g_b)$；

(5) 系数 θ_{ab} 表示领导人 A 的努力对领导人 B 造成的影响，$\theta_{ab}\neq 0$ 表示领导人 A 的行为对领导人 B 的行为具有一定程度的影响。$\theta_{ab}<1$ 表示领导人晋升与否的行为对自身造成的影响大于对他人业绩的影响。θ_{ba} 同理；

(6) 加入一个随机扰动项 ε，假定 ε_a，ε_b 相互独立，服从 F 分布，则 $\varepsilon_a-\varepsilon_b$ 服从一个期望为 0 的对称分布；

(7) 如果采油厂 A 的采油绩效超过采油厂 B，即 $T_a>T_b$，那么 A 的领导人将得到晋升机会获得 V 的效用，同时 B 的领导人本次不会晋升，获得效用为 $\upsilon(V>\upsilon)$；

(8) 采油厂和油田分公司领导人都符合“理性人假设”，即知道彼此的采油绩效并且会选择与之相称的努力程度。

根据上述假设，可以构建采油厂领导人晋升的锦标赛模型。

2) 采油厂领导人晋升的锦标赛模型建立与求解

采油厂 A、B 采油绩效受领导人领导努力的影响函数为

$$T_a = t_a + e_a + \theta_{ba} e_b + \varepsilon_a \tag{8-55}$$

$$T_b = t_b + e_b + \theta_{ab} e_a + \varepsilon_b \tag{8-56}$$

按照绩效原则，采油厂领导人 A 获得晋升的条件是 $T_a > T_b$，该条件的机会概率表示为

$$\begin{aligned} P(T_a > T_b) &= P[t_a + e_a + \theta_{ba} e_b + \varepsilon_a - (t_b + e_b + \theta_{ab} e_a + \varepsilon_b) > 0] \\ &= P[\varepsilon_b - \varepsilon_a < t_a + e_a + \theta_{ba} e_b - t_b - e_b - \theta_{ab} e_a] \\ &= F[t_a + e_a + \theta_{ba} e_b - t_b - e_b - \theta_{ab} e_a] \end{aligned}$$

这样我们可以得到采油厂 A 领导的效用函数。

$$\begin{aligned} U_a(e_a, e_b) = & F[t_a + e_a + \theta_{ba} e_b - t_b - e_b - \theta_{ab} e_a] \times V \\ & + F[1 - (t_a + e_a + \theta_{ba} e_b - t_b - e_b - \theta_{ab} e_a)] \times v - C(e_a) \end{aligned} \tag{8-57}$$

令 $\frac{\partial U_a(e_a, e_b)}{\partial e_a} = 0$，就可求得采油厂领导实现效用最大化的一阶条件。

$$\begin{aligned} & (1 - \theta_{ab}) f[(t_a - t_b) + (1 - \theta_{ab}) e_a - (1 - \theta_{ba}) e_b] \times V \\ & - (1 - \theta_{ab}) f[(t_a - t_b) + (1 - \theta_{ab}) e_a - (1 - \theta_{ba}) e_b] \times v - C'(e_a) = 0 \end{aligned}$$

整理得到

$$(1 - \theta_{ab}) f[(t_a - t_b) + (1 - \theta_{ab}) e_a - (1 - \theta_{ba}) e_b] \times (V - v) = C'(e_a) \tag{8-58}$$

其中 $f(\cdot)$ 是分布函数 F 的密度函数。

为了便于讨论，并且基于理性人假设，可以令 $\theta_{ab} = \theta_{ba} = \theta$，即完全理性的情况下，A 厂领导人的努力程度对 B 厂的影响和 B 厂领导人的努力程度对 A 厂的影响系数相等。

那么式(8-58)就可以简化为

$$(1 - \theta) f[(t_a - t_b) + (1 - \theta)(e_a - e_b)] \times (V - v) = C'(e_a)$$

在纳什均衡下，一阶条件为

$$C'(e_a) = (1 - \theta) f(t_a - t_b) \times (V - v) \tag{8-59}$$

采油厂的努力成本分别为

$$C(e_a) = \frac{1}{2} \mu_a e_a^2 \tag{8-60}$$

式中，$\mu_a > 0$，$\mu_b > 0$ 努力成本系数。

式(8-19)和式(8-20)可以联立并化为：

$$e_a = \frac{(1 - \theta) \times (V - v)}{\mu_a} f(t_a - t_b) \tag{8-61}$$

3) 采油厂领导人晋升的锦标赛模型结果分析

根据本研究之前的分析和式(8-61)可以得到以下结论。

(1) 即使单个采油厂的绩效由于自然环境、外部环境的干扰不一定完全受采油厂领导个人努力的影响，但只要这种不确定性的自然环境、外部环境对所有隶属于同一油田分公司的采油厂的影响完全相同，那么采油厂领导人锦标赛的相对绩效就能反映采油厂领导人的个人努力。而这一点正是通过采油绩效：原油产量、采油单位成本来体现的；

(2) 由于 $\frac{\partial e_a}{\partial \theta}=-\frac{V-v}{\mu_a}f(t_a-t_b)<0$，即 θ 越大，采油厂领导人选择的努力程度 e_a 越小；θ 越小，$1-\theta$ 越大，使得结果均衡的努力程度越大，意味着采油厂领导人受到的激励越大。只要存在“溢出效应 θ”的场合，采油厂领导人的努力程度就会变小，在竞争中关心自己与竞争者的相对位次而降低合作的努力。

(3) 由于 $\frac{\partial e_a}{\partial (V-v)}=\frac{1-\theta}{\mu_a}f(t_a-t_b)>0$，锦标赛晋升模式会对油田经营者努力产生强激励作用。领导人晋升与否之间的效用差距 $V-v$ 越大，那么采油厂领导人合作技术投资受到的激励越大；即薪酬差距的扩大会增加采油厂经营者努力水平，有利于采油厂采油绩效的提升；

(4) 由于 $\frac{\partial e_a}{\partial \mu_a}=-\frac{(1-\theta)(V-v)}{\mu_a^2}f(t_a-t_b)<0$，合作的努力成本系数越高，采油厂领导人的努力水平越低；

(5) 此外，采油厂领导人合作技术投资的努力水平还受到采油绩效本身差距 $t_0=t_a-t_b$ 的影响；

(6) 比较在合作技术投资中采油厂最优努力水平 $e=\frac{\alpha}{\beta}$ 和采油厂领导人的最优水平 $e=\frac{(1-\theta)\times(V-v)}{\mu}f(t_0)$ 可知，在成本允许的情况下，采油厂领导人不仅有动力做有利于自己的事情，而且也有同样的动力去做不利于其竞争对手的事情，对于那些“双赢”的合作则激励不足。

4. 小结

在油田分公司不以经济、人事手段干预的情况下，采油厂主体之间的合作技术投资的促成受到合作之后的收益分配的制约，同时，还受到采油厂领导人晋升竞争中溢出效应的影响。

收益分配问题中，当 $k>\sqrt{c}$ 时，在短期合作中，采油厂 1 的分配份额 s^* 更大，具有相对优势的采油厂获得更大的收益，但此种收益在长期合作中降低了，即相对优势不能在长期合作中带来更大的收益分配率。拥有较强技术实力的采油厂能够在与较弱技术实力的采油厂的某次具体合作中获取收益中更多的部分，但是随着合作时间的增长，合作领域的增加，技术特性的渗透，实力较强的采油厂在收益分配中的绝对权力在丧失。当 $k<\sqrt{c}$ 时，不具有相对优势的采油厂在长期合作中将获得更大的收益。

晋升问题中，由于溢出效应 θ 的存在，θ 越大，领导人重视竞争忽视合作的可能性越大。即使单个采油厂的绩效由于自然环境、外部环境的干扰不一定完全受采油厂领导人个人努力的影响，但只要这种不确定性的自然环境、外部环境对所有隶属于同一油田分公司的采油厂的影响完全相同，那么采油厂领导人锦标赛的相对绩效就能反映采油厂领导人的个人努力。

结合收益分配问题的分析，相对弱势的采油厂领导人不愿自己在收益分配中获得较少的利益，影响了在领导人采油业绩序列里的排名。但这种影响会随着努力成本系数的增加而减小，随着受到提升采油厂领导人与未受提升的采油厂领导人的效用差值的增加而增加。

油田分公司应该认识到具有相对优势的采油厂在长期合作中额外收益分配相对降低，进而帮助具有相对优势的采油厂认识其相对优势在长期合作中的弱化对于合作促成的意义，帮助采油厂维护长期合作关系。

油田分公司可以通过降低溢出效应，改变领导人努力成本系数，增加晋升效用差值来激励领导人参与技术合作投资行为的积极性。

8.4.5　主要研究结论及探讨

本节构建了协调机制下油田分公司对采油厂采取线性投资和非线性投资两种情况下两类主体的最优决策模型，通过子博弈纳什均衡求得采油厂的最优产量、最优技术投资额和油田分公司的最优技术投资率，并通过数值模拟分析了相关参数对收益的影响。接着，在引导机制下分别构建了成本函数、油品内部定价对采油厂技术投资的影响模型，求得适合油田分公司的补贴、定价策略。最后研究了晋升机制下，采油厂间进行合作技术投资的收益分配模型，以及采油厂领导人晋升博弈模型。这些规律为油田分公司科学、定量化的管理提供了可参考的政策建议。

(1) 油田分公司采取协调机制直接参与采油厂技术投资时，应该选择科学的总体投资函数，避免在总体线性投资函数中按照固定比例进行技术投资额分配的分配方式。油田分公司以提高油品产量为首要目标，则可以通过如表彰奖励等，鼓励采油厂提升自身的技术投资额；当技术投资比率、投资函数二次项系数、技术边际成本的关系处在一个特定范围内时，通过增加收益分配比率能够提升采油厂的最优产量；此外，可以通过提高油田分公司技术投资率来增加采油厂的最优产量。油田分公司以提高收益水平为首要目标，则可以降低自身的技术投资比率或提高收益分配率，提升油价，或帮助采油厂降低边际成本。

(2) 油田分公司采取引导机制，通过补贴引导采油厂进行技术投资时，需要对下属采油厂的成本类型有清楚的认识，不同的成本类型对应的最优技术投资策略和定价策略的关系不同。面对成本类型为指数、幂函数型的采油厂，可以只考虑技术投资策略；而面对二次型成本类型的采油厂，油田分公司需要在技术投资策略确定的基础上，设计定价策略。油田分公司的主要经济动力在于可供额外收益分配的收益值，故而油田分公司应该尽量减小定价约束系数，增加技术研发补贴率。在没有超过边际成本临界值时，可以不采取措施；否则，需要帮助采油厂降低边际成本。还可以通过油田分公司引入新技术设备来增加单位成本降幅。

(3) 采油厂主体之间由于作业流程，面临的技术难题大致相同，存在着技术合作极大的必要性。在技术合作中，促进自身技术推广的同时，采油厂也增加了自身从外部其他采油厂吸取技术增加采油能力的可能性。采油厂之间的合作也能够给采油厂带来减轻自身建设负担、减少资源浪费和损失等好处。在油田分公司不以经济、人事手段干预的情况下，采油厂主体之间的技术合作受到收益分配制度的影响，以及采油厂领导人的晋升竞争的影响。

(4) 在采油厂之间短期合作技术投资中，具有相对优势的采油厂获得更大的收益，但此种收益在长期合作中降低，即相对优势不能在长期合作中带来更大的收益分配率。拥有较强技术实力的采油厂能够在与拥有较弱技术实力的采油厂的某次具体合作中获取收益中更多的部分，但是随着合作时间的增长，合作领域的增加，技术特性的渗透，实力较强采油厂在收益分配的绝对权力在丧失。油田分公司应该引导具有相对优势的采油厂认识其相对优势在长期合作中的弱化对于促成合作的意义，帮助采油厂维护长期合作关系。

(5) 溢出效应越大，领导人重视竞争忽视合作的可能性越大。即使单个采油厂的绩效由于自然环境、外部环境的干扰不一定完全受采油厂领导人个人努力的影响，但只要这种不确定性的自然环境、外部环境对所有隶属于同一油田分公司的采油厂的影响完全相同，那么采油厂领导人锦标赛的相对绩效就能反映采油厂领导人的个人努力。技术相对弱势的采油厂领导人不愿自己在收益分配中获得较少的利益，影响了在领导人采油业绩序列里的排名。但这种对合作的消极影响会随着努力成本系数的增加而减小，随着采油厂领导人晋升前后效用差值的增加而增加。

8.5 采油厂和油藏管理区产出效益分配的完全信息动态博弈

8.5.1 问题描述

本节的研究假设采油厂作为一个油藏管理具体的组织机构，它不直接参与油田的简单再生产，它只是对油藏管理区的油气生产活动进行组织、指导以及监督等，因此，采油厂没有直接的经济收入来源，它的收入来源只能靠上级的拨款投资和油藏管理区部分产量收入(毛利润)的上交来获得。在油藏管理区上交部分产量收益的同时,采油厂也要对油藏管理区进行拨款投资建设。这里的投资主要有勘探投资和产能建设等,主要是用于油藏管理重大项目的较大的支出。这种相互关系使得采油厂和油藏管理区之间形成一种博弈局面。

油藏管理区作为直接从事油气生产的基层单位,它的收益是油气所获得油气产量的收入和采油厂对它的投资。它的支出即是它从事油气生产日常所发生的成本费用,这主要有作业费、水电费、工程劳务费、材料费、人工费和工农环保费等。

不论对于采油厂还是油藏管理区,他们追求的是自身利益的最大化。采油厂希望通过确定合理的投资和产出效益分配比例,使得自己的收益最大;油藏管理区通过采油厂的投资和产出效益分配比例确定自己的最合理的生产方式,生产使得自己收益最大的原油产量。采油厂和油藏管理区的这种行为使得采油厂和油藏管理区之间形成一种产出效益分配的动态博弈。这种矛盾冲突一般不可形成可约束协议。因此,采油厂和油藏管理区之间的这种收益冲突属于非合作博弈。

本节研究主体——采油厂和油藏管理区的收益函数里主要涉及的函数有成本函数、投资函数、产量收益函数。

其中,成本函数 $C_t = C\left(Q_t, \sum I_{t-1}, \gamma, \sigma, \cdots\right)$,成本由产量、历史投资、技术进步和管理水平等决定;投资函数 $I_t = I(Q_t, Y_{t-1}, \gamma, \beta, \cdots)$,投资由产量、上期利润 (γ_{t-1})、技术进步和银行利率等决定;产量收益函数 $P_t \cdot Q_t$,其中 $Q_t = Q(Q_{t-1}, P_t, \delta, \gamma, \cdots)$,产量由上期产量、价格、技术进步和产量规律等决定。

这里 δ 为产量的变化规律,γ 为技术进步对相应要素的贡献率,σ 为管理水平的提升对相应要素的影响,β 为银行利率,P_t 为本期价格,Q_t 为产量。对成本函数 C、投资函数 I、产量函数 Q 可以有不同的指派形式,可以从不同的角度去分别考虑影响成本的因素、影响投资额度和产量决策的因素。每一种指派表示了不同的影响结果以及决策、政策或管理策略、生产方式。这里的函数指派是关键,它需要进一步研究影响因素对基本变量影响力的大小以及是如何影响的。

考虑到油田行业的特殊性,以及解决问题的方便性,本节对成本函数、投资函数和产量函数的指派形式分别为:成本函数可简单看作为固定成本和变动成本之和,固定成本可作为不变值,变动成本可看作为吨油变动成本与原油产量的乘积;投资函数只看作为产量的函数;本节的产量作为油藏管理区的决策变量,它是一个自变量,不看作任何因素的函数。在此基础上,我们进行模型基本条件假设与建模。

8.5.2 Stackelberg 博弈模型的假设与建立

1) 基本假设

(1) 采油厂和油藏管理区的领导均满足理性人假设。

(2) 每年采油厂从油藏管理区抽取一定比例 $\lambda(0 \leqslant \lambda \leqslant 1)$ 的油藏管理区的收益 pq (油藏管理区产量和价格的乘积)作为采油厂的收入之一。

(3) 每年分公司给采油厂一定的投资额 $\omega'(\sum_{i=1}^{n} q_i)$，是关于采油厂总的产量的函数。分公司对采油厂的投资额不大于分公司的投资能力 ω'。

(4) 采油厂都会根据油藏管理区 i 的产能建设和产量的生产进行投资，这个投资额度 ω 直接和油藏管理区的产量有关，记为 $\omega_i(q_i)$。

(5) 油藏管理区的支出即为采油厂的成本，由固定成本和变动成本构成，其中变动成本记为 $C_V q$，即由吨油变动成本 C_V 与原油产量构成，固定成本 C_F。

(6) 油藏管理区每年的原油产量 q 不大于该油藏管理区这一年的生产能力 q_Z，即油藏管理区每年的原油产量应该在它这一年采油能力范围之内。

(7) 采油厂下属的油藏管理区为 n 个，采油厂对所有油藏管理区的总投资 $\sum_{i}^{n} \omega_i(q_i)$ 不大于 ω，这里 ω 为常数。

(8) 对于特定的采油厂，它下属的油藏管理区的个数是一定的。

(9) 采油厂和油藏管理区之间了解彼此的各种情况下的得益。

2) Stackerberg 模型的建立

采油厂的收益模型：

$$\max V = \omega'(\sum_{i=1}^{n} q_i) + \sum_{i}^{n} \lambda_i p q_i - \sum_{i=1}^{n} \omega(q_i)$$

$$\text{s. t.} \begin{cases} 0 \leqslant \omega'(\sum_{i=1}^{n} q_i) \leqslant \omega' \\ 0 \leqslant \sum_{i=1}^{n} \omega(q_i) \leqslant \omega \\ 0 \leqslant q_i \leqslant q_{Zi} \end{cases} \tag{8-62}$$

油藏管理区的收益模型：

$$\max V_i = \omega(q_i) + (1-\lambda_i) p q_i - (C_{Vi} q_i + C_{Fi})$$

$$\text{s. t.} \begin{cases} 0 \leqslant \sum_{i=1}^{n} \omega(q_i) \leqslant \omega \\ 0 \leqslant q_i \leqslant q_{Zi} \end{cases} \tag{8-63}$$

式中，ω', ω, q_{Zi} 均为常数。

3) Stackerberg 模型的求解及其结果分析

从前面的分析知道，采油厂和油藏管理区不是同时进行决策，油藏管理区根据采油厂的投资函数和分配比例确定自己的最佳产量，采油厂和油藏管理区之间了解彼此的各种情况下的得益。因此，这里的采油厂和油藏管理区之间的博弈属于完全信息的动态博弈。所以，该博弈的均衡解是子博弈 Nash 均衡解。油藏管理区根据每年采油厂利润抽取比例的不同而采取不同的生产开发方案，不同的生产开发方案会带来不同的产出产量，所以，采油厂属于先行者，油藏管理区属于后行者。根据子博弈 Nash 均衡解的求解方法——逆向归纳法对上述模型式(8-62)和式(8-63)进行求解。

首先寻找油藏管理区的最优决策，即寻求油藏管理区的最优生产量。

由于采油厂对油藏管理区的投资函数的不同形式会带来不同的解的结果，尤其是当投资函数是线性和非线性时，因此，本节分线性和非线性两种情形进行讨论。

(1) 投资函数线性时。

如果采油厂对油藏管理区的投资函数 ω_i 假设为油藏管理区的线性函数，即为 $\omega_i = aq_i + b(a \leqslant 0, b \leqslant 0)$。

这里的线性投资函数表示随着油藏管理区的产量的增加，采油厂对油藏管理区的投资会随之增加，这种增加是无限制的。此外，限于油田开发的特殊性，并不是有投资就有产量的，因此，即使在油藏管理区的产量为零时，采油厂对油藏管理区也有一定的投资。则上面的优化问题变为线性优化问题。此时的问题转化为

采油厂的收益模型：

$$\max V = a'(\sum_{i=1}^{n} q_i) + b' + \sum_{i}^{n} \lambda_i p q_i - \sum_{i=1}^{n} (aq_i + b)$$

$$\text{s. t.} \begin{cases} 0 \leqslant \sum_{i=1}^{n} (a'q_i + b') \leqslant \omega' \\ 0 \leqslant \sum_{i=1}^{n} (aq_i + b) \leqslant \omega \\ 0 \leqslant q_i \leqslant q_{Zi} \end{cases} \tag{8-64}$$

这里假设采油厂对每个油藏管理区采取相同的抽取比例和相同的投资政策。则可以考虑采油厂和某个油藏管理区 i 的收益分配问题，所以，此时可以将采油厂对其他的收益分配额看做是定值。

模型(8-64)经过转化得到

$$\max V = b' - b + \sum_{i}^{n} (\lambda_i p + a' - a) q_i$$

$$\text{s. t.} \begin{cases} 0 \leqslant \sum_{i=1}^{n} (a'q_i + b') \leqslant \omega' \\ 0 \leqslant \sum_{i=1}^{n} (aq_i + b) \leqslant \omega \\ 0 \leqslant q_i \leqslant q_{Zi} \end{cases} \tag{8-65}$$

此时，油藏管理区的收益模型：

$$\max V_i = [a + (1-\lambda_i)p - C_{Vi}]q_i + b - C_{Fi}$$

$$\text{s. t.} \begin{cases} 0 \leqslant \sum_{i=1}^{n}(aq_i + b) \leqslant \omega \\ 0 \leqslant q_i \leqslant q_{Zi} \end{cases} \tag{8-66}$$

当 q 满足上面的约束条件时，即

$$\begin{cases} 0 \leqslant q_i \leqslant \dfrac{\omega - b}{a} - \sum\limits_{\substack{j=1 \\ j\neq i}}^{n} q_j, & \dfrac{\omega - b}{a} - \sum\limits_{\substack{j=1 \\ j\neq i}}^{n} q_j \leqslant q_{Zi} \\ 0 \leqslant q_i \leqslant q_{Zi}, & \dfrac{\omega - b}{a} - \sum\limits_{\substack{j=1 \\ j\neq i}}^{n} q_j > q_{Zi} \end{cases}$$

油藏管理区的最优目标函数为最大的产量约束，即当 $\dfrac{\omega - b}{a} - \sum\limits_{\substack{j=1 \\ j\neq i}}^{n} q_j \leqslant q_{Zi}$ 时，$q^* = \dfrac{\omega - b}{a} - \sum\limits_{\substack{j=1 \\ j\neq i}}^{n} q_j$；当 $\dfrac{\omega - b}{a} - \sum\limits_{\substack{j=1 \\ j\neq i}}^{n} q_j > q_{Zi}$ 时，$q^* = q_{Zi}$。

将 q^* 代入式(8-65)时，可以得到相应的 λ_i 的最优值 1，即 $\lambda_i^* = 1$。

当 q 不满足上面的约束条件时，目标函数无解。这个博弈问题无意义。

从上面的分析可以看出，对于油藏管理区来说，自己的原油产量越高，自己的收益越大。油藏管理区会太过注重油藏管理区的短期收益，而会忽视它们的长期行为，从而破坏油田的可持续发展。对于采油厂来说，抽取比例 λ 越大，它的收益越大，如果抽取的比例过大，如当 $\lambda \to 1$ 时，油藏管理区的收益只有采油厂的固定投资，油藏管理区的收益很有可能会小于 0，此时的收益分配会挫伤油藏管理区的生产积极性，油藏管理区的经营会进入恶性发展状态，破坏油田的可持续发展。因此，采油厂对油藏管理区投资应该慎重考虑，最好不要进行产量的线性和固定额投资，以免使得阻碍油田的长期发展，使油田陷入恶性发展状态。

(2) 投资函数非线性时，引入拉格朗日乘子，建立函数。

$$\begin{aligned} L_i &= V_i + \mu_1[\omega - \sum_{j=1}^{n}\omega(q_j)] + \mu_2[\sum_{j=1}^{n}\omega(q_j)] \\ &= \omega(q_i) + (1-\lambda_i)pq_i - (C_{Vi} \cdot q_i + C_{Fi}) + \mu_1[\omega - \sum_{j=1}^{n}\omega(q_j)] + \mu_2\sum_{j=1}^{n}\omega(q_j) \end{aligned} \tag{8-67}$$

式中，$\mu_1 \leqslant 0$，$\mu_2 \leqslant 0$。

求 L_i 关于产量 q_i 的偏导数得

$$\frac{\partial L_i}{\partial q_i}=\omega_i'+(1-\lambda_i)p-C_{Vi}-(\mu_1-\mu_2)\omega_i' \tag{8-68}$$

式中，$\omega_i'=\omega'(q_i)=\dfrac{\partial\omega(q_i)}{\partial q_i}$。

这里 V_i，ω_i 均为可微函数，由 Kuhn-Tucher 条件（K-T 条件），当产量 q_i 达到最优值 q_i^* 时，满足

$$\begin{cases}\omega_i'+(1-\lambda_i)p-C_{Vi}+\mu_1^*(-\omega_i')+\mu_2^*\omega_i'=0\\ \mu_1^*\left[\omega-\sum\limits_{j=1}^{n}\omega_j(q_j^*)\right]=0\\ \mu_2^*\left[\sum\limits_{j=1}^{n}\omega_j(q_j^*)-0\right]=0\end{cases} \tag{8-69}$$

现假设采油厂对油藏管理区的投资是非线性的二次函数，即

$$\omega(q)=a_1q^2+a_2q+a_3 \tag{8-70}$$

式中，a_1，a_2，a_3 均为常数，系数 a_1，a_2，a_3 满足 $a_1<0$，$a_2>0$，且 $\dfrac{4a_1a_3-a_2^2}{4a_1}>0$。即当 $0\leqslant q\leqslant-\dfrac{a_2}{2a_1}<q_Z$ 时，随着油藏管理区产量的增加，采油厂对油藏管理区的投资也会增加，对油藏管理区起到正激励的作用；当 $\dfrac{-a_2}{2a_1}<q\leqslant q_Z$ 时，随着油藏管理区产量的增加，考虑到油田可持续发展问题，采油厂对油藏管理区的投资将会适当的减少，以限制油藏管理区的过度开发，破坏油田的可持续发展。

下面将式(8-70)代入式(8-69)进行求解。

(1) 当 $\mu_2^*\neq 0$ 时，$\sum\limits_{j=1}^{n}\omega_j(q_j^*)=0$，即采油厂对所有的油藏管理区的投资为0，这在实际中不存在，所以 $\mu_2^*=0$。

(2) 当 $\mu_1^*\neq 0$ 时，有 $\omega-\sum\limits_{j=1}^{n}\omega_j(q_j^*)=0$，此时得出油藏管理区的最优决策。

$$q^*=\frac{-a_{2i}-\sqrt{a_{2i}^2-4a_{1i}\left[a_{3i}+\sum\limits_{\substack{j=1\\ j\neq i}}^{n}(a_{1j}q_j^2+a_{2j}q_j+a_{3j})-\omega\right]}}{2a_{1j}}$$

$$\left(\sqrt{a_{2i}^2-4a_{1i}\left[a_{3i}+\sum\limits_{\substack{j=1\\ j\neq i}}^{n}(a_{1j}q_j^2+a_{2j}q_j+a_{3j})-\omega\right]}\geqslant 0\right)$$

这里的 q_i^* 和 λ_i 无关。因此，对于这个博弈问题，采油厂的最优决策是抽取比例为最大1。

(3) 当 $\mu_1^*=0$，$\mu_2^*=0$ 时，式(8-63)的最优解满足式(8-71)

$$\omega_i'+(1-\lambda_i)p-C_{Vi}=0 \tag{8-71}$$

将式(8-70)代入式(8-71)得到

$$2a_{1i}q_i^* + a_{2i} + (1-\lambda_i)p - C_{Vi} = 0 \tag{8-72}$$

解式(8-72)得

$$q_i^* = \frac{C_{Vi} + (\lambda_i - 1)p - a_{2i}}{2a_{1i}} \tag{8-73}$$

讨论产量 q_i^* 与 λ_i,p 的关系

因为 $a_{1i} < 0, p > 0, 0 \leqslant \lambda_i \leqslant 1$，所以

$$\frac{\partial q_i^*}{\partial \lambda_i} = \frac{p}{2a_{1i}} < 0 \tag{8-74}$$

$$\frac{\partial q_i^*}{\partial p} = \frac{\lambda_i - 1}{2a_{1i}} \geqslant 0 \tag{8-75}$$

结论一：油藏管理区最优产量 q_i^* 与采油厂的抽取比例 λ_i 成反比例关系。采油厂的抽取比例 λ_i 增大时，油藏管理区的产量就会降低，当采油厂对油藏管理区的抽取比例大到一定程度后，就会挫伤油藏管理区的生产积极性。反之，随着采油厂对油藏管理区抽取比例 λ_i 的降低，油藏管理区的生产积极性会提高，它们会增加原油的生产。

结论二：油藏管理区最优产量 q_i^* 与原油的价格 p 成正比例关系。当原油价格 p 上升时，油藏管理区的最优产量 q_i^* 随之增加，反之，油藏管理区最优产量 q_i^* 降低。

结论三：油藏管理区最优产量 q_i^* 与 a_{1i},a_{2i} 也有关系，因此，合理的确定系数 a_{1i},a_{2i} 对油藏管理区最优产量 q_i^* 至关重要。

下面根据逆向回归法，在求出油藏管理区最优策略的情况下，分析采油厂的最优对策。

引入拉格朗日乘子有

$$\begin{aligned} L &= V + \xi_1[\omega' - \omega'(\sum_{i=1}^{n} q_i)] + \xi_2\omega'(\sum_{i=1}^{n} q_i) \\ &= \omega'(\sum_{i=1}^{n} q_i) + \sum_{i}^{n}\lambda_i p q_i - \sum_{i=1}^{n}\omega(q_i) + \xi_1[\omega' - \omega'(\sum_{i=1}^{n} q_i)] + \xi_2\omega'(\sum_{i=1}^{n} q_i) \end{aligned} \tag{8-76}$$

式中，ξ_1,$\xi_2 \leqslant 0$；ω' 为常数；$\omega'(\sum_{i=1}^{n} q_i) = a_1(\sum_{i=1}^{n} q_i)^2 + a_2(\sum_{i=1}^{n} q_i) + a_3$，这个函数的性质和式(8-70)的性质一样。

这里 V,ω' 均为可微函数。将式(8-73)代入式(8-76)，参考前面的油藏管理区的最优产量的分析步骤，Kuhn-Tucher 条件(K-T 条件)存在时，λ_i^* 满足式(8-77)。

$$\begin{cases}\dfrac{\partial L}{\partial \lambda_i^*}=0\\ \xi_1^*\left[\omega'-\omega'\left(\sum_{i=1}^{n}\dfrac{C_{Vi}-(1-\lambda_i)p-a_{2i}}{2a_{1i}}\right)\right]=0\\ \xi_2^*\cdot\omega'\left(\sum_{i=1}^{n}\dfrac{C_{Vi}-(1-\lambda_i)p-a_{2i}}{2a_{1i}}\right)=0\end{cases} \tag{8-77}$$

由式(8-69)的分析可知，$\xi_2^*=0$。

为计算的方便，以下假设分公司对采油厂的政策与采油厂对油藏管理区的政策完全一致，且采油厂对所有的油藏管理区的投资函数是一致的，所以有 $a_1=a_{1i}$，$b_1=b_{1i}$，$c_1=c_{1i}$，$i=1,2,\cdots,n$，$\lambda_1=\lambda_2=\cdots=\lambda_n$，$C_{v1}=C_{v2}=\cdots=C_{vn}=C_v$。

(1) 当 $\xi_1^*\neq 0$ 时，设 $A=\lambda^2$，$B=2n^2-2p^2+\dfrac{na_2}{2a_1}p$，$C=n^2(C_v-a_2)^2+\dfrac{na_2}{2a_1}(C_v-a_2)-2n^2p(C_v-a_2)+a_3-\omega'-p^2-\dfrac{na_2}{2a_1}p$，则

$$\lambda^*=\frac{-B+\sqrt{B^2-4AC}}{2A}$$

(2) 当 $\xi_1^*=0$，$\xi_2^*=0$ 时，$\dfrac{\partial V}{\partial \lambda^*}=0$，从而解得

$$\lambda^*=\frac{n}{n+1}\frac{p+a_2-C_v}{p} \tag{8-78}$$

下面分析影响采油厂的最优分配比例 λ^* 的因素 p，C_v 与 λ^* 的关系。

$$\frac{\partial \lambda^*}{\partial n}=\frac{1}{(n+1)^2}>0 \tag{8-79}$$

$$\frac{\partial \lambda^*}{\partial p}=\frac{n}{n+1}\cdot\frac{C_v-a_2}{p^2}\begin{cases}<0 & C_v<a_2\\ \geqslant 0 & C_v\geqslant a_2\end{cases} \tag{8-80}$$

$$\frac{\partial \lambda^*}{\partial C_v}=\frac{-n}{(n+1)p}<0 \tag{8-81}$$

分析式(8-79)～式(8-81)可知，采油厂的产出效益分配比例 λ^* 和原油价格的关系与单位吨油变动成本和系数 a_2 有关系，当吨油变动成本小于系数 a_2 时，分配比例 λ^* 随着价格的上升而减小，反之，会随着价格的下降而增大；当吨油变动成本大于系数 a_2 时，分配比例 λ^* 随着价格的上升而增大，反之，会随着价格的下降而减小。采油厂的分配比例 λ^* 随着油藏管理区的单位吨油变动成本的增加而减小，随着吨油变动成本的减少而增大。将式(8-78)代入式(8-73)有

$$q_i^*=\frac{C_v-a_2-p}{2(n+1)a_1} \tag{8-82}$$

因此，对于特定的采油厂，内部的油藏管理区个数越多，每个油藏管理区的产

量就越少。

8.5.3 实例分析

对 GD 采油厂某油藏管理区的 1998～2006 年的数据进行统计得到表 8-4。

表 8-4 某油藏管理区历年产量和投资数据

年份	产量(万吨)	投资(亿元)
1995	76.56	8.81
1996	72.57	6.53
1997	65.71	5.63
1998	60.00	3.44
1999	57.71	2.44
2000	57.00	2.28
2001	57.71	2.02
2002	58.14	4.49
2003	57.86	4.68
2004	58.45	3.79
2005	58.29	2.58
2006	57.95	2.74

对上面的数据用 SPSS 进行二次拟合，可以得到二次函数：$q^* = 0.0006q_1^2 + 0.360q_1 - 14.750$，所以，$a_1 = -0.0006, a_2 = 0.360, a_3 = -14.750$。根据调研得到 $C_v = 267.450, p = 3351.348, n = 7$。将数据代入式(8-25)和式(8-30)得到

$$\lambda^* = 0.81 \tag{8-83}$$

$$q^* = 64.25(\text{万吨}) \tag{8-84}$$

从式(8-83)和式(8-84)可知，采油厂将分到大部分产量的收益。油藏管理区的最优产量为 64.25 万吨。当油藏管理区的产量大于 $\frac{-a_2}{2a_1} = 300$ 万吨时，采油厂对油藏管理区的投资开始下降。因为油藏管理区的吨油变动成本大于系数 a_2，所以式(8-28)满足采油厂的抽取比例随着原油价格的上涨而增大，随着原油价格的下降而减少。

下面分析原油价格和油藏管理区个数对油藏管理区的最优产量 q^* 和产出效益的分配比例 λ^* 的具体影响。在讨论其中之一对最优产量和分配比例 λ^* 的影响时，假设其他的影响因素都是不变的。例如，讨论原油价格对最优产量 q^* 和分配比例 λ^* 的影响时，假定吨油变动成本、油藏管理区个数以及常数 a_1, a_2 不变。其中 $a_1 = -0.0006, a_2 = 0.360, C_v = 267.450, p = 3351.348, n = 7$。

当其他参数不变时，油藏管理区的最优产量和产出效益的分配比例随着原油价格的变化趋势如图 8-9 和图 8-10 所示。

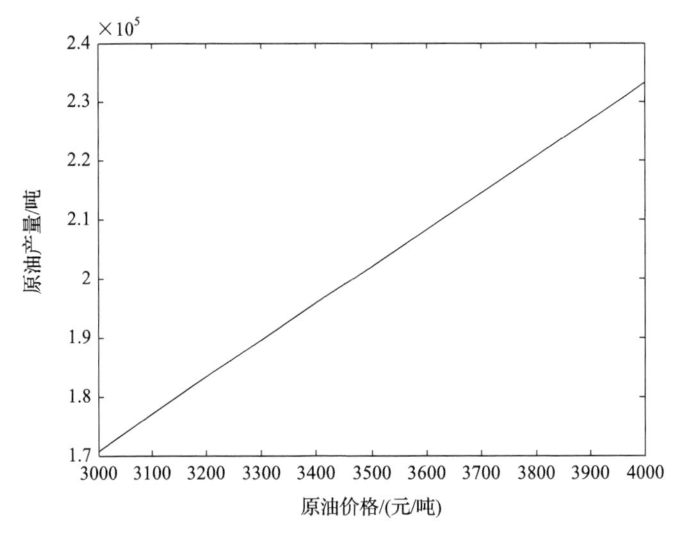

图 8-9　油藏管理区的最优产量随着原油价格的变化趋势

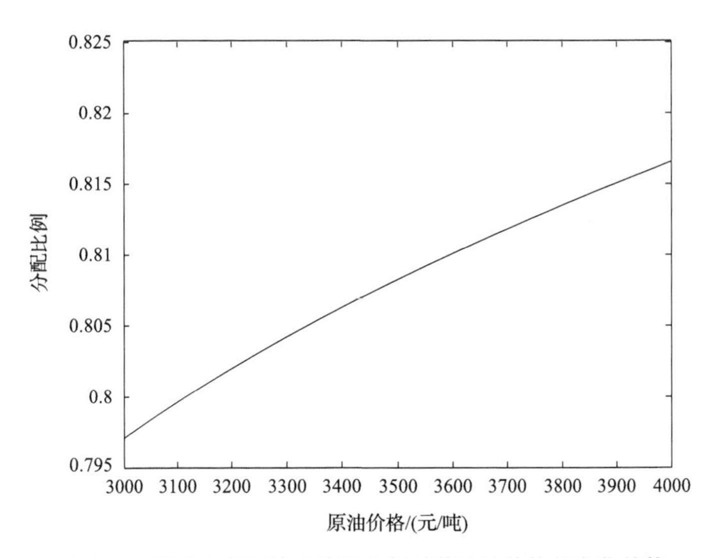

图 8-10　采油厂产出效益分配比例随着原油价格的变化趋势

从图 8-9 和图 8-10 可以看出，油藏管理区的最优产量是原油价格的线性递增函数，采油厂的产出效益分配比例是原油价格的非线性递增函数。原油价格上涨会使得采油厂的分配比例增大，相应的油藏管理区产量也会随之增大，会提高油藏管理区的生产积极性。

8.5.4 模型的进一步分析

油田的原油产量由老井自然产量、老井措施产量和新井产量构成的。其中老井自然产量=标定水平×日历天数×(1－自然递减),老井自然产量的关键在于自然递减率的预测;老井措施产量是根据措施井次和单井次措施年增油来决定的,它的确定关键在于措施井次与措施增油量的定量关系;新井产量根据新井投产井数和新井单井产量来决定,它关键在于新井投产井数和新井初产定量关系的确定。

根据原油产量的构成,可以将产量表示为

$$q_i = q_{\mathrm{if}} + q_{\mathrm{im}} + q_{\mathrm{in}} \tag{8-85}$$

式中,q_{if} 为老井自然产量;q_{im} 为老井措施产量;q_{in} 为新井产量。这里,

$$q_{\mathrm{in}} = n_0 \cdot q'_{\mathrm{in}} \tag{8-86}$$

式中,n_0 为新井投产井数;q'_{in} 为新井单井年产油量。对于油藏管理区来说,投入新井的开发来弥补老油田产量的下降而带来的油藏管理区原油产量的减少,从式(8-86)得知,油藏管理区新井产量是新井投产井数和新井单井年产油量的乘积,而新井单井年产油量一般根据历史水平估算出来,这个量属于一个客观变量,是一个不变量。因此,油藏管理区新井产量确定转化为油藏管理区新井投产井数的确定。

所以,接着上面油藏管理区最优产量和采油厂产出效益分配比例的博弈,进一步考虑油藏管理区新井投产井数和采油厂产出效益分配比例的博弈分析。亦即,油藏管理区根据采油厂的产出效益分配比例来确定自己的新井投产井数,以保证油藏管理区的原油产量。

因此,将式(8-85)和式(8-86)代入式(8-82)得到式(8-87)。

$$n_0^* = \frac{\dfrac{C_v - a_2 - p}{2(n+1)a_1} - (q_{\mathrm{if}} + q_{\mathrm{im}})}{q'_{\mathrm{in}}} \tag{8-87}$$

$$n_0^* = \frac{\dfrac{C_v - a_2 + (\lambda - 1)p}{2a_1} - (q_{\mathrm{if}} + q_{\mathrm{im}})}{q'_{\mathrm{in}}} \tag{8-88}$$

从式(8-87)和式(8-88)可以推知:

(1) 油藏管理区新井投产井数与采油厂的产出效益分配比例(抽取比例)成反相关关系,随着采油厂抽取比例的增加,油藏管理区投入原油生产的新井数将会减少,反之,随着采油厂抽取比例的降低,油藏管理区投入原油生产的新井数将会增加。

(2) 油藏管理区新井投产井数与原油价格成正相关关系,当原油价格上升时,油藏管理区投入原油生产的新井井数将会增加,当原油价格下降时,油藏管理区投入原油生产的新井井数将会减少。

(3) 油藏管理区新井投产井数与所属采油厂划分的个数成反相关关系,即随着特定采油厂划分的油藏管理区个数的增加,油藏管理区投入原油生产的新井数

会随着减少，随着特定采油厂划分的油藏管理区个数的减少，油藏管理区投入原油生产的新井数会随之增加。

(4) 油藏管理区新井投产井数与该油藏管理区的老井自然产量和老井措施产量成反比例关系。随着老井自然产量或者老井措施产量的增加而减少，随着老井自然产量或者老井措施产量的降低而增加。

由前面的数据有：$a_1=-0.0006$，$a_2=0.360$，$C_v=267.450$，$p=3351.348$，$n=7$，$q'_{in}=1238$（吨），$q_{if}=36.22$（万吨），$q_{im}=5.2$（万吨）。

将上面的数据代入式(8-87)可以得到

$$n_0^*=185 \tag{8-89}$$

下面分析原油价格、油藏管理区个数以及产出效益分配比例对油藏管理区新井投产井数的具体影响。在讨论其中之一对新井投产井数的影响时，假设其他的影响因素都是不变的。这里的讨论类似前面的讨论。

(1) 油藏管理区新井投产井数随着价格和油藏管理区个数的变化趋势。

油藏管理区新井投产井数与原油价格成线性正比例关系，即为纵截距为－1077，比例为 0.35 的正比例函数。随着原油价格的上升，油藏管理区新井投产井数将会随之以比例 0.35 增加，反之，将会同比例减少油藏管理区新井投产井数。此外，当原油价格为 3053 时，油藏管理区新井投产井数为 0，当原油价格大于 3053 时，油藏管理区才会进行新井投产，否则，油藏管理区将不会进行新井投产(图 8-11)。新井投产井数与油藏管理区个数成反向变动关系，随着管理区个数不断增加，新井投产井数也在增加，但并非线性变动关系，如图 8-12 所示。

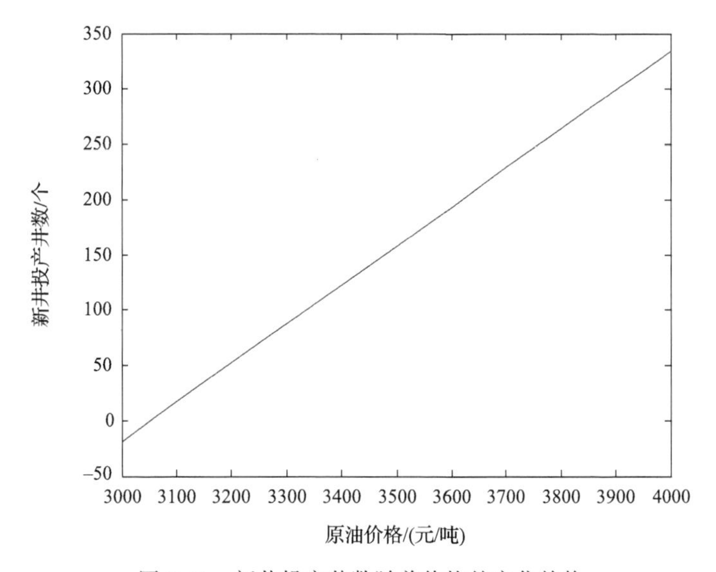

图 8-11　新井投产井数随着价格的变化趋势

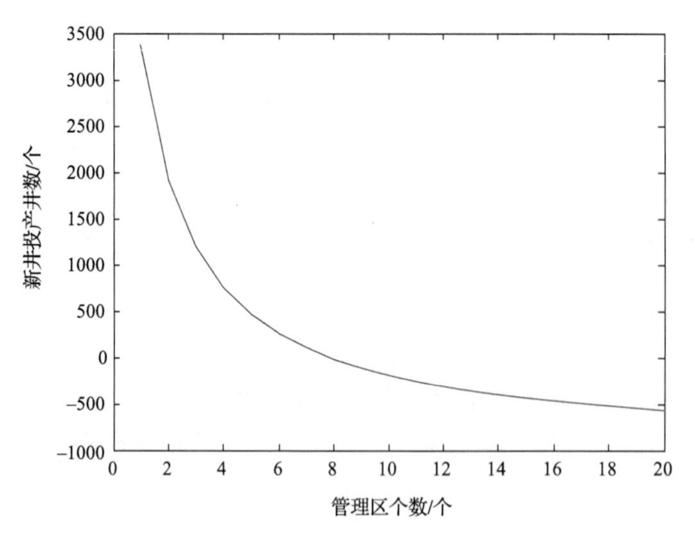

图 8-12　新井投产井数随着管理区个数的变化趋势

(2) 油藏管理区新井投产井数随着采油厂产出效益分配比例的变化趋势。

油藏管理区新井投产井数与采油厂产出效益分配比例成负线性关系，随着采油厂产出效益分配比例的增大，油藏管理区新井投产井数将以比例 7728 减少，反之将以同比例增大新井投产。此外，当采油厂产出效益分配比例达到 0.82 以上时，油藏管理区将不再进行新井投产，当采油厂产出效益分配比小于 0.82 时，油藏管理区才会进行新井投产(图 8-13)。

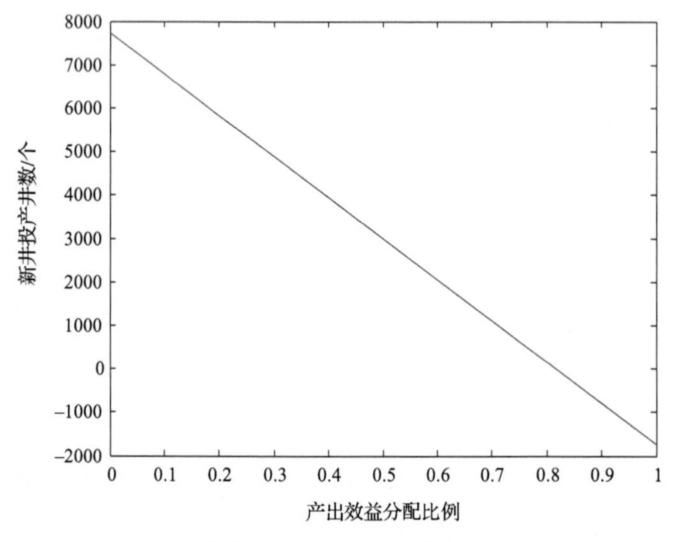

图 8-13　新井投产井数随着采油厂产出效益分配比例的变化趋势

8.5.5　小结

根据油田实际的收入和支出情况，通过油藏管理区和采油厂收益的完全信息的动态博弈模型的分析，讨论了采油厂对油藏管理区不同的投资政策下，采油厂的最优产出效益分配比例和相应的油藏管理区的最优产量。文中通过简化分公司对采油厂和采油厂对油藏管理区的投资函数和产出效益的分配比例及实际的数据拟合，得出了采油厂和油藏管理区的均衡解，并分析了原油价格、吨油变动成本及采油厂下属的油藏管理区的个数对采油厂和油藏管理区均衡解的影响情况。

采油厂的投资对油藏管理区的发展非常重要，其函数的确定也会影响采油厂和油藏管理区之间的收益分配。线性的投资函数对油藏管理区的发展起着消极作用，而且会使采油厂和油藏管理区的发展陷入恶性循环，破坏油田的可持续发展。

同时，原油价格、采油厂下属的油藏管理区的个数及吨油变动成本对采油厂和油藏管理区的均衡解有一定的影响。采油厂的效益产出分配比例和油藏管理区的原油产量均是原油价格的增函数；对于特定的采油厂，每个油藏管理区的最优产量随着油藏管理区的个数降低，采油厂产出效益分配比例随着油藏管理区个数递增；采油厂的产出效益分配比例与油藏管理区的吨油变动成本成反比例关系。此外，油藏管理区的产量与采油厂的产出效益分配比例成反比例关系。

此外，通过油藏管理区原油产量构成的进一步分析，分析了油藏管理区最优新井投产井数与其主要相关因素之间的关系。油藏管理区新井投产井数与原油价格、该油藏管理区的老井自然产量和老井措施产量、采油厂的产出效益分配比例以及采油厂下属油藏管理区的个数均有关系。油藏管理区新井投产井数与原油价格、老井自然产量和老井措施产量成正比例关系，随着原油价格、老井自然产量或老井措施产量的上升，油藏管理区将会增加投产的新井；油藏管理区与采油厂产出效益分配比例成反比例关系，随着采油厂产出效益分配比例的增大，油藏管理区将会降低新井的投产。如果采油厂下属油藏管理区比较多时，油藏投产井数应该适当的减少。

8.6　采油厂与油藏管理区之间的微分博弈

8.6.1　微分博弈简介

微分博弈亦称微分对策，简单地说，微分对策就是在局中人之间进行对策活动时，要用到微分方程组来描述对策现象或规律的一种对策。微分对策首先是由Lsaars开始研究的。对于多个控制者的情形，微分博弈问题表述了一般化的最优控制问题。微分博弈是一种连续时间的随机博弈，亦是动态博弈。微分博弈按照是否是零和的，可以分为零和微分博弈和非零和微分博弈。本研究的问题属于非零和对策，这里重点介绍一下非零和对策的概念和求解。

1）微分博弈的概念

设 u^i 为第 $i(1 \leqslant i \leqslant N)$ 个博弈方的控制变量，状态微分方程定义为

$$\dot{x} = f(x, u^1, u^2, \cdots, u^N), x(0) = x_0 \tag{8-90}$$

式中，x 为状态变量；u^i 为控制变量，$i = 1, 2, \cdots, N$。

定义 i 个博弈方的目标函数。

$$J^i = \int_0^T e^{\rho t} F^i(x, u^1, u^2, \cdots, u^N, t) + S^i[x(T)] \tag{8-91}$$

式中，$\rho \geqslant 0$ 表示贴现率，是一个常数；$S^i[x(T)]$ 为状态 $x(T)$ 的末值残余函数；F^i 表示第 i 个博弈方的控制变量为 u^i，状态为 $x(t)$ 的瞬时效用。每个博弈方都想使得自己的目标函数最大化，即每个博弈方都会选择 u^{i*} 使得 J^i 最大。

2）微分博弈的求解

每个参与人最优策略的选择是一个控制问题，其中参与人要考虑自身行动对状态的影响，包括直接的影响和通过对手策略对状态的影响而间接产生的影响。

式(8-91)的解满足：

$$J^i(u^{1*}, u^{2*}, \cdots, u^{i*}, \cdots, u^{N*}) = \max_{u^i} J^i(u^{1*}, u^{2*}, \cdots, u^{i*}, \cdots, u^{N*}) \quad i = 1, 2, \cdots, N \tag{8-92}$$

引入 Hamiltonian 函数：

$$H[x, u, V_x, t] = F^i(x, u^1, u^2, \cdots, u^N, t) + V_x(x, t) f(x, u, t) \tag{8-93}$$

简记为

$$H = F + \lambda f$$

$$H^*[x, \lambda, t] = \max\{H(x, u, \lambda, t) \mid u \in U(x, t)\} \tag{8-94}$$

且

$$H[x, u, V_x, t] = \rho V - V_t$$

其中，$\lambda(t)$ 是单位资本在 t 时刻的边际价值，也可以解释为单位资本的价格或影子价格，特别地，$\lambda(0)$ 是目标函数 J 关于资本初始储备量 x_0 的最大边际变化率。

定理 1（必要条件） 考虑最优控制[式(8-90)]和定义 Hamiltonian 函数 H [式(8-93)]和最优 Hamiltonian 函数 H^* [式(8-94)]，假设状态空间 X 是一个凸集，且残余末值是一个连续可微的凹函数。$u^i, i = 1, 2, \cdots, n$，是相应的状态轨线 x 的可行控制路径。如果存在连续函数 $\lambda: [0, T] \to R^n$ 满足最优条件式(8-5)。则有

$$\begin{aligned} &\dot{x}^* = f(x^*, u^*, t), \quad x^*(0) = x_0 \\ &\dot{\lambda}^* = -H_x[x^*, u^*, \lambda^*, t] + \rho\lambda, \quad \lambda^*(T) = S_x[x^*(T)] \\ &H[x^*(t), u^*(t), \lambda^*(t), t] \geqslant H[x^*(t), u(t), \lambda^*(t), t] \end{aligned} \tag{8-95}$$

式中，$\dot{x}^*$ 表示最优的状态变化；x^* 表示最优状态；$\dot{\lambda}^*$ 表示单位资本边际价值的最优变化；$u^* = [u^{1*}, u^{2*}, \cdots, u^{N*}]$。

定理 2（充分条件）　设 $x^*(t), u^*(t), \lambda^*(t), t \in [0, T]$，满足必要条件式(8-95)；如果 $H^0(x, \lambda^*, t)$ 在区间$[0, T]$上对每一个 t 都是 x 的凹函数，$S(x)$ 也是 x 的凹函数，则 u^* 是一个最优控制。

8.6.2　采油厂和油藏管理区的微分博弈模型

采油厂作为油藏管理区的上级，对油藏管理区的原油生产有指导、激励和监督作用，它的努力水平会影响油藏管理区原油的生产。同时，油藏管理区作为油气生产的直接单位，油藏管理区原油的产量受油藏管理区努力水平的影响。同前面一样，油藏管理区和采油厂按比例分成原油产量的收益。但是，本节与上一节考虑的采油厂和油藏管理区的决策变量不同，采油厂的分成比例不作为采油厂的决策变量而是作为一个已知常量。这里采油厂和油藏管理区的决策变量是两个局中人的努力水平。本节讨论的是采油厂和油藏管理的最优努力水平。这里的努力包括对油田勘探开发各个方面的投入，如资金的投入、油藏资源的投入、人力资源的投入、技术的投入等方面，以及油藏管理相关的工作人员的工作投入等方面。

为了简便起见，这里考虑采油厂和它下属的一个油藏管理区之间的微分博弈。假设采油厂和油藏管理区在时间段$[0, T]$内进行博弈，他们的周期末的剩余收益为 0。并且只考虑开环策略的微分博弈，因此，模型的控制变量只与时间 t 有关。

1）模型的建立

按照微分博弈的思想，首先建立微分博弈模型的状态方程。

$$\dot{q} = -\alpha q + \lambda_0 e_0 + \lambda_1 e_1 \qquad 0 \leqslant q \leqslant q_Z \tag{8-96}$$

式中，$\alpha, \lambda_0, \lambda_1$ 均为常数。$\alpha(0 \leqslant \alpha \leqslant 1)$ 表示原油产量的自然递减率，指的是没有新井投产及各种增产措施情况下的产量递减率，它反映油（气）田产量自然递减的状况；$\lambda_0, \lambda_1(\lambda_0 > 0, \lambda_1 > 0)$ 分别表示努力水平系数。这里的状态变量为油藏管理区的原油产量 q，控制变量为采油厂和油藏管理区的努力水平 e_0, e_1。产量的变化率与原油产量的递减率、采油厂和油藏管理区的努力水平都有关系。

为了很好地激励油藏管理区的生产积极性，采油厂可以适当地给予油藏管理区一些补贴，这个补贴是与油藏管理区的努力水平有关系，油藏管理区越努力，采油厂对它的补贴越大。设采油厂对油藏管理区的补贴率为 $s(t)(0 \leqslant s(t) \leqslant 1)$，补贴为 $S(t) = \frac{1}{2} s(t) \mu_1 e_1^2$。

满足：$\frac{\partial S(t)}{\partial e_1} = s(t) \mu_1 e_1 \geqslant 0$，即补贴 $S(t)$ 是随着油藏管理区的努力水平的提高而增大的。采油厂和油藏管理区的努力成本分别为采油厂的努力成本：

$$C_0 = \frac{1}{2}\mu_0 e_0^2 + \frac{1}{2}s(t)\mu_1 e_1^2$$

油藏管理区的努力成本：

$$C_1 = \frac{1}{2}[1 - s(t)]\mu_1 e_1^2$$

原油的销售收入为

$$R = pq$$

其中，μ_0 和 μ_1 均为努力成本系数，且 $\mu_0 > 0$，$\mu_1 > 0$。

整个原油的销售收入只在采油厂和油藏管理区之间进行分配，其中，采油厂和油藏管理区分配的比例分别为 $\pi(0 \leqslant \pi \leqslant 1)$ 和 $1-\pi$。

因此，采油厂的收益函数为

$$\max J_0 = \int_0^T e^{-\rho t}(\pi p q - \frac{1}{2}\mu_0 e_0^2 - \frac{1}{2}s(t)\mu_1 e_1^2)dt$$

$$\text{s. t.} \begin{cases} \dot{q} = -\alpha q + \lambda_0 e_0 + \lambda_1 e_1 \\ q \leqslant q_Z \\ q(0) = q_0 \end{cases} \tag{8-97}$$

这里 $q_0 \geqslant 0$，q_0 表示时刻 0 点的产量值，即从采油厂和油藏管理区开始博弈的那个时刻的油藏管理区的产量；$\rho(0 \leqslant \rho \leqslant 1)$ 为贴现系数。

油藏管理区的收益函数为

$$\max J_1 = \int_0^T e^{-\rho t}[(1-\pi)pq - \frac{1}{2}(1-s(t))\mu_1 e_1^2]dt$$

$$\text{s. t.} \begin{cases} \dot{q} = -\alpha q + \lambda_0 e_0 + \lambda_1 e_1 \\ q \leqslant q_Z \\ q(0) = q_0 \end{cases} \tag{8-98}$$

2) 模型的求解

利用开环斯坦克伯格法，首先建立油藏管理区的 Hamiltonian 函数。

$$H_1 = [(1-\pi)pq - \frac{1}{2}(1-s(t))\mu_1 e_1^2] + V_1(-\alpha q + \lambda_0 e_0 + \lambda_1 e_1) \tag{8-99}$$

由非零和微分博弈的充要条件有

$$\frac{\partial H_1}{\partial e_1} = -[1 - s(t)]\mu e_1 + V_1 \lambda = 0$$

$$\frac{\partial H_1}{\partial q} = (1-\pi)p - \alpha V_1$$

则

$$e_1^* = \frac{\lambda_1 V_1}{[1 - s(t)]\mu} \tag{8-100}$$

$$\dot{V}_1 = \alpha V_1 - (1-\pi)p + \rho V_1 = (\alpha+\rho)V_1 + (\pi-1)p, \quad V_1(T) = 0 \tag{8-101}$$

利用常微分方法求解式(8-101)有

$$V_1 = \frac{(1-\pi)p}{\alpha+\rho}(1-\mathrm{e}^{\alpha(t-T)}) \tag{8-102}$$

将式(8-102)代入式(8-100)有

$$e_1^* = \frac{\lambda_1(1-\pi)p}{[1-s(t)]\mu_1(\alpha+\rho)}(1-\mathrm{e}^{\alpha(t-T)}) \tag{8-103}$$

在求解油藏管理区最优决策的基础上求解先行者采油厂的最优决策。建立采油厂的 Hamiltonian 函数。

$$H_0 = \left(\pi p q - \frac{1}{2}\mu_0 e_0^2 - \frac{1}{2}s(t)\mu_1 e_1^2\right) + V_0(-\alpha q + \lambda_0 e_0 + \lambda_1 e_1) + V_2[(\alpha+\rho)V_1 + (\pi-1)p] \tag{8-104}$$

由微分博弈的充要条件有

$$\frac{\partial H_0}{\partial e_0} = -\mu_0 e_0 + V_0\lambda_0 = 0$$

$$\frac{\partial H_0}{\partial q} = \pi p - \alpha V_0$$

则

$$e_0^* = \frac{\lambda_0 V_0}{\mu_0} \tag{8-105}$$

$$\dot{V}_0 = \rho V_0 - \frac{\partial H_0}{\partial q} = (\alpha+\rho)V_0 - \pi p, \quad V_0(T) = 0 \tag{8-106}$$

$$\dot{V}_2 = \rho V_2 - \frac{\partial V_2}{\partial V_1} = (\rho-\alpha)V_2, \quad V_2(0) = 0$$

因为最优努力水平与 V_2 无关,因此这里对 V_2 不作求解。

由式(8-106)解得

$$V_0 = \frac{\pi p}{\alpha+\rho}(1-\mathrm{e}^{\alpha(t-T)}) \tag{8-107}$$

$$e_0^* = \frac{\lambda_0 \pi p}{\mu_0(\alpha+\rho)}(1-\mathrm{e}^{\alpha(t-T)}) \tag{8-108}$$

现在讨论影响最优努力水平的因素。

3) 结果分析

因为 $\alpha > 0, \lambda_0 > 0, \lambda_1 > 0, 0 \leqslant s(t) \leqslant 1, 0 \leqslant \pi \leqslant 1, 0 \leqslant \rho \leqslant 1, \mu_0 > 0, \mu_1 > 0, p > 0$。所以有

$$\frac{\partial e_1^*}{\partial p} = \frac{\lambda_1(1-\pi)}{\mu_1(1-s(t))(\alpha+\rho)}(1-\mathrm{e}^{\alpha(t-T)}) \geqslant 0 \tag{8-109}$$

$$\frac{\partial e_1^*}{\partial \pi} = -\frac{\lambda_1 p}{\mu_1(1-s(t))(\alpha+\rho)}(1-e^{\alpha(t-T)}) \leqslant 0 \tag{8-110}$$

$$\frac{\partial e_0^*}{\partial p} = \frac{\lambda_0 \pi}{\mu_0(\alpha+\rho)}(1-e^{\alpha(t-T)}) \geqslant 0 \tag{8-111}$$

$$\frac{\partial e_0^*}{\partial \pi} = \frac{\lambda_0 p}{\mu_0(\alpha+\rho)}(1-e^{\alpha(t-T)}) \geqslant 0 \tag{8-112}$$

$$\frac{\partial e_1^*}{\partial s(t)} = \frac{\lambda_1(1-\pi)s'(t)}{\mu_1\ (1-s(t))^2(\alpha+\rho)}(1-e^{\alpha(t-T)}) \geqslant 0 \tag{8-113}$$

$$\frac{\partial e_0^*}{\partial t} = \frac{-\alpha\lambda_0\pi p e^{\alpha(t-T)}}{\mu_0(\alpha+\rho)} \leqslant 0 \tag{8-114}$$

$$\frac{\partial e_1^*}{\partial t} = \frac{\lambda_1(1-\pi)p\{[(1-e^{\alpha(t-T)})s'(t)]-\alpha[1-s(t)]e^{\alpha(t-T)}\}}{\mu_1(\alpha+\rho)\ (1-s(t))^2} \tag{8-115}$$

即 $s'(t) \geqslant \frac{\alpha e^{\alpha(t-T)}[1-s(t)]}{1-e^{\alpha(t-T)}}$ 时，$\frac{\partial e_1^*}{\partial t} \geqslant 0$，反之，小于 0。

$$\frac{\partial e_1^*}{\partial \alpha} = \frac{\lambda_1(1-\pi)p}{(1-s(t))\mu_1} \cdot \frac{(T-t)\cdot e^{\alpha(t-T)}\cdot(\alpha+\rho)+(1-e^{\alpha(t-T)})}{(\alpha+\rho)^2} > 0 \tag{8-116}$$

$$\frac{\partial e_0^*}{\partial \alpha} = \frac{\lambda_0\pi p}{\mu_0} \cdot \frac{(T-t)\cdot e^{\alpha(t-T)}\cdot(\alpha+\rho)+(1-e^{\alpha(t-T)})}{(\alpha+\rho)^2} > 0 \tag{8-117}$$

由式(8-109)～式(8-117)可以得到如下结论。

(1) 油藏管理区的最优努力水平与原油价格成正比例关系，它随着原油价格的上升而增大，随着原油价格的下降而减小。

(2) 油藏管理区的最优努力水平与分配比例 π 成反比例关系，随着采油厂的分配比例 π 的增大，油藏管理区的努力水平就会下降，生产积极性就会降低；随着采油厂的分配比例 π 的减小，油藏管理区的努力水平就会增加，生产积极性就会提高。

(3) 油藏管理区的最优努力水平是关于采油厂对其补贴率 S 的增函数，随着采油厂对其的补贴率 S 的增加，油藏管理区的努力水平会增大，反之，油藏管理区的努力水平会降低，生产积极性会受到影响。

(4) 油藏管理区的最优努力水平的变化与补贴率 S 的关于时间的变化率有关系。如果满足 $s'(t) \geqslant \frac{\alpha e^{\alpha(t-T)}[1-s(t)]}{1-e^{\alpha(t-T)}}$，则有油藏管理区的最优努力水平会随着时间的推移而增加。如果满足 $s'(t) < \frac{\alpha e^{\alpha(t-T)}[1-s(t)]}{1-e^{\alpha(t-T)}}$，则有油藏管理区的最优努力水平会随着时间的推移而减小。

(5) 采油厂的最优努力水平与原油的价格成正比例关系，它随着石油价格的上升而增大，随着原油价格的下降而减小。

(6) 采油厂的最优努力水平与分配比例 π 成正比例关系，它随着分配比例 π

的增大而增加，随着 π 的减小而降低。

（7）油藏管理区和采油厂的最优努力水平是关于原油产量的自然递减率的增函数，随着自然递减率的增加，采油厂和油藏管理区的最优努力水平将提高，反之，采油厂和油藏管理区的最优努力水平将降低。

8.6.3　实例分析

通过对 S 分公司地质院专家的调查以及对问卷调查结果的分析，计算得到模型中相关的系数有：$\lambda_0 = 8.2, \lambda_1 = 10.1, p = 3351.3, \alpha = 0.15, \rho = 0.9, \mu_2 = 120.0, \mu_1 = 100.0, T = 10$。

将这些系数分别代入式(8-112)和式(8-113)，根据其他的不同值的假定可以讨论不同的因素对最优努力水平的影响。

（1）当采油厂的利润分配系数 $\pi = 0.5$，观察第 5 年的油藏管理区的最优努力水平随着采油厂对它的补贴率的变化趋势。

在某一年内，油藏管理区的最优努力水平随着采油厂对其补贴率的增加而呈非线性增加趋势。而且，补贴率越大，油藏管理区的最优努力水平增加越快，从图 8-14 中可以看出，当 $e_1 > 0.8$ 时，油藏管理区的最优努力水平迅速增加，当 $e_1 \to 1$，油藏管理区的最优努力水平达到无穷大。此时油藏管理区和采油厂的目标函数小于零，没有实际意义。因此，采油厂对油藏管理区补贴时，应该选取合理的范围，以平衡采油厂和油藏管理区的收益。

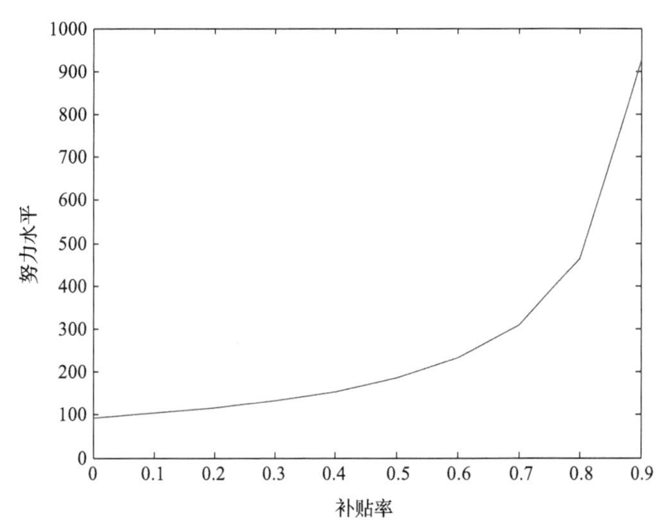

图 8-14　油藏管理区的最优努力水平随着补贴率的变化趋势

（2）油藏管理区的最优努力水平分别随着时间和补贴率，采油厂的分配比例和补贴率的变化趋势。

从图 8-15 中可以看出，随着时间的推移、采油厂对油藏管理区的补贴率的变化，油藏管理区的最优努力水平呈先上升后下降的趋势。随着时间的推移，采油厂应该适当调节对油藏管理区的补贴率，以调动油藏管理区的生产积极性，以保证一定数量的原油产量和油田的整体收益。从图 8-16 可以看出，如果采油厂的分配比例和其对油藏管理区的补贴率同比例变化的时候，油藏管理区的最优努力水平保持不变，因此，采油厂可以适当的同时对分配比例和补贴率进行调整，使得油藏管理区的最优努力水平保持一定的水平，以保证油藏管理区的原油产量水平。

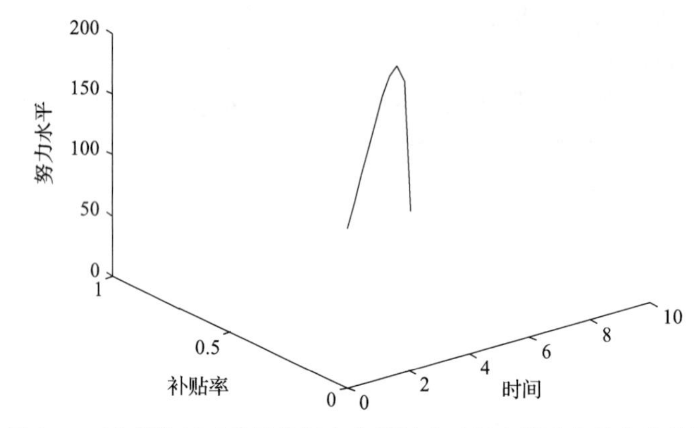

图 8-15　油藏管理区的最优努力水平随着时间和补贴率的变化趋势

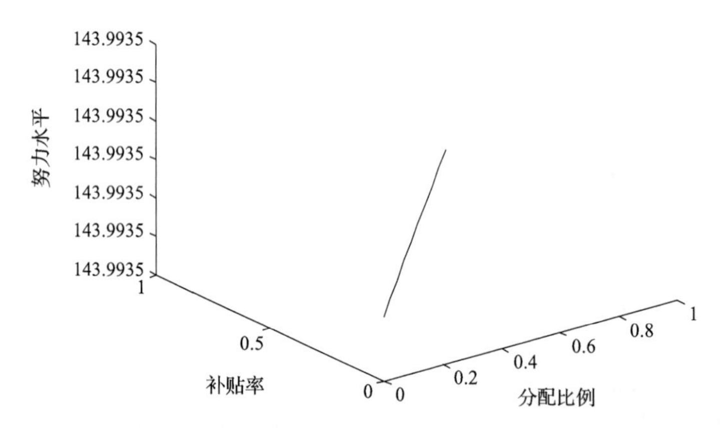

图 8-16　油藏管理区的最优努力水平随着分配比例和补贴率的变化趋势

(3) 采油厂的最优努力水平随着分配比例和时间的变化趋势，以及当其他参数不变，采油厂和油藏管理区的最优努力水平随着原油产量的自然递减率的变化趋势。

从图 8-17 中可以看出，随着时间的推移、分配比例的增加，采油厂的最优努力水平呈先上升后下降的趋势。在第六年分配比例为 0.6 时，采油厂最优努力水平达到最大 57.60。当 $0 \leqslant \pi \leqslant 0.6$ 时，采油厂可以通过调节分配比例维持自己较高的努力水平，但是，当 $\pi \geqslant 0.6$ 时，采油厂也不能弥补随着时间推移，努力水平的下降趋势。并且，综合前面的分析可以知道，分配比例的增加不仅会降低油藏管理区的最优努力水平，而且在 $\pi \geqslant 0.6$ 的时候也不会消除随着时间的推移而带来的采油厂自己的努力水平的下降。因此，在利用分配比例调整油藏管理区的最优努力水平的时候，采油厂不应该选取较大的分配比例系数 π。根据统计数据得知，采油厂下属的油藏管理区原油产量的自然递减率的变化范围一般在 0.10～0.20。从图 8-18 中可以看出，在区间[0.10，0.20]内，油藏管理区和采油厂的最优努力水平是关于原油产量的自然递减率的增函数，即油藏管理区和采油厂的最优努力水平随着自然递减率的增加而提高，随着自然递减率的减少而降低。所以，原油产量的自然递减率增加时，油藏管理区和采油厂需要同时提高他们的努力水平，以保证油藏管理区的原油产量与采油厂和油藏管理区的经济收益。

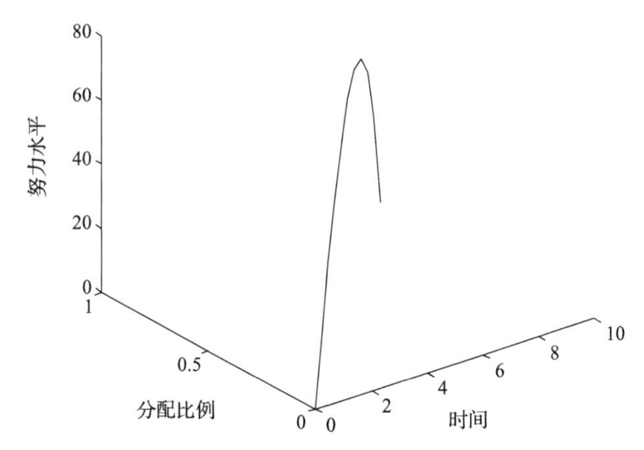

图 8-17　采油厂的最优努力水平随着分配比例和时间的变化趋势

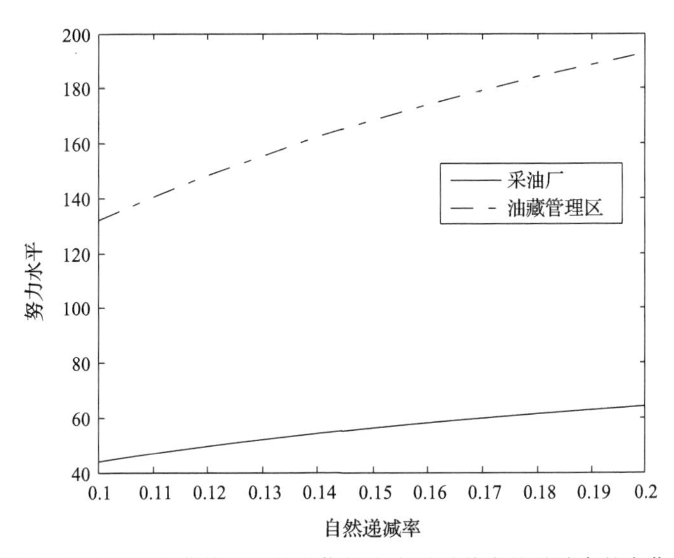

图 8-18　采油厂和油藏管理区的最优努力水平随着自然递减率的变化趋势

8.6.4 小结

本节在分析了油藏管理区和采油厂单阶段产出效益分配的基础上，运用微分博弈法，讨论了油藏管理区和采油厂的长期的产出效益分配问题。本章主要是从油藏管理区和采油厂的努力水平角度来讨论油藏管理区和采油厂的产出效益分配问题的。通过采油厂和一个油藏管理区的微分博弈分析，得出了不同时间的油藏管理区和采油厂的均衡解(最优努力水平)，并且分析了采油厂和油藏管理区均衡解的影响因素对其的影响情况。

油藏管理区和采油厂的最优努力水平与原油价格和它们自身的产出效益的分配比例成正比例关系，原油价格的上涨和分配比例的增加都会激励油藏管理区努力进行原油生产，采油厂积极配合油藏管理区的开发生产活动。反之，价格的下降或者分配比例的降低都会降低油藏管理区和采油厂的积极性。同时，油藏管理区的最优努力水平也是采油厂对其补贴率的增函数，随着采油厂对其补贴率的增加，油藏管理区的生产积极性就会提高，反之，油藏管理区的生产积极性就会降低。补贴率的增加和分配比例 π 的下降不仅可以提高油藏管理区的积极性，而且可以平衡采油厂和油藏管理区之间的收益分配。从而使得油藏管理区和采油厂形成良好的互动发展关系。

此外，采油厂和油藏管理区是原油产量自然递减率的增函数。原油产量的自然递减率下降时，采油厂和油藏管理区的最优努力水平会降低，原油产量的自然递减率增加时，采油厂和油藏管理区的最优努力水平会提高。

8.7 油藏管理区之间的合作分配博弈

8.7.1 合作博弈概述

合作博弈是在各个博弈方充分沟通谈判与交流的基础上建立起来的，其核心是如何分享合作带来的剩余，强调的是团体理性、效率、公正和公平。这种博弈机制具有目标一致性；必要的信息交流；自愿、平等和互利的原则；强制性约束等特点。

常用的合作博弈的分配求解法有 Shapley 值法、MARS 法(最大最小成本法)和 Nash 谈判模型等。

8.7.2 油藏管理区之间的合作博弈模型

1) 问题的描述

油藏管理系统是一个集油藏资源、技术、生产和组织管理四个分系统于一体的复杂系统。同时，油藏管理系统也是一个输入输出系统，它输入的主要元素有油藏资源、人力资源、资金和技术等，输出的主要因素有经济效益、社会效益和环境效益等。我们这里主要是将油藏管理系统看作一个经济系统来分析这个系统里的经济利益关系。因此，我们这里的油藏管理系统的输入要素有油藏资源、人力资源、资金和技术，输出要素只有产量。即把油田的开发生产过程看作是一种投入油藏资源、技术、人力和资金，产出原油的活动。油藏管理的这种生产活动过程可以用科布-道格拉斯生产函数来描述。

油藏管理区是按照地质条件等特点来划分的，因此，不同的油藏管理区所占有的资源量是不均衡的。油藏管理区内部的合作团队是按照他们的专业技术背景和作业要求来划分的，不同的油藏管理区的内部团队的技术和作业水平也是不一样的。由于油藏管理区之间存在生产能力大小的差异，也就是说，不同的油藏管理区每年的产量是不一样的，他们的自有资金也是不同的，因此，油藏管理区之间也存在着资金方面的差异。

综上所述，油藏管理区之间存在着油藏资源、人才、技术和资金等方面的互补，即存在潜在的合作关系。并且，油藏管理区通过合作可以提高彼此的产出水平。由于这里讨论的油藏管理区同属于一个采油厂，因此，油藏管理区可以形成有约束力的协议，即存在合作博弈的前提条件。因此可以利用合作博弈的思想，通过建立油藏管理区联盟，利用合作博弈的求解方法来分析油藏管理区之间的产出分配问题。

油藏管理区联盟的建立不仅可以提高每个油藏管理区的产出收益，而且可以提高整个采油厂的产出效益。建立多个油藏管理区的合作博弈模型，根据石油生产的特殊性，确定合理的特征函数及产出分配方式，对油藏管理区和采油厂经济效益的提高至关重要。

2) 合作博弈模型的基本假设与特征函数的建立

(1) 基本假设。

①油藏管理区的高层管理者满足理性经济人的假设。

②油藏管理区之间的合作博弈满足 8.6.1 节的所有条件。

(2) 特征函数的建立。

油藏管理区原油的生产过程也是一个投入—产出过程，这一过程很符合科布-道格拉斯生产函数的特征，其表达式为

$$Q = AK^{\alpha}L^{\beta}$$

式中，Q 为产出量；K 为资本投入量；L 为劳动力投入量；A,α,β，为常数，α 为劳动力产出弹性（$0<\alpha<1$），β 为资本的产出弹性（$0<\beta<1$）。国际上一般取 $\alpha=0.2\sim0.4$，$\beta=0.8\sim0.6$。中国根据国家计委的测算一般可取 $\alpha=0.2\sim0.3$，$\beta=0.8\sim0.7$。即一般地，$\alpha+\beta\geqslant1$。

由于石油企业的特殊性,原油的生产不仅需要投入资本、人力,而且需要自然资源、技术的投入,自然资源和技术的投资对石油企业至关重要,它们在一定程度上决定着石油企业的前途和命运。所以,我们将石油企业的油藏资源和技术的因素加进去,对上述的科布-道格拉斯的产出函数变形可以得到

$$Q = AK^{\alpha}L^{\beta}R^{\gamma}T^{\theta} \tag{8-118}$$

这里,α 为资本的产出弹性 $(0<\alpha<1)$;β 为劳动力产出弹性 $(0<\beta<1)$;γ 为资源的产出弹性 $(0<\gamma<1)$;θ 为技术的产出弹性,R 表示资源;T 表示技术。

定理 1　产出量 Q 是关于投入要素:资本、劳动力、油藏资源、技术的增函数。

证明　因为 $\dfrac{\partial Q}{\partial L} = A\beta K^{\alpha}L^{\beta-1} > 0$,$\dfrac{\partial Q}{\partial K} = A\alpha K^{\alpha-1}L^{\beta} > 0$,$\dfrac{\partial Q}{\partial R} = A\gamma K^{\alpha}L^{\beta}R^{\gamma-1} > 0$,$\dfrac{\partial Q}{\partial A} = K^{\alpha}L^{\beta} > 0$,$\dfrac{\partial Q}{\partial T} = A\theta K^{\alpha}L^{\beta}R^{\gamma}T^{\theta-1} > 0$,所以,产出量 Q 是关于投入要素的增函数。随着投入的劳动力、资本量、资源量以及技术的增加,产出量也会随之增加。

为了讨论和计算的方便,先将油藏资源、人力资源及技术的投入转化为资金的线性投入,即 $L = \eta K$,$R = \lambda K$,$T = \pi K$。所以,式(8-118)转化为

$$Q = A\eta^{\beta}\lambda^{\gamma}\theta^{\pi}K^{\alpha+\beta+\gamma+\pi} \tag{8-119}$$

记

$$A\eta^{\beta}\lambda^{\gamma}\theta^{\pi} = B,\quad \alpha+\beta+\gamma+\pi = \mu$$

所以式(8-119)可写为

$$Q = BK^{\mu} \tag{8-120}$$

为了和传统的记法一致,仍然将式(8-120)记为

$$Q = Ax^{\alpha} \tag{8-121}$$

由前面国际和我国对弹性系数的取值可以使得 $\alpha+\beta+\gamma+\pi \geqslant 1$,即 $Q = Ax^{\alpha}$ 中的 $\alpha \geqslant 1$。

定理 2　产出函数 $Q = Ax^{\alpha}$ 是凸函数。

证明　$\dfrac{\partial Q}{\partial x} = A\alpha x^{\alpha-1} \geqslant 0$,　$\dfrac{\partial Q}{\partial x} = A\alpha(\alpha-1)x^{\alpha-2} \geqslant 0$。即 $Q(x_1+x_2) = A(x_1+x_2)^{\alpha}$,$Q_1+Q_2 = A(x_1^{\alpha}+x_2^{\alpha})$。由于 $\alpha \geqslant 1$,所以 $A(x_1+x_2)^{\alpha} \geqslant A(x_1^{\alpha}+x_2^{\alpha})$,即

$$Q(x_1+x_2) \geqslant Q_1+Q_2 \tag{8-122}$$

从式(8-122)可以看出,油藏管理区通过一定的资金、技术、人力和油藏资源本身的整合,可以提高油藏管理区的整体产出水平。改进的科布-道格拉斯生产函数 $Q = Ax^{\alpha}$ 满足实值合作博弈特征函数 $v(s)$ 的性质,因此可以作为油藏管理区合作的特征函数,记为 $v = Ax^{\alpha}$。

现假设油藏管理区之间可以达成有约束力的合作契约。合作之后的产出水平

怎么在油藏管理区之间分配也是影响油藏管理区之间合作契约效力的重要因素之一，是合作博弈重要问题之一。

3）Shapley 值模型的建立

Shapley 值法是合作博弈分配问题的重要方法，其基于各个合作联盟中的重要程度而非初期投资额进行分配。这种分配方法不仅考虑了合作联盟成员投资对联盟经济效益的影响，而且考虑了技术、生产、资源等综合实力上，它有助于调动各个合作伙伴的积极性。

此方法求解时应满足 Shapley 公理体系：团体有效性、对称性和可加性。

（1）团体有效性：$\sum_{i\in N}\varphi_i = v(N)$。

（2）对称性：对于 n 人合作博弈 (ϕ,φ)，π 是集合 N 的任意置换，定义博弈 (N,π) 为新博弈 (N,ϕ)，对于任意联盟 $S=\{i_1,\cdots,i_n\}$ 有 $\phi[\pi(i_1),\cdots,\pi(i_S)]=\varphi(S)$。

（3）可加性：对任意两个对策 u,v 有 $\varphi_i(u+v)=\varphi_i(u)+\varphi_i(v)$。

（4）无贡献者不分配：即若某一个 i，对于所有的 S，当 $i\in S\subset N$ 时成立，$\varphi(S)=\varphi(S\backslash i)$，则 $\varphi_i=0$。

设集合 $N=\{1,2,\cdots,n\}$，如果对于 N 的任一子集 S 都对应一个实值函数 $v(S)$，满足 $v(\phi)=0$ 和 $v(S_1\cup S_2)\geqslant v(S_1)+v(S_2)$，$S_1\cap S_2=\phi$，则称 $[I,v]$ 为 n 人合作对策，v 合作分配 Shapley 值法的特征函数，$v=Ax^{\alpha}$。S 为 n 人集合中的一种合作，$v(S)$ 为合作 S 的效益。

在 Shapley 值法中，合作 N 下的各个伙伴所得利益分配称为 Shapley 值，这一值由特征函数 v 确定，记为 $\varphi(v)=\{\varphi_1(v),\varphi_2(v),\cdots,\varphi_n(v)\}$，其中 $\varphi_i(v)$ 表示在合作 N 下成员 i 所得的分配额，由 Shapley 公式给出：

$$\varphi_i(v)=\sum_{\substack{S\in N\\ i\in S}} w(|S|)[v(S)-v(S\backslash i)],\quad i=1,2,\cdots,n \tag{8-123}$$

式中，$|S|$ 为集合 S 中所含合作者的个数；$S\backslash i$ 为集合 S 去掉 i 后的子集。

加权因子 $w(|S|)$ 为

$$w(|S|)=\frac{(|S|-1)!(n-|S|)!}{n!},\quad v(S)=A\left(\sum_{i\in S}x_i\right)^{\alpha}$$

因此，

$$\varphi_i(v)=\sum_{\substack{S\in N\\ i\in S}}\frac{(|S|-1)!(n-|S|)!}{n!}\cdot\left[A\left(\sum_{j\in S}x_j\right)^{\alpha}-A\left(\sum_{j\in S\backslash i}x_j\right)^{\alpha}\right]$$

4）实例分析（以 GD 某油藏管理区为例）

由特征函数 $Q=Ax^{\alpha}$，通过适当的对数变换可以得到式(8-124)。

$$\ln Q=\ln(Ax^{\alpha})=\ln A+\alpha\ln x \tag{8-124}$$

GD 采油厂某油藏管理区历年的投入和产出的数据（1995～2006 年），见

表 8-5。

表 8-5 某油藏管理区的投入和产量

年份	管理区投入/十亿元	管理区产量/十万吨
1995	0.92	7.26
1996	0.82	6.57
1997	0.71	6.00
1998	0.57	5.77
1999	0.54	5.70
2000	0.47	5.77
2001	0.85	5.81
2002	0.79	5.79
2003	0.72	5.85
2004	0.70	5.83
2005	0.73	5.82
2006	0.69	5.77

对表 8-5 中的数据进行拟合得到 $\ln Q = \ln A + \alpha \ln x = 4.41 + 2.23$，所以，$A = 82.27$，$\alpha = 2.23$。$Q = Ax^{\alpha} = 82.27 \times x^{2.23}$。

现假设五个管理区的投入分别为 $x_1 = 0.31$，$x_2 = 0.41$，$x_3 = 0.36$，$x_4 = 0.39$，$x_5 = 0.45$，$A = 82.27$，$\alpha = 2.23$。

将上面这些数值代入到 Shapley 值公式，即

$$\varphi_i(v) = \sum_{\substack{S \in N \\ i \in S}} \frac{(|S|-1)!(n-|S|)!}{n!} \cdot \left[A\left(\sum_{j \in S} x_j\right)^{\alpha} - A\left(\sum_{j \in S \backslash i} x_j\right)^{\alpha}\right] \tag{8-125}$$

代入式(8-125)后，得到表 8-6。

表 8-6 不考虑风险系数和努力水平的合作前后的油藏管理区的收益对比

合作后的油藏管理区的产出水平	合作前的油藏管理区的产出水平
$\varphi_1 = 57.1476$	$v(1) = 6.04$
$\varphi_2 = 75.1609$	$v(2) = 11.26$
$\varphi_3 = 66.1779$	$v(3) = 8.43$
$\varphi_4 = 71.5733$	$v(4) = 10.08$
$\varphi_5 = 82.3138$	$v(5) = 13.86$
$\varphi_1 + \varphi_2 + \varphi_3 + \varphi_4 + \varphi_5 = 352.37$	$v(1) + v(2) + v(3) + v(4) + v(5) = 49.68$

从表 8-6 中可以看出，三个油藏管理区建立合作联盟之后的产出水平要比各自为政的产出要高。因此，只要存在技术、资金、油藏资源和人力资源等方面的互补的油藏管理区就应该通过达成一定的约束条件，通过建立合作联盟来提高自己及整体的产出水平。

运用 Shapley 值这种分配方式能够充分调动油藏管理区成员的合作积极性，不仅从油藏管理区个体上提高了产出水平，而且从采油厂整体上提高了产出水平，符合整体产出水平最大化的原理。

然而实际中，合作成员之间的合作不是一定能够成功的，他们之间的合作存在一定的风险。此分配是在参与成员合作成功的概率为 1 的前提下进行的，这种假设过于严格。此外，前面的特征函数是在假设所有合作成员都是在积极参与的前提条件下进行合作的，也就是说，油藏管理区在合作中仍然会像自己单独进行生产时那样进行人力资源、油藏资源、技术以及资金的投入。另外，各个合作成员不一定会在合作中积极投入自己的资源、技术和资金，他们可以独立地选择自己的合作努力水平。但总收益的边际贡献还取决于其他成员的努力水平。因此，Shapley 值这种分配方式可能导致合作成员的偷懒行为，从而导致合作道德风险，可能使得合作后的总体产出水平及个体产出水平都有所下降，甚至可能出现合作后的产出水平不论是个体还是总体的都比合作以前的要小，此时的联盟合作变得没有现实意义。

8.7.3　修正的油藏管理区之间的合作博弈模型

1）修正的 Shapley 值模型

针对上面存在的石油勘探开发合作本身存在的风险问题和参与合作的各个油藏管理区在合作中的努力水平问题，本研究在一般 Shapley 值的基础上进行改进，引入风险系数 $r(0 \leqslant r \leqslant 1)$ 和努力水平系数 $e(0 \leqslant e \leqslant 1)$，这里的努力水平系数即为技术、油藏资源、人力以及资金的投入比例系数。此时，Shapley 值法中的特征函数为 $v(S) = A\left(\sum_{i \in S} e_i x_i\right)^{\alpha}$。

Shapley 值法的公式转化为

$$
\begin{aligned}
\varphi_i(v) &= \sum_{\substack{S \in N \\ i \in S}} w(|S|)[v(S) - v(S \backslash i)] \\
&= \sum_{\substack{S \in N \\ i \in S}} \frac{(|S|-1)!(n-|S|)!}{n!} r_i \left[A\left(\sum_{j \in S} e_j x_j\right)^{\alpha} - A\left(\sum_{j \in S \backslash i} e_j x_j\right)^{\alpha}\right]
\end{aligned}
\tag{8-126}
$$

式中，$r_i(0 \leqslant r_i \leqslant 1)$ 为油藏管理区 i 参与其他油藏管理区的合作带来的风险，也就是油藏管理区 i 参与合作时，油藏管理区之间合作的成功概率。油藏管理区 i 的加入可能使油田生产的勘探、开发、投入、市场、油地关系及政策等方面发生改变，这些因素影响着石油勘探开发的成功率。$e_j(0\leqslant e_j\leqslant 1)$ 为每个参与合作的油藏管理区在参与合作后的努力水平，这个努力水平是相对于它自己单独进行石油勘探开时的努力程度。

不同的风险系数和努力水平会带来油藏管理区的 Shapley 值，甚至会带来合作的不必要性。下面讨论油藏管理区的风险系数和努力水平对合作的影响。

定理 3　若满足 $r_i=1;e_i=e_j=e,i\neq j,i,j\in N$ 时，当且仅当满足 $e>\frac{x_1^\alpha+x_2^\alpha+\cdots+x_N^\alpha}{(x_1+x_2+\cdots+x_N)^\alpha}$ 时，油藏管理区之间才有形成合作的可能性。

证明　n 个油藏管理区合作时，引入努力水平系数，其合作后的产出水平为

$$v_c=A\left(e_1x_1+e_2x_2+\cdots+e_nx_n\right)^\alpha$$

n 个油藏管理区不合作时的产出水平为

$$v_u=Ax_1^\alpha+Ax_2^\alpha+\cdots+Ax_n^\alpha$$

只有当合作后的产出大于不合作时的产出时，油藏管理区才能形成有约束力的合作协议。也就是说满足 $v_c>v_u$，即

$$A\left(e_1x_1+e_2x_2+\cdots+e_nx_n\right)^\alpha>Ax_1^\alpha+Ax_2^\alpha+\cdots+Ax_n^\alpha \tag{8-127}$$

如果他们合作后的努力水平是一样的，即 $e_i=e_j=e,i\neq j,i,j\in N$，则式(8-126)可转化为

$$Ae\left(x_1+x_2+\cdots+x_n\right)^\alpha>Ax_1^\alpha+Ax_2^\alpha+Ax_n^\alpha$$

所以，当且仅当 e 满足 $e>\frac{x_1^\alpha+x_2^\alpha+\cdots+x_N^\alpha}{(x_1+x_2+\cdots+x_N)^\alpha}$ 时，油藏管理区之间才能进行合作。

同样的，引入风险系数以后的合作也会使得不引入风险系数的合作产出下降，现在讨论风险系数对油藏管理区之间合作的影响。

定理 4　若满足 $e_i=1,\forall i\in N$，则当且仅当满足 $r>\frac{x_1^\alpha+x_2^\alpha+\cdots+x_N^\alpha}{(x_1+x_2+\cdots+x_N)^\alpha}$ 时，油藏管理区之间才有形成合作的可能性。

证明　假设油藏管理区进行合作时，引入风险系数 r 后的合作产出水平为 $v_c=rA\left(x_1+x_2+\cdots+x_n\right)^\alpha$；不合作时的产出水平为 $v_u=Ax_1^\alpha+Ax_2^\alpha+\cdots+Ax_2^\alpha$。只有当 $v_c>v_u$，即 $rA\left(x_1+x_2+\cdots+x_n\right)^\alpha>Ax_1^\alpha+Ax_2^\alpha+\cdots+Ax_2^\alpha$ 时，才能构成合作博弈的前提条件。油藏管理区进行合作时当且仅当满足 $r>\frac{x_1^\alpha+x_2^\alpha+\cdots+x_N^\alpha}{(x_1+x_2+\cdots+x_N)^\alpha}$。

定理 5　若满足 $e_i=e_j=e,i\neq j,i,j\in N$，当且仅当满足 $re^\alpha>\frac{x_1^\alpha+x_2^\alpha+\cdots+x_N^\alpha}{(x_1+x_2+\cdots+x_N)^\alpha}$ 时，油藏管理区之间才有形成合作的可能性。

证明 结合定理 3 和定理 4，如果同时引入风险因子 r 和努力水平因子 $e_i = e_j = e, i \neq j, i, j \in N$，合作时的产出水平为 $v_c = rAe^{\alpha}(x_1 + x_2 + \cdots + x_N)^{\alpha}$，不合作时的产出水平为 $v_u = A(x_1^{\alpha} + x_2^{\alpha} + \cdots + x_N^{\alpha})$，则需满足 $v_c > v_u, rAe^{\alpha}(x_1 + x_2 + \cdots + x_N)^{\alpha} > A(x_1^{\alpha} + x_2^{\alpha} + \cdots + x_N^{\alpha})$ 时，即满足 $re^{\alpha} > \dfrac{x_1^{\alpha} + x_2^{\alpha} + \cdots + x_N^{\alpha}}{(x_1 + x_2 + \cdots + x_N)^{\alpha}}$ 时，油藏管理区才能使得合作后的整体收益及个别收益都能提高。这样才有合作的意义。

定理 6 随着某一个油藏管理区 i 的合作成功率的提高，即油藏管理区 i 合作风险系数 r_i 的增大，所有油藏管理区的总产出将增大，且该油藏管理区的分配产出水平将提高，而其他油藏管理区的分配产出水平保持不变。

证明 $$\frac{\partial \varphi_i(v)}{\partial r_i} = \sum_{\substack{S \in N \\ i \in S}} \frac{(|S|-1)!(n-|S|)!}{n!}\left[A\left(\sum_{j \in S} e_j x_j\right)^{\alpha} - A\left(\sum_{j \in S \backslash i} e_j x_j\right)^{\alpha}\right],$$

当 $\alpha \geqslant 1, \dfrac{\partial \varphi_i(v)}{\partial r_i} \geqslant 0$；当 $\alpha < 1, \dfrac{\partial \varphi_i(v)}{\partial r_i} < 0, \dfrac{\partial \varphi_i(v)}{\partial r_k} = 0, k \neq i$

本研究的 $\alpha \geqslant 1$，所以，油藏管理区 i 的分配产出水平随着自己的风险系数的增大而增大，其他的油藏管理区则不变，因此，总的产出水平也随之增大。

定理 7 当几个油藏管理区联合进行石油勘探开发生产时，任何一个油藏管理区努力水平的提高都会使得各个油藏管理区的分配产出水平提高。

证明 分两种情形证明。

第一种情况：某一个油藏管理区 i 对自己的分配产出水平的影响。

$$\frac{\partial \varphi_i(v)}{\partial e_i} = \sum_{\substack{S \in N \\ i \in S}} w(|S|) r_i A \alpha \left(\sum_{j \in S} e_j x_j\right)^{\alpha - 1} x_i > 0$$

第二种情况：某一个油藏管理区 i 对其他的油藏管理区 k 的分配产出水平的影响。

$$\frac{\partial \varphi_i(v)}{\partial e_k} = \sum_{\substack{S \in N \\ i \in S}} w(|S|) r_i A \alpha \left[\left(\sum_{j \in S} e_j x_j\right)^{\alpha - 1} - \left(\sum_{j \in S \backslash i} e_j x_j\right)^{\alpha - 1}\right] x_i, \quad k \neq i$$

$$\alpha \geqslant 1 \text{ 时}, \left(\sum_{j \in S} e_j x_j\right)^{\alpha - 1} - \left(\sum_{j \in S \backslash i} e_j x_j\right)^{\alpha - 1} \geqslant 0$$

$$\alpha < 1 \text{ 时}, \left(\sum_{j \in S} e_j x_j\right)^{\alpha - 1} - \left(\sum_{j \in S \backslash i} e_j x_j\right)^{\alpha - 1} < 0$$

综上所述，当 $\alpha \geqslant 1$ 时，所有油藏管理区的分配产出水平随着某一个油藏管理区的努力水平的提高而提高。而当 $\alpha < 1$ 时，某个油藏管理区随着自己的努力水平的提高而提高，其他油藏管理区的分配产出水平反而下降。本研究的 $\alpha \geqslant 1$，所以，当几个油藏管理区联合进行石油勘探开发生产时，任何一个油藏管理区努力水平的提高都会使得各个油藏管理区的分配产出水平提高。

石油勘探开发的风险可以分为三种(图 8-19):生产及技术风险、经济及经营风险和社会政治风险。勘探风险是指勘探地震数据和勘探钻井的风险;开发风险主要是指开发方案、开发井、钻井和射孔等的风险。勘探和开发风险包括地质因素、技术风险、地理因素以及人力资源因素。其中,地质因素有断层构造(断层、圈闭)、储层特性(层序、沉积相、夹层、断缝分布等)、油藏特性(温度压力、液体性质、水体能量等)、渗流物理特征、温度压力系统、油气水的性质。技术风险指的是技术的先进性、技术应用的适应性以及技术的副作用及局限性。地理因素指的是油气田的气候条件和地理条件。人力资源因素主要是指作业团队的人员构成、人员的素质和人员的流动等方面的因素。经济及经营风险主要包含投入风险和市场风险,投入风险主要包含有资金、汇率和利率等,市场风险主要包含有原油价格、原材料价格、市场需求、通货膨胀等;社会政治风险主要有政策风险和油地关系风险等,政策包括有税收政策、环境法规、国家能源战略与政策以及技术政策等。油地关系是指油田与当地政府和群众的关系。

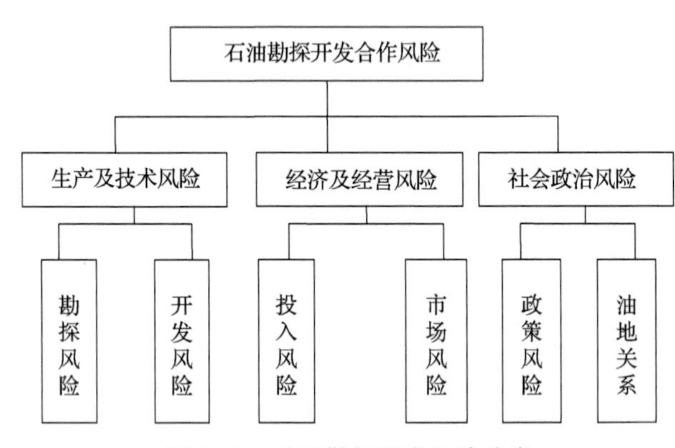

图 8-19　油田勘探开发风险分类

根据专家调查的结果并结合层次分析法(AHP)和模糊综合评价法(FCJ)确定生产及技术风险、经济及经营风险和社会政治风险的概率以及最后的风险系数。

$$\boldsymbol{W}_1 = [0.73 \quad 0.19 \quad 0.08]$$

这些概率值满足一致性指标。

然后根据专家调查并运用 FCJ 方法确定隶属度矩阵。

$$\boldsymbol{R}_1 = \begin{bmatrix} 0.24 & 0.41 & 0.35 & 0.00 & 0.00 \\ 0.25 & 0.31 & 0.38 & 0.06 & 0.00 \\ 0.22 & 0.17 & 0.28 & 0.22 & 0.11 \end{bmatrix}$$

经过归一化后的评价集为

$$\boldsymbol{F}_1 = [0.90 \quad 0.70 \quad 0.5 \quad 0.30 \quad 0.10]$$

$$\boldsymbol{W}_1 \cdot \boldsymbol{R}_1 \cdot \boldsymbol{F}_1^{\mathrm{T}} = [0.73 \quad 0.19 \quad 0.08] \cdot \begin{bmatrix} 0.24 & 0.41 & 0.35 & 0.00 & 0.00 \\ 0.25 & 0.31 & 0.38 & 0.06 & 0.00 \\ 0.22 & 0.17 & 0.28 & 0.22 & 0.11 \end{bmatrix} \cdot \begin{bmatrix} 0.90 \\ 0.70 \\ 0.50 \\ 0.30 \\ 0.10 \end{bmatrix} = 0.68$$

同理有

$$\boldsymbol{W}_2 = [0.82 \quad 0.15 \quad 0.03]$$

$$\boldsymbol{R}_2 = \begin{bmatrix} 0.38 & 0.36 & 0.26 & 0.00 & 0.00 \\ 0.35 & 0.26 & 0.31 & 0.08 & 0.00 \\ 0.19 & 0.28 & 0.30 & 0.11 & 0.12 \end{bmatrix}$$

$$\boldsymbol{F}_2 = [0.90 \quad 0.70 \quad 0.5 \quad 0.30 \quad 0.10]$$

$$\boldsymbol{W}_2 \cdot \boldsymbol{R}_2 \cdot \boldsymbol{F}_2^{\mathrm{T}} = [0.82 \quad 0.15 \quad 0.03] \cdot \begin{bmatrix} 0.38 & 0.36 & 0.26 & 0.00 & 0.00 \\ 0.35 & 0.26 & 0.31 & 0.08 & 0.00 \\ 0.19 & 0.28 & 0.30 & 0.23 & 0.11 \end{bmatrix} \cdot \begin{bmatrix} 0.90 \\ 0.70 \\ 0.50 \\ 0.30 \\ 0.10 \end{bmatrix} = 0.72$$

$$\boldsymbol{W}_3 = [0.85 \quad 0.14 \quad 0.01]$$

$$\boldsymbol{R}_3 = \begin{bmatrix} 0.42 & 0.41 & 0.12 & 0.05 & 0.00 \\ 0.32 & 0.22 & 0.32 & 0.14 & 0.00 \\ 0.21 & 0.25 & 0.26 & 0.18 & 0.10 \end{bmatrix}$$

$$\boldsymbol{F}_3 = [0.90 \quad 0.70 \quad 0.5 \quad 0.30 \quad 0.10]$$

$$\boldsymbol{W}_3 \cdot \boldsymbol{R}_3 \cdot \boldsymbol{F}_3^{\mathrm{T}} = [0.85 \quad 0.14 \quad 0.01] \cdot \begin{bmatrix} 0.42 & 0.41 & 0.12 & 0.05 & 0.00 \\ 0.32 & 0.22 & 0.32 & 0.14 & 0.00 \\ 0.21 & 0.25 & 0.26 & 0.18 & 0.10 \end{bmatrix} \cdot \begin{bmatrix} 0.90 \\ 0.70 \\ 0.50 \\ 0.30 \\ 0.10 \end{bmatrix} = 0.74$$

$$\boldsymbol{W}_4 = [0.79 \quad 0.18 \quad 0.03]$$

$$\boldsymbol{R}_4 = \begin{bmatrix} 0.47 & 0.38 & 0.14 & 0.01 & 0.00 \\ 0.35 & 0.26 & 0.25 & 0.14 & 0.00 \\ 0.23 & 0.28 & 0.42 & 0.07 & 0.10 \end{bmatrix}$$

$$\boldsymbol{F}_4 = [0.90 \quad 0.70 \quad 0.5 \quad 0.30 \quad 0.10]$$

$$\boldsymbol{W}_4 \cdot \boldsymbol{R}_4 \cdot \boldsymbol{F}_4^{\mathrm{T}} = [0.79 \quad 0.18 \quad 0.03] \cdot \begin{bmatrix} 0.47 & 0.38 & 0.14 & 0.01 & 0.00 \\ 0.35 & 0.26 & 0.25 & 0.14 & 0.00 \\ 0.23 & 0.28 & 0.42 & 0.07 & 0.1 \end{bmatrix} \cdot \begin{bmatrix} 0.90 \\ 0.70 \\ 0.50 \\ 0.30 \\ 0.10 \end{bmatrix} = 0.75$$

$$\boldsymbol{W}_5 = [0.88 \quad 0.10 \quad 0.02]$$

$$\boldsymbol{R}_5 = \begin{bmatrix} 0.49 & 0.40 & 0.11 & 0.00 & 0.00 \\ 0.27 & 0.35 & 0.28 & 0.10 & 0.00 \\ 0.27 & 0.26 & 0.42 & 0.05 & 0.10 \end{bmatrix}$$

$$\boldsymbol{F}_5 = [0.90 \quad 0.70 \quad 0.5 \quad 0.30 \quad 0.10]$$

$$\boldsymbol{W}_5 \cdot \boldsymbol{R}_5 \cdot \boldsymbol{F}_5^{\mathrm{T}} = [0.88 \quad 0.10 \quad 0.02] \cdot \begin{bmatrix} 0.49 & 0.40 & 0.11 & 0.00 & 0.00 \\ 0.27 & 0.35 & 0.28 & 0.10 & 0.00 \\ 0.27 & 0.26 & 0.42 & 0.05 & 0.1 \end{bmatrix} \cdot \begin{bmatrix} 0.90 \\ 0.70 \\ 0.50 \\ 0.30 \\ 0.10 \end{bmatrix} = 0.77$$

因此最后得到风险系数 $\boldsymbol{r} = [0.72, 0.72, 0.74, 0.75, 0.77]$，根据调查得到努力水平系数为 $\boldsymbol{e} = [0.85, 0.81, 0.82, 0.89, 0.80]$。

2) 修正的 Shapley 值模型实例分析

五个管理区的投入分别为 $x_1 = 0.31, x_2 = 0.41, x_3 = 0.36, x_4 = 0.39, x_5 = 0.45, A = 82.27, \alpha = 2.23, \boldsymbol{r} = [0.72, 0.72, 0.74, 0.75, 0.77], \boldsymbol{e} = [0.85, 0.81, 0.82, 0.89, 0.80]$。

将上面的数值代入 Shapley 式(8-111)中，得到表 8-7。

表 8-7　油藏管理区的产出水平对比

考虑风险系数和努力水平的合作后的油藏管理区的产出水平	不考虑风险系数和努力水平的合作后的油藏管理区的产出水平	合作前的油藏管理区的收益
$\varphi_1 = 27.89$	$\varphi_1 = 57.1476$	$v(1) = 6.04$
$\varphi_2 = 34.99$	$\varphi_2 = 75.1609$	$v(2) = 11.26$
$\varphi_3 = 32.05$	$\varphi_3 = 66.1779$	$v(3) = 8.43$
$\varphi_4 = 38.06$	$\varphi_4 = 71.5733$	$v(4) = 10.08$
$\varphi_5 = 40.49$	$\varphi_5 = 82.3138$	$v(5) = 13.86$
$\varphi_1 + \varphi_2 + \varphi_3 + \varphi_4 + \varphi_5 = 173.47$	$\varphi_1 + \varphi_2 + \varphi_3 + \varphi_4 + \varphi_5 = 352.37$	$v(1) + v(2) + v(3) + v(4) + v(5) = 49.67$

从表 8-7 的对比表中可以看出，风险系数和努力水平对油藏管理区合作的分配值影响较大，即风险系数和努力水平比较大时。例如，$r=0.72$，$e=0.85$ 时，合作分配后的值下降较大。

下面通过仿真讨论风险因子 r 和努力水平因子 e 对产出水平的具体影响。

(1) 不同油藏管理区的风险系数对其产出分配值的影响。

五个管理区的投入分别为 $x_1=0.31$，$x_2=0.41$，$x_3=0.36$，$x_4=0.39$，$x_5=0.45$，$A=82.27$，$\alpha=2.23$，$\boldsymbol{e}=[0.85,0.81,0.82,0.89,0.80]$，讨论每一个油藏管理区当其他油藏管理区的风险系数均为 1 时，它自己随着自身的风险系数的变化而变化的情况。

油藏管理区合作分配值与其承担的风险系数呈正比例关系，图 8-20 中非合作区 1～非合作区 5 表示五个油藏管理区之间不合作时的产出水平，这个产出水平与风险系数无关，不随着风险系数的变化而变化。合作区 1～合作区 5 表示五个油藏管理区合作后的分配产出水平曲线，它们是各自风险系数的线性函数。图中直线上点的图形相同的直线的交点表示同一个管理区在参与其他油藏管理区的合作前的产出水平与参与其他油藏管理区合作后的分配产出水平的交点。交点以下表示合作后的产出水平小于不合作的产出水平。例如油藏管理区 1，当风险系数 $r_1=0.16$ 时，非合作的产出水平等于合作后的分配产出水平，当 $r_1<0.16$ 时，油藏管理区 1 参与合作后的分配产出水平小于自己单独开发生产原油的产出水平，此时，油藏管理区 1 不参与其他油藏管理区的合作。只有当 $r_1>0.16$ 时，油藏管理区 1 合作开发生产原油后的分配的产出水平大于自己单独开发生产原油的产出水平，此时，油藏管理区 1 才有与其他油藏管理区合作的可能。油藏管理区 2 的交点处的风险系数为 0.23，油藏管理区 3 交点处的风险系数为 0.19，油藏管理区 4

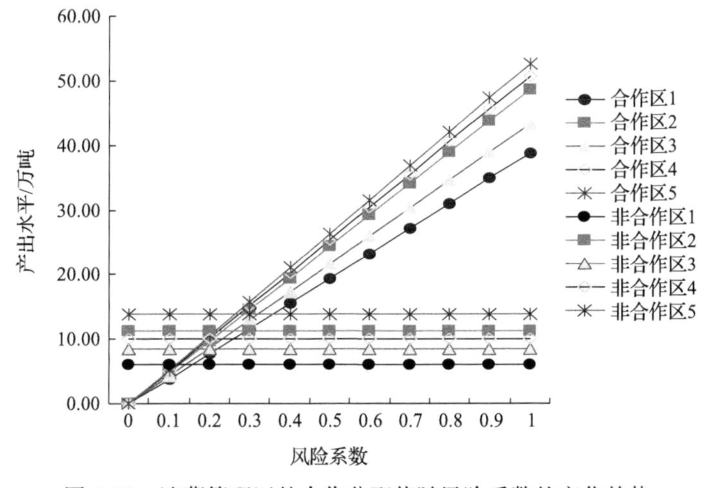

图 8-20　油藏管理区的合作分配值随风险系数的变化趋势

交点处的风险系数为 0.20，油藏管理区 5 交点处的风险系数为 0.26。因此，油藏管理区 5 交点处的风险系数最大 $r_3 = 0.26$，要想五个管理区同时参与油田的开发生产来提高总体的产出水平，需要所有的油藏管理区对应的风险系数都满足合作后的产出水平大于合作前的产出水平。因此，只有满足风险系数大于 0.26 的时候，五个油藏管理区才能形成合作。也就是说，五个油藏管理区合作时的成功系数不小于 0.26 时，油藏管理区之间才有形成联盟的可能。

(2) 油藏管理区的分配产出水平随着某一个油藏管理区的变化趋势。

五个管理区的投入分别为 $x_1 = 0.31, x_2 = 0.41, x_3 = 0.36, x_4 = 0.39, x_5 = 0.45, A = 82.27, \alpha = 2.23, \boldsymbol{r} = [0.72, 0.72, 0.74, 0.75, 0.77]$。讨论某一个油藏管理区对所有的油藏管理区的产出分配的影响。这里假设其他油藏管理区的努力水平 $e = 1$。

如图 8-21 和图 8-22 所示，所有的油藏管理区均随着某一个油藏管理区的努力水平的提高而呈非线性增加趋势。图中的五条水平线分别代表五个油藏管理区不合作时的产出水平，A 点表示参与合作后的油藏管理区的分配值与非合作时的产出水平的交点，A 点的油藏管理区 1 的努力水平 0.18。当努力水平 $r_1 < 0.18$ 时，油藏管理区 1 合作后的分配产出水平小于不参与合作的产出水平，此时油藏管理区 1 参与油藏管理区之间的合作没有意义。当 $r_1 \geqslant 0.18$ 时，油藏管理区 1 的分

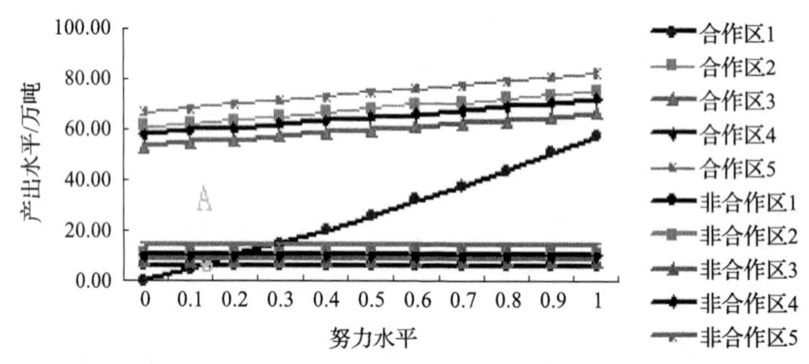

图 8-21 油藏管理区的分配产出水平随着油藏管理区 1 的努力水平的变化趋势

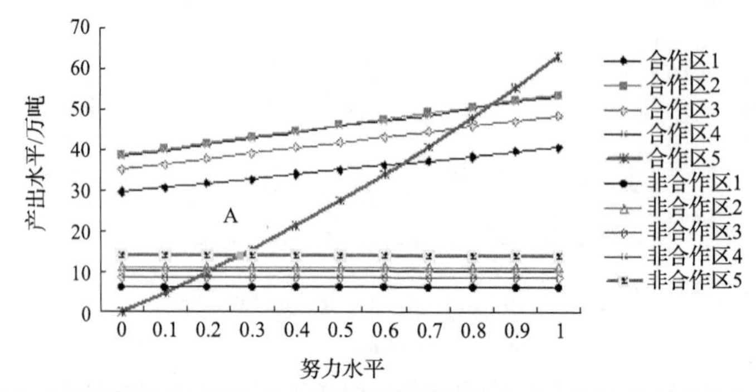

图 8-22 油藏管理区的分配产出水平随着油藏管理区 5 的努力水平的变化趋势

配产出水平才不小于不参与合作的产出水平,此时才有合作的意义。因此,油藏管理区之间的合作必须保证每个油藏管理区一定的努力水平,亦即在合作中,各个油藏管理区必须要有一定的合作积极性,保证一定的努力水平,才能保证合作后的产出水平的提高,从而避免"三个和尚没水喝"的局面。

从图8-21和图8-22可以看出某个油藏管理区的努力水平的变化对自己的影响是最大的。例如,图8-22中的通过A点的曲线,随着第五个油藏管理区的努力水平的上升,它的产出分配值变化最显著,增长幅度最大。有的油藏管理区,如油藏管理区2～油藏管理区5随着自身努力水平的提高,它的产出分配值有可能会超过其他的一些油藏管理区的产出分配值。例如,图8-22中,油藏管理区5的努力水平$e_5>0.85$时,它的产出分配值超过了所有其他的油藏管理区的产出分配值。因此,油藏管理区只要保证一定的努力水平,就会使得自己的分配产出水平比较高,甚至高于其他合作者的分配产出水平。所以,油藏管理区自己也应该积极地参与到油藏管理的合作中,充分发挥自身的优势,并与其他的油藏管理区积极地配合,形成和谐、良好发展的统一体。在保证自身分配产出水平提高的同时,也保证了其他油藏管理区的分配产出水平的提高,从而从整体上提高了整个采油厂的产出水平,增大了油田的整体收益。

8.7.4 小结

在油藏管理区内部的运作模式和油田企业的实际投入产出情况的基础上,通过确定以改进道格拉斯生产函数为合作博弈特征函数、Shapley值及改进的Shapley值合作分配方法的运用和采油厂下属的油藏管理区实际数据的拟合,计算出了不同的油藏管理区合作后的分配产出水平。

8.8 油藏管理区可持续发展策略的演化博弈分析

8.8.1 演化博弈简介

传统的博弈论强调参与者必须是理性的。这种严格理性的要求不符合在现实决策问题中,人不可能完全理性,或者说不可能每个决策阶段都理性的现实。演化理论是一种生命科学理论,该理论以达尔文的生物进化论和拉马克的遗传基因理论为思想基础的。演化理论与博弈论结合产生的演化博弈理论比传统博弈论能更好地解释和分析现实中的经济和管理问题。

8.8.2 油藏管理区之间的演化博弈模型

可持续发展战略是油田企业生存和发展的重要基础,而作为我国第二大的石油企业——S油田，其占P公司原油总产量的2/3以上、占P公司东部油区总产量近80%，并具有举足轻重的地位。目前，S油田在推广油藏管理区这一新型管理模式下，探讨各种情况及条件下，管理区的可持续发展策略的动态演化趋势，对于全面考虑各项政策制定对资源可持续发展战略的影响有着重要意义。

为简化起见，本节将油藏管理区按照其剩余可采储量品位划分为两种类型：较贫瘠的油藏管理区A和较富余的油藏管理区B。以GD采油厂为例，其下属各油藏管理区的剩余可采储量品位评价表如表8-8所示。

表8-8　油藏管理区剩余可采储量品位评价表

序号	油藏管理区	分值	权重(%)	折合分
1	油藏管理一区	91.33	23.66	21.61
2	油藏管理二区	90.42	5.62	5.09
3	油藏管理三区	92.25	27.19	25.08
4	油藏管理四区	91.33	18.19	16.61
5	垦利油藏管理区	88.23	16.65	14.69
6	垦西油藏管理区	92.91	7.25	6.74
7	边远井油藏管理区	85.30	1.44	1.23

从表8-8中可以看出，油藏管理一区、油藏管理三区、油藏管理四区和垦利油藏管理区的品位较高，对应于研究中的油藏管理区A，油藏管理二区、垦西油藏管理区和边远井油藏管理区对应于研究中的油藏管理区B，这两类管理区进行资源开发利用的策略博弈，即每一类管理区对资源的可持续开发策略分为两种：可持续发展策略C和不可持续发展策略D。管理区资源开发过程是在一个具有不确定性和有限理性的空间进行的，同时他们之间的策略又是相互影响的，A类管理区和B类管理区根据其他成员的策略选择，考虑自身群体中的相对适应性，来选择和调整各自的策略。在$t=0$期，每个管理区随机地选择一个策略，从$t=1$期开始，每期有且仅有一个管理区进行是否要调整自己上一期选择的决策。设油藏管理区这两个群体A和B中随机匹配两员进行两人博弈，表8-9给出了演化博弈的支付矩阵。

表8-9　可持续发展的演化博弈支付矩阵

A类管理区	B类管理区	
	可持续发展策略C	不可持续发展策略D
可持续发展策略C	π_A+r_A, π_B+r_B	$\pi_A+r'_A, \pi_B$
不可持续发展策略D	$\pi_A, \pi_B+r'_B$	π_A, π_B

在支付矩阵中，π_A和π_B分别表示A类管理区和B类管理区采取不可持续发

展策略 D 时获得的收益(本研究称为基本收益)；r_A 和 r_B 分别表示两类管理区都采取可持续发展策略 C 时获得的超过其基本收益的部分；r'_A 表示 A 类管理区采用可持续发展策略 C 而 B 类管理区采用不可持续发展策略 D 时，A 类管理区获得的与其基本收益的差值；r'_B 表示 B 类管理区采用可持续发展策略 C 而 A 类管理区采用不可持续发展策略 D 时，B 类管理区获得的与其基本收益的差值，r'_A 和 r'_B 的符号不确定，因此后文会分情况讨论分析。

假设 A 类管理区中选择可持续发展策略 C 的管理区的比例为 x，则选择不可持续发展策略 D 的管理区的比例为 $1-x$；B 类管理区中选择可持续发展策略 C 的管理区的比例为 y，选择不可持续发展策略 D 的比例为 $1-y$。

那么 A 类管理区中选择可持续发展策略 C 时的收益为

$$u_A{}^C = y(\pi_A + r_A) + (1-y)(\pi_A + r'_A)$$

选择不可持续发展策略 D 的收益为

$$u_A{}^D = y\pi_A + (1-y)\pi_A$$

因此 A 类管理区的平均收益为

$$u_A = xu_A{}^C + (1-x)u_A{}^D = xyr_A + xr'_A - xyr'_A + \pi_A$$

同理，B 类管理区中选择可持续发展策略 C 的收益为

$$u_B{}^C = x(\pi_B + r_B) + (1-x)(\pi_B + r'_B)$$

选择不可持续发展策略 D 的收益为

$$u_B{}^D = x\pi_B + (1-x)\pi_B$$

因此 B 类管理区的平均收益为

$$u_B = yu_B{}^C + (1-y)u_B{}^D = xyr_B + yr'_B - xyr'_B + \pi_B$$

两类油藏管理区的复制动态方程为

$$\frac{dx}{dt} = x(u_A{}^C - u_A) = x(1-x)(yr_A + r'_A - yr'_A) \tag{8-128}$$

$$\frac{dy}{dt} = y(u_B{}^C - u_B) = y(1-y)(xr_B + r'_B - xr'_B) \tag{8-129}$$

于是，两类油藏管理区的资源可持续发展的演化可以用两个微分方程组成的系统来描述。方程(8-128)表明，当 $x=0,1$ 或 $yr_A + r'_A - yr'_A = 0$，即 $y = r'_A/(r'_A - r_A)$ 时，A 类油藏管理区中选择可持续发展策略 C 的比例 x 是稳定的；方程(8-129)表明，当 $y=0,1$ 或 $xr_B + r'_B - xr'_B = 0$，即 $x = r'_B/(r'_B - r_B)$ 时，B 类油藏管理区中选择可持续发展策略 C 的比例 y 是稳定的。

根据 Friedman(1991)提出的方法，演化系统均衡点的稳定性可由该系统的雅可比矩阵的局部稳定性分析得到[74]。方程(8-128)和方程(8-129)组成的系统的雅可比矩阵为

$$J\begin{bmatrix} (1-2x)(yr_A + r'_A - yr'_A) & x(1-x)(r_A - r'_A) \\ y(1-y)(r_B - r'_B) & (1-2y)(xr_B + r'_B - xr'_B) \end{bmatrix}$$

由于 r'_A 和 r'_B 的符号不确定，可以分下列四种情况讨论不同情况下两类管理区博弈的动态过程。

8.8.3 博弈结果分析

1) 情况一

情况一：$r_A > 0, r_B > 0$，即两类管理区都采取可持续发展策略 C 时获得的超过其基本收益的部分都为正时。

(1) $r'_A < 0, r'_B < 0$，即两类管理区选择不同策略时对一方造成的收益与基本收益的差额都为负时，系统有 5 个局部平衡点。稳定性分析结果如表 8-10 所示。

表 8-10 $r'_A < 0, r'_B < 0$ 时系统的局部稳定分析结果

均衡点	J 的行列式符号	J 的迹符号	结果
$x=0, y=0$	+	−	稳定
$x=1, y=0$	+	+	不稳定
$x=0, y=1$	+	+	不稳定
$x=1, y=1$	+	−	稳定
$x=r'_B/(r'_B-r_B), y=r'_A/(r'_A-r_A)$	−	0	鞍点

在这 5 个局部平衡点中，仅有两个点即 $x=0, y=0$ 和 $x=1, y=1$ 是稳定的，分别是 $O(0,0)$ 所有管理区都不选择可持续发展策略和 $C(1,1)$ 都选择可持续发展策略这两种模式。图 8-23 描述了管理区群体之间博弈的动态过程。

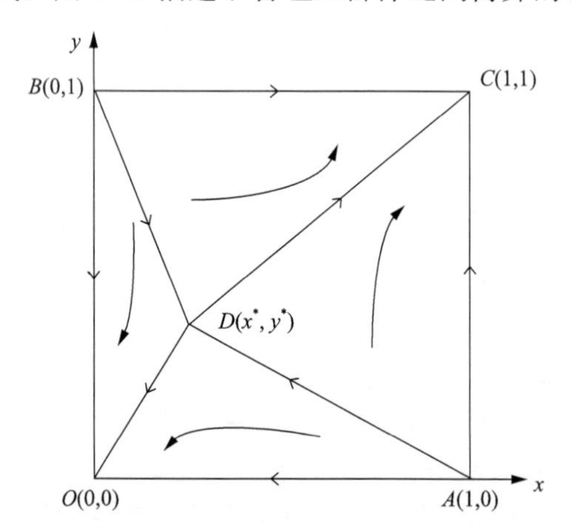

图 8-23 $r'_A < 0, r'_B < 0$ 时系统的动态演化图

$x^* = r'_B/(r'_B - r_B), y^* = r'_A/(r'_A - r_A)$

由图 8-23 可以看出，ADB 折线的左下方系统收敛于 O 点，在折线的右上方系统收敛于 C 点。D 点越接近于 O 点，折线右上方 $ADBC$ 部分的面积就越大，故系

统收敛于可持续策略(C 点)的概率就会大于收敛于采取不可持续策略的概率,两类油藏管理区都采取可持续发展策略的可能性增加。

(2) $r'_A<0, r'_B>0$,即 B 类管理区采取不可持续发展策略对 A 类管理区采取可持续发展策略造成的收益与基本收益的差额 $r'_A<0$,而 A 类管理区采取不可持续发展策略对 B 类管理区采取可持续发展策略造成的收益与基本收益的差额 $r'_B>0$ 时,由表 8-11 可知,系统有 4 个局部平衡点,只有 $C(1,1)$点是演化稳定点,而 $O(0,0)$点和 $B(0,1)$点是鞍点,$A(1,0)$点是不稳定平衡点。

表 8-11　$r'_A<0, r'_B>0$ 时系统的局部稳定分析结果

均衡点	J 的行列式符号	J 的迹符号	结果
$x=0, y=0$	−	不确定	鞍点
$x=1, y=0$	+	+	不稳定
$x=0, y=1$	−	不确定	鞍点
$x=1, y=1$	+	−	稳定

因此,所有油藏管理区都采用可持续发展策略才是演化稳定策略。图 8-24 给出了该系统的演化动态。

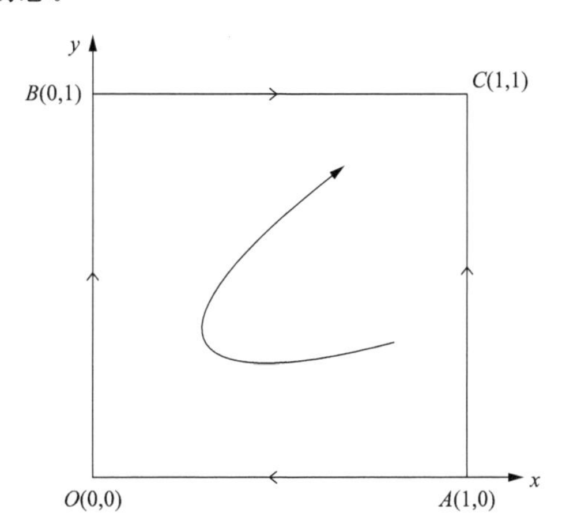

图 8-24　$r'_A<0, r'_B>0$ 时系统的动态演化图

从图 8-24 中可以看出,从任何初始状态出发,系统都将收敛到 $C(1,1)$点。这一点也是全局最优解(帕雷托最优)。

(3) $r'_A>0, r'_B<0$,即 B 类管理区采取不可持续发展策略对 A 类管理区采取可持续发展策略造成的收益与基本收益的差额 $r'_A>0$,而 A 类管理区采取不可持续发展策略对 B 类管理区采取可持续发展策略造成的收益与基本收益的差额 $r'_B<0$ 时,由表 8-12 可知,系统有 4 个局部平衡点,只有 $C(1,1)$点是演化稳定点,$O(0,0)$点是鞍点,$A(1,0)$点和 $B(0,1)$点是不稳定平衡点。

表 8-12 $r'_A>0, r'_B<0$ 时系统的局部稳定分析结果

均衡点	J 的行列式符号	J 的迹符号	结果
$x=0, y=0$	－	不确定	鞍点
$x=1, y=0$	－	不确定	鞍点
$x=0, y=1$	＋	＋	不稳定
$x=1, y=1$	＋	－	稳定

图 8-25 给出了该系统的演化动态过程。

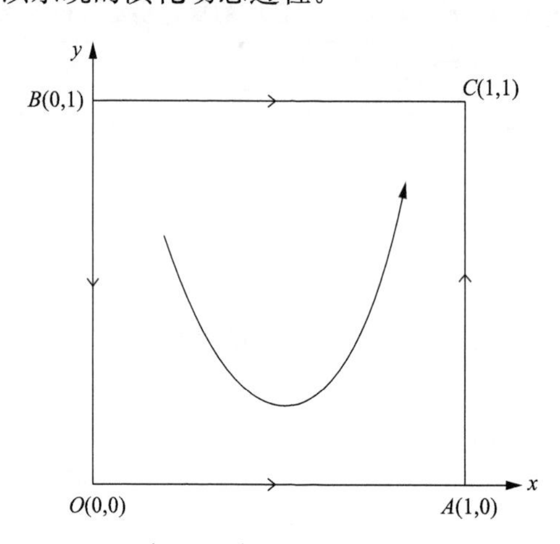

图 8-25 $r'_A>0, r'_B<0$ 时系统的动态演化图

从图 8-25 可以看出,从任何初始状态出发,系统都将收敛到 $C(1,1)$点,即所有油藏管理区都采用可持续发展策略才是演化稳定策略。

(4) $r'_A>0, r'_B>0$,即两类管理区选择不同策略时对一方造成的收益与基本收益的差额都为正时,由表 8-13 可知,系统有 4 个局部平衡点。

表 8-13 $r'_A>0, r'_B>0$ 时系统的局部稳定分析结果

均衡点	J 的行列式符号	J 的迹符号	结果
$x=0, y=0$	＋	＋	不稳定
$x=1, y=0$	－	不确定	鞍点
$x=0, y=1$	－	不确定	鞍点
$x=1, y=1$	＋	－	稳定

图 8-26 给出了该系统的演化动态过程。

只有 $C(1,1)$点是演化稳定点,$A(1,0)$点和 $B(0,1)$点是鞍点,$O(0,0)$点是不稳定平衡点。从任何初始状态出发,系统都将收敛到 $C(1,1)$点,即所有油藏管理区都采用可持续发展策略才是演化稳定策略。

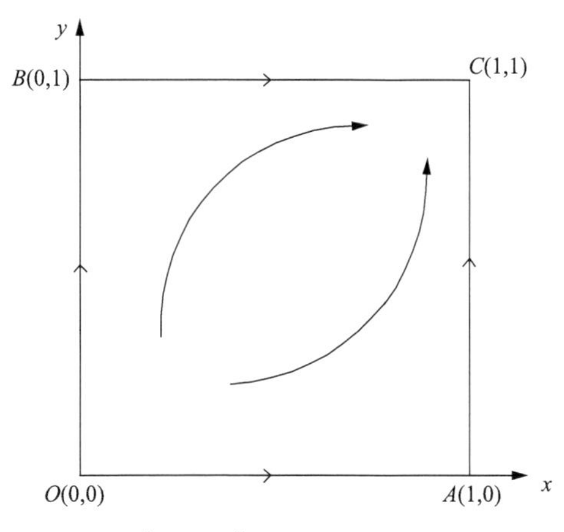

图 8-26　$r'_A>0, r'_B>0$ 时系统的动态演化图

2) 情况二

情况二：$r_A>0, r_B<0$，即两类管理区都采取可持续发展策略 C 时，较贫瘠的管理区获得的超过其基本收益的部分为正，而较富余管理区获得的超过其基本收益的部分为负时。

(1) $r'_A<0, r'_B<0$，系统有 4 个局部平衡点，根据雅可比矩阵的局部稳定分析法对这 5 个平衡点进行稳定性分析，结果如表 8-14 所示，只有 $O(0,0)$ 点是演化稳定点，而 $C(1,1)$ 点和 $A(1,0)$ 点是鞍点，$B(0,1)$ 点不稳定平衡点。

表 8-14　$r_A>0, r_B<0$ 时系统的局部稳定分析结果

均衡点	$r'_A<0, r'_B<0$			$r'_A<0, r'_B>0$			$r'_A>0, r'_B<0$			$r'_A>0, r'_B>0$		
	det$J$	tr$J$	结果	det$J$	tr$J$	结果	det$J$	tr$J$	结果	det$J$	tr$J$	结果
$x=0, y=0$	+	−	稳定	−	不确定	鞍点	−	不确定	鞍点	+	+	不稳定
$x=1, y=0$	−	不确定	鞍点	−	−	不稳定	+	−	稳定	+	−	稳定
$x=0, y=1$	+	+	不稳定	−	不确定	鞍点	+	+	不稳定	−	不确定	鞍点
$x=1, y=1$	−	不确定	鞍点	−	不确定	鞍点	−	不确定	鞍点	−	不确定	鞍点
$x=x^*, y=y^*$				+	0	鞍点						

注：$x^*=r'_B/(r'_B-r_B)$，$y^*=r'_A/(r'_A-r_A)$

(2) $r'_A<0, r'_B>0$，系统有 5 个局部平衡点，只有 $A(1,0)$ 点是不稳定平衡点，其余 $O(0,0)$ 点、$B(0,1)$ 点、$C(1,1)$ 点和 $D(x=x^*, y=y^*)$ 点都是鞍点，结果如表 8-14 所示。

(3) $r'_A>0, r'_B<0$，由表 8-14 可知，系统有 4 个局部平衡点，只有 $A(1,0)$ 点是演化稳定点，$O(0,0)$ 点和 $C(1,1)$ 点是鞍点，$B(0,1)$ 点是不稳定平衡点。

(4) $r'_A>0, r'_B>0$，由表 8-14 可知，系统有 4 个局部平衡点。$A(1,0)$ 点是演化

稳定点，$C(1,1)$点和$B(0,1)$点是鞍点，$O(0,0)$点是不稳定平衡点。

3) 情况三

情况三：$r_A<0, r_B>0$，即两类管理区都采取可持续发展策略C时，较贫瘠的管理区获得的超过其基本收益的部分为负，而较富余管理区获得的超过其基本收益的部分为正时，局部稳定性分析结果如表8-15所示。

表8-15 $r_A<0, r_B>0$时系统的局部稳定分析结果

均衡点	$r'_A<0, r'_B<0$			$r'_A<0, r'_B>0$			$r'_A>0, r'_B<0$			$r'_A>0, r'_B>0$		
	$\det J$	$\mathrm{tr}J$	结果	$\det J$	$\mathrm{tr}J$	结果	$\det J$	$\mathrm{tr}J$	结果	$\det J$	$\mathrm{tr}J$	结果
$x=0,y=0$	+	−	稳定	−	+	稳定	−	不确定	鞍点	+	+	不稳定
$x=1,y=0$	+	+	不稳定	+	+	不稳定	−	不确定	鞍点	−	不确定	鞍点
$x=0,y=1$	−	不确定	鞍点	+	−	稳定	−	不确定	鞍点	+	−	稳定
$x=1,y=1$	−	不确定	鞍点	−	不确定	鞍点	−	不确定	鞍点	−	不确定	鞍点
$x=x^*,y=y^*$							+	0	鞍点			

4) 情况四

情况四：$r_A<0, r_B<0$，即两类管理区都采取可持续发展策略C时，获得的超过其基本收益的部分都为负，局部稳定性分析结果如表8-16所示。

表8-16 $r_A<0, r_B<0$时系统的局部稳定分析结果

均衡点	$r'_A<0, r'_B<0$			$r'_A<0, r'_B>0$			$r'_A>0, r'_B<0$			$r'_A>0, r'_B>0$		
	$\det J$	$\mathrm{tr}J$	结果	$\det J$	$\mathrm{tr}J$	结果	$\det J$	$\mathrm{tr}J$	结果	$\det J$	$\mathrm{tr}J$	结果
$x=0,y=0$	+	−	稳定	−	不确定	鞍点	−	不确定	鞍点	+	+	不稳定
$x=1,y=0$	−	不确定	鞍点	−	不确定	鞍点	+	−	稳定	+	−	稳定
$x=0,y=1$	−	不确定	鞍点	+	−	稳定	−	不确定	鞍点	+	−	稳定
$x=1,y=1$	+	不确定	鞍点	+	不确定	鞍点	+	不确定	鞍点	+	不确定	鞍点
$x=x^*,y=y^*$										−	0	鞍点

综合以上情况分析，这个演化博弈系统的局部均衡点有4个[$o(0,0)$，$A(1,0)$，$B(0,1)$，$C(1,1)$]或者5个[$o(0,0)$，$A(1,0)$，$B(0,1)$，$C(1,1)$，$D(x^*,y^*)$]，若两类油藏管理区的可持续发展策略所得收益都大于其基本收益，那么他们都采用可持续发展策略将是其帕雷托最优策略，对应于$C(1,1)$点。并且通过分析可知，无论一类油藏管理区改变策略对另一类管理区造成的收益影响（与其基本收益的比较r'_A，r'_B）为正或为负时，这个演化稳定策略(ESS)都会出现。只有当这种影响对双方都不利时（$r'_A<0, r'_B<0$），$o(0,0)$点和$C(1,1)$点对应的策略是演化稳定策略，系统很长的时间内保持一种可持续发展与不可持续发展共存的局面。

而当两类油藏管理区的可持续发展策略所得收益与其基本收益相比，对一方有利而对另一方不利时，如上面提到的情况二和情况三，那么系统最后博弈的结果演化稳定策略就集中在$o(0,0)$点和$A(1,0)$点或者是$o(0,0)$点和$B(0,1)$点。当无论哪一方管理区改变策略对另一方造成的影响$r'_A<0, r'_B<0$都为负时，最后的动态演化结果就是两类管理区中没有一个会选择可持续的发展策略来开采地下资源。而当两类管理区的不同策略对彼此造成的收益影响都有利时，还要结合考虑他们共同采用可持续发展策略的影响，若此时对A类管理区有利，则最后的演化结果是A类管理区都采用可持续发展策略，B类管理区不采用；若对B类管理区有利，则最后结果是B类管理区都采用可持续的发展策略而A类管理区中没有管理区会采用这个策略，分别对应着$A(1,0)$点和$B(0,1)$点。而如果同时采用可持续发展策略对B类管理区的收益与其基本收益的差额为正时，即两类管理区同时采用可持续发展策略对B类管理区能带来超额收益时，在对A类管理区的影响不利的情况下，最后的演化均衡策略就是所有管理区都不采用可持续发展策略和只有B类管理区采用这种策略这两种结果同时存在，而其他情况只存在一种结果。

如果两类油藏管理区的可持续发展策略所得收益都小于其都不采用这种策略的基本收益，如表8-15所示，若双方采取不同的策略对彼此造成的影响都不利时，最后的演化结果是双方都不采用可持续发展策略；若这种影响对一方有利而对另一方不利时，最后结果是有利的那方采取可持续发展策略，不利的那方不采取；若对双方都有利，则存在两个演化均衡策略(ESS)，A类管理区全部采用可持续发展策略而B类管理区全部不采用或者相反B类管理区全部采用可持续发展策略而A类管理区全部不采用。

通过进一步分析我们发现，两类管理区都采取可持续发展策略这种结果出现的概率要小于它们都不采取这种策略的概率，而坚持可持续发展策略开采地下资源不仅有利于油藏的合理开发，产生较好的经济效益，而且关系到油田企业的长远发展和稳定。由以上的分析结果可知，只有当两类管理区同时采用可持续发展策略产生的收益超过其都不采用这个策略的收益时，最后的演化结果是所有的管理区都采用可持续发展策略，这个结果也是帕雷托最优，因此要达到这种目标，就需要提高r_A和r_B，即需要满足情况一的条件：$r_A>0, r_B>0$，即在双方的一次博弈中，都采用可持续发展策略的结果是优于其都不采用可持续发展策略的，并且这个优势越大则其采用最优策略的概率也就越大。

8.8.4 小结

增强可持续发展策略的优势，需要从思想上使两类管理区都意识到对地下资源可持续发展的重要意义，提高其走可持续发展道路的认识，还要从理性的角度和博弈的角度考虑，主要从各管理区经济利益的角度出发来讨论，要意识到管理区上级的各种政策、措施对管理区的利益的影响，如果管理区上级制定合理的政策，例如对管理区的考核政策（产量考核、成本考核等），使得这两类管理区对地下资源的开采都采用可持续发展策略所得的收益大于不可持续策略的收益时，在这种政策引导下，管理区能够看到长期收益优势而忽略短期收益，双方的演化动态博弈结果就能达到最优策略，即帕雷托最优。而如果上级的考核标准不合理，即片面追求短期效益，忽略或认识不清管理区之间的自然差异，或引入不适当的评定程序或准则比较各管理区的业绩来作为奖励或惩罚的依据则会引起管理区之间的不恰当的竞争，使得若采用可持续发展策略却造成自身的收益受到损害的话，那么片面追求短期收益而忽略长远收益就成为管理区的必然选择。

因此，要增加管理区对可持续发展策略的偏好需要合理、公平、有效的激励政策和竞争机制和强有力的技术支持和保障，作为管理区上级单位要牢固树立可持续发展的观念，坚持走可持续发展的道路是其制定各项政策的重要基础，只有强化资源可持续的开发利用的认识，建立完善的考核和激励机制，才能从根本上解决管理区的短视行为，引导它们走上可持续发展的道路。

8.9 油藏管理区与其主要利益主体激励机制设计

本节分析认为采油厂与油藏管理区之间存在委托—代理关系，其复杂性体现在四个分系统之间的相互作用，自然资源分系统的可持续开发，生产分系统和技术分系统的可行性及组织管理分系统的支持保障使得油藏开发中的相互影响错综复杂，而采油厂和油藏管理区这潜在利益冲突的双方都追求利益最大化，油藏管理区（代理人）不会总是根据采油厂（委托人）的利益采取行动，主要表现在这样两个方面：①油藏管理区管理者有着不同于采油厂管理者的利益和目标，他们的效用函数与委托人的效用函数是不同的，是要与委托人分享企业利润的，而为获取利润所做出的努力的成本却是要由代理人来承担的，所以只要有可能，油藏管理区管理者更多追求的是规模、收入等；②油藏管理区管理者对掌握的油藏开发情况及个人做出的努力情况拥有私人信息，这些私人信息作为委托人的采油厂不花成本是不可能知道的。由于理性的代理人具有机会主义的行为，即在不受罚的情况下，隐瞒这些只有他们才知道的重要信息。

本研究主要运用博弈论的观点和方法分析油藏管理区激励机制设计问题，提出建立双向委托—代理关系有助于油田企业实行油藏管理区这种新的优良模式。

8.9.1 建立油藏管理区管理层激励机制

S油田公司现行的激励机制大多以年度业绩（产量和成本）指标作为考核依据，而忽视了对管理层人员长期业绩的考虑。这一做法很难消除管理人员的短期化现象，而实施长期激励的报酬制度是建立管理层激励机制的有效途径。除了考虑长期业绩激励外，还要注重收入与风险对称的原则。油藏开发是具有一定风险的，对油藏管理区管理者的激励约束机制所表达的是一种契约交换关系。

8.9.2 建立采油厂与油藏管理区产出分配激励机制

采油厂对油藏管理区产出效益的分配比例应在合适的范围内，若分配比例过高，则影响到油藏管理区的最优产出水平和效益；若分配比例过低，则影响到采油厂的经济效益和对油藏管理区的投资成本。采油厂对油藏管理区的投资函数表现为，当油藏管理区产量在一定范围内时，随着油藏管理区产量的增加，采油厂对油藏管理区的投资也会增加，对油藏管理区起到正激励的作用；当产量超过这个水平时，随着油藏管理区产量的增加，考虑到油田可持续发展问题，采油厂对油藏管理区的投资会适当的减少，以限制油藏管理区的过度开发，破坏油田的可持续发展。

8.9.3 建立微分博弈的长期激励机制和共同治理激励机制

1）建立微分博弈的长期激励机制

通过微分博弈来研究采油厂和管理区之间努力水平的变化。采油厂作为油藏管理区的上级，对油藏管理区的原油生产有指导、激励和监督作用，它的努力水平会影响油藏管理区原油的生产。同时，油藏管理区作为油气生产的直接单位，油藏管理区原油的产量受油藏管理区努力水平的影响。在二者按比例分成原油产量的收益的条件下，需要健全这种委托—代理契约关系行为，建构良好的油藏管理区运作的内外环境，采油厂和油藏管理区通过追求长期效益的最大化而不是短期的博弈行为，就可以确保内在地进行无穷次委托—代理契约关系局中人之间的直接博弈。

2）引入共同治理激励机制

共同治理，即指利益相关者共同治理，指采油厂和油藏管理区之间，油藏管理区及其内部员工之间，共同拥有企业控制权并分享企业剩余。通过运用 Stackelberg 博弈模型分析采油厂与油藏管理区关于产出效益分配的共同治理激励机制，双方都拥有对油藏管理的控制权和剩余索取权，只是各自的权力类型及大小有所不同，采油厂对油藏管理区投资应该慎重考虑，最好不要进行产量的线性和固定额投资，以免使得阻碍油田的长期发展。尤其是对剩余分享机制的设计和讨论，设定合理的利润分成比例是确保双方及油田可持续发展的关键因素，这样才能真正达到责、权、利的统一，构建有效率的共同治理机制。

8.9.4 通过内部契约实现不合作博弈到合作博弈的转变

各油藏管理区的非合作博弈状态会降低油田的产出效益，并且也影响到他们各自的利益，油藏管理区联盟的建立不仅可以提高每个油藏管理区的产出收益，而且可以提高整个采油厂的产出效益。建立多个油藏管理区的合作博弈模型，根据石油生产的特殊性，确定合理的特征函数及产出分配方式，对油藏管理区和采油厂经济效益的提高至关重要。这种合作博弈需要一定的契约来保证：建立涉及信息披露规则，建立守信用者得到利益刺激、不守信用者受到惩罚的激励和约束规则等。

8.10 主要研究结论及建议

8.10.1 主要研究结论

油藏管理的推广与应用是我国石油企业特别是东部老油田企业面临的重要问题之一，新的油藏管理组织机制的建立是油田企业推行油藏管理改革的必要步骤之一。本章以油藏组织结构中油藏管理区为核心研究对象，展开以油藏管理区与其上级采油厂产出效益分配的完全信息动态博弈、油藏管理区与采油厂的微分博弈及油藏管理区之间的产出分配合作博弈的分析，以此来为新的油藏管理组织机制的设计提供一定的政策建议。主要的研究结论如下。

(1) 采油厂对油藏管理区的投资函数的确定对油藏管理区和采油厂的收益均会有影响，不合理的投资方式(关于产量的线性或者常数的投资函数)会使得油藏管理区和采油厂的发展陷入恶性循环，破坏油田的可持续发展。同时，油藏管理区的产量与采油厂的产出效益分配比例成反比例关系，采油厂的分配比例增大时，油藏管理区的产量会降低。因此，采油厂的产出效益分配比例不宜过大，以防挫伤油藏管理区的生产积极性。

(2) 原油价格、采油厂下属的油藏管理区的个数及吨油变动成本对采油厂和油藏管理区的均衡解有一定的影响。原油价格上涨时，采油厂应该适当地提高效益产出分配比例，同时，油藏管理区应该与价格同比例的提高自己的原油产量；如果采油厂下属的油藏管理区比较少时，采油厂可以适当的减小自己的产出效益分配比例，反之，采油厂应该适当增大产出效益分配比例；采油厂的产出效益分配比例与油藏管理区的吨油变动成本成反比例关系，当油藏管理区的吨油变动成本增大时，采油厂应该适当同比例地降低产出效益分配比例，以保证油藏管理区的收益，反之，应该同比例地增大产出效益的分配比例，以平衡采油厂和油藏管理区的收益分配。

(3) 油藏管理区的最优努力水平与原油价格和它自身的产出效益的分配比例成正比例关系。同时，油藏管理区的最优努力水平也是采油厂对其补贴率的增函数，随着采油厂对其补贴率的增加，油藏管理区的生产积极性就会提高。此外，采油厂和油藏管理区是原油产量自然递减率的增函数。当原油产量的自然递减率增加时，采油厂和油藏管理区应该及时提高他们的努力水平以保证一定的原油产量与油藏管理区和采油厂的收益。

（4）随着时间的推移，油藏管理区和采油厂的最优努力水平均会下降，这样会影响原油的产量。因此，采油厂应该采取一定的激励措施来提高油藏管理区的生产积极性。例如，可以通过增加对油藏管理区的补贴，降低采油厂的收入分配比例等措施来提高油藏管理区的生产积极性。补贴率的增加和分配比例 π 的下降不仅可以提高油藏管理区的积极性，而且可以平衡采油厂和油藏管理区之间的收益分配，从而使得油藏管理区和采油厂形成良好的互动发展关系。

（5）油藏管理区之间合作联盟的形成可以大大地提高每个联盟成员的分配产出水平，但是，这个分配产出水平不仅受到自身的风险系数和努力水平的影响，而且还受到其他联盟成员努力水平的影响。随着油藏管理区自身风险系数的增大，它的分配产出水平也随之线性增加；随着油藏管理区的努力水平的增加，它自身的分配产出水平是非线性增加的，而且增长速度较快；油藏管理区的分配产出水平随着其他油藏管理区的努力水平的提高而呈非线性递增，但是，它们的增长幅度小于油藏管理区随着自身的努力水平的分配产出水平的增长幅度。因此，油藏管理区在自身不断积极地参与合作的同时，应该对其他的油藏管理区采取一定的激励手段，从而使得油藏管理区的产出分配值尽可能的大。

（6）不同类型的油藏管理区是否选择可持续发展策略来开采地下资源与他们各自群体里的个体的博弈有关，不同的个体博弈情况会形成群体博弈的最终演化结果，本章分析了各种情况下的博弈结果及其形成路径。

8.10.2　相关政策建议

（1）分公司对采油厂及采油厂对油藏管理区的投资应该结合油藏管理区的产量，并且尽量避免对油藏管理区的固定额投资和关于产量的线性投资。

（2）原油价格上涨时，采油厂应该适当地提高效益产出分配比例，同时，油藏管理区应该与价格同比例地提高自己的原油产量。原油价格下降时，采油厂应该适当地降低效益产出分配比例，油藏管理区可以与价格同比例地降低自己的原油产量。

（3）当油藏管理区的吨油变动成本增大时，采油厂应该适当同比例地降低产出效益分配比例，以保证油藏管理区的收益，反之，应该同比例地增大产出效益的分配比例，以平衡采油厂和油藏管理区的收益分配。采油厂的分配比例增大时，油藏管理区的产量会降低。因此，采油厂的产出效益分配比例不宜过大，以防挫伤油藏管理区的生产积极性。

（4）如果原油价格、老井自然产量或老井措施产量上升，油藏管理区应增加新井投产井数。如果采油厂产出效益分配比例较大时，油藏管理区应该同比例降低新井投产井数。

（5）当原油价格上涨时，采油厂和油藏管理区应该在自己能力范围之内且保证油田可持续发展的基础上，积极投入到原油的生产中，提高采油厂和油藏管理区的收益。

（6）采油厂应该采取一定的激励措施来提高油藏管理区的生产积极性。例如，采油厂可以通过增加对油藏管理区的补贴率，降低采油厂的分配比例等激励措施来提高油藏管理区的分配比例来提高油藏管理区的生产积极性，从而保证油藏管理区的原油产量。

（7）原油产量的自然递减率下降时，采油厂和油藏管理区可以适当地降低他们的努力水平，减少对原油生产的增产措施。而当原油产量的自然递减率增加时，采油厂和油藏管理区应该及时提高他们的努力水平以保证一定的原油产量与油藏管理区和采油厂的收益。

（8）油藏管理区之间在存在资源、人力、资金和技术等的互补以及可以形成有约束力的协议的条件下，可以形成内部的合作联盟，从而提高各自的以及整个采油厂的产出水平。

（9）油藏管理区不仅要提高自己的努力水平，积极地参与原油开发生产活动，而且应该积极地配合其他油藏管理区的原油开发生产活动，并且发挥自身的优势，使得油藏管理区之间的合作成功率尽可能的高，从而提高自己的分配产出水平。

（10）油藏管理区应该对其他的油藏管理区采取一定的激励手段，避免其他参与合作的油藏管理区的偷懒行为，激励其他油藏管理区提高它们的努力水平，积极地投入到油藏管理区之间的合作中，从而尽可能地提高油藏管理区的分配产出水平。

第 9 章　油藏管理绩效综合评价方法研究

环境因素作用于系统,通过系统内部复杂的调控机制最终对系统输出(系统行为)产生影响,进而影响系统演化的方向。油藏管理系统作为典型的复杂管理系统,要客观了解及分析系统的发展演化趋势必须有一套科学合理的评价指标体系从不同维度对其行为进行描述。本章以油藏管理系统的目标体系为基础,按照现代战略绩效评价的原理,结合现代油藏管理模式的要求和中国油田企业自身的运营特点,综合运用 AHP 和 DEA 对油藏管理绩效进行评价。在此基础上,通过问卷调查、专家访谈及资料查询等方式采集中国油田企业的实际数据,并将处理后的数据应用于所构建的 AHP/DEA 评价模型,系统性地分析其评价结果,以通过综合评价确定实施油藏管理模式所获取的社会经济利益,并针对结果提出政策建议。最后,对油藏管理绩效综合评价的基本原则、评价流程及对策建议进行分析。

9.1　评价方法研究目的和意义

P 公司 S 油田作为我国东部老油田的代表,一直关注和推进油藏管理理论和实践的发展。随着油藏管理工作的开展,必然要对油藏管理绩效进行综合测评。所谓“不能衡量就不能管理”,绩效评价向来是企业管理的重要组成部分。油藏管理绩效综合评价是检测油藏管理整体效果、指导企业和员工行动方向和落实企业整体经营战略的重要工具。油藏管理绩效综合评价服务于油藏管理,加强油藏管理绩效综合评价,有助于 S 油田更好地实施油藏管理。通过对 S 油田的调研和访谈,发现其油藏管理绩效综合评价体系尚不完善。目前,S 油田对采油厂油藏管理绩效的考核主要从油气产量、交油气量、投资成本、操作成本和开发管理等方面进行评价;而采油厂对油藏管理区油藏管理绩效的考核主要分为年度考核和月度考核,其中年度考核指标为:利润、产量、交油气量、操作成本、自然递减率、含水上升率、原油计量输差、油井作业维护系数、天然气限额、动态监测计划完成率等;月度考核指标为:产油量、产气量、原油计量输差、综合单耗、安全、环保等。S 油田现行的油藏管理绩效考核指标和考核方法的主要问题可以概括为三个方面:第一,指标体系零散混乱,无层次无结构,不系统,未能体现出油藏管理集成化和系统化的特点;第二,指标体系基本上是围绕财务目标建立起来的,与企业长期战略目标关系不大。由于过分强调短期财务评价,从而在战略的设计和实施之间留下缺口,造成战略制定和战略实施的严重脱节。第三,评价的方法非常单一,沿用了最传统的加权平均法，主观性太强，且计算量大，评价结果只能体现绩效优劣排序，不利于进行进一步的结果分析。基于以上原因，加强油藏管理绩效综合评价已经成为S油田非常紧迫的任务，研究S油田油藏管理绩效评价问题有着现实必要性。

石油企业和油藏管理本身的特殊性决定了一般企业绩效评价体系不能直接套用于油藏管理绩效评价中，必须对油藏管理绩效综合评价问题做针对性研究。由于S油田是我国东部老油田的代表，对S油田进行油藏管理绩效综合评价研究，对我国其他石油企业的油藏管理绩效评价的研究和实践也具有一定的启示意义。

9.2 油藏管理绩效综合评价研究概述

9.2.1 油藏管理绩效综合评价相关研究

通过文献查阅，发现国内外专门针对油藏管理绩效综合评价的研究非常有限。其主要原因是国外对油藏管理的研究多注重从工程技术角度寻求油藏管理的变革与突破；而国内对油藏管理的研究起步较晚，多是对国外油藏管理研究成果的学习和吸收，并在此基础上进行油藏管理模式的创新以及其他相关问题的研究。为从整体上把握国内外油藏管理的内涵和理论的进展，本章将针对油藏管理及其绩效综合评价方面的研究做简要总结。

1) 油藏管理的基本要素

油藏信息、环境因素、技术因素和资源管理是油藏管理的基础，是影响油藏开发效果的主要因素。

(1) 油藏信息。

油藏管理的对象是地下油藏，对油藏的了解表现为油藏信息，其对油藏管理目标的制定至关重要。油藏信息一般包括油藏的一般特征、宏观特征和微观特征以及开发历史等[17]。这些油藏信息需要依靠数据管理来实现。

(2) 环境因素。

环境因素是油藏管理的基本要素，影响油藏管理的环境因素一般有五类，即社会政治与政策环境、自然环境、技术环境、经济与经营环境和管理环境。

(3) 技术因素。

技术因素是油藏管理成功与否的关键要素，主要包括技术方法、技术人员、技术工具等方面，如油藏开发工艺、作业方法、解析方法、优化决策的方法、数据系统、多学科专业团组等。

(4) 资源管理。

资源管理是指对人力、技术、经济和油藏信息等资源的管理，需要做到技术集成化，工作人员协同作业，以及借助计算机信息管理使管理高效化。

2）油藏管理的一般过程

尽管油藏管理的目标单元、范围和内容可能会不同，但其实施过程一般都包括以下六个步骤，如图 9-1 所示。

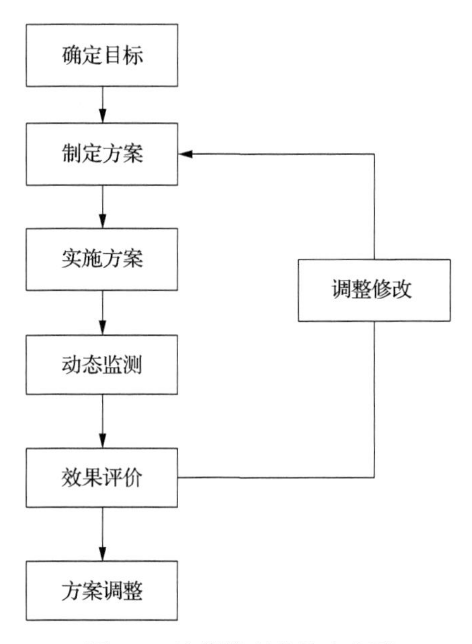

图 9-1　油藏管理的基本步骤

第一步，确立目标。确立切实可行的目标是油藏管理的首要任务，在确定目标的时候，要注意兼顾经济效益和社会效益。

第二步，制定方案。制定方案通常由多学科专家组负责，主要包括开发方案和调整方案等。方案的内容取决于制定者对油藏的认识以及可依赖的技术水平。

第三步，实施方案。方案实施由全部授权的项目经理来组织，其实质就是采用各种手段以实现油藏管理目标的过程。

第四步，动态监测。正确的油藏管理需要在总体上监控和监督油藏动态，确定动态是否与管理方案一致。

第五步，效果评价。主要利用各种手段和方法如试井解释和油藏开发评价等方式进行监测和评价，以确保方案的执行并监测方案是否有效，以便及时进行调整。

第六步，方案调整。当效果评价结果显示方案效果不佳或实施方案的条件有变化时，应对方案及时进行修正。

3）油藏管理绩效综合评价研究现状

国内外专门针对油藏管理绩效综合评价的研究相对较少，主要内容概括为以下三个方面。

(1) 油气资源评价。

国外对油气资源评价的研究内容主要集中在油气资源评价方法上,如国外学者提出蒙特卡洛模拟技术、地质评价、经济评价等,其特点是重视经济储量和风险评估;而国内以成因法和类比法为主,也用统计法等其他方法。

(2) 经济效益评价。

罗东坤通过分析石油勘探开发的特殊性,提出石油勘探开发投资经济效益评价要考虑净现值、内部收益率、投资回收期、基准折现率4个指标[75]。穆献中等依据油气投入产出平衡的基本原理,提出了“效益储量”的概念,同时把单井在一定时期和原油价格条件下的最低经济极限产量、油气生产能力和最低油气储量规模作为油气“效益储量”的经济判别指标[76]。李新民等采用数据包络法对石油企业经济效益进行了评价,实证了数据包络法在经济效益评价中的适用性,选用的指标包括:投资总额、固定资产净值、原油单位成本、职工总数、油气产量、实物劳动生产率、原油生产能力、新增房屋竣工面积[77]。赵振智等利用油井评价法从盈亏平衡的角度,根据油井经济产量和非经济产量的定义,测算油井产量的经济性[78]。王丽洁认为控制成本方向和产量措施结构都会影响经济效益[79]。张恩臣在其建立的单井效益分析以及决策系统中强调效益评价要从单纯考核增油量向考核增量吨油成本转变[80]。王雅春提出油气资源经济评价指标包括最低经济可采储量、经济单井产量等12个指标[81]。丁海等对油公司经济效益进行了研究,提出了企业经济效益分析与评价的基本原则、标准、指标体系及方法[82]。刘玉伟等在油气勘探投资效益研究中,将评价指标分为3类11个指标,其中资源序列类指标包括资源序列指标;勘探物量质量类指标包括石油发现指数、探明储量丰度、探井成功率、储量转换系数、经济可采储量比率;价值量指标类包括单位探明储量投资、地震成本、探井成本、投资回收期、内部收益率[83]。鲁柳利等实证了数据包络法能够快速有效地解决油藏管理的有效性评价问题[84]。

(3) 油藏管理综合绩效评价。

杨玉玲提出从生产管理,成本控制,经济效益,发展能力,质量控制,安全控制五个方面综合评价油藏管理的绩效[85]。袁世宝将油藏管理单元评价分解为储量品位评价、开发水平评价、开发管理水平评价和财务水平评价四部分,利用模糊数学理论建立了油藏管理单元的二级模糊综合评价模型[86]。谢祥俊利用层析分析法将油藏管理综合绩效评价分为开发评价、技术评价和经济评价三个部分[87]。

9.2.2 企业绩效评价相关研究

1) 企业绩效评价的概念

绩效(performance)和很多管理学概念一样,迄今暂无统一的定义。Bales指出绩效是一种多维结构,测量的因素不同,其结果也会不同。基于不同的角度所定义的绩效的概念都有所差异。总的来说,关于绩效的概念,学术界主要存在两种观点:一种观点认为绩效是结果,如 Bernadin 等认为绩效应该定义为工作的结果,因为这些工作结果与组织的战略目标、顾客满意度及所投入的资金关系最为密切。还有一种观点认为绩效是行为,如 Murphy 认为绩效是与一个人在其中工作的组织或组织单元的目标有关的一组行为。从绩效是结果的观点来看,绩效是组织为实现其目标而展现在不同层次上的有效输出,包括个人绩效和组织绩效两个方面。Rummler 等绩效分为三个层次:即目标、设计和管理。基于目标的绩效反映客户对产品或服务的质量、数量、时间、成本等的期望;基于设计的绩效反映组织各个层次的必要组成部分以使目标有效达成的资源与能力配置;基于管理的绩效是通过有效的管理实践过程确保目标的更新与实现。

绩效、业绩和效绩三个词同源于英文单词 performance,但是在汉语意思里有微妙的差异,业绩更加通俗,是对企业管理者的评价;绩效比较常用,也更多地与经济效益相关联,是对企业的评价;效绩出自于财政部统计评价司,兼具绩效和业绩的意思。评价(evaluation)、评估(valuation appraisal)和考评(measurement)这三个词也经常被人们混淆概念。评价就是评价主体依据一定方法和标准,通过与同类人和事物的比较,衡量人或者事物的价值;而评估是针对资产的评价;考评则是针对人的评价。它们的测评范围是不同的。

企业绩效一般包括一定经营期间的企业经营效益和经营者业绩,企业绩效评价包括了企业经营效益和经营者业绩两个方面的评判。其中,对企业经营效益一般从盈利能力、资产运营水平、偿债能力和后续发展能力等方面进行评价,对经营者业绩主要通过经营者在经营管理企业的过程中对企业经营、成长、发展所取得的成果和所做出的贡献来体现。

企业绩效评价的概念可以理解为为了实现企业的生产目的运用特定的指标体系,对照统一的评价标准,采用一定的数理方法,对企业在生产经营过程中所取得的业绩进行定性分析,定量计算,其目的在于帮助各评价企业寻找差距,分析它们经济行为低效的原因,从而调动它们创造效益的积极性,提高企业的管理水平[88]。

2) 企业绩效评价的理论进展

国内外企业绩效评价产生的背景是不同的,带有明显的时代发展和制度的印记。国外的企业绩效评价是为了满足利益相关者对企业经营业绩的了解需求,从而实现对经营者的激励和约束以及对资源的有效配置。而我国的企业绩效评价最初是国家为了管理和控制国有企业,保障企业实现政府目的而采取的措施[89]。值得一提的是,随着我国国有企业的改制,我国企业的利益相关者也不再局限于政府,绩效评价的主体也开始多元化。为了了解国内外企业绩效评价的关注重点,本节分别回顾国内外企业绩效评价的发展阶段及各阶段代表性的研究成果。

(1) 国外企业绩效评价的进展。

国外企业绩效评价的发展可以分为四个阶段。

第一阶段(14 世纪到 19 世纪工业革命之前),可以概括为观察性绩效评价阶段。绩效评价起源于 15 世纪威尼斯的双会计账目的发明,利润和现金流是组织的绩效评价标准。这是一种基于会计记账的单项观察性评价,尚没有融入企业管理理念,评价的意义不是很大。

第二阶段(19 世纪工业革命之后到 19 世纪末),可以概括为成本绩效评价阶段。最具有代表性的研究成果就是美国学者哈瑞设计了最早的标准成本制度,形成了标准成本绩效评价方法,评价指标主要是标准成本的执行情况和差异性分析结果。标准成本制度实现了成本控制,标志着企业由事后控制向事前控制转变。这种成本导向的绩效评价缺点就是指标单一,容易使管理者关注片面和短期绩效。

第三阶段(19 世纪末到 20 世纪 80 年代之前),可以概括为财务性绩效评价阶段。1903 年,杜邦公司创立了一种财务评价体系,即杜邦财务分析系统,其以权益净利率为核心指标,从影响权益净利率的因素出发,将偿债能力、资产营运能力、盈利能力有机结合,形成层层递进的指标体系。杜邦财务评价体系标志着综合性财务评价体系的产生。其缺陷是以权益净利率为核心指标,很难全面反映企业财务状况,更难体现企业的发展能力,其资料数据全部来自资产负债表和损益表,忽视了现金流量表中现金流量数据,而现金流数据对于财务评价至关重要。

第四阶段(20 世纪 80 年代到目前),可以概括为战略性绩效评价阶段。20 世纪 90 年代初,Kelvin Cross 和 Richard Lynch 提出了把企业的总体战略与财务和非财务信息结合起来的业绩评价系统,即业绩金字塔,这是绩效评价研究的一次质的飞跃。业绩金字塔的缺点是在评价指标中没有涉及组织学习能力评价的内容,而在竞争日趋激烈的今天,对组织学习能力的评价非常重要。另外,Stewart-Stewart 公司提出的 EVA(economic value added)评价系统和 Jeffrey 提出的修正后的 REVA(revised economic value added)评价系统也在当时产生了重要影响。EVA 实际上是经济学中剩余收益的概念,从算术的角度看,EVA 等于调税后净经营利润减去全部的年资本成本。REVA 以资产市场价值为基础来评价企业的经营业绩,运用交易评价法反映市场对企业整个未来经营收益预测的修正,只要 REVA 指标为正值,该企业的股东财富就会增加。该指标将所有决策用一个财务指标联系起来,结束了多种目标的混乱状。EVA 评价系统强调企业短期经营绩效,局限于财务框架,未考虑其他非财务方面。另外后续研究证明 EVA 并没有显示出比剩余收益、盈利和营业现金流三个指标更具有价值相关性。1992 年,Robert Kapla 和 David Norton 提出了平衡计分卡的理念,并在之后几年不断将之完善。它从财务、顾客、内部经营过程、学习与成长等方面对企业的业绩进行评价,是一种全面的评价方法。其最大的优点就是提供了一种构建指标体系的理念,强调将企业的战略目标与指标体系紧密联系在一起，有助于企业战略目标的实现。缺点是对于指标本身研究较少，未提供一个在平衡计分卡框架下指标选取的标准和原则，直接导致其在应用时的操作难度大。另外，它未能很好地反映企业与供应商、经销商、政府之间等利益相关者之间的关系。

(2) 国内企业绩效评价的进展。

我国企业绩效评价大致经历以下三个发展阶段。

第一阶段(改革开放以前)，可以概括为总量指标阶段。这个阶段侧重于对企业实物产量进行考核，主要考核指标是工业企业的生产产值，考核办法是将企业的年终完成结果与年初计划比较，以此确定企营成果。其缺陷是产值并不能反映企业的真实经营业绩[89]。

第二阶段(改革开放以后到 20 世纪 90 年代末)，可以概括为财务性评价阶段。1982 年和 1988 年国家计委等部门先后颁布了两套工业企业绩效评价指标体系，但是由于其本身的缺陷性，并未得到很好的利用。1992 年又重新提出工业企业经济效益的指标，包括产品销售率、资金利税率、成本费用利润率、全员劳动生产率、流动资金周转率、净产值率。1997 年又调整为总资产贡献率、资本保值增值率等 7 项指标。除此之外，1995 年财政部制定出台了《企业经济效益评价指标体系(试行)》，包括销售利润率、总资产报酬率、资本收益率等 10 项指标[89]。以上两套指标体系都赋予每项指标不同的权重，以行业平均值为标准进行计分评价。这阶段我国企业绩效评价体系有重大进步，但是缺少反映企业成长性和战略性的指标，且由于行业划分太粗，导致实践效果不佳。

第三阶段(20 世纪 90 年代末到现在)，可以概括为企业绩效评价阶段。1999 年财政部、原国家经贸人事部、原国家计委联合印发了《国有资本金绩效评价指标体系》及《国有资本金绩效评价操作细则》。之后经多次修正后，截止 2006 年，企业综合绩效指标由 22 个财务绩效定量评价指标和 8 个管理绩效定性评价指标组成。财务指标主要涉及企业盈利能力状况、资产质量状况、债务风险状况、经营增长状况等四个方面。管理绩效指标包括战略管理、发展创新、经营决策、风险控制、基础管理、人力资源、行业影响和社会贡献等 8 个指标。这套评价体系的缺点就是评价指标之间缺乏独立性，权重规定太死，无法及时应对企业战略的变化；缺乏对无形资产和人力资产考核的指标。

9.3　油藏管理绩效综合评价体系构建

9.3.1　S 油田油藏管理绩效综合评价问题界定

1) 评价目的

S 油田油藏管理绩效综合评价的目的有两个，即管理目的和战略目的：一是测评油藏管理在一定时期内的绩效，发现油藏管理中存在的问题，以便及时调整油藏管理的相关方案，指导企业和员工的行动方向，进而更好地实施油藏管理；二是保障企业战略目标的落实。

2）评价主体

S油田目前实行的是四级管理体制，如图9-2所示。即第一级是S油田，第二级是采油厂，第三级是油藏管理区，第四级是油藏管理操作层。这种结构特点使得S油田油藏管理绩效综合评价的主体具有二元的特点，即可以是S油田对其下属的采油厂或油藏管理区的油藏管理绩效进行评价，也可以由采油厂对其下属的油藏管理区的油藏管理绩效进行评价。

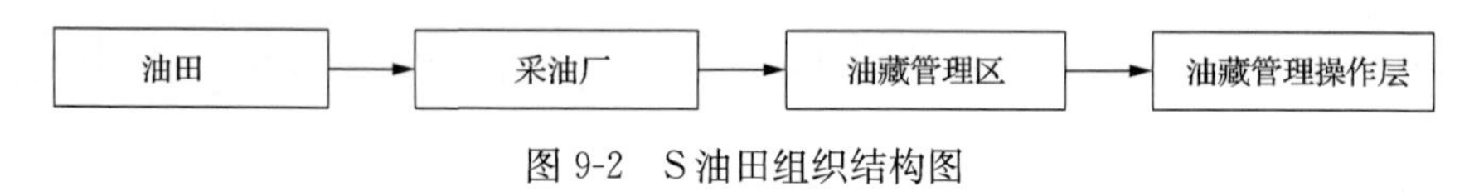

图9-2 S油田组织结构图

3）评价客体

和评价主体一样，S油田油藏管理绩效综合评价的评价客体也具有二元的特点，即S油田下属的采油厂可以被S油田列为评价对象，采油厂下属的油藏管理区可以被采油厂或者S油田列为评价对象。油藏管理区是油藏管理绩效综合评价的最基本对象。

4）评价时期

由于油藏管理是一个连续的过程，始于油藏的发现，终结于油藏的废弃，因此，油藏管理绩效综合评价一般是针对特定时间段内的油藏管理绩效的考核。按照S油田现有的绩效考核方式，分为月度考核、半年度考核和年度考核，具体的评价时期一般由评价主体根据实际需要而确定。

9.3.2 S油田油藏管理系统目标分析

系统由要素构成，且具有目的性，能够实现其目标的作用就是其功能。系统的目标和功能是相互依存的，相对于功能作用，目标才称其为目标；功能作用只有相对于一定的目标，才称其为功能。并且目标和功能本身的定义也是相对的，在一个复杂的系统结构中，目标和功能是在多重层次上存在，为实现某一层次上的目标，必须有相应的功能；为保证这一功能的正常发挥，又必须将目标细分为一系列下一层次的目标。一般来说，下层目标的制定是为了保证上层目标所对应的功能的发挥。

1. 总目标分析

油藏管理经过三十多年的发展，其内涵也发生了变化，随着人们对油藏管理认识的提高，油藏管理从最初的追求经济效益最大化，发展为追求经济和社会综合效益最大化。虽然不同的企业油藏管理的内容可能会不同,但是其油藏管理的总目标都可以归结为改善及优化油藏开发,合理利用人力、技术、信息、资金等有限资源,以最低的投资和成本费用从油藏资源中获取尽可能大的收益,以实现资源经济可采储量的最大化和经济效益的最大化,从而达到油藏开发综合效益的最大化。油藏管理的总目标是由油藏管理的本质内涵决定的,对于任何实践油藏管理模式的企业都适用,而 S 油田的经营宗旨是“经济效益最大化,社会效益最优化”,也是对油藏管理总目标的具体体现。

2. 目标分解和目标说明

总目标确定以后,按照油藏管理系统的四个组成部分即生产管理分系统、油藏资源分系统、组织管理分系统和技术管理分系统将总目标层层分解为四个二级分目标,然后根据各分系统的目标功能分析,将二级目标分解为三级目标。在目标的分解过程中,要遵循以下原则。

整合原则:子目标要均衡在各个分系统中;

一致原则:子目标要与上级目标在方向上保持一致,内容上上下贯通;

同步原则:每一级的子目标要协调、平衡,并同步发展;

明确原则:子目标的表达要简明扼要、明确。

1) 生产管理分系统目标及其子目标

S 油田的生产管理分系统的基本要素包括:油水井、勘探及开发机械等设施、设备和必要的生产资料,其是生产管理必要的物质基础,是生产成本的主要构成项目;生产作业及管理人员,其是生产管理活动实施的主体,其工作效率和能力结构很大程度上决定了生产管理的效率;生产组织方式,对不同的油藏采取不同的生产方式,可以优化油藏经济开发的效果,其主要包括单元划分、生产运行方式、生产的操作管理程序、生产的特殊规章制度等;生产信息,其是生产管理各种方案目标制定的前提;另外还有生产工艺技术等要素。

生产管理分系统其实质是在油藏的开发与利用过程中,利用包括人力、物力、财力和技术在内的各种资源,对油藏的勘探、产能建设、开发生产以及废弃处理等作业活动进行管理和控制,将油气资源转换为油气可开采储量和油气产品等经济资产。油藏管理的直接目的就是要实现油藏资源开发的经济利益最大化,因此,提高经济效益是油藏生产管理的根本目标。经济效益目标的实现程度直接决定了油藏开发的进度和经营效果,是实现油藏管理其他目标的重要基础和根本保障。生产管理的功能本质上就是合理有效地调配及利用各种资源,以完成一定规模的产量、产能及储量生产,最终实现油藏的综合效益最大化。具体内容如下。

(1) 储量生产。简单来说就是利用各种资源和相关勘探技术,发现油藏并将之转换为经济可采储量等油气资产。随着油气勘探工作的深入,找到大型油气田的难度越来越大，扩大已知油田的储量，延长油田开发寿命及油田稳产期限[90]，正是以S油田为代表的我国东部老油田的关键任务，对油田企业的长久发展具有重要的战略意义。

(2) 产能建设。就是利用各种资金、技术和设备，建设井网、集输系统等相关生产设施，将油藏的经济可开采储量转化为实际的油气生产能力。产能建设的质量和规模直接决定了后续的油藏开发生产的规模和有效性，因此，必须统筹兼顾，结合油藏的勘探情况及储量预测，以实际的资金、技术和设备水平为基础，有效整合现有资源，建设油藏的开发生产能力。

(3) 油气生产。就是利用各种生产设施、资源和相关开发技术，获得油气产量，并不断采取各种措施增加油藏的经济可采储量。这是与油藏的综合效益实现直接相关的功能过程，随着油藏地质特性的复杂化和油气物性特征的多样化，油气生产越来越复杂。一方面这个过程实现对资金、技术的依赖程度非常高，面对老油田非常规油藏的增加，必须加大资金及技术的开发与投入力度，否则就不能实现油藏的经济采量，更不可能取得一定的经济效益。另一方面在油气生产过程中，必须注重根据油藏的不同类型和地质特性选择合理的开采方式，并时时监测，动态调整，以利于油藏的可持续发展。

为了保证生产管理各个功能的实现，将生产管理提高经济效益的目标可具体细分为提高油藏的原油产出量、控制油藏开发的成本和能耗、优化油藏开发的投资结构三个方面的子目标。具体解释如表 9-1 所示。

表 9-1　生产管理目标解释

二级目标	三级目标	目标含义解释
提高油藏开发的经济效益	提高油藏的原油产出量	通过加大开发综合投资和采用先进技术措施在产能建设基础上努力提高年原油产出量水平，实现油藏开发的当期经济效益
	控制油藏开发的成本和能耗	控制原油生产的吨油成本，提高设备利用程度和万元产值能耗水平，稳定并扩大原油生产的利润空间
	优化油藏开发的投资结构	主要是指改善油藏开发的投资结构，控制资产负债水平，提高总资产利润率，从而实现资产内部关系的优化

2) 油藏资源分系统目标及其子目标

S油田的油藏资源要素从空间上来说，包括油水分布特征以及条件、岩石特性、构造的物性参数、油藏的几何形态与体积容量、流体的密度和黏性等。从时间上来说，包括与油藏生、排、运、聚、散有关的各种地质事件、开发事件以及其物理、化学动力学过程。

油藏资源分系统其实质是指通过先进的技术手段和开发工具，在精确描述和认识油藏资源的基础上，建立与油藏实际特征最大程度相拟合的油藏模型，以指导油藏资源的合理有效开发，并通过生产信息、技术信息以及管理信息的反馈，不断调整对自然油藏的描述和认识，进而有效控制和改进油藏开发模型、策略和方案的实施。油藏资源是一种对社会发展具有重要战略意义的可耗竭自然资源，在社会演进过程中具有十分重要的作用，因此，油藏管理不能仅仅关注于油藏开发当期的经济效益最大化，而且要兼顾油藏资源开发的长期综合利用效果。即油藏资源分系统的目标是实现油藏资源的可持续利用，从而优化资源、社会与环境的协调发展。

油藏管理的可持续利用目标主要与油藏资源的经济可采储量、油藏开发环境的治理、油藏开发关系的优化等有直接关系，其具有广泛的经济、政治和战略意义。实现油藏资源的可持续利用目标可以细分为增加油藏的经济可采储量、实现矿区环境的生态平衡、改善开发过程的油地关系三个子目标。其具体阐释如表 9-2 所示。

表 9-2　油藏资源目标解释

二级目标	三级目标	目标含义解释
实现油藏资源的可持续利用	实现矿区环境的生态平衡	在油藏开发过程中，注意保护矿区环境，避免或减少对环境的污染和破坏，实现环境本身以及资源开发与环境之间的平衡
	增加油藏的经济可采储量	在油藏开发及经营过程中，以油藏资产管理为核心，综合考虑油气价格、开发成本及开发技术水平等因素，寻求有效开发方案，提高油藏资源的经济采出总量
	改善开发过程的油地关系	改善油田企业与地方政府间关于资源利用、收益分配、区域发展、城市规划等方面的利益关系，实现企业与地方的和谐互动，从而优化油藏管理的社会效果

3）组织管理分系统目标及其子目标

S 油田的组织管理主要包括以下要素：管理体制，其是组织管理分系统的重要组成部分，是组织管理外部环境的内在反映，是进行各种油藏管理活动的基础，主要包括组织结构的设计及调整、管理权限的分配及调节等；管理模式，其是组织管理的关键要素，是油藏管理内部环境和管理理念的集中体现，主要包括团队作业模式的设计及完善、业务流程的重组、油藏开发方式的转换等；管理机制及策略，其是油藏管理内部运行规则，是各项油藏管理活动的依据，涉及油藏开发的整个进程；管理资源，其是组织管理活动的物质基础，是组织管理动能实现的根本保证，主要包括管理人员、资金、物资、资产及各类有用信息等；管理方法，其是组织管理活动实施的技术手段和依靠，包括先进的管理策略、方法及技术等，主要有目标管理、预算控制、全面质量管理、成本动因法、ABC 成本分类法等。

组织管理分系统就是在油藏开发与利用的生命周期过程中，运用各种管理策略、方法、技术以及手段，合理配置各种可用资源（人力、物力、财力、油藏、技术、信息），对油藏勘探、开发建设、开发生产以及废弃处理等相关进程进行协调、组织、决策和控制，以保证油藏管理顺利有效进行的分系统。现代综合油藏管理涉及油藏资源勘探、开发直至废弃处置的整个经济生命周期过程，持续时间较长，影响因素较多，需要物探、地质、油藏工程、采油工艺、地面建设、经济分析等多学科人员的协调配合、共同管理。组织管理的水平直接影响了油藏开发的实际效果，这也是国内外石油公司产出效率不同的一个重要方面，同时是我国油田企业深入挖掘潜力的关键所在。因此，优化组织管理效用是油藏管理的重要目标之一，体现了过程与结果的相互影响和统一。组织管理的主要功能包括以下三个方面。

(1) 设计及完善企业组织机制和团队作业模式，以形成能够有效控制和协调的内部权力、责任、利益、资源等的分配及调整体系。

(2) 构造企业信息传递及反馈控制机制，以形成作为组织管理和决策过程基础的正式信息交流渠道和非正式信息交流渠道。

(3) 建立企业的组织文化和组织激励机制，以调动人员工作积极性和使命感。

为了保证组织管理以上功能的实现，优化组织管理效用目标可细分为重组油藏开发的业务流程、优化油藏的组织结构及组织运行、完善油藏开发的激励机制三个方面的子目标。具体解释如表 9-3 所示。

表 9-3　组织管理目标解释

二级目标	三级目标	目标含义解释
优化油藏的组织管理效用	重组油藏开发的业务流程	对既定的开发业务流程体系进行重组和优化，以适应油藏开发内外部环境的变动及内部新管理模式的应用
	优化油藏的组织结构与组织运行	在油藏开发环境变动及新油藏管理模式实施条件下，改善或重新设计管理组织的组成结构及其要素关系，提高组织运行的过程控制及监督水平
	完善油藏开发的激励机制	采用先进的管理理念和手段，从多方面完善油藏开发的人员考核和激励机制，以调动不同学科人员的工作积极性，实现高效率的协同作业、共同管理

4) 技术管理分系统目标及其子目标

S 油田的技术管理主要包括以下要素：技术研发及管理人员，其是技术管理活动的实施主体，其素质、专业水平和管理思维都影响着技术管理活动的实施效果；技术基础，其是技术管理活动的必备条件，主要是指组织自主研发的或从外部引进的成熟技术及其应用体系；技术管理数据及信息，任何技术活动都不是孤立的，都需要和其他技术管理作业密切联系，需要数据信息的共享；技术管理的组织方式，技术管理活动规模庞大、投资巨大，涉及的学科、部门及人员数量多、关系复杂且具有不同层次，技术管理的组织方式是否得当直接关系着技术研发及实施的效果；技术管理环境，技术管理活动具有很强的环境依赖性，其主要包括技术管理进行的硬环境和软环境，软环境主要是指组织提供的体制及机制环境，包括作业的规章制度、工作程序、人员激励制度等。

技术管理分系统主要是对油藏资源的认识、描述、勘探、开发等提供技术支持，进行相关的技术创新和技术服务，提高对油藏资源的认识程度，优化油藏资源的开发、开采效果，并根据相关的技术信息反馈调整技术管理的项目和重点。

从 20 世纪 70 年代以来，油藏管理的变革和演进都离不开成熟技术的推广和新技术的应用。油藏管理的具体实施过程本质上就是相关生产开发技术的实际运用过程，技术的突破和创新为油藏管理的变革和实施提供了强有力的技术支撑，是优化油藏开发效果的直接推动力。油藏管理的技术管理目标就是不断提高技术水平，实现油藏的高效合理开发。技术管理的功能概括来讲主要包括四个方面：技术识别与选择管理、技术创新管理、技术应用管理及技术分析与评价管理。具体内容如下。

(1) 技术识别与选择管理。这是技术管理的初级功能，主要包括油藏开发技术的甄别、选择等管理工作。在油藏开发过程中，技术的识别与选择是技术应用和技术创新的基本前提，是技术管理活动得以实施的必要条件，必须加以正确认识。

(2) 技术创新管理。这是技术管理活动的最高层次，主要包括技术引进和研发的管理工作。针对油藏管理中的理论难题及实践瓶颈问题，开展相应技术研发的组织管理工作，形成具有全部或部分自主知识产权的技术资源。另外，注重成熟技术二次创新的管理以及先进实用技术的配套引进管理工作。

(3) 技术应用管理。这是油藏技术管理的主体功能，主要包括新技术的推广应用、生产工艺的创新及改进、生产设备、设施及流程的技术改造等技术管理作业。技术应用管理活动是针对油藏勘探、开发及生产过程中的实际需要，解决开发实际中的技术难题，能够有效服务于现场的开发利用进程。

(4) 技术分析与评价管理。这是油藏技术管理的基础功能，主要是从技术管理角度出发，进行新技术的整体评价及应用前景分析、已用技术的实施监测及效果评价等，以便发现生产运行管理中存在的潜在技术问题，进行技术改造或创新，从而防止或减少事故的发生，保证油藏开发生产的正常进行。

为了保证技术管理功能的正常发挥，将提高油藏开发技术水平目标细分为提高成熟技术的推广应用程度、提高新技术的整体吸收和开发、加强瓶颈技术和工艺的自主创新三个子目标。具体解释如表 9-4 所示。

表 9-4 技术管理目标解释

二级目标	三级目标	目标含义解释
提高油藏开发的技术水平	提高成熟技术的推广应用程度	针对油藏开发过程中大量成熟技术的应用问题，加大技术服务的力度和规模，从而扩大技术应用的范围，提高技术应用的程度，改善技术的实际应用效果
	提高新技术的整体吸收和开发	加大先进技术的引进力度，并注重成套技术的整体吸收和应用；在此基础上结合技术的应用效果，进行适合油藏自身特点和组织管理水平的二次创新和研发
	加强瓶颈技术和工艺的自主创新	针对油藏开发实际中急需的瓶颈技术，在组织内部或跨组织间形成专业的科研团组，进行技术和工艺的自主研发，以提高组织的自主创新能力和科研平台建设水平

3. 目标体系

由以上目标分析，可以给出 S 油田油藏管理的目标体系，如图 9-3 所示，分析所给出的油藏管理的目标体系结构可以看到：一方面，四个二级目标在结构中的地位和作用存在差异，并且相互间具有一定联系。提高经济效益和实现油藏的可持续利用这两个目标是油藏管理所追求的最终目标，两者的协调和匹配能够实现油藏开发综合效益的最大化；而优化组织管理效用和提高技术水平这两个目标在结构中具有组织手段和过程目标的两重属性，它们作为组织手段，其整体水平在一定程度上影响着油藏可持续利用目标及经济效益目标的实现程度，同时在油藏开发过程中，它们也是油藏管理非常重要的过程目标，直接影响着油藏开发的实际效果和油藏管理的有效运行。

9.3.3 油藏管理绩效评价原则

基于油藏管理和企业绩效评价的最新理论进展，结合石油企业行业特点和油藏管理的特点，本节提出油藏管理绩效综合评价的基本原则。

1) 注重行业特殊性

油藏管理绩效综合评价必须考虑石油行业的特殊性。首先，石油资源是有限资源，客观上存在产量递减，因此，为了维持石油生产，必须关注油藏的可持续发展能力；其次，油藏开发过程中高技术、高投入和高风险并存，因此，必须考虑技术评价指标、成本指标和财务风险指标；再次，油藏开发过程中，给当地的环境和社会产生了重要影响，因此，石油企业对社会所应该承担的社会责任也要在评价中体现；最后，由于油藏管理的后效性，在绩效评价指标的选择上，不能就投资论投资，应把投资的产出(储量)与其实际代价(成本)直接联系起来，不宜以国内油田企业多年来一直沿用的亿吨探明储量投资、百万吨产能建设投资为主要指标来评价。

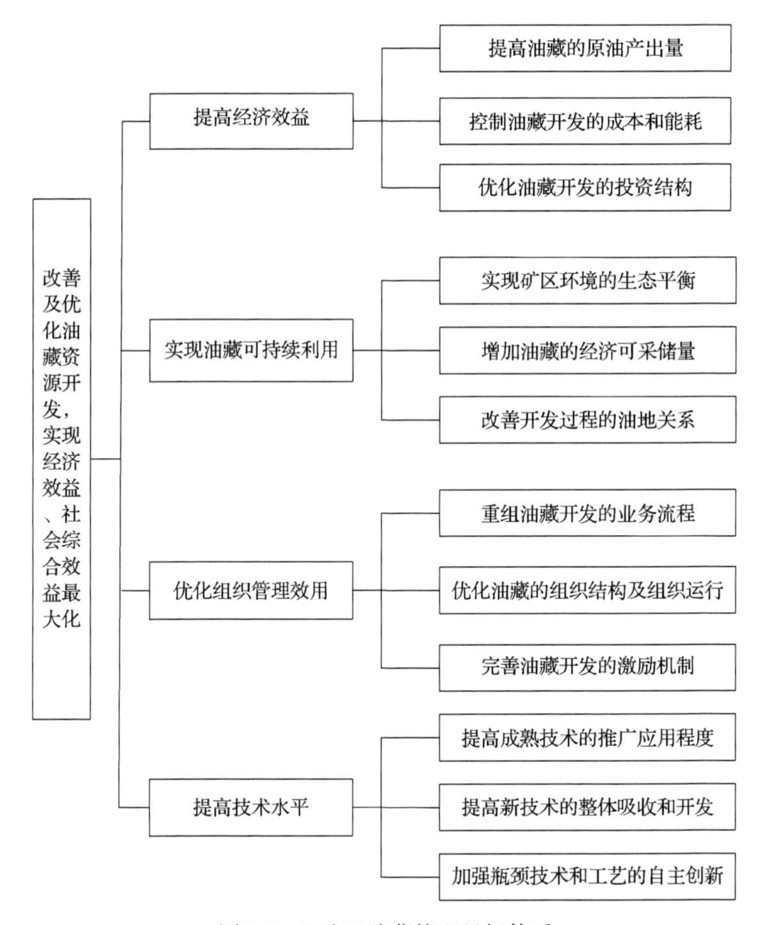

图 9-3　S 油田油藏管理目标体系

2）注重战略绩效评价

现阶段的企业绩效评价是战略绩效评价阶段，在全球企业日益加强战略绩效管理以获取竞争优势的今天，实施战略性绩效评价成为石油企业绩效评价发展的必然趋势。油藏管理绩效评价应该围绕石油企业战略，与企业战略经营目标紧密联系，并把绩效评价纳入到整个战略管理过程之中。

3）注重油藏管理系统性

现阶段的油藏管理是一个典型的复杂系统，具有整体性，片面地评估油藏管理某一部分的绩效会影响管理者的全局思维，导致追求片面效益，从而使整体效益降低。因此，油藏管理绩效评价必须考虑油藏管理系统各个部分的综合绩效。

4）注重综合指标评价

现阶段的企业绩效评价是将财务指标与非财务指标结合的综合评价阶段。一般来说，财务指标偏重于对企业内部因素的评价且由于过于依赖会计报表数据而具有滞后性，而非财务指标如组织效益和技术创新等指标更能反映出企业发展的趋势，具有一定的预示性作用，可以有效地弥补单一财务指标易导致企业短期行为的缺陷。

5）注重反映利益相关者的要求

根据利益相关者理论，油藏管理绩效综合评价不仅要考虑企业内部经营管理过程，还要考虑石油企业的利益相关者，如政府、社会、环境保护者等，油藏管理绩效综合评价由绩效评价的单一性评价转化为多角度评价，综合考虑各方的要求。

6）注重反馈控制

油藏管理绩效综合评价要求不仅要反映企业前一阶段的经营活动的效果，同时也要求绩效评价系统能及时地发现问题，并能通过评价结果的数据分析，有效地预测未来和引导结果，达到评价、控制和预测的三种功能。总之，绩效评价作为管理控制系统的一个子系统，对企业的导向性更加重要。

7）注重对技术等无形资产的评价

随着知识经济的到来，技术和知识等无形资产对企业来说越来越重要，特别是对于油藏管理，技术因素是其成功与否的关键，因此，应注重对技术等无形资产的评价。

8）指标构成原则

指标的构成，应该满足以下基本原则。

（1）完整性原则，所选择的指标应尽可能反映油藏管理和油藏管理目标的各个方面。

（2）目的性原则，指标的选择和设计要围绕目标进行。

（3）独立性原则，各项指标不要重复，能用一个指标说明的，就不要多用其他相似指标，指标间不能互相矛盾。

（4）准确性原则，每项指标的含义要明确，便于被评价主体和相关人员掌握，否则，指标意义不清，很难保证评价的正确实施。

（5）简明性，指标体系所包含的指标不能太繁多，要突出重点。

（6）可操作性原则，正确处理定量指标和定性指标的关系。可量化的指标一般用统计方法可以很好地解决，对于不可量化的指标，也可采用量化手段如模糊数学方法进行转化。只有将定量化指标和定性化指标有效结合，才能建立完备的评价指标体系。

9.3.4 预选指标体系建立以及指标的筛选

指标体系是绩效评价的关键要素，从哪些方面进行油藏管理绩效综合评价，以及如何将油藏管理目标体现在评价指标上是本节核心思考的问题，也是指标体系构建的前提。因此，从系统的角度分析油藏管理的目标要素，进而建立其目标体系，以目标的递阶层次结构为框架，选取那些能很好反映油藏管理目标的指标，进而构建评价指标体系是本节构建指标体系的基本思路。

具体来说，本节指标体系的设计框架可阐述为，分析确定油藏管理的总目标，并将其按照油藏管理系统的各分系统层层分解，建立目标的递阶层次结构，然后将二级目标转换为一级指标（准则层），再将三级目标转换为二级指标（方案层），其结构如图 9-4 所示。在目标转化为指标的时候，有的目标需要多个指标反映，就会涉及指标选择的问题；有的目标没有合适的指标去反映，就会涉及指标的设计问题，不论是指标的选择还是指标的设计都须遵循指标构成的基本原则。

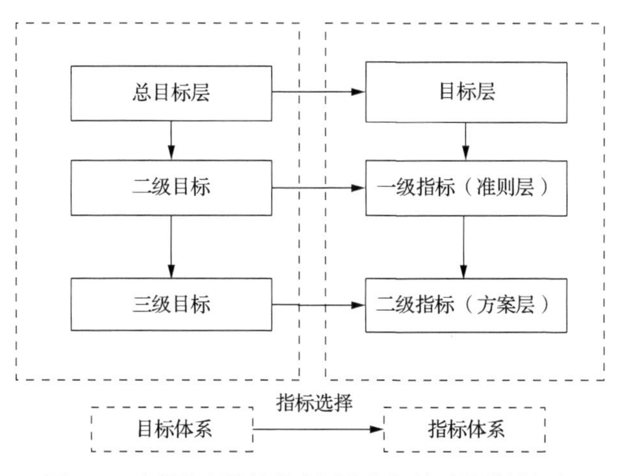

图 9-4　油藏管理绩效综合评价指标体系的设计框架

这种指标体系的设计框架的突出优势有两点：一是指标体系系统化，涵盖油藏管理系统的各个方面；二是将油藏管理的目标很好地体现在油藏管理绩效评价的指标中，有助于保障油藏管理目标的实现，进而保障企业的战略目标的落实，符合战略绩效评价的要求。

基于前文的论述，按照指标体系的设计框架，将二级目标直接转化为一级指标。即将提高经济效益、实现油藏可持续利用、优化组织结构和提高技术管理水平的四个目标可分别由经济效益、油藏可持续利用、组织管理水平和技术管理水平四个指标来体现，得出油藏管理绩效综合评价的一级指标体系，如图 9-5 所示。

当三级目标转化为二级指标时，一个目标可能要由多个指标去反映。为此，本节将以三级目标为指导，参考了和各个一级指标如经济效益、油藏可持续利用、组织管理水平、技术管理水平相关的一些研究文献，将文献中搜集的具有代表性的指标进行归类罗列选择。在选择过程中，须遵循指标构成的原则。具体来说，包括关

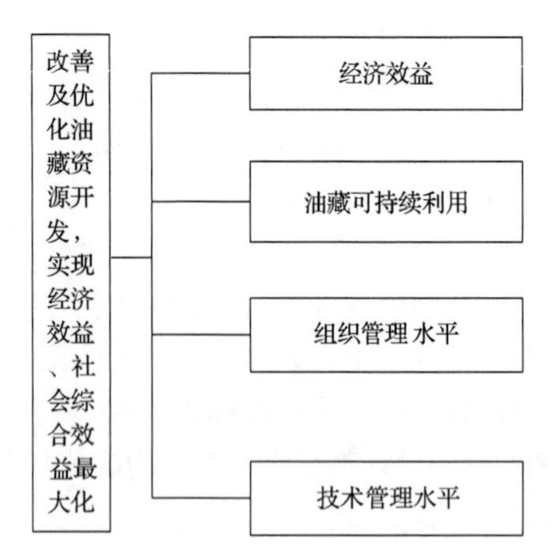

图 9-5　S油田油藏管理绩效综合评价一级指标体系

键定量指标的选取，定性指标的设计和相关指标的补充三个方面。

1. 定量指标的选取

根据三级目标的含义，如果已存在常用指标可用来反映目标，则直接选用油田企业已有的关键指标。

(1) 提高原油产出量的目标，是指通过加大开发综合投资和采用先进技术措施在产能建设基础上努力提高年原油产出量水平，实现油藏开发的当期经济效益。根据目标的含义，其关键指标为油气产出量，这个指标也是石油企业常用综合指标。

(2) 控制油藏开发成本和能耗的目标，是指控制原油生产的吨油成本，提高设备利用程度和万元产值能耗水平，稳定并扩大原油生产的利润空间。根据目标的含义，其关键指标为吨油成本和万元产值能耗，这两个指标也是石油企业常用的综合指标。

(3) 优化投资结构的目标，主要是指改善油藏开发的投资结构，控制资产负债水平，提高总资产利润率，从而实现资产内部关系的优化。根据目标含义，选取公认最核心的三个效益评价指标即资产负债率指标、净资产收益率指标和总资产周转率指标。

(4) 增加经济可采储量目标。

增加经济可采储量目标，是指在油藏开发及经营过程中，以油藏资产管理为核心，综合考虑油气价格、开发成本及开发技术水平等因素，寻求有效开发方案，提高油藏资源的经济采出总量。根据目标的含义，其核心指标是经济可采储量，其是石油企业常用指标。

2. 定性指标的设计

根据三级目标的含义，如果尚没有常用指标可以去反映目标，则可将其设计为定性指标。

（1）实现矿区生态平衡的目标，是指在油藏开发过程中，注意保护矿区环境，避免或减少对环境的污染和破坏，实现环境本身以及资源开发与环境之间的平衡。根据目标的含义，可设计对周边环境的污染程度这个定性指标负向反映目标，即指标值越小，则对目标的实现程度越好。

（2）改善开发过程的油地关系目标，是指改善油田企业与地方政府间关于资源利用、收益分配、区域发展、城市规划等方面的利益关系，实现企业与地方的和谐互动，从而优化油藏管理的社会效果。根据目标的含义，可设计油地关系水平这个定性指标来反映目标。

（3）重组油藏开发业务流程目标，是指对既定的开发业务流程体系进行重组和优化，以适应油藏开发内外部环境的变动及内部新管理模式的应用。根据目标含义，可设计业务流程完善程度这个定性指标来反映目标。

（4）优化油藏组织结构和组织运行这个目标，是指在油藏开发环境变动及新油藏管理模式实施条件下，改善或重新设计管理组织的组成结构及其要素关系，提高组织运行的过程控制及监督水平。根据目标含义，从组织复杂性、团队效率和组织运行监控三个方面设计。首先对于组织复杂性的测评，参阅了宋华岭等的企业管理系统复杂性评价理论，选用设计信息传递复杂性、组织功能复杂性、组织结构复杂性这三个负向指标，即这三个指标值越小，说明组织结构越优；对于团队效率，设计了团队效率指标；对于组织运行监控设计了组织运行监控程度指标。

（5）完善激励机制目标，是指采用先进的管理理念和手段，从多方面完善油藏开发的人员考核和激励机制，以调动不同学科人员的工作积极性，实现高效率的协同作业、共同管理。根据目标含义，设计激励机制完善程度指标来反映目标。

（6）提高成熟技术的推广应用程度目标，是指针对油藏开发过程中大量成熟技术的应用问题，加大技术服务的力度和规模，从而扩大技术应用的范围，提高技术应用的程度，改善技术的实际应用效果。根据目标含义，设计成熟技术的推广程度指标。

（7）提高新技术的整体吸收和开发目标，是指加大先进技术的引进力度，并注重成套技术的整体吸收和应用。根据目标含义，设计成熟技术推广应用程度指标来反映目标。

（8）加强瓶颈技术和工艺的自主创新目标，是指针对油藏开发实际中急需的瓶颈技术，在组织内部或跨组织间形成专业的科研团组，进行技术和工艺的自主研发,以提高组织的自主创新能力和科研平台建设水平。根据目标含义,设计瓶颈技术和工艺的自出创新程度指标来反映目标。

3. 相关指标补充

研发经费投入强度、全员劳动生产率、研发支撑体系建设情况指标均能综合反映技术管理三个子目标,因此,补充这三个指标作为技术管理水平绩效评价的指标。

综上所述,S油田油藏管理绩效综合评价的一级指标和二级指标全部确定,其指标体系如图9-6所示。

1) 经济效益

(1) 年油气产值。

年油气产值是指年产油气的总价值,反映石油企业产能水平,其计算公式如下:

年油气产值=年油气产量×油价

式中,年油气产量是当年新井、老井油气产量之和;油价按照P公司内部规定的原油计算价格。

(2) 吨油成本。

吨油成本是指开采每吨原油的生产成本,该指标是反映石油企业吨油变动成本水平的高低,其计算公式如下:

吨油成本=(采油生产总成本一折旧一摊销)/原油产量

(3) 万吨油能耗比率。

万吨油能耗比率是指创造每万吨石油能源消耗费用所占工业产值的比值,该指标反映企业节能水平,其计算公式为

万吨油能耗比率=能源消耗总费用(万元)/工业产值(万元)

(4) 资产负债率。

资产负债率指的是企业一定时期负债总额同资产总额的比率,是衡量企业负债偿还能力和经营风险的重要指标,其计算公式为

资产负债率=负债总额/资产总额100%

(5) 总资产报酬率。

总资产报酬率是指企业一定时期内获得的报酬总额与资产平均总额的比率。它表示企业包括净资产和负债在内的全部资产的总体获利能力,用以评价企业运用全部资产的总体获利能力,是评价企业资产运营效益的重要指标,其计算公式为

总资产报酬率=(利润总额+利息支出)/平均资产总额×100%

(6) 总资产周转率。

总资产周转率指的是企业销售收入与资产平均总额的比率,可用来分析企业

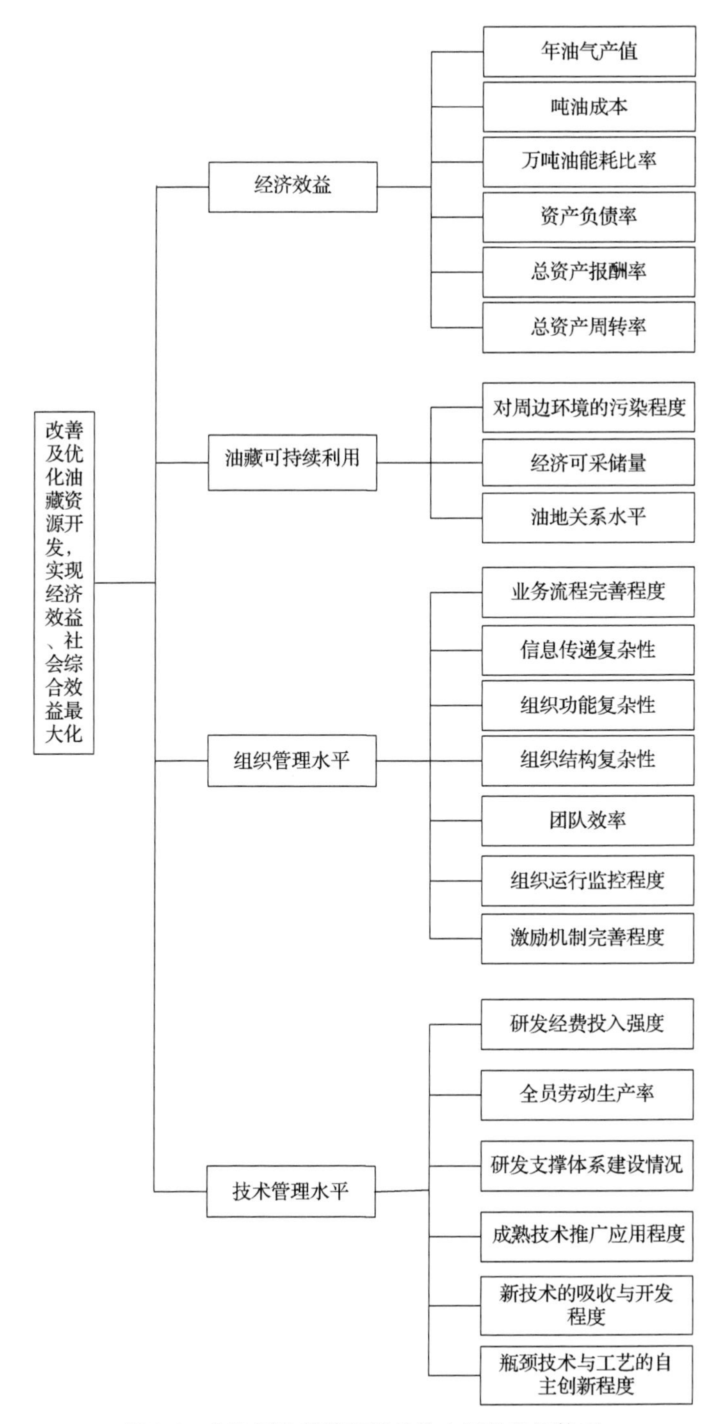

图 9-6　S 油田油藏管理绩效综合评价指标体系

全部资产的使用效率，其计算公式为

总资产周转率＝销售（营业）收入净额/资产平均总额×100％

2）油藏可持续利用

（1）对周边环境的污染程度。

在油藏开发过程中，对周边环境的污染程度，是定性指标，需由专家评分。

（2）经济可采储量。

是在当前和可预知的经济条件下，一个权益区域中能够预期的具有商业价值的开采、加工和出售的估计产量。国际上通行用现金流量法确定，即首先评估技术可采储量，然后根据现金流量法，依次计算各区块的经济可采储量（即国外的探明储量）。具体做法是根据原油生产的递减曲线计算出原油、凝析油在以后各年的产量，并根据油气比折算出天然气产量，再用报告期期末当天的原油、天然气产品价格计算出现金收入，扣除影响现金流量的税收、操作成本和开发成本后，得出所得税前未来利润；按照不同的折现率，对未来所得税前利润进行折现，当净现值出现负数时就不再继续计算以后年度的油气产量；最后将所得税前利润净现值为正数的各年油气产量累加起来得出经济可采储量[91]。一般而言，属于石油企业已经核算好的综合指标。

（3）油地关系水平。

油田企业与地方政府间关于资源利用、收益分配、区域发展、城市规划方面的利益关系协调程度是定性指标，需要专家评分。

3）组织管理水平

（1）业务流程完善程度。

油藏开发、生产管理等业务流程的运行效果及其对内外部环境变动等的适应程度。是定性指标，需要专家评分。

（2）信息传递复杂性。

生产管理过程中信息上传下达及部门间信息沟通的状况。是定性指标，需要专家评分。

（3）组织功能复杂性。

各部门间实现专业分工，部门内部职责明确。是定性指标，需要专家评分。

（4）组织结构复杂性。

油田下属机构庞杂，不是某一个单一的组织结构形式，而是多种形式的结合。是定性指标，需要专家评分。

（5）团队效率。

团队成员多学科合作、积极工作以及实现团队目标的程度。是定性指标，需要专家评分。

(6) 组织运行监控程度。

组织运行的过程监控以及监督水平。是定性指标,需要专家评分。

(7) 激励机制完善程度。

现行的油藏开发的人员考核和激励机制,在调动员工的工作积极性以及实现高效率的协同作业,共同管理中发挥的作用水平。是定性指标,需要专家评分。

4) 技术管理水平

(1) 研发经费投入强度。

研发经费投入强度主要是指研发经费占企业销售收入的比例,其计算公式为

研发经费投入强度=研发经费/企业销售收入

(2) 全员劳动生产率。

全员劳动生产率指根据产品的价值量指标计算的平均每一个从业人员在单位时间内的产品生产量。是考核企业经济活动的重要指标,是企业生产技术水平、经营管理水平、职工技术熟练程度和劳动积极性的综合表现。在这里将其归为技术管理水平类指标。计算公式为

全员劳动生产率=工业增加值/全部从业人员平均人数

(3) 研发支撑体系建设程度。

研发机构、研发设备等硬件与措施的完善程度。是定性指标,需由专家评分。

(4) 成熟技术推广应用程度。

成熟技术应用范围的推广程度及其应用效果。是定性指标,需由专家评分。

(5) 新技术的吸引与开发程度。

先进技术、设备的引进,以及其二次创新与研发水平。是定性指标,需由专家评分。

(6) 瓶颈技术与工艺的自主创新程度。

对油藏开发实际中急需的瓶颈技术,进行技术和工艺的自主研发创新的能力。是定性指标,需要专家评分。

9.4　油藏管理绩效综合评价模型构建

9.4.1　综合评价模型的选择

可进行绩效评价的方法模型是多种多样的,其中专家评分法、层次分析法、灰色系统评价法、主成分分析法、模糊综合评价法等容易受评估人员的主观认知局限性的影响;而神经网络、DEA 方法,粗糙集理论等在一定程度上克服了主观因素的影响,但数据运算要求较高。各种方法均有其适用的范围和优缺点,概括如表 9-5 所示。

表 9-5　评价方法汇总

评价方法	特点	优点	缺点
专家评价法	专家评价法是出现较早且应用较广的一种评价方法。以专家的主观判断为基础，通常以“分数”、“指数”、“序数”、“评语”等作为评价的标值，然后再做出总的评价，其结果具有数理统计特性。包括评分法、综合评分法、优序法等	使用简单，直观性强；能够在缺乏足够统计数据和原始资料的情况下，做出定量估计	理论性和系统性尚有欠缺，有时难以保证评价结果的客观性和准确性。专家评价的准确程度，主要取决于专家的阅历经验以及知识丰富的广度和深度。所以对参加评价的专家的学术水平和实践经验有很高的要求
经济分析法	以事先议定好的经济指标来评价不同对象。例如奥尔森公式、伯西非柯公式、蒂尔公式等	针对性强，简单易用	适用范围较窄，不具有普遍通用性
常规多指标综合评价方法	常规方法是指不涉及模糊数学、运筹学、多元统计分析等其他学科知识的系统评价方法，包括加权几何平均、算术平均与几何平均联合使用等这一类方法	定量化、系统性、直观性强，通用性好	过分强调过程能力而忽视了人的作用，不利于发现评价对象的优缺点
灰色关联分析法	灰色关联分析是根据因素之间发展态势的相似或相异程度，来衡量因素之间的关联程度的一种系统分析方法	方法比较适合定量评价，对数据的要求不是很高	处理定性问题比较困难
模糊综合评价法	模糊综合评价是以模糊数学为基础，应用模糊关系合成的原理，将一些边界不清，不易定量的因素定量化，进行综合评价的一种方法，模糊综合评价主要分为主观指标模糊评断和客观指标模糊评断	可将评价信息的主观因素对评价结果的影响控制在较小的限度内，使评价比较全面和客观	评价因素较多时，每一个因素取得权重分配的值将很小，评判得不到预期的效果
主成分分析法	利用降维的思想，把多指标转化为少数几个综合指标	简化所提供的信息	每个主成分不一定有实际的意义
神经网络	是基于误差发向传播的多层次前向神经网络，具有识别能力、自组织、自适应、自学习能力	克服了主观因素的影响；使网络输出不断接近期望输出	需要大量的数据来建模
DEA 方法	解决了多投入、多产出的“部门”或“单位”之间相对有效性客观评价问题。非常适合多输入、多输出情况下的投入产出效率分析	可以有效避免主观因素，同时简化运算、减少误差	不能在一个尺度上全排序；无法衡量随机因素和测量误差的影响

续表

评价方法	特点	优点	缺点
AHP 方法	适用于多要素、多层次结构的问题，采用定性与定量有机结合的方法或定性指标定量化的途径，使复杂的评价问题明朗化	可以把定性问题定量化处理	评价结果容易受到评估人员主观意识、经验和知识局限性的影响
粗糙集理论	是一种刻画不完整性和不确定性的数学工具，能有效地分析各种不完备的信息，对数据进行分析和推理，从中发现隐含的知识，揭示潜在的规律	充分利用各种方法对初选指标进行筛选，形成了更为科学合理指标体系，去除了冗余的信息	虽然是一种数学方法，但是具有一定的不确定性

其中专家评分法、层析分析法、灰色系统评价法、主成分分析法、模糊综合评价法等容易受评估人员的主观认知局限性的影响；而神经网络、DEA 方法、粗糙集理论等在一定程度上克服了主观因素的影响，但数据运算要求较高。可以看出，每种方法都有其适用范围和优缺点，对于综合评价问题而言，任何一种单一的评价方法都有其自身无法克服的缺陷。

油藏管理是一个有着多输入和多输出特点的复杂系统，而 DEA（data envelopment analysis）即数据包络分析模型在评价多输入、多输出问题上具有绝对优势。

(1) 对于子系统种类较多的复杂系统，各子系统指标之间难于比较，在应用 DEA 方法时则不必事先确定各个指标之间的可比性；

(2) 复杂系统结构复杂，输入输出指标的权重难以确定，DEA 以决策单元各输入输出的权重为变量，从最有利于决策单元的角度进行评价，避免了确定各指标在优先意义下的权重所带来的主观性；

(3) 决策单元的输入输出之间的关系极其复杂，而 DEA 方法不必考虑指标之间的函数关系，不仅排除了很多主观因素，而且使得复杂问题得到了简化；

(4) DEA 方法所评价的生产前沿可以是量纲不统一的多输入输出指标情形，并且可以考察出生产前沿面上不同经济发展阶段的有效性；

(5) DEA 模型的“投影”分析还可以给出如何改进指标值从而使决策单元由 DEA 无效变为 DEA 有效的重要信息，这个信息有助于企业通过绩效评价的结果分析，进行反馈控制。

因此，DEA 方法是本研究首先考虑的评价模型。应用 DEA 模型进行评价的基本条件是决策单元具有可比性，即评价对象应该满足以下特征。①具有相同的目标和任务；②具有相同的外部环境；③具有相同的输入和输出指标。

对于本章问题中的评价对象而言，满足以上条件，但是 DEA 方法给所有有效决策单元的有效值均取为 1，因此该方法最大的问题就是对有效的决策单元无法进行优劣排序。很多学者也针对该问题给出了很多解决方案，如 Sexton 等提出的交叉效率矩阵来给有效决策单元进行排序[92]；Torgersen 等提出标杆思想，即认为对于有效的决策单元来说，只有被许多有效决策单元选为参考后，才应该最有效，即排名最高[93]；Fridman 等提出利用多变量统计工具，如典型相关分析和判别分析等同时为有效和非有效的决策单元排序[94]；Bardhan 等提出无效优势度量法[95]；Andesen 提出的多准则决策模型与 DEA 结合起来为有效决策单元排序[96]。AHP 与 DEA 组合评价方法也广泛被应用，其方法的核心思想是用 AHP 确定各一级指标的权重，按各一级指标将指标分类，各类分别用 DEA 进行评价，得出各个决策单元各类的 DEA 效率值，结合一级指标的权重，加权计算出总的绩效优先序值。

另外，DEA 虽然非常客观，但是同时也缺乏灵活变通性，因为在进行油藏管理绩效评价时，不同的评价主体有不同的评价侧重点即选择偏好。有的评价者侧重于经济效益，有的注重于技术管理水平，因此适当的主观赋权评价是符合绩效评价实践要求的，而 AHP 法是确定权重最常用的方法之一。

基于以上原因，本章考虑选择 AHP/DEA 组合评价法解决油藏管理绩效综合评价问题，其既可以发挥 DEA 和 AHP 两种方法的优点，又能较好地弥补两者的缺陷，达到兼顾主观与客观的目的，从而使评价结果既体现评价主体的客观倾向，也不失科学严密性。

9.4.2 AHP/DEA 评价模型的实施步骤

AHP/DEA 组合评价模型的实施步骤可表述如下。

用 AHP 确定一级评价指标(准则层)的权重。主要步骤如下所述。

(1) 建立一级指标的两两判断矩阵，计算其权重。

让专家对 n 个评价指标两两比较，应用 Saaty 提出的 1-9 标度法，见表 9-6，给出两两判断矩阵 $\boldsymbol{A}=(b_{ij})_{n\times n}$。判断矩阵中的 b_{ij} 表示评价指标 i 相对于评价指标 j 的重要程度，并满足如下条件：$b_{ij}>0, b_{ij}=1/b_{ji}, b_{ii}=1$。

采用近似计算的和积法计算出判断矩阵的最大特征根 $\lambda_{\max}\left(\lambda_{\max}\approx\frac{1}{n}\sum_{1}^{n}\frac{(\boldsymbol{AW})_i}{\boldsymbol{W}_i}=\frac{1}{n}\sum_{i=1}^{n}\frac{\sum_{j}^{n}a_{ij}\boldsymbol{W}_j}{\boldsymbol{W}_i}\right)$ 及其对应的特征向量$(\boldsymbol{W}_1,\boldsymbol{W}_2,\cdots,\boldsymbol{W}_m)$，即一级指标的权重。

(2) 判断矩阵一致性检验。计算一致性指标 $\mathrm{CI}=\dfrac{\lambda_{\max}-n}{n-1}$ 及随机一致性比 $\mathrm{CR}=\dfrac{\mathrm{CI}}{\mathrm{RI}}$，其中 RI 为判断矩阵的平均一致性指标，是已知数据，见表 9-7。若 $\mathrm{CR}<0.10$，则具有满意的一致性，上面求出的特征向量即为 n 类因素之间相对重要性权值向量，否则需调整判断矩阵的数值使之具有满意的一致性。

表 9-6　1-9 标度法

标度	含义
1	表示两个因素相比，具有相同重要性
3	表示两个因素相比，一个比另一个稍微重要
5	表示两个因素相比，一个比另一个明显重要
7	表示两个因素相比，一个比另一个强烈重要
9	表示两个因素相比，一个比另一个极其重要
中间数值	上述两相邻判断的中值
倒数	因素 i 与 j 比较得到的 R，因素 j 与 i 比较得到的

表 9-7　RI 值

阶数	1	2	3	4	5	6	7	8	9
RI	0	0	0.58	0.90	1.12	1.24	1.32	1.41	1.45

(3) 运用 DEA 方法，分类评价。

各个评价对象为决策单元(decision making unites，DMU)。按经济效益、油藏可持续利用、组织管理水平、技术管理水平四个一级指标将指标分为四类，各类指标划分为输出指标和输入指标，参照 cooper 等对决策单元输入输出指标的选择要求，把状态越大越好的指标定义为输出指标，把状态越小越好的指标定义为输入指标。结合用数据包络分析方法得出各个决策单元各个一级指标的相对效率值 θ_{ij} (这里的 θ_{ij} 表示第 j 个决策单元对应于第 i 个一级指标的效率值)。

设有 n 个待评价的决策单元，每个决策单元有 m 个输入指标，有 s 个输出指标，输入输出指标的权系数为 V 和 U。如果以第 j_0 个评价决策单元的输出与输入的线性组合之比为目标，以所有评价决策单元的输出与输入的线性组合之比小于等于 1 为约束条件，则可以构成一个综合相对效率评价的 DEA 计算模型即 C^2R 模型，其具体形式为

$$
\begin{aligned}
&\mathrm{Max}\, h_0=(U^{\mathrm{T}}Y_0)/(V^{\mathrm{T}}X_0)\\
&\mathrm{s.t.}\ \ (U^{\mathrm{T}}Y_j)/(V^{\mathrm{T}}X_j)\leqslant 1\\
&U^{\mathrm{T}}=(u_1,u_2,\cdots,u_s)^{\mathrm{T}}\geqslant 0
\end{aligned}
$$

$$V^{\mathrm{T}} = (v_1, v_2, \cdots, v_m)^{\mathrm{T}} \geqslant 0$$

式中，X_j，Y_j 为第 j 个评价决策单元的输入量和输出量；X_0，Y_0 为被评价决策单元的输入量和输出量；v_m，u_s 为第 m 种输入和第 s 种输出的权重，通过求解得出。

该模型通过 Charnes-Cooper 变化后，再将其转化为对偶规划问题，得到基于输入的具有非阿基米德无穷小 C^2R 模型。

$$\mathrm{Min}Z = \theta - \varepsilon(e^{\mathrm{T}} s^- + e^{\mathrm{T}} s^+)$$

$$\text{s. t.} \quad \sum_{j=1}^{n} X_j \lambda_j + s^- = \theta X_0$$

$$\sum_{j=1}^{n} Y_j \lambda_j - s^+ = Y_0$$

$$s^- \geqslant 0, s^+ \geqslant 0$$

式中，θ 为相对有效性值；s^- 为输入指标的松弛变量；s^+ 为输出指标的松弛变量；λ_j 为 v_s，u_r 转变而来；e^{T} 为单位转置矩阵；Z 为目标函数；ε 为一个很小的正数，一般取 $\varepsilon = 10^{-6}$。假设模型的最优解为：θ^*，λ_j^*，S^{*+}，S^{*-}。①若模型的有效性值 $\theta^* = 1$，则说明被评价决策单元 j_0 DEA 弱有效。②若 $\theta^* = 1$，$S^{*+} = S^{*-} = 0$，则说明被评价决策单元 j_0 DEA 有效。③若 θ^* 小于 1，说明被评价决策单元 j_0 非 DEA 有效。

(4) 利用步骤 1 中计算出的权重 c_i 和第二步计算得出的相对有效值 θ_{ij}，计算总体优先级向量 $\delta_i = \sum_{i=1}^{n} \theta_{ij} c_i$。并比较 δ_i，即可得到各决策单元综合绩效值优先级值。

(5) DEA 投影分析。

DEA 投影分析的目的，就是通过对 C^2R 模型 DEA 非有效决策单元在有效前沿面上的“投影分析”，寻找出非 DEA 有效 DMU 转变为 DEA 有效时，在输入输出因素方面的改进工作应该达成的目标值。

设模型最优解为：θ^*，λ_j^*，S^{*+}，S^{*-}。

构造 $X'_0 = \theta^* X_0 - S^{*-}$

$Y'_0 = Y_0 + S^{*+}$

则称（X'_0，Y'_0）为被评价对象决策单元对应的（X_0，Y_0）在 DEA 相对有效面上的“投影”，可以得到

$$X'_0 = \theta^* X_0 - S^{*-} = \sum X_J \lambda_J^*$$

$$Y'_0 = Y_0 + S^{*+} = \sum Y_j \lambda_j^*, j = 1, 2, \cdots, n$$

若 DMU_0 为 DEA 有效，则 $X'_0 = X_0$，$Y'_0 = Y_0$，由此可以得出如下定理：

设 $X_0'=\theta^* X_0-S^{*-}$，$Y_0'=Y_0+S^{*+}(\theta^*,\lambda_j^*,S^{*+},S^{*-})$ 为被评价决策单元对应模型的最优解，则称 (X_0',Y_0') 相对于原来的 n 个决策单元来说是 DEA 有效的。

由此，可知，原来 DEA 无效的 DMU_0 要变成 DEA 有效，需要调节的估计量记为

$$\Delta X_0=X_0-X_0'=(1-\theta^*)X_0+S^{*-}$$

$$\Delta Y_0=Y_0-Y_0'=S^{*+}$$

式中，ΔX_0 为输入剩余；ΔY_0 为输出亏空。

通过计算 ΔX_0 和 ΔY_0，可以进一步得出调整输入输出指标量值，即使得决策单元由 DEA 无效变为有效的估计量值，从而为控制油藏管理提供了决策信息。

9.4.3　AHP/DEA 模型求解的数学工具

要计算一个 DMU 的效率值，必须解一个线性规划；若要计算所有的 DMU 的效率值，则必须解 n 个线性规划，其计算量比较大，一般必须利用计算机计算。

MATLAB 强大的矩阵运算能力和方便、直观的编程功能是本节选择它作为编写 DEA 模型求解程序的原因。另外，LINDO 或 LINGO，还有 DEAP 也是解线性规划问题的专业软件。LINDO 或 LINGO 缺乏方便的编程功能和矩阵输入功能，在解一系列线性规划时，它们不如 MATLAB 方便。DEAP 是一款不用编程就能解决 DEA 问题的软件，但是其对 DMU 的数量有着严格的限制。因此，MATLAB 是解决本节油藏管理绩效综合评价模型中的 DEA 线性规划问题的最适合的软件。

用 MATLAB 编写具有非阿基米德无穷小 C^2R 模型对应的求解程序，比较方便地解决了 DEA 的计算量大和计算复杂的问题。

9.5　油藏管理绩效综合评价研究

9.5.1　数据的采集和预处理

定性数据的采集主要通过专家打分的方法。首先将定性指标的评价标准设计成相应问卷，让 S 油田 37 位专家对油田下属四个管理区的定性指标进行评分。评分过程，共发放问卷 148 份(每位专家四份问卷)。问卷回收率 100%，有效率 100%。定量数据的获得，基于油田内部资料。对于定性指标的最终取值采用专家评分的均值，而定量数据则采用原始数据。最终，所得各个指标原始数据如表 9-8 所示。

表 9-8　指标数据表

一级指标	二级指标	管理区 1	管理区 2	管理区 3	管理区 4
经济效益 A_1	A_{11}(万吨)	81.11	62.40	106.78	74.10
(0.2495)	A_{12}(元/吨)	634	614	579	596
	A_{13}(元/吨)	93.12	93.71	93.65	93.75
油藏可持续利用 A_2	A_{21}(均值)	3.58	3.75	3.13	3.29
(0.5579)	A_{22}(万吨)	752	579	990	687
	A_{23}(均值)	2.92	1.75	2.50	2.77
组织管理水平 A_3	A_{31}(均值)	3.50	3.25	3.50	3.15
(0.0963)	A_{32}(均值)	3.58	3.50	3.56	3.31
	A_{33}(均值)	3.58	3.50	3.69	3.00
	A_{34}(均值)	3.54	3.25	3.69	3.00
	A_{35}(均值)	3.27	3.25	3.50	3.31
	A_{36}(均值)	3.78	3.25	3.25	3.46
	A_{37}(均值)	3.00	2.25	3.13	2.69
技术管理水平 A_4	A_{41}(比值)	0.0135	0.0140	0.0132	0.0143
(0.0963)	A_{42}(元/人)	39128	32272	56798	63278
	A_{43}(均值)	3.78	2.75	3.19	3.15
	A_{44}(均值)	3.67	3.25	3.31	3.31
	A_{45}(均值)	3.78	3.00	3.25	3.23
	A_{46}(均值)	3.89	2.75	3.19	2.92

9.5.2　模型求解

步骤 1:用层次分析法,建立判断矩阵并计算经济效益、油藏可持续利用、组织管理水平、技术管理水平的权重向量为(0.2495,0.5579,0.0963,0.0963)。

步骤 2:就经济效益指标而言,4 个待评价的管理区分别对应 4 个决策单元 DMU_1,DMU_2,DMU_3,DMU_4 和虚拟决策单元为 DMU_5。吨油成本和吨油能耗比作为输入指标 X,年油气产出量作为输出指标 Y。建立表 9-9。

表 9-9　经济效益指标下各管理区二级评价指标数据

一级指标	二级指标	DMU_1	DMU_2	DMU_3	DMU_4	DMU_5
经济效益 A_1	A_{11}	81.11	62.40	106.78	74.10	106.78
	A_{12}	634	614	579	596	579
	A_{13}	93.12	93.71	93.65	93.75	93.12

载入数据，运行 MATLAB 程序(1)，最终得出 DMU_1，DMU_2，DMU_3，DMU_4，DMU_5，的最优目标值分别为(0.7596，0.5807，1.0000，0.6893，1.0000)。

同理对于油藏可持续利用、组织管理水平、技术管理水平建立输入输出指标见表 9-10、表 9-11 和表 9-12。

表 9-10　油藏可持续利用指标下各管理区二级评价指标数据

一级指标	二级指标	DMU_1	DMU_2	DMU_3	DMU_4	DMU_5
油藏可持续利用 A_2	A_{21}	3.58	3.75	3.13	3.29	3.13
	A_{22}	752	579	990	687	990
	A_{23}	2.92	1.75	2.50	2.77	2.99

表 9-11　组织管理水平指标下各管理区二级评价指标数据

一级指标	二级指标	DMU_1	DMU_2	DMU_3	DMU_4	DMU_5
组织管理水平 A_3 (0.0963)	A_{31}	3.50	3.25	3.50	3.15	3.50
	A_{32}	3.58	3.50	3.56	3.31	3.31
	A_{33}	3.58	3.50	3.69	3.00	3.00
	A_{34}	3.54	3.25	3.69	3.00	3.00
	A_{35}	3.27	3.25	3.50	3.31	3.50
	A_{36}	3.78	3.25	3.25	3.46	3.78
	A_{37}	3.00	2.25	3.13	2.69	3.13

表 9-12　技术管理水平指标下各管理区二级评价指标数据

一级指标	二级指标	DMU_1	DMU_2	DMU_3	DMU_4	DMU_5
技术管理水平 A_4 (0.0963)	A_{41}	0.0135	0.0140	0.0132	0.0143	0.0132
	A_{42}	39128	32272	56798	63278	63278
	A_{44}	3.78	2.75	3.19	3.15	3.78
	A_{45}	3.67	3.25	3.31	3.31	3.67
	A_{46}	3.78	3.00	3.25	3.23	3.78
	A_{47}	3.89	2.75	3.19	2.92	3.89

载入数据，运行 MATLAB 程序(1)，最终得出 DMU_1，DMU_2，DMU_3，DMU_4，DMU_5 的最优目标值分别为(0.8538，0.4885，1.0000，0.8814，1.0000)。

载入数据，运行 MATLAB 程序(1)，最终得出 DMU_1，DMU_2，DMU_3，DMU_4，DMU_5 的最优目标值分别为(0.9246，0.8782，0.9298，0.9457，1.0000)。

载入数据，运行 MATLAB 程序(1)，最终得出 DMU_1，DMU_2，DMU_3，DMU_4，DMU_5 的最优目标值分别为(0.9778，0.8350，0.9019，0.9231，1.0000)。

步骤 3:计算 4 个管理区的优先级向量 $\boldsymbol{\sigma}_j$，为了便于计算,将 4 个待评价的管理区的最优目标值列表,如表 9-13 所示,则依据公式 $\boldsymbol{\sigma}_j=\sum_{i=1}^{3}h_{ij}c_i$，可得:$\boldsymbol{\sigma}=(0.8491,0.5824,0.9838,0.8437)^{\mathrm{T}}$。

表 9-13　油藏管理区绩效评价效率评价指数

h_{ij}	管理区 1	管理区 2	管理区 3	管理区 4
经济效益 A_1(0.2495)	0.7596	0.5807	1.0000	0.6893
油藏可持续利用 A_2(0.5579)	0.8538	0.4885	1.0000	0.8814
组织管理水平 A_3(0.0963)	0.9246	0.8782	0.9298	0.9457
技术管理水平 A_4(0.0963)	0.9778	0.8350	0.9019	0.9231
$\sigma_j=\sum_{i=1}^{3}h_{ij}c_i$	0.8491	0.5824	0.9838	0.8437

9.5.3　结果分析

1. 油藏管理区绩效综合评价排序结果分析

由 9.5.2 节的模型求解结果,可知得评价的 4 个管理区的综合绩效评价值为:0.8491,0.5824,0.9838,0.8437,因此他们的综合绩效最终排序为:管理区 3>管理区 1>管理区 4>管理区 2,即表示在我们的油藏管理综合绩效 AHP/DEA 评价模型的具体评价下,油藏管理绩效最好的是管理区 3,其次是管理区 1,再次是管理区 4,最后是管理区 2。

为了了解各个管理区综合绩效不佳的问题所在,我们将在下一小节中进行 DMU 有效性分析,并提出对策建议。

2. 油藏管理区 DMU 有效性分析以及对策建议

这里分别根据 4 个一级指标,即经济效益目标,油藏可持续利用目标,组织管理水平指标,技术管理水平指标各自的二级目标体系的投入产出体系,进行 DEA 有效性分析。

在检验 DEA 的有效性时,为了方便,一般将规划转化为其对偶模型的等价形式,

$$\begin{cases}\min\quad [\theta-\varepsilon(e_1^{\mathrm{T}}s^-+e_2^{\mathrm{T}}s^+)]\\ \text{s.t.}\quad \sum_{j=1}^{n}\lambda_j x_j+s^-=\theta x_0,\quad \sum_{j=1}^{n}\lambda_j y_j-s^+=y_0\\ \lambda_j\geqslant 0,\quad j=1,2,\cdots,n,\quad s^+\geqslant 0,s^-\geqslant 0\end{cases}\tag{9-1}$$

其中，$s^- = (s_1^-, s_2^-, \cdots, s_m^-)$ 为 m 项输入的松弛变量；$s^+ = (s_1^+, s_2^+, \cdots, s_m^+)$ 为 s 项输出的松弛变量；$\lambda = (\lambda_1, \lambda_2, \cdots, \lambda_n)$ 为 n 个 DMU 的组合系数；$e_1^{\mathrm{T}} = (1,1,\cdots,1)_{1\times m}, e_2^{\mathrm{T}} = (1,1,\cdots,1)_{1\times s}$；$\varepsilon$ 为一个很小的正数，一般取 $\varepsilon = 10^{-6}$，θ 为评价对象的相对效率值。

定理 设线性规划(4)的最优解为 $\lambda_{0j}, j = 1,2,\cdots,n; s^-, s^+$ 满足 $\theta_0 = 1, s^- = 0, s^+ = 0$，则 DMU_{0j} 为 DMU 有效。

用 MATLAB 进行 DEA 有效性检验，具体分析结果如下。

1) 经济效益指标

由数据运行结果 1 可知：管理区 3 的经济效益绩效至少是 DEA 弱有效的，而管理区 1,2,4 是非 DEA 有效。为了继续验证管理区 3 的 DEA 有效性，并分析管理区 1,2,4 非 DEA 有效的原因。运行程序(2)得出更详细的数据结果。由于我们加入了绝对有效的虚拟决策单元 DMU_5，所以检验的结果只有 DMU_5 是相对有效的，而 DMU_3 是弱有效的，DMU_1，DMU_2，DMU_4 是非有效的。

要使得管理区 1、管理区 2，管理区 4 变成 DMU 有效，可以做以下投入产出的调整。

(1) 对于管理区 1 可以使得其投入指标上的值，即吨油成本和吨油能耗比率的值按比例减少到原来的 0.7596(ε 的值)倍，并且由非零的松弛变量 s^- 的值可知还可以进一步减少吨油成本 41.7780 元/吨，多增加原油产量 0.0290×10^{-7}万吨。

(2) 对于管理区 2 可以使其投入指标上的值按比例减少到原来的 0.5807 倍，并且由非零的松弛变量可知还可以进一步减少吨油成本 18.1942 元/吨。

(3) 管理区 3，是 DEA 弱有效，可以将其投入指标上的值减少到原来的 0.7953 倍，进一步可知只需将吨油能耗比率减少 0.4215 元/吨。

(4) 对于管理区 4，可以将其投入指标上的值减少到原来的 0.6893 倍，进一步可知，可以减少吨油成本 9.0178 元/吨，增加原油气产量 0.5077×10^{-7}万吨。

2) 油藏可持续利用指标

由程序(1)运行数据，其运行结果可看出，管理区 3 的 DMU 值至少是 DEA 弱有效的，而管理区 1,2,4 是非 DEA 有效。为了继续验证管理区 3 的 DEA 有效性，并分析管理区 1,2,4 非 DEA 有效的原因。运行程序(2)得出更为详细的数据结果。

同经济效益指标分析的原理，管理区 3 是 DEA 弱有效的，而管理区 1,2,4 是 DEA 非有效的。为了使得各个管理区在油藏可持续利用指标上达到 DEA 有效，需要做以下具体规划。

(1) 对于管理区 1 可以使得其投入指标上的值降低到原来的 0.8538 倍，还可以进一步增加经济可采储量 214.8227 万吨。

(2) 对于管理区 2 可以使得其投入指标上的值降低到原来的 0.4885 倍，还可以进一步减少对周边环境的污染程度 0.1738×10^{-11}，增加经济可采储量 0.4314 万吨。

(3) 对于管理区 3，它是输入 DEA 弱有效的，可将对周边环境的污染指标值减少 0.0003×10^{-11}，增加油地关系水平 0.3811。

(4) 对于管理区 4，可以将其投入指标上的值降低到原来的 0.8814 倍，还可以进一步减少对周边环境的污染程度 0.0001×10^{-11}，增加经济可采储量 230.1572 万吨。

3) 组织管理水平

由程序(1)运行数据，其运行结果可看出，管理区 1，2，3，4 都是非 DEA 有效的。为了分析 4 个管理区非 DEA 有效的原因。运行程序(2)得出更为详细的数据结果。

同上面经济效益指标分析的原理，只有虚拟理想管理区是 DEA 有效的，而管理区 1，2，3，4 都是 DEA 非有效的。为了使得各个管理区在组织管理水平上达到 DEA 有效，需要做以下具体调整。

(1) 对于管理区 1，可以使得其投入指标上的值降低到原来的 0.9246 倍，还可以进一步减少组织功能复杂性 0.3100，减少组织结构复杂性 0.2730，增加团队效率 0.2300，增加激励机制完善程度 0.1300。

(2) 对于管理区 2，可以使得其投入指标上的值降低到原来的 0.8782 倍，还可以进一步减少组织功能复杂性 0.2879，减少组织结构复杂性 0.0683，组织运行监控程度 0.2600，增加激励机制完善程度 0.6564。

(3) 对于管理区 3，可以使得其投入指标上的值降低到原来的 0.9298 倍，还可以进一步减少组织功能复杂性 0.4309，减少组织结构复杂性 0.4309，增加组织运行监控程度 0.5300。

(4) 对于管理区 4，可以将其投入指标上的值降低到原来的 0.9457 倍，还可以进一步增加业务流程完善程度 0.1600，增加组织运行监控程度 0.1148，增加激励机制完善程度 0.2701。

4) 技术管理水平

由程序(1)运行数据，其运行结果可看出，管理区 1，2，3，4 都是非 DEA 有效的。为了分析 4 个管理区非 DEA 有效的原因。运行程序(2)得出更为详细的数据结果。

同上面经济效益指标分析的原理，只有虚拟理想管理区是 DEA 弱有效的，而管理区 1，2，3，4 是 DEA 非有效的。为了使得各个管理区在技术管理水平上达到 DEA 有效，需要做以下具体调整。

(1) 对于管理区 1，可以使得其投入指标上的值降低到原来的 0.9981 倍，还可以进一步减少研发经费投入强度 0.0526×10^{-17}，值很小，可以忽略不计，增加全员

劳动生产率 2.0125×10^3 元/人。

(2) 对于管理区 2,可以使得其投入指标上的值降低到原来的 0.8480 倍,还可以进一步增加全员劳动生产率 9.0971×10^3 元/人,增加研发支撑体系建设程度 0.0006×10^3,增加新技术吸收与开发程度 0.0003×10^3,增加瓶颈技术与工艺的自出创新程度 0.0007×10^3。

(3) 对于管理区 3,可以使得其投入指标上的值降低到原来的 0.9019 倍,还可以进一步减少科研经费投入强度 0.5090×10^{-17},值很小,可以忽略不计,增加全员劳动生产率 0.2729×10^3,元/人,增加研发支撑体系建设程度 0.0002×10^3,增加新技术吸收与开发程度 0.0002×10^3,增加瓶颈技术与工艺的自出创新程度 0.0003×10^3。

(4) 对于管理区 4,可以将其投入指标上的值降低到原来的 0.9231 倍,还可以进一步增加研发支撑体系建设程度 0.0006×10^3,成熟技术的推广应用程度 0.0004×10^3,增加新技术吸收与开发程度 0.0005×10^3,增加瓶颈技术与工艺的自出创新程度 0.0010×10^3。

9.6　油藏管理绩效评价实施研究

油藏管理绩效评价实施是油藏管理绩效评价体系不可缺少的一部分,它的功能在于保障油藏管理绩效评价体系得以切实运行。正确的实施评价是保证综合评价客观性和科学性的前提。因此,油田企业的各级领导和主管部门需要重视,要做好思想上、组织上和物质上的各项准备,实施中按照规定的程序和要求进行,实施结束后,要进行检验,以保证油藏管理绩效评价工作的质量。

油藏管理是精细管理、提高效益的新途径。油藏管理绩效评价能否顺利实施,特别是能否在基层采油生产单位切实实施并取得理想效果,离不开强有力的运行保障系统。否则,油藏管理绩效评价只能流于形式。

9.6.1　油藏管理绩效评价实施的原则

1) 按以人为本的思想

以人为本是油藏管理绩效评价体系的核心思想。为了有效地推进油藏管理绩效评价,需要充分调动广大干部职工的创造性和积极性,使其思想和行动统一到提升油藏管理绩效上来,并充分发挥其主人翁态度,推动评价工作的顺利进行。

2) 评价主体的二元化原则

所谓主体是指谁是评价的主体,换句话说,谁是评价者。油藏管理绩效评价,同企业绩效评价有很大不同。本章中油藏管理绩效评价主体不仅仅包括油田企业对油藏管理区的绩效,下属采油队、区块也可以按照评价体系对进行的油藏管理活动展开评价。从而解决了二元(双主体)评价主体结构的问题。从被评价的企业下属单位角度看,企业的职能部门是上级,评价由它去执行,所以,职能部门是评价的主体;从评价的内容看,构成管理的各项指标又是职能部门管理的业务,所以职能部门又是评价的客体。由于考评出现了主体和客体的双重角色和二元交叉结构,使两者评价结果相互修正和补充,增强了评价的客观性,防止了片面性。

3) 评价标准的量化原则

所谓评价的量化是指在一定的理论指导下,运用数学原理、数学公式、数学指标去评价油藏管理绩效的一种方法。对油藏管理绩效进行评价,要有检查衡量评价对象和内容的统一标准,油藏管理绩效涉及定量和定性两类指标,如果没有严格的指标采集量化标准,不但评价无法入手,还会影响评价的客观、公正。制定评价标准的依据是油藏管理目标,评价的标准尺度是油藏管理目标分解和具体化。为了增强评价工作的客观公正性,油藏管理绩效评价内容依据管理的目标值能够量化的都做了量化,较好地防止了评价工作因凭主观印象过多出现的偏宽或偏严现象的发生。

4) 评价的阶段性原则

所谓阶段是评价的时限或周期,进行任何一项活动,都有最佳周期,否则,就会失去应有时效,油藏管理的绩效评价也是如此。合理确定评价时间,把握评价的最佳周期,对取得较好的评价效果有重要作用。一般分为定期评价、总结评价和专案评价等。

5) 突出经营效益原则

坚持把提升油藏管理业绩放在首位,引导以效益为中心,努力追求油藏管理效益最大化,千方百计完成生产经营任务。

6) 责权一致原则

体现责任和权力的统一,建立逐级管理责任机制,各级负责自己的目标责任制,确保油藏管理绩效评价目标的实现。

7) 分层分类原则

对评价对象,按照油田分公司职能部门、所属单位等不同层次,生产、经营、科研和党群等不同类别,以及不同职务、不同岗位的特点和要求,确定具体的评价内容和评价方法。

8) 客观公正原则

评价指标要客观、科学、规范;评价方法要符合实际;简便易行,操作性强;评价内容、标准、方法和结果公开,做到评价过程明确;评价结论公正。

9.6.2 油藏管理绩效评价实施的流程

基于油藏管理的系统特性和企业绩效评价的基本要素,参照系统评价的一般过程,将油藏管理绩效综合评价的流程概括为以下六个步骤,如图 9-7 所示。

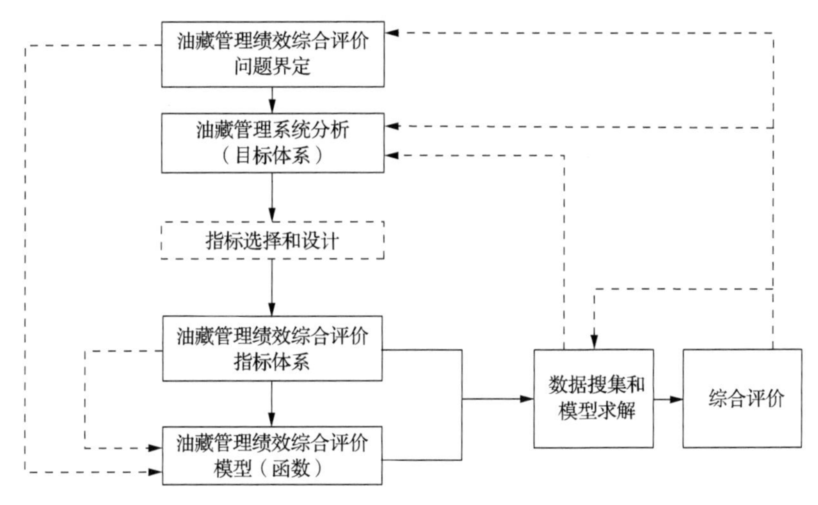

图 9-7　油藏管理绩效综合评价流程

(1) 油藏管理绩效综合评价的问题界定。即明确油藏管理绩效综合评价的前提,具体包括油藏管理绩效评价目的、评价主体、评价客体和评价时期,其内容要求和企业绩效评价保持一致,不再赘述。

(2) 对石油企业的油藏管理进行系统分析。系统分析的目的是了解企业油藏管理的目标要素,构建其目标体系。

(3) 构建石油企业油藏管理绩效综合评价的指标体系。指标体系的构建须遵循指标体系的设计框架,在指标转换过程中,涉及指标的选择和设计,须遵循指标构成的一般原则。

(4) 选择油藏管理绩效综合评价模型(函数)。绩效评价模型的选取须根据评价问题的特点选择。

(5) 数据搜集和模型求解。严格按照指标的说明搜集指标的数据,运用评价模型求解。

(6) 对评价结果进行分析,达到综合评价的最终目的,并针对评价结果反馈相关信息,达到控制的目的。

9.6.3　油藏管理绩效评价实施中的问题

评价的实施是在油藏管理绩效的评价中,对评价过程的把握和对评价中具体问题的处理。根据已经实践的绩效评价经验,在实施油藏管理绩效评价中,要把握和处理好以下问题。

(1) 要提醒评价部门的有关工作人员,弄清评价数据的统计要求,所有数据都必须依据翔实的原始资料在严格评价的基础上填写,所填数字一定要做到真实、准确并同要求相吻合。评价表填好后，要经评价部门领导人审核签字，评价主管部门接到评价表后，要作一次全面检查，防止出现偏差。

(2) 要求填写的数据按统计表的要求尽可能齐全，该评价而没有进入评价的，意味着不达标。有两种情况除外，一种是所评价的单位因工作性质特殊，体系中所列个别指标不作评价，如基层采油单位不评价油井质量，多种经营单位不评价成本等。另一种是所评价目标是附带性指标内容，如油井的产量和利润、社会贡献率，要求全部评价，因条件限制，不能全部评价时，评价其中一项也符合评价统计要求。除以上情况外，体系中所列指标包括子指标都必须进行评价，以体现指标的权威性。

(3) 在基层采油单位工作(任务)量评价中，有些基层辅助单位，如通风、地质、生活科等，是以多项工作(任务)量或工程量作为生产经营成果的，这些指标既不同类又不同性，设法进入同一表格统计。对此，可以把这些指标的评价结果转换成计划工时和实际工时来计算生产经营成果。还可将其中的可计算的量化指标填入评价表中，不能量化的又不是主要任务的其他指标可舍掉。

(4) 有的被评价单位，它既是一个生产经营单位，又是一个职能部门或承担职能任务，如运销部门承担全油田或全局的销售收入，油质部门承担全油田或全局的油品质量。在这种情况下，评价该单位完成工作量指标时，可把全油田或全局完成的目标作为这个部门经营成果的评价依据。

9.7 本章小结

油藏管理经过三十多年的发展，其内涵越来越丰富和系统化，油藏管理问题系统化是油藏管理发展的必然趋势。本章首先对油藏管理绩效综合评价相关研究现状进行综述，为研究奠定了理论基础。之后基于油藏管理理论和企业绩效评价理论的相关内容，提出油藏管理绩效综合评价的一般理论，包括其内涵、原则、指标设计框架和流程。进而，从系统的角度分析了S油田油藏管理的目标，在确定总目标的基础上，按照油藏管理系统的四个组成部分即生产管理、油藏资源、组织管理和技术管理将总目标分解为四个二级目标，再通过对各分系统的目标分析，将二级目标分解为三级目标，最终建立了目标递阶层次结构，并阐明了目标的含义。以目标层次结构为框架，进行指标的选择和设计，构建了包括经济效益评价、油藏可持续利用评价、组织管理水平评价、技术管理水平评价四个方面的综合评价指标体系。针对油藏管理系统多输入多输出的特点，提出将AHP/DEA组合评价法作为油藏管理绩效综合评价模型，并说明了模型实施步骤，以及模型求解的数学工具。最后，进行了实证研究，展示了油藏管理绩效综合评价过程以及评价结果分析过程，验证了油藏管理绩效综合评价指标体系的有效性，以及评价模型的可操作性。

第 10 章　总结与提升

本书运用现代管理系统工程的原理、方法论及方法体系，结合我国管理情境下的油藏管理实际，对油藏管理进行初步系统分析、全面环境分析及多重比较，设计油藏管理系统的概念体系。在此基础上，进一步规范研究油藏管理系统的结构特征、环境特点和宏观系统动力学特性，着重进行油藏管理的组织机制（含油藏开发团队建设）及激励机制（含相关利益主体博弈分析）的分析与设计，并就油藏管理绩效的综合评价方法体系进行了设计，具有现实紧迫性和一定的理论与方法论意义。

10.1　主要研究工作总结

1）油藏管理（RM）的初步系统分析

(1) 从系统观点出发，按照管理工程的要求，分析了油藏管理的系统特性。其主要包括整体性及协同性、过程连续性、多级递阶性、环境及资源适应性、动态性及后效性等几个方面。

(2) 提出了油藏管理系统（reservoir management system，RMS）的概念体系并分析了系统的复杂性。油藏管理系统是将不可再生的油藏资产作为基础对象，有效整合人力、物力、财力及信息等各种资源，在充分认识油藏性质和开发规律的基础上，对油藏进行科学管理及经营，以期实现经济可采储量最大化和经济效益最大化的资源、技术和经济复合系统（整体）。油藏管理系统具有许多复杂系统的固有特性，主要有：系统功能、属性、目标多样，且有冲突目标；系统结构复杂，具有人-机复合及功能、结构与环境三位一体特性；系统高度动态开放，环境依存性突出；系统是以资源为基础的技术、经济及社会系统的复合系统。

(3) 运用 Hall 三维结构方法论分析了油藏管理系统的过程-功能-专业关系并设计了系统的三维结构模型。在本模型中，过程维主要包括勘探、产能建设、开发生产、废弃处理四个阶段，是石油生产及油藏管理生命周期的全过程，是油藏管理系统实施的程序化基础。功能维包括资源管理、技术管理、生产管理、组织管理及经营管理四项职能，是油藏管理系统整体功能的具体化，是油藏管理的主要内容。专业维包括物探、地质、油藏工程、采油工艺、地面建设、经济分析六个主要方面，是油藏管理系统中涉及的多个学科及相应的专业部门，是油藏管理系统功能的组织基础及多学科协同的工作基础。

(4) 以系统的功能-结构研究为重点，设计了油藏管理系统的三级递阶结构模型。在模型中主要考虑从自然资源到工程开发，再到经营管理的三个递阶层次和油藏资源管理、技术管理、生产管理、组织(经营)管理等四个分系统，并着重分析了四个分系统的内部结构及不同层次、不同分系统间的相互作用机理。

(5) 根据油藏管理系统应有特性和功能要求，设计了油藏管理系统的目标体系。在目标体系中，油藏管理系统以改善及优化油藏资源开发、实现综合经济效益最大化为系统一级目标，而以提高经济效益、实现油藏可持续利用、优化组织管理效用及提高技术水平四个方面为系统的二级分目标，并辅以 12 个三级子目标共同构成了油藏管理系统的广义目标树结构模型。在此基础上，着重分析了油藏管理系统多重目标间相互作用关系及动态演化机理。

2) 油藏管理系统的环境分析及情景预测研究

(1) 对油藏管理系统的环境因素进行结构分析，设计环境类-环境域-环境层三位一体的空间结构模型。基于油藏管理系统的特点及环境适应性要求，并结合中国管理情境下的油藏管理实际，经过反复验证提出影响油藏管理系统运行的 29 个环境要素，并将这些因素主要归结为五种环境类型：社会政治与政策环境因素、经济与经营环境因素、技术环境因素、资源及生态等自然环境因素和其他管理环境因素。从以上五种环境类出发，运用解释结构模型化(ISM)基本原理及其建立的递阶结构模型的规范方法，对以上分析获得的系统环境因素作结构分析，总结归纳出 29 个主要环境因素及它们之间的递阶(层次)关系，构建了系统环境要素的 ISM 分析模型，并通过模型分析将油藏管理环境分成三个环境域：内环境、外环境及媒环境。在以上研究基础上，结合中国石油行业的管理实践，提出影响油藏管理系统的三个环境层：公司层、油田层及采油厂层，并将系统的环境类、环境域及环境层进行集成整合，设计出油藏管理系统环境要素的三维空间结构模型。

(2) 油藏管理系统环境的整体情景分析及预测研究。在前文系统环境要素的 ISM 分析基础上，结合中国的管理实际，提出影响油藏管理系统环境的关键不确定因素，具体可分为 3 个媒环境因素(资金保障程度、技术政策、油地关系)以及 3 个外环境因素(国家能源战略与政策、国内原油需求量、国内经济状况)。由以上 6 个关键不确定因素(事件)产生了 64 个油藏管理情景，将这些情景方案按照情景概率由大到小进行排序，在情景概率大于 0.002 的 9 个情景中最终选取前 3 个情景(使得累计发生概率超过 50%)作为 KSIM 仿真模型的输入情景方案。同时，为了更进一步丰富情景方案，对选定的 3 个情景进行敏感度分析，并采用弹性系数法预测构成情景的部分关键事件。在以上情景构建及分析基础上，建立油藏管理系统的 KSIM 仿真模型；将模型用于仿真实验，采用中国石油行业的实际数据和专家咨询结果，分别对 3 组输入情景变量的输出结果进行预测和比较分析；通过分析研究模型的输出变量结果，对中国管理情境下的油藏管理发展趋势进行预测，为决策者提供不同情景对油藏管理的影响效果，以供进行管理政策分析和决策时参考。

(3) 油藏管理系统环境的分层次情景分析及组合预测研究。在油藏管理系统环境要素结构分析及整体情景预测基础上，本部分研究采用定量方法对关键事件进行分析判断。并从系统环境要素的三个层次出发，将29个环境要素在不同环境层上投影到环境域-环境类的作用空间中，针对石油公司、油田分公司及采油厂三个环境层分别进行情景分析。按照情景方案的整体排序，选择发生概率明显高于其他的3个情景作为主要可能方案进行比较，并做了选定情景的灵敏度分析。在此基础上，采用组合预测方法对包括原油价格、原油需求量、国家能源战略与政策、资金保障程度以及员工技术素质等在内的关键因素进行多情景下的预测分析。

3) 油藏管理系统动力学特性分析及调控机制研究

(1) 油藏管理系统动力学特性分析及结构模型构建。系统论认为，系统行为取决于系统内部结构。对于所有系统而言，系统演化的根本原因在于系统内部结构，系统外部环境的变化要通过这些内部结构对系统演化趋势产生影响。本项目运用系统动力学模型及分析方法将系统的行为与系统结构联系起来，通过理论分析和实际调研，明晰了油藏管理系统的内部结构及四个分(子)系统间的作用机理，并在前文系统环境分析及情景预测基础上着重研究了油藏管理系统众多要素间的多重信息反馈关系，从而初步构建了油藏管理系统动力学的结构模型。在此系统模型中，油藏勘探开发过程回环是主导的因果反馈回环，而以主导反馈回环为基础，油藏管理系统的四个分系统也都有自己的反馈回环，它们通过相干变量来耦合或连接。由于各要素间的因果关系不同，所构成的各种因果反馈系统可能是正反馈系统(＋)或负反馈系统(－)，也可能是开环系统。其中，正反馈回路对成长或衰落起持续的强化作用，而负反馈回路可以削弱影响，具有“内部稳定器”的作用，使系统处于平衡稳定的状态。对油藏管理系统的宏观动力学分析明确了系统的输入、输出、转化过程及反馈机制，进而揭示出了各分系统内部及分系统间的投入产出关系。油藏管理系统的宏观动力学特性分析是构建油藏管理系统动力学仿真模型的重要基础。

(2) 油藏管理系统动力学仿真模型构建及仿真实验分析。在以上油藏管理系统动力学特性分析的基础上，重点关注生产管理、油藏资源两分系统间的因果反馈关系及作用机理，建立了生产—油藏系统动力学仿真模型，结合中国石油行业的实际资料及数据进行了不同层次、不同方案的仿真实验，并在应用过程中不断修正模型、完善模型，预测分析了油藏勘探开发未来的发展趋势，以寻找可行的发展方向。模型输出了年原油产出量、新增探明石油地质储量、储采平衡率等变量的发展状况和演进趋势，基于仿真实验的模拟对中国的油藏管理实践提出了一系列的管理政策建议，以期为油藏管理模式的中国化发展和实践提供一定的信息和决策参考。其中，对此仿真模型的关键要素进行了灵敏度综合分析，得出年勘探开发总投资、采收率与万吨探明地质储量直接投资对新增石油地质储量、年原油产出量、储采平衡率的影响都比较显著，但变化程度不同。

（3）基于系统基模分析的油藏管理调控机制设计。从前文的油藏管理系统宏观动力学特性分析中可以看到，油藏管理系统由若干正负反馈回路组成，这些回路又相互交织在一起，形成一个高阶的、多重反馈的复杂系统。面对如此复杂、非线性的典型系统，很难直观地了解系统的主控回路及关键变量，这将为寻找系统的调控点造成障碍。而利用基模分析探寻系统的主要控制回路，厘清系统内部调控机制，可以更加深入地探究油藏管理系统内部暗含的“本质”问题。本部分首先根据油藏管理系统的目标和实践经验，从油藏管理系统的结构模型中提取主控回路；并对主控回路的因果反馈机制进行分析，得到三种典型的油藏管理系统基模：勘探开发的“成长上限”基模、资源分配的“富者愈富”基模、劳动生产率与人员规模的“舍本逐末”基模；在此基础上，利用基模的相关理论及方法分析了所提出的系统基模的特性，并寻找油藏管理系统调控的“杠杆”点；最后，利用前文建立的油藏管理系统仿真模型对基模进行仿真分析及灵敏度实验，得到相关的政策建议，以为中国化的油藏经营管理实践及政策制定提供指导。

4）油藏管理的组织机制分析与设计

油藏管理的组织机制是油藏管理系统功能、结构、环境共同作用的结果，是油藏开发与管理正常运行的组织基础及制度安排。业务流程与油藏特性、生产技术特点等有密切关联，是油藏管理组织结构设计的基础；流程的改进又需要组织结构的正式调整与变革作保证，另外，结构的变革也常常会带来流程的变化；油藏管理团队以业务流程为基础，按照结构优化的需要来设计和运行，并可反作用于流程与结构。因此，形成了中国管理情境下油藏管理组织机制中流程-结构-团队三位一体的倒三角结构，并构成本部分专题研究的主要内容。

（1）油藏管理的业务流程分析与设计。研究主要采用业务流程再造(BPR)及价值链分析的思想和工作程序，对中国管理情境下油藏管理有关的原有业务流程进行分析和诊断，总结影响其功能和效率的因素，找出油藏管理的关键流程和关键活动，并对这些关键流程进行重组和优化。在油藏管理四大分系统及其三层递阶关系的基础上，综合考虑油藏管理的目标要求和原有流程体系的实际，提出了适合油藏管理实际的新的业务流程体系。

（2）油藏管理的组织结构分析与设计。根据组织结构设计理论及对中国石油行业的实际调研，提出中国管理情境下油藏管理的组织设计方案，主要涉及组织结构形式选择与部门划分和运行机制选择两部分。提出以职能制组织为基础，网络组织和团队作业结合的复合组织结构形式，设计了以油藏管理区为核心的组织体系与运作模式。

（3）油藏管理团队作业模式分析与设计。通过对团队合作模式的理论分析，并结合中国管理情境下油藏开发团队成功运行的影响因素，提出适合不同油藏管理工作的团队结构形式并进行团队有效性及结构选择研究，力图对中国化的油藏管理改革及其组织变革有一定的指导意义。首先，针对油藏管理的不同阶段及油藏开发中的不同业务项目，从油藏组织整合资源及多学科人员协同出发，提出 7 种油藏开发团队的结构类型：事务处理型、自我管理型、联合工作型、集成型、核心型、递阶合作型和虚拟型。其次，结合油藏管理理论和团队的有效性研究，进一步设计油藏开发团队有效性的 7 个主要影响因素：技术能力、油藏信息、油藏开发方案、目标、成员的选择、多学科协作和领导与控制。在此基础上，通过系统分析、实证分析及系统评价，对提出的 7 种油藏开发团队结构在油藏管理不同阶段及不同业务项目下的适用性、有效性及定位进行了分析与设计。

5) 油藏管理激励机制及投资调控的博弈分析

激励机制是通过一套理性化的制度来反映激励主体与激励客体相互作用的方式。进行油藏管理的激励机制分析与设计的目的是提高油藏管理的激励效益并使之长期一贯地作用于实际的油藏管理行为，其中不同管理层次、不同利益主体间的技术投资调控分析是激励机制运行的重要组成部分。本部分主要研究内容由以下部分组成。

(1) 油藏管理的双向委托—代理关系设计。本项目认为采油厂与油藏管理区之间存在委托—代理关系，其复杂性体现在四个分系统之间的作用机理使得油藏开发中的相互影响错综复杂，而油藏管理中发生直接作用并存在潜在利益冲突的双方都追求利益最大化，代理人不会总是根据委托人的利益采取行动。本研究主要运用博弈论的观点和方法分析油藏管理区激励机制问题，设计了油藏管理中不同利益主体间的双向委托—代理关系，以实现权利的施授是双向、闭合的，为后续不同层次、不同利益主体的博弈分析奠定必要的研究基础。

(2) 油藏管理相关利益主体的博弈分析。本部分在明确油藏管理相关主体关系及其行为特征的基础上，运用博弈论的不同模型及分析方法讨论了油藏管理区与采油厂及油藏管理区之间的博弈问题，结合油藏管理的理论范式及中国化的管理实际，初步构建了采油厂和油藏管理区产出效益分配的完全信息动态博弈模型、采油厂与油藏管理区之间的微分博弈模型、油藏管理区之间的合作分配博弈模型和油藏管理区可持续发展策略的演化博弈模型等 4 个分析模型，重点探讨了油藏管理中关于效益分配、产出分配和资源利用三方面的问题，为油藏管理的激励机制设计提供重要支撑和研究基础。

(3) 基于博弈分析的油藏管理激励机制设计。在前文油藏管理的双向委托—代理关系设计及不同利益主体博弈分析基础上，本部分进行了油藏管理区与其主要利益主体的激励机制设计。基于采油厂和油藏管理区之间长期激励的需要和收入与风险对称的原则，设计了油藏管理区管理层的激励机制；基于采油厂对油藏管理区产出效益的分配问题，设计了二者之间的产出分配激励机制；通过研究采油厂和油藏管理区之间努力水平的变化问题，设计了微分博弈的长期激励机制和共同治理激励机制；针对油藏管理区的非合作博弈状态与产出效益的辩证关系，提出通过内部契约来实现不合作博弈到合作博弈的转变。

(4) 采油厂技术投资调控的博弈分析。在前文研究的基础上，以采油厂作为主体，分析了油田分公司与采油厂之间的油藏管理治理关系，重点关注在绩效管理、财务管理和人力资源管理等方面的协调和配合，并设计出在技术投资中，油田分公司对采油厂调控的3种机制：协调机制、引导机制和晋升机制。在此基础上，运用博弈论的相关模型及分析方法研究了协调机制和引导机制下油田分公司与采油厂之间的技术投资博弈过程，建议油田分公司对采油厂技术投资通过适度的直接投资或间接补贴形式，引导采油厂合理运用资金来改善自身的技术水平。同时，研究了晋升机制下不同采油厂间的合作技术投资博弈和采油厂领导人的晋升博弈问题，期望通过对采油厂领导人的合理选拔来激励采油厂积极进行技术投资。

6) 油藏管理绩效综合评价模型构建研究

环境因素作用于系统，通过系统内部复杂的调控机制最终对系统输出(系统行为)产生影响，进而影响系统演化的方向。油藏管理系统作为一类典型的复杂管理系统，要客观了解及分析系统的发展演化趋势必须有一套科学合理的评价指标体系从不同维度对其行为进行描述。本部分以油藏管理系统的目标体系为基础，按照现代战略绩效评价的原理，结合现代油藏管理模式的要求和中国油田企业自身的运营特点，构建了普遍适用于中国管理情境的油藏管理绩效综合评价模型，即基于AHP/DEA的油藏管理绩效综合评价模型。在此基础上，通过问卷调查、专家访谈及资料查询等方式采集中国油田企业的实际数据，并将处理后的数据应用于所构建的AHP/DEA评价模型，系统性地分析其评价结果，并针对结果提出政策建议，以通过综合评价确定实施油藏管理模式所获取的社会经济利益，有利于油藏管理中国化实践的深入推进。最后提出普遍适用的油藏管理绩效综合评价实施的原则、流程、可能出现的问题以及对策建议。

7) 油藏管理的多重比较研究

在油藏管理的环境分析及目标体系设计基础上，系统的多重比较研究主要通过对国内外油藏管理的纵向比较、横向比较和综合比较来实现。纵向比较主要从油气资源的发展、油藏技术管理的发展和油藏组织管理的发展三个方面进行分析，并重点对S油田GD采油厂油藏管理模式试点进行了典型案例的纵向剖析，通过以上不同构面、不同层次及重点案例的演进分析揭示了对中国管理情境下油藏管理理论发展及实践推进的重要启示。横向比较首先对油藏管理模式与和谐管理、项目管理等其他管理模式进行对比分析，并重点分析了和谐管理及项目管理在油藏管理中的必要性、重要性及适用条件；在此基础上，立足中国管理情境对国内外石油公司的组织结构、管理体制、经营机制等三个方面进行对比分析，完善了现代油藏管理的实践模式，并总结了S油田及ZY油田进行油藏管理模式试点的经验，为后续我国石油公司的油藏管理改革奠定了基础。综合比较以油藏管理系统的目标体系为基础，从提高油藏开发的经济效益、实现油藏可持续利用、优化组织管理和提高技术水平四个目标构面，将中国管理情境下的油藏管理实践与油藏管理系统目标进行比较分析，分析油藏管理中国化的理论及实践特点，为构建具有一定普适性、切实可行的中国油藏管理模式奠定基础，并提供必要参照。

8）油藏管理系统工程原理及方法体系研究

综合国内外研究现状可以看出，从系统工程角度或采用其方法研究油藏管理系统或其某方面的问题，已开始成为一种趋势。因此，本部分根据现代油藏管理系统化特征与系统工程特点的比对，通过深化油藏管理系统的理论研究，结合中国油藏管理实践，初步研究提出油藏管理系统工程原理及方法体系，以期形成具有中国特色的油藏管理系统工程理论与方法论。主要有以下部分组成。

（1）油藏管理系统工程的概念体系设计。在对油藏管理的系统特性分析及油藏管理系统的结构-功能-目标-行为设计基础上，进一步深化油藏管理的理论研究，提出油藏管理系统工程(RMSE)的概念，即是石油开发科学、管理科学及系统科学交叉与融合的结果，它以系统论、控制论、运筹学、经济学，以及油田开发地质学、油藏工程、油田开发技术等为基础，以油藏开发及油田管理中的各种系统管理问题为研究对象，是油藏开发及油田企业运营管理这一系统化过程中所需思想、程序、方法的总和。

（2）油藏管理系统工程的思想及理论框架设计。油藏管理系统工程以整体性及系统化的思想——（一般）系统理论为基本的工作前提；以主体-整体-总体递阶优化及平衡协调的思想——系统综合集成及广义优化理论为基本的工作目标；以定性与定量相结合及多种模型方法综合运用的思想——系统工程方法论为工作的基本方法；以问题导向与反馈控制的思想——管理控制理论为工作的重要保障。

（3）油藏管理系统工程的方法论及模型体系设计。油藏管理系统工程以系统分析为基本研究方法，以多重比较为重要分析手段，以定性与定量相结合的模型体系为主导研究工具。油藏多重管理比较是油藏管理系统设计与完善的重要内容，是油藏管理系统分析、油藏管理机制研究和宏观政策设计的基础和桥梁。模型体系主要延续从结构模型到预测模型，再到仿真模型和博弈模型，最后到评价模型的演进范式。其中，结构模型包括ISM等，预测模型有情景分析及统计预测等，仿真模型涉及SD、KSIM等，博弈模型有完全信息动态博弈、微分博弈、合作博弈、动态演化博弈模型等，评价模型涉及层次分析法等。

10.2 主要研究创新点提炼

（1）建立了油藏管理系统的功能-结构-目标-行为分析的模型化平台。在对油藏管理的系统特性分析及油藏管理系统的概念体系设计的基础上，明晰了油藏管理系统的过程-功能-专业关系并设计了系统的空间结构模型。在此基础上，以系统的功能-结构研究为重点，建立了油藏管理系统的三级递阶结构模型，明晰了系统结构的三个递阶层次和四个分系统组成部分，着重分析了四个分系统的内部结构及不同层次、不同分系统间的相互作用机理，并提出了油藏管理系统的广义目标树结构模型。以上这些研究工作流程及不同的结构模型共同构成了油藏管理系统的功能-结构-目标-行为分析的模型化平台，从而明确了系统的问题、目标及路径，为项目的后续研究奠定了必要的基础条件，是本项目研究及创新持续进行的肇端及初始支撑。

（2）提出了油藏管理系统的环境类-环境域-环境层三位一体的空间结构分析模型。从五种环境类型（社会政治与政策环境因素、经济与经营环境因素、技术环境因素、自然环境因素和管理环境因素）角度出发，运用解释结构模型化（ISM）基本原理，对油藏管理系统的环境因素进行结构分析，并提出油藏管理环境的三个环境域（内环境、外环境及媒环境）。在以上研究基础上，结合我国油藏管理实践的三个环境层（公司层、油田层及采油厂层），设计出油藏管理系统的环境类-环境域-环境层集成的三维空间结构模型。通过以上的结构模型化分析工作，明晰了油藏管理系统与环境超系统之间物质、能量、信息等的交流和互动关系，以为系统的情景预测分析及系统动力学模型构建奠定必要的基础条件。

（3）设计了油藏管理系统的情景预测模型。分析了油藏管理的动态环境发展趋势，通过情景分析方法与 KSIM 仿真模型的有机结合，对不同情景进行整体模拟及预测。在以上研究基础上，重点关注油藏管理系统的环境层结构，针对石油公司、油田分公司及采油厂三个环境层分别进行情景分析，并采用组合预测方法对系统的关键因素进行多情景下的预测分析。通过以上不同的情景分析及预测结果输出，能够对中国管理情境下的油藏管理发展趋势进行分析，为决策者提供不同情景、不同环境层次对油藏管理系统的影响效果，以供进行相关管理政策分析和实践决策时参考。

（4）构建了油藏管理系统的宏观动力学模型。运用系统动力学模型化方法对油藏管理系统及其要素进行相互关系及作用机理研究，探讨了油藏管理系统众多要素间的多重反馈控制关系，构建了油藏管理系统动力学的结构模型，并对其中生产—油藏系统的仿真模型结合油田实际数据进行了不同层次的仿真实验，预测分析油藏勘探开发未来的发展趋势，以寻找可行的发展方向。通过以上的模型分析及仿真结果，可以为我国油藏管理问题提出系列政策建议，以期为油藏管理模式的中国化发展及实践提供一定的信息和决策参考。

(5) 设计了基于系统基模分析的油藏管理调控机制。简化、提炼油藏管理系统动力学模型，提出油藏管理系统的主导结构(主控回路)，并对主控回路的因果反馈机制进行分析，得到三种典型的油藏管理系统基模。依据复杂系统理论，通过对系统基模中所设定主要控制因素及其变量的不同取值进行仿真实验(变量灵敏度分析)，探寻主控因素及关键变量的阈值及其变化所引起的系统行为变化，并验证、确定系统的关键控制变量。在此基础上，分析评价系统关键控制因素对系统行为的影响及其作用机制。以上对油藏管理系统的基模分析及仿真模拟，明确了系统的调控机制及其运行，以为中国化的油藏经营管理实践及政策制定提供指导。

(6) 设计了油藏管理的流程-结构-团队三位一体的组织机制。采用 BPR 的思想和工作程序，对油藏管理的原有业务流程进行分析和诊断，并对关键流程进行重组和优化，提出适合我国油藏管理实际的新业务流程体系。根据组织结构设计理论及我国油田企业管理实际，提出中国管理情境下油藏管理的组织设计方案，重点提出以职能制组织为基础，网络组织和团队作业结合的复合组织结构形式和以油藏管理区为核心的组织体系与运作模式。对以上研究工作进行集成整合，形成了中国管理情境下的油藏管理组织机制中流程-结构-团队三位一体的倒三角结构，为我国油藏管理的深入实践提供重要理论支持和机制设计参考。

(7) 建立了油藏管理相关利益主体的博弈分析模型。明确了油藏管理系统的相关主体关系及其行为特征，探讨了油藏管理区与采油厂及油藏管理区之间的利益博弈问题，建立了采油厂和油藏管理区产出效益分配的完全信息动态博弈模型、采油厂与油藏管理区之间的微分博弈模型、油藏管理区之间的合作分配博弈模型和油藏管理区可持续发展策略的演化博弈四个模型。在此基础上，重点就技术投资激励问题，建立了三种不同调控机制下的采油厂与油田分公司之间的博弈分析模型。通过以上的系列博弈分析，明晰了中国管理情境下油藏管理相关利益主体间关于效益分配、产出分配、资源利用和技术投资调控四方面的行为机理，为油藏管理激励机制的分析与设计提供理论支撑及基础条件，以提高油藏管理的激励效益并使之长期一贯地作用于我国实际的油藏管理行为。

(8) 建立油藏管理绩效综合评价模型。按照现代战略绩效评价的原理，结合现代油藏管理模式的要求和中国油田企业自身的运营特点，构建了普遍适用于中国管理情境的油藏管理绩效综合评价模型，即基于 AHP/DEA 评价模型，并将实际数据应用于此模型，分析计算模型结果。在此基础上，研究基于综合评价结果的反馈控制方式，以形成优良的油藏管理评价与调控机制。通过以上的绩效综合评价模型分析及系统控制机制研究，能够确定实施油藏管理模式所获取的社会经济利益，有利于油藏管理中国化实践的深入推进，在油藏管理的理论发展及实践中具有重要地位。

（9）提出了油藏管理的多重比较研究平台。在油藏管理的环境分析及目标体系设计基础上，系统的多重比较研究主要通过对国内外油藏管理的纵向比较、横向比较和综合比较来实现。纵向比较主要就油藏管理系统的主要管理要素及不同管理构面进行发展演进分析；横向比较主要对国内外油藏管理的理论及实践差异性进行对比分析；综合比较以油藏管理系统的目标体系为基础，从提高油藏开发的经济效益、实现油藏可持续利用、优化组织管理和提高技术水平四个目标构面，将中国管理情境下的油藏管理实践与系统目标进行比较分析。通过油藏管理多重比较研究的平台化建设，解析了油藏管理中国化的理论及实践特点，为构建具有一定普适性、切实可行的中国油藏管理模式奠定基础，并提供必要参照。

（10）提炼并设计了油藏管理系统工程的原理及方法体系。根据现代油藏管理系统化特征与系统工程特点的比对，通过深化油藏管理系统的理论研究，结合中国油藏管理实践，初步提炼、设计了油藏管理系统工程原理及方法体系，以期形成具有中国特色的油藏管理系统工程理论与方法论。这是对本项目研究工作的归纳、提炼及升华的重要过程及成果，将有助于中国管理情境下的油藏管理理论及实践发展。

主要参考文献

[1] 姜彦福,雷家骕,傅晨阳. 世纪末前后我国的石油安全态势. 科技导报,1999,(11):57-59.

[2] 朱江,齐恒之,吴超,等. 多学科协同化方法在油田开发方案中的应用. 中国海上油气(工程),2003,15(6):50-51.

[3] 司训练. 国外油藏管理模式中国化的发展与创新范例——评《中国石油企业油藏管理系统工程理论与方法创新研究》. 新西部,2011,(21):78.

[4] 杨占龙,陈启林. 岩性圈闭与陆相盆地岩性油气藏勘探. 天然气地球科学,2006,(5):616-621.

[5] Thakur G C. Reservoir management: A synergistic approach. SPE Permian Basin Oil and Gas Recovery Conference, Midland, Texas, March 8-9, SPE 20138, 1990.

[6] Satter A, Vamon J E, Hoang M T. Reservoir management: Technical perspective. SPE International Meeting on Petroleum Engineering Beijing, SPE 22350, 1992.

[7] Wiggins M L, Startzman R A. An approach to reservoir management. Reservoir Management Panel Discussion, SPE 65th Ann Tech Conf& Exhibition, New Orleans, LA, September 23-26, SPE 20747, 1990.

[8] Halderson H H, van Golf-Racht T. Reservoir management into the next century. Paper NMT 890023. Centennial Symposium at New Mexco Tech. Socorro. Oct. 16-19, 1989.

[9] Raza S H. Data acquisition and analysis for efficient reservoir management. SPE 20749, 1992.

[10] 美国石油工程师学会. 现代油藏管理. 赵业卫,崔士斌译. 北京:石油工业出版社,2001.

[11] 杜志敏,谢丹,任宝生. 现代油藏经营管理. 西南石油学院学报,2002,24(1):1-4.

[12] 张朝琛,刘艳杰. 油藏经营管理与自动化. 石油规划设计,1999,10(5):12-15.

[13] 阎存章,李秀生,吴晓东,等. 对保持油田合理储采关系的几点认识. 石油勘探与开发,2004,31(2):96-98.

[14] 陈月明. 高含水期油藏经营管理. 油气采收率技术,1998,5(2):1-5.

[15] 周文. 石油企业油藏经营管理的理论及方法探讨. 油气地质与采收率,2006,13(3):95-97.

[16] 计秉玉,董焕忠,万军. 油藏管理工程——一门亟待建立和发展的学科. 大庆石油地质与开发,1998,17(3):43-45.

[17] 刘鹏程,王晓东,邓宏文. 现代油藏经营管理. 特种油气藏,2003,10(4):91-93.

[18] 蒲春生,任山,吴波,等. 石油资源开发与现代化经营管理. 能源技术与管理,2009,(5):145-146.

[19] 宋杰鲲. 基于不确定优化理论的油藏经营管理系统决策研究. 东营:中国石油大学博士学位论文,2007:120.

[20] 吴冲龙,王燮培,毛小平,等. 油气系统动力学的概念模型与方法原理——盆地模拟和油气成藏动力学模拟的新思路、新方法. 石油实验地质,1998,20(4):319-326.

[21] 吴冲龙,王燮培,周江羽,等. 含油气系统概念与研究方法. 地质科技情报,1997,16(2):43-49.

[22] 顾海兵,周智高. “十一五”(2006-2010)规划期间GDP增长趋势预测. 宏观经济研究,2004,(11):49-52.

[23] 陈维武. 浅谈油田企业建设和谐油地关系方法与途径. 商情,2013,(12):1.

[24] 余学新. “鄂西会战”名称之我见. 三峡论坛,2012,(6):25-28.

[25] 冯志强,冯子辉,黄薇,等. 大庆油田勘探50年:陆相生油理论的伟大实践. 地质科学,2009,(2):349-364.

[26] 田华. 后金融危机时期中国石化企业文化建设的几点思考. 大陆桥视野,2013,(10):22-24.

[27] 刘登明. 现代油藏经营管理模式. 今日科技,2003,(4):41-43.

[28] 李清华. 加强油藏经营管理提高油田企业经营效益. 中国新技术新产品,2009,(1):1.

[29] 侯保华. 油气生产阶段的油藏经营管理探索与实践. 时代金融,2009,(11):156-158.
[30] 闫超伟,卢建强,李永宾,等. 实践基层管理模式提升油藏经营管理水平. 中国科技博览,2012,(27):51.
[31] 李明利. 现代油藏经营管理在油田企业的应用探讨. 东营:中国石油大学硕士学位论文,2007:20.
[32] 李强. 油藏经营管理在胜利油田孤岛采油厂的应用研究. 东营:中国石油大学硕士学位论文,2010:21-22.
[33] 中国石化新闻网. 中原油田完善油藏经营管理机制. http://www.sinopecnews.com.cn/b2b/content/2008-07/18/content_526000.shtml[2007-07-18].
[34] 席酉民,尚玉钒. 和谐管理思想与当代和谐管理理论. 西安交通大学学报(社会科学版),2001,(3):23-26.
[35] 席酉民. 和谐理论与战略. 贵阳:贵州人民出版社,1989.
[36] 罗兴鹏,张向前. 基于和谐管理理论的民营企业职业经理人薪酬管理研究. 软科学,2012,(5):94-99.
[37] 刘静静,席酉民,王亚刚. 基于和谐管理理论的企业危机管理研究. 科学学与科学技术管理,2009,(1):138-142.
[38] 胡衍强,刘仲英,邵建利,等. 可持续发展系统的和谐性研究. 2005 中国可持续发展论坛——中国可持续发展研究会 2005 年学术年会,2005,(09):531-534.
[39] 张富明. 油田企业和谐体系构建研究. 东营:中国石油大学硕士学位论文,2006:21-30.
[40] 张烁,崔会保. 基于系统动态的学习型组织研究. 价值工程,2008,(6):41.
[41] 张在旭,王只坤,侯风华,等. 石油勘探开发可持续发展 SD 模型的建立与应用. 工业工程,2002,5(2):1-3.
[42] 王其藩. 系统动力学理论与方法的新进展. 系统工程理论方法应用,1995,4(2):6-12.
[43] 杨剑,杨锋,王树恩. 基于系统动力学的区域创新系统运行机制研究. 科学管理研究,2010,(4):1-6.
[44] 于静,张在旭,吴伟. 石油勘探开发系统动力学模型的建立与政策研究. 武汉理工大学学报,2006,28(5):150-152.
[45] Donella H M, Gary M, Jorgen R, et al. The Limits to Growth. New York: Universe Books, 1972.
[46] 丁洪涛. 学习型组织安全管理的内涵和创新研究. 求索,2010,(6):74-75.
[47] 张正卿,曲海潮,倪红. 关于石油储采比、储采平衡率的研究. 石油勘探与开发,2000,(3):53-54.
[48] 屈耀明. 油田企业推行油藏经营管理的思路探讨. 当代石油石化,2005,13(2):23-26.
[49] Kast F E, Rosenzweig J E. Organization and Management, A Systems and Contingency Approach. New York: McGraw-Hill, 1985.
[50] 许明哲. 中国民营企业并购国企后的整合研究. 长春:东北师范大学博士学位论文,2009:80.
[51] 孙睦优. 企业战略管理与组织结构. 冶金经济与管理,2005,(5):16-18.
[52] 刘希会,钱丽丽. 企业文化与组织结构的相关性研究. 商场现代化,2006,(466):211-212.
[53] 李侠,王素梅,何亚婉. 石油企业实施"油公司"管理体制探讨. 武汉科技学院学报,2006,119(6):43-45.
[54] 郭士纳. 谁说大象不能跳舞. 张秀琴,音正权译. 北京:中信出版社,2010.
[55] Scott. Institutions and Organizations. Thousand Oaks, Calif: Sage Publications, 1995.
[56] 周旭,陈国华,王妍. 现代油藏经营管理系统分析. 沿海企业与科技,2006,(10):42-44.
[57] Nunnally J C. Psy Chometrie Theory. New York: McGraw-Hill, 1978.
[58] Hair J F, Anderson R E, Tatham R L, et al. Multivariate Data Analysis(Sth). New Jersey: Prentice-Hall Inc. 2005.
[59] Kaiser H F. An index of factorial simplicity. Psychometrical, 1974, 39(1):31-36.
[60] Anderson T W, Rubin H. Statistical inference in factor analysis // Proceedings of the Third Berkeley

symposium. Berkeley,CA:University of California Press,1956:111-150.
[61] Wasserman N,J M,Kutner M H. Applied Linear Regression Models. Irwin,1985.
[62] Kolb J A. Leading engineering teams; Leadership behaviors related to team performance. IEEE Transactions on Professional Communications,1993,36(4):206-211.
[63] 刘刚,杨成新.郑力会.系统协调与钻井工程系统优化.石油钻探技术,2000,28(6):44-46.
[64] Gladstein D L. Groups in context:A model of task group effectiveness. Administrative Science Quarterly,1987,29(4):499-517.
[65] Hackman J R,Oldham G R. Motivation through the design of work:Test of a theory. Organizational Behavior and Human Performance,1990,16:250-279.
[66] Cohen S G,Bailey D R. What makes teams work:Group effectiveness research from the shop floor to the executive suite. Journal of Management,1997,23(3):239-290.
[67] Hackman J R. The design of work teams. Handbook of Organizational Behavior,1987:315-342.
[68] Sundstrom E,DeMeuse K P,Futrell D. Work team:Application and effectiveness. America Psychologist,1990,45:120-133.
[69] Campion M A,Medsker G J,Higgs A C. Relations between work group characteristics and effectiveness:Implications for designing effective work groups. Personnel Psychology,1993,46(4):823-850.
[70] Campion M A,Papper E M,Medsker G J. Relations between work group characteristics and effectiveness:A replication and extension. Personnel Psychology,1996,49(2):429-452.
[71] 吕晓俊,俞文钊.团队研究的新进展.人类功效学,2001,(3).51-55.
[72] 杨乃定,闫晓霞,祝志明.基于I-P-O模型的虚拟研发团队类型比较研究.研究与发展管理,2006,18(5):15.
[73] 王安宇,司春林.基于关系契约的研发联盟收益分配问题.东南大学学报(自然科学版),2007,37(4):701-705.
[74] Fridernan D. Evolutionary games in economics. Econometrica,1991,59(3):637-666.
[75] 罗东坤.石油勘探开发投资经济评价指标分析.国际石油经济,2002,10(12):40-42.
[76] 穆献中,赵国杰,魏后凯.油气储量管理和效益评价方法研究——以吉林油田为例.资源科学,2003,25(5):28-32.
[77] 李新民,侯风华,张在旭,等.基于DEA方法的石油企业经济效益评价.西南石油学院学报,2004,26(6):86-88.
[78] 赵振智,王芳,陈建国.油井评价法在油气开采企业经济产量研究中的应用.石油大学学报(社会科学版),2004,20(6):10-11.
[79] 王丽洁,廖耀辉,黄金武,等.单井效益分析在稠油油藏经营管理中的应用.特种油气藏,2004,11(2):36-38.
[80] 张恩臣.辽河油田单井经济效益评价.石油规划设计,2005,16(1):38-40.
[81] 王雅春,庞雄奇,卢双舫.油气勘探经济评价中的风险系统.油气地质与采收率,2002,9(5):68-70.
[82] 丁海,潘振基.石油企业经济效益分析与评价.北京:石油工业出版社,1997.
[83] 刘玉伟.油气勘探投资效益评价方法研究.大连:大连理工大学硕士学位论文,2007:24.
[84] 鲁柳利,谢祥俊.基于DEA的油藏经营管理有效性评价研究.西南石油大学学报(社会科学版),2009,(9):18-21.
[85] 杨玉玲.现代油藏经营管理绩效评价体系研究.成都:西南石油大学硕士学位论文,2006:21-22.
[86] 袁士宝.油藏管理单元的评价与考核方法研究.东营:中国石油大学博士学位论文,2007:2-5.

[87] 谢祥俊，邱全锋，鲁柳利. 油藏经营管理综合评价的层次分析方法. 西南石油大学学报（自然科学版），2009，31(3)：150-153.

[88] 胡季英，冯英浚. 企业绩效评价理论研究述评与展望. 现代管理科学，2005，(9)：29-31.

[89] 刘江峰，夏云. 企业绩效评价的理论与方法综述. 企业经济，2005，(6)：88-89.

[90] 单华生，姚光庆. 非常规油藏开发与石油资源可持续发展. 特种油气藏，2004，24(3)：6-8.

[91] 刘广生，孙瑞华. 油气勘探开发投资绩效评价的指标选择. 石油化工技术经济，2002，(3)：49.

[92] Sexton T R，Silkman R H，Hogan A. Data envelopment analysis：Critique and extensions// Silkman R H. Measuring Efficiency：An Assessment of Data Envelopment Analysis. San Francisco，CA：Jossey Bass，1986：73-105.

[93] Torgersen A M，Forsund F R，Kittelsen S A C. Slack-adjusted efficiency measures and ranking of efficient units. The Journal of Productivity Analysis，1996，7：379-398.

[94] Fridman L，Sinuany-Stern Z. Scaling units via the canonical correlation analysis and the data envelopment analysis. European Journal of Operational Research，1997，100(3)：629-637.

[95] Bardhan I，Bowlin W F，Cooper W W，et al. Model for efficiency dominancein data envelopment analysis. Journal of the Operations Research Society of Japan，1996，39：322-332.

[96] Andersen P，Petersen N C. A procedure for ranking efficient units in data envelopment analysis. Management Science，1993，39(10)：1261-1264.